国家卫生健康委员会"十四五"规划教材

全国高等学校**制药工程专业第二轮**规划教材

供制药工程专业用

有机化学

U0292564

主　编　刘新泳

副主编　方　方　刘晓平

编　者（按姓氏笔画排序）

于姝燕（内蒙古医科大学）　　吴敬德（山东大学药学院）

方　方（安徽中医药大学）　　宋汪泽（大连理工大学）

左振宇（陕西中医药大学）　　张晓进（中国药科大学）

刘晓平（沈阳药科大学）　　　房　方（南京中医药大学）

刘新泳（山东大学药学院）　　夏亚穆（青岛科技大学）

李乾斌（中南大学湘雅药学院）　黄佳佳（郑州大学化工学院）

肖　华（合肥工业大学）　　　曾步兵（华东理工大学）

人民卫生出版社

·北京·

图书在版编目（CIP）数据

有机化学 / 刘新泳主编 . —北京：人民卫生出版社，2024.4

ISBN 978-7-117-36016-6

Ⅰ.①有… Ⅱ.①刘… Ⅲ.①有机化学 – 医学院校 – 教材 Ⅳ.①O62

中国国家版本馆 CIP 数据核字（2024）第 048782 号

| 人卫智网 | www.ipmph.com | 医学教育、学术、考试、健康，购书智慧智能综合服务平台 |
| 人卫官网 | www.pmph.com | 人卫官方资讯发布平台 |

有 机 化 学
Youji Huaxue

主　　编：刘新泳

出版发行：人民卫生出版社（中继线 010-59780011）

地　　址：北京市朝阳区潘家园南里 19 号

邮　　编：100021

E - mail：pmph @ pmph.com

购书热线：010-59787592　010-59787584　010-65264830

印　　刷：鸿博睿特（天津）印刷科技有限公司

经　　销：新华书店

开　　本：850×1168　1/16　印张：27

字　　数：639 千字

版　　次：2024 年 4 月第 1 版

印　　次：2024 年 4 月第 1 次印刷

标准书号：ISBN 978-7-117-36016-6

定　　价：92.00 元

打击盗版举报电话：010-59787491　E-mail：WQ @ pmph.com

质量问题联系电话：010-59787234　E-mail：zhiliang @ pmph.com

数字融合服务电话：4001118166　E-mail：zengzhi @ pmph.com

出版说明

随着社会经济水平的增长和我国医药产业结构的升级,制药工程专业发展迅速,融合了生物、化学、医学等多学科的知识与技术,更呈现出了相互交叉、综合发展的趋势,这对新时期制药工程人才的知识结构、能力、素养方面提出了新的要求。党的二十大报告指出,要"加强基础学科、新兴学科、交叉学科建设,加快建设中国特色、世界一流的大学和优势学科。"教育部印发的《高等学校课程思政建设指导纲要》指出,"落实立德树人根本任务,必须将价值塑造、知识传授和能力培养三者融为一体、不可割裂。"通过课程思政实现"培养有灵魂的卓越工程师",引导学生坚定政治信仰,具有强烈的社会责任感与敬业精神,具备发现和分析问题的能力、技术创新和工程创造的能力、解决复杂工程问题的能力,最终使学生真正成长为有思想、有灵魂的卓越工程师。这同时对教材建设也提出了更高的要求。

全国高等学校制药工程专业规划教材首版于 2014 年,共计 17 种,涵盖了制药工程专业的基础课程和专业课程,特别是与药学专业教学要求差别较大的核心课程,为制药工程专业人才培养发挥了积极作用。为适应新形势下制药工程专业教育教学、学科建设和人才培养的需要,助力高等学校制药工程专业教育高质量发展,推动"新医科"和"新工科"深度融合,人民卫生出版社经广泛、深入的调研和论证,全面启动了全国高等学校制药工程专业第二轮规划教材的修订编写工作。

此次修订出版的全国高等学校制药工程专业第二轮规划教材共 21 种,在上一轮教材的基础上,充分征求院校意见,修订 8 种,更名 1 种,为方便教学将原《制药工艺学》拆分为《化学制药工艺学》《生物制药工艺学》《中药制药工艺学》,并新编教材 9 种,其中包含一本综合实训,更贴近制药工程专业的教学需求。全套教材均为国家卫生健康委员会"十四五"规划教材。

本轮教材具有如下特点:

1. 专业特色鲜明,教材体系合理 本套教材定位于普通高等学校制药工程专业教学使用,注重体现具有药物特色的工程技术性要求,秉承"精化基础理论、优化专业知识、强化实践能力、深化素质教育、突出专业特色"的原则来合理构建教材体系,具有鲜明的专业特色,以实现服务新工科建设,融合体现新医科的目标。

2. 立足培养目标,满足教学需求 本套教材编写紧紧围绕制药工程专业培养目标,内容构建既有别于药学和化工相关专业的教材,又充分考虑到社会对本专业人才知识、能力和素质的要求,确保学生掌握基本理论、基本知识和基本技能,能够满足本科教学的基本要求,进而培养出能适应规范化、规模化、现代化的制药工业所需的高级专业人才。

3. 深化思政教育，坚定理想信念 以习近平新时代中国特色社会主义思想为指导，将"立德树人"放在突出地位，使教材体现的教育思想和理念、人才培养的目标和内容，服务于中国特色社会主义事业。各门教材根据自身特点，融入思想政治教育，激发学生的爱国主义情怀以及敢于创新、勇攀高峰的科学精神。

4. 理论联系实际，注重理工结合 本套教材遵循"三基、五性、三特定"的教材建设总体要求，理论知识深入浅出，难度适宜，强调理论与实践的结合，使学生在获取知识的过程中能与未来的职业实践相结合。注重理工结合，引导学生的思维方式从以科学、严谨、抽象、演绎为主的"理"与以综合、归纳、合理简化为主的"工"结合，树立用理论指导工程技术的思维观念。

5. 优化编写形式，强化案例引入 本套教材以"实用"作为编写教材的出发点和落脚点，强化"案例教学"的编写方式，将理论知识与岗位实践有机结合，帮助学生了解所学知识与行业、产业之间的关系，达到学以致用的目的。并多配图表，让知识更加形象直观，便于教师讲授与学生理解。

6. 顺应"互联网＋教育"，推进纸数融合 在修订编写纸质教材内容的同时，同步建设以纸质教材内容为核心的多样化的数字化教学资源，通过在纸质教材中添加二维码的方式，"无缝隙"地链接视频、动画、图片、PPT、音频、文档等富媒体资源，将"线上""线下"教学有机融合，以满足学生个性化、自主性的学习要求。

本套教材在编写过程中，众多学术水平一流和教学经验丰富的专家教授以高度负责、严谨认真的态度为教材的编写付出了诸多心血，各参编院校对编写工作的顺利开展给予了大力支持，在此对相关单位和各位专家表示诚挚的感谢！教材出版后，各位教师、学生在使用过程中，如发现问题请反馈给我们（发消息给"人卫药学"公众号），以便及时更正和修订完善。

人民卫生出版社

2023 年 3 月

前　言

近年来，我国医药工业迅速发展，在保障人民生命健康和促进社会可持续发展方面发挥着越来越重要的作用。制药工程专业以培养从事药品制造的高素质、应用型工程技术人才为目标，以满足我国医药工业的发展需求。根据《化工与制药类教学质量国家标准》（制药工程专业），国家对制药工程高等教育提出了更高要求，促使该专业的课程体系不断优化和改进。

有机化学是制药工程专业的重要专业基础课，学习并掌握好有机化学的基础理论、基本知识、基本技能，对于学习药物合成反应、药物化学、制药工艺学、药物分析等后续课程具有重要意义。为优化整合不同院校的优质教育资源，编委成员在保持各校制药工程专业特色的基础上，精心编写了这本教材。本教材适用于制药工程专业本科生使用，也可供药学类、中药学类专业本科生参考使用。

本教材针对制药工程人才培养目标和培养需求，在介绍有机化学知识的同时，突出行业特色，整体编写思路如下。

1. 按官能团编排，各类化合物以结构、性质和应用为框架，弱化繁难、复杂的有机反应机理，着重阐明有机物结构、性质与应用间的关系，强化学科前沿和研究热点，突显有机化学学科特色。

2. 强化有机化学与药学和制药间的联系，将有机化合物的结构、理化性质与其在药物设计、药物合成、药物分析、工艺改进等方面的应用相联系，强化理论联系实际，注重培养学生分析和解决问题的能力及创新精神。

3. 各章均编写了"本章小结"，帮助学生更好地理解各章主要内容，更加清晰地了解各章的重点与难点；同时精编了典型习题并给出了参考答案，以便教与学。

4. 将糖、氨基酸和蛋白质、萜类和甾体等具有重要生理功能的有机分子作为生物有机类化合物独立编写成一章，以利于学生学习。

5. 提供与教材各章对应的教学课件（PPT）、目标测试等数字化资源，满足学生自主学习需求。

本教材由来自全国 13 所高等院校的骨干教师共同合作完成。全书共 14 章，具体编写分工为刘新泳（第一章）、房方（第二章）、肖华（第三章）、刘晓平（第四章）、黄佳佳（第五章）、方方（第六章）、李乾斌（第七章）、夏亚穆（第八章）、吴敬德（第九章）、宋汪泽（第十章）、张晓进（第十一章）、左振宇（第十二章）、曾步兵（第十三章）、于姝燕（第十四章）。本教材在编写过程中，参考了已出版的有关教材，同时得到各位编者所在学校的大力支持和帮助,在此一并致谢。本教材在编写过程中得到了人民卫生出版社的支持,在此表示衷心感谢!

限于编者水平有限,书中疏漏和错误之处难免,敬请老师和同学们批评指正。

编　者

2023 年 11 月

目　录

第一章　绪论

第一节　有机化合物和有机化学

一、有机化学发展简介

有机化学（organic chemistry）是生命科学的基础，是医学及药学专业的一门重要必修课程。医学的研究对象是人体，而组成人体的物质除水和无机盐外，绝大部分是有机化合物（organic compound），如糖、脂类、蛋白质、激素、维生素、核酸等。目前临床上使用的药物大部分都是有机化合物，并且药物的制备、质量控制、储存、作用机制和体内代谢过程等也都与有机化学息息相关。因此，掌握有机化学的相关知识，以为探索生命的奥秘、护佑人类生命健康奠定基础，有机化学的进步也极大地推动了药物合成的蓬勃发展。

有机化学的研究对象是有机化合物，是研究有机化合物的组成、结构、性质、合成、反应机理以及化合物之间相互转变规律等的一门科学，是化学中极重要的一个分支。人们对有机化合物的认识是由浅入深、由表及里的，然后在此基础上逐渐发展形成一门学科。早期的化学家把来源于矿物质的化合物称为无机化合物（inorganic compound），而把来源于动植物生命有机体的化合物称为有机化合物。有机化学是 1806 年由"有机化学之父"瑞典的贝采里乌斯（J. J. Berzelius）首次提出的，当时是用来区别无机化学而命名的。有机化学奠基于 18 世纪中叶，但直到 19 世纪初，化学家们对有机化学的定义理解仍不正确。当时人们认为只有生物体才能制造出有机化合物，因而神秘的生命力作用是产生有机物的必要条件。这种"生命力"学说的错误思想曾一度牢固地统治着有机化学界，使得人们几乎完全放弃了用人工合成有机化合物的想法，极大地阻碍了有机化学的发展。

1828 年德国化学家韦勒（F. Wöhler）首次通过无机化合物氰酸铵溶液蒸发而合成了哺乳类动物尿中分离得到的有机化合物尿素。随后，1845 年德国化学家柯尔贝（H. Kolbe）合成了乙酸，1854 年法国化学家伯赛罗（P. E. M. Berthelot）合成了脂肪。后来化学家们又陆续合成了糖、胺类等有机化合物，从此打破了只能从生物体获取有机化合物的禁锢，促进了有机化学的发展，开辟了人工合成有机化合物的新时期。自此以后有机化学便脱离传统所定义的范围，有机化合物也不再局限于来自有机体的含义，但由于有机化学和有机化合物这些名词已被广泛接受，因而保留沿用至今。

$$NH_4OCN \xrightarrow{\triangle} H_2N-\overset{\overset{\displaystyle O}{\|}}{C}-NH_2$$

　　　　　氰酸铵　　　　　　尿素
　　　ammonium cyanate　　　urea

自从尿素的首次人工合成以来,有机化学已发展了近200年之久。21世纪以来随着科学技术的日新月异,有机化学已经发展成为一个成熟且富有活力的学科,许多相关新学科也如雨后春笋般涌现出来。如今有机化学与材料、生命、医药、农业、能源、环保等各个领域密切相关。有机化学已由原来的实验性学科发展成实验、理论并重的学科,并发展出了包括有机合成、金属有机化学、物理有机化学、元素有机化学、有机催化、化学生物学、绿色有机化学和药物化学等多个分支学科。未来有机化学与生命科学等其他学科相互融合形成交叉学科是其发展的必然趋势。药学与有机化学关系密切,如在新药的研究开发及药物的合成、制备、质量控制和体内代谢的研究中都要应用有机化学的基本理论和知识,从分子水平认识疾病和药物的作用机制也将进一步推动新药的研究与开发。

二、有机化合物的特性

有机化合物主要由碳元素、氢元素组成,是含碳的化合物,也是生命产生的物质基础。有机化合物除含碳元素外,还可能含有氢、氧、氮、氯、磷和硫等元素。而碳元素在无机化学中也发挥着几乎不可替代的作用,其中由金属和羰基($C=O$)形成的原子簇化合物更是在无机化学中占据了重要地位。有机化合物虽然都是含碳的化合物,但是某些含碳元素的化合物不一定是有机化合物,如二氧化碳、碳硼烷等均属于无机化学的研究领域,因此这类含碳的物质也属于无机物。有机化合物有数千万种之多,它们在结构和性质上有许多与一般无机化合物不同的特点。

(一)有机化合物的结构特点

1. 以共价键相结合 由于有机化合物是含碳的化合物,碳元素位于元素周期表的第二周期第ⅣA族,介于电负性很强的卤素和电负性很弱的碱金属之间,这就决定碳原子难以得失电子形成离子键,碳原子之间以及碳原子与其他原子之间主要通过共用电子对而形成共价键。因此,原子之间主要以共价键相结合是有机化合物基本的、共同的特征。

2. 同分异构现象普遍存在 有机化合物的结构是指分子的组成、分子中原子相互结合的顺序和方式、原子相互间的立体位置、化学键的结合状态以及分子中电子的分布状态等各项内容的总称。同分异构体是指具有相同的分子组成而结构不同的化合物。例如乙醇和甲醚的分子式都是C_2H_6O,但理化性质完全不同,是两个不同的化合物,互为同分异构体,这种现象称为同分异构现象。两者的差别在于分子中原子相互结合的顺序不同。

(二)有机化合物的性质特点

1. 绝大多数有机化合物可以燃烧,燃烧时炭化变黑,最后生成二氧化碳和水,这一性质可以区别有机化合物和无机化合物。

2. 一般有机化合物的热稳定性较差,受热易分解。

3. 有机化合物的熔点、沸点较低。有机化合物分子中原子间以共价键相键合,分子与分子之间靠微弱的范德瓦耳斯力相结合。而无机分子间的排列是强极性的离子间静电作用力,要破坏无机分子间的排列,所需的能量要高得多。

4. 大多数有机化合物难溶于水,易溶于有机溶剂。化合物的溶解性能通常遵循"相似相溶"规则,即极性化合物易溶于极性溶剂中,非极性或极性较弱的化合物易溶于非极性溶剂中。

5. 有机化合物的化学反应速率较慢。除了某些反应的反应速率极快外,多数有机反应速率缓慢。为了加速反应,往往需要加热、加催化剂或光照等手段来提高反应速率。此外,有机反应的副反应较多,产物复杂,需要经分离提纯才能得到纯的有机化合物。

第二节　有机化合物的结构

有机化合物的结构和性质的关系是有机化学的精髓。研究有机化合物的结构是有机化学学科的重要内容之一,也是我们认识物质世界的一种重要手段。

一、有机化合物的结构理论

(一)凯库勒结构理论

1857 年德国化学家凯库勒(F. A. Kekulé)和英国化学家古柏尔(A. S. Couper)分别独立提出了有机物分子中原子间相互作用结合的两个基本原则:有机化合物中碳的化合价为四价;碳原子除了可以和其他原子成键外,自身还可以单键(single bond)、双键(double bond)和三键(triple bond)形式相互连接成碳链或碳环,如甲烷、乙烷、乙烯、乙炔和环戊烷等。这些化学式直观地反映了分子中原子的种类、数目和彼此结合的顺序和方式,称为凯库勒结构式,现称为构造式。

| 甲烷 | 乙烷 | 乙烯 | 乙炔 | 环戊烷 |
| methane | ethane | ethene | ethyne | cyclopentane |

(二)Lewis 经典价键理论

1916 年柯塞尔(W. Kossel)和路易斯(G. N. Lewis)提出了离子键(ionic bond)和共价键(covalent bond)的概念。原子间通过电子转移产生正离子(cation, positive ion)和负离子(anion, negative ion),两者相互吸引所形成的化学键(chemical bond)称为离子键(ionic bond)。

$$Na\cdot + \cdot \overset{..}{\underset{..}{Cl}}: \longrightarrow Na^+ + :\overset{..}{\underset{..}{Cl}}:^-$$

成键的两个原子各提供一个电子,通过共用一对电子相互结合而形成的化学键称为共价键(covalent bond),两个原子共用 1 对电子形成 1 个单键,共用 2 对和 3 对电子形成双键和三键。用小黑点代表分子中原子周围的价层电子,画出分子或离子的结构式,称为 Lewis 结构式。为了简化,也可用一条短线代表一对成键电子。Cl_2 分子的 Lewis 结构式如下:

$$:\overset{\cdot\cdot}{\underset{\cdot\cdot}{Cl}}:\overset{\cdot\cdot}{\underset{\cdot\cdot}{Cl}}:\qquad :\overset{\cdot\cdot}{\underset{\cdot\cdot}{Cl}}-\overset{\cdot\cdot}{\underset{\cdot\cdot}{Cl}}:$$

从上述结构可以看到,在形成分子时,通过共用电子对,使得每一个参与成键的原子(H原子除外)都达到惰性气体原子稳定的电子层结构,即 8 电子结构,这就是所谓的"八隅律"(octet rule)。O 原子有 6 个价电子,必须共用 2 对电子才能达到 8 电子结构,因此在 O_2 分子中形成双键。

$$:\overset{\cdot\cdot}{\underset{\cdot\cdot}{O}}::\overset{\cdot\cdot}{\underset{\cdot\cdot}{O}}:\qquad :\overset{\cdot\cdot}{O}=\overset{\cdot\cdot}{O}:$$

N 原子有 5 个价电子,必须共用 3 对电子才能达到 8 电子结构,因此在 N_2 分子中形成三键。

$$:N:::N:\qquad :N\equiv N:$$

每个原子周围还有不参与成键的电子对,称为孤对电子(lonepair electron)。孤对电子的存在对分子的性质和几何形状有很大的影响。需要强调的是 Lewis 结构式并不代表分子形状,仅用于表示成键的方式和数目。

路易斯共价键理论称为经典共价键理论,它初步揭示了共价键与离子键的区别,有助于了解有机化合物的结构和性质的关系。但这个理论不能解释为什么有些分子的中心原子最外层电子数虽然少于 8(如 BF_3)或多于 8(如 PCl_5、SiF_6)但仍能稳定存在,也无法说明共价键是如何形成的。随着量子力学的发展,化学家们用量子力学的观点描述核外电子在空间的运动状态和处理化学键问题,建立了现代价键理论。

(三)现代价键理论

1927 年德国物理学家海德勒(W. H. Heitler)和德裔美国物理学家伦敦(F. W. London)将量子力学的概念引入有机化学,用近似方法处理化学键问题,计算氢分子中共价键形成时体系的能量变化。当两个 H 原子相距很远时,其相互间的吸引和排斥作用可以忽略不计,这时体系的能量等于两个孤立的 H 原子的能量之和,我们把它作为能量的相对零点;当两个 H 原子逐渐靠近时,随着原子核间距 R 的逐渐减小,它们之间的相互作用逐渐增大,体系的能量便出现两种不同情况的变化,如图 1-1 所示。

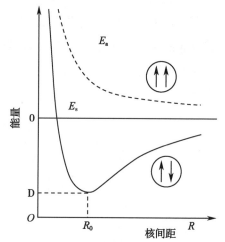

图 1-1 两个氢原子接近时的能量随核间距变化曲线

若两个 H 原子的电子自旋方向相反而相互接近时,体系的能量 E 随着核间距 R 的减小而逐渐降低,此时核间的电子云密度增大,当核间距 R_0 达到 76pm 时,体系的能量(E_s)降到最低点(D),比两个孤立 H 原子的能量之和还要低得多,说明两个 H 原子结合形成稳定的共价键,此时便形成稳定的 H_2 分子,这种状态称为 H_2 分子的基态,又称为吸引态,如图 1-2(a)所示。这时的 R_0 称为平衡距离,其后体系的能量又随 R 的减小而迅速升高,因此 H_2 分子中的两个 H 原子是在平衡距离附近振动的。

当两个 H 原子的电子自旋方向相同而互相接近时,彼此之间始终是排斥的,称为排斥态,如图 1-2(b)所示。此时两核间的电子云稀疏,体系的能量随着 R 的减小反而升高,在这种情况下不能形成稳定的 H_2 分子。

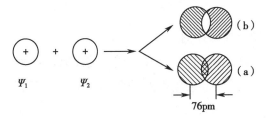

图 1-2　H_2 分子的基态(a)和排斥态(b)

根据量子力学原理,H_2 分子的基态之所以能够成键,是因为两个 H 原子的 1s 轨道能互相叠加,叠加后使核间电子的概率密度增大。如图 1-2(a)所示,在两核间出现一个电子云密度最大的区域,这既降低了两核间的正电排斥,又增加了两核对该负电区域的吸引,从而降低体系的能量,有利于共价键的形成。而 H_2 分子的排斥态则相当于两个 1s 轨道的重叠部分相互抵消,在两核间出现一个空白区,从而增大两核间的排斥,故体系的能量升高而不能成键。

海德勒和伦敦等建立的方法基本上是正确的,后来鲍林(L. C. Pauling)等把处理氢分子共价键的方法定性地推广到双原子分子,并发展成为现代价键理论,称为价键(valence bond,VB)法或电子配对法。20 世纪以来,价键法大大地推动了有机理论的发展。

价键理论继承了 Lewis 共享电子对的概念,但它在量子力学理论的基础上指出这对电子是自旋相反的,而且电子不是静止的,是运动的,并在核间有较大的概率分布。

价键法的基本要点:①成键原子各有自旋相反的未成对电子,可以配对形成稳定的共价键;②共价键具有饱和性,一个未成对电子只能配对一次;③成键电子的原子轨道尽可能地达到最大重叠。轨道重叠程度越大,形成的共价键越稳定,称为最大重叠原理。因此,成键的两个原子轨道必须按一定方向重叠,以满足两个轨道最大程度的重叠,形成稳定的共价键。例如 s 轨道和 p 轨道重叠时沿着 p 轨道的对称轴重叠是最大重叠,不沿轨道对称轴重叠就不能达到最大重叠,见图 1-3。

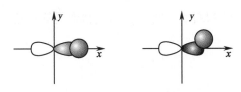

图 1-3　s 轨道和 p_x 轨道的重叠

(四)杂化轨道理论

价键理论成功地说明了共价键的形成过程及本质,解释了共价键的方向性和饱和性,但在说明分子的空间构型方面却遇到了困难。例如,近代实验测定表明 CH_4 分子是正四面体结构,碳原子位于四面体的中心,四个氢原子位于四面体的四个顶点,CH_4 分子中的四个 C—H 键是完全等同的,键能为 413kJ/mol,键角为 109°28′。按照价键理论,碳原子的价电子层结构为 $2s^2 2p_x^1 2p_y^1$,外层只有两个单电子,所以只能形成两个共价键,考虑到 2s 轨道与 2p 轨道的能量相差不大,在成键过程中有一个 2s 轨道的电子被激发到 2p 空轨道,则激发态碳原子的价电子层结构为 $2s^1 2p_x^1 2p_y^1 2p_z^1$,可与四个氢原子结合形成四个 C—H 键,但理论上它们不等同,这与事实不符。

1931 年美国化学家鲍林等提出杂化轨道理论。杂化轨道理论认为,原子在成键前先完成轨道的重新组合,即同一原子中能量相近的原子轨道重新组合形成新的原子轨道的过程,称为杂化(hybridization),所形成的新的原子轨道称为杂化轨道(hybrid orbit)。杂化轨道的数目等于参与杂化的原子轨道的数目,即有几个原子轨道参加杂化,就能组合成几个杂化轨道。例如甲烷分子中,C 原子的 2s、$2p_x$、$2p_y$、$2p_z$ 四个原子轨道参与杂化,形成四个杂化轨道。杂化轨道成键时要满足原子轨道最大重叠原理,即原子轨道重叠越多,形成的化学键越稳定。另外,杂化轨道成键时要满足化学键间最小排斥原理。不同类型的杂化轨道间的夹角不同,成键后分子的空间构型也不同。

杂化轨道一般分为 sp、sp^2、sp^3 杂化轨道，下面做一简单介绍。

1. sp 杂化   由一个 ns 轨道和一个 np 轨道组合形成两个 sp 杂化轨道的过程称为 sp 杂化。其中每个 sp 杂化轨道都含有 1/2 的 s 和 1/2 的 p 成分，sp 杂化轨道间的夹角为 180°，呈直线形（图 1-4）。

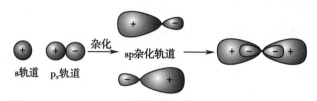

图 1-4   sp 杂化轨道示意图

2. sp^2 杂化   由一个 ns 轨道和两个 np 轨道组合形成三个 sp^2 杂化轨道的过程称为 sp^2 杂化。其中每个 sp^2 杂化轨道都含有 1/3 的 s 和 2/3 的 p 成分，sp^2 杂化轨道间的夹角为 120°，呈平面三角形（图 1-5）。

3. sp^3 杂化   由一个 ns 轨道和三个 np 轨道组合形成四个 sp^3 杂化轨道的过程称为 sp^3 杂化。其中每个 sp^3 杂化轨道都含有 1/4 的 s 和 3/4 的 p 成分，四个杂化轨道分别指向正四面体的四个顶点。sp^3 杂化轨道间的夹角为 109°28′，其空间构型为正四面体形（图 1-6）。

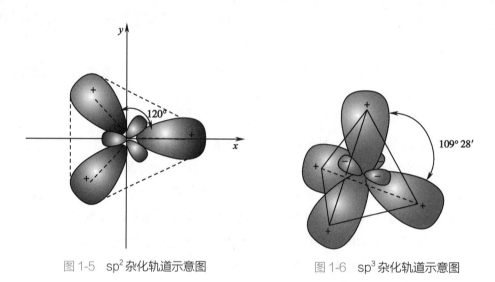

图 1-5 sp^2 杂化轨道示意图   图 1-6 sp^3 杂化轨道示意图

现将以上三种 sp 杂化类型与空间构型之间的关系归纳于表 1-1 中。

表 1-1   sp 型的三种杂化轨道

杂化类型	sp	sp^2	sp^3
参与杂化的原子轨道	1 个 ns+1 个 np	1 个 ns+2 个 np	1 个 ns+3 个 np
杂化轨道数	2 个 sp 杂化轨道	3 个 sp^2 杂化轨道	4 个 sp^3 杂化轨道
杂化轨道间的夹角	180°	120°	109°28′
几何构型	直线形	正三角形	正四面体
实例	$BeCl_2$	BF_3	CH_4

（五）分子轨道理论

价键法认为成键的两个电子限定在两个原子之间运动，并没有从分子的整体考虑，因而有一些不完善的地方。在价键理论建立后不久，美国化学家及物理学家密立根（R. S. Mulliken）和德国物理学家洪特（F. H. Hund）又提出了分子轨道理论（molecular orbital theory，MOT），即MO法。分子轨道理论的主要内容如下。

1. 共价键的电子分布在整个分子中 在分子中，电子不是属于某个特定的原子，而是在多电子、多原子核组成的势能场中运动，它能较全面地反映分子中电子的各种空间运动状态。

2. 分子轨道由原子轨道线性组合而成 在讨论原子结构时曾用波函数 φ 来描述电子在原子中的运动状态，并把 φ 称为原子轨道。同样，也可用 φ 来描述电子在分子中的运动状态，用 $|\varphi|^2$ 描述电子在分子中空间各处出现的概率密度，并把分子中电子的波函数称为分子轨道（molecular orbital，MO）。

分子轨道理论假定分子轨道 φ 可以近似地用能级相近的原子轨道线性组合（linear combination of atomic orbital，LCAO）得到。以氢分子离子为例，可表示如下。

$$\varphi_{\text{I}} = C_1\varphi_{\text{a}} + C_2\varphi_{\text{b}}$$
$$\varphi_{\text{II}} = C_1\varphi_{\text{a}} - C_2\varphi_{\text{b}}$$

上式中，C_1、C_2 是用数字表示的系数；φ_{a} 和 φ_{b} 分别是氢原子 a 和氢原子 b 的 1s 原子轨道，通过线性组合分别得到两个分子轨道 $\varphi_{\text{I}}(\sigma_{1s})$ 和 $\varphi_{\text{II}}(\sigma_{1s}^*)$，见图 1-7。从电子的波动性考虑，把原子轨道相加当作两个电子波的相长干涉，而把原子轨道相减当作两个电子波的相消干涉。在 φ_{I} 中，在两核间电子出现的概率密度明显增大，屏蔽了两个原子核之间的静电排斥，其能量比组合前的原子轨道的能量低，能够稳定成键，这种分子轨道称为成键轨道（bonding orbit）；在 φ_{II} 中，电子在两核间出现的概率密度小，其能量比组合前的原子轨道的能量高，不利于稳定成键，这种分子轨道称为反键轨道（antibonding orbit）。根据量子力学计算结果，成键轨道的能量低于所属的原子轨道的能量，反键轨道的能量高于所属的原子轨道的能量，系统总能量守恒。用轨道能级图表示如图 1-8 所示。

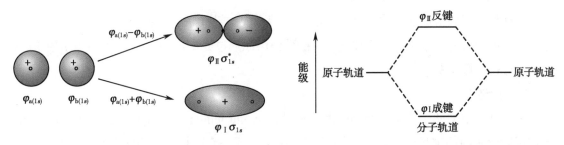

图 1-7　σ_{1s} 和 σ_{1s}^* 分子轨道的形成　　　　图 1-8　原子轨道和分子轨道的能级关系

由上述讨论可知，氢分子中共价键的生成是由于两个氢原子的 1s 轨道发生线性组合，得到 1 个成键轨道 φ_{I} 和 1 个反键轨道 φ_{II}。

3. 分子轨道容纳电子遵循的原则 与原子轨道中电子的分布情况相同，电子在分子轨道中的排布也遵守泡利不相容原理、能量最低原理和洪特规则。

4. 原子轨道组成分子轨道的三个原则

（1）能量相近原则：只有能量相近的原子轨道才能组成分子轨道。

（2）对称性原则：成键的两个原子轨道必须是相位相同的部分重叠才能形成稳定的分子轨道。

（3）最大重叠原理：原子轨道形成分子轨道时，轨道重叠程度越大，形成的键越稳定。

二、共价键的参数

有机化合物中的原子之间主要以共价键相结合，为了进一步了解有机化合物的结构和性质，常用一些具体的物理量来表征化学键的性质。能表征共价键性质的物理量称为键参数（bond parameter），主要有键能、键长、键角、共价键的极性和可极化性等。

（一）键能

化学反应过程总是伴随着旧键的断裂和新键的形成，而化学键的断裂和形成又总是伴随着能量的变化。由原子形成共价键所放出的能量，或共价键断裂所需吸收的能量称为该化学键的键能（bond energy），其单位为 kJ/mol，通常以符号 E 表示。在 100.0kPa 和 298.15K 时，将 1mol 理想气态分子 A—B 拆开成为理想气态的 A 原子和 B 原子所需的能量称为 A—B 的键能，也称为 A—B 键的解离能，常用符号 D(A—B) 表示。显然双原子分子的解离能就等于它的键能，用 E(A—B) 表示。例如 H_2 分子：

$$D(H-H) = E(H-H) = 436kJ/mol$$

若一个分子中有两个相同的共价键，例如 H_2O 分子中有两个等价的 O—H 键，其键能就是两个 O—H 键的解离能的平均值。

应该指出的是，同一种共价键在不同的多原子分子中其键能是有差别的，但差别不大。另外，多重键的键能不等于相应单键的键能之和。因为单键是指双原子分子之间的普通 σ 键，而多重键中除了 σ 键外还有 π 键，如 C—C 单键的键能是 346kJ/mol，而 C≡C 三键的键能是 835kJ/mol，不等于 346×3kJ/mol。

键能是衡量共价键强度的一个重要参数，一般来说，键能越大，键越牢固。表 1-2 列出部分原子之间形成的化学键的键能数值。键能数值可以通过光谱实验进行测定，也可用生成焓的数据进行计算获得。

（二）键长

形成共价键的两个原子核间的距离称为键长（bond length），其单位为 pm。相同的共价键在不同分子中的键长稍有差别，因而可用平均值，即平均键长作该键的键长。如 C—C 单键在金刚石中为 154.2pm，在乙烷中为 153.3pm，而在丙烷中为 154pm，在环己烷中为 153pm。因此 C—C 单键的键长定为 154pm。就相同原子间形成的共价键而言，单键的键长＞双键的键长＞三键的键长，即相同原子间形成的键数越多，则键长越短。键长可以反映化学键的稳定性，一般来说，共价键的键长越短，则表示键越牢固。表 1-3 列出部分化学键的键能及键长数值。

表 1-2　部分原子之间形成的化学键的键能数值　　　　　　　　　　　　　　　　　　单位：kJ/mol

化学键	键能	化学键	键能	化学键	键能
H—H	436	B—B	293	N—F	283
F—F	154.8	F—H	565	P—F	490
Cl—Cl	239.7	Cl—H	428	O—Cl	218
Br—Br	190.16	Br—H	362.3	S—Cl	255
I—I	148.95	I—H	294.6	N—Cl	313
O—O	142	O—H	458.8	P—Cl	326
O=O	493.59	S—H	363.5	As—Cl	321.7
S—S	268	Se—H	276	C—Cl	327.3
Se—Se	172	Te—H	238	Si—Cl	381
N—N	167	N—H	238	Ge—Cl	348.9
N=N	418	P—H	322	N—O	201
N≡N	941.69	As—H	~247	N=O	607
P—P	201	C—H	411	C—O	357.7
As—As	146	Si—H	318	C=O	798.9
C—C	345.6	C—F	485	Si—O	452
C=C	602	Si—F	318	C—N	615
C≡C	835.1	B—F	613.1	C≡N	887
Si—Si	222	O—F	189.5	C—S	573

表 1-3　部分化学键的键能及键长数值

化学键	共价键数	键能 /（kJ/mol）	键长 /pm
C—C	1	345.6	154
C=C	2	602	134
C≡C	3	835.1	120
N—N	1	167	145
N=N	2	418	125
N≡N	3	941.69	110

（三）键角

化合物分子中每两个共价键之间的夹角称为键角（bond angle）。键角能反映有机分子的空间结构。例如 H_2S 分子的键角为 92°45′，表明 H_2S 分子是"V"字形结构；又如 CO_2 分子中的键角是 180°，就可断定 CO_2 分子是直线形。一般而言，键长和键角可以确定分子的空间构型。表 1-4 列出部分简单分子的键长、键角数值。

（四）共价键的极性和可极化性

当两个相同的原子形成共价键时，因为它们对成键电子的吸引力相同，共享电子对在两个原子之间均匀分布，这种共价键称为非极性共价键（nonpolar covalent bond）。如 H_2、O_2、Cl_2 分子中的共价键是非极性共价键。当两个不同的原子间形成共价键时，由于它们的电负性不

表 1-4 部分简单分子的键长、键角数值

分子式	键长 /pm	键角
CO_2	116.2	180°
H_2O	98	104.5°
NH_3	101.9	107.3°
CH_4	109.3	109°28′

同,它们对共享电子对的吸引力不同,共享电子对偏向电负性较大的原子一端,因此电子云在两个原子之间分布不均匀,这种共价键称为极性共价键(polar covalent bond)。如 HCl 分子中的共价键是极性共价键。共价键极性的大小主要取决于成键的两个原子的电负性差异,成键原子间的电负性差值越大,键的极性越强。当两个原子的电负性相差很大时,可以认为成键电子对完全转移到电负性很大的原子上,这时原子变为离子,形成离子键。因此从键的极性来看,可以认为离子键是最强的极性键,而极性共价键则是由离子键到非极性共价键之间的一种过渡情况(表 1-5)。共价键的极性对分子的物化性质都有很大的影响。

表 1-5 键型与成键原子电负性差值的关系

键型	离子键	极性共价键				非极性共价键
物质	NaCl	HF	HCl	HBr	HI	Cl_2
电负性差值	2.1	1.9	0.9	0.7	0.4	0

共价键极性的大小可用偶极矩(dipole moment,μ)来度量,即正、负电荷中心间的距离 d 和正电中心或负电中心上的电荷值 q 的乘积。

$$\mu = q \times d$$

μ 的单位为库仑·米(C·m)。偶极矩具有方向性,用符号"$\longmapsto$"表示,箭头所示方向是从正电荷到负电荷的方向。例如:

$$\overset{\delta^+}{H} \!-\! \overset{\delta^-}{F} \qquad \overset{\delta^+}{C} \!-\! \overset{\delta^-}{Cl}$$

对于双原子分子来说,键的极性就是分子的极性;而多原子分子的极性是各极性共价键偶极矩的向量和。例如:

$$O\!=\!C\!=\!O \qquad \mu=0 \qquad \mu=0 \qquad \mu=3.63\times10^{-30}\ C\cdot m$$

分子在外界电场的影响下,键的极性发生一些改变,即分子的极化状态发生改变,共价键对外界电场的这种敏感性称为共价键的可极化性(或极化度)。键的可极化性是一种短暂的效应,当外界电场消失后,共价键以及分子的极化状态又恢复原状。

各种共价键的可极化性是不同的,与成键原子的体积、电负性、共价键的种类以及外界电

场强度有关。一般来说，成键原子的半径越大，电负性越小，该原子形成的共价键的可极化性就越大。例如：

$$C\text{—}F < C\text{—}Cl < C\text{—}Br < C\text{—}I$$

共价键的极性与可极化性是共价键很重要的性质，对分子的熔点、沸点以及溶解度都有很大的影响。

三、共价键的断裂方式与有机化学反应类型

（一）共价键的断裂方式

有机化合物化学反应的实质是旧共价键的断裂和新共价键的形成。在有机反应中，由于分子的结构及反应条件的不同，共价键的断裂方式可分为均裂和异裂两种。

1. 均裂　共价键的断裂是将成键电子对平均分给两个原子或原子团，这种断裂方式称为均裂（homolysis）。均裂生成的带有单电子的原子或原子团称为自由基（free radical）或游离基，自由基是非常活泼的中间体。

$$X\overset{\frown}{\cdot\cdot}Y \longrightarrow X\cdot + Y\cdot$$

2. 异裂　共价键的断裂是将成键电子对转移给某一原子或原子团所独占，这种断裂方式称为异裂（heterolysis）。异裂产生正、负离子，这些离子也是非常活泼的中间体。

$$X\overset{\frown}{\cdot\cdot}Y \longrightarrow X^- + Y^+ \quad 或 \quad X\overset{\frown}{\cdot\cdot}Y \longrightarrow X^+ + Y^-$$

（二）有机化学反应类型

有机化学反应根据反应活性中间体的不同，可分为以下三类。

1. 自由基反应　通过共价键均裂产生自由基活性中间体的反应称为自由基反应（free radical reaction）或游离基反应。自由基一般在光照、加热、自由基引发剂条件下产生，绝大多数自由基中间体是不稳定的，非常活泼，极易发生反应。

$$(H_3C)_3C\overset{\frown}{\text{—}}H \xrightarrow{h\nu} (CH_3)_3C\cdot + H\cdot$$

2. 离子反应　通过共价键异裂产生碳正离子、碳负离子活性中间体而引发的反应称为离子反应（ionic reaction）。离子反应一般在酸、碱或极性介质催化下进行，有正或负离子中间体产生，根据反应试剂的类型不同又分为亲电反应（electrophilic reaction）和亲核反应（nucleophilic reaction）。

$$\begin{array}{ccc} & CH_3 & & & CH_3 \\ & | & & & | \\ H_3C\text{—}\!\!\!\!\!\!\!\! & C\overset{\frown}{\text{—}}Cl & \longrightarrow & H_3C\text{—}\!\!\!\!\!\!\!\! & C^+ & + Cl^- \\ & | & & & | \\ & CH_3 & & & CH_3 \end{array}$$

3. 协同反应　无活泼中间体自由基和离子生成，共价键的断裂和形成同时进行，这种同步完成的反应称为协同反应（concerted reaction）。例如共轭烯烃与不饱和烃在加热或光照条件下进行的反应，其特点为一步反应，有一个环状过渡态。

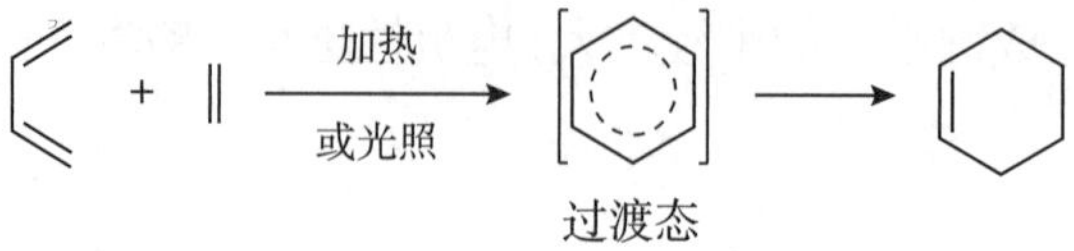

第三节　有机化合物的分类和表示方法

一、有机化合物的分类

有机化合物种类繁多,为方便系统的学习和研究,化学家们根据有机化合物分子中的碳架和特性基团对它们进行分类。

（一）按碳架分类

有机化合物的碳架是指碳原子构成的骨架,按碳架可将有机物分成以下两类。

1. **开链化合物**　在这类化合物的分子中,碳原子相互连接成链状结构,但不形成闭合的环。由于这类化合物最初是从油脂中发现的,故开链化合物也称为脂肪族化合物。例如:

CH₃CH₂CH₂CH₂CH₃　　　　CH₃CH=CH₂

正戊烷　　　　　　　　　丙烯

pentane　　　　　　　　propylene

2. **碳环化合物**　这类化合物中含有由碳原子组成的环状结构。根据碳环的结构特点又可分成以下三类。

（1）脂环族化合物:是性质与脂肪族化合物相似的碳环化合物。例如:

环丙烷　　　　　　环己烯

cyclopropane　　　cyclohexene

（2）芳香化合物:是大多数含苯环或与苯环具有相似性质的碳环,它们的性质与脂肪族化合物有较大的区别。例如:

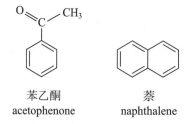

苯乙酮　　　　　　萘

acetophenone　　　naphthalene

（3）杂环化合物:环是由碳原子和其他元素原子(如O、S、N)组成的。例如:

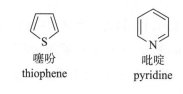

噻吩　　　　　　　吡啶

thiophene　　　　　pyridine

（二）按特性基团分类

在有机化合物中比较活泼、容易发生某些特征反应的原子、原子团或具有某些特征的化学键称为特性基团（characteristic group）或官能团（functional group）。含有相同特性基团的有机化合物具有相似的性质，例如甲酸、乙酸和丙酸，它们都含有羧基（—COOH），羧基则是羧酸类化合物的特性基团。因此，将有机化合物按照特性基团进行分类，便于识别它们的共性。一些常见的特性基团的名称和化合物的类别见表 1-6。

表 1-6　常见的特性基团的名称和化合物的类别

化合物的类别	特性基团的结构	特性基团的名称	化合物的通式
烷烃和环烷烃 alkane and cycloalkane	C—C	碳碳单键 single bond	R—H
烯烃 alkene	C=C	碳碳双键 double bond	RCH=CHR'(H)
炔烃 alkyne	—C≡C—	碳碳三键 triple bond	RC≡CR'(H)
芳烃 aromatic hydrocarbon	—Ar	芳基 aryl	Ar—H
卤代烃 halohydrocarbon	—X	卤素 halogen	R—X
醇 alcohol	—OH	羟基 hydroxyl	R—OH
硫醇 thiol	—SH	巯基 hydrosulfurgl	R—SH
醚 ether	—OR	烷氧基 alkoxy	R—O—R(R')
醛 aldehyde	$\overset{O}{\underset{}{\text{C}}}\text{—H}$	甲酰基 formyl	$\text{R}\overset{O}{\underset{}{\text{—C}}}\text{—H(RCHO)}$
酮 ketone	$\overset{O}{\underset{}{\text{C}}}$	羰基 carbonyl	$\text{R}\overset{O}{\underset{}{\text{—C}}}\text{—R(R')}$
羧酸 carboxylic acid	$\overset{O}{\underset{}{\text{C}}}\text{—OH}$	羧基 carboxyl	$\text{R}\overset{O}{\underset{}{\text{—C}}}\text{—OH}$
酰卤 acyl halide	$\overset{O}{\underset{}{\text{C}}}\text{—X}$	卤羰基 halogen carbonyl	$\text{R}\overset{O}{\underset{}{\text{—C}}}\text{—X}$
酸酐 acid anhydride	$\overset{O}{\underset{}{\text{C}}}\text{—O—}\overset{O}{\underset{}{\text{C}}}\text{—R}$	酰氧羰基 acyloxy carbonyl	$\text{R}\overset{O}{\underset{}{\text{—C}}}\text{—O—}\overset{O}{\underset{}{\text{C}}}\text{—R(R')}$
酯 ester	$\overset{O}{\underset{}{\text{C}}}\text{—O—R}$	烷氧羰基 alkoxy carbonyl	$\text{R}\overset{O}{\underset{}{\text{—C}}}\text{—O—R'}$

化合物的类别	特性基团的结构	特性基团的名称	化合物的通式
酰胺 amide	（结构）$\overset{O}{\underset{}{C}}-NH_2$	氨基羰基 amino carbonyl	$\overset{O}{\underset{}{R-C}}-NH_2$
腈 nitrile	$-C\equiv N$	氰基 cyano	$R-CN$
硝基化合物 nitro-compound	$\overset{O}{\underset{O^-}{N^+}}$	硝基 nitro	$R-NO_2$
胺 amine	$-NH_2$	氨基 amino	$R-NH_2$
磺酸 sulfonic acid	$-\overset{O}{\underset{O}{S}}-OH$	磺酸基 sulfo	$R-SO_3H$

二、有机化合物构造的表示法

构造是指有机分子中原子相互连接的次序和方式。分子的构造通过构造式来表示，一般有如下几种表达方式。

（一）电子式

电子式也称为 Lewis 式，使用原子的元素符号和电子符号来表示分子的构造。书写电子式需要写出原子的最外层电子，一般用一对电子表示单键、两对电子表示双键，未成对的孤对电子也要表示出来。例如：

$$H:\overset{H}{\underset{H}{C}}:H \qquad H:\overset{H}{\underset{H}{C}}::\overset{H}{\underset{H}{C}}:H \qquad H:\overset{H}{\underset{H}{C}}:\overset{..}{\underset{..}{O}}:H$$

甲烷　　　　　乙烷　　　　　甲醇
methane　　　ethane　　　methanol

因为书写电子式时要把所有的价电子都表示出来，比较麻烦，在书写反应式时不常用，但是当化合物的一些理化性质与某些价电子或未共用电子对有关时，需用圆黑点表示出这些电子。如氨和溴乙烷反应与氨分子中的孤对电子有关，反应式如下。

$$CH_3CH_2-Br + \overset{..}{N}H_3 \longrightarrow CH_3CH_2\overset{+}{N}H_3Br^- \xrightarrow{OH^-} CH_3CH_2NH_2 + H_2O + Br^-$$

（二）蛛网式及结构简式

蛛网式也称为 Kekulé 式，使用原子的元素符号和价键符号来表示分子的构造。书写蛛网式时，使用一根短横线表示一个共价键。例如：

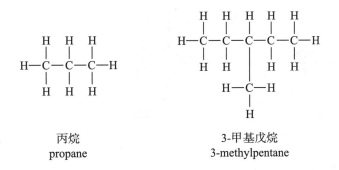

丙烷
propane

3-甲基戊烷
3-methylpentane

为方便书写,可以将蛛网式的共价键符号省略,称为结构简式。例如:

$CH_3CH_2CH_3$

丙烷
propane

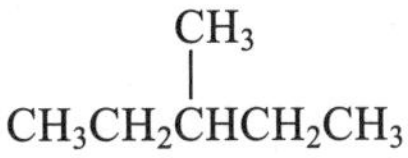

$$\overset{\displaystyle CH_3}{\underset{}{CH_3CH_2CHCH_2CH_3}}$$

3-甲基戊烷
3-methylpentane

更进一步,可以将侧链写入括号内,合并到主链上相同的结构单元。例如:

$CH_3CH_2CH(CH_3)CH_2CH_3$

3-甲基戊烷
3-methylpentane

(三)键线式

键线式将碳氢原子进一步省略,是有机化合物构造最简单的书写方式,只保留碳原子的锯齿形骨架,每个端点及拐点都代表一个碳原子。需要注意的是,碳氢之外的元素符号不能省略。单线表示单键,双线表示双键,三线表示三键。例如:

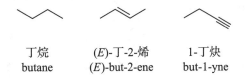

丁烷
butane

(E)-丁-2-烯
(E)-but-2-ene

1-丁炔
but-1-yne

三、有机化合物立体结构的表示法

(一)球棒模型和斯陶特模型

为了形象地了解分子中各原子在空间的排列情况,通常使用各种模型来表示它们的立体结构,其中最常用的是球棒模型和斯陶特(Stuart)模型(比例模型),例如甲烷分子的球棒模型和斯陶特模型分别见图 1-9(a)和图 1-9(b)。斯陶特模型是按照分子中组成原子的半径、共价键的键长以及键角设计出来的,可以更精确地表示分子中各原子的立体关系。

(二)楔线式

楔线式也称为透视式,式中的实线表示该键在纸面上,楔形实线表示该键在纸面前方,楔形虚线表示该键在纸面后方。例如图 1-9(c)中,我们可以看到甲烷的四个氢在不同的位置,H_1、H_2 和 C 处在同一个平面,H_3 在平面前方,H_4 在平面后方。

（a）球棒模型　　　　　　（b）比例模型　　　　　　（c）楔线式

图 1-9　甲烷的立体结构

（三）锯架投影式

投影式是将有机化合物分子投影在纸平面上表达其结构的方式。锯架投影式（sawhorse projection）是其中一种，表达一个分子中邻近两个碳原子之间的空间排列，两个碳原子之间用一条斜线连接，左手较低端的碳原子接近观测者，右手较高端的碳原子远离观测者。例如乙烷可以用图 1-10（b）所示的锯架投影式来表示其立体结构。

（四）纽曼投影式

纽曼投影式（Newman projection）是另一种常见的表示有机化合物立体结构的投影式。纽曼投影式是沿着碳碳键的键轴方向去观察两个相邻碳原子所连接的原子或基团所得到的平面结构式。前面的碳原子挡住了后面的碳原子，但与后面的碳原子相连的键却清晰可见，故用一个圆圈表示前后两个碳原子，圆心及从圆心向外伸出的三条线分别代表离观察者视线较近的碳原子和这个碳原子上所连接的三个键，圆周及从圆周向外伸出的三条线分别代表离观察者视线较远的碳原子及其所连接的三个键。例如乙烷也可以用图 1-10（c）所示的纽曼投影式来表示其立体结构。

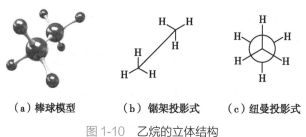

（a）棒球模型　　　　　（b）锯架投影式　　　　　（c）纽曼投影式

图 1-10　乙烷的立体结构

第四节　有机酸碱理论

许多有机化合物具有酸性或碱性，酸碱反应是有机反应中最基础、最简单、应用最广的一类反应。在药学领域中，由于很多药物属于酸或碱，药物的酸碱性及其强度对药物的吸收、代谢和药效都有一定的影响，在药物合成、分离提纯、质量控制以及新药设计等方面都涉及酸碱概念。

一、阿伦尼乌斯电离理论

1884 年瑞典化学家阿伦尼乌斯（S. A. Arrhenius）根据电离理论提出电解质在水溶液中电

离产生正、负离子。酸是在水溶液中能电离产生 H^+ 的物质,例如羧酸、磺酸、酚、硫醇等化合物;碱是在水溶液中能电离产生 OH^- 的物质,主要是胺类化合物。

烃、卤代烃、醇、醛、酮和酰胺等化合物在水中不能电离出氢质子,属于中性化合物。阿伦尼乌斯电离理论在有机化合物的分离与提纯等方面十分有用,但具有较大的局限性。

二、布朗斯特 - 劳瑞质子理论

有机化合物的很多酸碱催化反应,如醇类的酸催化脱水、醚键断裂以及一系列亲电(核)取代、亲电(核)加成等一般需在浓酸或非水介质中进行。这样,阿伦尼乌斯电离理论就不适用,必须进行修改和补充。

1923 年丹麦化学家布朗斯特(J. N. Brønsted)和英国化学家劳瑞(T. M. Lowry)同时提出质子论,酸是质子的给予体,碱是质子的接受体。酸释放质子后产生该酸的共轭碱,同样碱结合质子后形成该碱的共轭酸。例如:

$$CH_3-\overset{O}{\overset{\|}{C}}-O-H \ + \ H-\overset{\cdot\cdot}{\overset{\cdot\cdot}{O}}-H \ \rightleftharpoons \ CH_3-\overset{O}{\overset{\|}{C}}-O^- \ + \ H_3O^+$$

酸1　　　　　　　　碱2　　　　　　　　共轭碱1　　　共轭酸2

$$CH_3-\overset{\cdot\cdot}{\overset{\|}{C}}-O-H \ + \ H-O-SO_2OH \ \rightleftharpoons \ CH_3-\overset{OH^+}{\overset{\|}{C}}-O-H \ + \ HOSO_2O^-$$

碱2　　　　　　　　酸1　　　　　　　　共轭酸2　　　共轭碱1

按此理论,同一物质的酸碱性是相对而言的,视反应对象不同而不同。酸的强度是给出质子的能力,碱的强度是接受质子的能力。一个酸的酸性越强,它的共轭碱的碱性越弱;相反一个酸的酸性越弱,它的共轭碱的碱性越强。质子理论扩展了酸碱的一般范围,得到广泛应用,但不能说明 BF_3、$AlCl_3$ 之类物质的酸碱性。

三、路易斯电子理论

1923 年美国化学家路易斯(G. N. Lewis)提出酸碱的电子理论。他从化学键理论出发,定义凡能接受电子对的物质是酸,凡能给出电子对的物质是碱。

按此理论,酸碱反应是酸从碱接受一对电子的反应。例如下式中,BF_3 的 B 原子的外层电子数为六个,可接受电子,是电子对的接受体,BF_3 为 Lewis 酸;NH_3 的 N 原子有一对未共用电子对,有给出电子对的能力,NH_3 为 Lewis 碱。

$$H_3N\text{:} \ + \ BF_3 \longrightarrow H_3\overset{+}{N}\overset{-}{B}F_3$$

Lewis碱　Lewis酸　　　　酸碱配合物

又如下式中,$ZnCl_2$ 的 Zn 原子外层有空轨道,可接受电子,是电子的接受体,为 Lewis 酸;ROH 的 O 原子有两对未共用电子对,是电子的给予体,为 Lewis 碱。两者可形成酸碱配合物。

$$R-\overset{\displaystyle .\!.}{\underset{\displaystyle |}{\overset{\displaystyle }{O}}}: \;+\; ZnCl_2 \longrightarrow R-\overset{+}{\underset{\displaystyle |}{\overset{\displaystyle }{O}}}-\overset{-}{Z}nCl_2$$

Lewis碱　Lewis酸　　　　　酸碱配合物

Lewis 酸分为以下几类：①中心原子缺电子或有空轨道，如 BF_3、$AlCl_3$、$FeCl_3$、$ZnCl_2$ 和 $SnCl_4$ 等；②正离子，如 Ag^+、Li^+ 和 Cu^{2+} 等金属离子以及 R^+（碳正离子）、H^+、NO_2^+ 和 Br^+ 等。BF_3、$ZnCl_2$、$AlCl_3$ 和 H^+ 等在有机反应中常用作催化剂。

Lewis 碱分为以下几类：①具有未共用电子对的化合物，如 NH_3、RNH_2（胺）、ROH（醇）、RSH（硫醇）、ROR（醚）和 $R_2C=O$（酮）等；②负离子，如 R^-（碳负离子）、OH^-、SH^- 和 RO^- 等；③烯或芳香化合物等。与布朗斯特 - 劳瑞质子理论相比，路易斯电子理论扩大了酸的范围，而碱的范围是一致的，Lewis 酸碱几乎包括所有的有机化合物和无机化合物，又称为广义酸碱。

Lewis 酸一般都是缺电子的，在有机化学反应中能接受外来电子对，对电子有亲和力，称为亲电试剂（electrophilic reagent）；Lewis 碱是富电子的，在化学反应可以给出电子对或以共用电子对的方式与其他分子或离子中的缺电子部分结合生成共价键，称为亲核试剂（nucleophilic reagent）。

第五节　有机化合物的结构测定

有机化合物结构的研究和阐明是有机化学和药学研究的基础，无论是从天然产物中分离的或通过化学合成得到的有机化合物，准确测定其化学结构是进行深入研究并加以开发应用的前提。贯穿有机化学学科的主线是"结构决定性质，性质反映结构"。

一、一般过程

（一）分离提纯

从天然产物中分离或合成的有机化合物中常含有杂质，需要先提纯以获取纯净物，其常用方法有萃取、蒸馏、重结晶和色谱法等。有机化合物的纯度可通过测定物理常数（熔点、沸点、密度、折射率等）和色谱法等得以验证。若物质是新合成或新发现的，所测定的物理常数可作为标准列入常数手册；若是已知成分，则必须与相应的文献值进行对比，两者相同才能得出确切结论。

（二）元素的定性分析和定量分析

有机化合物中所含的元素常用钠熔法进行测定。将少量样品与金属钠一同熔化，将样品中与碳共价结合的卤素、氮和硫等转化成卤化钠、氰化钠和硫化钠等，随后采用常规方法进行定性分析。在确定一个有机化合物样品所含的元素之后，需要准确测定各元素的百分含量，通常测定含量的元素是 C、H、O、N。

（三）经验式和分子式的确定

首先，将各元素的百分含量除以相应元素的原子量，得到各元素原子的数值比例，然后将这些数值分别除以这几个数值中最小的一个数值，就得到各元素原子的整数比——经验式。例如某化合物中 C、H、N、O 元素的百分含量分别为 20.0%、6.7%、46.4%、26.9%，各元素的比例为 C=20/12.01=1.67、H=6.7/1.008=6.65、N=46.4/14.01=3.31、O=26.9/16.00=1.68，四种元素原子的最小数值比为 1.67/1.67∶6.65/1.67∶3.31/1.67∶1.68/1.67=1∶4∶2∶1，由此确定该化合物的经验式为 CH_4N_2O。化合物的分子式可从它的分子量除经验式的式量求得，现在有机化合物的分子量可用质谱法测定。如测得上述化合物的分子量为 120，因 CH_4N_2O 的式量为 60，故该化合物的分子式为 $(CH_4N_2O)_2$，即 $C_2H_8N_4O_2$。

二、波谱法测定结构简介

由于有机化合物普遍存在同分异构现象，往往几个不同结构式的化合物具有相同的分子式，故当有机化合物的分子式确定以后，还要测定其结构。过去测定有机化合物的结构主要依靠化学方法，现在主要运用波谱法测定其结构。常用的有紫外光谱（ultraviolet spectrum，UV）、红外光谱（infrared spectrum，IR）、核磁共振谱（nuclear magnetic resonance spectrum，NMR）和质谱（mass spectrum，MS）。

（一）波谱学基本理论

电磁辐射（电磁波）是以接近光速（真空中为光速 c）沿波前方向传播的交变电场（E）和磁场（B），可以对带电粒子和磁偶极子施加电力和磁力。电磁辐射具有波粒二象性，即波动性和微粒性。从波动观点来看，光是一种电磁波；从量子观点来看，光由一个个光子组成。每个光子具有能量 E。

$$E=hv（h 为普朗克常量，v 为频率）$$

每个光子也具有质量 m，按相对论质量-能量关系式，可得：

$$E=mc（c 为光速）$$

$$E=hv=hc/\lambda（\lambda 为波长）$$

从上式可以得出，一定波长的光具有一定的能量，波长越短，能量越高。

物质分子内部具有三种运动形式：电子相对于原子核的运动、原子核在其平衡位置附近的相对振动、分子本身绕其中心的转动。每种运动都有各自的能级——电子能级、振动能级和转动能级，三种能级都是量子化的，且各自具有相应的能量。即某种运动具有一个基态、一个或多个激发态，从基态跃迁到激发态，所吸收的能量是两个能级的差：$\Delta E=E_激-E_基$。

当某一波长的电磁波照射某一化合物时，若能量恰好等于某运动状态的两个能级之差，分子会吸收光子，从低能级跃迁至较高能级。将不同波长与对应的吸光度作图，便可得到吸收光谱。电磁波的能量为：

$$E=hv=hc/\lambda$$

即光波的频率(也可用波长、波数代表)决定光波的能量。频率越大,波数越大,波长越短,光波的能量越大。如果按波长或波数排列,将分子内部某种运动所吸收的光强度变化或吸收光后产生的放射光的信号记录下来就得到各种谱图。所以,不同能量的光作用在样品分子上可以引起相应的分子运动而得到不同的谱图(图1-11)。通过分析所得的谱图就可以对分子的结构、组分含量及基团的化学环境作出判断。

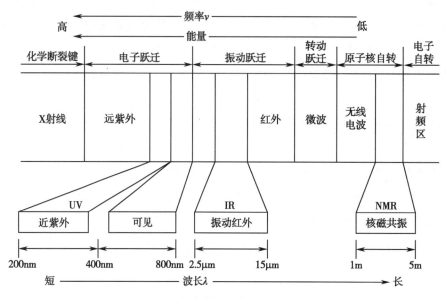

图1-11 光波谱区及能级跃迁相关图

质谱技术与上述光谱技术不同,质谱是一种物理分析方法,样品分子在离子源中产生电离,得到不同质荷比的带电离子,经过加速电场的作用进入质量分析器,得到质谱图用以推断未知化合物的结构,为非吸收光谱。

(二)波谱学的主要内容和应用方法

现代有机波谱既包括由X射线区到射频区的电子光谱、紫外光谱、红外光谱、微波谱、核磁共振波谱等吸收光谱,也包括荧光、磷光等发射光谱,以及拉曼(Raman)光谱和有机质谱等。波谱解析是有机化合物结构测定的主要方法。有机化合物结构测定的任务是利用化合物的波谱图,通过谱图解析正确而无遗漏地获取隐含在谱图中的分子结构信息。

以紫外光谱(UV)、红外光谱(IR)、核磁共振谱(NMR)和质谱(MS)为主的四种波谱法以及它们的综合运用已经成为现阶段有机化合物结构测定的最有效方法。在有机化合物结构测定的四种主要波谱法中,每种方法的应用性能,即获得的结构信息是不一样的。现将它们的主要特点和应用方法简述如下。

1. **紫外光谱(UV)** 是根据分子吸收紫外光辐射的能量,引起分子中的电子能级跃迁而产生的吸收光谱。但有机化合物的紫外光谱仅仅是分子中发色团与助色团的反映,并不是整个分子的特征。有些化合物虽然结构上差异较大,但只要分子中含有相同的发色团,它们的吸收曲线形状也大致相同,仅根据紫外光谱一般较难区分化合物的结构。因此,紫外光谱的主要作用是推测官能团、阐明结构中的共轭关系和预估共轭系统中取代基的位置、种类和数量等。

2. 红外光谱(IR) 是根据分子吸收红外光辐射的能量,引起偶极矩变化产生分子的振动和转动能级跃迁而产生的吸收光谱。通过谱峰的位置、强度和形状提供主要官能团或化学键特征振动频率,主要用于表征分子中的官能团结构信息。红外光谱在有机化合物分析中可在官能团区找出化合物中存在的官能团,再将指纹区的吸收峰与已知化合物的标准谱图进行比对,可判断该未知物是否与已知化合物的结构一致,鉴定是否为已知成分。还可根据红外谱图确定分子中可能存在的官能团和骨架结构,再配合核磁共振谱、质谱等进行未知成分结构的测定。用红外光谱鉴定化合物的优点是简便、快速和可靠;同时样品用量少、可回收;对样品无特殊要求,无论固体、气体、液体均可进行检测。

3. 核磁共振谱(NMR) 是根据物质在外磁场作用下具有自旋磁矩的原子核吸收射频能量,产生核自旋能级跃迁而产生的吸收光谱。理论上,凡是自旋量子数为0的原子核都可产生核磁共振现象,现阶段常用的有 ^1H(氢核磁共振谱, ^1H-NMR)和 ^{13}C(碳核磁共振谱, ^{13}C-NMR)两种核的核磁共振谱。由于吸收射频能量随共振频率变化而变化,核磁共振谱能反映自旋核(^1H 和 ^{13}C)的化学环境。通过核磁共振谱的化学位移、强度、耦合裂分和耦合常数,可提供化合物分子中的氢、碳核数目,所处的化学环境,连接方式以及空间构型的信息。

从 20 世纪 80 年代以后,随着高分辨超导核磁共振仪的普及、计算机技术的发展及超低温探头的应用,开发出各种复杂的脉冲序列照射程序,使核磁共振信号能够在二维平面上展开。针对不同的需要,各种同核相关技术(如 ^1H-^1H COSY、NOESY、INADEQUATE 谱)和异核相关技术(如 HMBC、HMQC 谱)在有机化合物的结构测定中得到普遍应用,使复杂结构有机化合物的结构研究变得简单方便。

4. 质谱(MS) 是根据分子在离子源中被电离形成各种离子,通过质量分析器按不同的质荷比(m/z)进行分离而得到的谱图。质谱图以棒图形式表征离子的相对峰度随质荷比的变化,它通过分子离子及碎片离子的质量数及其相对峰度,提供分子量、元素组成以及得到分子结构碎片的信息。对一般有机化合物的质谱,通过对质谱图的考察,灵活运用裂解规律,逐步地将碎片的局部结构合理组合起来,推测其可能结构,随后查阅相关文献或与标准谱图核对,并结合其他光谱配合应用来解析结构。

对有机化合物而言,仅仅依靠一种分析手段推断出结构往往是比较困难的,特别是对于天然有机化合物的结构研究及未知化合物的结构测定等,必须采用多种有机波谱方法进行综合分析。通常以其中一种波谱方法为主体,配合其他波谱技术来确定有机化合物的结构,这种结构研究的方法称为综合波谱解析。对比各种波谱方法,按照灵敏度来说,质谱是最灵敏的,其次分别是紫外光谱、红外光谱及核磁共振谱。获取信息最多的是核磁共振谱,从核磁共振谱中能获取 50%～70% 的有关分子结构的信息;其次是质谱,根据质量数获得结构信息;而红外光谱和紫外光谱所得的信息则要少一些。由于核磁共振谱图的规律性强、可解析性高、信息量大、谱图类型多样,因而在实际工作中常以核磁共振氢谱、碳谱为基础,配合质谱、紫外光谱、红外光谱等波谱技术来完成有机化合物的结构研究工作。对于手性化合物,可以采用 X 射线单晶衍射、Mosher 法、低温冷冻电镜等方法测定有机化合物的绝对构型。

第六节 有机化学与制药工程之间的关系

有机化学与生命科学关系紧密,是生命科学的基础。有机化合物是构成生物体的主要物质,生物体的生长、发育、衰老、死亡等过程都是由组成生物体的有机化合物不断地互相依赖和制约的化学变化过程。现代有机化学的研究内容已涉及生命科学的诸多前沿领域,是生命科学的重要组成部分。

有机化学是医学专业的一门重要基础课程。医学的研究对象是人体,而组成人体的物质除水和无机盐以外,绝大部分是有机化合物,如糖、脂类、蛋白质、维生素、核酸、激素等。因此,掌握有机化合物的基础知识,可以为探索生命的奥秘、延长人类的寿命奠定基础。

有机化学的进步推动了药学的蓬勃发展。药学本身是一门范围极广的学科,包括药效、药理、毒理及药物的合成、提取、分离、纯化、制剂、分析和代谢机制等,这些课程都与有机化学息息相关。只有对有机化学一系列基本知识有了较为全面的理解,才能扎扎实实地学好药学知识。

有机化学为制药工程提供不可或缺的理论和技术支撑。制药工程是将有机化学的理论方法转化为药物的研发、制造和生产过程的工程学科。制药工程所研究内容涉及药物的合成与工艺、药物的制备与产业化、药物质量控制等方面,这些都与有机化学相关。有机化学与制药工程密切结合,为药物研发提供了重要理论和技术支持,推动了制药工业的发展。

ER1-2 第一章目标测试

(刘新泳)

本章小结

有机化学是生命科学的基础,是研究有机化合物的组成、结构、性质、合成、反应机理以及化合物之间相互转变规律等的一门科学。

有机化合物的特性:具有以共价键相结合、同分异构现象普遍存在、易燃、热稳定性差、熔点较低、难溶于水易溶于有机溶剂等特点。

有机化合物的结构:共价键是构成有机化合物最常见的化学键,键价理论(凯库勒结构理论、路易斯经典价键理论、杂化轨道理论)阐明共价键的形成过程及本质,而分子轨道理论则对键价理论进行补充。共价键可用键能、键长、键角、键的极性等参数表征。共价键通过均裂和异裂两种断裂方式介导自由基反应、离子反应和协同反应的发生。

有机化合物的分类与表示方法:有机化合物可按碳架和特性基团(官能团)进行分类,可以通过电子式、蛛网式、结构简式和键线式表示其构造,可以通过球棒模型、斯陶特模型、楔线式、锯架投影式和纽曼投影式表示其立体结构。

有机酸碱理论：是化学变化中应用最广泛的理论，包括阿伦尼乌斯电离理论、布朗斯特-劳瑞质子理论和路易斯电子理论。

有机化合物的结构测定：通过分离提纯、元素的定性分析和定量分析等方法确认有机化合物的分子式，再通过紫外光谱、红外光谱、核磁共振谱和质谱等波谱法确证其结构。

有机化学与药学、制药的关系：药学领域的许多重要发现和突破都包含大量与有机化学相关的工作。药物的药理活性、毒理性质等特性与药物的化学结构密切相关，研发和改进药物、优化生产工艺、制定质量标准等制药领域的重要内容亦是以有机化学的理论和技术为支撑。有机化学与药学和制药工程密切相关，为医药工业的发展作出巨大贡献。

习题

1. 现代有机化学和有机化合物的具体定义是什么？

2. 有机化合物的特性有哪些？请简单分类概括。

3. 写出下列分子的 Kekulé 式和 Lewis 结构式。

（1）CO_2　　　　　（2）HCN　　　　　（3）CH_2CH_2　　　　　（4）CH_2Cl_2

4. 指出下列化合物中碳原子的杂化状态。

（1）CH_3CH_2OH　　　　　（2）$H_2C{=}CH{-}\overset{\overset{\displaystyle O}{\|}}{C}{-}H$　　　　　（3）$H_3C{-}C{\equiv}C{-}CH{=}CH_2$

5. 比较下列各组化学键的极性和可极化性的相对大小。

（1）$H{-}Br$ 和 $H{-}I$　　　　　（2）$O{-}H$ 和 $S{-}H$

6. 下列化合物的哪些共价键易发生异裂？

（1）$\underset{\overset{\displaystyle |}{H}}{\overset{\overset{\displaystyle H}{|}}{H{-}C{-}Cl}}$　　　　　（2）$H{-}\overset{\overset{\displaystyle H}{|}}{\underset{\underset{\displaystyle H}{|}}{C}}{-}\overset{\overset{\displaystyle H}{|}}{\underset{\underset{\displaystyle H}{|}}{C}}{-}\overset{\overset{\displaystyle H}{|}}{\underset{\underset{\displaystyle H}{|}}{C}}{-}OH$

7. 碳环类有机化合物可分为几种？并对每种进行举例。

8. 分别用锯架投影式和纽曼投影式表示丁烷的立体结构。

9. 指出下面反应物中的路易斯酸和路易斯碱，并用弯箭头表示反应中的电子转移。

$$:\!\ddot{B}r\!-\!\ddot{B}r\!: + FeBr_3 \longrightarrow Br^+ + FeBr_4^-$$

10. 某化合物中 C、H、Cl、O 元素的百分含量分别为 33.6%、5.6%、49.6%、11.2%，写出该化合物的经验式。

第二章　烷烃和环烷烃

由碳氢两种元素组成的化合物称为碳氢化合物,简称烃(hydrocarbon)。烃是一类最简单的有机化合物,其他有机化合物可以看作是烃的衍生物。

第一节　烷烃

一、定义

若分子中的碳原子都以单键相连,碳的其余价键完全被氢原子所饱和的开链化合物称为烷烃(alkane)或饱和脂肪烃(saturated aliphatic hydrocarbon);而具有环状骨架的烷烃称为环烷烃(cycloalkane)或饱和脂环烃(saturated alicyclic hydrocarbon)。

二、同系列、同系物和同分异构现象

(一)同系列和同系物

最简单的烷烃是甲烷,其次是乙烷、丙烷、丁烷、戊烷等,它们的分子式分别为 CH_4、C_2H_6、C_3H_8、C_4H_{10}、C_5H_{12} 等,可以看出在烷烃的一系列化合物中,可以用通式 C_nH_{2n+2} 表示。单环烷烃比相应的链烷烃少两个氢原子,通式为 C_nH_{2n}。通常这些具有同一分子通式,组成上相差一个或若干个 CH_2 的一系列化合物称为同系列(homologous series)。同系列中的各个化合物互称为同系物(homolog)。同系列是有机化学的普遍现象。同系物之间的化学性质相似,物理性质随分子量增加而有规律地变化。

(二)同分异构现象

有机化合物普遍存在同分异构现象,即分子式相同而结构不同的化合物称为同分异构体(isomer),这种现象称为同分异构(isomerism)现象。有机化合物的同分异构现象有多种,总的来说分为构造异构(constitutional isomerism)和立体异构(stereoisomerism)两大类。

在同分异构体中,凡因分子中原子间的连接次序或连接方式不同而产生的异构称为构造异构。构造异构又可细分为几类,在后面的章节中会陆续学习。烷烃从丁烷开始,碳原子之间不止一种连接方式,可出现碳链异构(carbon chain isomerism)或碳架异构(carbon skeleton isomerism),即构成分子的基本骨架不同而产生的异构现象。例如:

$$CH_3CH_2CH_2CH_3$$

$$\begin{array}{c} CH_3CHCH_3 \\ | \\ CH_3 \end{array}$$

正丁烷
n-butane

异丁烷
isobutane

$$CH_3CH_2CH_2CH_2CH_3$$

$$\begin{array}{c} CH_3CHCH_2CH_3 \\ | \\ CH_3 \end{array}$$

$$\begin{array}{c} CH_3 \\ | \\ H_3C-C-CH_3 \\ | \\ CH_3 \end{array}$$

正戊烷
n-pentane

异戊烷
isopentane

新戊烷
neopentane

烷烃构造异构体数目随着碳原子数的增加而迅速增加（表 2-1）。

表 2-1　烷烃构造异构体的数目

分子式	构造异构体的数目	分子式	构造异构体的数目
C_6H_{14}	5	C_9H_{20}	35
C_7H_{16}	9	$C_{10}H_{22}$	75
C_8H_{18}	18	$C_{20}H_{42}$	366 319

从烷烃的构造异构体可以看出，烷烃中各个碳原子所处的位置并不是完全等同的。若碳原子只有一个价键与其他碳原子直接相连，这类碳原子称为伯碳原子或一级（1°）碳原子；有两个价键与其他碳原子直接相连，称为仲碳原子或二级（2°）碳原子；有三个价键与其他碳原子直接相连，称为叔碳原子或三级（3°）碳原子；若四个价键都与其他碳原子直接相连，则称为季碳原子或四级（4°）碳原子。除季碳原子外，伯、仲、叔碳原子上所连接的氢原子分别称为伯、仲、叔氢原子。例如：

$$\begin{array}{c} \overset{1°}{CH_3} \\ | \\ \overset{1°}{CH_3}-\overset{4°}{C}-\overset{2°}{CH_2}-\overset{3°}{CH}-\overset{1°}{CH_3} \\ | \qquad\quad | \\ \underset{1°}{CH_3} \quad \underset{1°}{CH_3} \end{array}$$

三、命名

（一）普通命名法

普通命名法又称为习惯命名法，适用于结构简单的烷烃。对于 $C_1 \sim C_{10}$ 的烷烃，用天干名称"甲、乙、丙、丁、戊、己、庚、辛、壬、癸"来表示，从 C_{11} 起则用汉字数字"十一、十二"等来表示。烷烃的英文名称是以"ane"为词尾（表 2-2）。

普通命名法根据碳原子数目，将结构简单的烷烃命名为"正某烷""异某烷""新某烷"。"正"（normal 或 *n*-）表示直链烷烃，但"正"常可省略；"异"（iso 或 *i*-）和"新"（neo）则分别表示链端具有"（CH₃）₂CH—"和"（CH₃）₃C—"结构且链的其他部位无支链的烷烃。例如：

表 2-2 支链烷烃的名称

烷烃	中文名	英文名	烷烃	中文名	英文名
CH_4	甲烷	methane	C_7H_{16}	庚烷	heptane
C_2H_6	乙烷	ethane	C_8H_{18}	辛烷	octane
C_3H_8	丙烷	propane	C_9H_{20}	壬烷	nonane
C_4H_{10}	丁烷	butane	$C_{10}H_{22}$	癸烷	decane
C_5H_{12}	戊烷	pentane	$C_{11}H_{24}$	十一烷	undecane
C_6H_{14}	己烷	hexane	$C_{12}H_{26}$	十二烷	dodecane

$$CH_3CH_2CH_2CH_3 \qquad CH_3CHCH_2CH_3 \atop \qquad\qquad\qquad\quad |\;\,CH_3 \qquad H_3C-\underset{\underset{CH_3}{|}}{\overset{\overset{CH_3}{|}}{C}}-CH_2CH_3$$

（正）丁烷　　　　　　异戊烷　　　　　　新己烷
n-butane　　　　　　isopentane　　　　　neohexane

（二）系统命名法

系统命名法是由国际纯粹与应用化学联合会（International Union of Pure and Applied Chemistry，IUPAC）来确定的，也称为 IUPAC 命名法。中国化学会以 IUPAC 命名法为基础，结合我国的文字特点，于 1960 年制定了《有机化学物质的系统命名原则》，1980 年修订为《有机化学命名原则》。但是，伴随着有机化学学科的飞跃发展，由于原有的命名原则确实已远不能适应当今有机化学学科发展的需要，给中文有机化学的信息交流、教学带来诸多问题。为此，中国化学会有机化合物命名审定委员会以 IUPAC 1993 版命名指南为蓝本，在此基础上进行内容充实（包括一些新的建议、IUPAC 2004 修订预览、IUPAC 2013 版命名原则），而在中文用字上参照中国化学会 1980 年版的规定并进行修订，正式发布了《有机化合物命名原则 2017》。

系统命名法对直链烷烃的命名与普通命名法基本一致，只是不带"正"字。含支链的烷烃在命名时把它看作是直链烷烃的取代衍生物，把支链看作是取代基。整个名称由母体主链和取代基两部分组成。例如：

$$\overset{1}{C}H_3\overset{2}{C}H_2\overset{3}{C}H\overset{4}{C}H_2\overset{5}{C}H_2\overset{6}{C}H_3 \atop \qquad\qquad |\;CH_3$$

取代基名称：甲基
母体主链名称：己烷

3-甲基己烷
3-methylhexane

1. 常见烷基　烷烃分子中去掉一个氢原子后剩下的部分称为烷基（alkyl group），相应的英文只需将词尾"ane"改为"yl"（表 2-3）。

表 2-3　常见烷基的名称

取代基	中文系统名（俗名）	英文名	常用符号
CH_3-	甲基	methyl	Me
CH_3CH_2-	乙基	ethyl	Et

取代基	中文系统名（俗名）	英文名	常用符号
$CH_3CH_2CH_2-$	丙基	propyl	Pr
$\begin{array}{c}CH_3\\ \mid \\ CH_3CH-\end{array}$	1-甲基乙基（异丙基）	isopropyl	*i*-Pr
$CH_3CH_2CH_2CH_2-$	丁基	butyl	Bu
$\begin{array}{c}CH_3\\ \mid \\ CH_3CHCH_2-\end{array}$	2-甲基丙基（异丁基）	isobutyl	*i*-Bu
$\begin{array}{c}CH_3\\ \mid \\ CH_3CH_2CH-\end{array}$	1-甲基丙基（仲丁基）	*sec*-butyl	*s*-Bu
$\begin{array}{c}CH_3\\ \mid \\ H_3C-C-\\ \mid \\ CH_3\end{array}$	1,1-二甲基乙基（叔丁基）	*tert*-butyl	*t*-Bu
$CH_3CH_2CH_2CH_2CH_2-$	戊基	pentyl	
$\begin{array}{c}CH_3\\ \mid \\ CH_3CHCH_2CH_2-\end{array}$	3-甲基丁基（异戊基）	isopentyl	
$\begin{array}{c}CH_3\\ \mid \\ CH_3CH_2C-\\ \mid \\ CH_3\end{array}$	1,1-二甲基丙基（叔戊基）	*tert*-pentyl	
$\begin{array}{c}CH_3\\ \mid \\ CH_3-C-CH_2-\\ \mid \\ CH_3\end{array}$	2,2-二甲基丙基（新戊基）	neopentyl	

2. 母体主链的选择　选择分子中的最长碳链作为母体主链，并根据所含的碳原子数目称为"某烷"，作为母体主链名称。例如：

$$\overset{1}{CH_3}-\overset{2}{CH_2}-\overset{3}{CH_2}-\overset{4}{CH}-\overset{5}{CH_2}-\overset{6}{CH_2}-\overset{7}{CH_3} \equiv CH_3-CH_2-\overset{4}{CH}-\overset{3}{CH_2}-\overset{2}{CH_2}-\overset{1}{CH_3}$$
$$\underset{CH_2-CH_3}{\mid} \qquad \qquad \underset{\overset{5}{CH_2}-\overset{6}{CH_2}-\overset{7}{CH_3}}{\mid}$$

母体主链名称：庚烷

当存在两条等长度碳链时，应选择取代基最多的碳链作为母体主链。例如：

$$\overset{6}{CH_3}-\overset{5}{CH_2}-\overset{4}{CH_2}-\overset{3}{CH}-CH_2-CH_3 \qquad \overset{6}{CH_3}-\overset{5}{CH_2}-\overset{4}{CH_2}-\overset{3}{CH}-\overset{2}{CH_2}-\overset{1}{CH_3}$$
$$\overset{2}{\underset{\mid}{CH}}-CH_3 \qquad\qquad\qquad \underset{\mid}{CH}-CH_3$$
$$\underset{1}{\overset{\mid}{CH_3}} \qquad\qquad\qquad\qquad CH_3$$

（正确）　　　　　　　　　　（错误）

3. 主链的编号　从靠近取代基的一端开始,用阿拉伯数字将母体主链碳原子依次编号。例如:

$$\overset{7}{CH_3}\overset{6}{CH_2}\overset{5}{CH_2}\overset{4}{CH_2}\overset{3}{CH_2}\overset{2}{CH}\overset{1}{CH_3}$$
$$|$$
$$CH_3$$

2-甲基庚烷
2-methylheptane

当取代基位次相同时,按照英文字母顺序依次编号。例如:

$$\overset{7}{CH_3}\overset{6}{CH_2}\overset{5}{CH}\overset{4}{CH_2}\overset{3}{CH}\overset{2}{CH_2}\overset{1}{CH_3}$$
$$|\qquad\quad|$$
$$CH_3\quad CH_2CH_3$$

3-乙基-5-甲基庚烷
3-ethyl-5-methylheptane

母体主链如有多种编号可能时,按最低系列原则编号。最低系列原则是指在进行碳链编号时,如果存在两种或两种以上的编号序列,那么需要逐项比较各系列不同位次,根据最先遇到的位次最小者来确定最低系列。例如:

1　2　3　4　5　6　7　8 (错误编号)
$$\overset{8}{CH_3}\overset{7}{CH}\overset{6}{CH_2}\overset{5}{CH_2}\overset{4}{CH}\overset{3}{CH_2}\overset{2}{CH}\overset{1}{CH_3}$$
$$|\qquad\qquad|\quad\;\;|$$
$$CH_3\qquad CH_3\; CH_3$$

2,4,7-三甲基辛烷
2,4,7-trimethyloctane

4. 书写规则　书写有机物的名称时,将取代基的位次和名称写在母体主链名称前面,阿拉伯数字与汉字之间用"-"隔开;相同的取代基合并在一起,用"二、三、四"(di、tri、tetra)等表示其数目,各取代基位次即阿拉伯数字之间要用","(逗号需采用中文半角的标点符号或英文标点符号)隔开;有几种不同的取代基时,取代基在名称中的排列顺序按其英文字母顺序依次排列,除了与取代基连为一体的"iso"和"neo"参与排序外,其他的前缀如"*sec*-""*tert*-""di""tri""tetra"等通常不参与字母排序。例如:

$$CH_3$$
$$|$$
$$CH_3\quad CH(CH_3)_2\; CHCH_2CH_3$$
$$\overset{1}{CH_3}\overset{2}{C}\overset{3}{CH_2}\overset{4}{CH}\overset{5}{CH}\overset{6}{CH_2}\overset{7}{CH}\overset{8}{CH_2}\overset{9}{CH_2}\overset{10}{CH_2}\overset{11}{CH_3}$$
$$|\qquad\quad|$$
$$CH_3\quad C(CH_3)_3$$

7-仲丁基-5-叔丁基-4-异丙基-2,2-二甲基十一烷
7-(*sec*-butyl)-5-(*tert*-butyl)-4-isopropyl-2,2-dimethylundecane

5. 含复杂支链烷烃的系统命名　如果支链中还有取代基,支链的命名方法与烷烃类似。编号从与母体主链直接相连的碳原子开始,支链全名写在括号内(括号需采用中文半角的标点符号或英文标点符号)。例如:

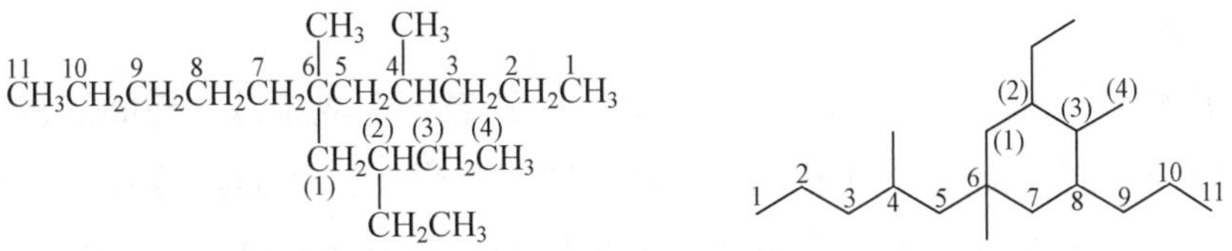

6-(2-乙基丁基)-4,6-二甲基十一烷
6-(2-ehtylbutyl)-4,6-dimethylundecane

烷烃的命名关键在于母体主链的选择和编号起始端的确定。常见烷基不仅在烷烃的命名，在其他有机化合物的命名中也经常用到。烷烃的命名是有机化合物命名的基础，其他各类化合物的命名在此基础上衍生发展。

四、结构和构象

（一）结构

烷烃分子中的碳原子均采取 sp³ 杂化。在甲烷分子的形成过程中，碳原子 2s 轨道上的一个电子由基态激发到 2p 的空轨道上，形成激发态，这时一个 2s 轨道和三个 2p 轨道发生杂化，重新组成四个能量相等的 sp³ 杂化轨道（图 2-1）。

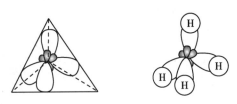

图 2-1　碳原子的 sp³ 杂化

四个 sp³ 杂化轨道以 109.5° 的角度对称地分布在碳原子周围，分别与四个氢原子的 1s 轨道形成四个 C—H σ 键（图 2-2）。

如图 2-3 所示，甲烷分子为正四面体结构，C—H的键长为 109pm，∠HCH 的键角为 109.5°。在乙烷分子中，两个碳原子各以一个 sp³ 杂化轨道相互重叠

图 2-2　碳原子的 sp³ 杂化轨道

形成 C—C σ 键，其余的六个 sp³ 杂化轨道分别与氢原子的 1s 轨道重叠形成六个 C—H σ 键；乙烷分子中的 C—C 和 C—H 的键长分别为 154pm 和 110pm，∠HCC 的键角为 109.6°。其他烷烃分子中的 C—C 和 C—H 的键长与乙烷相近，∠CCC 的键角在 111°~113°，基本符合正四面体的角度。

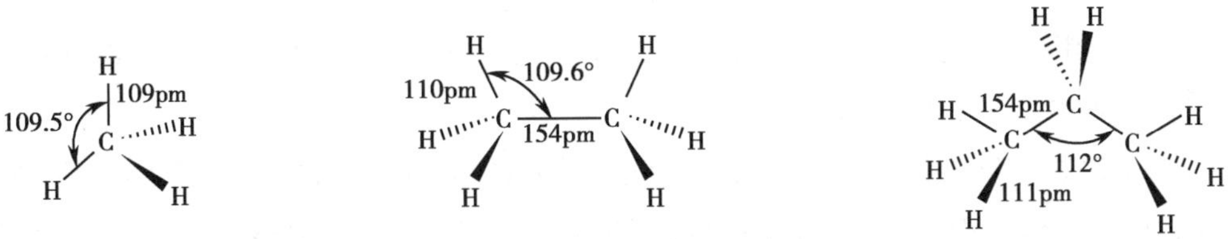

图 2-3　甲烷、乙烷、丙烷的透视式结构

（二）构象

当围绕烷烃分子的 C—C σ 键旋转时,分子中的氢原子或烷基在空间的排列方式即分子的立体形象不断变化,这种由于围绕 σ 键旋转所产生的分子的各种立体形象称为构象(conformation),这种立体异构现象称为构象异构(conformational isomerism)或旋转异构(rotational isomerism)。

1. 乙烷的构象 当围绕乙烷分子的 C—C σ 键旋转时,可以产生无数种空间排列方式,即乙烷可以有无数种构象异构体,但它的典型构象只有两种,即重叠式和交叉式(图 2-4)。

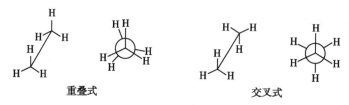

图 2-4 乙烷的典型构象

交叉式构象中两个碳原子上的氢原子距离最远,相互间的斥力最小,能量最低,是乙烷的所有构象中最稳定的,称为优势构象(preferred conformation)。重叠式构象中两个碳原子上的氢原子距离最近,斥力最大,能量最高,是乙烷的所有构象中最不稳定的,而其他构象的能量介于两者之间。交叉式构象与重叠式构象的能量相差约为 12.1kJ/mol,室温下分子的热运动就可使两种构象越过此能垒以极快的速度相互转换(图 2-5)。因此,室温下乙烷分子处于重叠式、交叉式和介于两者之间的无数种构象异构体的平衡混合物中而不能进行分离。构象之间转化所需的能量称为扭转能(torsional energy)。重叠式构象以及其他非交叉式构象之所以不稳定,是由于分子中存在扭转张力(torsional strain)。不稳定构象有转化成稳定构象而消除张力的趋势。

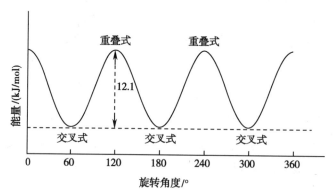

图 2-5 乙烷各种构象的能量曲线图

2. 丁烷的构象 围绕丁烷分子的 C_2—C_3 σ 键旋转 360°,同样可以得到无数种构象异构体,它的典型构象有四种(图 2-6)。

对位交叉式中两个甲基相距最远,彼此间的斥力最小,能量最低,是丁烷的优势构象;邻位交叉式中两个甲基相距较近,能量较低,是较稳定的构象;部分重叠式中两个甲基虽比邻位交叉式远一点,但两个甲基都和另一碳原子上的氢原子处于相重叠的位置,距离较近,能量

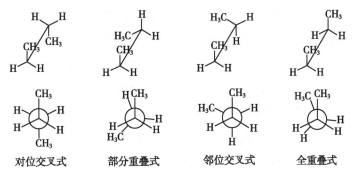

| 对位交叉式 | 部分重叠式 | 邻位交叉式 | 全重叠式 |

图2-6 丁烷的典型构象

较高,属于不稳定构象;全重叠式中两个甲基处于重叠位置,氢原子也处于重叠位置,距离最近,斥力最大,能量最高,是丁烷的最不稳定构象。丁烷的典型构象的转动能垒分别为3.7kJ/mol、15.9kJ/mol 和 18.8kJ/mol,在室温下可以迅速地相互转化而不能进行分离(图2-7)。

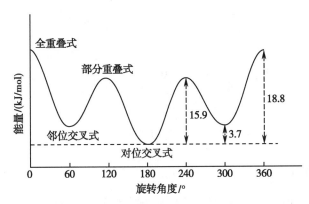

图2-7 丁烷各种构象的能量曲线图

3. 其他烷烃的构象 由于烷烃分子中的 C—C σ 键可以自由旋转,所以烷烃分子可以产生无数种构象异构体。但是,从优势构象考虑,烷烃总是处于能量较为有利的对位交叉式。因此,含三个碳原子以上的直链烷烃分子的碳链并不是直线型,而是锯齿形(图2-8)。

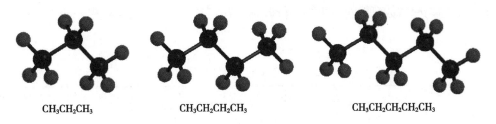

图2-8 丙烷、丁烷、戊烷分子的球棒模型

五、物理性质

(一)分子间作用力

影响化合物物理性质的重要因素是分子间作用力(intermolecular force),从本质上而言,分子间作用力都是静电作用,主要有以下三种。

1. 偶极-偶极作用力 由极性分子的正极端和负极端的相互吸引而产生的一种分子间吸引力,称为偶极-偶极作用力(dipole-dipole force)。它只存在于极性分子和极性分子之间(图2-9),其强弱与分子的偶极矩大小有关。

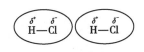

图2-9 HCl 分子间的偶极-偶极作用力

2. 色散力 由于分子中的电子不停地运动,电子云瞬时的偏移会使分子的正、负电荷中心暂时不重合而产生瞬时偶极,而这种瞬时偶极又可以诱导周围的分子也产生相应的瞬时偶极。这种由于分子的瞬时偶极之间存在的微小的分子间作用力称为色散力(dispersion force),它是在任何分子之间都存在的作用力(图 2-10)。对大多数分子而言,这种力是主要的,其大小与分子的可极化性、分子的接触面积有关。

3. 氢键 如果一个氢原子与氮、氧或氟原子成键,则该氢原子就能够形成氢键(hydrogen bond)。氢键可以看作是极强的偶极 - 偶极作用力,打开一个氢键所需的能量约为 20kJ/mol,而打开一个 C—H 或 N—H 键需要的能量约为 400kJ/mol。氢键的类型有分子间氢键和分子内氢键(图 2-11),对化合物的物理性质有很大的影响。

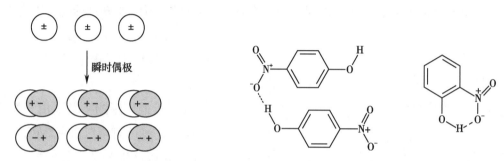

图 2-10 非极性分子间的色散力　　　图 2-11 分子间氢键和分子内氢键

(二)沸点、熔点、相对密度、溶解度和折射率

有机化合物的物理性质主要包括物态、沸点、熔点、相对密度、溶解度和折射率等。纯有机物的物理性质在一定条件下都有固定的数值,因而称为物理常数(physical constant)。通过测定有机物的物理常数可以对有机物进行鉴别或鉴定其纯度。表 2-4 列出一些直链烷烃的物理常数。

表2-4　一些直链烷烃的物理常数

名称	分子式	沸点 /℃	熔点 /℃	相对密度(d_4^{20})	折射率(n_D^{20})
甲烷	CH_4	−161.5	−182.5	—	—
乙烷	CH_3CH_3	−88.6	−183.3	0.546^{-88}	—
丙烷	$CH_3CH_2CH_3$	−42.1	−187.7	0.584^{-42}	$1.339\ 7^{-42}$
丁烷	$CH_3(CH_2)_2CH_3$	−0.5	−138.3	0.601^0	$1.356\ 2^{-13}$
戊烷	$CH_3(CH_2)_3CH_3$	36.1	−129.7	0.626	1.357 5
己烷	$CH_3(CH_2)_4CH_3$	68.7	−95.4	0.659	1.374 9
庚烷	$CH_3(CH_2)_5CH_3$	98.4	−90.6	0.684	1.387 7
辛烷	$CH_3(CH_2)_6CH_3$	125.7	−56.8	0.703	1.397 4
壬烷	$CH_3(CH_2)_7CH_3$	150.8	−53.5	0.718	1.405 4
癸烷	$CH_3(CH_2)_8CH_3$	174.1	−29.7	0.730	1.411 9
十一烷	$CH_3(CH_2)_9CH_3$	195.9	−25.6	0.740	1.417 3
十二烷	$CH_3(CH_2)_{10}CH_3$	216.3	−9.6	0.749	1.421 6

名称	分子式	沸点/℃	熔点/℃	相对密度(d_4^{20})	折射率(n_D^{20})
十三烷	$CH_3(CH_2)_{11}CH_3$	235.4	-5.4	0.756	1.425 6
十四烷	$CH_3(CH_2)_{12}CH_3$	253.5	5.9	0.763	1.429 0
十五烷	$CH_3(CH_2)_{13}CH_3$	270.6	9.9	0.768	1.431 9
十六烷	$CH_3(CH_2)_{14}CH_3$	286.8	18.2	0.775	1.434 5
十七烷	$CH_3(CH_2)_{15}CH_3$	302.2	22.0	0.777^{22}	$1.436\ 0^{25}$
十八烷	$CH_3(CH_2)_{16}CH_3$	316.7	28.2	0.777^{28}	$1.436\ 7^{28}$
十九烷	$CH_3(CH_2)_{17}CH_3$	330.6	31.9	0.778^{32}	$1.433\ 5^{38}$
二十烷	$CH_3(CH_2)_{18}CH_3$	343.8	36.4	0.778^{37}	$1.434\ 6^{40}$

1. 沸点 直链烷烃的沸点随着相对分子质量的增加而有规律地升高(图 2-12),且每增加一个 CH_2 系差所引起的沸点升高值随着相对分子质量的增加而逐渐减少。例如乙烷的沸点比甲烷高 72.9℃,十一烷比癸烷高 21.8℃,而二十烷比十九烷仅高 13.2℃。

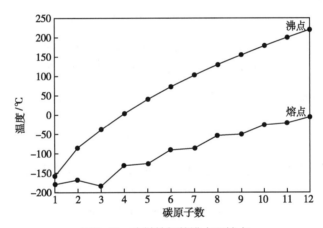

图 2-12　直链烷烃的沸点和熔点

在同碳原子数的烷烃异构体中,直链异构体比支链异构体的沸点高,含支链越多,沸点越低(图 2-13)。

	$CH_3CH_2CH_2CH_2CH_3$	CH_3-CH-CH_2-CH_3 与 CH_3	H_3C-C-CH_3 与上下 CH_3
沸点(℃)	36.1	27.9	9.5
熔点(℃)	-129.7	-159.9	-16.6

图 2-13　戊烷、异戊烷和新戊烷的沸点和熔点

2. 熔点 直链烷烃的熔点也随着相对分子质量的增加而升高。但是熔点的温度曲线并不是平滑的,含偶数碳原子烷烃的熔点比含奇数碳原子烷烃的熔点升高较多(图 2-12),随着相对分子质量的增加,熔点的温度曲线趋于平滑。这种现象也存在于其他同系列中。

在同分异构体中,熔点高低的变化规律与沸点有差异。这是因为熔点不仅与分子间作用

力有关,还与分子的对称性有关,分子的对称性越好,分子在晶格中的排列越紧密,熔点越高(图2-13)。

3. **相对密度**　烷烃比水轻,其相对密度都小于1g/ml。随着相对分子质量的增加,相对密度逐渐增大,增值逐渐减小,其极限值约为0.80g/ml。

4. **溶解度**　烷烃不溶于水,但能溶于有机溶剂,在非极性有机溶剂中的溶解度比在极性溶剂中的溶解度大。

5. **折射率**　折射率的大小与化合物的结构有关,在一定波长和温度的条件下是一个常数。直链烷烃的折射率随着相对分子质量的增加而增大。

六、化学性质

烷烃分子中的 C—C 键和 C—H 键均是非极性或极性很弱的 σ 键,所以烷烃的化学性质稳定。通常,烷烃与强酸、强碱以及常用的氧化剂、还原剂等都不起反应。但在一定条件下,即在适当的温度、压力和催化剂作用下,C—C 键和 C—H 键也可断裂而发生化学反应。

(一)卤代反应

分子中的原子或基团被其他原子或基团取代的反应称为取代反应(substitution reaction),其中被卤素原子取代的反应称为卤代(化)反应(halogenation reaction)。

1. **氯代反应**　在室温和黑暗中,烷烃与氯气不起反应,但在高温、光照或催化剂作用下,二者则发生反应。例如:

$$CH_4 + Cl_2 \xrightarrow[\text{or } hv]{\triangle} CH_3Cl + HCl$$

生成的一氯甲烷容易继续发生氯代反应,生成二氯甲烷、三氯甲烷(氯仿)和四氯化碳。

$$CH_3Cl + Cl_2 \xrightarrow[\text{or } hv]{\triangle} CH_2Cl_2 + HCl$$

$$CH_2Cl_2 + Cl_2 \xrightarrow[\text{or } hv]{\triangle} CHCl_3 + HCl$$

$$CHCl_3 + Cl_2 \xrightarrow[\text{or } hv]{\triangle} CCl_4 + HCl$$

因此,烷烃的氯代反应一般不能得到单一产物。但反应条件对反应产物的组成有很大影响,因而控制反应条件,可以生成以其中一种氯代烷为主的产物。工业上常采用热氯代方法,控制反应温度为 400~450℃,CH_4 与 Cl_2 的物质的量比为 10:1,得到以 CH_3Cl 为主的产物;CH_4 与 Cl_2 的摩尔比为 0.263:1,得到以 CCl_4 为主的产物。

其他烷烃的氯代反应与甲烷基本相似,需在光照或加热条件下进行反应。但随着分子中的碳原子数增加,一卤代物往往不止一个,反应产物较为复杂。例如:

$$CH_3CH_2CH_3 + Cl_2 \xrightarrow[25℃]{hv} \underset{45\%}{CH_3CH_2CH_2Cl} + \underset{55\%}{\underset{|}{\overset{}{CH_3CHCH_3}}}$$
$$\underset{}{\underset{}{Cl}}$$

$$CH_3CHCH_3 + Cl_2 \xrightarrow[127\text{℃}]{hv} CH_3CHCH_2Cl + CH_3\underset{\underset{CH_3}{|}}{\overset{\overset{Cl}{|}}{C}}CH_3$$

$$\underset{CH_3}{|} \qquad\qquad \underset{CH_3}{|}$$

$$64\% \qquad\qquad 36\%$$

从丙烷氯代得到的两种产物比例可知,丙烷分子中伯氢(1°H)和仲氢(2°H)的反应活性是不相同的。如从两种氢原子被取代的概率考虑,1°H 有 6 个,2°H 有 2 个,丙烷的一氯代产物应分别为 75% 和 25%。但实验得到的两种一氯代产物分别为 45% 和 55%,即 2°H 的反应活性比 1°H 大,两种类型氢原子的相对反应活性比为 2°H:1°H=(55/2):(45/6)=3.7:1。同样,在异丁烷分子中有 9 个 1°H 和 1 个 3°H,1°H 和 3°H 被取代的概率比为 9:1,而实际上这两种产物分别为 64% 和 36%,1°H 和 3°H 的相对反应活性比为 3°H:1°H=(36/1):(64/9)=5.1:1。通过大量烷烃氯代反应实验表明,各种氢原子被取代的活性次序为 3°H>2°H>1°H>CH₃—H。

2. 溴代反应 与氯代反应相似,溴代反应也要在高温、光照或催化剂作用下生成相应的溴代产物。但是烷烃的溴代比氯代反应速率慢,生成相应溴代物的比例也不同。例如:

$$CH_3CH_2CH_3 + Br_2 \xrightarrow[127\text{℃}]{hv} CH_3CH_2CH_2Br + CH_3\underset{\underset{Br}{|}}{C}HCH_3$$

$$3\% \qquad\qquad 97\%$$

$$CH_3CHCH_3 + Br_2 \xrightarrow[127\text{℃}]{hv} CH_3CHCH_2Br + CH_3\underset{\underset{CH_3}{|}}{\overset{\overset{Br}{|}}{C}}CH_3$$

$$\underset{CH_3}{|} \qquad\qquad \underset{CH_3}{|}$$

$$<1\% \qquad\qquad >99\%$$

由此可见,在烷烃的溴代反应中,各种氢原子被取代的活性次序同样遵循 3°H>2°H>1°H 的规律。在 127℃时,三种氢原子的相对反应活性比为 3°H:2°H:1°H=1 600:82:1。溴代产物各种异构体的比例与氯代产物有显著的差别。氯代反应得到的混合物没有一种异构体占很大的优势,而溴代产物中有一种异构体占绝对优势。因此,溴代反应有高度选择性,是制备溴代烷的一条较佳的合成路线。

溴代反应有高度选择性是因为溴的相对反应活性小。一般而言,反应活性大,选择性就差;反应活性小,选择性就好。

3. 其他卤代反应 氟代反应非常猛烈,是强放热反应,以致反应难以控制,会引起爆炸,所以在实际应用中用途不大。

碘代反应是吸热反应,难以进行,同时生成的碘化氢是还原剂,很容易把碘代烷还原成原来的烷烃。

$$CH_3I + HI \longrightarrow CH_4 + I_2$$

在烷烃的卤代反应中,有实际意义的通常是氯代和溴代。卤素分子与烷烃反应的相对活性次序为 $F_2>Cl_2>Br_2>I_2$。

（二）卤代反应的机理

反应机理（reaction mechanism）又称为反应历程，是指反应物到产物经过的途径和过程。它是综合大量实验事实作出的理论假设，有些已得到公认，有些尚待完善，有些还不清楚。随着对有机反应研究的不断深入，反应机理将不断得到修正和发展，或者被新的理论假设所代替。研究反应机理的目的在于理解和掌握反应的本质，以便更好地控制反应和改进反应。

1. 甲烷氯代反应机理 研究表明，烷烃的氯代反应属于自由基取代反应机理。以甲烷为例，具体反应过程如下。

$$
\begin{aligned}
&\text{链引发：}① \quad Cl—Cl \xrightarrow{h\nu} 2Cl· \\
&\text{链增长：}② \quad Cl· + H—CH_3 \longrightarrow HCl + CH_3· \\
&\qquad\qquad ③ \quad CH_3· + Cl—Cl \longrightarrow CH_3Cl + Cl· \\
&\qquad\qquad 再重复②、③…… \\
&\text{链终止：}④ \quad CH_3· + Cl· \longrightarrow CH_3Cl \\
&\qquad\qquad ⑤ \quad CH_3· + CH_3· \longrightarrow CH_3CH_3 \\
&\qquad\qquad ⑥ \quad Cl· + Cl· \longrightarrow Cl_2
\end{aligned}
$$

甲烷的氯代反应是分步进行的。首先，氯分子在光或热作用下均裂成两个氯自由基；氯自由基很活泼，一旦生成就与甲烷分子碰撞，夺取甲烷分子中的一个氢原子，生成甲基自由基和氯化氢；甲基自由基的活泼性很高，与氯分子碰撞，夺取一个氯原子，生成氯甲烷和氯自由基；新生成的氯自由基继续与甲烷碰撞，生成氯化氢和甲基自由基，使反应②和③反复进行，直至两个自由基相互碰撞，生成稳定的分子为止。

自由基的形成使下一步反应能够发生，并生成新的自由基，从而使整个反应连续不断地进行下去，这种反应称为自由基链锁反应（free radical chain reaction）。其中，反应①产生活泼的氯自由基引发反应②和③，称为链引发阶段；反应②和③反复进行，不断生成产物，称为链增长阶段；反应④、⑤和⑥使链反应停止，称为链终止阶段。由于反应系统中自由基的浓度很低，相互碰撞的概率很小，反应②和③往往可以循环 10^4 次左右才终止。

CH_3Cl、CH_2Cl_2 和 $CHCl_3$ 分子中的 C—H 键的解离能分别为 422.2kJ/mol、414.2kJ/mol 和 400.81kJ/mol，都小于甲烷的 C—H 键的解离能 434.7kJ/mol。所以，在甲烷的氯代反应中，CH_3Cl、CH_2Cl_2 和 $CHCl_3$ 更容易发生氯代反应，生成的产物是 CH_3Cl、CH_2Cl_2、$CHCl_3$ 和 CCl_4 的混合物。只有在大量甲烷存在下，才能得到以 CH_3Cl 为主的产物。

自由基链锁反应包括链引发、链增长和链终止三个阶段。氯分子的 Cl—Cl 键的解离能（242.6kJ/mol）较烷烃分子的 C—H 键的解离能（434.7kJ/mol）低，因此在光照或加热时，氯分子作为引发剂首先均裂成两个氯自由基，引发自由基链锁反应。

除了用光和热产生自由基引发反应外，也可用自由基引发剂。例如四乙基铅：

$$(CH_3CH_2)_4Pb \xrightarrow{140\sim150℃} CH_3CH_2· + Pb$$

$$CH_3CH_2· + Cl_2 \longrightarrow CH_3CH_2Cl + Cl·$$

在无光条件下，甲烷氯代反应必须在 400℃以上才能发生，当加入 0.02%～0.1% 的四乙基铅时,温度降至140～150℃即可引发反应。

自由基反应一般在气相或非极性溶剂中进行。当有氧气存在时,上述反应不能进行,因为氧分子极易与自由基反应生成过氧化物。只有当氧消耗尽后,反应才能正常进行,这段时间称为自由基反应的诱导期。

$$CH_3 \cdot + O_2 \longrightarrow CH_3-O-O \cdot$$

$$CH_3-O-O \cdot + CH_3 \cdot \longrightarrow CH_3-O-O-CH_3$$

2. 自由基的结构和稳定性 自由基的结构既可能是平面型也可能是角锥型。研究表明,甲基自由基呈平面型,碳原子采取 sp^2 杂化,每个 sp^2 杂化轨道与氢原子的 s 轨道通过轴向重叠形成 σ 键,未参与杂化的 p 轨道垂直于杂化平面,被一个单电子占据。

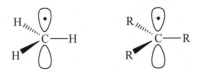

自由基的稳定性与键的解离能有关,不同类型C—H键的解离能如下。

		解离能(kJ/mol)
$CH_3-H \longrightarrow CH_3 \cdot + H \cdot$		434.7
$RCH_2-H \longrightarrow RCH_2 \cdot + H \cdot$		405.5
$R_2CH-H \longrightarrow R_2CH \cdot + H \cdot$		392.9
$R_3C-H \longrightarrow R_3C \cdot + H \cdot$		376.2

键的解离能越小,形成自由基所需要的能量就越低,自由基也就越容易形成,结构越稳定。所以,烷基自由基的稳定性顺序为叔丁基自由基＞异丙基自由基＞乙基自由基＞甲基自由基。

3. 甲烷氯代反应中的能量变化 反应热又称为热焓差(ΔH),是在标准状态下反应物与生成物的热焓之差。化学反应涉及旧键的断裂和新键的形成,断裂共价键需要提供能量,生成共价键会释放能量,反应热是这两种能量的总和,利用键的解离能数据可以估算出一个化学反应的反应热。例如在甲烷氯代反应链增长阶段的两步反应中,ΔH 分别为 +4kJ/mol 和 -109kJ/mol,这一阶段总的结果是放热的(-105kJ/mol)。

$$\begin{array}{cccccc} CH_3-H & + & Cl \cdot & \longrightarrow & CH_3 \cdot & + & H-Cl & \Delta H= +4kJ/mol \\ +435kJ/mol & & (吸热) & & -431kJ/mol & & (放热) \end{array}$$

$$\begin{array}{cccccc} Cl-Cl & + & CH_3 \cdot & \longrightarrow & Cl \cdot & + & CH_3-Cl & \Delta H= -109kJ/mol \\ +243kJ/mol & & (吸热) & & -352kJ/mol & & (放热) \end{array}$$

总反应: $CH_4 + Cl_2 \longrightarrow CH_3Cl + HCl$ $\Delta H= -105kJ/mol$

用同样的方法计算甲烷的溴代反应,结果也是放热的(-30.1kJ/mol)。

$$\begin{array}{cccccc} CH_3-H & + & Br \cdot & \longrightarrow & CH_3 \cdot & + & H-Br & \Delta H= +70.4kJ/mol \\ +435kJ/mol & & (吸热) & & -364.6kJ/mol & & (放热) \end{array}$$

$$\begin{array}{cccccc} Br-Br & + & CH_3 \cdot & \longrightarrow & Br \cdot & + & CH_3-Br & \Delta H= -100.5kJ/mol \\ +192.6kJ/mol & & (吸热) & & -293.1kJ/mol & & (放热) \end{array}$$

总反应: $CH_4 + Br_2 \longrightarrow CH_3Br + HBr$ $\Delta H= -30.1kJ/mol$

甲烷氟代反应和碘代反应的 ΔH 分别为 -426.4kJ/mol 和 $+54.3$kJ/mol。可见，甲烷的氯代反应比溴代反应快得多，而氟代反应由于释放大量热而使反应无法控制，易引起爆炸。碘代反应是吸热反应，所以一般情况下难以进行。

　　化学反应是由反应物逐渐变成产物的连续过程，而这一过程中间需要经历一个过渡态（transition state）。从反应物到过渡态是一个能量逐渐升高的过程，达到过渡态时体系的能量最高，此后体系的能量迅速下降。反应物与过渡态之间的能量差称为活化能（activation energy），用 E_a 表示。反应物和产物之间的能量差称为反应热（heat of reaction），用 ΔH 表示（图 2-14）。

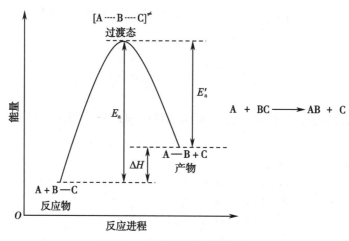

图 2-14　反应过程的能量变化

　　活化能决定反应速率的大小，活化能越小，反应速率越大。在分步进行的反应中可以有几个过渡状态，每两个过渡状态之间的能量最低点相当于反应的活性中间体（reactive intermediate）。活化能最大的反应步骤速率最慢，是整个反应的速率控制步骤。

　　在甲烷的氯代反应中，氯自由基与甲烷分子接近时，H 与 Cl 之间逐渐开始成键，C—H 键之间逐渐开始断裂，体系的能量随之上升，当到达过渡态时，体系的能量最高。之后，随着 C—H 键逐渐断裂以及 H—Cl 键逐渐形成，体系的能量不断降低，最终形成平面型的甲基自由基和 HCl（图 2-15）。

　　甲基自由基与氯分子的反应过程与氯自由基和甲烷的反应过程类似（图 2-15）。

　　从图 2-15 看出，第一步反应的活化能 E_{a1} 比第二步 E_{a2} 大，因而第一步反应速率慢，是速率控制步骤。活性中间体甲基自由基处于两个过渡态之间的谷底，比过渡态稳定，但其能量比反应物甲烷高得多，很活泼，所以它一经生成就进行下一步反应。

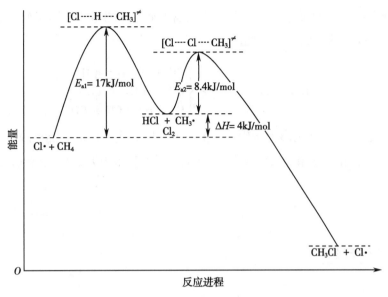

图 2-15　甲烷氯代反应的能量变化

中间体自由基的稳定性与形成自由基的过渡态的稳定性是一致的,即生成的自由基稳定,它所历经的过渡态的能量也较低,反应的活化能就低。

(三)燃烧和氧化反应

在空气或氧气存在下,烷烃完全燃烧生成二氧化碳和水,同时放出大量的热。

$$C_nH_{2n+2} + \left(\frac{3n+1}{2}\right)O_2 \longrightarrow nCO_2 + (n+1)H_2O + 热量$$

烷烃燃烧时放出的热量是人类应用的重要能源之一。如果烷烃在燃烧时供氧不足,燃烧不完全,就有大量的一氧化碳等有毒物质产生。

在标准状态下,1mol 烷烃完全燃烧所放出的热量称为燃烧热(heat of combustion)。不同的烷烃,其燃烧热不同。直链烷烃每增加一个 CH_2 系差,其燃烧热的变化值基本恒定,平均增加 658.6kJ/mol。例如:

	CH_3CH_3	$CH_3CH_2CH_3$	$CH_3(CH_2)_2CH_3$	$CH_3(CH_2)_3CH_3$
燃烧热 $\Delta H^{\ominus}$ (kJ/mol)	1 560.8	2 221.5	2 878.2	3 539.1

在烷烃的同分异构体中,支链烷烃比直链烷烃的燃烧热小。例如:

	$CH_3(CH_2)_6CH_3$	$(CH_3)_2CH(CH_2)_4CH_3$	$(CH_3)_3C(CH_2)_3CH_3$
燃烧热 $\Delta H^{\ominus}$ (kJ/mol)	5 474.2	5 469.2	5 462.1

燃烧热的差别反映分子内能的高低和稳定性的大小。燃烧热越大,表明分子内能越高;反之,燃烧热越小,说明分子内能越低。所以,三种辛烷异构体的稳定性大小顺序为 $(CH_3)_3C(CH_2)_3CH_3 > (CH_3)_2CH(CH_2)_4CH_3 > CH_3(CH_2)_6CH_3$。

(四)热裂解反应

烷烃在没有氧气存在下进行的热分解反应称为热裂反应(pyrolysis reaction)。烷烃的热

裂解反应是一个很复杂的过程。烷烃分子中所含的碳原子数越多,热裂解反应产物也越复杂。反应条件不同,产物也不同。例如:

$$CH_3CH_2CH_2CH_3 \xrightarrow{500℃} \begin{cases} CH_4 + CH_3CH = CH_2 \\ CH_2 = CH_2 + CH_3CH_3 \\ H_2 + CH_3CH_2CH = CH_2 \end{cases}$$

近年来,热裂解已被催化裂化所代替。工业上利用催化裂化把高沸点的重油转变为低沸点的汽油,提高汽油的产量和质量。通过催化裂化还可获得重要的化工原料(如乙烯、丙烯、丁二烯等)。

第二节　环烷烃

一、分类和命名

(一)分类

根据环烷烃中的碳环数目不同,可分为单环、双环和多环烷烃。在单环烷烃中,根据成环碳原子的数目不同,可再分为小环(3~4个C)、普通环(5~6个C)、中环(7~12个C)和大环(大于12个C)。

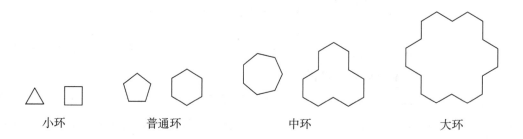

| 小环 | 普通环 | 中环 | 大环 |

在双环和多环烷烃中,根据环间的连接方式不同分为联环、螺环和桥环烷烃。两个碳环通过单键相连的环烷烃称为联环烷烃(bicyclic alkane);两个碳环共用一个碳原子的环烷烃称为螺环烷烃(spiro alkane);两个碳环共用两个或两个以上碳原子的环烷烃称为桥环烷烃(bridged alkane)。

联环烷烃　　　螺环烷烃　　　桥环烷烃

(二)命名

1. 单环烷烃的命名　单环烷烃的命名与链烷烃相似,只需在相应的链烷烃名称前冠以“环”字,根据成环碳原子的数目称为“环某烷”。若环上带有支链,一般以环为母体,支链为取代基。例如:

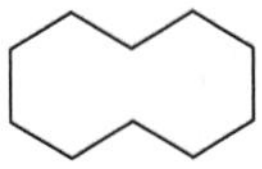

环癸烷
cyclodecane

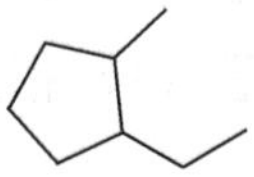

1-乙基-2-甲基环戊烷
1-ethyl-2-methylcyclopentane

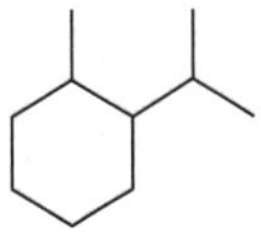

1-异丙基-2-甲基环己烷
1-isopropyl-2-methylcyclohexane

环上的取代基比较复杂时,可将环作为取代基来命名。例如:

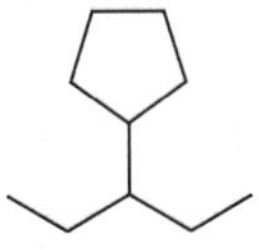

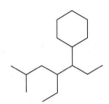

3-环戊基戊烷
3-cyclopentylpentane

5-环己基-4-乙基-2-甲基庚烷
5-cyclohexyl-4-ethyl-2-methylheptane

2. 联环烷烃的命名　当连接两个相同的环系时,将前缀"二联"置于环烷烃名称前,"二"字可省略;当连接两个不同的环系时,选择所含环数最多者作为母体环烷烃。例如:

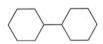

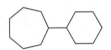

1, 1'-(二)联环己烷
1, 1'-bi(cyclohexane)

环己基环庚烷
cyclohexylcycloheptane

3. 螺环烷烃的命名　在螺环烷烃中,两个碳环共用一个碳原子,这个碳原子称为螺原子(spiro atom)。根据所含螺原子的数目,螺环烷烃又分为单螺、双螺等。例如:

单螺

双螺

对于单螺烷烃,根据参与成环的碳原子总数称为"螺[　]某烷",方括号内用阿拉伯数字注明每个环上除螺原子以外的碳原子数,从小环到大环,数字之间用"."隔开。例如:

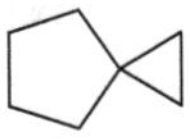

螺[2.4]庚烷
spiro[2.4]heptane

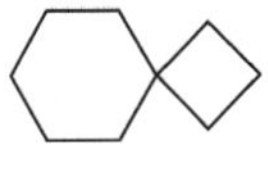

螺[3.5]壬烷
spiro[3.5]nonane

单螺烷烃的编号从小环紧邻螺原子的碳原子开始,通过螺原子编到大环。若环上有取代基,应使取代基的编号尽可能小。例如:

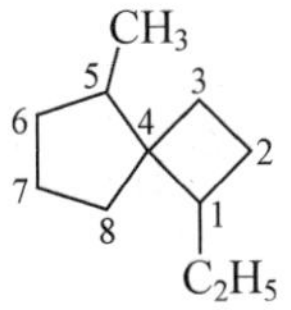

1-乙基-5-甲基螺[3.4]辛烷
1-ethyl-5-methylspiro[3.4]octane

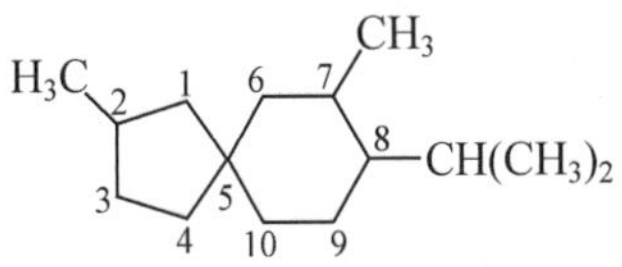

8-异丙基-2,7-二甲基螺[4.5]癸烷
8-isopropyl-2,7-dimethylspiro[4.5]decane

4. 桥环烷烃的命名 在桥环烷烃中,桥碳链交汇点的碳原子称为桥头碳原子(bridge-head atom)。将桥环烷烃转变为链烷烃时需要断裂碳链,根据断裂碳链的数目确定桥环烷烃所含环的数目,桥烷烃又分为双环、三环等。例如:

双环　　　　　　　　　　　三环

对于双环烷烃,根据参与成环的碳原子总数称为"二环[ ]某烷",方括号内注明各桥所含的碳原子数(桥头碳原子除外),从大到小,数字之间用"."隔开。例如:

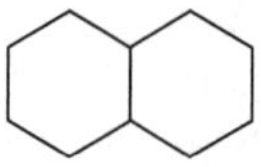

双环[4.4.0]癸烷(十氢化萘)
bicyclo[4.4.0]decane(decahydronaphthalene)

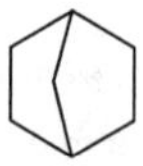

双环[2.2.1]庚烷
bicyclo[2.2.1]heptane

二环烷烃的编号是从一个桥头碳原子开始,沿最长的桥编到另一个桥头碳原子,再沿次长桥编回到第一个桥头碳原子,最短的桥最后编,同时使取代基的编号尽可能小。例如:

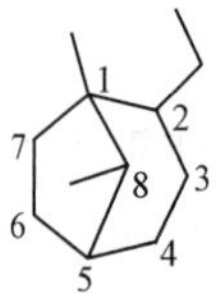

2-乙基-1,8-二甲基双环[3.2.1]辛烷
2-ethyl-1,8-dimethylbicyclo[3.2.1]octane

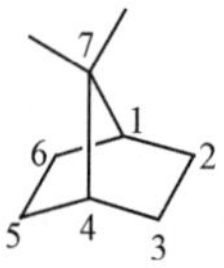

7,7-二甲基双环[2.2.1]庚烷
7,7-dimethylbicyclo[2.2.1]heptane

对于一些结构复杂的桥环烷烃,常用俗称来命名它们。例如:

金刚烷
adamantane

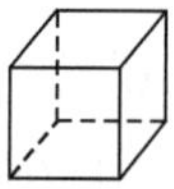

立方烷
cubane

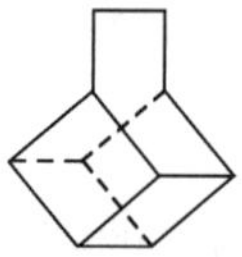

篮烷
basketane

二、同分异构

(一) 碳架异构

环烷烃的碳架异构现象与烷烃相似,但比烷烃复杂。例如含 5 个碳原子的环烷烃(C_5H_{10})比烷烃(C_5H_{12})的碳架异构体数目多。

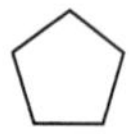

环戊烷
cyclopentane

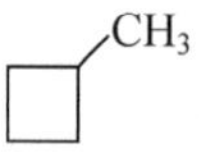

甲基环丁烷
methylcyclobutane

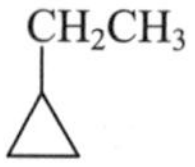

乙基环丙烷
ethylcyclopropane

1,1-二甲基环丙烷
1,1-dimethylcyclopropane

1,2-二甲基环丙烷
1,2-dimethylcyclopropane

（二）顺反异构

在 1,2-二甲基环丙烷分子中，由于环的存在限制了 σ 键的自由旋转，使得两个甲基和两个氢原子在空间有两种不同的排列方式，即两个相同基团在环平面同一侧的称为"*cis*"，在异侧的称为"*trans*"，这种同分异构现象称为顺反异构（*cis-trans* isomerism）。例如：

cis-1,2-二甲基环丙烷
cis-1,2-dimethylcyclopropane

trans-1,2-二甲基环丙烷
trans-1,2-dimethylcyclopropane

需要指出的是，当环上碳原子连着两个相同的原子或基团时，不存在顺反异构现象。例如：

1,1,4-三甲基环己烷
1,1,4-trimethylcyclohexane

三、结构和构象

（一）结构

1. 稳定性　从燃烧热数值可以看出分子内能的高低。燃烧热越高，分子内能越高，则分子越不稳定。因此，从表 2-5 环烷烃的燃烧热数据可以看出其稳定性顺序为六元环＞五元环＞四元环＞三元环；从七元环开始，每个 CH_2 的平均燃烧热值趋于恒定，稳定性也相似，是比较稳定的环烷烃。

表2-5　常见环烷烃的燃烧热

名称	成环碳原子数	燃烧热 /（kJ/mol）	每个 CH_2 的平均燃烧热 /（kJ/mol）
环丙烷	3	2 091.2	697.1
环丁烷	4	2 744.3	686.1
环戊烷	5	3 320.0	664.0
环己烷	6	3 951.8	658.6
环庚烷	7	4 636.7	662.4
环辛烷	8	5 310.3	663.8
环壬烷	9	5 981.0	664.6
环癸烷	10	6 635.8	663.6

名称	成环碳原子数	燃烧热/（kJ/mol）	每个 CH_2 的平均燃烧热/（kJ/mol）
环十四烷	14	9 220.4	658.6
环十五烷	15	9 884.7	659.0
开链烷烃			658.6

2. 拜耳张力学说　为了解释环烷烃的稳定性，1885 年德国化学家拜耳（Baeyer）提出"张力学说"。他假设成环的碳原子为处在同一平面上的正多边形，这就使环烷烃的键角与饱和碳原子正四面体的键角 109.5° 产生偏差。例如环丙烷向内偏转 24.75°[（109.5°–60°）/2=24.75°]，环丁烷向内偏转 9.75°，环戊烷向内偏转 0.75°（图 2-16）。

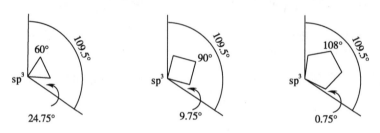

图 2-16　环丙烷、环丁烷和环戊烷与正四面体的键角偏差

正常键角向内偏转的结果使环烷烃分子产生张力，即恢复正常键角的力，称为角张力（angle strain）或拜耳张力（Baeyer strain）。环烷烃的键角偏差越大，角张力越大，稳定性越差。因此，环烷烃的稳定性顺序为五元环＞四元环＞三元环。

按照拜耳"张力学说"，环己烷向外偏转 5.25°，大于环戊烷的键角偏差，环己烷应不如环戊烷稳定。同时，随着环的增大，角张力增大，六元环以上的环烷烃应越来越不稳定。事实上，环己烷比环戊烷稳定，中环和大环亦比较稳定。造成这种矛盾的原因是由于拜耳把成环碳原子视为在同一平面上的错误假设。

3. 现代结构理论的解释　现代结构理论认为，共价键的形成是成键原子轨道相互重叠的结果，重叠程度越大，形成的共价键越稳定。环丙烷分子显然处于同一平面上，C—C 间的夹角为 60°，而 sp^3 杂化碳原子沿键轴方向重叠，键角为 109.5°。因此，在环丙烷分子中，两个碳原子的 sp^3 杂化轨道不可能沿键轴方向重叠，只能偏离一定的角度形成弯曲键，使得分子中原子轨道的重叠程度小，键的稳定性差，由于其形状像香蕉，又称为香蕉键（banana bond）（图 2-17），它所产生的角张力是环丙烷分子不稳定的主要因素。此外，环丙烷分子中的碳氢键在空间处于重叠式位置而产生扭转张力（torsional strain）（图 2-17）。扭转张力的存在也是

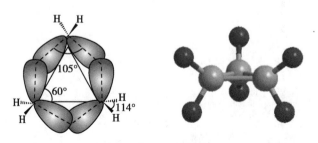

图 2-17　环丙烷的 sp^3 杂环轨道重叠图和球棒模型

环丙烷不稳定的因素之一。

除环丙烷外，其他环烷烃均可通过 sp³ 杂化轨道相互重叠形成的 C—C σ 键，并且它们以非平面的构象存在。特别是环己烷，由于以非平面的构象存在，成环碳原子保持正常的键角 109.5° 并沿键轴方向重叠，保证轨道之间的最大重叠，形成稳定的共价键，不存在张力，所以环己烷最稳定。

（二）构象

1. 环丙烷的构象　环丙烷的碳原子只能处于同一平面上，C—H 键都处于重叠式构象（图 2-18）。

2. 环丁烷的构象　从环丁烷开始，为了避免 C—H 键相互重叠而产生的扭转张力，组成环的 4 个碳原子不在同一平面上，为折叠式排列，可形象化地称其为蝶式构象（图 2-19）。

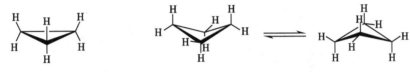

图 2-18　环丙烷的构象　　　　　　图 2-19　环丁烷的蝶式构象

3. 环戊烷的构象　环戊烷通过环内 C—C 键的旋转，可形成信封式构象（图 2-20）。在这个非平面结构中，虽然环内的角张力略有升高，但离开平面的 CH₂ 与相邻碳原子以接近交叉式构象的方式连接，使 C—H 间的扭转张力降低较大，因此比平面结构的能量低，更为稳定，是环戊烷的优势构象。环戊烷分子中的每一个碳原子可依次交替离开平面，处于一系列动态转换中。

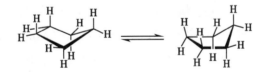

图 2-20　环戊烷的信封式构象

4. 环己烷及其衍生物的构象

（1）椅式和船式构象：环己烷的六个碳原子不在同一平面上，保持 C—C 的键角为 109.5°，这种无角张力的典型构象有椅式（chair form）和船式（boat form）两种（图 2-21）。

椅式　　　　　　　　船式

图 2-21　环己烷的构象

在环己烷的椅式构象中，碳碳单键的键长和键角都与正常状态下碳碳单键的键长和键角相符，因此环己烷的椅式构象没有角张力。此外，分子中所有氢原子间的距离均大于两个氢原子的半径之和，氢原子间没有排斥力，不会使体系的能量升高。同时，环中任意两个相邻碳原子的构象都是邻位交叉式构象。因此，椅式构象是环己烷的优势构象（图 2-22）。

在环己烷的船式构象中，C₂ 和 C₃、C₅ 和 C₆ 处于全重叠式，有较大的扭转张力。同时，船头 C₁ 和 C₄ 上两个伸向内侧的氢原子称为旗杆氢（flagpole hydrogen），它们相距较近，约为 183pm，小于两个氢原子的半径之和 248pm，因而存在由于空间拥挤所引起的斥力，称为跨环张力。

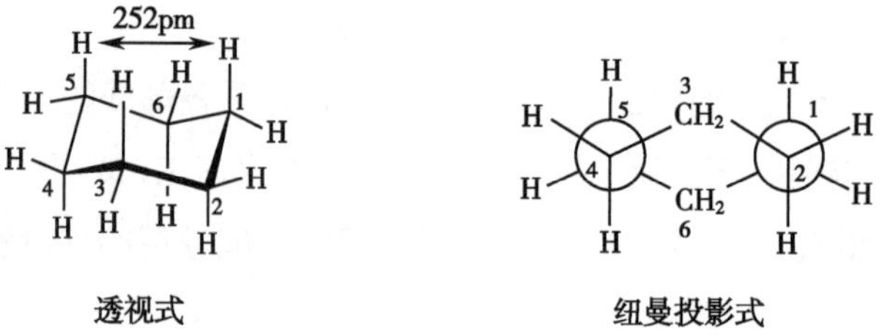

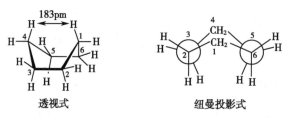

图 2-22 环己烷椅式构象的透视式及纽曼投影式

另外，船式构象有四个邻位交叉式构象，即 C_1 和 C_2、C_1 和 C_6、C_3 和 C_4、C_4 和 C_5。上述因素使环己烷的船式构象能量升高。计算结果表明，船式构象比椅式构象的能量高 28.9kJ/mol，因此椅式构象比船式构象稳定（图 2-23）。常温下，在两种构象的动态平衡中，椅式构象占 99.9%。

图 2-23 环己烷船式构象的透视式及纽曼投影式

（2）椅式构象中的直立键和平伏键：在环己烷的椅式构象中，C_1、C_3、C_5 在同一环平面上，C_2、C_4、C_6 在另一环平面上，这两个环平面相互平行，其间距约 50pm。穿过环中心并垂直于环平面的轴称为对称轴。据此，环己烷中的 12 个 C—H 键分为两种类型，一类是 6 个 C—H 键垂直于环平面，即与对称轴平行，称为直立键，也称为 a 键（axial bond），其中 3 个竖直向上、3 个竖直向下，交替排列；另一类是 6 个 C—H 键与环平面形成 19.5°（109.5°–90°）的夹角，称为平伏键，也称为 e 键（equatorial bond），其中 3 个向上、3 个向下，交替排列（图 2-24）。

（3）椅式构象的环翻转：室温下，环己烷通过环内 C—C 单键的旋转，可以从一种椅式构象转变成另一种椅式构象，称为环翻转（ring inversion）。翻转后，原来的 a 键变为 e 键、e 键变为 a 键，但其向上和向下的取向并未改变（图 2-25）。

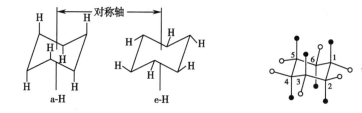

图 2-24 环己烷椅式构象的直立键和平伏键 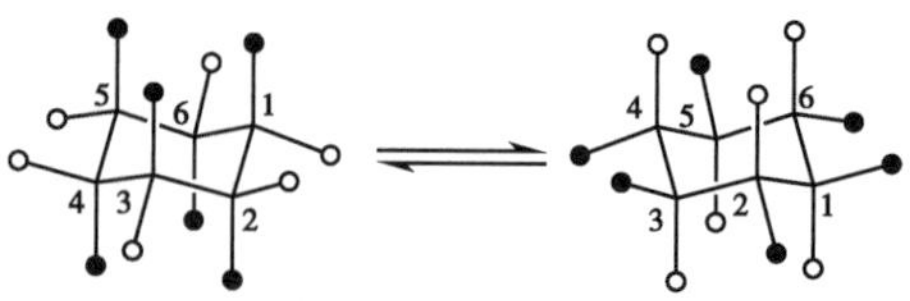　　图 2-25 环己烷椅式构象中的环翻转

环翻转过程中，椅式经半椅式（half chair form）、扭船式（twist boat form）变成船式，船式再经扭船式、半椅式变成另一个椅式（图 2-26）。

（4）一元取代环己烷的构象：一元取代环己烷有两种可能构象，即取代基在 a 键或 e 键。从图 2-27 可以看出，取代基在 a 键时，与 C_3 和 C_5 上的 a-H 之间距离较近，存在范德瓦耳斯斥力，这种由于空间拥挤所引起的斥力（跨环张力）较大，分子内能较高；取代基在 e 键时，则不

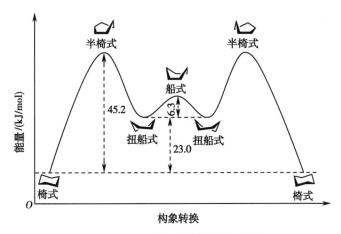

图 2-26　环己烷构象转换的能量变化

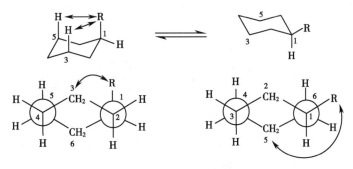

图 2-27　一元取代环己烷的构象分析

存在这种斥力。两种椅式构象的纽曼投影式也显示,取代基在 a 键时,与 3-CH₂ 成邻位交叉式;取代基在 e 键时,与 5-CH₂ 成对位交叉式。所以,以取代基在 e 键的构象占优势。例如甲基环己烷中的甲基在 e 键的构象占 95%;异丙基环己烷中的异丙基在 e 键的构象占 97%;叔丁基环己烷中的叔丁基几乎全部位于 e 键。

5. **十氢化萘的构象**　萘与十个氢结合得到十氢化萘,十氢化萘的两个环可以通过顺式或反式两种方式连接。

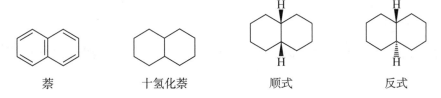

当两个环己烷稠合时,因为环己烷的椅式构象稳定,相互连接的环都采取椅式构象。顺十氢化萘的两个六元环相互以 ae 键稠合,而反十氢化萘的两个六元环相互以 ee 键稠合,因此反十氢化萘比顺十氢化萘稳定。

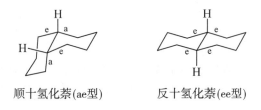

顺十氢化萘的两个椅式环可以翻环，并且两者的能量相等，在平衡混合物中各占50%。

反十氢化萘不能翻环，因为翻环后意味着两个椅式环己烷相互要以反式 aa 键稠合，这在空间上是不可能的。因此，反十氢化萘是刚性结构，不存在环翻转。

四、物理性质

环烷烃在常温常压下，小环为气态，普通环为液态，中环及大环为固态。环烷烃的沸点、熔点和相对密度比相同碳原子数的烷烃高，这是因为环烷烃具有较大的刚性和对称性，使得分子间作用力变强（表2-6）。

表2-6　一些环烷烃的物理常数

名称	分子式	沸点 /℃	熔点 /℃	相对密度（d_4^{20}）	折射率（n_D^{20}）
环丙烷	C_3H_6	−32.8	−127.4	0.720^{-79}	$1.379\ 9^{-42.5}$
环丁烷	C_4H_8	12.5	−90.7	0.704^0	$1.375\ 2^0$
环戊烷	C_5H_{10}	49.3	−93.9	0.746	1.406 5
环己烷	C_6H_{12}	80.7	6.5	0.779	1.426 2
环庚烷	C_7H_{14}	118.8	−8.0	0.811	1.445 5
环辛烷	C_8H_{16}	151.1	14.8	0.834	1.457 4
甲基环戊烷	C_6H_{12}	71.8	−142.4	0.749	1.409 7
甲基环己烷	C_7H_{14}	100.9	−126.6	0.769	1.423 1

五、化学性质

（一）取代反应

环烷烃的化学性质与烷烃相似，在光照或高温条件下可与卤素发生自由基取代反应。例如：

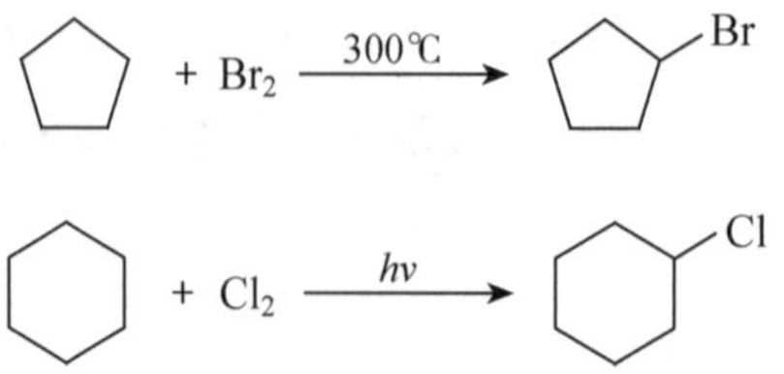

（二）加成反应

由于在小环烷烃的碳环结构中存在较强的张力，从而易发生开环反应，形成相应的开链化合物。但在相同的条件下，环戊烷、环己烷等不发生开环反应。

1. 催化加氢　环烷烃催化加氢,环破裂生成开链烷烃,其反应活性为环丙烷＞环丁烷＞环戊烷。环己烷及其以上的环烷烃加氢开环非常困难。

$$\triangle + H_2 \xrightarrow[80℃]{Ni} CH_3CH_2CH_3$$

$$\square + H_2 \xrightarrow[120℃]{Ni} CH_3CH_2CH_2CH_3$$

$$\pentagon + H_2 \xrightarrow[300℃]{Ni} CH_3CH_2CH_2CH_2CH_3$$

2. 与卤素加成　小环可与卤素发生加成反应而开环,环戊烷及其以上的环烷烃与卤素加成非常困难,随着温度升高可发生自由基取代反应。

$$\triangle + Br_2 \xrightarrow[室温]{CCl_4} \underset{Br}{CH_2}CH_2\underset{Br}{CH_2}$$

$$\square + Br_2 \xrightarrow[\triangle]{CCl_4} \underset{Br}{CH_2}CH_2CH_2\underset{Br}{CH_2}$$

3. 与卤化氢加成　环丙烷及其衍生物在常温下易与卤化氢发生加成反应而开环,环丁烷及其以上的环烷烃在常温下难与卤化氢进行开环加成反应。加成取向遵循马尔科夫尼科夫规则(Markovnikov rule),简称马氏规则,即氢与含氢最多的碳原子结合,卤素与含氢最少的碳原子结合。

$$\triangle + HBr \xrightarrow{室温} CH_3CH_2CH_2Br$$

$$\ltimes\!\!\!\!\!\diagdown + HBr \xrightarrow{室温} (CH_3)_2\underset{Br}{C}CH_2CH_3$$

（三）氧化反应

环烷烃与烷烃相似,在室温下不与高锰酸钾水溶液反应,可用于鉴别烯烃与环丙烷及其衍生物。但在高温和催化剂作用下,环烷烃也可以被氧化;若在更强烈氧化条件下,环烷烃则发生开环反应。

$$\hexagon \xrightarrow[140\sim180℃, 1\sim2.5MPa]{Co/O_2} \hexagon\!-OH + \hexagon\!=\!O$$

$$\hexagon \xrightarrow[或HNO_3/\triangle]{Co/O_2/HOAc/100℃} \underset{CH_2CH_2COOH}{CH_2CH_2COOH}$$

ER2-2　第二章目标测试

（房　方）

可燃冰

可燃冰的学名是天然气水合物,之所以称为"可燃冰",一方面是因为其含水且呈固体,肉眼看来其外观与冰无异;另一方面是因为它在常温常压下极不稳定,遇火容易被点燃。可燃冰的本质是小分子气体(主要是 CH_4)"住"在由各种规则笼形结构(水分子组成)相套在一起组成的晶胞结构中,小分子是客体,晶胞结构是主体,主、客体之间通过范德瓦耳斯力结合在一起。可燃冰分布于深海或陆域永久冻土中,其燃烧后仅生成少量的二氧化碳和水,是一种热值高、清洁无污染的新型能源。据科学家估计,海底可燃冰的分布范围约占海洋总面积的 10%,全球可燃冰的储量相当于当前已探明的化石燃料(煤、石油和天然气)总含碳量的 2 倍,因此,可燃冰被国际公认为化石燃料的接替能源,其商业开发前景广阔。

本章小结

烷烃分子中的碳原子均采取 sp^3 杂化,由于 C—C 键和 C—H 键均是非极性或极性很弱的 σ 键,所以烷烃的化学性质稳定。通常,烷烃与强酸、强碱以及常用的氧化剂、还原剂等都不起反应。

熟悉烷烃和环烷烃的**优势构象**,加深对其性质的认识。

在室温和黑暗中烷烃与卤素(Cl_2、Br_2)不起反应,而在高温、光照或催化剂作用下则发生**自由基取代反应**。

由于在小环烷烃(三元环、四元环)的碳环结构中存在较强的张力,从而易发生**加成反应**,形成相应的开链化合物。

在空气或氧气存在下,烷烃完全**燃烧**生成二氧化碳和水,同时放出大量的热。通过燃烧热的数据可以判断分子内能的高低和稳定性的大小。

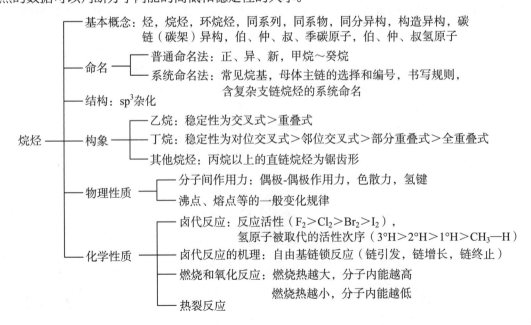

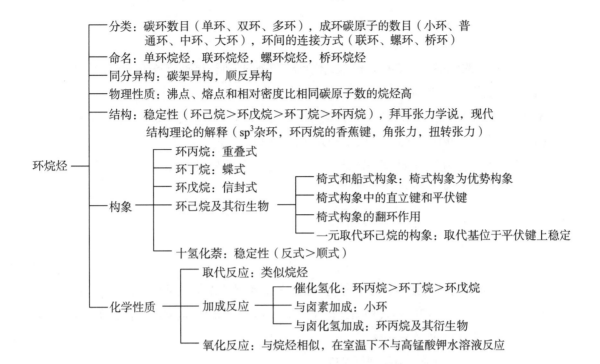

环烷烃 ┬ 分类：碳环数目（单环、双环、多环），成环碳原子的数目（小环、普
        │   通环、中环、大环），环间的连接方式（联环、螺环、桥环）
        ├ 命名：单环烷烃，联环烷烃，螺环烷烃，桥环烷烃
        ├ 同分异构：碳架异构，顺反异构
        ├ 物理性质：沸点、熔点和相对密度比相同碳原子数的烷烃高
        ├ 结构：稳定性（环己烷＞环戊烷＞环丁烷＞环丙烷），拜耳张力学说，现代
        │   结构理论的解释（sp³杂环，环丙烷的香蕉键，角张力，扭转张力）
        ├ 构象 ┬ 环丙烷：重叠式
        │   ├ 环丁烷：蝶式
        │   ├ 环戊烷：信封式
        │   ├ 环己烷及其衍生物 ┬ 椅式和船式构象：椅式构象为优势构象
        │   │   ├ 椅式构象中的直立键和平伏键
        │   │   ├ 椅式构象的翻环作用
        │   │   └ 一元取代环己烷的构象：取代基位于平伏键上稳定
        │   └ 十氢化萘：稳定性（反式＞顺式）
        └ 化学性质 ┬ 取代反应：类似烷烃
                   ├ 加成反应 ┬ 催化氢化：环丙烷＞环丁烷＞环戊烷
                   │   ├ 与卤素加成：小环
                   │   └ 与卤化氢加成：环丙烷及其衍生物
                   └ 氧化反应：与烷烃相似，在室温下不与高锰酸钾水溶液反应

习 题

1. 写出分子式为 C_6H_{14} 的烷烃和 C_6H_{12} 的环烷烃的所有碳架异构体。

2. 用 IUPAC 命名法命名下列化合物。

（1）$CH_3CHCH_2CH_3$
　　　　$\overset{|}{C_2H_5}$

（2）$CH_3CH_2CH\overset{\overset{CH_3}{|}}{C}HCH_2\overset{\overset{CH_3}{|}}{C}HCH_3$
　　　　　　　　　$\overset{|}{CH_2CH_2CH_3}$

（3）$CH_3CH_2C(CH_2CH_3)_2CH_2CH_3$

（4）$(CH_3)_2CHCH_2CH_2CH(C_2H_5)_2$

（5）$(CH_3)_3CCH_2C(CH_3)_3$

（6）$CH_3C(CH_3)_2CH(CH_3)CH_2CHCH(CH_2CH_2CH_2CH_3)_2$
　　　　　　　　　　　　　　　$\overset{|}{CH_2CH(CH_3)CH_2CH_3}$

（7）
（8）
（9）

（10）
（11）
（12）

3. 写出下列反应的主要产物。

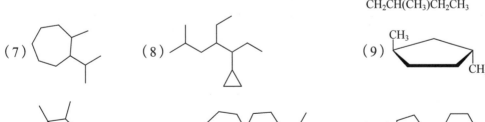

（1）$CH_3CH_2CH_2CH_2CH_3 + Br_2 \xrightarrow{hv}$
（2）▷—◇ $+ H_2 \xrightarrow{Ni}{80℃}$

（3）⬠—◇ $+ Br_2 \xrightarrow{CCl_4}{\triangle}$
（4）▷—$CH(CH_3)_2 + HI \longrightarrow$

（5）

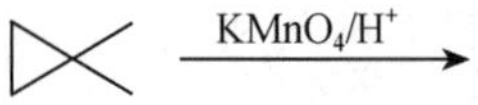

4. 已知烷烃的分子式为 C_5H_{12}，根据氯化反应产物的不同，试推测各烷烃的结构式。

（1）一元氯代产物有四种　　　（2）二元氯代产物有两种

5. 已知环烷烃的分子式为 C_5H_{10}，根据氯化反应产物的不同，试推测各环烷烃的结构式。

（1）一元氯代产物有一种　　　（2）一元氯代产物有三种

6. 将下面的纽曼投影式改写为锯架式，锯架式改写为纽曼投影式，并写出优势构象。

（1）　　　　　　　　　　　　　　（2）

7. 用锯架式投影式和纽曼投影式分别写出 2,3-二甲基丁烷的典型构象式。

8. 如果只考虑环己烷的船式和椅式构象，写出甲基环己烷的构象异构体，指出并解释其中最稳定和最不稳定的构象异构体。

9. 将下列化合物的沸点由高到低排序。

（1）3,3-二甲基戊烷　　　　（2）正庚烷　　　　（3）3-甲基庚烷　　　　（4）正戊烷

（5）异己烷

10. 解释为什么异戊烷的熔点（-159.9℃）低于正戊烷（-129.7℃），而新戊烷的熔点（-16.6℃）却最高。

11. 比较下列各组化合物的燃烧热大小。

（1）　　　　（2）

12. 写出环戊烷生成一溴代环戊烷的反应机理。

第三章 立体化学基础

立体化学（stereochemistry）是研究有机分子的立体结构、反应的立体选择性及其相关规律的科学，是现代有机化学的一个重要组成部分。有机分子具有三维立体结构，这种三维结构与有机化合物的许多性质密切相关，所以研究有机分子的结构和性质必须学习立体化学的知识。

具有相同分子式而具有不同结构式的有机分子称为同分异构体，同分异构现象也是有机化合物数目繁多的主要原因之一（图 3-1）。同分异构可分为构造异构（也称为结构异构）和立体异构两种异构现象。构造异构是分子中原子或官能团的连接顺序或连接方式不同而产生的异构现象，包括碳链异构、位置异构、官能团异构和互变异构。

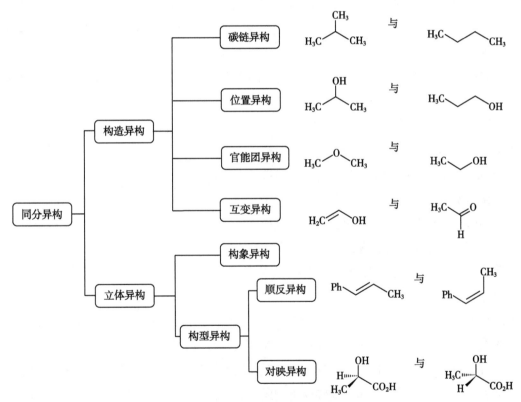

图 3-1 有机分子的同分异构现象

立体异构是指分子中原子或官能团的连接顺序或连接方式相同，但它们在立体空间的排列方式不同而产生的异构现象。立体异构包括构象异构、顺反异构和对映异构（即旋光异构）。其中，构象异构体可以通过碳碳单键的旋转实现相互转化，由于不涉及共价键的断裂，所需的能量较低，通常室温下即可完成。如丁烷的对位交叉式构象和全重叠式构象在室温下可以自由转化,所以不能够分离得到单一的构象异构体。顺反异构和对映异构又称为构型异构,构型异构体的相互转化涉及共价键的断裂,所需的能量高,因此构型异构体在室温下能稳定存在,也即能够分离获得单一的构型异构体。顺反异构的常见例子是取代烯烃的顺式与反式异构体,这是由于双键无法自由旋转引起的。对映异构是有机分子互呈镜像关系又无法重合的立体异构现象。由于结构极为相似,对映异构体之间在很多理化性质上无法区分,但它们在光学活性和生物活性等方面有时表现出显著性差异。

第一节　对映异构

一、对映异构体和手性

　　实物在镜子中的投影称为镜像(mirror image),实物与其镜像之间具有对映关系。有些实物与镜像是完全相同的,也就是通过位移或旋转,实物与镜像可以完全重合,如一个正立方体的盒子、一把常见的椅子。有些则是不相同的,最常见的例子是人的左手和右手,它们大致是实物与镜像的关系,但通过平移、旋转等位移操作始终无法让两者完全重合,这种互为镜像却又无法重合的现象称为手性(chirality),也称为手征性。左手与右手实际上的这种差异在现实生活中也有表现,例如把左手手套戴在右手上会很别扭。手性不仅常见于宏观世界,微观世界中的有机分子同样存在手性现象。如同人的左手与右手,有些分子互为实物与镜像的关系,相似却不能重合,我们把这种具有手性的分子称为手性分子(chiral molecule),手性分子与其镜像分子是互为对映异构体的关系。例如2-羟基丙酸(2-hydroxypropanoic acid,俗称乳酸),它在空间有两种不同的排列方式,图3-2所示是互为镜像关系的乳酸分子构型。在这两个立体结构式 a 和 b 中,分子的组成和连接方式完全相同,互为实物与镜像的关系,但不能够完全重叠,所以乳酸是手性分子,a 和 b 是一对对映异构体。

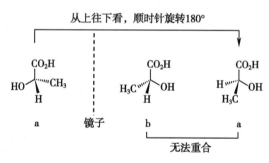

图 3-2　乳酸分子的两种立体结构

　　人们对分子立体结构的认识是从 1874 年荷兰化学家 van't Hoff 提出的碳原子的四面体结构理论开始的。饱和碳原子具有四面体结构,当四面体碳原子上连接四个不同的原子或基团时,它在空间有两种不同的排列方式,无论怎样放置,都不能使它们重合。故将连有四个不同的原子或基团的碳原子称为手性碳原子,也可称为手性中心或不对称碳原子,通常用星号"*"标出。此外,如果一个分子与其镜像能重合,这个分子就是非手性分子。

　　分子中具有一个手性碳原子就是手性分子,但是我们不能以分子中是否含有手性碳来判断它是否具有手性。因为手性分子的形式是多样的,有些分子没有手性碳原子,但它是手性分子(如轴手性分子);有些分子虽含有两个或者两个以上的手性碳原子,却不是手性分子(如内消旋分子)。当判断分子是否具有手性时,我们可以根据手性的定义观察实物与其镜像能否重叠,但使用这种方法比较麻烦。从本质上说,实物与其镜像能否重叠与分子的对称性有关,所谓手性,实际上是由于分子缺少对称因素(symmetry element)引起的。为了便捷,可以借助判断分子的对称因素来确定其是否有手性,与分子手性密切相关的对称因素主要是对称面和对称中心。

(一)对称面

假如有一平面能将分子分割成两部分,这两部分互为实物与镜像的关系,该平面就是分子的对称面(plane of symmetry),通常用"σ"表示,反映是对称面的操作。如图 3-3 所示,溴乙烷(bromoethane)有一个对称面,(Z)-1,2-二溴乙烯((Z)-1,2-dibromoethene)有两个对称面。凡是具有对称面的分子,自身与它的镜像能够重合,因而是非手性分子,没有旋光性。一般而言,可以试着用立体坐标中的 xy、yz、xz 三个面分别去分割分子的结构,只要有一个面可以把分子切割出互为镜像的两部分,这个分子就存在一个对称面,它也就不是手性分子。

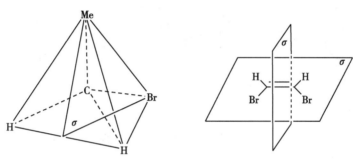

图 3-3　分子的对称面

(二)对称中心

从分子中的任何一个原子或基团向某一点连线,在其延长线的相等距离处都能遇到相同的原子或基团,则此点为该分子的对称中心(center of symmetry),通常用"i"表示,把经过对称中心的这种操作称为反演。一个分子只可能有一个对称中心。如图 3-4 所示,*trans*-1,3-二甲基环丁烷(*trans*-1,3-dimethylcyclobutane)和(E)-2,3-二溴丁-2-烯((E)-2,3-dibromobut-2-ene)的分子中存在对称中心,它们都不是手性分子。凡是具有对称中心的分子,其自身与它的镜像能相互重合,因而是非手性分子,没有旋光性。

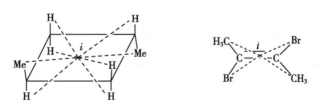

图 3-4　分子的对称中心

在有机化合物中,绝大多数情况下可以根据分子中有无对称面和对称中心来判断分子是否为手性分子。凡具有对称面或对称中心中任何一种对称因素的分子可以与其镜像重叠,为非手性分子,也称为对称分子。相应的,凡不具有对称面,也不具有对称中心的分子是手性分子或者不对称分子。

二、对映异构体的表示方法

不对称分子具有特定的空间排列方式,只有准确表示出手性分子的立体构型,予以标识,才能开展进一步的研究。下面介绍常见的表示对映异构体不同立体构型的三维立体表示式和费歇尔(Fischer)投影式表示法。

(一)三维立体表示式

在三维立体表示式中,球棍模型表示法最为清晰直观,但书写不方便,见图 3-5 乳酸分子的球棍模型。采用透视式(楔形式)表示分子的构型也较为直观,书写也相对容易,因此常常用来表示分子的空间构型。其中,用细实线表示在纸平面上的键,楔形实线表示伸向纸平面前方的键,楔形虚线表示伸向纸平面后方的键。

图 3-5 乳酸分子的球棍式和透视式

(二)费歇尔投影式

无论是球棍模型还是透视式,虽然能够直观地表达分子的构型,但书写起来比较费力。为了方便,一般采用费歇尔投影式(Fischer projection)表达立体分子的空间结构,也就是用二维平面形式来表示三维空间结构。费歇尔投影式可以看作是将一个手性分子投影在纸平面上得到的,其具体规则是:①以垂直线代表主链,把氧化态高的碳原子放在上方、氧化态低的碳原子放在下方;②垂直线和水平线的交叉点代表手性碳原子;③连接原子或基团的水平线代表伸向纸平面前方的化学键,连接原子或基团的垂直线代表伸向纸平面后方的化学键,可简单记为"横前竖后"。下图为依据以上规则,将右旋甘油醛(D-glyceraldehyde)透视式转换成相应的费歇尔投影式。

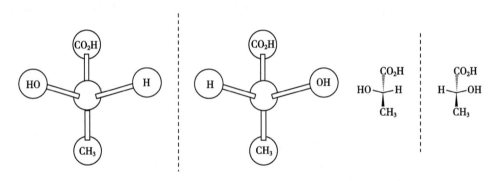

纸面内旋转180°   费歇尔投影式

对于含有多个手性碳原子的分子,可将分子处于重叠式构象,然后按照费歇尔投影式的严格规定对水平和垂直方向的原子或基团进行投影。

需要注意的是,费歇尔投影式与立体结构式不同,立体结构式可以任意旋转而不会改变分子的构型,而费歇尔投影式则可能会改变原来分子的构型。具体来说,在操作费歇尔投影式时有以下几种情况：①费歇尔投影式在纸面内旋转 180°，构型不变；如果旋转 90° 或 270°，构型改变，所得的费歇尔投影式代表的是原来化合物的对映异构体。②费歇尔投影式离开纸平面翻转 180°，构型改变，变成其对映体的投影式。③在费歇尔投影式中保持一个基团不动，另外三个基团按照按顺时针或逆时针方向旋转，其构型不变。④费歇尔投影式中手性碳原子上所连的原子或基团两两交换偶数次，构型不变；交换奇数次，得到对映体的构型。

另外，同一个立体异构体可以用几种表示方法，如透视式、锯架式、纽曼式等。它们与费歇尔投影式之间可以相互转换，例如下图展示了同一个化合物的四种表示方法。

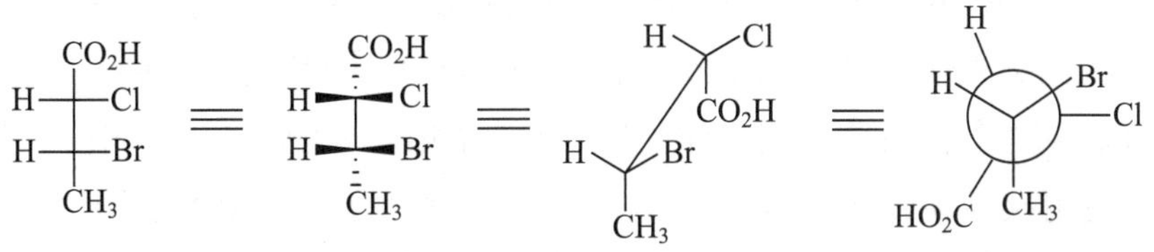

三、构型的命名

构型（configuration）是指一个立体异构体分子中的原子或基团在空间的排列方式。为准确区分和命名对映异构体的构型，有必要了解构型的标记方法。

（一）D/L 命名法

分子中的各原子或基团在空间的真实排布称为分子的绝对构型（absolute configuration）。在学科发展早期，人们并不知道手中的对映体样品的绝对构型究竟是两个对映异构体中的哪一个，为了研究的方便，选定（+）- 甘油醛为标准物，让碳链处于竖直方向，醛基在碳链上端，人为规定手性中心上的羟基处于右侧时为右旋甘油醛，定为 D- 构型，当羟基处于左侧时为 L- 构型，即左旋甘油醛；两者的结构如下图所示。两个甘油醛名称中，D、L 表示构型（L 取自拉丁文 levo，意为左或左侧；D 是 dextro 的缩写，意为右或右侧），（+）、（–）表示旋光方向，右旋甘油醛写作 D-（+）- 甘油醛，左旋甘油醛写作 L-（–）- 甘油醛。

D-(+)-甘油醛　　　　L-(–)-甘油醛

以甘油醛为基础，通过化学方法合成其他化合物，如果与手性碳原子相连的键没有断裂，则仍保持甘油醛的原有构型。例如 D-（+）- 甘油醛通过一系列反应转化得到 D-（–）- 乳酸，与手性中心直接相连的几个化学键在转化中始终没有发生断裂，所以反应中间体和产物都与 D-（+）- 甘油醛具有相同的构型。这样，D-（–）- 乳酸与 D-（+）- 甘油醛具有相同的构型，也为 D 型，虽然它们的旋光方向不同。

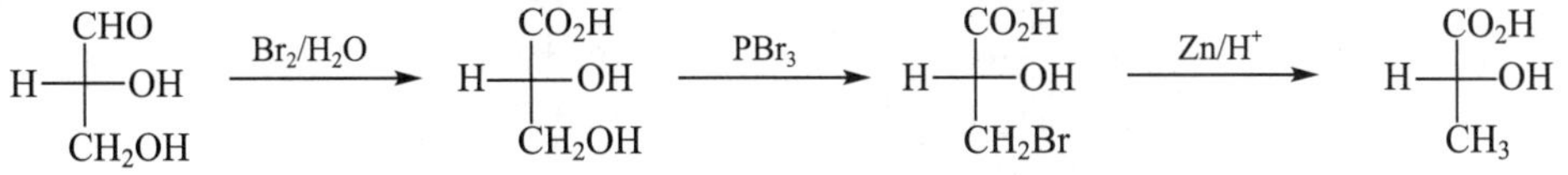

D-(+)-甘油醛　　D-(–)-甘油酸　　D-(–)-3-溴-2-羟基丙酸　　D-(–)-乳酸

1951年,拜捷沃特(J. M. Bijvoet)用X射线衍射技术测定了(+)-酒石酸铷钾盐(rubidium potassium tartrate)的绝对构型,证实了原来人为规定的D-(+)-甘油醛的构型恰好就是它的真实构型,原来以甘油醛为标准物所确定的其他化合物的构型也就成为这些化合物的绝对构型了。D/L标记法的使用有一定的局限性,只在糖类和氨基酸等化合物中仍有沿用。现在人们普遍使用的是可以标记绝对构型的R/S构型标记法。

(二)R/S构型标记法

1979年IUPAC建议采用遵循次序规则的R/S型标记法对各种手性化合物的构型命名。次序规则可以用于对原子或基团逐条依次考察、比较,定出它们的优先次序,其基本规则为原子序数大的优先于小的,原子质量高的优先于低的,*cis*优先于*trans*,*Z*优先于*E*,*R*优先于*S*。在比较两个基团优先级时,如果第一个元素相同,需要进一步考察它们链接下去的结构,继续使用次序规则比较第二层级上元素的优先次序,直至得出结论。如比较正丁基—$CH_2CH_2CH_2CH_3$、仲丁基—$CH(CH_3)CH_2CH_3$、异丁基—$CH_2CH(CH_3)CH_3$三者的优先次序,首先比较它们第一个碳原子的取代情况,正丁基和异丁基的第一个碳原子只有一个取代基,仲丁基有两个取代基,所以仲丁基第一优先;再比较正丁基和异丁基的第二个碳原子,异丁基有更多的取代基,所以异丁基第二优先。

标记手性中心时,首先将与手性碳原子相连的四个原子或基团按次序规则进行排列,较优先基团在前,如a>b>c>d(符号">"意为"优先于"),再将第四优先的原子或基团(d)置于远离观察者的位置,其余三个基团指向观察者,想象将这三个基团从优先到不优先依次连线(a→b→c→a),如果连线是顺时针方向的,手性中心为R-构型;如果是逆时针方向的,则排列为S-构型(图3-6)。R来自拉丁文rectus,右的意思;S取自拉丁文sinister,意为左。

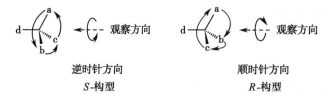

图3-6　R/S标记方法示意图

R/S构型标记法也可直接应用于费歇尔投影式的手性中心的标记,当第四优先基团在直立键上,即在纸面后时,可以直接根据另外三个基团的连线方向作出判断。如下图中左边的羟基酸,最小的甲基在直立键上,可直接按照从大到小连线另外三个基团,为顺时针方向,是R-构型。当第四优先在平伏键上,即在纸面前时,情况与前者正好相反,另外三个基团从大到小的连线方向是顺时针的为S-构型,是逆时针的为R-构型。如下图中右边的乳酸,优先次序最后的氢原子在平伏键上,另外三个基团的连线是逆时针方向,则为R-构型。

需要注意的是，R/S 和 D/L 是标记构型的两种方法，R/S 和 D/L 之间没有严格对应的关系，化合物的构型 R/S 或 D/L 和旋光方向也没有一一对应的关系。

四、对映异构体的物理性质

（一）偏振光与旋光物质

光是一种电磁波，光波振动的方向与其传播方向相互垂直，所以光波属于横波。普通光源发出的光可以在与其传播方向相垂直的各个方向上振动，如果让一束普通光通过尼科耳（Nicol）棱镜，则只有与棱镜晶轴平行的振动光线才能通过，于是透过棱镜的光线只在一个平面上振动，称为平面偏振光（plane polarized light），简称偏振光。偏振光所在的平面称为偏振面。

当偏振光通过一些物质如乙醇、水、丙酮等时，偏振面不受任何影响。但有些物质如葡萄糖、乳酸、甘油醛等却能使通过的偏振光的偏振面发生转动，这种能使平面偏振光的振动平面发生转动的性质称为旋光性（optical activity），具有旋光性的物质称为旋光物质（optically active substance）或光活性化合物。

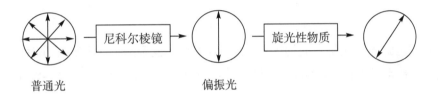

普通光　　　　　　　　　　　偏振光

对映异构体通常具有不同程度的旋光性。当平面偏振光通过含有手性物质的溶液时，其平面偏振光的振动面会发生一定程度的偏转。在相同的测定条件下，一对对映异构体能使平面偏振光向相反的方向偏转，转动的角度大小相同。

（二）比旋光度

旋光物质使平面偏正光的振动平面发生旋转的角度称为旋光度（optical rotation）或旋光角，通常用 α 表示。不同的旋光物质能使偏振面旋转的大小和方向不一样。当面对偏振光的传播方向观察，使偏振光的振动平面向右旋转，即顺时针方向旋转，称为右旋体（dextrorotatory）或右旋物质，用符号"+"或"d"表示；可使偏振光的振动平面向左旋转，即逆时针方向旋转，称为左旋体（levorotatory）或左旋物质，用符号"–"或"l"表示。

测定物质有没有旋光性以及旋光度大小的仪器称为旋光仪（polarimeter），由一个光源、两个尼科耳棱镜和一个盛装测试溶液的样品管组成。其工作原理如图 3-7 所示，两个尼科耳棱镜开始是平行放置的，光通过第一个尼科耳棱镜变成平面偏振光，这个棱镜称为起偏器（polarizer）。第二个棱镜可以旋转，且连有刻度盘，这个棱镜称为检偏器（polarization analyzer）。如果在盛样品的旋光管内装入水或乙醇等非旋光物质，平面偏振光的振动方向不改变，眼睛能看到光。如果旋光管内放入的是旋光物质，则必须将检偏器旋转一定的角度 α，眼睛才能看到光。当然，现在一般常用的是自动旋光仪，不需要手动调整检偏镜，可以直接给出检测数值。

旋光度 α 不仅与物质本身的结构有关，而且与物质的浓度、旋光管的长度、溶剂、温度等因素都有关。为了统一这些外界因素的影响，只考察物质本身的结构对旋光度的影响，人们

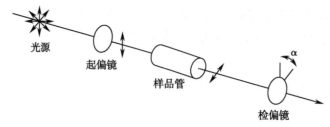

图 3-7　旋光仪的工作原理示意图

提出比旋光度（specific rotation）的概念。比旋光度是指某物质在单位物质浓度、单位旋光管长度下测得的旋光度，用 $[\alpha]_{\lambda}^{t}$ 表示，t 为测定时的温度，λ 为测定时所用的波长，一般采用钠光（波长为 589.3nm，用符号 D 表示）。

$$\alpha_{\lambda}^{t} = \frac{\alpha}{lc} \qquad\qquad 式（3-1）$$

式中，α 是旋光仪上测得的旋光度；l 是旋光管的长度，dm；c 是溶液的浓度，g/ml。若所测的旋光物质是纯溶液，把式（3-1）中的 c 换成液体的密度 d 即可。

$$\alpha_{\lambda}^{t} = \frac{\alpha}{ld} \qquad\qquad 式（3-2）$$

比旋光度是旋光物质特有的物理常数，可以用来比较不同物质的旋光性能，许多物质的比旋光度值可从手册中查找。如葡萄糖为 $[\alpha]_{D}^{25} = +52.5°$（水），果糖为 $[\alpha]_{D}^{25} = -93°$（水）。

五、外消旋体和对映体纯度

（一）外消旋体

当一个分子结构缺乏对称因素时就会成为手性分子，分子的手性是产生对映异构现象和具有旋光性的前提条件。仅含有一个手性碳原子的化合物一定是手性分子，有两种不同的立体构型，不能重合，彼此互为对映异构体，简称对映体。它们在非手性环境中的性质基本上都是相同的，如熔点、沸点、溶解度等。而在手性环境中，它们的一些性质有可能会表现不同。例如生物体中的酶以及各种底物都具有手性分子的结构特点，这是一个手性环境，能造成一对对映体的生物活性和药理作用差别巨大。如生命的重要能量物质葡萄糖，只有右旋体才能在动物体内代谢，才能发酵。

如果将一对对映体中的右旋体和左旋体等量混合，由于两者的旋光能力相同，旋光方向相反，旋光作用互相抵消，旋光性消失。我们称这种对映体的等量混合物为外消旋体（racemate），外消旋体常用（±）或（dl）表示。外消旋体的物理性质往往与纯的对映体有所不同，也有其固定的物理常数。例如乳酸有三种来源，从动物肌肉组织中得到的乳酸是右旋体，用葡萄糖发酵法获得的乳酸是左旋体，人工合成得到的乳酸是外消旋体，它们的物理常数见表 3-1。

（二）对映体的纯度

以不同形式获得的旋光物质可能具有不同的对映体纯度。描述一个样品的对映体纯度最常用的物理量是对映体过量（enantiomeric excess，ee）。当一对对映异构体以不等量混合

表 3-1 乳酸的物理常数

名称	熔点	比旋光度	pK$_a$(25℃)	溶解度
(+)-乳酸	53℃	+3.82°	3.79	∞
(−)-乳酸	53℃	−3.82°	3.83	∞
(±)-乳酸	18℃	无旋光性	3.86	∞

时,如果样品中 R-异构体的量比较多,超过另一个 S-异构体的量,对映体过量百分率就可以用下式计算。

$$对映体过量(ee)=\frac{[R]-[S]}{[R]+[S]}\times100\% \qquad 式(3-3)$$

一般旋光物质的组成与旋光度呈线性关系,一对不等量的对映体组成的混合物具有旋光性,但混合物的旋光能力比纯的异构体要低,因此对映体过量也可用光学纯度(optical purity, op)来表示。

$$光学纯度(op)=([\alpha]_{样品}/[\alpha]_{纯品})\times100\% \qquad 式(3-4)$$

式中,$[\alpha]_{样品}$为测得的混合物样品的旋光度;$[\alpha]_{纯品}$为在相同条件下测得的纯品异构体的旋光度。例如一个光学纯的(−)-2-溴丁烷的$[\alpha]_{纯品}$是 −23.1°,在相同条件下测得 2-溴丁烷样品的$[\alpha]_{样品}$为 −11.55°。那么其光学纯度(op)=(−11.55°/−23.1°)×100%=50%。也就是说,样品中 50% 是(−)-2-溴丁烷,而另外 50% 则是外消旋体。

一般对于纯净的化合物,其光学纯度与对映体过量是相等的。如果是新获得的旋光物质,在不能通过拆分手性分子获得 100% 的纯品的情况下,$[\alpha]_{纯品}$是未知的,所以光学纯度的计算方法有一定的局限性。

六、非对映异构体和内消旋体

(一)非对映异构体

含有一个手性碳原子的化合物存在一对对映异构体,即两个构型异构体;含有 n 个手性碳原子的化合物理论上存在 2^n 个立体异构体。2,3,4-三羟基丁醛(2,3,4-trihydroxybutanal)分子中含有两个不同的手性碳原子,即这两个手性碳原子分别所连的四个基团不完全对应相同,所以 2,3,4-三羟基丁醛存在四个立体异构体($2^n=2^2$)。下面是 2,3,4-三羟基丁醛的四种立体异构体的 Fischer 投影式。

这四个异构体两两之间共有六对关系（C_4^2），其中异构体a与b之间、异构体c与d之间互为对映体关系，即2,3,4-三羟基丁醛有两对对映异构关系。除了这两对对映异构关系外，剩下的四对都是非对映异构体关系。即异构体a与c、异构体a与d、异构体b与c以及异构体b与d彼此互为非对映异构体（diastereoisomer）。非对映异构体的沸点、溶解度等物理性质有着明显差别。另外，两个含有多个手性碳原子的立体异构体如果它们只有一个手性碳原子的构型不同，其他手性碳原子的构型完全相同，它们彼此互为差向异构体（epimer），差向异构体是非对映异构体中的一种。

（二）内消旋化合物

在某些情况下，含有两个或两个以上手性碳原子的化合物的构型异构体数目小于2^n个。例如酒石酸，即2,3-二羟基丁二酸分子，含有两个手性碳原子，但是这两个手性碳原子分别所连的四个基团是对应相同的，这种特殊情况使酒石酸的构型异构体出现重复结构，即实际的构型异构体数目减少了。

a　　　　　　b　　　　　　c　　　　　　d

理论上，酒石酸应有以上四个构型异构体，观察这四个构型异构体的结构，我们发现异构体a和b是一对对映体，而异构体c与d实际上是完全相同的结构（如果将异构体c在纸平面内旋转180°就直接得到异构体d）。像异构体c这样分子内有两个组成相同的手性碳原子，但构型相反，整体分子是非手性化合物，称为内消旋体（meso compound），内消旋化合物不具有旋光性。内消旋酒石酸的结构可以看作是化合物的上半部分和下半部分互为实物和镜像的关系，分子中间存在一个对称面，所以这不是一个手性分子。也可以理解为内消旋酒石酸分子的上、下两部分对偏振光的影响相互抵消，导致整体分子不具有旋光性。表3-2为酒石酸的几种构型异构体的一些物理常数。

表3-2　酒石酸的几种构型异构体的一些物理常数

名称	熔点/℃	溶解度/（g/100ml）	$[\alpha]_D^{20}$
（+）-酒石酸	170	139.0	+12°
（−）-酒石酸	170	139.0	−12°
（±）-酒石酸	206	20.0	0°
内消旋酒石酸	140	125.0	0°

七、构象异构和构型异构

分子的实际结构可以用构象式予以表达，在判断分子是否具有旋光性时，无论是观察费歇尔投影式还是分析分子的构象式，都会得到相同的结论。下面就环状化合物和链状化合物分别加以介绍。

环状化合物的立体异构比较复杂,往往顺反异构和对映异构同时存在。

1,2-环丙烷二甲酸(cyclopropane-1,2-dicarboxylic acid)分子中的两个羧基可以在环的同侧,也可在环的两侧,组成顺反异构体,顺-1,2-环丙烷二甲酸分子中虽有两个手性碳,但有一个对称面,因此没有手性,属于内消旋化合物;反-1,2-环丙烷二甲酸分子中无对称面,也无对称中心,是手性分子,为一对对映体。

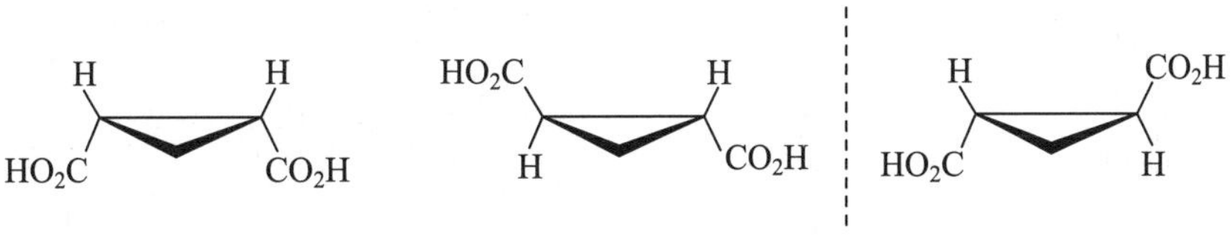

顺-1,2-环丙烷二甲酸
内消旋

反-1,2-环丙烷二甲酸
1R,2R   1S,2S

如果环状化合物具有手性,仅用顺/反标记已不能表明其构型,必须采用 R/S 标记。如反-1,2-环丙烷二甲酸的命名不能区分两个对映体,应采用 R/S 标记法,左边的分子表示为(1R,2R)-1,2-环丙烷二甲酸,右边的为(1S,2S)-1,2-环丙烷二甲酸。顺式和反式异构体互为非对映异构体。

环己烷一般处于椅式构象,取代环己烷的椅式构象可能引起手性现象。例如平面结构的顺-1,2-二甲基环己烷(1,2-dimethylcyclohexane)有一对称面,无手性。但它的椅式构象与镜像不能重合,它们之间是对映异构关系。这两者可通过构象的翻转而互相转化,但它们不能拆分(除非低温),无旋光性。这是构象异构与其他立体异构的区别。

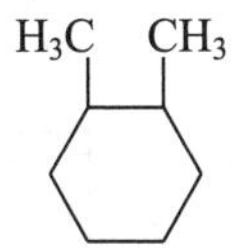

顺-1,2-二甲基环己烷

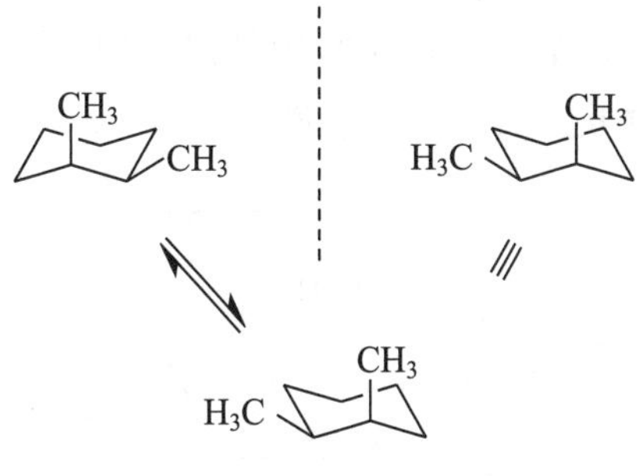

反-1,2-二甲基环己烷既无对称中心,又无对称面,它具有手性,有一对对映异构体。两者的构象不能重合,与顺-1,2-二甲基环己烷的构象不同,它们不能通过环的翻(旋)转变成其对映体。

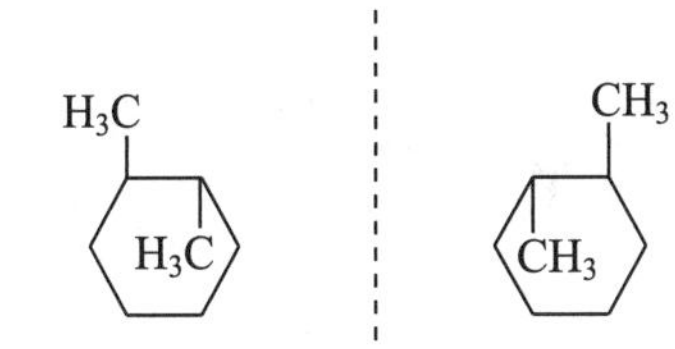

(1R,2R)-1,2-
二甲基环己烷

(1S,2S)-1,2-
二甲基环己烷

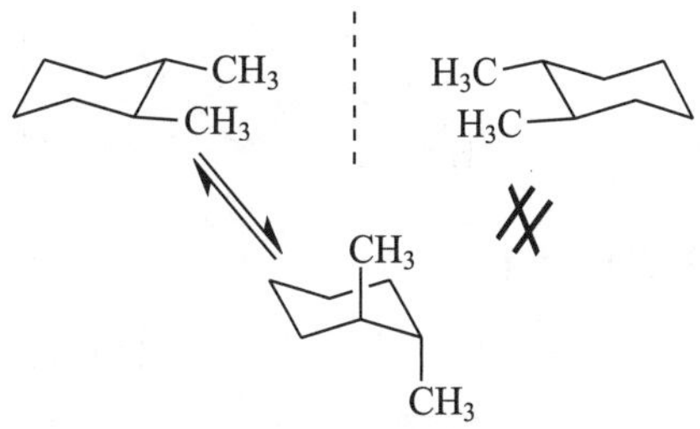

对于链状化合物,我们以内消旋的 2,3-二羟基丁二酸(2,3-dihydroxysuccinic acid)为例进行构象分析并判断其是否有旋光性。以纽曼投影式表示内消旋 2,3-二羟基丁二酸的构象,

包括三种典型构象：对位交叉式、全重叠式和邻位交叉式。Ⅰ为对位交叉式，分子内有对称中心；Ⅱ为全重叠式，分子内有对称面；所以这两者均没有手性。Ⅲ和Ⅳ的构象中没有对称中心，也没有对称面，是手性构象。但Ⅲ和Ⅳ具有对映异构关系，在构象平衡体系中总是成对出现，数量相等，所以总的效果还是没有旋光性的。

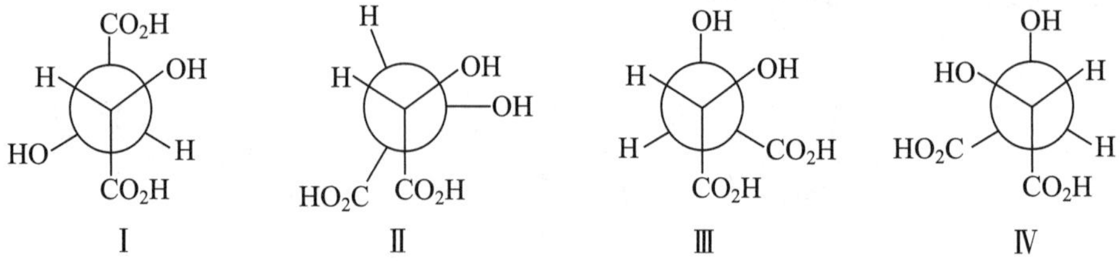

八、其他化合物的对映异构

在有机化合物中，有旋光性的物质大多都含有一个或多个手性中心。但是也存在一些分子，它们的结构中并不含有手性中心，但它们却是手性分子。

（一）丙二烯型分子

丙二烯型（联烯）分子中含有累积双键的结构，丙二烯的三个碳原子中 C_1 和 C_3 是 sp^2 杂化、C_2 是 sp 杂化，两个 π 键所在的平面相互垂直。当 C_1 和 C_3 上所连的原子和基团不同时（即 a≠b、d≠e 时），分子内没有对称面和对称中心，所以是手性分子。例如戊-2,3-二烯（penta-2,3-diene）分子无手性碳，但属于手性分子。在这个例子中，丙二烯两端的碳原子上的两个取代基是对应相同的，即都有甲基，也都有氢原子，但分子中依然找不到一个对称面，也找不到一个对称中心，分子具有手性。

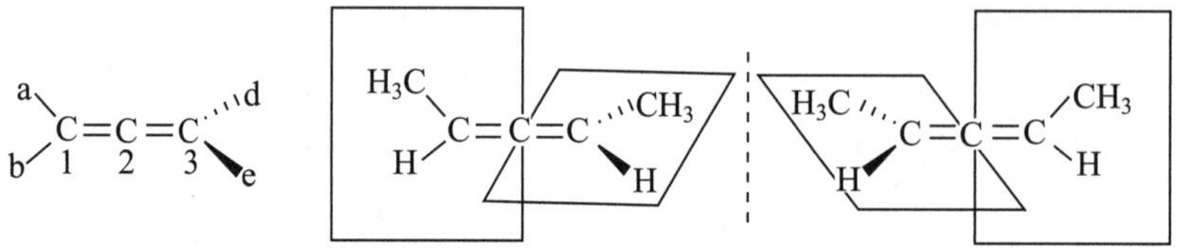

螺环化合物也可以看作是丙二烯型分子。例如 2,6-二甲基螺[3.3]庚烷（2,6-dimethylspiro[3.3]heptane），两个环相互垂直，当两个环上带有不同的取代基时，分子中也没有对称面和对称中心，是手性分子。

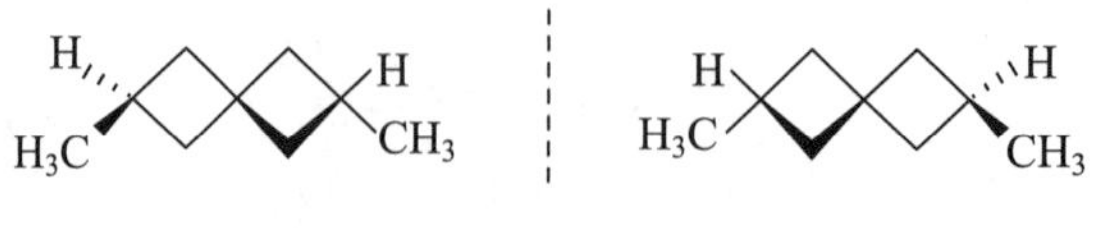

（二）联苯型分子

在联苯型分子中，两个苯环通过一个单键相连，并可以沿单键自由旋转。如果在苯环邻位上，即在 2,2′ 和 6,6′ 位置上连有较大体积的取代基时，两个苯环间单键的自由旋转受到阻碍，两个苯环不能共平面，它们必须扭成一定角度而存在。当苯环上的两个邻位的取代基不同时，分子中没有对称面和对称中心，实物与镜像不能重合，它们是手性分子，具有旋光性。

例如 6,6′- 二硝基 -2,2′- 联苯二甲酸(6,6′-dinitro-[1,1′-biphenyl]-2,2′-dicarboxylic acid)为手性分子。

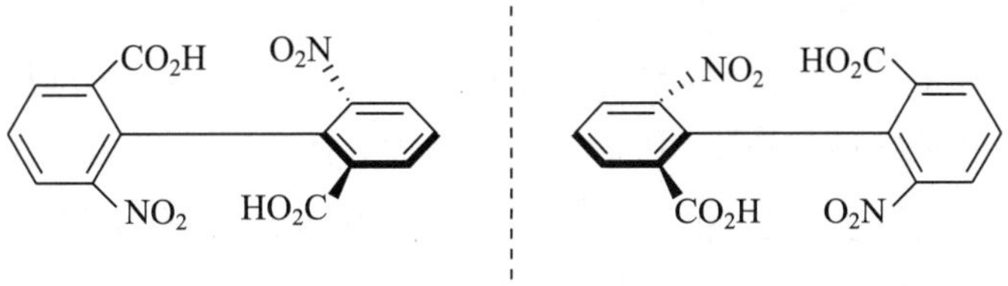

（三）螺苯型分子

在螺苯型分子中，多个苯环是通过邻位稠合而成，由于分子内部拥挤，整个分子不能共平面而必须呈螺旋状。如菲环中的三个苯环应是共平面的，但如果在分子中的 4、5- 位上连有体积较大的基团时，由于空间阻碍，菲环必须发生螺旋似扭曲，苯环不能共平面，导致分子无对称面和对称中心，实物与镜像不能重合，分子具有手性。例如 1,4,5- 三甲基菲（ 1,4,5-trimethylphenanthrene ）。

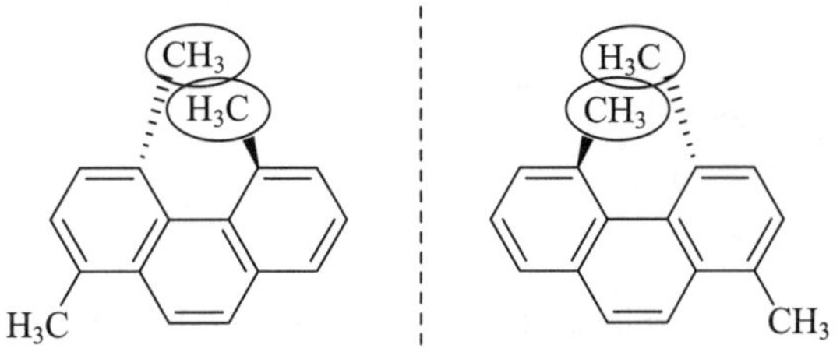

（四）手性杂原子

除了碳原子以外，其他原子如 S、P、N、As 等当它们与四个不同的原子或基团相连时，也称为手性原子，也有可能形成手性分子，具有旋光性。例如一些季铵盐和季鏻盐就具有旋光性，而抗胃溃疡药埃索美拉唑是典型的具有手性硫原子中心的化合物。

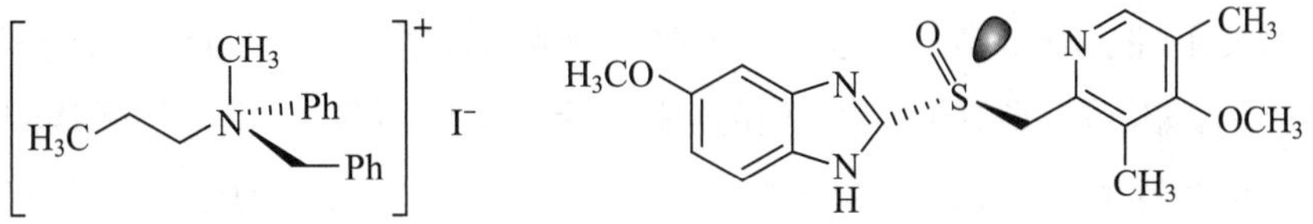

第二节　对映异构体的合成及化学

一、对映异构体的生物活性差异

旋光异构体的物理性质除旋光方向外，在非手性溶剂中的溶解度、熔点等都完全相同。旋光物质与非手性试剂反应时也是完全相同的，但在与手性试剂或存在手性催化剂或在手性溶剂中反应时，其反应速率则有可能不一样。可以打一个通俗的比方，人手是一对对映体，去拿无旋光性的球，无论哪只手都是一样的，但与别人的右手握手时，一定伸出右手，而不能是左手，这涉及手的立体结构上的差异。

在自然界中和生命有关的分子如果具有手性,常常是以单一异构体存在的。例如,组成蛋白质的氨基酸分子绝大多数是 L-构型,天然存在的单糖多为 D-构型。在生物体内能够高效地催化物质转化的酶也是手性的,酶可以识别一对对映体。当一对对映体与生物作用时,只有与酶分子的手性部位相匹配的异构体才能发挥作用,对映体的生理活性有很大的差别。手性药物的一对对映体往往具有不同的药理活性,与人体作用会导致不同的结果,最典型的例子是 20 世纪 60 年代发生在欧洲的一个悲剧事件:外消旋的沙利度胺(thalidomide)曾是有力的镇静药和镇吐药,尤其适合在早期妊娠反应中使用。不幸的是,很多曾服用过该药的孕妇产下了畸形的婴儿,因此很快就发现它是极强的致畸剂。进一步的研究表明,其致畸性是由药物的 S-异构体引起的,而 R-异构体不但不致畸,还有很好的镇静、镇吐作用。需要指出的是,手性药物分子的一对对映体的活性可能有多种情况:一对对映体的生物活性可能差别不大,也可能一个有活性另一个无活性,也可能具有完全不同的生理活性(如一个对映体具有药效,而另一个有毒副作用)等。

(S)-Thalidomide
致畸

(R)-Thalidomide
镇静镇吐

正是由于上述情况,各国政府对手性药物的研发、生产与注册做了严格的规定。对新申请的外消旋药物,要求必须提供两个对映体的详细药理和毒理数据,并积极鼓励发展单一对映体药物。因此,制备纯的旋光异构体具有十分重要的意义。

根据手性中心的来源,制备手性化合物的方法可以大致分为三种:由天然产物提取、外消旋体的拆分以及手性合成。第一类是来自天然产物或由天然产物衍生而来,许多手性化合物特别是手性药物,如治疗痢疾的小檗碱(黄连素)、治疗疟疾的奎宁、治疗糖尿病的胰岛素、治疗乳腺癌的紫杉醇等都是首先从天然产物中分离得到的;第二类是因地制宜地利用不同的拆分手段,如结晶、化学、生物的办法分开外消旋体中的两个对映体;第三类是手性合成,一般通过化学反应新产生一个或多个手性中心(或手性结构),在反应中施加手性因素的影响,使生成的左旋体与右旋体不等量,也称为对映选择性的反应。下面对后两种获取手性纯物质的方法进行简要介绍。

二、外消旋体的拆分

以非手性物质为原料,经不含手性因素的反应条件,合成得到的手性化合物总是外消旋的。在实际工作中,常常只需要其中的一种异构体,因此需要把外消旋体的两种异构体分开,将外消旋体分为纯左旋体和纯右旋体的分离过程称为拆分(resolution)。由于外消旋体的两个异构体除了旋光性不同外,其他物理性质都相同,所以外消旋体的拆分需要采用特殊的方法。

（一）酶解法

利用酶催化左旋体和右旋体的反应速率差异来拆分外消旋体。例如化学合成得到外消旋的丙氨酸（alanine），可以先将氨基乙酰化，然后利用从猪的肾脏内提取获得的一种酶进行水解，因其水解 L 型乙酰丙氨酸的速率比 D 型的快，并且水解后的 L-丙氨酸与D-乙酰丙氨酸在乙醇中的溶解度的差别较大，根据这一性质差别可以很容易地进行分离。酶解法具有明显的优点，如选择专一性强、产率高、反应条件温和，且酶无毒、易降解等。

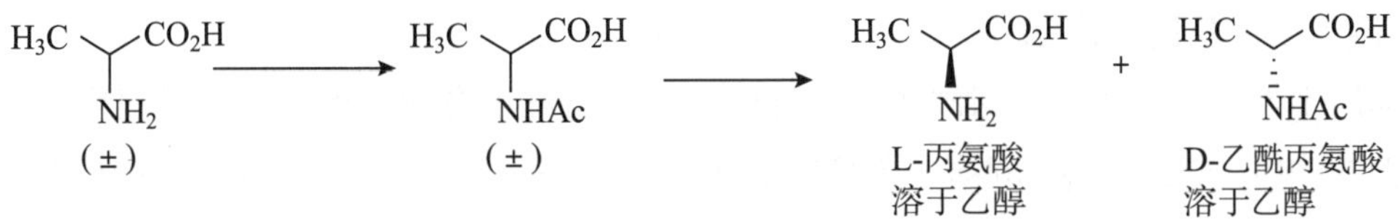

（二）晶种结晶法

在一个热的外消旋体饱和溶液中加入少量纯的左旋体或右旋体的晶体，冷却到某一温度，和加入晶种相同的旋光异构体会结晶析出，过滤可以得到这种纯的旋光物质。然后向剩下的母液加入适量的消旋体和溶剂，再次制成热的饱和溶液，冷却溶液，此时过剩的旋光异构体会结晶出来。如此反复操作，理论上可以将一对对映体进行拆分。当然，拆分出的样品的光学纯度和量会受到操作方法、溶解度、溶剂等多种因素的影响。

（三）化学拆分法

化学拆分法是最常用的拆分方法之一。拆分原理是将一对对映体与某旋光性的试剂即拆分剂（resolving agent）作用，使其转变为非对映异构体。由于非对映异构体之间的物理性质和化学性质有差异，可以利用重结晶、蒸馏、分馏等一般方法将非对映异构体进行分离，最后再将单一纯的非对映异构体恢复为原来的左旋体或右旋体。拆分剂一般是天然的手性化合物，如一些有机酸和有机碱，碱性拆分剂有（－）-奎宁、（－）-马钱子碱、（－）-麻黄碱等，酸性拆分剂包括（＋）-酒石酸、（＋）-樟脑磺酸等。如下图所示，一对 D 型和 L 型碱性外消旋体中可以加入等量的纯的光活性 D-酸（拆分剂），通过酸碱成盐转变为一对非对映异构体，利用它们在物理性质（甲醇中的溶解性）上的差别，用过滤分开两个非对映异构体，最后碱性条件处理得到纯的 D-碱和纯的 L-碱。

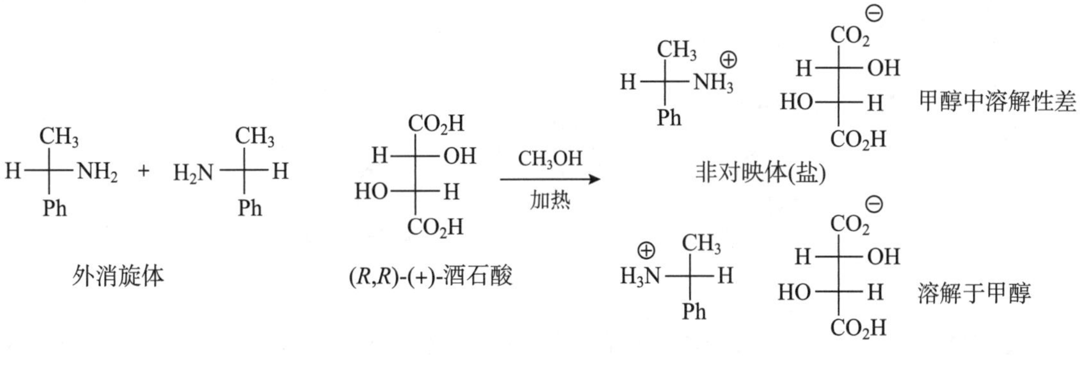

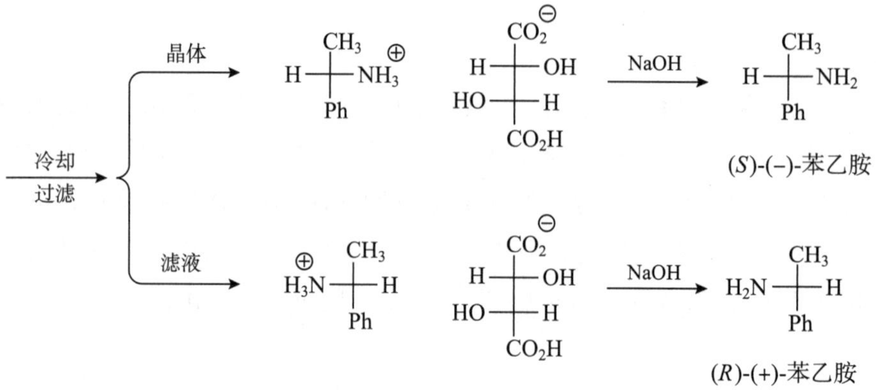

(S)-(−)-苯乙胺

(R)-(+)-苯乙胺

（四）手性色谱分离法

利用手性色谱技术分离对映体是一种较为方便的常用方法。拆分原理是利用一些具有旋光性的物质,如 D-乳糖、蔗糖或者经过手性物质负载的高分子材料等作为层析柱的吸附剂或吸附材料。一对对映体和这个具有旋光性的吸附剂可以生成两个非对映体的吸附物,这种非对映体的吸附物在色谱柱中被洗脱的能力是有差别的。这种差异使得它们从柱子中流出的速度不同,从而达到使左旋体和右旋体分离的目的。手性色谱分离法是测定 ee 值的重要手段。

三、手性合成

手性合成也称为不对称合成(asymmetric synthesis),是指在一个会新产生非对称结构的反应中,生成的对映体(或非对映体)的量是不相等的。一个分子在对称的条件或环境下,不可能在反应中凭空使得产生的左旋体和右旋体不等量。因此,要使反应有立体选择性,必须在反应的适当位置中引入一个不对称的基团或因素,先形成一个手性分子或者手性过渡态,然后再进行反应。这时分子失去原有的对称面,试剂进攻分子时有了立体选择性,就有可能得到不等量的对映体产物。手性合成的方法很多,可以按照在反应中引入手性控制因素的方式,大致分为手性底物、手性试剂、手性辅基和手性催化等方法。

（一）手性底物

手性底物的方法即反应的底物本身含有手性结构,通过反应,新手性中心的产生受到底物原有手性结构的影响,产生具有旋光性的产物。例如采用手性的(−)-α-蒎烯(α-pinene)作底物,通过硼氢化-氧化合成手性的(+)-异松茨醇[(+)-isopinocampheol]。由于受到前面偕二甲基碳原子的阻拦,硼氢化反应从环后面进攻,得到手性醇。

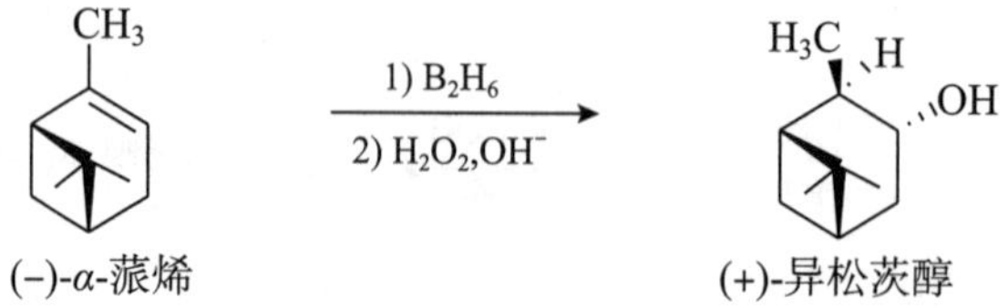

(−)-α-蒎烯　　　　　(+)-异松茨醇

（二）手性试剂

反应使用的试剂如果具有手性,也有可能产生对映选择性的结果。例如上例中手性的

（－）-α-蒎烯与硼烷加成后得到的硼氢化中间体就是一种手性的还原剂,可以对烯烃进行不对称硼氢化-氧化反应。

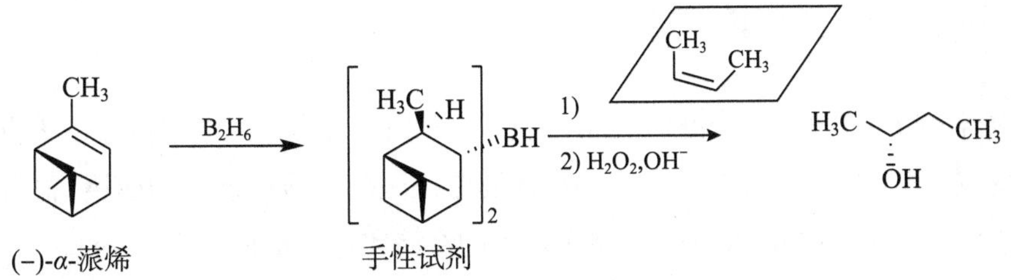

（三）手性辅基

手性底物与手性试剂的方法都要求参与反应的分子直接具有手性,对于结构中没有手性单元的底物,可以尝试使用手性辅基的方法。即先设法在底物的适当位置引入手性组分,使底物具有手性,经过反应产生不对称中心,最后脱去手性辅基并加以回收,以便重复使用。例如在合成羰基 α-位具有手性的取代羧酸或其衍生物时,可以先将羰基的另一侧接上手性的唑烷酮作为手性辅基,接着使用这一底物发生不对称烷基化反应,构建新的手性中心,最后水解脱去手性辅基得到手性羧酸。

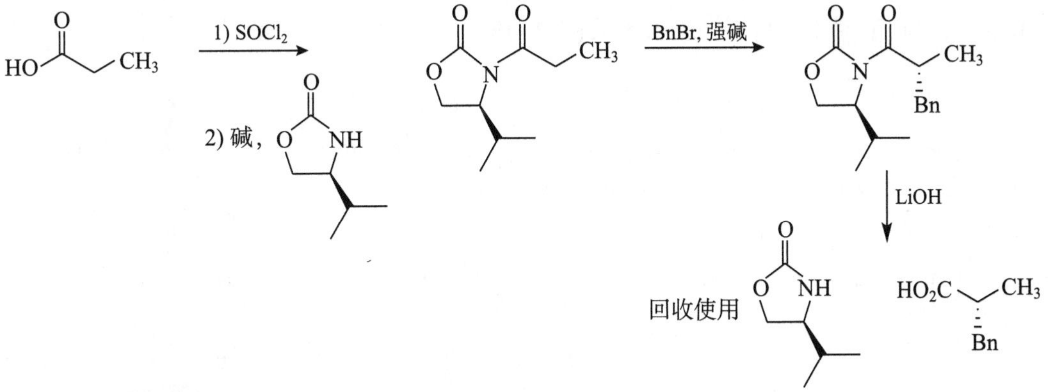

（四）手性催化

前述三种方法都需要消耗当量的手性物质,人们也开发了使用手性催化剂的办法来制备旋光性产物。不对称催化反应可以从少量的手性化合物出发,得到大量的手性产物,即所谓的手性增殖。早期的一个成功例子是一家美国公司在 20 世纪 70 年代研究的,并成功推向工业化的 L-多巴的手性催化合成。研究人员开发了手性双齿膦配体,与金属铑形成手性催化剂,高效地不对称催化烯烃的加氢反应,在工业规模上制备高度光学纯的抗帕金森病药L-多巴。

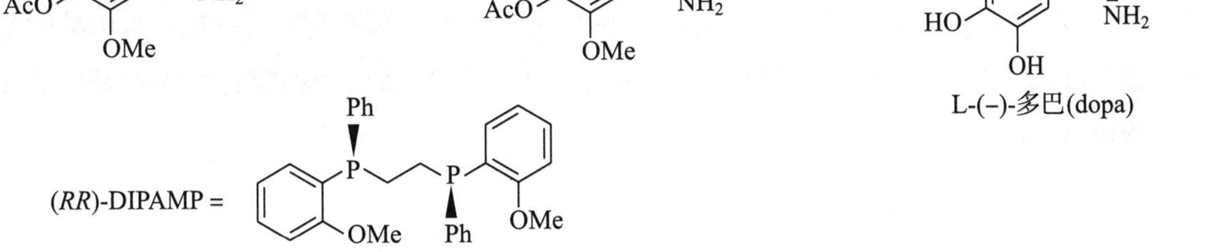

第三节 手性药物合成简例

一、不对称反应制备手性药物

不对称合成是获取手性药物的主要方式之一,人们不仅在学术上发展了一大批新型的不对称合成反应,更重要的是实现了一些不对称反应在医药工业规模上的应用,高效率地生产具有光学活性的手性药物或中间体,创造了巨大的经济和社会价值。

在不对称催化氢化反应中人们开发了一大批结构多样的手性配体。不对称催化氢化的催化剂也被应用于其他反应,如不对称的烯丙基胺的异构化反应。在左旋薄荷醇[(−)-menthol]的合成中,从月桂烯(myrcene)出发,首先制备 N,N- 二乙基橙花胺(N,N-diethyl nerolamine),再使用 Rh(R)-BINAP 催化烯丙基胺发生双键异构化得到光学活性体,这一步是整个路线获得手性结果的关键步骤。这一过程的产物 ee 值达到 95%,底物与催化剂的比例高达 300 000∶1,即在获得优秀对映选择性的同时,反应还有极大的催化效率。后续再经过水解和环化反应,制备得到左旋薄荷醇。这个不对称催化反应能够实现薄荷醇和其他萜类产品较高的年产量。另外,从上述路线中的(R)-香茅醛出发,经过一次不对称氢化反应,还可以制备维生素 E 和维生素 K 的侧链前体。

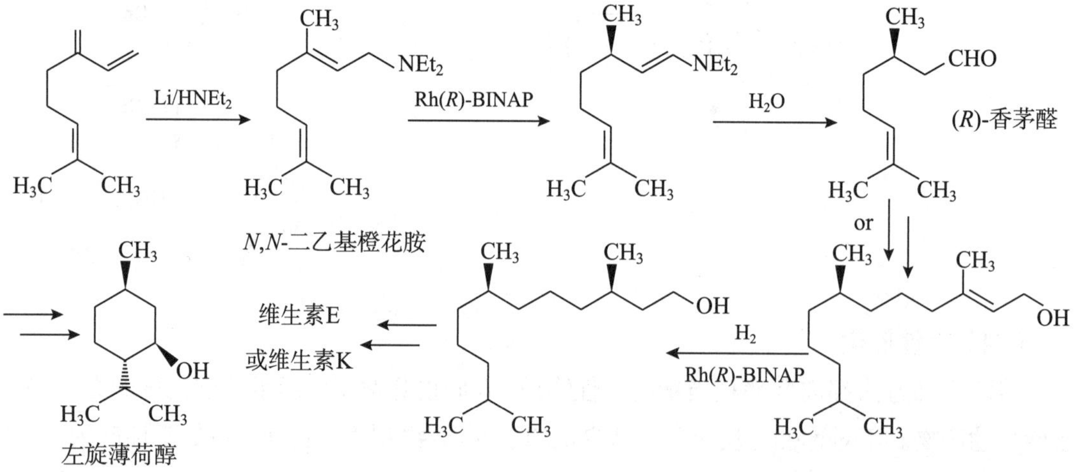

烯烃的不对称环丙烷化反应主要包括金属催化重氮化合物与烯烃的反应和有机锌试剂参与的西蒙斯-史密斯(Simmons-Smith)反应。有些金属络合物可以催化重氮化合物的分解,形成性质活泼的卡宾中间体,对烯烃发生环丙烷化作用。在研究中,人们发现某种手性配体修饰的金属络合物可以催化不对称反应形成环丙烷产物。如手性氨基醇衍生的手性铜络合物可以用于 2,2-二甲基环丙烷甲酸乙酯(ethyl 2,2-dimethylcyclopropane-1-carboxylate)的对映选择性合成,后者是制备西司他丁(cilastatin)的关键中间体。西司他丁钠一般与 β-内酰胺类抗生素亚胺培南联合使用,可以阻断亚胺培南被肾脏脱氢肽酶 I 代谢失活,同时也减少亚胺培南的肾毒性。

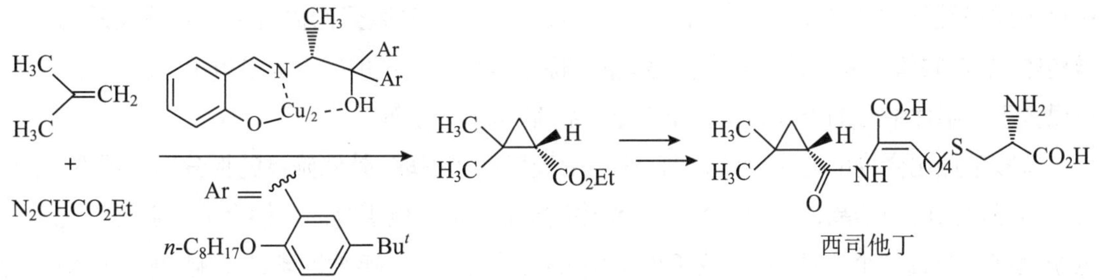

二、生物法制备手性药物

生物催化反应体系是迄今已知的最为高效、选择性优秀的温和催化体系,同时具有对环境友好的优势。正是由于这些优点,人们积极发展生物催化方法应用于手性药物合成领域,开发了生物催化手性还原、氧化、水解、转移等多种反应制备具有旋光性的有机分子。

他仑帕奈(talampanel)是一种神经退行性疾病治疗药物,研究人员重新设计合成路线,在关键的手性合成步骤利用酵母整细胞生物催化还原反应,将酮羰基还原为光学纯的仲醇,减少了合成步骤,降低了生产成本,并且避免了大量有机溶剂的使用,减少了对环境的污染。

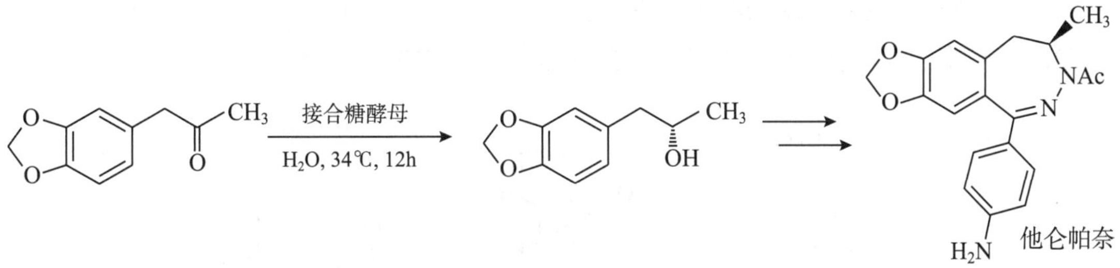

ER3-2　第三章目标测试

（肖　华）

本章小结

两个分子互为实物与镜像的关系,相似却不能重合,称为手性分子。判断分子是否具有手性可以考虑其是否含有对称因素,一般情况下,不具有对称面,也不具有对称中心的分子是手性分子。最常用的表达对映异构体的方式是**费歇尔投影式**,即用二维平面形式来表示三维空间结构,其书写特点可简记为横前竖后。构型的标记方法包括 D/L 标记法和 *R/S* 标记法,前者通过和手性甘油醛的关联标定分子构型,表示相对构型;后者通过次序规则给手性中心的取代基排序,依照统一的方式标记分子的绝对构型。旋光性是手性分子的重要物理性质。

对映体过量是最常用的衡量手性样品纯度的物理量。**非对映异构体**是不呈对映关系的旋光异构体,非对映体之间的性质差别显著。内消旋体虽含有手性中心,但没有手性。另外,还存在很多不含手性中心的手性分子,如取代联烯、联苯型分子等。

获取手性化合物的方法大致分为三种:由天然产物提取、**外消旋体的拆分**以及**手性合成**。拆分手段包括诱导结晶、化学拆分剂拆分、生物酶法、手性色谱等。手性合成一般通过化学反应新生产一个或多个手性中心(或手性结构),在反应中施加手性因素的影响,使生成的左旋体与右旋体不等量,分为手性底物、手性试剂、手性辅基和手性催化等方法。

习　题

1. 下列化合物各有几个手性碳原子?

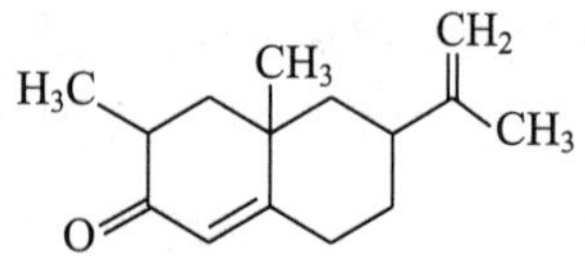

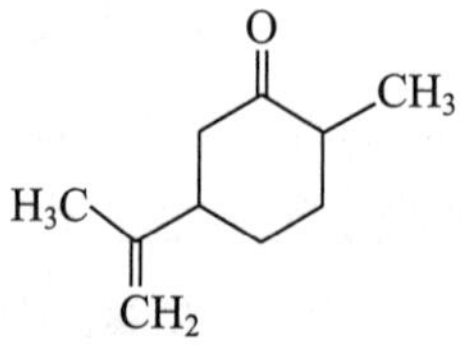

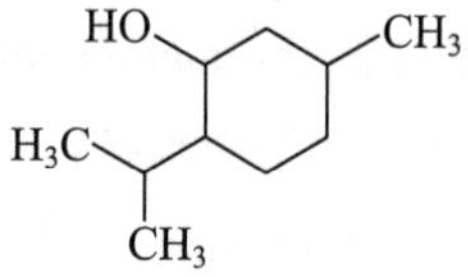

2. 若一蔗糖溶液测得旋光度为 +100°,怎么能确知它的旋光度不是 −260°?

3. 将下列化合物转化成费歇尔投影式,并标出手性碳的 *R/S* 构型。

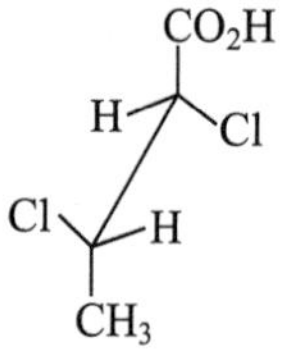

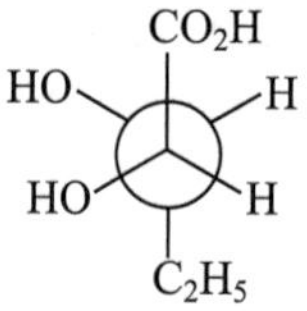

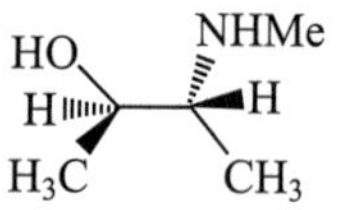

4. 用 *R/S* 标记出下列化合物的构型。

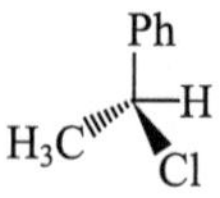

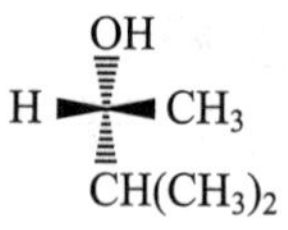

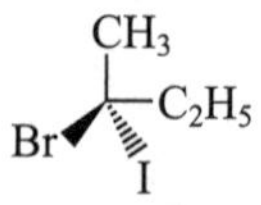

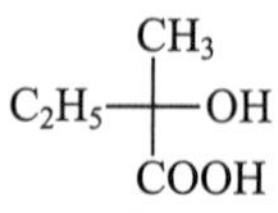

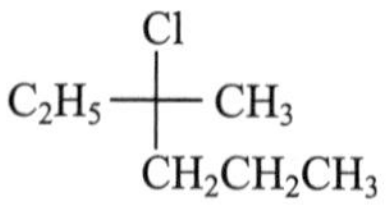

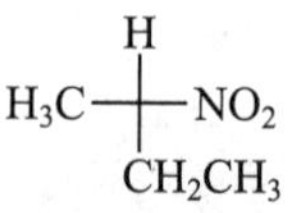

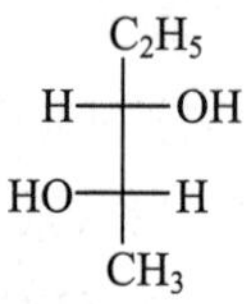

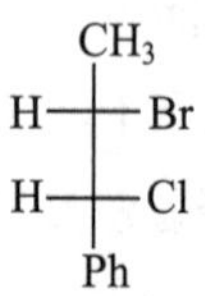

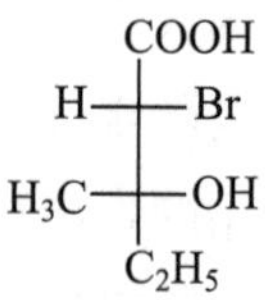

5. 标出下列各组中化合物的构型,并指出两个化合物之间的关系(相同化合物、对映体、非对映体)。

（1） 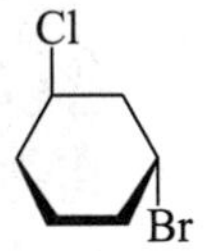 与

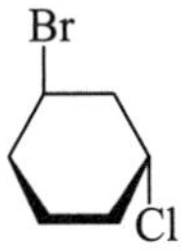

（2） 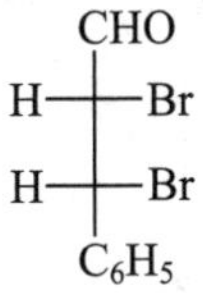 与

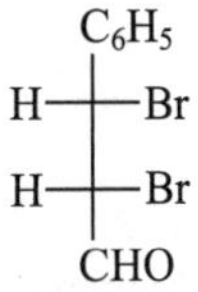

（3） 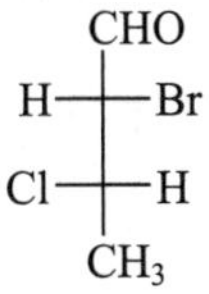 与

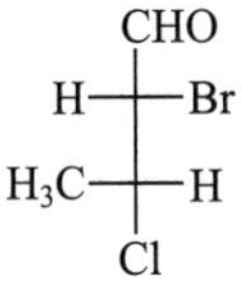

（4） 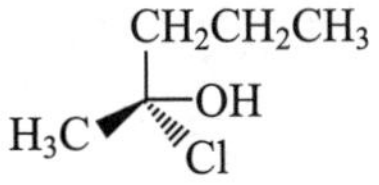 与

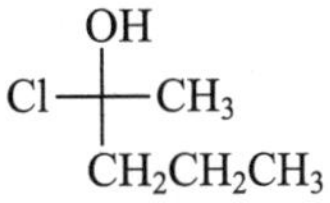

6. 下列化合物中哪些具有光学活性?

（1）

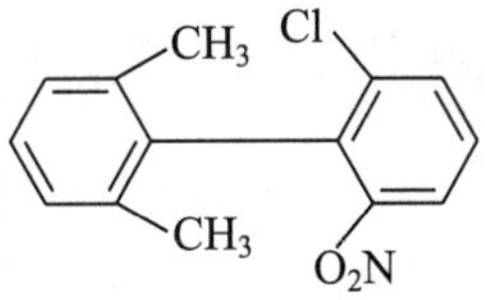

（2）

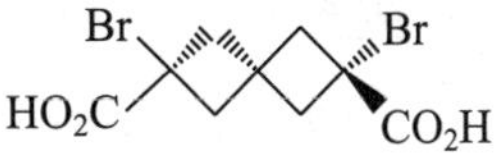

（3）

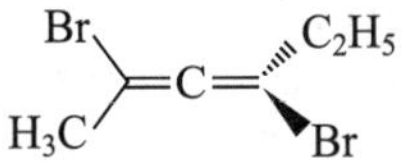

（4）

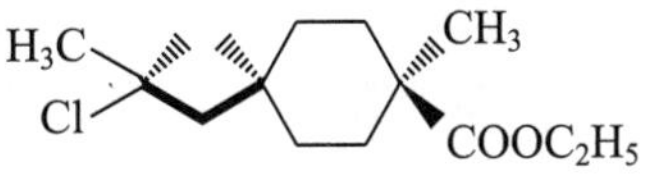

（5）

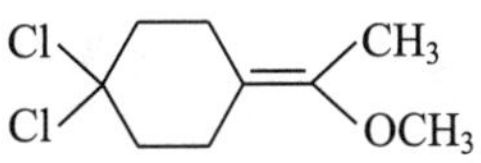

（6）

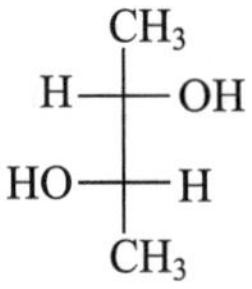

（7）

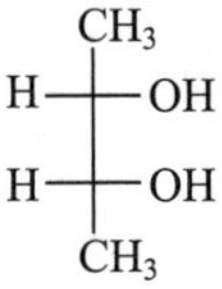

（8）

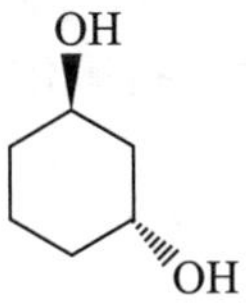

（9）

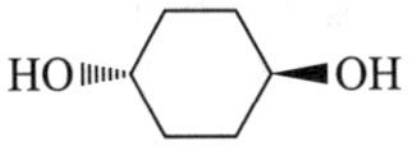

（10）

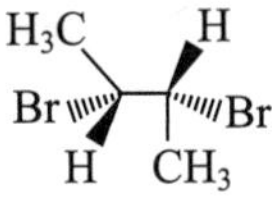

（11）

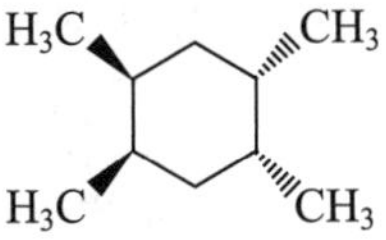

（12）

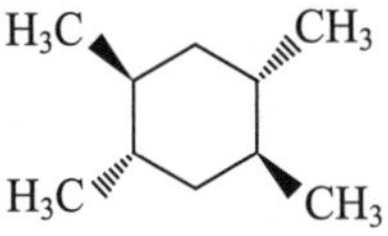

7. 用费歇尔投影式表示下列化合物的结构。

（1）（S)-3-甲基戊-1-炔

（2）（3R,4R)-3-氟-4-甲基己烷

（3）（2S,3R)-2-溴-3-氯丁烷

（4）（2S,3R)-2-氯-3-氟戊烷

（5）meso-2,3-二溴丁烷

（6）（2Z,4S,5R,6E)-4,5-二氯辛-2,6-二烯

第四章　不饱和脂肪烃

ER4-1　第四章
不饱和脂肪烃
（课件）

从橄榄树果实中提取的橄榄油中含有 80% 的油酸（oleic acid），油酸被认为是一种有益于人类心血管健康的不饱和脂肪酸，然而它的反式异构体对身体健康却有许多不利的影响。

司来吉兰（selegiline）是第一个应用于帕金森病的临床治疗药物，同时具有抗抑郁作用，对帕金森病伴有不同程度抑郁的患者具有良好的治疗作用。

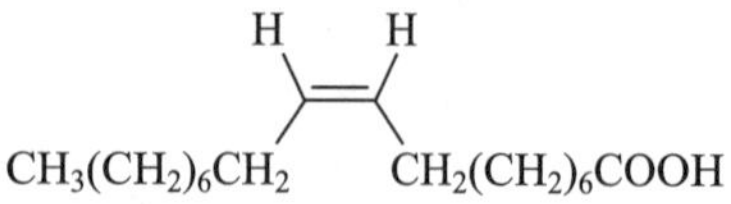

油酸

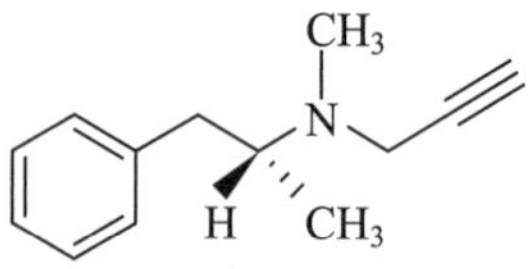

司来吉兰

β-胡萝卜素（*β*-carotene）是一种抗氧化剂，具有解毒作用，是维护人体健康不可缺少的营养素，在抗癌、预防心血管疾病和白内障及抗氧化方面有显著的功能，并进而防止老化和衰老引起的多种退化性疾病。

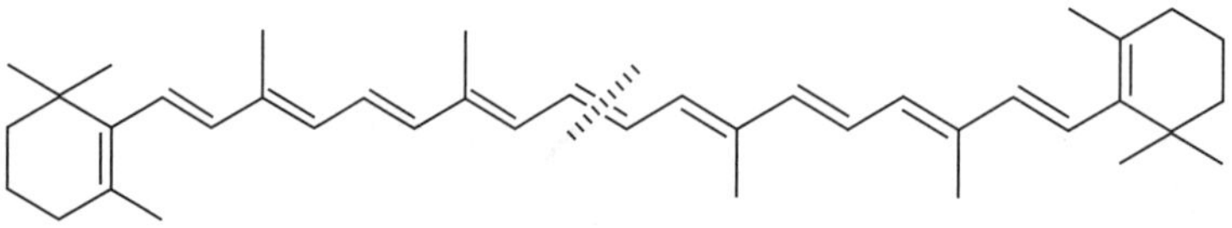

β-胡萝卜素

不饱和脂肪烃通常包括烯烃、炔烃和多烯烃。烯烃分子中含有碳碳双键（C═C），C═C 是烯烃的官能团，也称为烯键。烯烃比同碳数的烷烃缺少两个氢原子，其通式为 C_nH_{2n}。炔烃分子中含有碳碳三键（C≡C），C≡C 是炔烃的官能团，也称为炔键。炔烃比同碳数的烯烃又缺少两个氢原子，其通式为 $C_{2n}H_{2n-2}$。多烯烃是指含有两个或两个以上碳碳双键的不饱和烃，本章重点介绍二烯烃（diene），二烯烃和同碳数的炔烃互为同分异构体。

第一节　烯烃

一、结构

乙烯是最简单的烯烃，其分子式为 C_2H_4。研究表明，乙烯分子中的所有原子均在同一平面上，∠HCH 为 117.2°，∠HCC 为 121.4°，C═C 的键长为 0.134nm，C—H 的键长为 0.109nm

（图 4-1）。

杂化轨道理论认为，形成双键的两个碳原子均为 sp² 杂化。激发后的原子轨道中的一个 2s 轨道和两个 2p 轨道重新杂化组合，形成三个能量相同的 sp² 杂化轨道，每个碳原子还剩余一个 p 轨道未参与杂化。

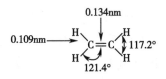

图 4-1 乙烯分子的键长和键角

三个 sp² 杂化轨道处于同一平面上，未参与杂化的 p 轨道垂直于三个 sp² 杂化轨道所在的平面；以碳原子为中心，三个 sp² 杂化轨道的对称轴分别指向三角形的三个顶点，对称轴间的夹角为 120°（图 4-2）。

形成乙烯分子时，每个碳原子各用一个 sp² 杂化轨道沿对称轴方向重叠，形成 C—C σ 键，再各用两个 sp² 杂化轨道与两个氢原子的 1s 轨道形成两个 C—H σ 键，两个未参与杂化的 p 轨道从侧面"肩并肩"平行重叠形成另外一种共价键，这种由互相平行的两个 p 轨道侧面重叠形成的共价键称为 π 键，π 电子位于 σ 键所在平面的上方和下方。由此可见，烯烃中的 C=C 是由一个 σ 键和一个 π 键构成的（图 4-3）。

图 4-2 sp² 杂化轨道及未参与杂化的 p 轨道

（a）C—C 和 C—H σ 键形成；（b）π 键形成

图 4-3 乙烯分子的结构

二、同分异构和命名

（一）同分异构

烯烃的同分异构现象较烷烃复杂。其构造异构除了有碳架异构之外，还有官能团位置异构。另外，在构造相同的情况下，某些烯烃还能出现顺反异构现象（属于立体异构的范畴）。

1. 构造异构 烯烃与同碳原子数的烷烃相比，其构造异构体的数目更多。例如，分子式为 C_5H_{10} 的烯烃有五个烯烃构造异构体。

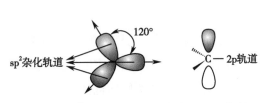

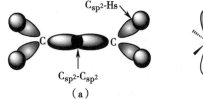

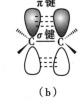

$$CH_3CH_2CH_2CH=CH_2$$

戊-1-烯
pent-1-ene

$$CH_3CH_2CH=CHCH_3$$

戊-2-烯
pent-2-ene

3-甲基丁-1-烯
3-methylbut-1-ene

2-甲基丁-2-烯
2-methylbut-2-ene

2-甲基丁-1-烯
2-methylbut-1-ene

具有直链结构的戊-1-烯和戊-2-烯与具有支链结构的 3-甲基丁-1-烯、2-甲基丁-2-烯及 2-甲基丁-1-烯之间属于碳架异构；而戊-1-烯与戊-2-烯之间或 3-甲基丁-1-烯、2-甲基丁-2-烯、2-甲基丁-1-烯之间属于官能团位置异构。

此外，单烯烃与单环的饱和脂环烃（环烷烃）具有相同的通式，它们之间也存在同分异构关系。

2. 顺反异构　烯烃分子中的 π 键是两个互相平行的 p 轨道侧向重叠形成的，具有面对称性，这种成键特点会限制 C=C 的"自由"旋转。如果 C=C 旋转，两个 p 轨道之间的有效重叠将会削弱，π 键的强度也会随之减弱。如果双键的两个碳原子上分别连接不同的原子（或基团）时，就会出现两种不同的排列方式。例如丁-2-烯，可以写出以下两种异构体。

<table>
<tr><td></td><td>(顺)-丁-2-烯
cis-but-2-ene</td><td>(反)-丁-2-烯
trans-but-2-ene</td></tr>
<tr><td>熔点/℃</td><td>−139</td><td>−1.6</td></tr>
<tr><td>沸点/℃</td><td>3.5</td><td>0.9</td></tr>
<tr><td>d_4^{20}/ (g/cm³)</td><td>0.621 3</td><td>0.604 2</td></tr>
<tr><td>偶极矩/C·m</td><td>1.1×10^{-30}</td><td>0</td></tr>
</table>

我们把两个相同的原子（或基团）（如氢原子或甲基）在双键同侧的称为顺式（*cis-*），在双键两侧的称为反式（*trans-*）。这两种异构体的构造相同，但原子或基团在空间的排列方式不同，这样的两种异构体称为顺反异构体，属于构型异构的范畴。这两种异构体在室温条件下通常不能互变，代表的是两个不同的化合物，物理性质不同，据此可以将两者区分开或分离开。

不是所有烯烃都存在顺反异构现象，烯烃产生顺反异构体的条件为形成烯烃双键的每一个碳原子上必须都连接不同的原子（或基团）。如果有一个双键碳原子上连接相同的原子（或基团），则该烯烃无顺反异构现象。例如丁-1-烯和 2-甲基丙-1-烯均无顺反异构体。

$$CH_3CH_2CH=CH_2 \qquad\qquad CH_3\overset{\overset{\displaystyle CH_3}{|}}{C}=CH_2$$

丁-1-烯　　　　　　　　2-甲基丙-1-烯
but-1-ene　　　　　　2-methylprop-1-ene

顺反异构体含有相同的官能团，因此化学性质相似，但它们的结构又不是完全相同，所以彼此的化学性质又不完全相同，当它们和同样的试剂作用时，反应速率不同。顺反异构体由于双键上的原子（或基团）在空间的距离不同，在生物体中会造成药物与受体表面作用的强弱不同，使顺反异构体表现出不同的生理活性。例如花生四烯酸（arachidonic acid，AA）是人体中含量最高、分布最广的多不饱和脂肪酸，在维持机体细胞膜的结构与功能上具有重要意义，其结构中的双键全部为顺式构型。

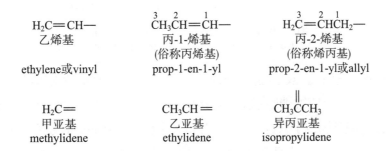

花生四烯酸

（二）命名

1. 烯基的命名

$H_2C=CH-$
乙烯基
ethylene或vinyl

$\overset{3}{C}H_3\overset{2}{C}H=\overset{1}{C}H-$
丙-1-烯基
（俗称丙烯基）
prop-1-en-1-yl

$\overset{3}{H_2}C=\overset{2}{C}H\overset{1}{C}H_2-$
丙-2-烯基
（俗称烯丙基）
prop-2-en-1-yl或allyl

$H_2C=$
甲亚基
methylidene

$CH_3CH=$
乙亚基
ethylidene

$CH_3\overset{||}{C}CH_3$
异丙亚基
isopropylidene

2. 烯烃的命名原则
用系统命名法命名烯烃时，首先要按照"碳链最长原则"，选择一条包含碳原子数最多的碳链作为主链。如果最长碳链不包含 C=C，则把烯烃部分作为取代基，以烷烃为母体。例如：

3-甲亚基己烷
3-methylenehexane

4-乙烯基庚烷
4-vinyl（或ethenyl）heptane

当主碳链包含 C=C 时，母体命名为"某烯"；编号时按照"双键编号最低原则"，应首先使 C=C 的位次最小，其次兼顾取代基具有较低位次。书写名称时，将 C=C 编号较小的位次写在官能团的名称前面。如有取代基，其位次和名称写在母体名称之前。烯烃的英文名称是将相应烷烃中的"ane"改为"ene"。例如：

$\overset{1}{C}H_3\overset{2}{C}H_2\overset{3}{C}=\overset{4}{C}H\overset{5}{C}H_2\overset{6}{C}H_3$
$\quad\quad\quad|$
$\quad\quad\;\;CH_3$

3-甲基己-3-烯
3-methylhex-3-ene

$\overset{1}{C}H_3\overset{2}{C}H=\overset{3}{C}H\overset{4}{C}H\overset{5}{C}H\overset{6}{C}H_2\overset{7}{C}H_3$
5-乙基-4-甲基辛-2-烯
5-ethyl-4-methyloct-2-ene

环烯烃命名时，应使双键位次为 1 位（中文名称中通常省略），再依次考虑取代基位次（组）最低原则。例如：

4-乙基环戊烯
4-ethylcyclopent-1-ene

1,6-二甲基环己烯
1,6-dimethylcyclohex-1-ene

3. 烯烃构型的命名 存在顺/反构型的烯烃,需要标记顺/反构型。

(1)顺/反构型标记法:双键的两个碳原子上连有相同的原子或基团时,若这两个原子或基团处于双键的同侧,称为"顺式(*cis-*)";若这两个原子或基团处于双键的异侧,称为"反式(*trans-*)"。命名时,在名称前加"顺"或"反"标记其构型。例如:

(顺)-戊-2-烯　　　　　　(反)-戊-2-烯
cis-pent-2-ene　　　　　*trans*-pent-2-ene

(2)*Z/E*构型标记法:若双键的两个碳原子上不连有相同的原子或基团时,首先按照"次序规则"分别比较每一个双键碳原子上所连接的两个原子或基团的优先次序,若两个双键碳原子上较优的原子或基团位于双键的同侧,用*Z*(*Z*是德文 zusammen 的词头,同的意思)标记其构型;若较优的原子或基团位于双键的异侧,用*E*(*E*是德文 entgegen 的词头,反的意思)标记其构型。例如:

(*E*)-4-甲基庚-3-烯　　　　　　　(*Z*)-3-异丙基己-2-烯
(*E*)-4-methylhept-3-ene　　　　　(*Z*)-3-isopropylhex-2-ene

顺/反构型标记法和*Z/E*构型标记法都可以用于标记烯烃的构型,但顺/反构型标记法有一定的局限性,而*Z/E*构型标记法是通用的。由于标记构型时采用的原则不一样,不能把两种构型标记法等同对待。顺/反构型标记法中的顺式不一定是*Z/E*构型标记法中的*Z*构型,反式也不一定是*E*构型。例如:

顺/反标记法:(反)-3,5-二甲基己-2-烯　　　(顺)-4-乙基-3-甲基庚-3-烯
trans-3,5-dimethylhex-2-ene　　　　　*cis*-4-ethyl-3-methylhept-3-ene
*Z/E*标记法:(*Z*)-3,5-二甲基己-2-烯　　　(*E*)-4-乙基-3-甲基庚-3-烯
(*Z*)-3,5-dimethylhex-2-ene　　　　　　(*E*)-4-ethyl-3-methylhept-3-ene

三、物理性质

室温下含2~4个碳原子的烯烃为气体,含5~18个碳原子的烯烃为液体,含19个碳原子以上的烯烃为固体。烯烃的熔点、沸点、相对密度一般都随着碳原子数的增加而升高,通常直链烯烃比支链烯烃的沸点高。烯烃比水轻,在水中的溶解度极小,易溶于苯、乙醚、三氯甲烷、四氯化碳等非极性溶剂中。一些烯烃的物理常数见表4-1。

烯烃在化工、医药和生命科学中有着十分重要的地位。

表 4-1　一些烯烃的物理常数

名称	分子式	沸点 /℃	熔点 /℃	相对密度(d_4^{20})
乙烯	C_2H_4	−169.1	−103.7	
丙烯	C_3H_6	−185.2	−47.4	
丁 -1- 烯	C_4H_8	−185.3	−6.1	0.641 0
戊 -1- 烯	C_5H_{10}	−165.0	30.0	0.673 0
己 -1- 烯	C_6H_{12}	−139.8	63.0	0.697 0
庚 -1- 烯	C_7H_{14}	−119.0	93.3	0.715 0
辛 -1- 烯	C_8H_{16}	−101.7	121.0	0.729 0
壬 -1- 烯	C_9H_{18}	−81.0	147.0	0.741 0
癸 -1- 烯	$C_{10}H_{20}$	−66.3	181.0	

四、化学性质

烯烃的化学性质比烷烃活泼得多,其化学性质主要体现在官能团上。烯烃中 π 键的键能比 σ 键的键能小,π 电子受原子核的束缚力较弱,因此 π 键容易受外界电场的影响而发生极化变形,可以与试剂发生加成反应至饱和。烯烃的 π 键也可以失去电子被氧化。此外,与双键相邻的碳上的氢原子也可以被卤素取代。

(一)加成反应

两个或多个分子相互作用,生成一个加成产物的反应称为加成反应。反应结果是 π 键断裂,同时生成两个更强的 σ 键。加成反应可以分为自由基加成、离子型加成和环加成三种情况,离子型加成又分为亲电加成和亲核加成。

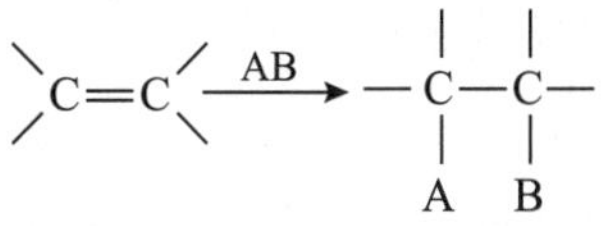

$$\diagsetminus C{=}C\diagdown \xrightarrow{\ AB\ } {-}\underset{A}{\overset{|}{C}}{-}\underset{B}{\overset{|}{C}}{-}\qquad \text{A和B可以相同,也可以不同}$$

1. 催化氢化　烯烃与氢气在没有催化剂的情况下通常不会发生反应。在催化剂存在下,烯烃与氢气很容易发生烯键上的加成反应,每个双键碳原子上各加一个氢原子,生成相应的烷烃,这种反应称为催化氢化或催化加氢。该反应在有机合成上用于制备烷烃。常用的催化剂有 Pt、Pd、Ni 等金属细粉以及某些金属配合物。用 Pt、Pd 作催化剂时,反应在室温下即可进行;用 Ni 作催化剂时,反应要在 200～300℃进行。催化剂的作用是降低反应的活化能,使反应容易进行。

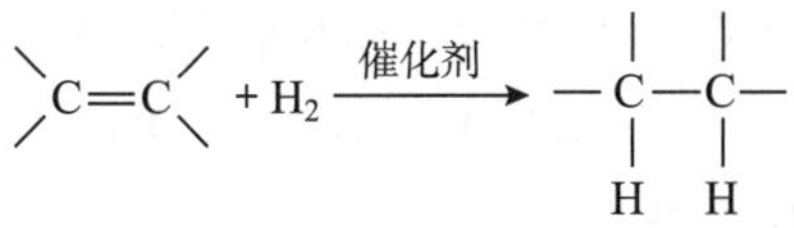

$$\diagsetminus C{=}C\diagdown + H_2 \xrightarrow{\ 催化剂\ } {-}\underset{H}{\overset{|}{C}}{-}\underset{H}{\overset{|}{C}}{-}$$

催化氢化反应的反应机理一般认为是氢气首先被吸附在催化剂的细颗粒表面上,并发生共价键的均裂,生成两个活泼的氢原子,同时烯烃的 π 键被削弱,一个氢原子将烯烃的 π 键打开,与之结合生成一个中间产物,接着再加上第二个氢原子,生成烷烃后离开催化剂表面。反应过程如图 4-4 所示。

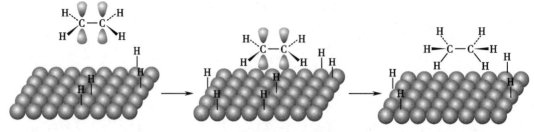

图 4-4　烯烃催化氢化过程示意图

催化氢化反应随着双键碳原子上取代基的增多而反应速率降低,这是由于双键上空间位阻的加大导致烯烃不易被催化剂吸附所致。

Pt、Pd、Ni 等金属催化剂不溶于反应溶剂中,其催化加氢属于非均相反应,只有烯烃接触催化剂表面才能起催化作用。为了提高催化效率,近年来开发出多种能溶于反应溶剂的均相催化剂,一般都是金属配合物,使用比较广泛的有 Wilkinson 催化剂,其化学名称是三(三苯基膦)氯化铑,结构式为 $RhCl(Ph_3P)_3$,用此均相催化剂可以实现烯烃在温和条件下氢化。

催化氢化反应是放热反应,1mol 烯烃氢化时所放出的热量称为氢化热。氢化热是热力学数据之一,其大小可以反映烯烃的稳定性。当不同的烯烃氢化后都生成同一产物时,若氢化热越小,则说明分子的内能较低,稳定性较大。几种烯烃的氢化热见表4-2。

表4-2　几种烯烃的氢化热

化合物	氢化热/(kJ/mol)	化合物	氢化热/(kJ/mol)
2-甲基丁-2-烯	−112.5	(顺)-丁-2-烯	−119.7
2-甲基丁-1-烯	−119.2	(反)-丁-2-烯	−115.5
3-甲基丁-1-烯	−126.0		

从氢化热数据可以看出,双键上连接三个取代基的 2-甲基丁-2-烯比双键上只连接两个取代基的 2-甲基丁-1-烯的稳定性高,而 2-甲基丁-1-烯比双键上只连接一个取代基的 3-甲基丁-1-烯的稳定性高,即双键上连接取代基越多的烯烃越稳定。另外,顺/反异构体中,一般是反式异构体比顺式异构体稳定,因为顺式异构体中两个较大的烷基位于双键的同侧,在空间上比较拥挤,范德瓦耳斯排斥力比较大。

2. 亲电加成　在有机化学中,通常把本身缺少一对电子,有能力从反应中得到一对电子形成共价键的试剂称为亲电试剂(electrophilic reagent)。烯烃的 π 电子结合较松散,易给出电子参与反应,是电子供体,而亲电试剂作为受体可以接受 π 电子发生化学反应。由亲电试剂进攻 π 电子所引起的加成反应称为亲电加成(electrophilic addition)反应。能与烯烃发生亲电加成反应的常见试剂有卤素(X_2)、无机酸(H_2SO_4、HX、HOX)等。亲电加成反应均是离子反应,化学反应过程中化学键的断裂方式是异裂。

(1)与卤化氢加成:烯烃与卤化氢或浓的氢卤酸发生亲电加成反应生成一卤代烷。

$$\underset{}{>}C=C\underset{}{<} + HX \longrightarrow -\underset{\underset{H}{|}}{C}-\underset{\underset{X}{|}}{C}- \qquad (X=Cl、Br、I)$$

例如:

$$CH_3CH=CHCH_3 + HBr \longrightarrow \underset{Br}{\underset{|}{CH_3CHCH_2CH_3}}$$

通常是将干燥的卤化氢气体直接通入烯烃中进行反应。不同卤化氢的反应活性顺序为 HI>HBr>HCl,与卤化氢的酸性顺序一致。极性催化剂可以加速反应,例如烯烃与氯化氢的反应速率较慢,当有无水 $AlCl_3$ 时可迅速起加成反应。

不同的烯烃与卤化氢发生加成反应时,双键碳原子上的烷基越多,双键的电子云密度越高,亲电试剂更容易进攻 π 电子云而发生加成反应,反应速率越快。例如:

$$(CH_3)_2C=C(CH_3)_2 > (CH_3)_2C=CHCH_3 > CH_3CH=CHCH_3 > CH_3CH=CH_2 > H_2C=CH_2$$

1)反应的区域选择性:当结构不对称的丙烯与溴化氢加成时,可以得到 1-溴丙烷和 2-溴丙烷两种异构体。

$$H_2C=CHCH_3 + HBr \longrightarrow \underset{Br}{\underset{|}{CH_3CHCH_3}} + CH_3CH_2CH_2Br$$
主要产物　　次要产物

实验结果表明,2-溴丙烷是主要产物。这种反应中可能有多个异构体生成,但以一个异构体为主或只生成一种异构体的反应称为区域选择性反应(regioselectivity reaction)。像这种不对称烯烃与不对称试剂加成时,主产物是试剂的负性部分(Br^-)加在含氢较少的双键碳上,而正性部分(H^+)加在含氢较多的双键碳上,这种加成反应的区域选择性是普遍存在的。这一经验规则是俄国化学家马尔科夫尼科夫(Vladimir Vasilevich Markovnikov)在 1870 年发现和总结的,称为马尔科夫尼科夫规则(Markovnikov rule),简称马氏规则。

2)亲电加成反应机理:研究表明,绝大多数烯烃与卤化氢的加成反应是分两步进行的。首先是亲电试剂 H^+ 进攻双键的 π 电子,使 π 键打开生成活性中间体碳正离子(carbocation),然后再与卤素负离子结合生成加成产物。反应过程如下所示。

第一步是由卤化氢解离出的 H^+ 进攻 π 电子,这步所需的活化能较大,是较慢的反应,也是决定整个反应速率的关键步骤,这种由亲电试剂进攻引起的加成反应称为亲电加成反应;第二步反应所需的活化能较小,反应速率较快(图 4-5)。

3)碳正离子的结构与稳定性:烯烃与卤化氢加成时生成的活性中间体碳正离子的稳定性决定加成反应的方向和速率。最简单的烷基碳正离子

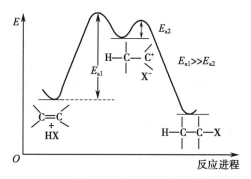

图 4-5　烯烃与卤化氢加成势能图

是 sp^2 杂化的,每个 sp^2 杂化轨道分别与三个原子形成三个 σ 键,剩余一个未参与杂化的 p 轨道是空轨道,垂直于杂化轨道所在的平面。碳正离子的周围只有六个电子,是缺电子的活性中间体,具有亲电性,一般不能分离得到。甲基碳正离子的结构如图 4-6 所示。

图 4-6 甲基碳正离子的结构

按照正电荷所处位置的不同,碳正离子可分为四种类型:甲基碳正离子、伯碳正离子(1°)、仲碳正离子(2°)和叔碳正离子(3°)。

$$\overset{+}{CH_3} \qquad R\overset{+}{C}H_2 \qquad R_2\overset{+}{C}H \qquad R_3\overset{+}{C}$$

甲基碳正离子　　伯碳正离子　　仲碳正离子　　叔碳正离子

不同碳正离子的稳定性次序为叔碳正离子＞仲碳正离子＞伯碳正离子＞甲基碳正离子,其稳定性可以从化学键异裂时的解离能数据来进行解释(图 4-7)。

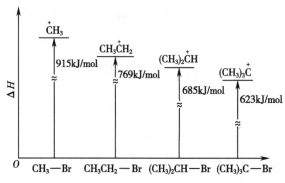

图 4-7　碳正离子相对于溴代烷的稳定性

根据物理学的基本规律,一个带电荷的体系(不管是正电荷还是负电荷),其电荷越分散,稳定性就越好。因此,对于碳正离子的稳定性次序,还可以从电子效应来进行解释。如果形成共价键的两个原子的电负性不同,那么共价键的一对电子总是偏向电负性较大的原子一边,这种偏移不仅存在于直接相连的原子上,也可以通过碳链传递到邻近的原子上,从而使整个分子发生极化,这种效应称为诱导效应(inductive effect,用"I"表示),是有机化学中电子效应的一种。例如在 C—Cl 键中,受氯的电负性的影响,和氯直接相连的碳(C_1)带有部分正电荷(用 δ$^+$ 来表示),继而影响 C_1—C_2 的共用电子发生偏移,但这种偏移要小一些,产生小的偶极,使 C_2 也带有部分正电荷(用 δδ$^+$ 来表示),依次影响下去,使 C_3 带有更少的正电荷(用 δδδ$^+$ 来表示)。

$$\overset{\delta\delta\delta^+}{-C_3} \longrightarrow \overset{\delta\delta^+}{C_2} \longrightarrow \overset{\delta^+}{C_1} \longrightarrow \overset{\delta^-}{Cl}$$

随着碳链的增长,诱导效应逐渐减弱,经过三个原子以后,影响已基本消失。诱导效应是分子本身固有的性质,是一种永久性的效应,与化学反应的发生与否无关,因此也称为静态诱导效应。

一个原子或基团诱导效应的大小和方向与其电负性有关。在比较各种原子或基团的诱导效应时,通常是以 C—H 键中的氢原子(规定 I=0)为标准来比较的。一个原子或基团 G 的电负性比氢大，C—G 键的电子云偏离碳原子，则 G 具有吸电子诱导效应（用 –I 表示），把 G 称为吸电子基团；反之，G 的电负性比氢小，C—G 键的电子云偏向碳原子，则 G 具有给电子诱导效应（用 +I 表示），把 G 称为给电子基团。

$$-\overset{|}{\underset{|}{C}} \overset{\delta^+}{\longrightarrow} G \qquad -\overset{|}{\underset{|}{C}}-H \qquad -\overset{|}{\underset{|}{C}} \overset{\delta^-}{\longleftarrow} G$$

$$-I \qquad\qquad I=0 \qquad\qquad +I$$

sp^2 杂化碳原子的电负性比 sp^3 杂化碳原子大，因此与碳正离子相连的烷基具有给电子诱导效应，可以使碳正离子上的正电荷得到分散而趋于稳定。若碳正离子上所连接的烷基越多，正电荷被分散的程度越大，碳正离子越趋于稳定。因此，碳正离子的稳定性次序为：

$$R_3\overset{+}{C} > R_2\overset{+}{C}H > R\overset{+}{C}H_2 > \overset{+}{C}H_3$$

4）烯烃亲电加成反应区域选择性的理论解释：依据反应机理以及碳正离子的稳定性可以解释马氏规则的区域选择性问题。现以丙烯与溴化氢的加成反应为例加以解释。

当丙烯与溴化氢加成时，第一步反应可以产生仲碳正离子中间体 I 和伯碳正离子中间体 II，由于仲碳正离子比伯碳正离子稳定，形成仲碳正离子所需的活化能比较低，反应速率比较快，因此马氏规则产物为主要产物。

当 3,3,3- 三氟丙烯与溴化氢加成时，主要产物是氢加到含氢少的双键碳原子上，而溴加到含氢多的双键碳原子上。

这是因为三氟甲基（$F_3C—$）是强吸电子基团，具有吸电子诱导效应，使得碳正离子 II 的正电荷不易得到分散，碳正离子更不稳定；碳正离子 I 中，带正电荷的碳与三氟甲基相隔一个碳原子，三氟甲基对带正电荷的碳的吸电子诱导效应有所减弱，使得这个伯碳正离子相对稳定一些，因此反马氏规则产物为主要产物。由此可见，"马氏规则"的正确表述应为：不对称烯烃与不对称试剂发生亲电加成反应时，试剂的正电性部分应加在能生成较稳定的碳正离子活性中间体的双键碳原子上。这种表述既适用于不含有氢原子的亲电试剂，也适用于分子中含有吸电子基团的不饱和烃。

5）碳正离子的重排：不对称烯烃与卤化氢的亲电加成反应中，经常会得到碳骨架与反应物不同的产物。例如 3-甲基丁-1-烯与氯化氢加成时，除了得到正常的加成产物外，还有重排产物生成，而且以重排产物为主。

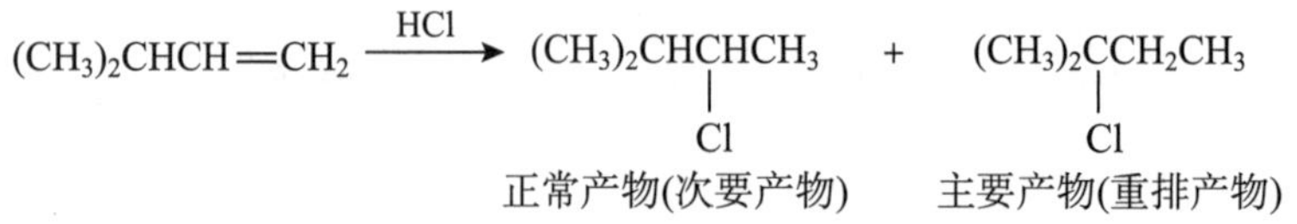

$$(CH_3)_2CHCH=CH_2 \xrightarrow{HCl} (CH_3)_2CHCHCH_3 + (CH_3)_2CCH_2CH_3$$
$$\qquad\qquad\qquad\qquad\qquad \overset{|}{Cl} \qquad\qquad\quad \overset{|}{Cl}$$

正常产物(次要产物) 　　主要产物(重排产物)

这一现象的产生可以通过下列反应过程加以解释。

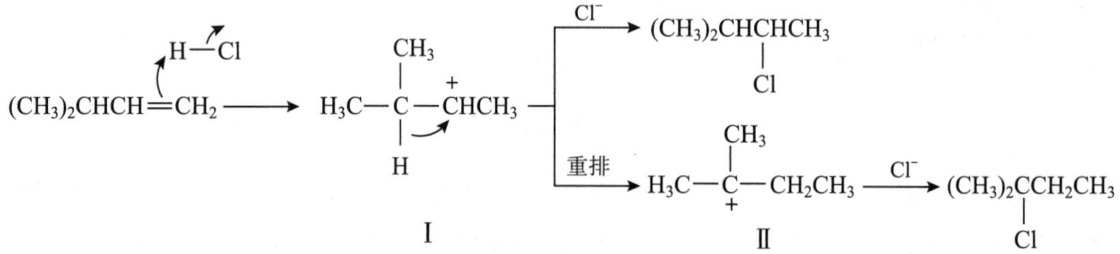

由仲碳正离子 I 转化为叔碳正离子 II 的反应称为碳正离子的重排，与碳正离子有关的反应，重排是一种很普遍的现象。在该重排反应中，氢原子是带着一对电子以负离子形式迁移到带有正电荷的邻位碳原子上，也称为 1,2-迁移，形成更为稳定的碳正离子是该重排反应的主要推动力。碳正离子的重排反应中，除了负氢离子迁移外，烷基负离子也可以发生迁移，烷基负离子迁移有时还能使环状化合物发生缩环或者扩环反应。例如：

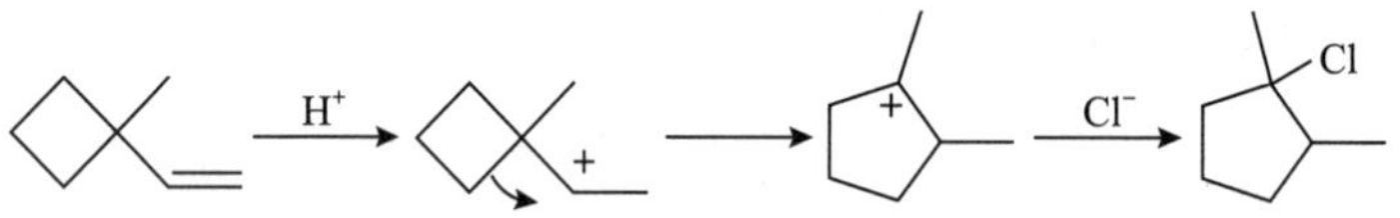

（2）与硫酸、水加成：烯烃与硫酸在低温下（0℃左右）进行加成生成硫酸氢酯，硫酸氢酯在加热条件下水解生成醇。例如：

$$H_2C=CH_2 \xrightarrow{98\% \ H_2SO_4} CH_3CH_2OSO_3H \xrightarrow[\triangle]{H_2O} CH_3CH_2OH$$

硫酸氢乙酯

反应结果相当于在双键上加上一分子水，这是制备醇的方法之一，通常称为间接水合法。生成的硫酸氢酯溶于硫酸，实验室中可利用此法除去烷烃等化合物中混有的少量烯烃。

不对称烯烃与硫酸加成时遵守"马氏规则"，因此除了乙烯水合可以得到伯醇外，其余烯烃水合均得到仲醇或叔醇。

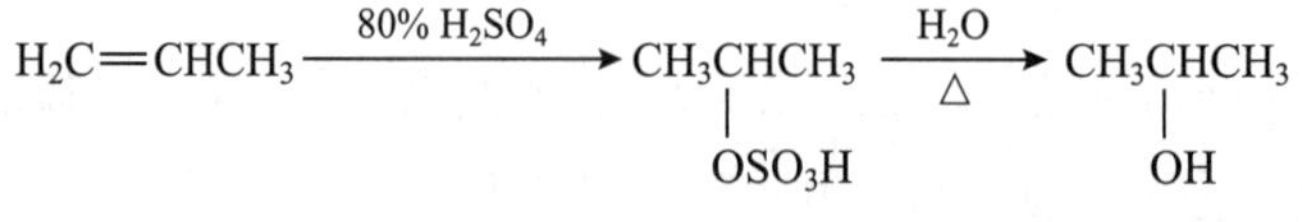

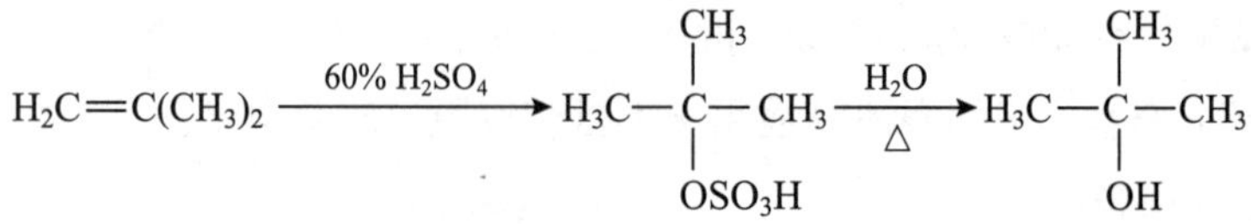

$$H_2C=CHCH_3 \xrightarrow{80\% \ H_2SO_4} CH_3CHCH_3 \xrightarrow[\triangle]{H_2O} CH_3CHCH_3$$
$$\qquad\qquad\qquad\qquad\qquad \overset{|}{OSO_3H} \qquad\qquad \overset{|}{OH}$$

$$H_2C=C(CH_3)_2 \xrightarrow{60\% \ H_2SO_4} H_3C-\overset{\overset{\displaystyle CH_3}{|}}{\underset{\underset{\displaystyle OSO_3H}{|}}{C}}-CH_3 \xrightarrow[\triangle]{H_2O} H_3C-\overset{\overset{\displaystyle CH_3}{|}}{\underset{\underset{\displaystyle OH}{|}}{C}}-CH_3$$

在硫酸、磷酸等催化下，烯烃也可直接与水加成生成醇。这也是工业上制备醇的方法，称为直接水合法。不对称烯烃与水加成时生成马氏规则产物。

$$H_2C{=}CH_2 + H_2O \xrightarrow[300^\circ\!C,\ 7MPa]{H_3PO_4} CH_3CH_2OH$$

$$CH_3CH{=}CH_2 + H_2O \xrightarrow[200^\circ\!C,\ 2MPa]{H_3PO_4} \underset{\overset{|}{OH}}{CH_3CHCH_3}$$

此方法简单、价廉，但需要较高的温度和压力，对设备的要求也很高，乙醇和丙醇可用此种方法大规模生产。

（3）与卤素加成：烯烃与卤素在无水的惰性溶剂中反应生成邻位二卤代物。

$$\overset{\diagup}{\underset{\diagup}{}}C{=}C\overset{\diagdown}{\underset{\diagdown}{}} + X_2 \xrightarrow[\text{室温}]{CCl_4} -\overset{|}{\underset{|}{\underset{X}{C}}}-\overset{|}{\underset{|}{\underset{X}{C}}}- \quad (X{=}Cl、Br)$$

将烯烃加入溴的四氯化碳溶液中，溴的红棕色很快褪色，现象非常明显，实验室中常用来鉴别烯烃。

烯烃与卤素加成的活性次序为 $F_2>Cl_2>Br_2>I_2$。氟与烯烃的反应太过剧烈，难以控制；碘的活性太低，通常不能与烯烃直接进行加成。因此，烯烃与卤素的加成反应主要是指与氯和溴的加成，是制备邻二氯代烷和邻二溴代烷的常用方法。

实验证明，当乙烯与溴在水溶液中发生加成反应时，如果溶液中存在氯化钠等盐类，反应产物除了1,2-二溴乙烷外，还有2-溴乙醇以及1-溴-2-氯乙烷的副产物，而烯烃与氯化钠等盐类单独混合则不发生反应。

$$H_2C{=}CH_2 + Br_2 \xrightarrow{H_2O,\ NaCl} BrCH_2CH_2Br + BrCH_2CH_2OH + BrCH_2CH_2Cl$$

另外，（顺）-丁-2-烯和（反）-丁-2-烯与溴加成，前者生成外消旋体产物，后者生成内消旋体产物。

基于上述事实可以推测，两个溴原子是分步加到双键碳上的。目前认为烯烃与溴加成的反应机理是首先在烯烃 π 电子影响下溴发生极化，一端带正电荷，另一端带负电荷，溴带正电荷的一端可以发挥亲电试剂的功能，当与烯烃靠近时，与烯烃加成生成环状溴鎓离子（cyclic bromonium ion）中间体；也可以认为是先形成经典碳正离子，由于溴原子的半径大，电负性小，它能迅速提供孤对电子至邻位碳正离子的空轨道中去稳定碳正离子，形成的溴鎓离子比碳正离子更为稳定，这一步是比较慢的。

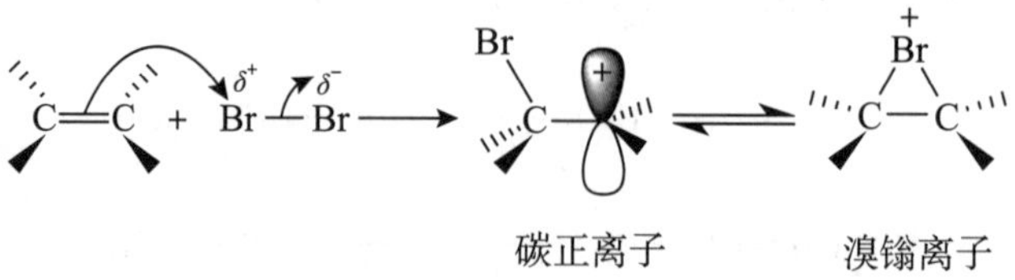

然后溴负离子从溴𬭩离子的背面进攻碳原子开环生成二溴代产物，这一步是比较快的，反应结果是溴从双键的两侧加到烯烃分子上，这种加成方式称为反式加成（anti-addition）。

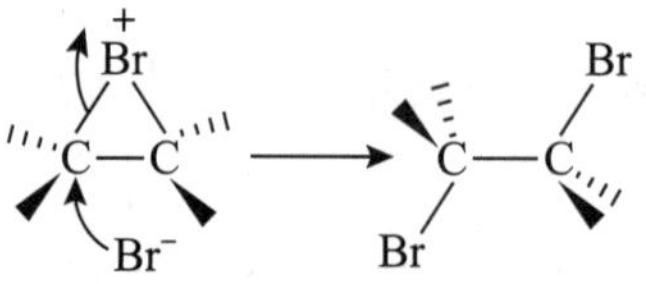

溴𬭩离子机理能很好地解释烯烃与溴加成的副产物以及立体化学的有关问题。如果反应在 NaCl 水溶液中进行，那么 Cl^- 和 H_2O 可与 Br^- 竞争，参与第二步反应生成相应的副产物。

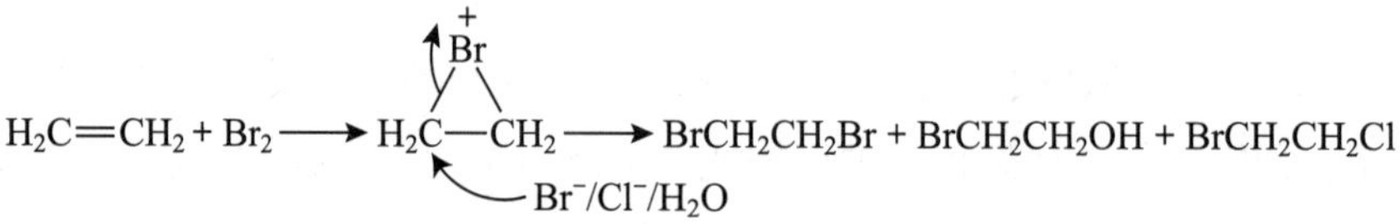

$$H_2C{=}CH_2 + Br_2 \longrightarrow H_2C{-}CH_2 \longrightarrow BrCH_2CH_2Br + BrCH_2CH_2OH + BrCH_2CH_2Cl$$

（顺）-丁-2-烯和（反）-丁-2-烯分别与溴加成形成溴𬭩离子中间体，被 Br^- 进攻时存在两种概率相同的开环方式，产物分别为外消旋体和内消旋体。反应的具体过程如下：

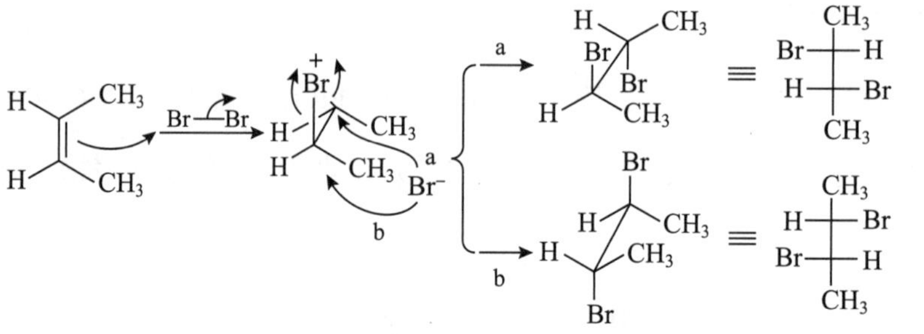

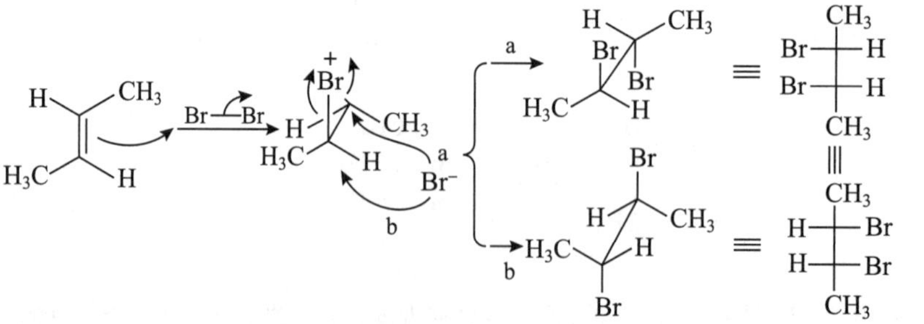

如果一个反应有可能产生多个立体异构体，但只生成或者优先生成其中一个（或者一对对映体），这样的反应称为立体选择性反应（stereoselective reaction）。在上述两个反应中，反应物在立体化学上是有区别的，经过反应之后，形成的产物在立体化学上也是不同的，这样的反应称为立体专一性反应（stereospecific reaction）。

烯烃与氯加成时,由于氯的电负性比溴大,原子半径较小,形成环状氯𬂩离子的可能性很小,因此一般仍按照经典碳正离子机理进行。不过,应当注意的是,影响烯烃与卤素加成反应机理的因素还有很多,比较复杂,这里不进行深入讨论。

（4）与次卤酸加成:氯或溴在水溶液中或在碱性水溶液中可与烯烃发生加成反应生成β-卤代醇,反应结果相当于在双键上加上一分子次卤酸。例如当烯烃与次溴酸加成时,反应的第一步与加溴相同,先生成溴𬂩离子,然后溶剂水或者 OH^- 与 Br^- 竞争进攻碳原子开环,加成产物在立体化学上与溴的加成一样,生成的也是反式加成产物。

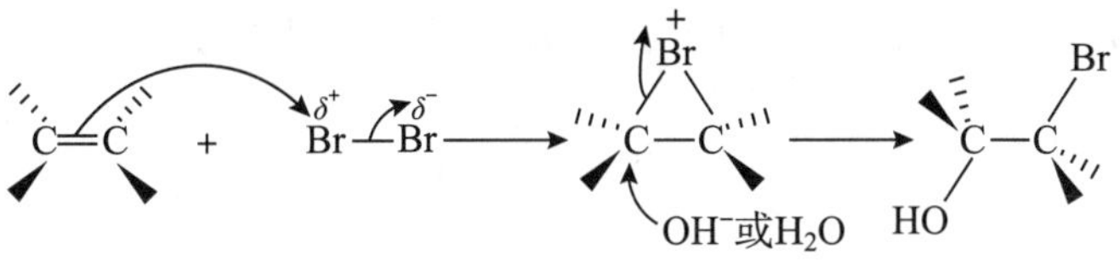

不对称烯烃与次卤酸加成时得到马氏规则产物,即亲电试剂(X^+)加在含氢较多的双键碳上,亲核试剂(OH^-)加在含氢较少的双键碳上。例如:

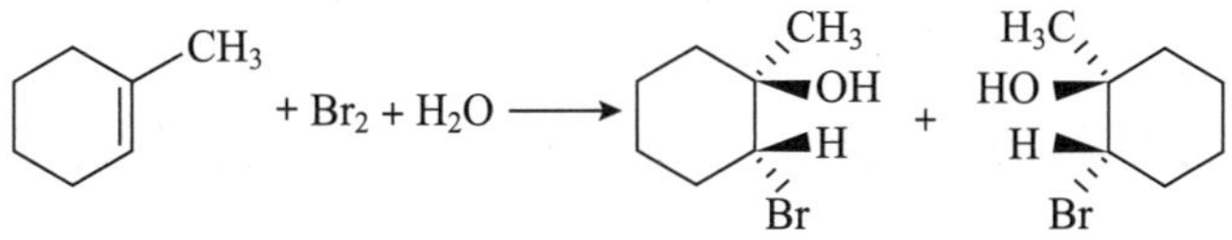

产物 β-卤代醇是重要的化工原料,可以制成多种化工产品如环氧化合物等。例如:

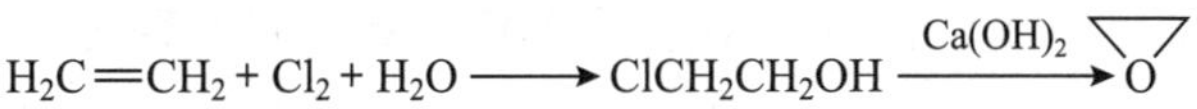

$$H_2C{=}CH_2 + Cl_2 + H_2O \longrightarrow ClCH_2CH_2OH \xrightarrow{Ca(OH)_2} \underset{\text{环氧乙烷}}{\triangle O}$$

3. 自由基加成 1933 年,美国科学家卡拉施(M. S. Kharasch)等发现不对称烯烃在有机过氧化物(R—O—O—R)存在的条件下与溴化氢反应,主要生成反马氏规则产物,这种现象称为过氧化物效应(peroxide effect),也称为卡拉施效应。例如:

$$CH_3CH{=}CH_2 + HBr \xrightarrow{R-O-O-R} CH_3CH_2CH_2Br$$

产生这种现象的原因是过氧化物受热时很容易均裂产生自由基,所产生的自由基会引发 π 键受到自由基的进攻而生成反马氏规则产物,因此称这种反应为自由基加成反应。丙烯与溴化氢的反应机理如下:

氢氯键的键能比较大,键牢固,在链引发阶段不易形成氯自由基;氢碘键较弱,虽可形成碘自由基,但其活性较低,同时碘自由基又比较容易相互结合成键,在链增长阶段很难与烯烃加成。因此,只有溴化氢才存在过氧化物效应。

（二）氧化反应

烯烃的 π 键具有丰富的电子,很容易被氧化剂所氧化。根据氧化反应条件的不同,可以得到不同的产物。

1. 高锰酸钾氧化　烯烃与中性(或碱性)高锰酸钾的稀冷溶液反应,π 键断裂生成邻二醇。反应经历一个五元环锰酸酯中间体,很快水解生成顺式邻二醇,相当于在双键上顺式加上两个羟基。

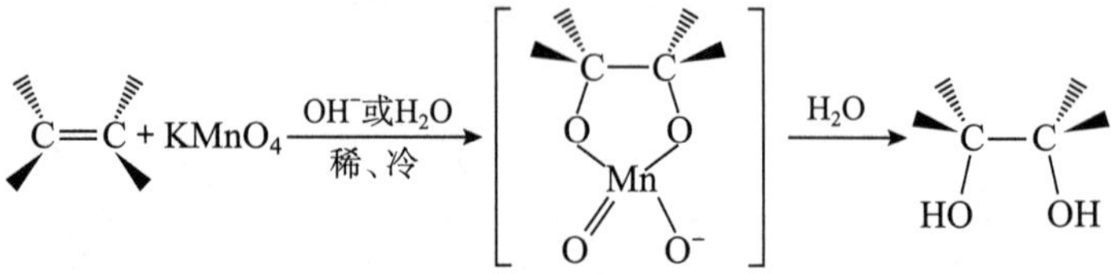

例如:

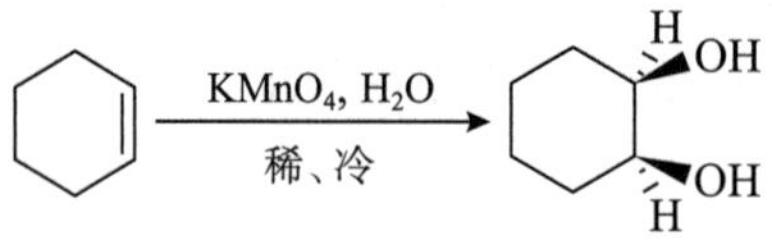

反应中,高锰酸钾溶液的紫色褪去,生成棕色二氧化锰沉淀,因此该反应可以用来鉴别烯烃。

如果用酸性高锰酸钾溶液或中性高锰酸钾的浓热溶液反应,则发生碳碳双键的断裂,最终产物为酮、羧酸、二氧化碳或它们的混合物,而紫色的高锰酸钾溶液褪为无色。当双键碳原子上有两个烃基时,产物为酮;有一个烃基时,产物为羧酸;没有烃基时,产物为二氧化碳和水。例如:

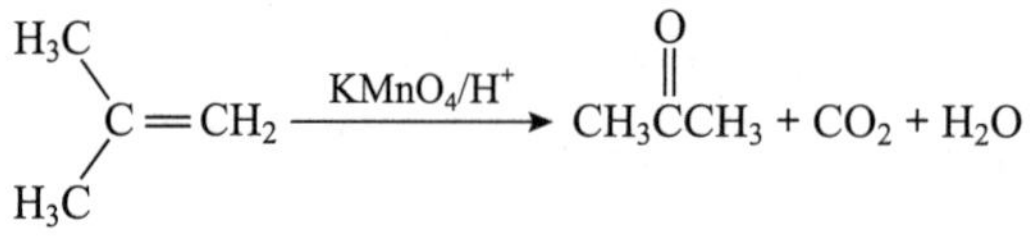

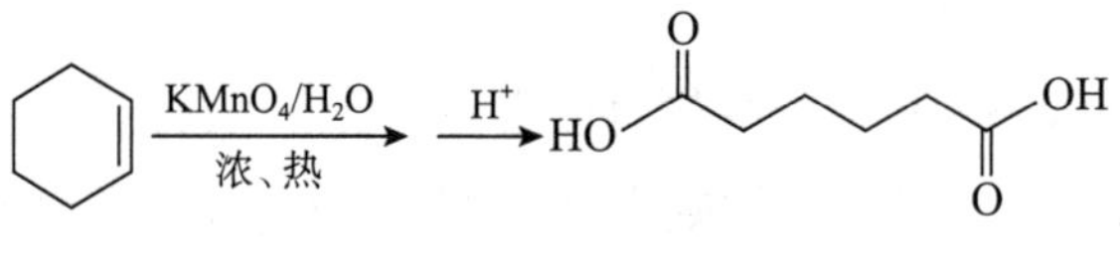

这种反应可以用于制备羧酸或者酮,也可以根据氧化产物的结构来推断原来烯烃的结构。

2. 臭氧氧化　将烯烃与含有 6%~8% 的臭氧的氧气在低温下(通常为 -80℃)作用后生成臭氧化物,再将其用还原剂(如锌粉加乙酸或锌粉加水)还原分解,可得到醛或酮。

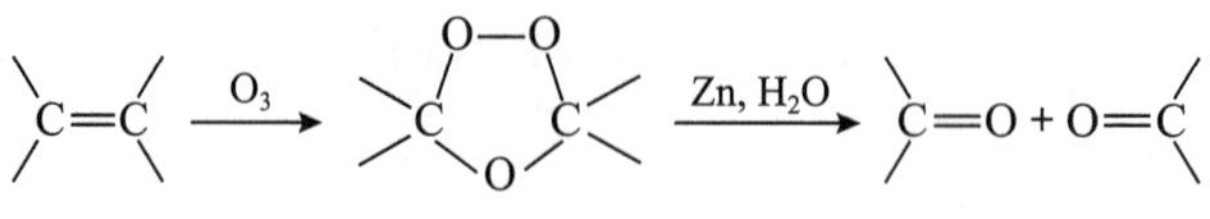

当双键碳原子上有两个烃基时,产物为酮;有一个烃基时,产物为醛。例如:

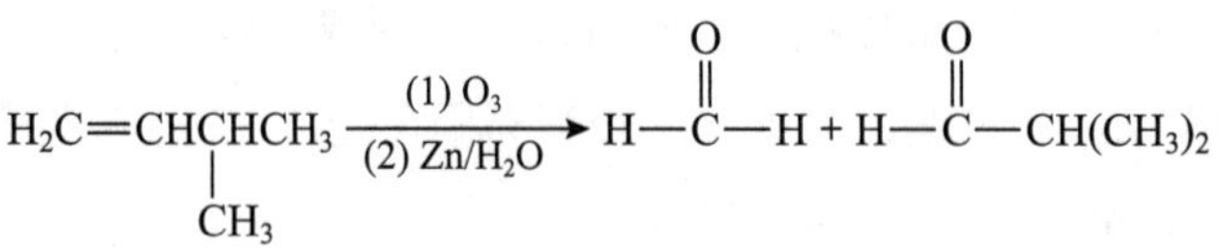

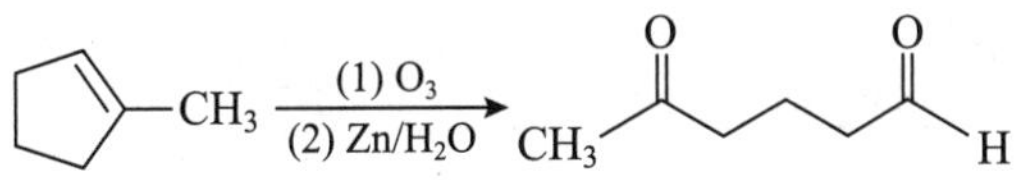

烯烃的臭氧化还原分解反应的产物相当于在烯烃的碳碳双键断裂处各加上一个氧原子。因此，可以根据臭氧化物还原水解的产物来推断烯烃的结构。

3. 过氧酸氧化 烯烃被有机过氧酸氧化生成1,2-环氧化物，此反应称为环氧化反应。环氧化反应是顺式加成反应，生成的环氧化合物仍保持原来烯烃的构型。

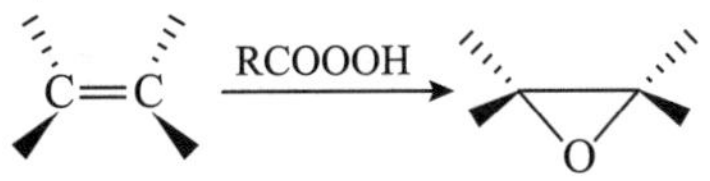

常用的过氧酸有过氧乙酸、过氧苯甲酸、过氧三氟乙酸、间氯过氧苯甲酸等，其中过氧三氟乙酸最有效。例如：

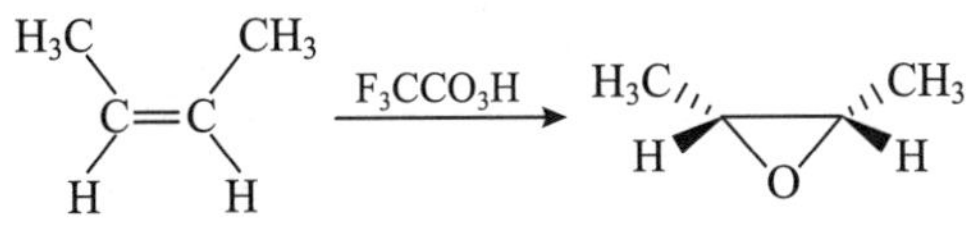

工业生产上采用银催化氧化法也可以得到环氧化合物。

（三）硼氢化-氧化反应

烯烃与硼氢化合物在醚类溶剂（常用四氢呋喃）中发生加成反应生成烷基硼，称为硼氢化反应。甲硼烷是最简单的硼氢化合物，它的价电子层只有6个电子，不稳定，不能独立存在。乙硼烷（B_2H_6）是能独立存在的最简单的硼烷。与烯烃反应时，乙硼烷能迅速离解为甲硼烷和四氢呋喃的络合物，实际上进行硼氢化反应的是甲硼烷和四氢呋喃的络合物。乙烯或一取代乙烯与甲硼烷加成的最终产物是三烷基硼。

硼的电负性（2.0）比氢的电负性稍小（2.1），所以缺电子的硼原子是亲电中心。甲硼烷和不对称烯烃加成时形成一个四元环过渡态，硼原子和氢原子从碳碳双键所在平面的同一侧加到双键的两个碳原子上，是一顺式加成过程。最终硼原子加到含氢较多的双键碳原子上，而氢原子加到含氢较少的双键碳原子上。

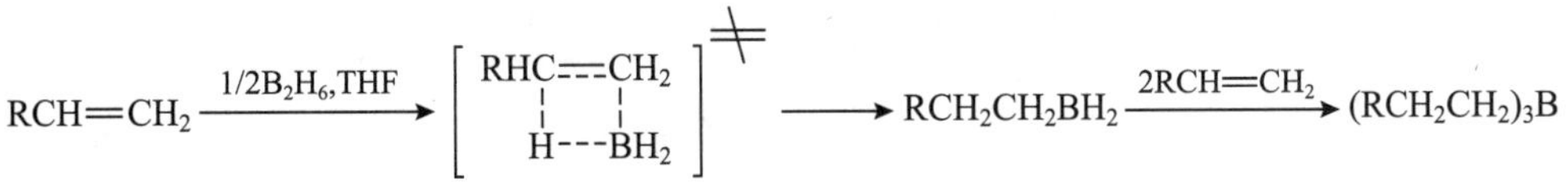

三烷基硼用碱性过氧化氢水溶液处理，发生氧化、水解后可以得到醇，硼氢化和氧化反应联合起来称为硼氢化-氧化反应。两步反应总的结果相当于在烯烃双键上按照反马氏规则加上一分子水，相当于一个间接水合反应。

$$(RCH_2CH_2)_3B \xrightarrow{H_2O_2,OH^-} 3RCH_2CH_2OH$$

该反应条件温和、操作简便、产率较高，而且没有重排产物，是一种重要的有机合成反应，常用于醇类化合物尤其是伯醇的制备。例如：

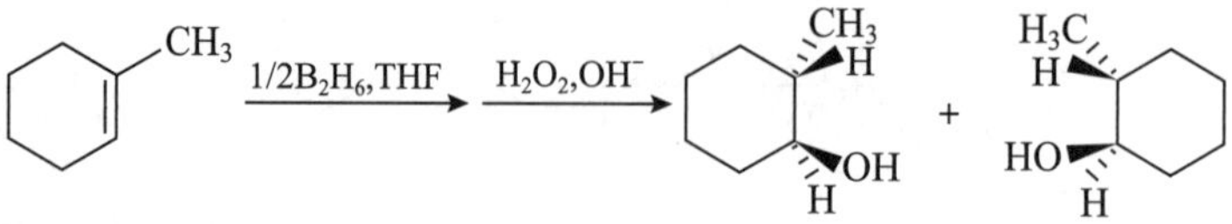

（四）α-氢的取代反应

在光照或高温条件下，烯烃的 α-氢原子被卤原子取代生成 α-卤代烯烃，这个反应是发生在烯烃的 α-碳原子（与碳碳双键直接相连的碳原子）上的自由基取代反应。例如：

$$CH_3CH{=}CH_2 + Cl_2 \xrightarrow{500\sim600℃} \underset{\displaystyle Cl}{\underset{|}{C}H_2}CH{=}CH_2$$

该反应类似于烷烃的卤代反应。烯烃在光照或高温下的卤代总是发生在 α-碳原子上，其原因一方面是 α-碳原子上的 C—H 键的解离能较小，比一般烷烃的 C—H 键以及烯烃碳碳双键上的 C—H 键更容易解离；另一方面是 α-碳原子上的 C—H 键离解后，生成稳定性比较强的烯丙基型自由基。

$$\dot{C}H_2—CH{=}CH_2$$

在过氧化苯甲酰作用下，可以用 *N*-溴代丁二酰亚胺（*N*-bromosuccinimide，简称 NBS）作为溴代试剂取代烯烃的 α-氢，生成 α-溴代烯烃。这样，反应可以在较低的温度下进行。

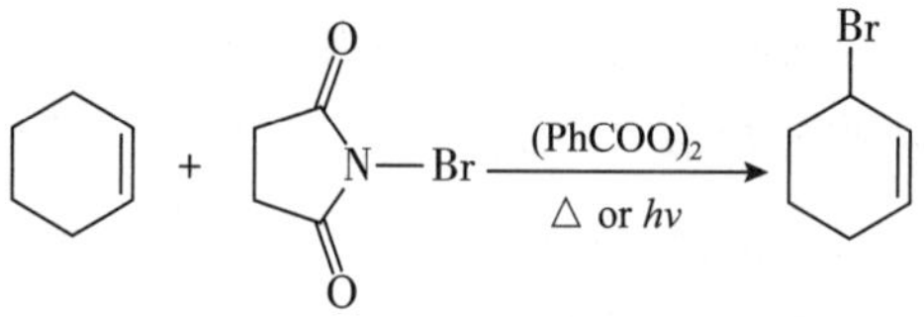

（五）聚合反应

烯烃在不同的条件下，分子中的 π 键可以打开，双键碳原子相互以 σ 键结合形成长链大分子，反应常常需要在高温高压下进行。例如：

$$n\,H_2C{=}CH_2 \xrightarrow[200MPa]{200℃} \left[\!-CH_2—CH_2-\!\right]_n$$

乙烯　　　　　　　　聚乙烯

这种反应称为聚合（polymerization）反应，所生成的大分子称为高分子化合物或者聚合物（polymer），发生聚合反应的烯烃称为单体（monomer），上式中的 *n* 称为高分子化合物的聚合度。

一些双键上有取代基的烯烃也可在自由基引发剂存在下聚合成各种有用的高分子化合物，例如氯乙烯和四氟乙烯聚合后分别得到聚氯乙烯和聚四氟乙烯。

第二节 炔烃

一、结构

乙炔是最简单的炔烃，分子式为 C_2H_2。研究表明，乙炔是一个直线型分子，四个原子处于一条直线上，三键的键长为 0.120nm，碳氢键的键长为 0.106nm，三键与碳氢键的夹角为 180°（图4-8）。

杂化轨道理论认为，乙炔分子中的碳原子采用 sp 杂化方式成键，即由一个 s 轨道与一个 p 轨道组成两个等同的 sp 杂化轨道，两个 sp 杂化轨道对称轴之间的夹角为 180°（图4-9）。

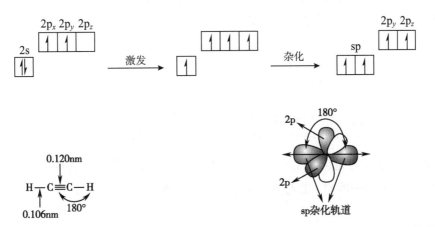

图 4-8 乙炔分子的键长和键角   图 4-9 sp 杂化轨道及未参与杂化的 p 轨道

两个碳原子分别以一个 sp 杂化轨道互相重叠形成 C—C σ 键，另一个 sp 杂化轨道分别与氢原子的 1s 轨道重叠，形成 C—H σ 键，三个 σ 键的对称轴呈直线型。每个碳原子上都剩余两个未参与杂化的 p 轨道，它们两两平行，在侧面重叠形成两个互相垂直的 π 键（图4-10），π 电子云进一步相互作用，实际上两个 π 键的 π 电子云呈圆筒状对称地分布在 σ 键的周围（图4-11）。

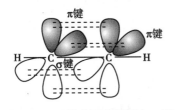
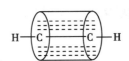

图 4-10 乙炔分子中的两个 π 键   图 4-11 乙炔分子中 π 电子云的分布

可见，三键是由一个 σ 键和两个 π 键组成的。sp 杂化轨道的 s 成分较大，轨道较 sp^2 杂化轨道和 sp^3 杂化轨道短，因此两个碳原子之间的电子密度较大，使两个碳原子比由双键或单键连接的碳原子更靠近，碳碳三键的键长比碳碳双键和碳碳单键的键长短，三键上碳氢的键长也较烷烃和烯烃碳氢的键长短。

二、同分异构和命名

炔烃的命名原则与烯烃类似,只是将"烯"字改为"炔"字即可。炔烃的英文名称是将相应烷烃中的"ane"改为"yne"。例如:

$$\overset{1}{HC}\equiv\overset{2}{C}\overset{3}{CH_2}\overset{4}{CH_2}\overset{5}{CH_3}$$

戊-1-炔
pent-1-yne

$$\overset{1}{CH_3}\overset{2}{C}\equiv\overset{3}{C}\overset{4}{CH_2}\overset{5}{CH}\overset{6}{CH_2}\overset{7}{CH_3}$$
$$\underset{CH_3}{|}$$

5-甲基庚-2-炔
5-methylhept-2-yne

当结构中同时含有烯键和炔键时,选择最长的连续碳链作为主链;若主链中不同时包含不饱和键,则按照烯或炔进行命名。例如:

(E)-5-乙炔基-4-甲基辛-2-烯
(E)-5-ethynyl-4-methyloct-2-ene

5-甲亚基庚-1-炔
5-methylenehept-1-yne

若烯键和炔键同时包含在主链中,编号时从靠近不饱和键的一端开始,使不饱和键都有较低位次;有选择余地时,优先考虑烯键的位置最低;母体名称书写时烯在前,炔在后。例如:

5-甲基己-4-烯-1-炔
5-methylhex-4-en-1-yne

4-乙基庚-1-烯-6-炔
4-ethylhept-1-en-6-yne

三、物理性质

炔烃的物理性质与烷烃及烯烃相似。常温下乙炔、丙炔和丁-1-炔为气体,不溶于水,比水轻,易溶于低极性有机溶剂如石油醚、乙醚、苯、四氯化碳等。炔烃的沸点、熔点、比重均比相应的烷烃、烯烃高些。一些炔烃的物理常数见表4-3。

表4-3　一些炔烃的物理常数

名称	分子式	沸点 /℃	熔点 /℃	相对密度(d_4^{20})
乙炔	C_2H_2	−81.8	−83.4	
丙炔	C_3H_4	−101.7	−23.2	
丁-1-炔	C_4H_6	−125.7	8.7	
戊-1-炔	C_5H_8	−106.5	39.7	0.695 0
己-1-炔	C_6H_{10}	−124.0	72.0	0.719 5
庚-1-炔	C_7H_{12}	−80.0	100.0	0.732 8

名称	分子式	沸点 /℃	熔点 /℃	相对密度 (d_4^{20})
辛-1-炔	C_8H_{14}	−70.0	126.0	0.747 0
壬-1-炔	C_9H_{16}	−36.0	151.0	0.763 0
癸-1-炔	$C_{10}H_{18}$	−40.0	182.0	0.765 0

四、化学性质

炔烃具有不饱和键,可以发生与烯烃相似的亲电加成、氧化、聚合等反应,也可以发生烯烃不具有的亲核加成反应。此外,炔氢具有弱酸性,可以被一些金属原子取代。

(一)加成反应

1. 催化氢化 在 Pt、Pd 或 Ni 等催化剂作用下,炔烃容易和氢气发生加成反应。催化氢化时,反应不能停留在烯烃阶段,得到的最终产物是烷烃。例如:

$$CH_3CH_2C\equiv CCH_2CH_3 + 2H_2 \xrightarrow{Ni} CH_3CH_2-\overset{\overset{H}{|}}{\underset{\underset{H}{|}}{C}}-\overset{\overset{H}{|}}{\underset{\underset{H}{|}}{C}}-CH_2CH_3$$

要使反应停留在烯烃阶段,可以使用活性较低的 Lindlar(林德拉)催化剂。林德拉催化剂不仅选择性地氢化炔烃至烯烃,而且可以控制产物的构型,最终得到顺式烯烃。例如:

$$CH_3CH_2C\equiv CCH_2CH_3 + H_2 \xrightarrow{Lindlar} \underset{CH_3CH_2}{\overset{H}{\diagdown}}C=C\underset{CH_2CH_3}{\overset{H}{\diagup}}$$

(顺)-己-3-烯

炔烃在液氨中用金属钠或锂还原主要得到反式烯烃。例如:

$$CH_3CH_2C\equiv CCH_2CH_3 \xrightarrow{Na, NH_3(液)} \underset{CH_3CH_2}{\overset{H}{\diagdown}}C=C\underset{H}{\overset{CH_2CH_3}{\diagup}}$$

(反)-己-3-烯

2. 亲电加成

(1)与卤化氢加成:炔烃与一分子卤化氢加成生成单卤代烯烃,进一步加成生成偕二卤代烷。例如乙炔在汞盐催化下,与一分子氯化氢加成生成氯乙烯,反应可以停留在一分子加成阶段,这是氯乙烯的工业制法之一。氯乙烯是合成聚氯乙烯塑料的单体。

$$HC\equiv CH + HCl \xrightarrow{HgCl_2} H_2C=CHCl \xrightarrow{HCl, HgCl_2} CH_3CHCl_2$$

不对称炔烃与卤化氢加成时,两步加成均遵循马氏规则,最终产物也是偕二卤代烷。

$$RC\equiv CH \xrightarrow{HX} \underset{\underset{X}{|}}{RC}=CH_2 \xrightarrow{HX} R-\overset{\overset{X}{|}}{\underset{\underset{X}{|}}{C}}-CH_3$$

偕二卤代烷

（2）与卤素加成：炔烃可与一分子卤素进行加成，生成反式邻二卤代烯烃，反应可以停留在一分子加成阶段；也可与两分子卤素进行加成，生成四卤代烷。例如乙炔与溴的四氯化碳溶液反应先生成反式 1,2-二溴乙烯，进一步反应生成 1,1,2,2-四溴乙烷，溴的红棕色慢慢褪去，这一反应可用于炔烃的鉴定。

$$HC\equiv CH \xrightarrow{Br_2} \underset{H}{\overset{Br}{>}}C=C\underset{Br}{\overset{H}{<}} \xrightarrow{Br_2} H-\underset{Br}{\overset{Br}{\underset{|}{\overset{|}{C}}}}-\underset{Br}{\overset{Br}{\underset{|}{\overset{|}{C}}}}-H$$

若分子中含有处于非共轭状态的双键和三键，当与等摩尔卤化氢或卤素加成时，都是双键上优先加成，而三键仍可保留，因为双键比三键的反应活性高。例如：

$$HC\equiv C-CH_2CH_2CH=CH_2 \xrightarrow{Br_2} HC\equiv C-CH_2CH_2\underset{Br}{\overset{|}{C}H}-\underset{Br}{\overset{|}{C}H_2}$$

3. 与水加成 在催化量硫酸汞作用下，在硫酸水溶液中炔烃可以与 H_2O 发生加成反应。例如乙炔在硫酸汞催化下与水发生加成反应生成乙醛，这也是工业上制备乙醛的方法之一。

$$HC\equiv CH + H_2O \xrightarrow{HgSO_4, H_2SO_4} \left[\underset{\underset{H}{|}}{\overset{}{HC}}=\underset{\underset{OH}{|}}{\overset{}{CH}}\right] \longrightarrow H_3C-\overset{\overset{O}{\|}}{C}-H$$

烯醇式　　　　　　　酮式

此反应相当于水先与三键加成，得到羟基与双键碳原子直接相连的产物，这样的结构称为烯醇（enol）式。烯醇式一般不稳定，很快发生异构化形成羰基化合物，称为酮式。两者的转变过程如下：

$$\underset{H}{\overset{|}{\underset{\overset{}{O}}{}}}\ C=C\ \Longleftrightarrow\ -\overset{|}{\underset{H}{C}}-\overset{\overset{O}{\|}}{C}-$$

烯醇式　　　　　　　酮式

酮式和烯醇式的相互转变称为互变异构（tautomerism）。异构化过程包括氢质子和双键的转移，最终形成处在动态平衡中的两种异构体的混合物，这两种异构体称为互变异构体（tautomer），互变异构体之间难以分离。

除乙炔水合可以生成乙醛外，一取代乙炔与水的加成遵循马氏规则，互变异构生成酮。例如：

$$\text{（环戊基）}-C\equiv CH + H_2O \xrightarrow{HgSO_4, H_2SO_4} \text{（环戊基）}-\overset{\overset{O}{\|}}{C}-CH_3$$

4. 亲核加成反应 炔烃还可以与氢氰酸、醇、羧酸等亲核试剂发生亲核加成反应。亲核试剂进攻炔烃的不饱和键而引起的加成反应称为炔烃的亲核加成（nucleophilic addition），反应一般需要催化剂。

（1）与氢氰酸加成：在氯化铵-氯化亚铜水溶液中，乙炔与氢氰酸发生加成反应，生成丙烯腈。丙烯腈是合成聚丙烯腈的单体，也是制备某些药物的原料之一。聚丙烯腈可用于合成纤维、塑料等。例如：

$$HC \equiv CH + HCN \xrightarrow{NH_4Cl/Cu_2Cl_2} CH_2 = CHCN$$

（2）与醇、羧酸加成：乙炔与醇、羧酸的亲核加成反应可分别制备乙烯基醚和羧酸乙烯酯。例如：

$$HC \equiv CH + ROH \xrightarrow{\text{碱}} CH_2 = CH - O - R$$

$$HC \equiv CH + RCOOH \xrightarrow{\text{催化剂}} CH_2 = CH - O - \overset{\displaystyle O}{\overset{\|}{C}}R$$

（二）氧化反应

三键比双键难氧化，但仍能在一般条件下被高锰酸钾、重铬酸钾或臭氧等氧化剂氧化，在三键处发生断裂，生成羧酸或二氧化碳。连接一个氢原子的炔碳原子氧化成二氧化碳，连有烷基的炔碳原子氧化成羧酸。例如：

$$CH_3CH_2C \equiv CCH_2CH_3 \xrightarrow{KMnO_4/H^+} CH_3CH_2\overset{\displaystyle O}{\overset{\|}{C}} - OH + CH_3CH_2\overset{\displaystyle O}{\overset{\|}{C}} - OH$$

$$\underset{\displaystyle CH_3}{CH_3\overset{|}{C}HCH_2C} \equiv CH \xrightarrow{KMnO_4/H^+} \underset{\displaystyle CH_3}{CH_3\overset{|}{C}HCH_2COOH} + CO_2$$

炔烃与高锰酸钾溶液反应时，高锰酸钾溶液褪色的速率比烯烃要慢，此反应可用于炔烃的定性鉴定。还可以根据生成产物的结构推断原炔烃的结构。

（三）末端炔烃的反应

乙炔和一取代乙炔称为末端炔烃，结构中的氢原子显示弱酸性。这是由于三键碳原子是 sp 杂化的，杂化轨道的 s 成分较大，表现出较大的电负性，故三键中的 σ 电子云靠近碳原子而远离氢原子，使氢原子能够解离。例如乙炔和金属钠作用生成炔化钠并放出氢气。

$$RC \equiv CH + Na \longrightarrow RC \equiv CNa + H_2$$

$$HC \equiv CH + Na \longrightarrow HC \equiv CNa + H_2$$
$$\downarrow Na$$
$$NaC \equiv CNa + H_2$$

上述反应类似于酸或者水与金属钠的反应，说明乙炔具有酸性，但乙炔是一个很弱的酸，它不能使石蕊试纸变色，只有很小的失去氢质子的倾向。它的酸性比水和醇都要弱，但比氨、乙烷、乙烯强。

	H_2O	CH_3CH_2OH	$HC \equiv CH$	NH_3	$H_2C = CH_2$	CH_3CH_3
pK_a	15.7	~16	~25	35	~44	~50

末端炔烃在液氨溶剂中与氨基钠反应生成炔化钠。

$$RC\equiv CH + NaNH_2 \xrightarrow{\text{液}NH_3} RC\equiv CNa + NH_3$$

末端炔烃也可以与重金属离子反应,生成不溶性金属炔化物。例如将末端炔烃通入银氨溶液或亚铜氨溶液中,则分别生成白色炔化银沉淀或红棕色炔化亚铜沉淀。

$$RC\equiv CH + Ag(NH_3)_2NO_3 \longrightarrow RC\equiv CAg\downarrow$$

$$RC\equiv CH + Cu(NH_3)_2Cl \longrightarrow RC\equiv CCu\downarrow$$

此反应非常灵敏、现象显著,可用来鉴定末端炔烃,而 $RC\equiv CR'$ 型炔烃不能发生此反应。

(四)聚合反应

与烯烃不同,乙炔发生聚合反应时一般不能得到高聚物。在不同的催化剂和反应条件下,乙炔可有选择性地聚合成链状或环状化合物。

当乙炔在 Cu_2Cl_2-NH_4Cl 作用下能发生两分子或三分子线性聚合,生成乙烯基乙炔或二乙烯基乙炔,这种聚合反应可以看作是乙炔的自身加成反应。

$$2HC\equiv CH \xrightarrow[80\sim90℃]{Cu_2Cl_2, NH_4Cl} H_2C=CH-C\equiv CH \xrightarrow{HC\equiv CH} H_2C=CH-C\equiv C-CH=CH_2$$
$$\qquad\qquad\qquad\qquad\text{乙烯基乙炔}\qquad\qquad\qquad\qquad\text{二乙烯基乙炔}$$

乙烯基乙炔经催化氢化可生成重要的化工原料丁-1,3-二烯;乙烯基乙炔与氯化氢加成生成的 2-氯丁-1,3-二烯也是合成氯丁橡胶单体的重要原料。

乙炔在三苯基膦羰基镍 $[Ph_3PNi(CO)_2]$ 催化下,发生三分子聚合生成苯。

$$3HC\equiv CH \xrightarrow[60\sim70℃, 1.5MPa]{Ph_3PNi(CO)_2} \text{⬡}$$

乙炔在镍催化剂 $Ni(CN)_2$ 存在下,在四氢呋喃(THF)溶液中发生四分子聚合生成环辛四烯。

$$4HC\equiv CH \xrightarrow[80\sim120℃, 1.5MPa]{Ni(CN)_2, THF} \text{⯃}$$

第三节　二烯烃

一、分类和命名

(一)分类

根据两个碳碳双键的相对位置不同,二烯烃可分为以下三类。

1. **聚集二烯烃(cumulated diene)**　两个双键共用同一个碳原子的二烯烃称为聚集二烯烃,也称为累积二烯烃。例如 $CH_2=C=CH_2$。

2. **隔离二烯烃(isolated diene)**　两个双键被两个或两个以上的单键隔开的二烯烃称为隔离二烯烃,也称为孤立二烯烃。例如 $CH_2=CH-CH_2-CH=CH_2$。

3. **共轭二烯烃(conjugated diene)**　两个双键之间相隔一个单键,即单、双键交替排列的二烯烃称为共轭二烯烃。例如 $CH_2=CH-CH=CH_2$。

聚集二烯烃的数量及实际应用均有限,主要用于立体化学的研究。隔离二烯烃的两个双键距离较远,彼此之间的影响很小,化学性质基本和单烯烃相同。共轭二烯烃中的两个双键相互影响,有些性质较为特殊,在理论和应用上都有重要价值。

(二)命名

二烯烃的命名和烯烃、炔烃相似,也是选择最长的连续碳链作为主链。例如:

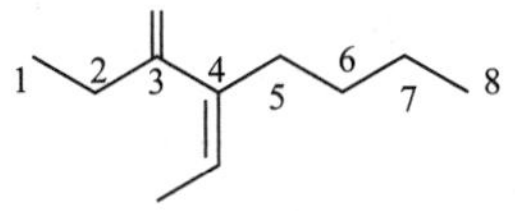

(Z)-4-乙亚基-3-甲亚基辛烷
(Z)-4-ethylidene-3-methyleneoctane

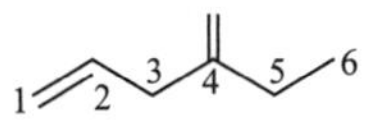

4-甲亚基己-1-烯
4-methylenehex-1-ene

当两个双键都包含在主链之中时,母体名称为"某二烯";编号时使两个双键均具有最低位次,将两个双键位次的最小值写在母体名称的前面。若存在顺反异构现象,需要标明其构型。例如:

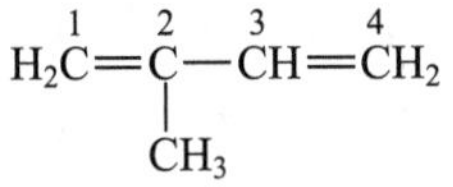

$H_2C=C-CH=CH_2$
$\quad\quad\ |$
$\quad\quad CH_3$

2-甲基丁-1,3-二烯
2-methylbuta-1,3-diene

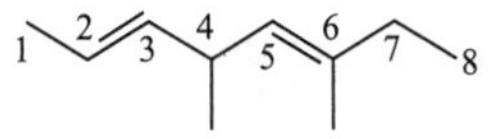

(2E,5E)-4,6-二甲基辛-2,5-二烯
(2E,5E)-4,6-dimethylocta-2,5-diene

环二烯烃应使不饱和键均具有最低位次。例如:

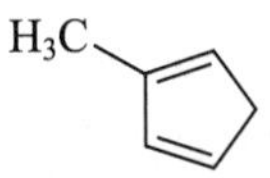

2-甲基环戊-1,3-二烯
2-methylcyclopenta-1,3-diene

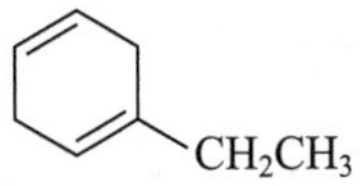

1-乙基环己-1,4-二烯
1-ethylcyclohexa-1,4-diene

二、共轭二烯烃

(一)共轭二烯烃的结构

丁-1,3-二烯是最简单的共轭二烯烃,其结构特点是两个双键中间隔一个单键。由于两个双键之间的单键可以旋转,所以共轭二烯烃存在构象异构现象。一种典型构象是两个双键位于单键的同一侧,用"s-(顺)-"表示;另一种典型构象是两个双键分别位于单键的两侧,用"s-(反)-"表示。其中,s 代表两个双键间的单键(single bond)。例如:

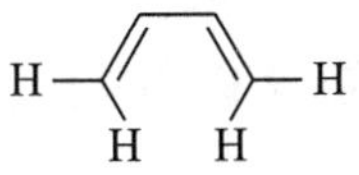

s-(顺)-丁-1,3-二烯
s-cis-buta-1,3-diene

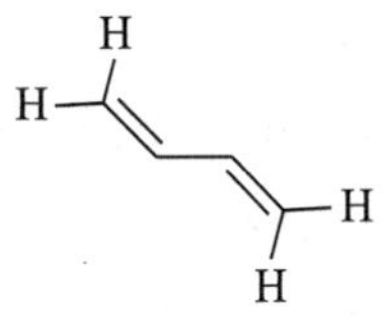

s-(反)-丁-1,3-二烯
s-trans-buta-1,3-diene

s-顺式分子内原子的排斥作用较大,内能较高。因此,*s*-反式是优势构象。

研究表明,丁-1,3-二烯分子中的所有原子在同一平面上,其键长和键角数据如图 4-12(b)所示。

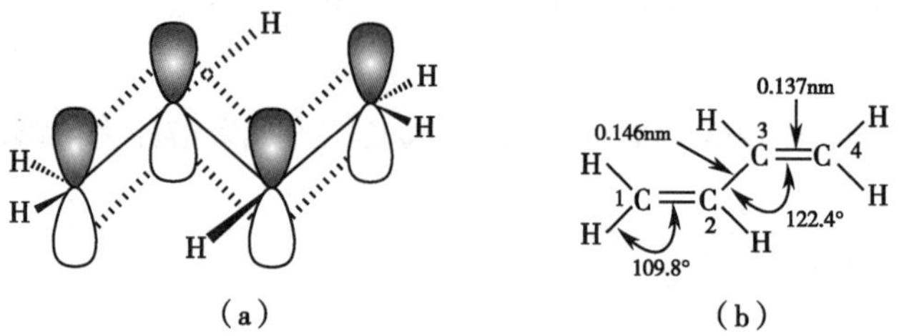

(a)分子中的大 π 键;(b)键长和键角。

图 4-12　丁-1,3-二烯分子

丁-1,3-二烯分子中 C_2—C_3 的键长为 0.146nm,比乙烷中 C—C 的键长 0.154nm 要短;而 C_1—C_2 以及 C_3—C_4 的键长为 0.137nm,比乙烯中 C=C 的键长 0.134nm 要长。这是什么原因呢?

1. 杂化轨道理论对共轭二烯烃结构的解释　杂化轨道理论认为,丁-1,3-二烯分子中的四个碳原子都是 sp^2 杂化。相邻碳原子之间以 sp^2 杂化轨道轴向重叠共形成三个 C—C σ 键,其余 sp^2 杂化轨道分别与氢原子的 1s 轨道轴向重叠共形成六个 C—H σ 键,分子中的所有 σ 键都在同一个平面上。四个碳原子上各有一个未参与杂化的 p 轨道,均垂直于 σ 键所在的平面,通过侧面重叠分别在 C_1 和 C_2 及 C_3 和 C_4 之间形成两个 π 键。根据 π 键形成的特点可以推知,C_2 和 C_3 之间也会发生一定程度的重叠,这就使得 C_2 和 C_3 之间也会出现双键的特征,结果导致 C_2 和 C_3 之间的电子云密度增大,键长缩短,因此 C_2 和 C_3 之间不再是一个纯粹的 σ 单键。同样,C_1 和 C_2 以及 C_3 和 C_4 之间的两个 π 键也不再是纯粹的 π 键,而是具有部分单键的特征。因此,丁-1,3-二烯分子中碳碳键的键长趋于平均化。由于 C_2 和 C_3 之间的双键特征就使得 π 电子的运动区域增大,原来分别定域在 C_1 和 C_2 及 C_3 和 C_4 之间的两对 π 电子不再局限于 C_1 和 C_2 及 C_3 和 C_4 之间,而是在整个分子中运动,这种现象称为电子的离域。通常把这样贯穿于整个分子体系的 π 键称为大 π 键或离域 π 键[图 4-12(a)]。共轭体系中的每对 π 电子不只受两个原子核而是受共轭链上的所有原子核吸引,电子有更大的活动区域。这种电子的离域作用使分子能量降低,和非共轭体系相比,其稳定性增强。

2. 共振论对共轭二烯烃结构的解释　按经典价键理论写出的单一结构式没能充分反映出丁-1,3-二烯分子中 C_2 和 C_3 之间具有的部分双键的特征,事实上还有很多有机分子也存在类似的问题。为了更好地解决这一问题,1933 年美国化学家鲍林(L. Pauling)在经典价键理论基础上提出了共振论学说。

(1)共振论的基本思想:当一个分子、离子或自由基不能用单一的 Lewis 结构式来恰当描述其电子结构时,可以用两个或多个原子核的排列完全相同而电子排列上有差别的 Lewis 结构式来描述。每个 Lewis 结构式称为共振式或极限式,又称为共振结构(resonance structure),真实分子、离子或自由基的结构认为是所有共振结构"杂化"而产生的共振杂化体(resonance hybrid)。共振杂化体既不是几个共振结构的混合物,也不是几个共振结构形成的动态平衡,它是有确定结构的单一体，不能用任何一个共振结构来代替，它的能量比参与共振的任何一个共振结构的能量都低。

（2）共振结构的书写：书写共振结构时要注意以下几点。

1）共振结构之间用双箭头"⟷"建立联系。

2）每个共振结构中的原子必须符合经典价键理论的规则。例如丁-1,3-二烯不能写成：

$$H_2C=CH-CH=CH_2 \overset{\times}{\longleftrightarrow} CH_2=C=CH-\overset{+}{C}H_2$$

3）每个共振结构中的原子核排列要相同，不同的仅是电子排布。例如乙烯醇和乙醛之间不是共振关系，而是互变异构体。

$$CH_2=CH-OH \overset{\times}{\longleftrightarrow} CH_3-\overset{\overset{O}{\|}}{C}H$$

4）每个共振结构中的未成对电子数相同。例如下列两组结构，第一组两个结构均具有一个未成对电子，两者之间是共振关系；第二组两个结构之间的未成对电子数不相同，不是共振关系。

$$CH_2=CH-\dot{C}H_2 \longleftrightarrow \dot{C}H_2-CH=CH_2$$

$$CH_2=CH-\dot{C}H_2 \overset{\times}{\longleftrightarrow} \dot{C}H_2-\dot{C}H-\dot{C}H_2$$

（3）共振结构相对稳定性的判断原则

1）共价键数目多的共振结构相对稳定。例如：

$$H_2C=CH-CH=CH_2 \longleftrightarrow \overset{+}{C}H_2-CH=CH-\overset{-}{C}H_2$$

较稳定(11个共价键)

2）满足八隅体的共振结构比未满足八隅体的共振结构相对稳定。例如：

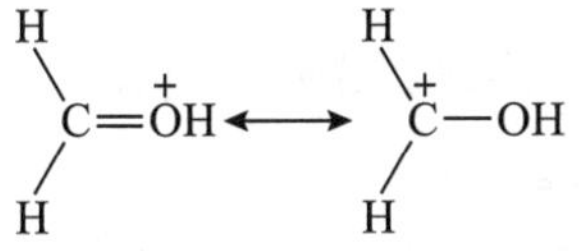

较稳定

3）没有正、负电荷分离的共振结构比正、负电荷分离的共振结构相对稳定。例如：

$$CH_2=CH-Cl \longleftrightarrow \overset{-}{C}H_2-CH=\overset{+}{C}l$$

较稳定

4）所有原子都满足八隅体且带有电荷的共振结构，电负性大的原子带负电荷或电负性小的原子带正电荷的共振结构相对稳定。例如：

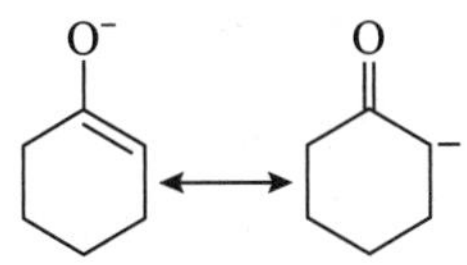

较稳定

不同的共振结构对分子真实结构的贡献不相同,越稳定的共振结构对分子的真实结构贡献就越大。实际上,共振结构是不存在的,只是目前尚未找到一个合适的方式来表示真实结构,只好用一些我们熟知的表示方式来理解。

对共振杂化体来说,参与共振的共振结构越多,共振杂化体就越稳定。因为共振结构的数目越多,电子的电荷离域作用越大,所以分子、离子或自由基就越稳定。另外,共振结构中相对稳定的结构越多,共振杂化体越稳定。例如烯丙基型自由基、烯丙基型碳正离子和烯丙基型碳负离子等均具有较好的稳定性,主要原因是均能够形成两个能量较低又完全相同的共振结构。

$$CH_2=CH-\overset{\cdot}{C}H_2 \longleftrightarrow \overset{\cdot}{C}H_2-CH=CH_2$$

$$CH_2=CH-\overset{+}{C}H_2 \longleftrightarrow \overset{+}{C}H_2-CH=CH_2$$

$$CH_2=CH-\overset{-}{C}H_2 \longleftrightarrow \overset{-}{C}H_2-CH=CH_2$$

按照共振论的观点,丁-1,3-二烯可以写出以下七个主要共振结构:

$$H_2C=CH-CH=CH_2 \longleftrightarrow \overset{-}{C}H_2-CH=CH-\overset{+}{C}H_2 \longleftrightarrow \overset{+}{C}H_2-CH=CH-\overset{-}{C}H_2$$
$$(\text{I}) \qquad\qquad (\text{II}) \qquad\qquad (\text{III})$$

$$\longleftrightarrow \overset{+}{C}H_2-\overset{-}{C}H-CH=CH_2 \longleftrightarrow \overset{-}{C}H_2-\overset{+}{C}H-CH=CH_2 \longleftrightarrow$$
$$(\text{IV}) \qquad\qquad (\text{V})$$

$$CH_2=CH-\overset{+}{C}H-\overset{-}{C}H_2 \longleftrightarrow CH_2=CH-\overset{-}{C}H-\overset{+}{C}H_2$$
$$(\text{VI}) \qquad\qquad (\text{VII})$$

其中,共振结构(I)最稳定,对共振杂化体的贡献最大,因此通常用它表示丁-1,3-二烯的结构。其他共振结构对分子的真实结构也有贡献,共振结构(IV)、(V)、(VI)、(VII)的贡献其次,分别使 C_1-C_2 及 C_3-C_4 呈现双键的特征;共振结构(II)、(III)的贡献最小,使 C_1-C_2 及 C_3-C_4 呈现单键的特征,而使 C_2-C_3 呈现双键的特征。综合考虑,丁-1,3-二烯中 C_2-C_3 之间的键比一般的 C—C 单键短而具有某些双键的性质;而 C_1-C_2 及 C_3-C_4 键比一般的 C=C 双键略长而具有一定的单键的性质。

共振论是经典价键理论的补充和发展,使用经典的结构式比分子轨道的表示方法较为清楚、简便,易被接受。作为一种学说,共振论引入一些任意的规定,因此存在一定的局限性。例如书写共振结构式具有随意性,对有些分子结构的解释不令人满意,共振论也不能说明立体化学问题。

(二)共轭体系与共轭效应

1. 共轭体系的特点及分类 丁-1,3-二烯是典型的共轭体系。共轭体系的基本结构特点是所有 σ 键或成键原子均在一个平面内;p 轨道均垂直于 σ 键所在的平面,通过侧面重叠形成大 π 键或离域 π 键;键长平均化。常见的共轭体系有:

(1)π-π 共轭体系:π-π 共轭体系的结构特征是不饱和键、单键交替排列。组成该体系的不饱和键可以是双键,也可以是三键;组成该体系的原子也不是仅限于碳原子,还可以是氧、氮等其他原子。例如:

$$H_2C=CH-CH=CH_2 \qquad H_2C=CH-CH=O$$

$$H_2C=CH-C\equiv CH \qquad H_2C=CH-C\equiv N$$

（2）p-π 共轭体系：具有 p 轨道的原子通过单键与双键相连，p 轨道与 π 键的 p 轨道侧面重叠形成大 π 键，称为 p-π 共轭体系。能形成 p-π 共轭体系的除具有未共用电子对的中性分子外，还可以是正离子、负离子或自由基。最简单的 p-π 共轭体系由三个原子组成，例如氯乙烯中的 C=C 与 Cl 上的 p 轨道间，烯丙基型碳正离子、烯丙基型碳负离子、烯丙基型自由基中的 C=C 与另一个 C 上的 p 轨道间均可以形成 p-π 共轭体系（图 4-13 和图 4-14）。

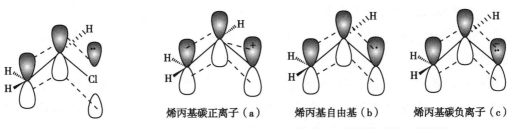

图 4-13　氯乙烯分子的 p-π 共轭效应

烯丙基碳正离子（a）　　烯丙基自由基（b）　　烯丙基碳负离子（c）

图 4-14　烯丙基型 p-π 共轭效应的三种类型

（3）σ-p 和 σ-π 超共轭体系：如图 4-15 所示。当烷基与碳正离子或碳自由基相连时，C—H 上的 σ 电子云可以离域到空的 p 空轨道或有单个电子的 p 轨道上，使体系趋于稳定，这种作用称为 σ-p 超共轭体系；简单说就是 C—H 的 σ 键轨道与 p 轨道形成的共轭体系称为 σ-p 超共轭体系。参与 σ-p 超共轭的 C—H 数目越多，碳正离子或自由基就越稳定。

当烷基与 C=C 相连时，C—H 上的 σ 成键轨道与 π 键的 p 轨道相互重叠，就会形成 σ-π 超共轭体系，这种作用能提高烯烃的稳定性。同样，C—H 数目越多，烯烃越稳定。

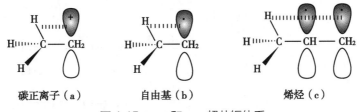

碳正离子（a）　　　　自由基（b）　　　　　烯烃（c）

图 4-15　σ-p 和 σ-π 超共轭体系

2. 共轭效应　在共轭分子中，由于 π 电子的离域，任何一个原子受到外界的影响，均会影响分子的其余部分，这种电子通过共轭体系传递的现象称为共轭效应（conjugation effect，简写为"C"）。共轭效应只存在于共轭体系中，沿共轭链传递，其强度不因共轭链的增长而减弱；当共轭体系的一端受到电场的影响时，这种影响将一直传递到共轭体系的另一端，同时在共轭链上产生正、负电荷交替排列的现象。

共轭效应分为吸电子共轭效应和给电子共轭效应。吸电子共轭效应用 –C 表示，给电子共轭效应用 +C 表示。

如果共轭体系上的取代基能降低共轭体系的电子云密度，则这些基团具有 –C 效应，例如—NO₂、—CN、—CHO 等。这些基团连接在共轭链端上，使共轭电子向电负性大的元素端离域，在共轭链上会出现 δ^-、δ^+ 交替排列的现象。例如：

$$H_2C \overset{\delta^+}{=\!\!=} \underset{\delta^-}{CH} - \underset{\delta^+}{CH} \overset{\delta^-}{=\!\!=} O$$

如果共轭体系上的取代基能增加共轭体系的电子云密度,则这些基团具有 +C 效应,这些基团一般含有孤对电子,例如—NH_2、—OH、—OCOR 等。当它们连接在共轭链的一端时,会使共轭电子向不饱和键方向离域,在共轭链上同样会出现 δ^-、δ^+ 交替排列的现象。例如:

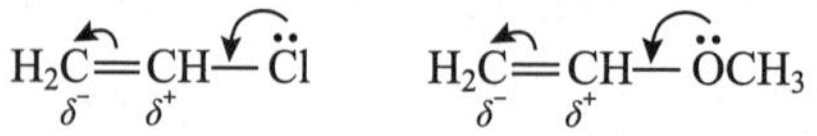

$$\underset{\delta^-}{H_2C} \overset{}{=\!\!=} \underset{\delta^+}{CH} \overset{}{\longleftarrow} \ddot{C}l \qquad \underset{\delta^-}{H_2C} \overset{}{=\!\!=} \underset{\delta^+}{CH} \overset{}{\longleftarrow} \ddot{O}CH_3$$

(三)共轭二烯烃的化学性质

1. 催化氢化 隔离二烯烃的两个双键相距较远,彼此之间的影响较小,化学性质基本和单烯烃相同。

氢化热数值表明,隔离二烯烃的氢化热约为相似结构的单烯烃的 2 倍。例如戊 -1,4- 二烯的氢化热为 254.4kJ/mol,而戊 -1- 烯的氢化热为 125.9kJ/mol。因此,隔离二烯烃中的两个双键可以看作是各自独立起作用。而共轭二烯烃戊 -1,3- 二烯的氢化热为 226.4kJ/mol,比孤立二烯烃戊 -1,4- 二烯的氢化热低 28kJ/mol,共轭二烯烃降低的这部分能量称为共轭能或离域能,由此说明共轭二烯烃比非共轭二烯烃稳定。共轭能数值越大,说明共轭效应给分子带来的稳定性越强。

2. 亲电加成反应

(1)1,2- 加成和 1,4- 加成反应:共轭二烯烃与一分子亲电试剂(如卤化氢、卤素等)进行亲电加成反应时,得到 1,2- 加成和 1,4- 加成两种产物。例如:

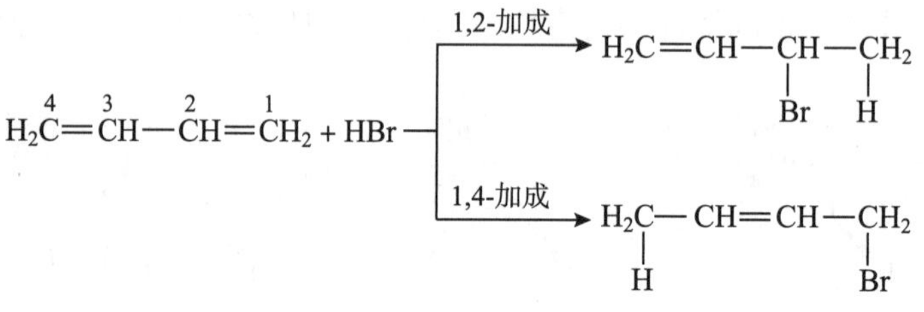

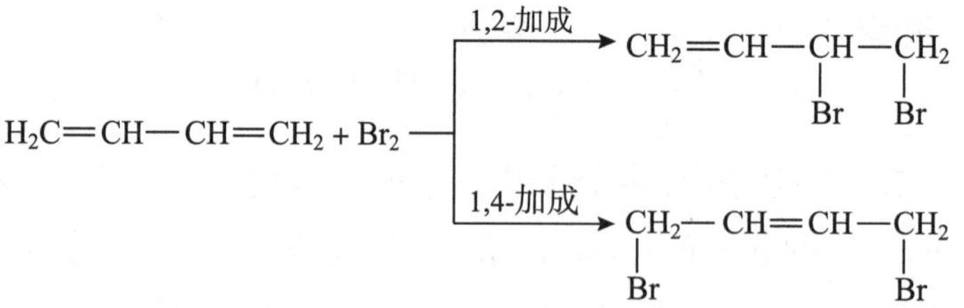

1,2- 加成是亲电试剂的两部分加在同一个双键的两个碳原子上;1,4- 加成则是亲电试剂加到 C_1 和 C_4 上(即共轭体系的两端),原来的两个双键消失,在 C_2 和 C_3 间形成一个新的双键。这种加成方式是共轭体系作为一个整体参与的加成反应,通常称为共轭加成。1,2- 加成和 1,4- 加成常在反应中同时发生,这是共轭二烯烃的加成特点。

(2)1,2- 加成和 1,4- 加成的反应机理:1,2- 加成产物和 1,4- 加成产物的生成是由反应机理决定的。当亲电试剂 H^+ 与丁 -1,3- 二烯的 π 键作用时,会优先进攻碳链末端的碳原子形成烯丙基型碳正离子中间体(Ⅰ),由于 p-π 共轭作用而使 π 电子流向缺电子的空 p 轨道,使正电荷分散，发挥稳定碳正离子的作用。

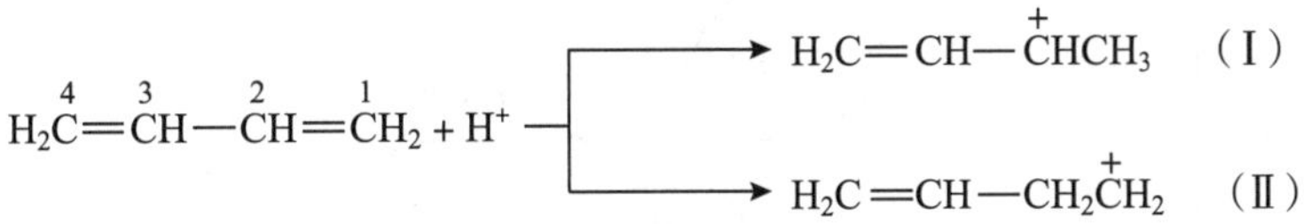

$$\overset{4}{H_2C}=\overset{3}{CH}-\overset{2}{CH}=\overset{1}{CH_2}+H^+ \begin{cases} \longrightarrow H_2C=CH-\overset{+}{C}HCH_3 \quad （Ⅰ） \\ \\ \longrightarrow H_2C=CH-CH_2\overset{+}{C}H_2 \quad （Ⅱ） \end{cases}$$

由于共轭效应导致的电荷交替排布，正电荷可以分布在共轭体系一端的碳原子上。

$$H_2C=CH-\overset{+}{C}HCH_3 \longleftrightarrow \overset{+}{H_2C}-CH=CHCH_3$$

C_2 和 C_4 可以带正电荷。接着溴负离子与烯丙基型碳正离子结合时，就有两个进攻位置，Br^- 进攻 C_2 生成 1,2-加成产物，Br^- 进攻 C_4 生成 1,4-加成产物。

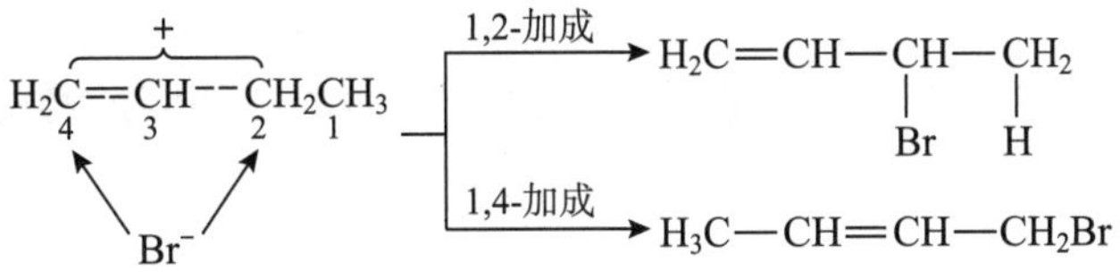

$$\overset{4}{H_2C}=\overset{3}{CH}-\overset{2}{CH_2}\overset{1}{CH_3} \begin{cases} \xrightarrow{1,2-加成} H_2C=CH-\underset{|}{CH}-\underset{|}{CH_2} \\ \qquad\qquad\qquad\qquad\ Br \quad H \\ \\ \xrightarrow{1,4-加成} H_3C-CH=CH-CH_2Br \end{cases}$$

（3）速率控制和平衡控制：1,2-加成产物与1,4-加成产物同时生成，以哪种产物为主取决于反应条件。试剂的性质、反应温度、溶剂的性质和产物的稳定性等因素都会影响产物的收率。一般情况下，低温时以 1,2-加成产物为主，因为发生 1,2-加成反应时的活化能较低，反应速率比较快。在有机反应中，若产物的收率是由生成各产物的反应速率所决定的，这样的反应称为动力学控制反应，也称为速率控制反应。高温时以1,4-加成产物为主，因为1,4-加成产物更稳定。若产物的收率是由各产物的相对稳定性所决定的，这样的反应称为热力学控制反应，也称为平衡控制反应。例如：

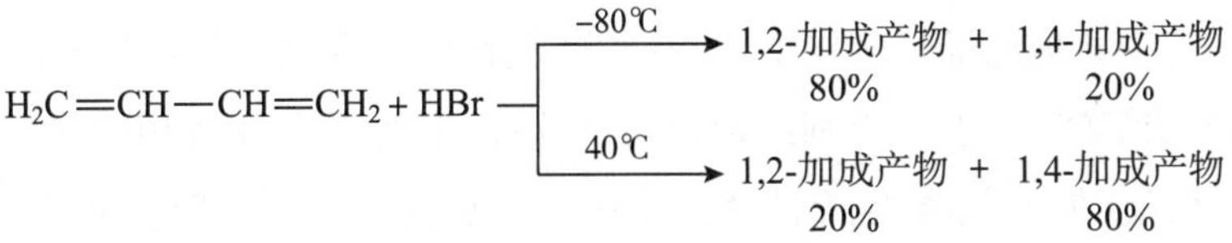

$$H_2C=CH-CH=CH_2+HBr \begin{cases} \xrightarrow{-80℃} \begin{array}{ccc} 1,2-加成产物 & + & 1,4-加成产物 \\ 80\% & & 20\% \end{array} \\ \\ \xrightarrow{40℃} \begin{array}{ccc} 1,2-加成产物 & + & 1,4-加成产物 \\ 20\% & & 80\% \end{array} \end{cases}$$

反应过程的能量变化如图 4-16 所示。

3. 狄尔斯-阿尔德反应 共轭二烯烃与含有双键或三键的化合物相互作用，生成六元环状化合物的反应称为狄尔斯-阿尔德（Diels-Alder）反应，也称为双烯合成（diene synthesis），简称 D-A 反应。这一反应类型是 1928 年由德国化学家 O. Diels 和 K. Alder 发现的，是一类广泛应用的反应，他们于 1950 年获得诺贝尔化学奖。

双烯体　亲双烯体

共轭二烯烃称为双烯体，含有双键或三键的化合物称为亲双烯体。双烯加成反应是一步完成的，反应过程中旧键的断裂和新键的形成是相互协调在同一步反应中发生的，称为协同反应（concerted reaction）。该反应经历一个六元环状过渡态，没有活性中间体碳自由基或碳

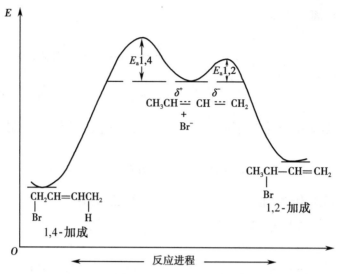

图 4-16 丁-1,3-二烯和 HBr 加成的动力学控制和热力学控制

正离子生成。

D-A 反应要求双烯体必须采用 s-顺式构象才能反应,双烯体上连有给电子基团(—CH$_3$、—OCH$_3$ 等)及亲双烯体上连有吸电子基团(—CHO、—CN、—NO$_2$ 等)能提高反应活性。

$$\begin{array}{c} + \quad \text{CHO} \quad \xrightarrow{\triangle} \quad \text{CHO} \end{array}$$

$$\begin{array}{c} + \quad \begin{array}{c}\text{COOH}\\\text{COOH}\end{array} \quad \xrightarrow{\triangle} \quad \begin{array}{c}\text{COOH}\\\text{COOH}\end{array} \end{array}$$

4. 聚合反应 共轭二烯烃容易聚合,在贮藏过程中容易发生氧化和聚合。例如异戊二烯聚合形成聚异戊二烯,主要用于制造轮胎,其他用途也很广泛,例如用于制作鞋靴、医疗机械、体育器材、乳胶(如乳胶床垫、乳胶枕)及其他工业制品,因其结构和性能与天然橡胶近似,故又称为合成天然橡胶。

$$n\ \underset{\underset{\text{CH}_3}{|}}{\text{H}_2\text{C}=\text{C}}-\text{CH}=\text{CH}_2 \longrightarrow \underset{\underset{\text{CH}_3}{|}}{\left(\text{H}_2\text{C}-\text{C}\right.}=\text{CH}-\text{CH}_2\left.\right)_n$$

> **知识链接**
>
> **原油直接制乙烯**
>
> 　　乙烯是世界上产量最大的化学产品之一,乙烯工业是石油化工产业的核心,乙烯产品占石化产品的 75% 以上,在国民经济中占有重要地位,世界上已将乙烯产量作为衡量一个国家石油化工工业发展水平的重要标志之一。以乙烯为原料可向下游衍生聚乙烯、苯乙烯/聚苯乙烯、聚氯乙烯、环氧乙烷/乙二醇、乙酸乙烯酯等重要的

合成材料和有机原料,同时联产的丙烯、丁二烯、异丁烯、碳五馏分以及芳烃可以生产各种合成树脂、合成橡胶、合成纤维和基本有机原料等。

通常乙烯、丙烯生产所需的原料需经炼油厂的原油精炼加工过程,生产流程长,且原油中仅有 30% 左右用于生产化工原料。2021 年 11 月 17 日,中国石油化工股份有限公司宣布其重点攻关项目"轻质原油裂解制乙烯技术开发及工业应用"试验成功。该技术省去传统原油精炼过程,将原油直接转化为乙烯、丙烯等化学品,首次实现原油蒸气裂解技术的国内工业化应用,经测算,应用该技术每加工 100 万吨原油可产出化学品近 50 万吨,其中乙烯、丙烯、轻芳烃和氢气等高价值产品近 40 万吨,化学品收率近 50%。整体技术达到国际先进水平,经济价值巨大。同时,也会大大缩短生产流程、节约生产成本,大幅降低能耗和碳排放,推进社会的可持续发展。

ER4-2　第四章目标测试

（刘晓平）

本章小结

碳碳双键和碳碳三键是不饱和脂肪烃的官能团。碳碳双键是平面型结构,碳碳三键是直线型结构。

碳碳双键和碳碳三键中 π 键的键能比 σ 键的键能小,π 电子受原子核的束缚力较弱,因此 π 键容易受外界电场的影响而发生极化变形,可以与试剂发生**加成反应**至饱和。烯烃催化氢化生成烷烃;与亲电试剂(如卤化氢、水、硫酸、次卤酸、卤素)加成可以生成卤代烃、醇等化合物;发生硼氢化-氧化反应可以生成醇;发生自由基加成反应生成溴代烷。炔烃催化氢化生成烷烃;与亲电试剂加成(如卤化氢、卤素)可以生成卤代烯烃、多卤代烃等化合物。其中,烯烃和炔烃与溴的加成反应以及被高锰酸钾氧化的反应可用于烯烃和炔烃的鉴别。

烯烃和炔烃的 π 键也可以失去电子被氧化剂氧化。烯烃可以被氧化剂(如高锰酸钾、臭氧、过氧酸)氧化生成邻二醇、羧酸、醛、酮、环氧化合物。炔烃可以被高锰酸钾、臭氧等氧化生成羧酸。

烯烃的 α-碳原子是 sp³ 杂化的,可以发生类似于烷烃的**自由基取代反应**。α-氢被卤原子取代生成 α-卤代烯烃。

炔氢具有弱酸性,可以生成碱金属盐和重金属盐。银盐和亚铜盐可以用于末端炔烃的鉴别。

共轭二烯烃存在 π-π 共轭效应,与亲电试剂加成可以发生 1,2-加成和 1,4-加成两种形式。

一般情况下，低温时以 1,2-加成产物为主，称为速率控制反应；高温时以 1,4-加成产物为主，称为平衡控制反应。共轭二烯烃与烯烃或炔烃可以发生环加成反应生成六元环状化合物，也称为狄尔斯-阿尔德反应。

烯烃、炔烃和共轭二烯烃均可以发生聚合反应。

习 题

1. 用系统命名法命名下列化合物。

（1）   （2）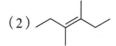   （3）

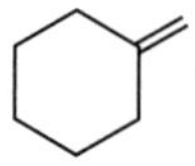

（4） 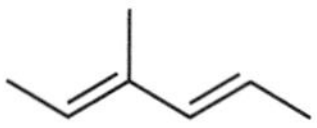   （5） 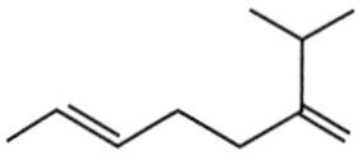   （6）

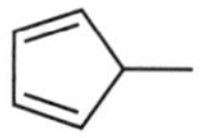

（7） 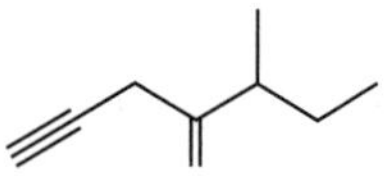   （8）   （9）

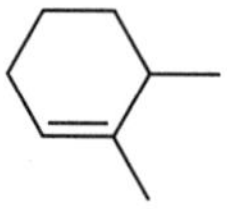

（10）

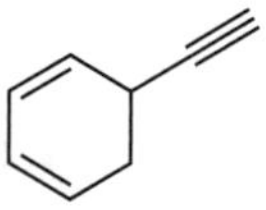

2. 写出下列化合物的结构式。

（1）2,5-二甲基己-3-炔   （2）己-1,4-二炔

（3）1-乙基环戊烯   （4）2,4-二甲基庚-1,4-二烯

（5）1-甲基-2-乙烯基环己烷   （6）2,3-二甲基环戊-1,3-二烯

（7）(R)-3-甲基戊-1-烯   （8）(E)-4-乙基己-4-烯-1-炔

（9）(S)-3-异丙基环己-1-烯   （10）3-乙烯基戊-1,4-二烯

3. 写出下列化学反应的主要产物。

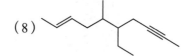

（1） 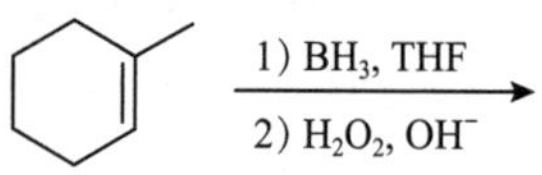
$$\xrightarrow[\text{2) H}_2\text{O}_2, \text{OH}^-]{\text{1) BH}_3, \text{THF}}$$

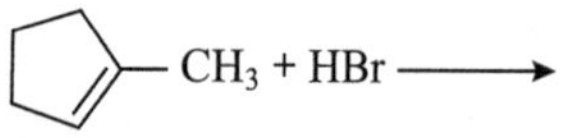

（2）
$$\text{—CH}_3 + \text{HBr} \longrightarrow$$

（3）
$$\text{CH}_3\text{CHC}{\equiv}\text{CH} + \text{H}_2\text{O} \xrightarrow[\text{H}_2\text{SO}_4]{\text{HgSO}_4}$$
$$\overset{|}{\text{CH}_3}$$

（4） 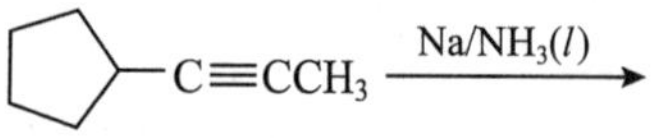
$$\text{—C}{\equiv}\text{CCH}_3 \xrightarrow{\text{Na/NH}_3(l)}$$

（5） 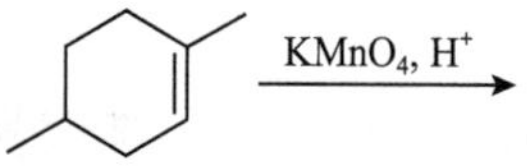
$$\xrightarrow{\text{KMnO}_4, \text{H}^+}$$

（6）

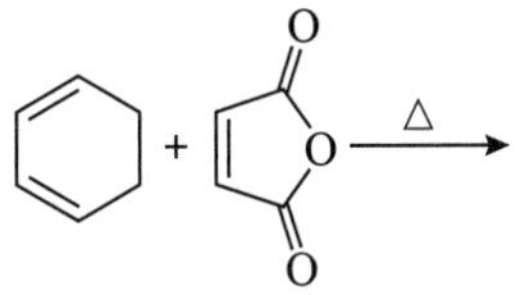

（7）

（8） $CH_3CH_2CH_2C{\equiv}CH + HCl(过量) \longrightarrow$

（9）

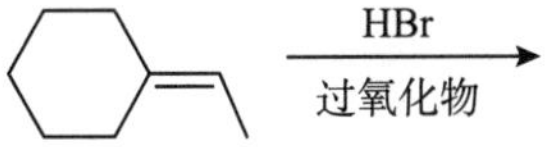

（10）

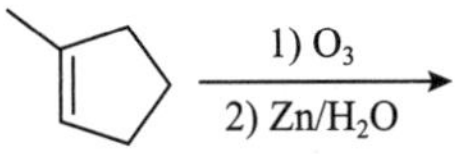

4. 用简便的化学方法鉴别下列各组化合物。

（1）戊-1-炔、戊-2-炔、戊烷

（2）2-甲基丁烷、2-甲基丁-2-烯、3-甲基丁-1-炔

5. 推导结构。

（1）化合物 A（C_7H_{10}）可发生下列反应：经催化加氢可生成 3-乙基戊烷；与 $AgNO_3/NH_3$ 溶液反应可产生白色沉淀；在 $Pd/BaSO_4$ 作用下吸收 1mol H_2 生成化合物 B，B 可以与丁烯二酸（$HOOCCH{=}CHCOOH$）反应生成化合物 C。试写出 A～C 的结构式。

（2）化合物 A 和 B 的分子式均为 C_7H_{14}，经臭氧化还原水解后均生成丙醛和丁酮。试写出 A 和 B 的结构式。

6. 回答下列问题。

（1）请解释下列反应结果，说明为什么（a）的加成反应在双键上，而（b）的加成反应在三键上。

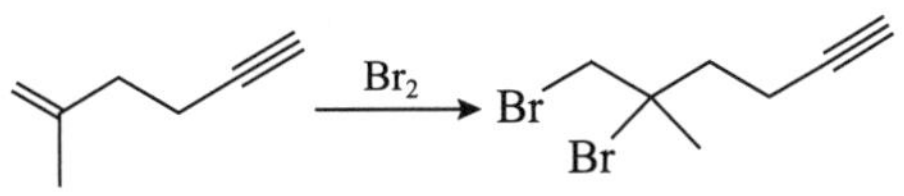

（a）

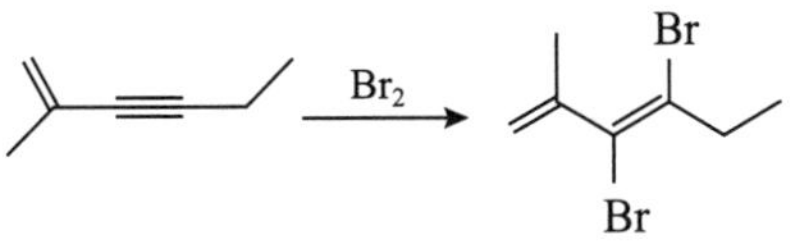

（b）

（2）请写出 $CH_3CH{=}CH_2$、$CH_2{=}CHCl$、$CH_2{=}CHOCH_3$ 与 HCl 发生亲电加成反应的主要产物；比较这三个化合物与 HCl 反应速率的快慢，并给以解释。

（3）请写出下列反应的反应机理。

①

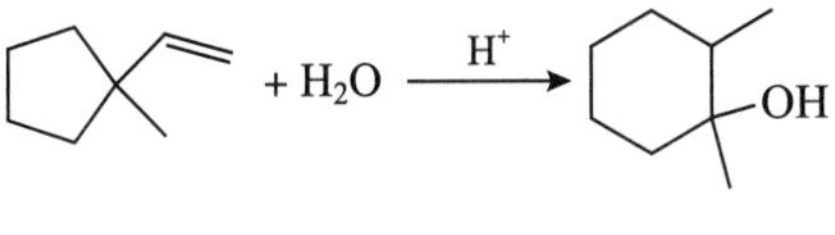

②

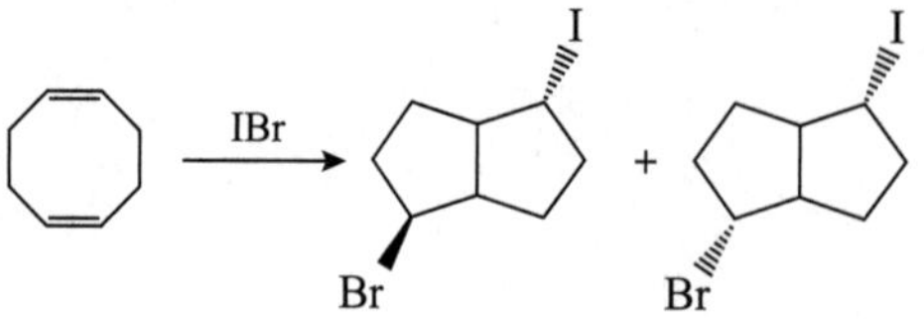

③

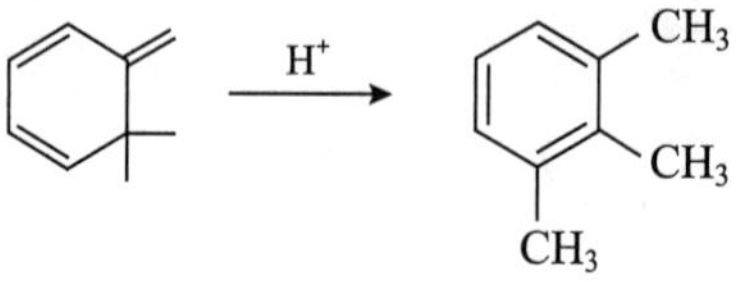

7. 合成题

（1）以环己烯为原料合成 1,2,3- 三溴环己烷。

（2）以乙炔和溴乙烷为原料合成(顺)- 己 -3- 烯。

（3）以乙炔和溴乙烷为原料合成丁酮。

第五章 芳烃

早期芳香化合物（aromatic compound）是指一类从植物胶中提取得到的具有芳香气味的物质，这些化合物往往都含有一个 C_6H_n（$n<6$）的结构单元，统称为"苯环"。因此，人们将苯（C_6H_6）及含有苯环结构的化合物统称为芳香化合物。随着后续研究发展，芳香化合物定义为具有特殊稳定性的不饱和环状化合物。

芳烃是芳香化合物的母体，通常指分子中含有苯环的碳氢化合物。芳烃易发生取代反应，不易氧化，在一定条件下能发生加成反应。

芳烃主要来源于煤焦油和石油。现代用的大多数药物、炸药和染料等是由芳烃合成的，燃料、塑料、橡胶及糖精等也以芳烃为原料。

第一节 苯及其同系物

一、苯的结构

苯（benzene）是芳香化合物最典型的代表。自 1825 年 M. Faraday 分离得到苯后，科学家们一直在探索如何准确表达苯的结构。目前，书籍和文献中应用最多的苯环及芳香化合物表达式是 Kekulé 结构式 I 和 II。

I   II

作为典型的不饱和化合物，苯应该具有易发生加成反应的基本性质，但是苯却具有特殊的稳定性和对化学反应的惰性。在室温下，苯基本不呈现任何化学反应性质，因此苯可以作为有机反应中的溶剂，其对酸、碱、氧化剂等具有较强的惰性。苯环中的所有碳原子均为 sp^2 杂化，每个碳原子上没有杂化的 p 轨道与其相邻两个碳原子上的 p 轨道相互重叠，且程度相同，由此在环平面上、下形成环状的离域 π 电子。苯环的对称结构是分子中的 σ 键和 π 键共同作用的结果，苯环中每一根碳碳键的键长均为 139pm，碳碳键和碳氢键的键角均为 120°。

（一）共振论观点

共振论认为苯共振于无限个极限结构（Kekulé 结构式 I 和 II）之间，是两种结构的混合体。这两个结构是能量很低、稳定性等同的极限结构，而其他极限结构的能量较高，对体系能量的降低贡献很少。这种共振引起的稳定作用是很大的，因此杂化体苯的能量比极限结构低得多。共振论将极限结构的能量与杂化体的能量之差定义为共振能,计算公式如下。

$$共振能 = 极限结构的能量 - 杂化体的能量$$

苯环的稳定性以及不能发生亲电加成而只能发生亲电取代反应的根源在于共振能,这也是芳香化合物芳香性的本源。

(二)分子轨道理论观点

分子轨道理论把苯描述为一种离域的结构,六个 p 原子轨道彼此作用,组成苯环的 π 体系,从而形成六个 π 分子轨道。其中三个是能量较低的成键轨道,三个是能量较高的反键轨道。成键轨道有两个是能量相同的,称为"简并轨道";同样,反键轨道中也有一对简并轨道。电子则填满三个成键轨道。一个稳定的体系应该由全满的成键轨道和全空的反键轨道组成。

(三)价键理论观点

价键理论认为,构成苯分子的碳原子均采取 sp^2 杂化形式。三个等价的 sp^2 电子分别和相邻的两个碳原子、一个氢原子形成"头对头"的 σ 键。整个分子剩余的六个 p 轨道均垂直于分子平面,以"肩并肩"的方式形成闭合大 π 键。

二、芳烃的分类和同分异构现象

(一)芳烃的分类

根据分子中是否含有苯环、所含苯环的数目以及苯环间的连接方式,可将芳烃分为三类。

1. **单环芳烃**　分子中只含一个苯环的碳氢化合物。例如苯、甲苯、邻二甲苯、乙苯等。

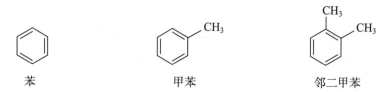

苯　　　　　　　　甲苯　　　　　　　　邻二甲苯

2. **稠环芳烃**　由两个或多个苯环彼此通过共用两个相邻碳原子构成的芳烃。例如萘、蒽、菲。

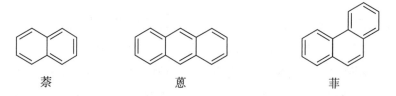

萘　　　　　　　　蒽　　　　　　　　菲

3. **非苯芳烃**　分子中不含苯环,但仍具有芳香性的烃类化合物。例如:

环戊二烯负离子　　　环庚三烯负离子

(二)芳烃的异构

若不考虑侧链烷基的异构,苯的一元衍生物只有一种。

取代基相同的二取代苯有三种异构体,通常用邻(*o*-)、间(*m*-)、对(*p*-)加以区分。例如:

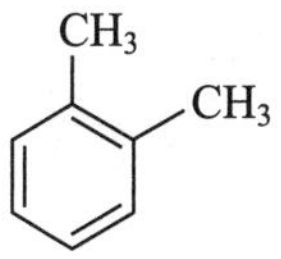

邻(*o*-)二甲苯 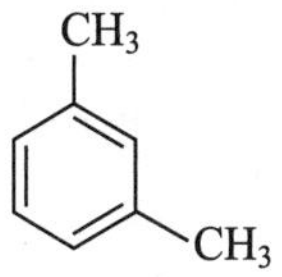　　　　　　间(*m*-)二甲苯 　　　　　　对(*p*-)二甲苯

取代基相同的三取代苯也有三种异构体,通常用连、偏、均等表示烷基的相对位置。

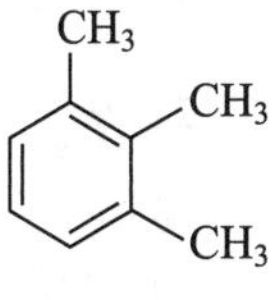

连三甲苯 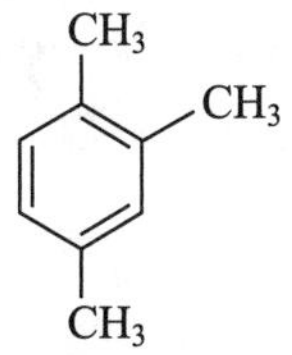　　　　　　　　偏三甲苯 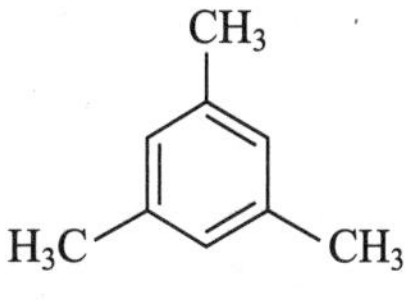　　　　　　　　均三甲苯

三、芳烃的命名

单环芳烃的命名以苯环为母体、烷基为取代基,命名为某烷基苯。多个烷基时应标明烷基顺序。例如:

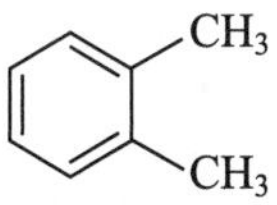

1,2-二甲基苯 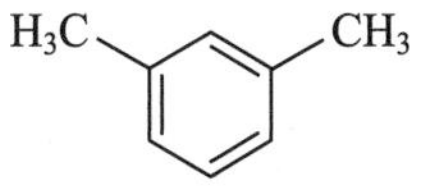　　　　　　1,3-二甲基苯 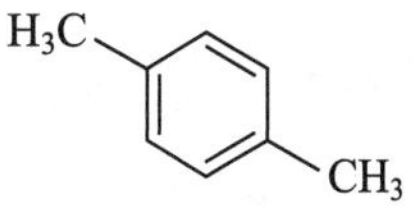　　　　　　1,4-二甲基苯

苯环取代基烷基比较复杂时,可将苯环作为取代基。例如:

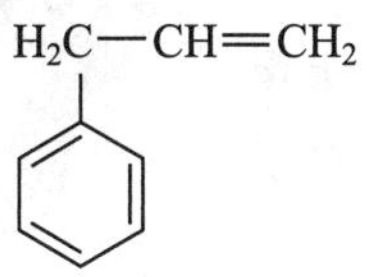

3-苯基丙烯 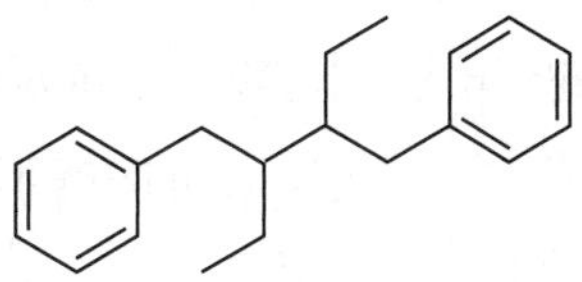　　　　　　　　　3,4-二苄基己烷

苯环上去掉一个氢原子剩下的部分称为苯基。例如:

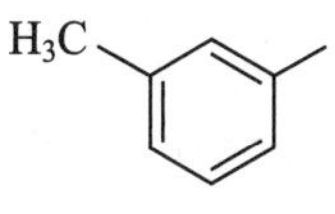

间甲苯基 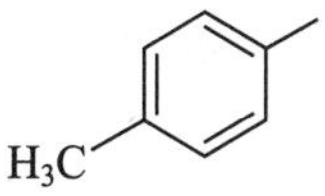　　　　　　　　对甲苯基 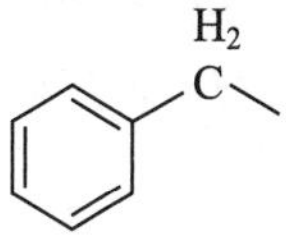　　　　　　　　苄基

四、苯及其同系物的物理性质

苯及其同系物多为有特殊香味的无色液体,密度比水小,但比相应的脂肪烃、环烷烃、环

烯烃大。表 5-1 是一些常见芳香化合物的物理常数。

表 5-1 一些常见芳香化合物的物理常数

名称	熔点 /℃	沸点 /℃	相对密度 (d_4^{20})	名称	熔点 /℃	沸点 /℃	相对密度 (d_4^{20})
苯	5.5	80.1	0.879	正丙苯	-99	159	0.862
甲苯	-95	110.6	0.866	异丙苯	-96	152	0.864
乙苯	-95	136.1	0.867	联苯	70	255	1.041
丙苯	-99.6	159.3	0.862	二苯甲烷	26	263	1.342 1(d_{10})
异丙苯	-96	152.4	0.862	三苯甲烷	93	360	1.014(d_{90})
邻二甲苯	-25	144	0.881	萘	80.3	218.0	1.162
间二甲苯	-47.9	139	0.864	蒽	2.7	354.1	1.147
对二甲苯	13	138	0.861	菲	101.1	340.2	1.179

一般芳烃均比水轻。单环芳烃的沸点与其相对分子质量有关,芳烃的各种同分异构体的沸点近似;每增加一个—CH₂单位,沸点相应升高约 30℃。同时,芳烃的熔点受相对分子质量和对称性影响,通常对称性高的对位异构体的熔点较高。苯及其同系物通常为非极性,不溶于水,易溶于乙醚、石油醚、四氯化碳等有机溶剂。苯、甲苯、二甲苯等液态芳烃是许多有机化合物的优良溶剂。

五、苯的亲电取代反应

苯及其同系物虽然是高度不饱和的化合物,但是由于苯环的闭合大 π 键结构,具有特殊的稳定性,其化学性质与饱和烃、不饱和烃明显不同。苯环富电子结构,其电荷分布示意图如图 5-1 所示,易被缺电子的亲电试剂进攻。加成反应会导致芳香大 π 键的破坏,所以难以发生;取代反应可保持苯环的结构,故单环芳烃最重要的反应是亲电取代反应。

(一)亲电取代反应概述

苯环碳原子所在平面的上、下方电子云密度高,易于向亲电试剂提供电子,因此苯环容易发生亲电取代反应。典型的苯环亲电取代反应有苯环的卤代、磺化、硝化以及烷基化和酰基化反应等,具体反应历程如下。

图 5-1 苯环电荷分布示意图

这里 E⁺ 代表亲电试剂,反应结果均是亲电试剂取代苯环上的氢原子。实际上,苯环亲电取代反应是在质子酸或 Lewis 酸作用下进行的,在此条件下非芳香性烯烃(共轭或非共轭烯烃)会迅速发生聚合等反应,而苯环的稳定性使其不会发生聚合反应,而是失去质子后恢复形成苯环体系。

苯环亲电取代主要分为两步历程,即亲电试剂对芳环的亲电加成和 E1 消除。

第一步,带正电的亲电试剂 E^+ 进攻苯环,形成一个不稳定的碳正离子中间体。

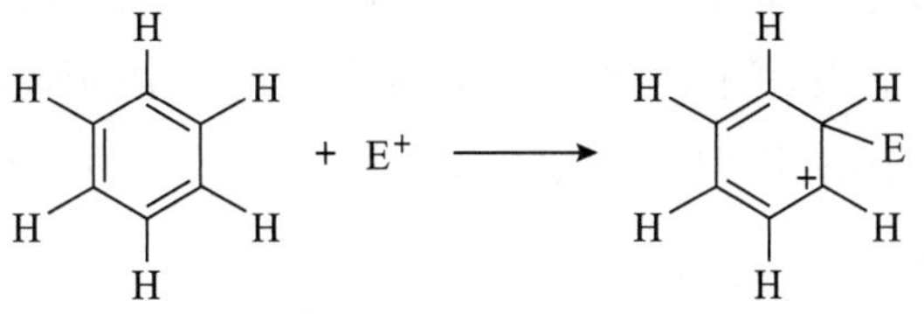

碳正离子中间体(又称为 σ 络合物)是由苯环提供两个电子与亲电试剂 E^+ 结合生成 σ 键而形成的,相应碳原子的 sp^2 杂化轨道变成 sp^3 杂化轨道,破坏苯环原有的闭合大 π 键结构,从而不具有芳香性。由于形成 σ 键时使用一对电子,苯环上只剩下四个 π 电子,它们离域在苯环的其余五个碳原子上。从共振的观点,碳正离子中间体可以用三个极限结构式表示。

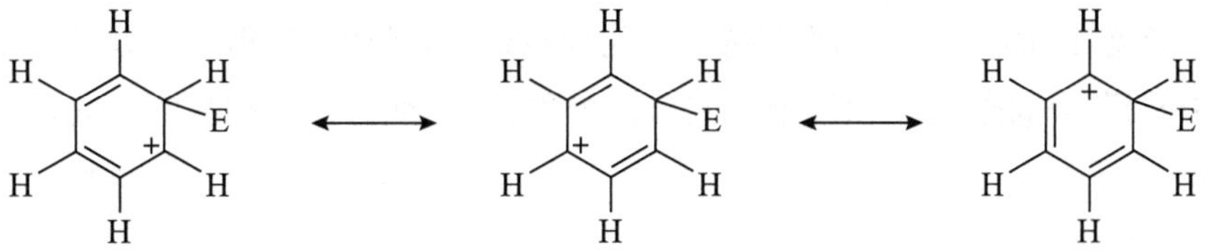

第二步,不稳定的碳正离子中间体易从 sp^3 杂化碳原子上失去一个质子,生成取代产物,恢复稳定的大 π 键。

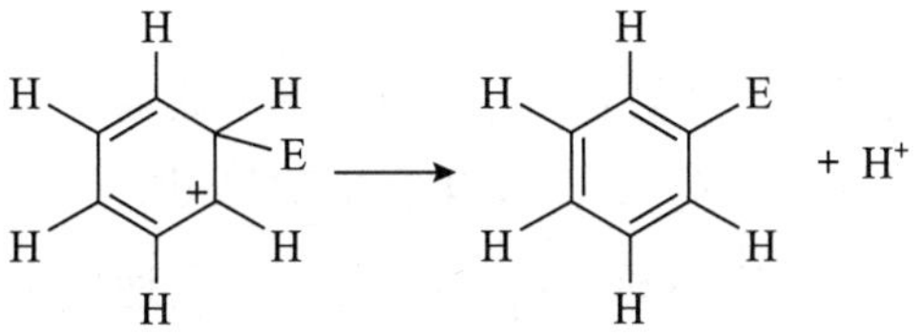

碳正离子中间体不会与亲核试剂 Nu^- 结合生成加成产物,是因为加成的结果会破坏芳环的大 π 键,反应所需的能量高,产物不稳定;而取代反应过程中失去质子恢复稳定的芳环结构所需的能量较低,产物较稳定,反应更容易进行。亲电取代反应中,第二步脱去质子的速率比第一步亲电进攻要快得多,同时是个放热的过程,第二步反应是整个反应过程的驱动力。

(二)卤代反应

有机化合物分子中的氢被卤素(—X)取代的反应称为卤代反应。卤代反应是芳环上引入官能团的重要方法,随着金属催化偶联反应的发展,芳环卤代的应用前景变得更为广阔。

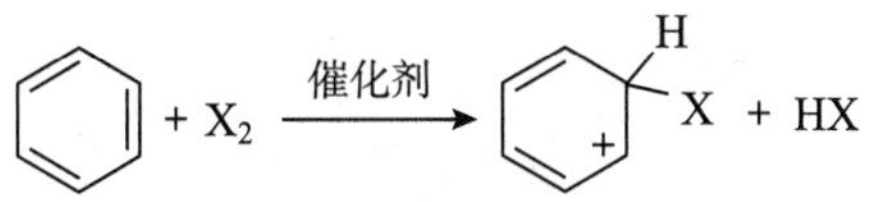

苯在 Lewis 酸(如三氯化铁)催化下与氯或碘反应生成相应的卤代苯,同时放出卤化氢。

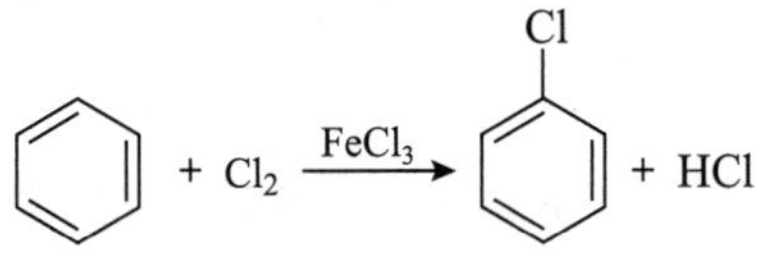

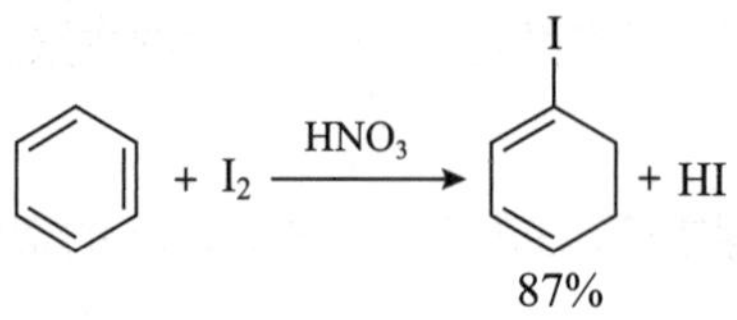

在卤代反应中，催化剂使卤素分子键极化，促进卤素分子异裂，产生有效的亲电试剂 Cl^+。Cl^+ 进攻苯环，形成碳正离子中间体，随后从碳正离子中间体上失去一个质子，生成取代产物。在限速步骤中，由缺电子的 Cl^+ 进攻富电子的苯环，发生取代反应，因而属于亲电取代反应。

反应是否使用催化剂取决于苯环的活性和反应条件，活性强的苯环可直接反应，活性比较弱的苯环则需使用 Lewis 酸催化剂。根据对反应过程中势能的计算可知，形成活性碳正离子中间体的过渡态势能较高，是限速步骤。

（三）磺化反应

当芳烃与浓硫酸作用时，有机化合物分子中的氢原子被磺酰基或磺酸基取代的反应称为磺化反应。苯及其衍生物几乎都可以进行磺化反应，生成苯磺酸或取代苯磺酸。磺化反应中可以认为 SO_3 是亲电试剂，可由发烟硫酸直接提供，或由两分子硫酸脱水生成。反应机理通常可表示为：

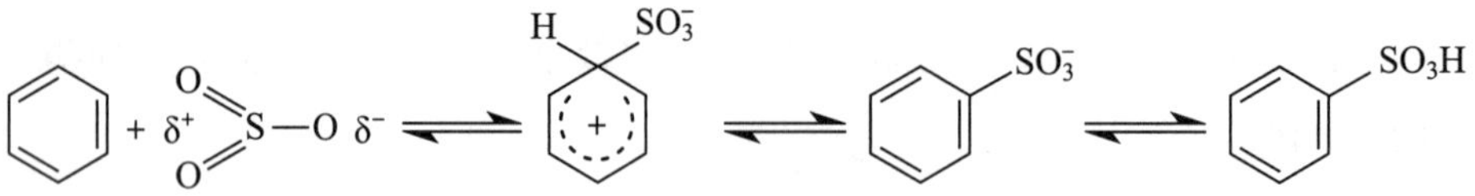

在三氧化硫分子中，硫原子最外层有六个电子，属于缺电子试剂，且氧的电负性大于硫，反应中带部分正电荷的硫原子易进攻苯环，发生亲电取代反应。

与苯环上的其他亲电取代反应不同，磺化反应是一个可逆反应。苯磺酸在 100～175℃时与水作用，可脱去磺酸基，生成苯，这是苯磺化反应的逆反应。

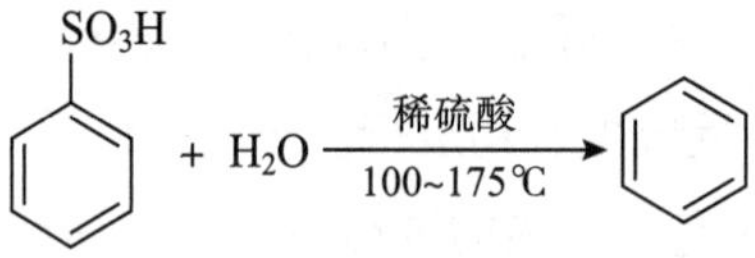

磺化反应的可逆性在芳香化合物的分离提纯及合成中具有重要作用，在合成中可利用这一性质保护芳环上的某一位置，待反应结束后可通过稀硫酸或盐酸除去磺基。例如用甲苯制邻氯甲苯时，可利用磺化反应来保护对位。

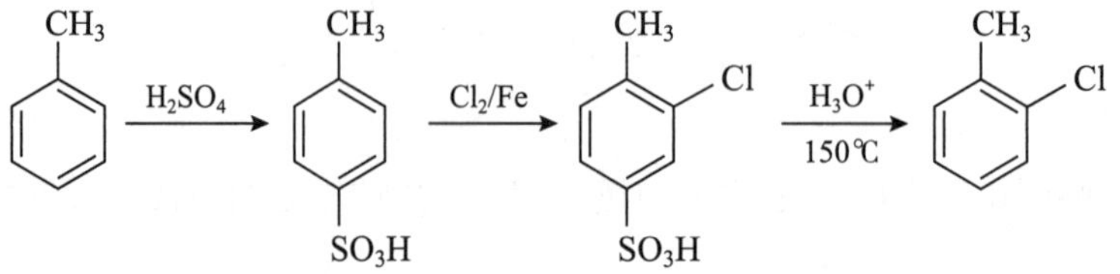

（四）硝化反应

有机化合物分子中的氢被硝基（—NO_2）取代的反应称为硝化反应。硝化反应是向芳环上引入硝基最重要的方法。苯与浓硝酸和浓硫酸的混合物作用,生成硝基苯,苯环上的氢原子被硝基取代。

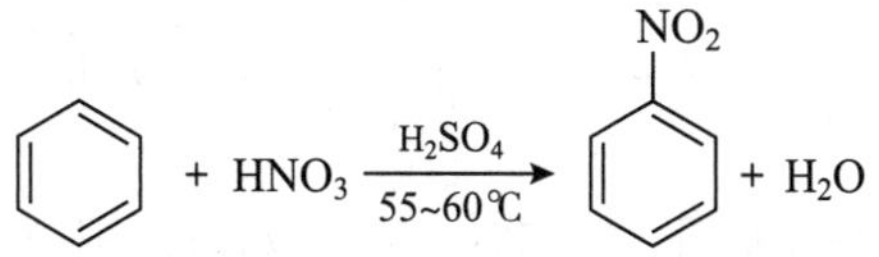

$$\text{苯} + HNO_3 \xrightarrow[55\sim60℃]{H_2SO_4} \text{硝基苯} + H_2O$$

生成的硝基苯若要继续硝化,则需提高反应温度和混酸浓度。

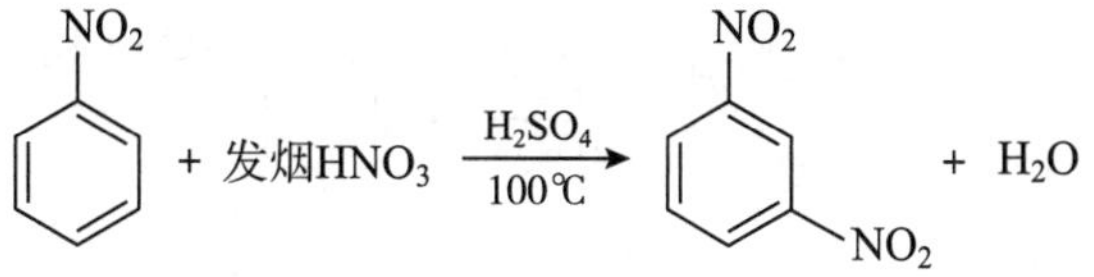

$$\text{硝基苯} + \text{发烟} HNO_3 \xrightarrow[100℃]{H_2SO_4} \text{间二硝基苯} + H_2O$$

在硝化反应中,混酸中的硝酸作为 Lewis 碱从酸性更强的硫酸中获取一个质子,随后失水形成有效亲电试剂硝酰正离子进攻富含电子的苯环,形成碳正离子中间体,随后从碳正离子中间体上失去一个质子,生成硝基苯。

$$2H_2SO_4 + HO\text{-}NO_2 \rightleftharpoons NO_2^+ + 2H_2SO_4^- + H_3O^+$$
Lewis 酸　　Lewis 碱

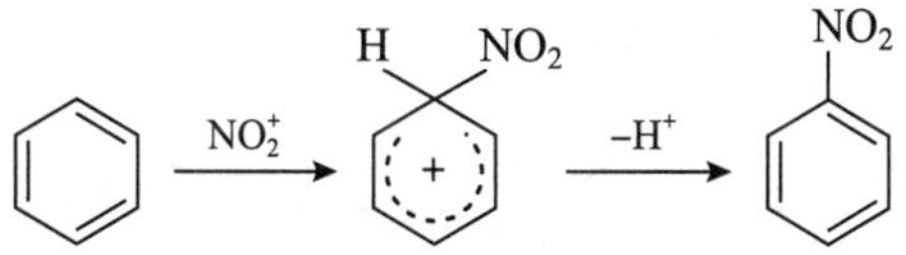

硝化反应通常为放热反应。许多硝基化合物是炸药,如强烈炸药 TNT(2,4,6- 三硝基甲苯)。

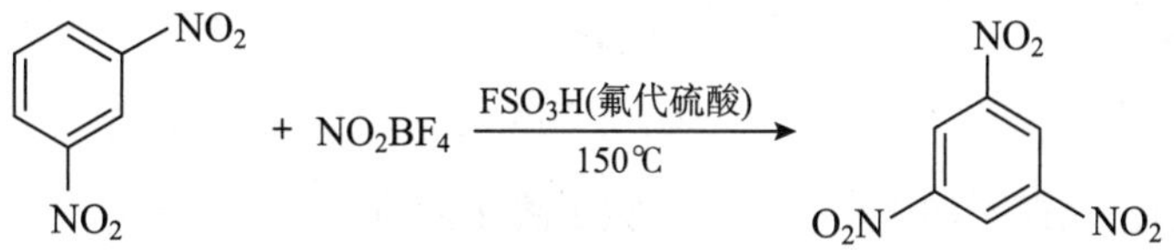

(五)Friedel-Crafts 反应

Friedel-Crafts 反应是在芳环上引入烷基和酰基的重要方法,有机化合物分子中的氢原子被烷基取代的反应称为烷基化反应,被酰基取代的反应称为酰基化反应。

1. Friedel-Crafts 烷基化反应 Friedel-Crafts 烷基化是指芳烃在无水三氯化铝等 Lewis 酸催化下,产生烷基碳正离子的亲电试剂进攻苯环,形成新的碳正离子,然后失去一个质子生成烷基苯。

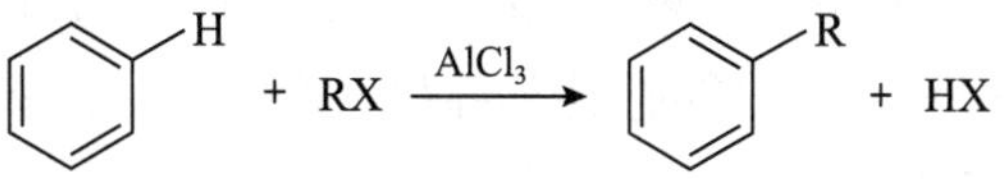

AlCl₃ 是 Friedel-Crafts 烷基化反应活性最高的催化剂,此外 FeCl₃、ZnCl₃、HF、H₂SO₄ 等均可作为催化剂。目前常用的 Lewis 酸催化剂的活性顺序大致如下:

$$AlCl_3 > FeCl_3 > SbCl_5 > SnCl_4 > BF_3 > TiCl_4 > ZnCl_2$$

在 Friedel-Crafts 烷基化反应中,进攻苯环的亲电试剂是烷基碳正离子。

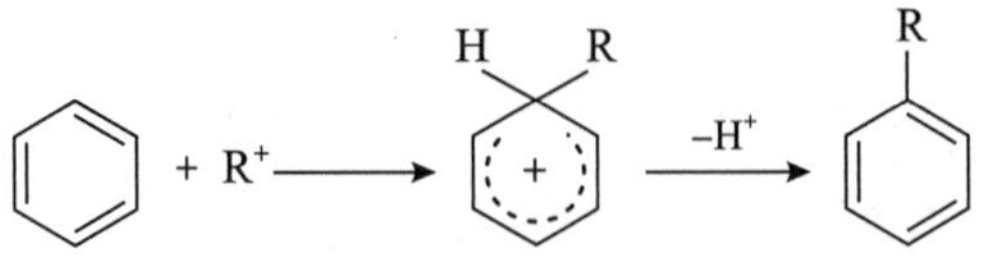

在催化剂作用下能产生烷基碳正离子的化合物,如卤代烷、烯烃、环氧乙烷和醇等均可作为烷基化试剂。例如:

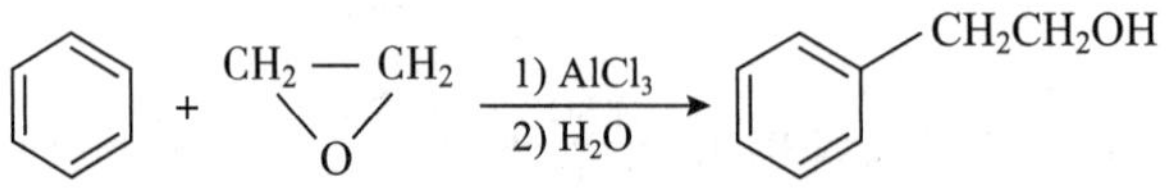

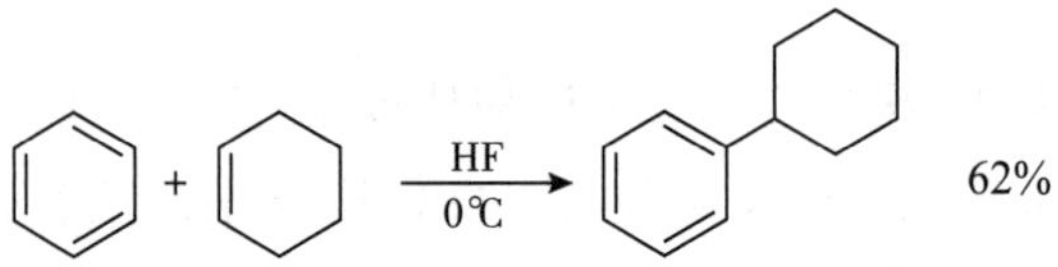

生成的烷基苯比苯活泼,容易发生多元取代,生成二烷基苯和多烷基苯,因此常通过加入过量的芳烃和调节反应温度来加以控制。

Friedel-Crafts 烷基化反应通常会涉及碳正离子重排和芳环多烷基化两个副反应。

烷基化反应中的重排现象十分普遍。例如:

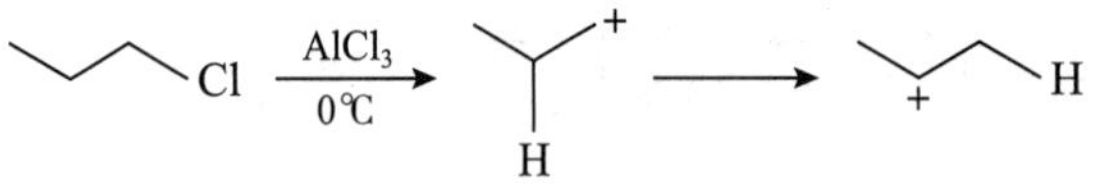

得到混合物的原因在于(1)式中发生的碳正离子重排。

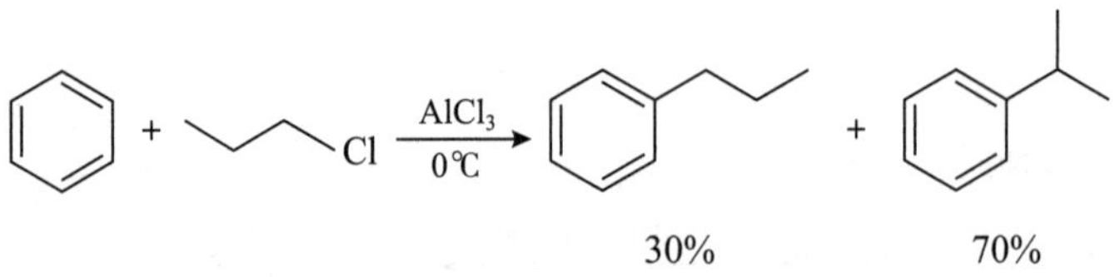

Friedel-Crafts 烷基化反应往往不会停留在一元取代阶段,反应产物通常是一元、二元、多元取代苯的混合物。例如:

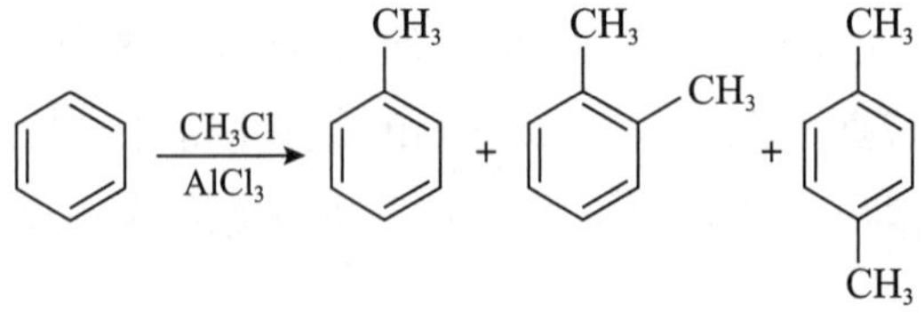

反应表明,处于邻、对位的多烷基苯在高活性催化剂或高温下能转化为间位的多烷基苯。

Friedel-Crafts 烷基化反应是可逆的,在强催化剂作用下,烷基苯既可以发生失烷基化反应,也可以发生再烷基化反应。

2. Friedel-Crafts 酰基化反应 Friedel-Crafts 酰基化反应是指活泼的芳香化合物与酰氯或酸酐在无水 AlCl$_3$ 等催化下首先生成酰基正离子,然后发生亲电取代生成芳香酮的反应。常用的酰基化试剂是酰卤和酸酐。酰卤的反应活性顺序为:

$$RCOI > RCOBr > RCOCl > RCOF$$

反应常用的催化剂为三氯化铝。由于 $AlCl_3$ 能与羰基配位，酰基化反应的催化剂用量比烷基化反应多。在 Friedel-Crafts 酰基化反应中，进攻苯环的亲电试剂是酰基正离子。

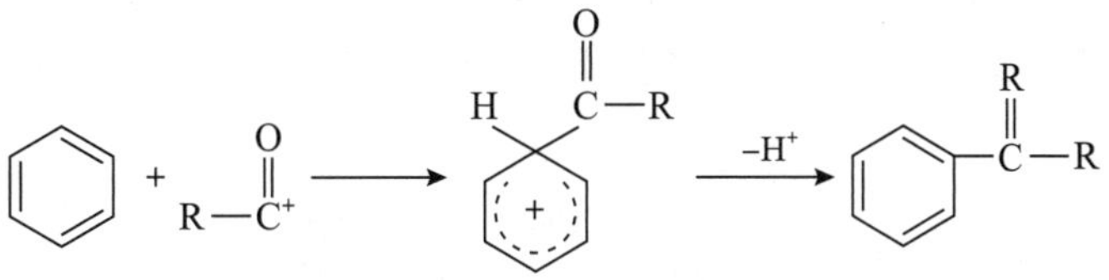

由于酰基是一个吸电子基团，当一个酰基取代苯环的氢后，苯环的活性降低，催化剂 $AlCl_3$ 和产物中的酮羰基强配位作用使苯环更加缺电子，所以 Friedel-Crafts 酰基化反应不存在多元取代；此外，酰基正离子比较稳定，不重排。因此，Friedel-Crafts 酰基化反应是不可逆的，不会发生取代基转移反应，制备含有三个或三个以上碳原子的直链烷基取代苯通常是通过先进行酰基化反应制成芳酮，然后还原羰基来实现。例如：

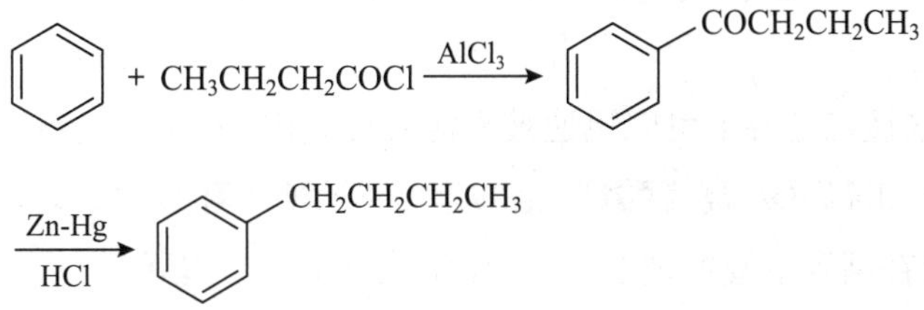

当苯环上存在硝基、磺酸基、氰基等致钝化基团时，均不能发生 Friedel-Crafts 烷基化、酰基化反应。因此，可用硝基苯作为 Friedel-Crafts 反应的溶剂。酰基苯是重要的有机合成原料，可以转化为醇、烷基苯和胺等化合物。

Friedel-Crafts 烷基化和酰基化反应的对比见表 5-2。

表 5-2 Friedel-Crafts 烷基化和酰基化反应的对比

烷基化	酰基化
活性不强的苯类衍生物不能发生	只有苯、卤苯以及带有给电子基团的苯类衍生物才能发生
碳正离子易重排	酰基正离子不易重排
易发生多取代	通常只发生一次亲电取代

（六）氯甲基化反应

氯甲基化反应是指苯与甲醛、盐酸在无水氯化锌作用下，在苯环上引入氯甲基生成氯化苄的反应。

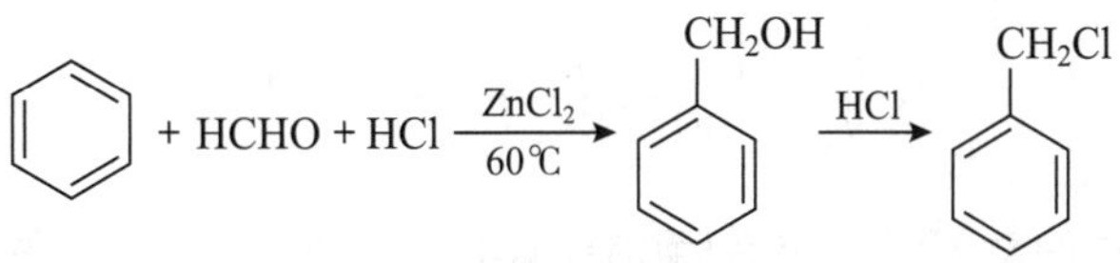

卤素可以被—OH、—CN、—NH₂、—SO₃H 等官能团所取代，可以转化为各种有用的有机

物,所以氯甲基化反应尤为重要。

六、苯的其他反应

（一）加成反应

芳烃在结构上的特点是具有环共轭体系,很难发生加成反应。例如,苯在室温下不能与卤素、硫酸等发生加成反应。但在特定条件下,如加热、加压或光照,苯也能与卤素等发生加成反应。例如:

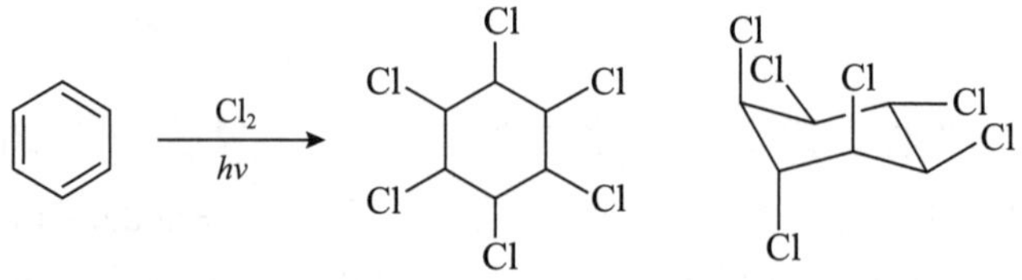

γ-异构体

六氯化苯也称为 1,2,3,4,5,6-六氯环己烷,其 γ-异构体的杀虫能力最强,曾大量用作农药使用,但其结构稳定、不易降解、易污染环境,后来被禁止使用。

（二）氧化反应

不同于烯烃和炔烃在室温下可以迅速被高锰酸钾氧化,苯在一般条件下不容易发生氧化反应,常见的氧化剂如稀硝酸、高锰酸钾、铬酸等均不能使苯环氧化。只有在五氧化二钒的催化作用下,苯环才能在高温下发生破裂,被氧化生成顺丁烯二酸酐。

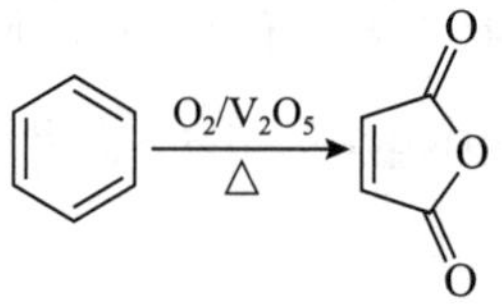

顺丁烯二酸酐也称为马来酸酐或顺酐,是重要的有机化工中间体,工业上用于生产不饱和聚酯树脂、醇酸树脂、农药和纸张处理剂等。

在一定条件下,利用 $RuCl_3$ 和 $NaIO_4$ 氧化,可以将烷基取代的苯环氧化成脂肪酸。

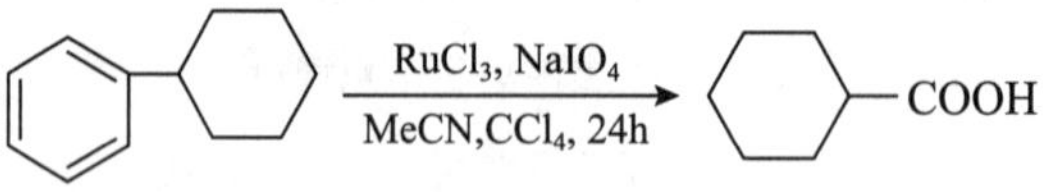

94%

（三）还原反应

苯的芳香性使其不易被一般的还原剂还原,常见的还原苯的方法有催化加氢法。苯在催化氢化反应中一步生成环己烷体系。

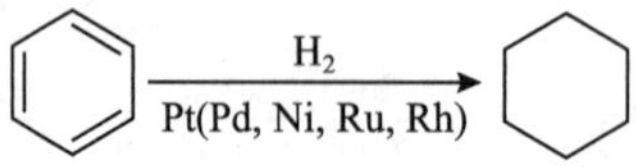

此外,还有 Birch(伯奇)还原,是利用碱金属(钠或钾)在液氨与醇的混合液中与芳香化合物反应,苯环可被还原成不共轭的 1,4-环己二烯类化合物。Birch 还原的机理如下:

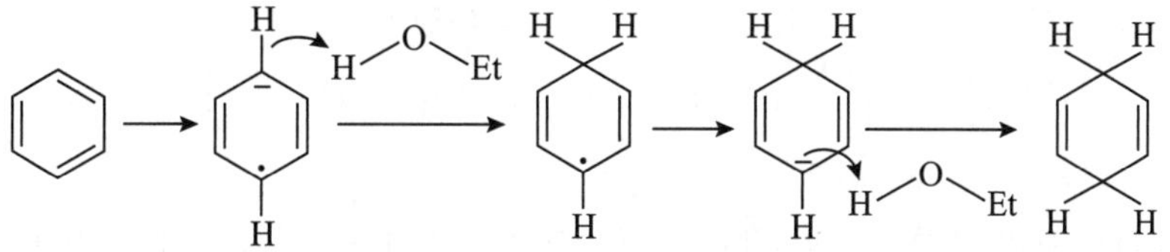

（四）芳烃侧链的反应

在烷基苯分子中，直接与苯环相连的碳原子称为 α-碳原子，α-碳原子所连的氢原子成为 α-氢。受苯环的影响，烷基苯的 α-氢原子比较活泼，容易发生氧化、取代反应。

1. 氧化反应 甲苯、乙苯等含有 α-氢的烷基苯在高锰酸钾、铬酸、浓硝酸等氧化剂作用下，侧链可被氧化。凡有 α-氢的侧链，不论烷基碳链长短，氧化后都生成一个与苯环相连的羧基；不含 α-氢的侧链则不易被氧化。例如：

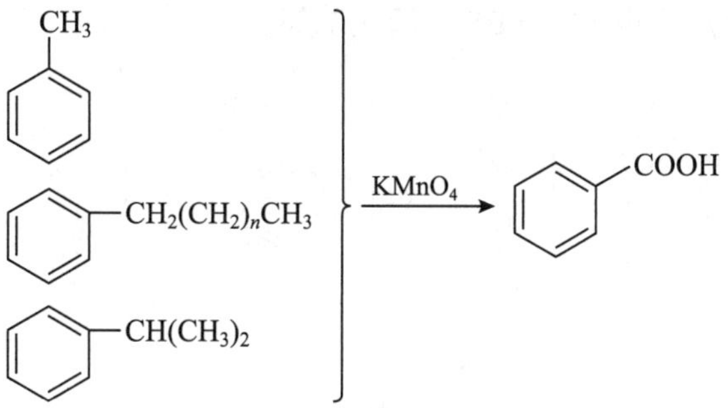

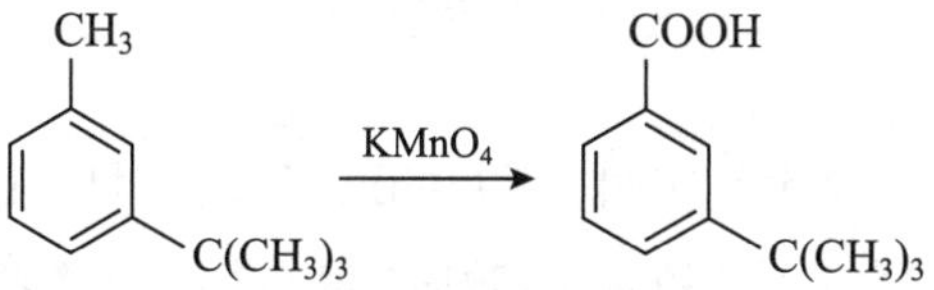

只有当苯环和一个三级碳原子或一个极稳定的侧链相连时，在强烈氧化的条件下侧链才得以保持，苯环被氧化成羧基。

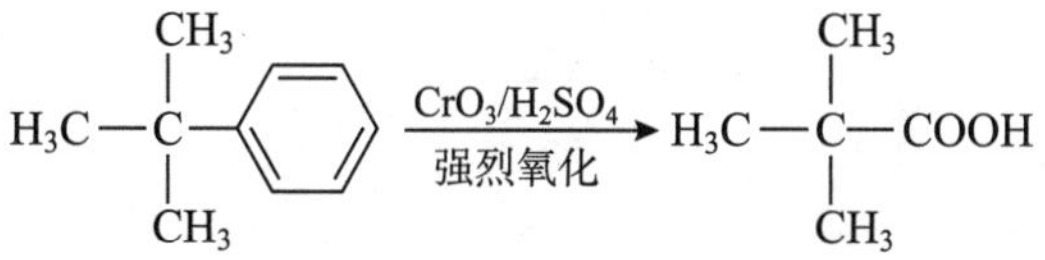

2. 卤代反应 当光照、高温或自由基引发剂（如过氧化苯甲酰、偶氮二异丁腈等）存在下，卤原子可以取代烷基苯侧链上的氢原子，反应一般发生在 α-位。例如：

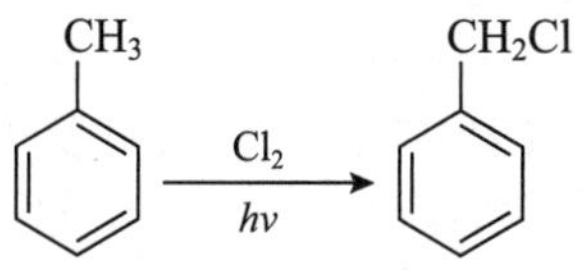

反应按自由基历程进行，反应的活性中间体为苄基自由基。

$$\mathrm{Cl{-}Cl} \xrightarrow[\text{或}\triangle]{h\nu} 2\mathrm{Cl}\cdot$$

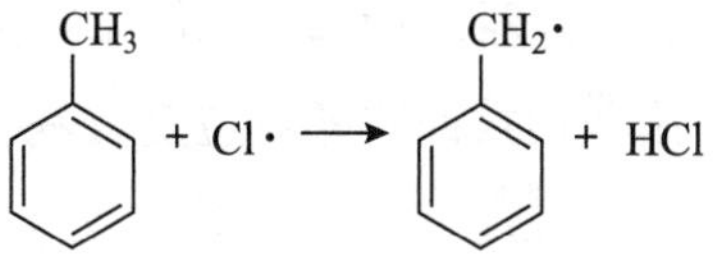

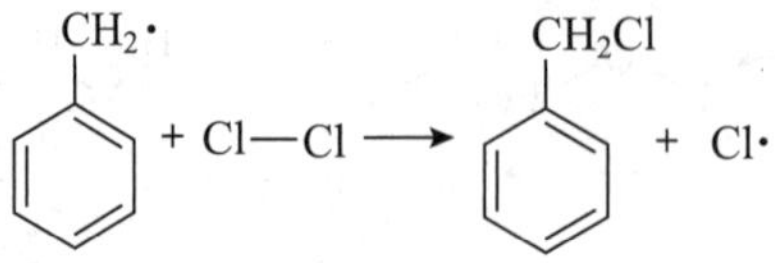

由于苄基自由基的单原子所处的 p 轨道能与苯环发生 p-π 共轭，苄基自由基具有与烯丙基自由基相似的稳定性。

当氯气过量时，氯化苄可以进一步氯化，生成二氯化苄和三氯化苄。

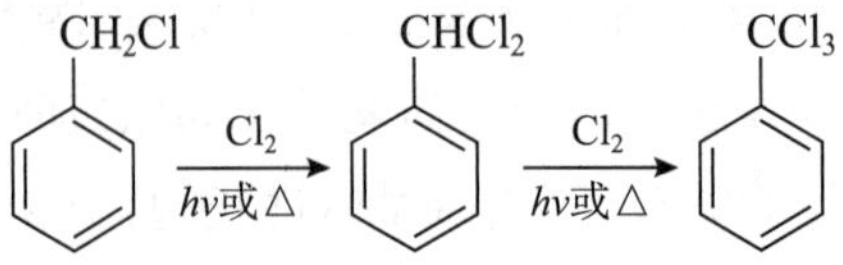

氯化苄、二氯化苄和三氯化苄可分别合成苯甲醇、苯甲醛和苯甲酸等中间体。

烷基苯侧链的溴化反应也可用 NBS 作溴化试剂。

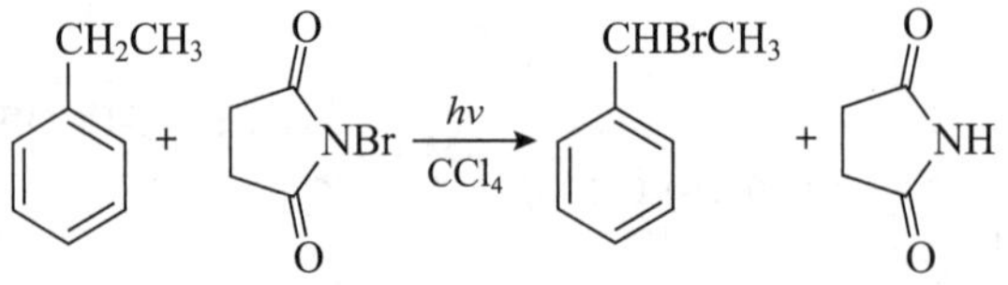

七、苯环亲电取代反应的活性和定位规律

一元取代苯进行亲电取代反应时，原有的取代基会对后续进入苯环的基团位置产生制约作用，这种制约作用即为取代基的定位效应（表 5-3）。通常将苯环上原有的取代基称为定位基。

表 5-3　取代基的定位效应

定位	邻对位定位基					间位定位基	
强度	最强	强	中	弱	弱	强	最强
取代基	—O⁻	—NR₂ —NHR —NH₂ —OH —OR	—OCOR —NHCOR	—NHCHO —C₆H₅ —CH₃ —CR₃	—F，—Cl， —Br，—I —CH₃Cl —CH=CHCO₂H —CH=CHNO₂	—COR， —CHO	—N⁺R₃
基团的电子效应	给电子诱导+给电子共轭	—CH₃：给电子超共轭；—CR₃：给电子诱导；其余基团：吸电子诱导效应小于给电子共轭效应		吸电子诱导效应大于给电子共轭效应		吸电子诱导效应和吸电子共轭效应	吸电子诱导效应
性质	活化基团					钝化基团	

如表 5-3 所示，根据基团对苯环的影响以及它们的定位情况，可将取代基分为致活的邻对位定位基（新引入的取代基主要进入原取代基的邻位和对位），致钝的间位定位基（新引入的取代基主要进入原取代基的间位）和致钝的邻对位定位基（新引入的取代基主要进入原取代基的邻位和对位）。

一取代苯分子中取代基的定位效应与该取代基的诱导效应、共轭效应、超共轭效应等电子效应有关。此外，空间位阻也有一定影响。

（一）第一类定位基

从电子效应来看，这种定位基属于给电子基团，它们使苯环上的电子云密度增大，对所生成的碳正离子中间体具有稳定作用，使亲电取代易于发生，属于致活的邻对位定位基。以甲苯的硝化反应为例：

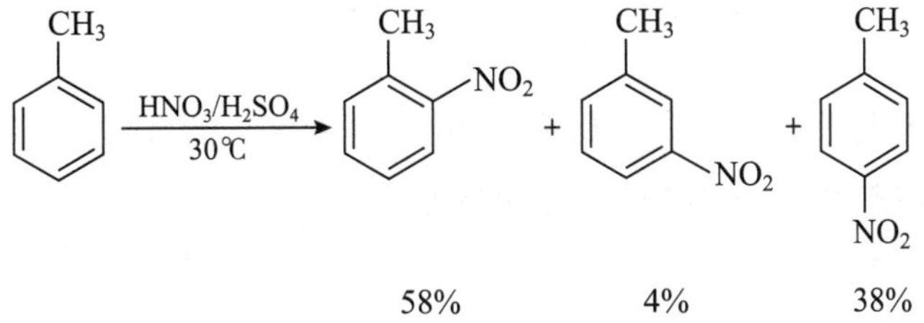

HNO₃/H₂SO₄，30℃

58%　　　4%　　　38%

实验结果表明，甲苯比苯更易硝化，大约快 4 000 倍，且主要得到邻位和对位产物，这是由于甲基具有给电子超共轭效应，使苯环上的电子云密度增大，从而使亲电反应活性增大。

1. 进攻邻位

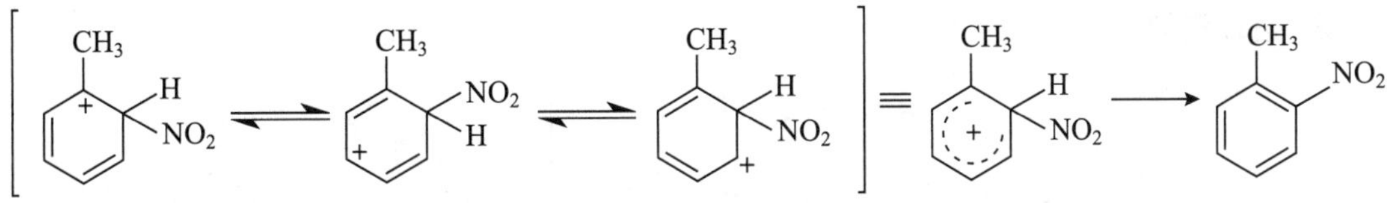

2. 进攻对位

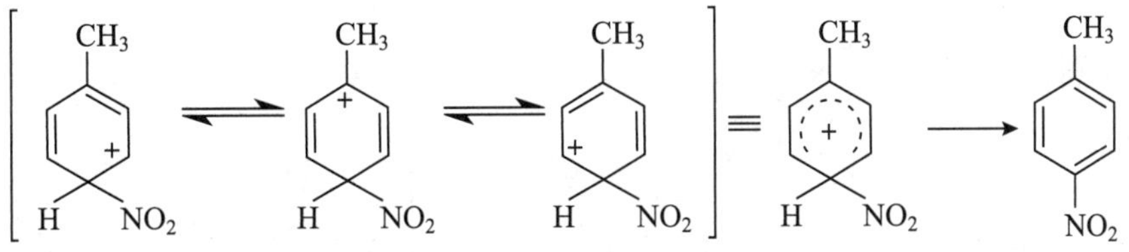

3. 进攻间位

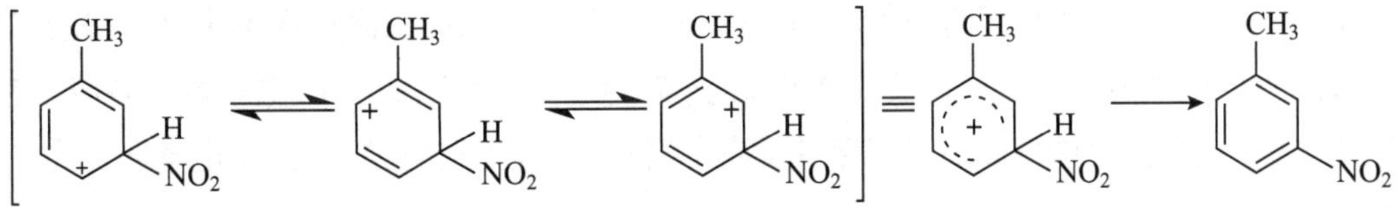

硝基正离子从甲基的邻、对位进攻苯环时，生成的碳正离子中间体的三种极限结构中都有一个叔碳正离子，其带正电荷的碳原子直接与甲基相连，甲基的给电子超共轭效应使其正电荷得到分散，稳定性增加；而硝基正离子从甲基的间位进攻苯环时，生成的碳正离子中间体的三种极限结构都是仲碳正离子，且带正电的碳原子都不直接与甲基相连，正电荷的分散程度较小，稳定性较差，难以生成。因此，甲苯的硝化产物主要是邻、对位取代产物。

与甲基一样，此类致活的邻对位定位基在芳环的亲电取代反应中均起邻对位定位效应。

（二）第二类定位基

从电子效应来看，这种定位基属于吸电子基团，它们使苯环上的电子云密度降低，所生成的碳正离子中间体的正电荷较为集中，使亲电取代难以发生。它们对苯环邻、对位的钝化作用大于间位，属于致钝的间位定位基。以三氟甲基苯的硝化反应为例：

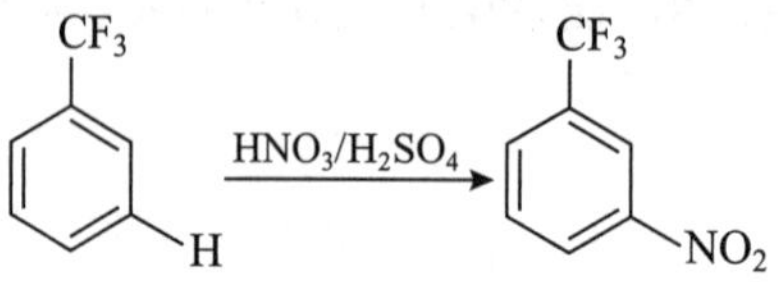

三氟甲基的吸电子诱导效应使苯环上的电子云密度降低，因此三氟甲基苯比苯更难硝化，其间位硝化产物成为唯一产物（产率为 96%）。

1. 进攻邻位

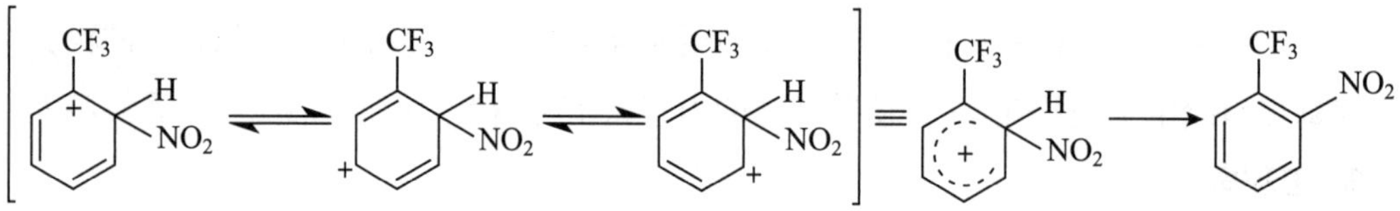

2. 进攻对位

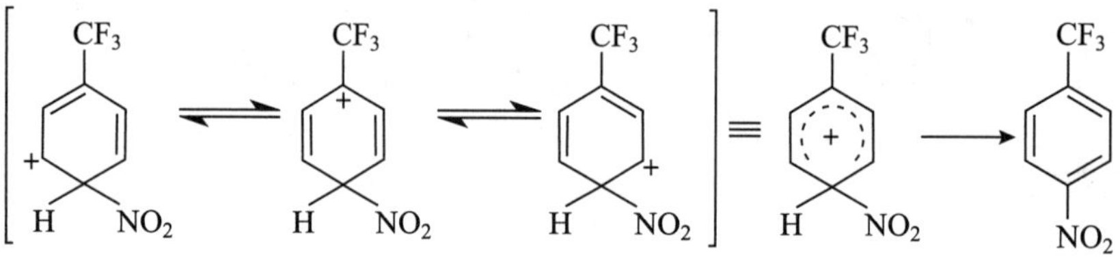

3. 进攻间位

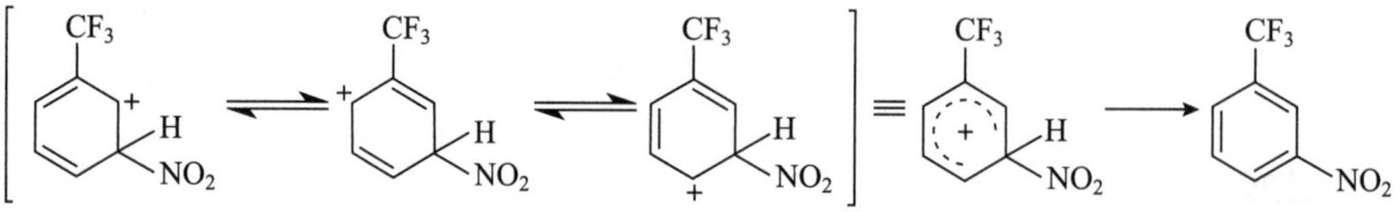

从以上反应过程分析，尽管三氟甲基的存在会使反应生成的正离子均不稳定，但是在邻、对位反应生成的中间体共振式均会有碳正离子与三氟甲基相连，产生吸电子诱导效应，使得碳正离子更不稳定。因此，该情况下尽管反应不易进行，但当反应进行时，亲电基团优先在间位反应。

（三）第三类定位基

从诱导效应来看，这种定位基属于吸电子基团，它们使苯环上的电子云密度降低，起钝化作用，属于致钝的邻对位定位基。但另一方面，卤原子的未共用电子对可与苯环发生 p-π 共轭，使电子部分离域到苯环上，即具有给电子共轭效应。从总的效果来看，吸电子诱导效应强于给电子共轭效应。以氯苯亲电取代反应为例，氯苯亲电取代生成的碳正离子中间体中也有两种特别稳定的极限结构，其所有碳原子均满足八隅体结构，对共振杂化体的贡献较大，使邻、对位产物容易生成。

1. 进攻邻位

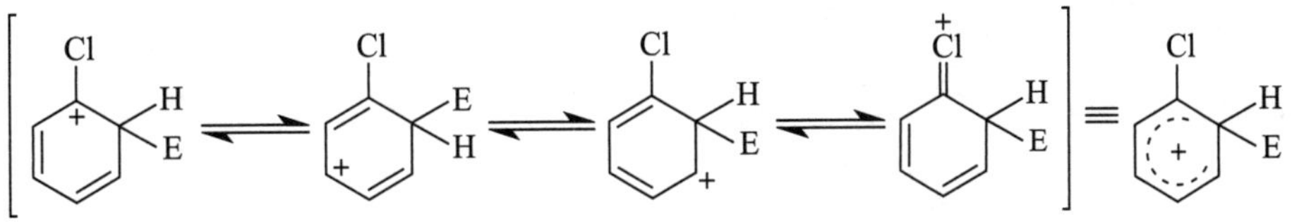

2. 进攻对位

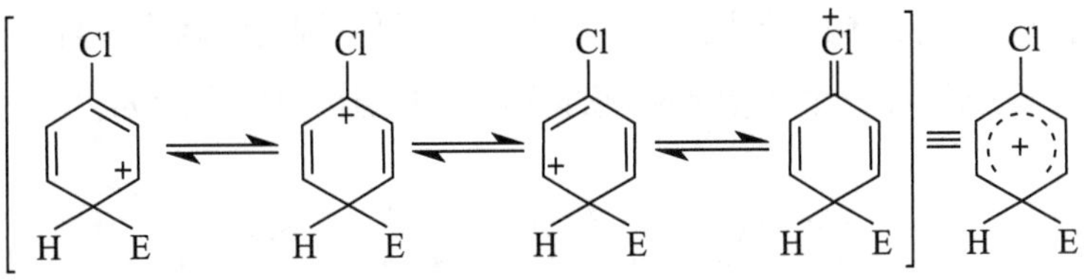

3. 进攻间位

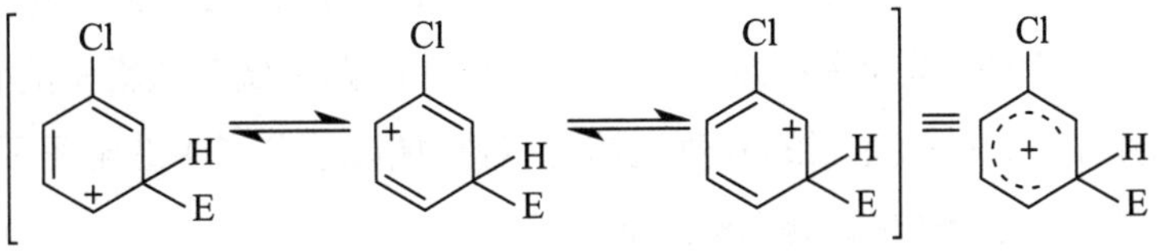

（四）定位规律在有机合成中的应用

合成苯环上有多个取代基的化合物时,应当遵从定位规律,这样才能设计合理的合成路线,提高收率。例如以苯为起始原料合成间氨基氯苯:

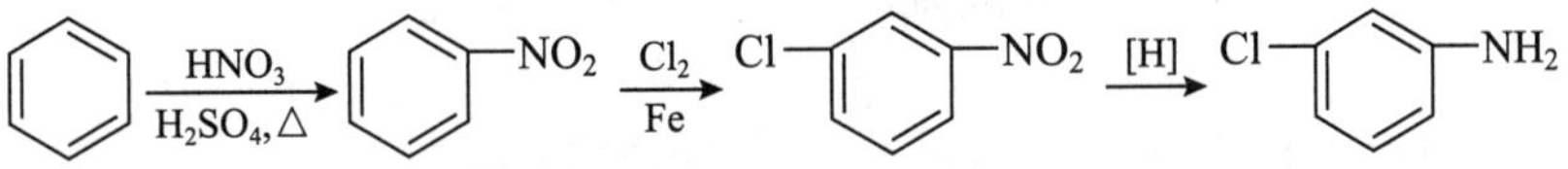

间氨基氯苯是由间硝基氯苯还原得来的,—NO_2 为第二类定位基,—Cl 为第一类取代基,故先将苯环硝化,再将卤素引入,最后还原硝基。

把硝基引入异丙基的邻位,可以利用第二类定位基的定位规律和磺酸基团的可逆性,合成最终产物。

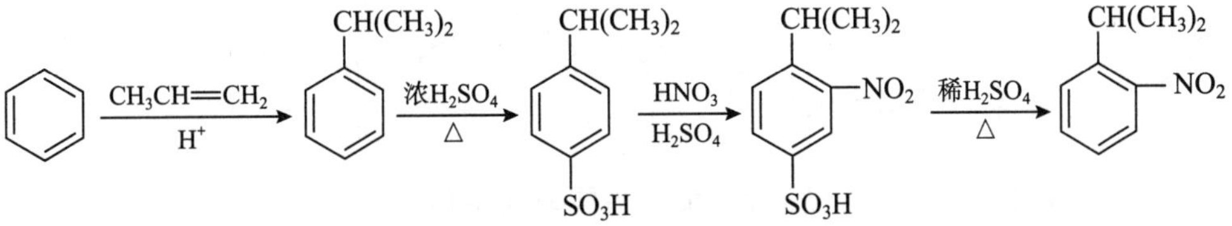

第二节　稠环芳烃

稠环芳烃是指有两个或多个苯环并接在一起的芳香化合物,两个环共享两个碳原子或一根键。这些化合物大多具有芳香性。常见的稠环芳烃下是萘、蒽、菲,来源于煤焦油和石油沥青，主要应用于染料、农药等领域。构成其骨架的碳原子是 sp^2 杂化，平面结构，不饱和度比较高，热力学稳定性好。

一、萘

萘在煤焦油中的含量为 6%，是含量最多的一种稠环芳烃。纯净的萘是无色片状晶体，熔点为 80.3℃，沸点为 218℃，容易升华，有特殊气味，不溶于水。

萘的分子式为 $C_{10}H_8$，结构与苯相似，是由 10 个碳原子构成的两个苯环并联形成的双环，分子中未杂化的 p 轨道形成一个闭合的共轭体系。萘的结构可以表示为：

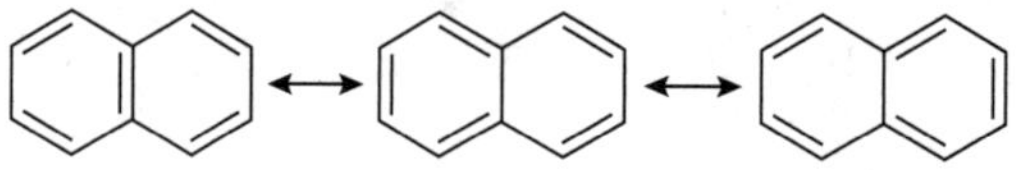

萘分子中的碳原子有固定的编号，其中 1,4,5,8- 位称为 α- 位，2,3,6,7- 位称为 β- 位。分子轨道理论认为，萘分子中的碳原子都以 sp^2 杂化轨道成键，两个稠合碳原子的 p 轨道除了彼此重叠外，还要分别与两个 α- 碳原子的 p 轨道相互重叠，所以萘分子中的电子云在 10 个碳原子上分布是不均匀的，因此分子中的键长也不同。

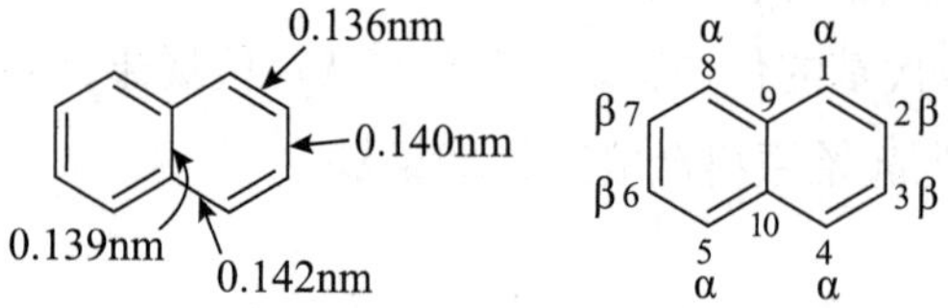

萘的化学性质与苯相似，但更容易发生取代、加成等反应。

（一）取代反应
萘的 α- 位的电子云密度比 β- 位大，亲电取代反应主要发生在 α- 位上。

1. 卤代反应

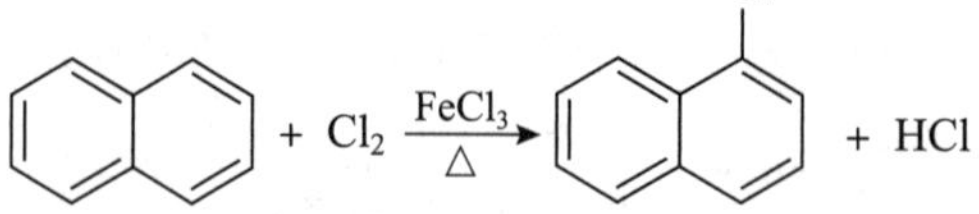

80℃反应主要取代 α- 位，温度达到 165℃主要取代 β- 位。

2. 硝化反应

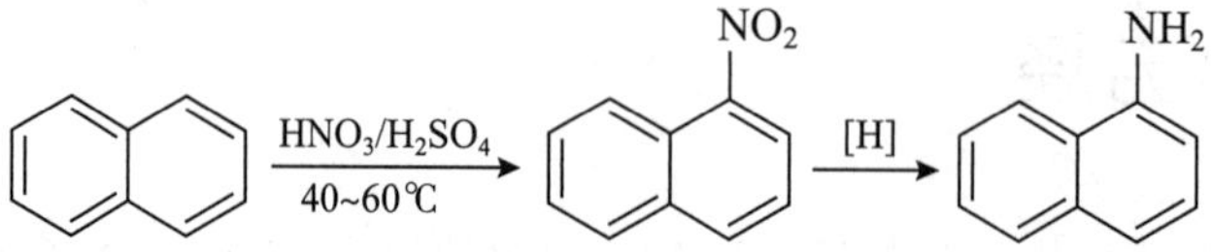

在 40～60℃下混酸中进行反应取代萘的 α- 位。

3. 磺化反应

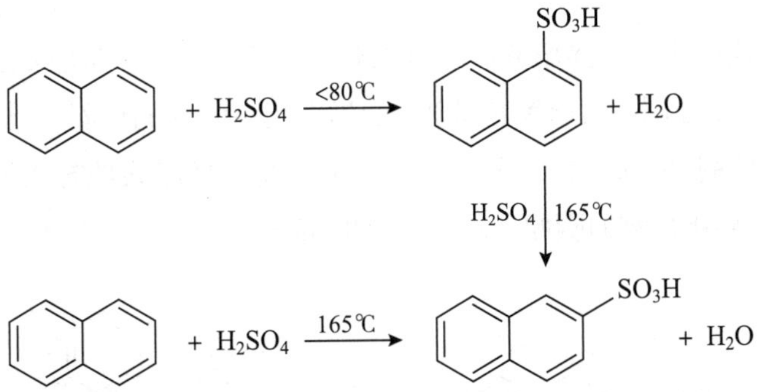

温度低时磺化反应受动力学控制,主要取代 α-位,但由于磺酸基团与 1-位氢原子之间的斥力以及本身体积产生的空间位阻比较大,使产物极不稳定。因为磺化反应是可逆的,所以温度升高至 165℃时提供取代 β-位所需的活化能,反应受热力学控制,得到稳定性高的 β-位取代产物。

4. 酰基化反应　萘发生傅克酰基化反应与溶剂的极性有关,在非极性溶剂中(如二硫化碳、四氯化碳)主要发生 α-位取代,在极性溶液中(如硝基苯)主要发生 β-位取代。

(二)氧化反应

萘环比苯环更容易被氧化。

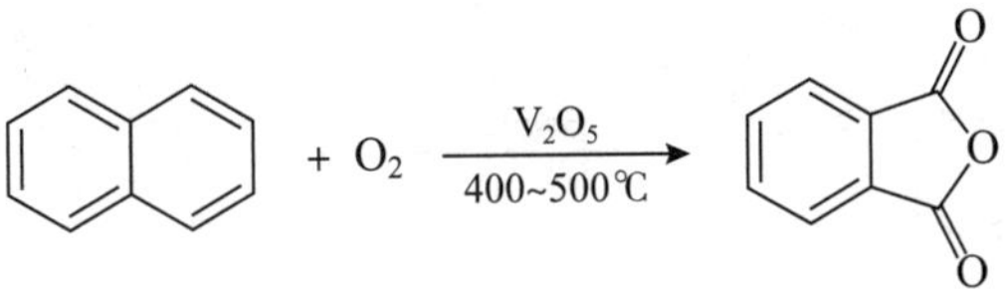

邻苯二甲酸酐

(三)还原反应

萘在催化剂作用下与氢气反应。

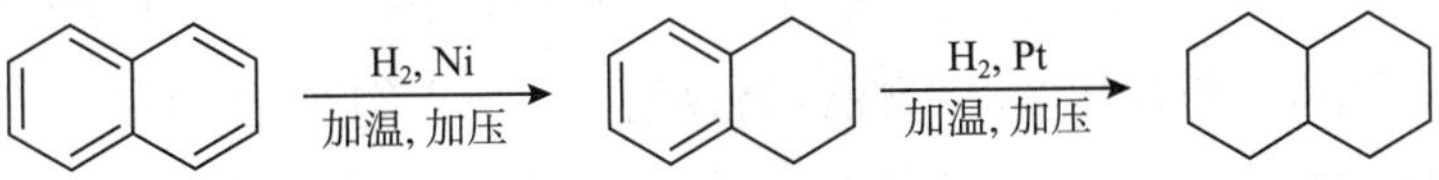

四氢合萘　　　　　十氢合萘

萘可以被金属钠和乙醇还原,低温时生成 1,4-二氢萘,高温时生成四氢合萘。

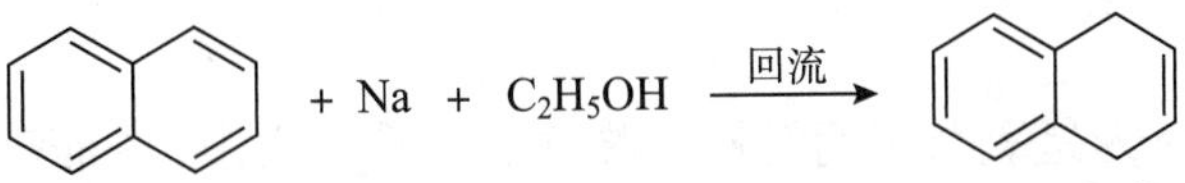

1,4-二氢萘

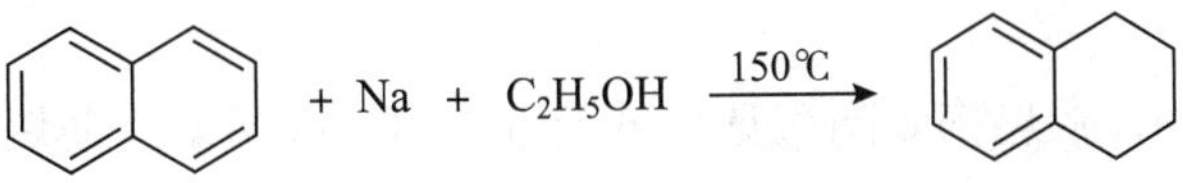

四氢合萘

二、蒽与菲

蒽和菲也是从煤焦油中分离出来的稠环芳烃,它们的分子式都是 $C_{14}H_{10}$,互为同分异构体。蒽是无色单斜片状晶体,有蓝紫色荧光;菲是无色有荧光的单斜片状晶体。蒽和菲都是由三个共平面的苯环稠合而成的,不同的是蒽中的三个苯环以线性方式稠合,而菲中的三个苯环以角形并接,两种化合物的碳原子均有固定的编号。

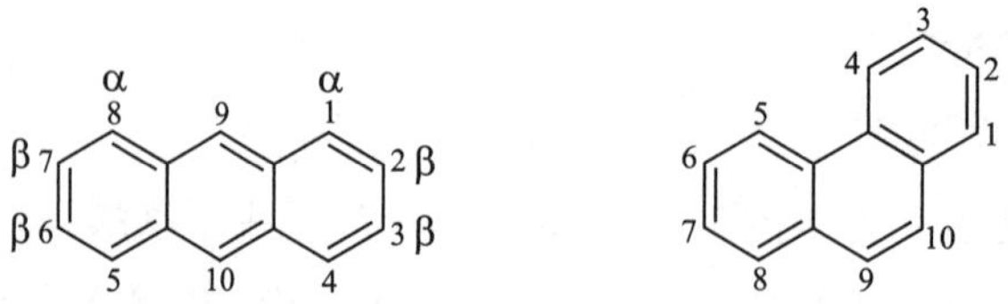

蒽   菲

蒽和菲比苯和萘更易发生亲电取代反应。除磺化反应在 1- 位上发生外,蒽和菲均易在中心环上进行取代反应。在蒽和菲分子中,9,10- 位是最容易发生反应的位置,反应后生成的产物分子中至少保留两个完整的苯环。例如:

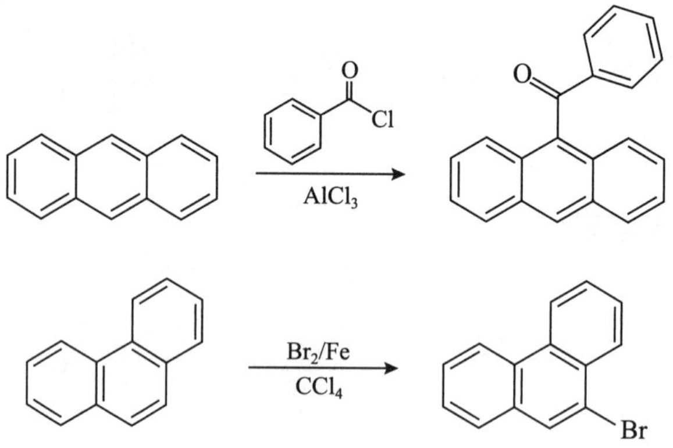

三、致癌芳烃

大多数多环芳烃是具有致癌性的。早在 1775 年英国外科医生 Pott 就发现清扫烟囱的工人容易患阴囊癌,通过分析提出多环芳烃容易致癌。后来人们通过大量的研究确定了多环芳烃结构对性能的影响。例如汽车燃料和燃油、废物燃烧、森林火灾等都会产生致癌物苯并[a]芘,苯并[a]芘的致癌机理如下。

苯并[a]芘经过氧化酶、水合酶、氧化酶催化,在 C-9 和 C-10 位形成新的氧杂环丙烷结构,为致癌物。

机理反应:目前认为是氧杂环丙烷被鸟嘌呤的氨基氮攻击,进而破坏 DNA 的双螺旋结构,使基因复制过程中发生错乱,引起基因突变的发生。大多数细胞只是坏死,增加细胞致癌的可能性。

经过多年研究显示,致癌物如同烷基化试剂进攻 DNA,所以其他烷基化试剂同样也能治癌,例如 1,2- 二溴乙烷和氧杂环丙烷。

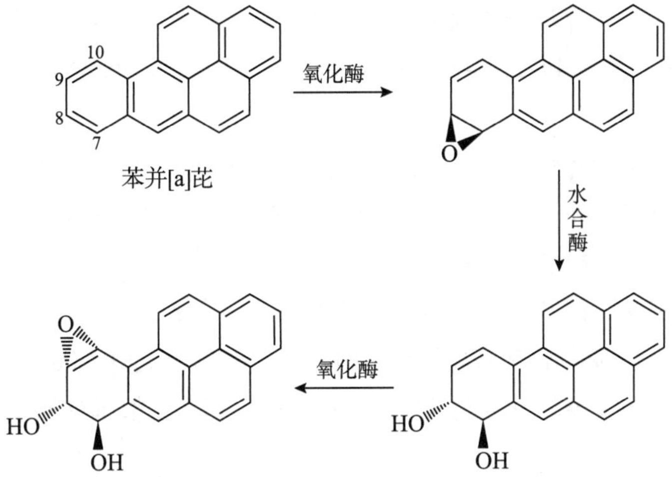

（图示：苯并[a]芘经氧化酶、水合酶转化过程）

苯并[a]芘

氧化酶 →

水合酶 ↓

氧化酶 ←

苯并[a]芘致癌物

第三节　非苯芳烃

苯的分子式为 C_6H_6，其分子中六个碳原子的六个 p 轨道形成闭合大 π 键，因此苯具有与一般链状共轭体系不同的芳香性。在研究一个化合物是否具有芳香性时，此化合物首先应该具有以下特点：①含有共轭双键的环系结构；②在环上的每个原子均有未杂化的 p 轨道（通常为 sp 或 sp^2 杂化）；③未杂化的 p 轨道必须形成一个连续的、重叠的、平行轨道的环系，大多情况下该环系应为平面。

根据以上特点可以对芳香性、反芳香性和无芳香性进行以下定义。

芳香性：满足以上三个特点的同时，π 电子可以在整个环状体系中离域，体系的电子能大幅降低，化合物更加稳定。典型代表为苯。

反芳香性：满足以上三个特点的同时，π 电子可以在环状体系中离域，但体系的电子能大幅升高，化合物的稳定性较差。典型代表为环丁二烯。

无芳香性：一个环状多烯化合物不具有一个连续共轭、重叠的环状 p 轨道，此类化合物的稳定性与开链多烯相近。典型代表为环辛四烯。

苯　　　环丁二烯　　　环辛四烯

一、休克尔规则

1931 年，依据分子轨道理论计算结果，休克尔提出一个判断轮烯以及类似化合物是否具有芳香性或反芳香性的简单规则。休克尔规则是一种经验规则，在使用它时，必须先判断化合物是否达到芳香性或反芳香性的基本标准。即一个环状化合物必须具有一个 p 轨道连续重叠的环系,且成环原子处于同一平面上。如果这个化合物满足要求,且闭合环状平面型共轭多烯(轮烯)的 π 电子数为 $4n+2$,该环系就具有芳香性;如果电子数为 $4n$,则为反芳香性(n 为 0、1、2、3)。

因此,对于简单有机轮烯分子而言,判断芳香性的基本标准如下:①符合休克尔规则,离域的 p 轨道电子云中有 $4n+2$ 个电子;②碳环骨架在同一平面上;③环上的每一个原子都有 p 轨道,或孤对电子都参与电子云的离域。

但是,随着有机化学的发展,越来越多的有机分子被合成,进一步证明了休克尔规则并不适用于许多含三个以上环的稠环芳烃体系。例如芘含有 16 个 π 电子(8 个键)、蔻含有 24 个 π 电子(12 个键),尽管这些稠环化合物不符合 $4n+2$ 规则,但它们都具有芳香性。

二、轮烯的芳香性

具有完全共轭的单环多烯为轮烯。命名时通常以轮烯作为母体,将环碳原子数置于方括号内称为某轮烯。例如[4]轮烯、[8]轮烯、[10]轮烯、[12]轮烯等。

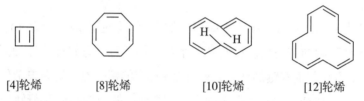

[4]轮烯   [8]轮烯   [10]轮烯   [12]轮烯

当环烯的环碳原子在同一平面上,环内没有或很少有空间排斥作用,且 π 电子数符合 $4n+2$ 规则时,则具有芳香性,属于非苯芳烃。而上述轮烯不满足 $4n+2$ 规则,因此不具有芳香性。

三、环状正、负离子的芳香性

除轮烯外,某些具有共轭体系的离子也具有芳香性,也属于非苯芳烃。例如环丙烯正离子、环戊二烯负离子、环庚三烯正离子等,它们的 π 电子数都符合 $4n+2$ 规则,且都形成闭合环状共轭结构,因此都具有芳香性。

环丙烯正离子   环戊二烯负离子   环庚三烯正离子

ER5-2　第五章目标测试

（黄佳佳）

1. **苯的结构** 价键理论、分子轨道理论和共振论三种观点。

2. **芳烃的分类** 单环芳烃、多环芳烃和非苯芳烃。

3. **芳烃的异构** 苯环取代基相同的多取代异构体用邻、间、对和连、偏、均表示取代的相对位置。

4. **芳烃的命名** 以苯环为母体,并根据取代基的优先级确定母体官能团,然后按照脂肪烃的命名规则编号。

5. **苯的物理性质** 熔点、沸点、溶解性。

6. **苯环的亲电取代反应** 亲电取代反应的历程,不同亲电取代反应的影响因素。

7. **苯环的其他化学反应** 加成反应、氧化反应、还原反应和苯环侧链的反应。

8. **定位规则** 三类定位基的结构特点及定位规律,不同定位基的定位能力。

9. **芳香性** 非苯芳烃的判断,休克尔$(4n+2)$规则。

习 题

1. 用系统命名法命名下列化合物(标明构型)。

（1） 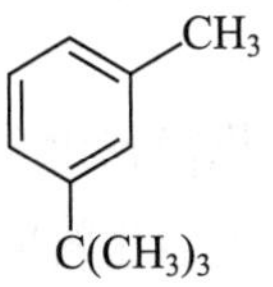 （2） 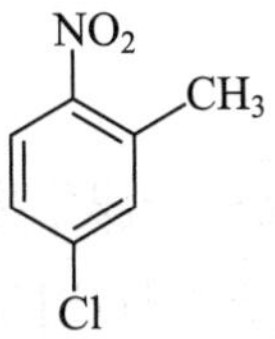 （3）

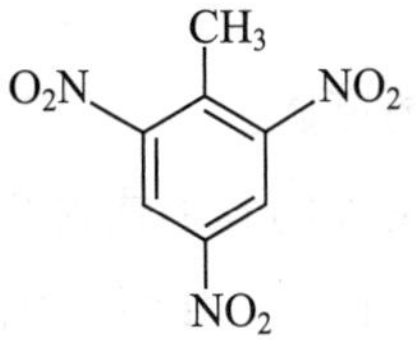

（4） 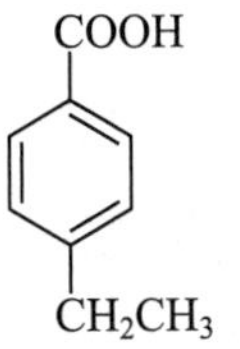 （5） 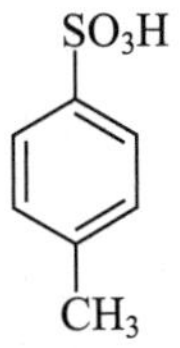 （6）

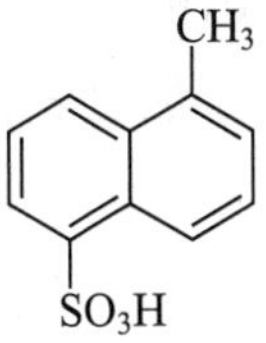

2. 写出下列化合物的结构式。

（1）4-硝基-2-溴甲苯   （2）2-氯萘   （3）对甲基苯乙烯

（4）2-甲基-氯甲苯   （5）3-氯苯胺   （6）对甲基苯酚

3. 比较下列各组化合物的苯环上进行亲电取代反应的活性。

（1）A.苯   B.甲苯   C.氯苯   D.硝基苯   E.间二甲苯   F.苯甲醛   G.苯酚

（2）A. 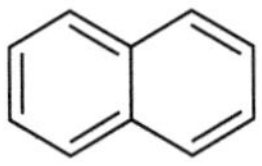   B. 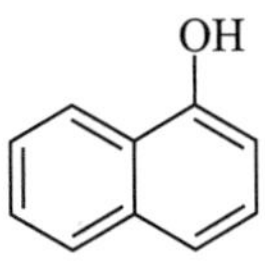   C.

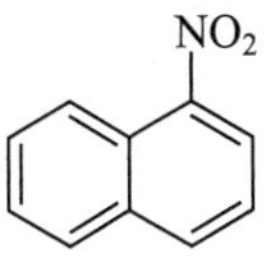

D. 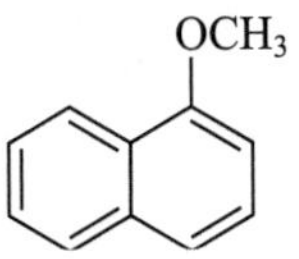   E.

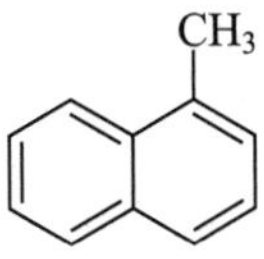

（3）A. （对苯二甲酸 COOH/COOH）　B. 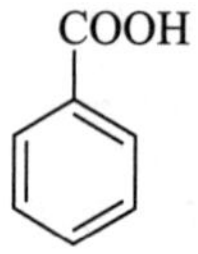 （苯甲酸 COOH）　C.  （对二甲苯 CH₃/CH₃）　D. 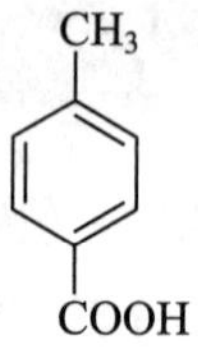 （对甲基苯甲酸 CH₃/COOH）

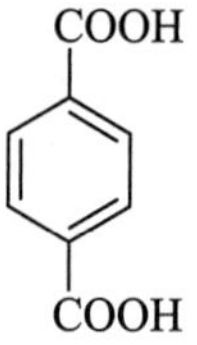

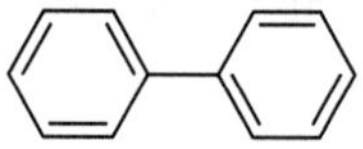

（4）A. （联苯）　B. 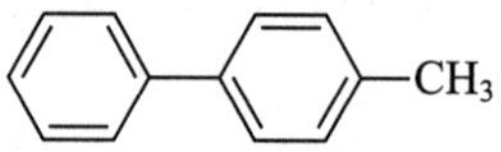 （4-甲基联苯 CH₃）

C. 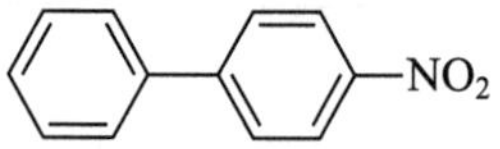 （4-硝基联苯 NO₂）　D. 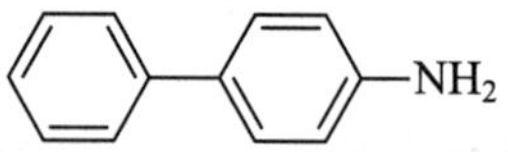 （4-氨基联苯 NH₂）

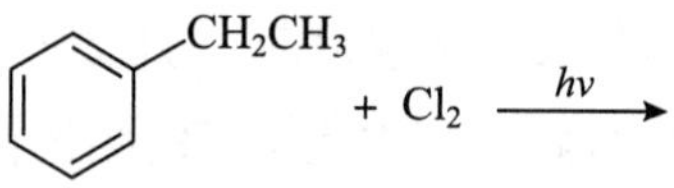

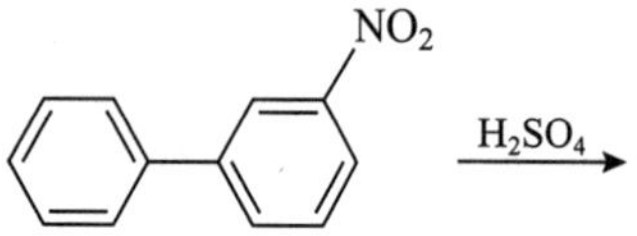

4. 写出下列反应的主要产物（或完成下列反应式）。

（1） 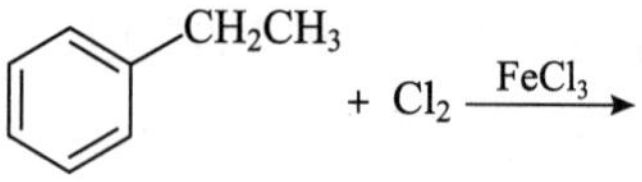 苯乙烷（CH₂CH₃） $+ Cl_2 \xrightarrow{FeCl_3}$

（2） 苯乙烷（CH₂CH₃） $+ Cl_2 \xrightarrow{h\nu}$

（3） 3-硝基联苯（NO₂） $\xrightarrow{H_2SO_4}$

（4） 2-萘酚（OH） $\xrightarrow{Br_2}$

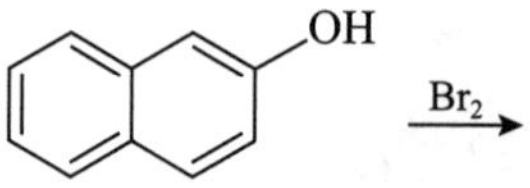

（5） 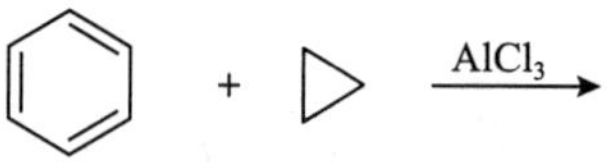 苯 $+$ 环丙基（△） $\xrightarrow{AlCl_3}$

（6） 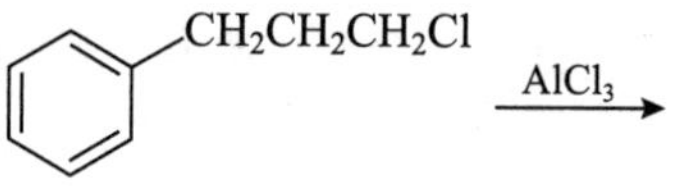 苯（CH₂CH₂CH₂Cl） $\xrightarrow{AlCl_3}$

5. 推断题。

芳烃 A 的分子式为 $C_{10}H_{14}$，有五种可能的一溴代物 $C_{10}H_{13}Br$，A 经氧化得到化合物 B，分子式为 $C_8H_6O_4$。B 经消化后只得到一种分子式为 $C_8H_5O_4NO_2$ 的硝化产物 C。试推断 A、B 和 C 的结构，并写出相关反应式。

6. 完成下列转化（其他试剂任选）。

（1） 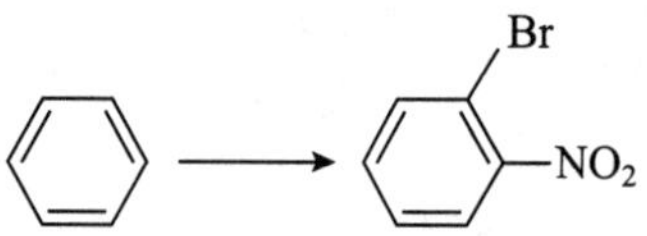 苯 $\longrightarrow$ 邻硝基溴苯（Br/NO₂）

（2） 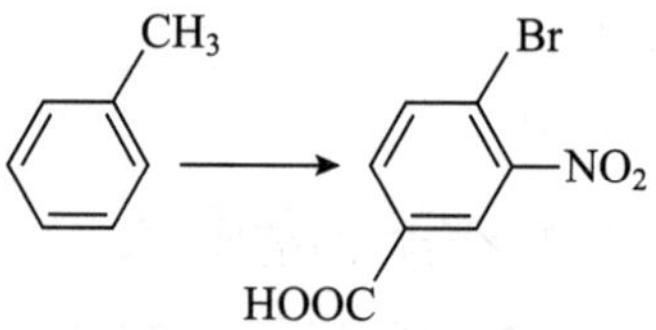 甲苯（CH₃） $\longrightarrow$ （Br/NO₂/HOOC）

（3） 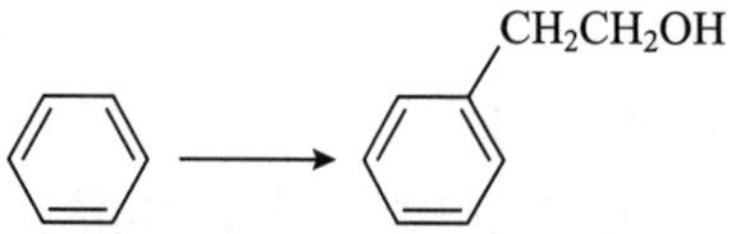 苯 $\longrightarrow$ 2-苯基乙醇（CH₂CH₂OH）

（4） 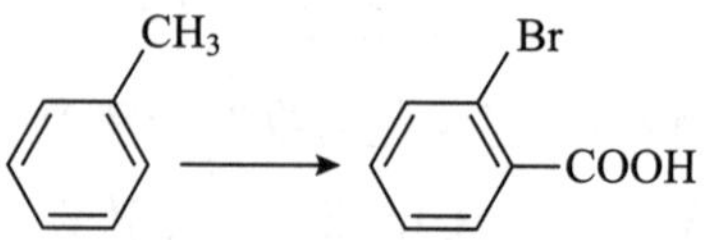 甲苯（CH₃） $\longrightarrow$ 2-溴苯甲酸（Br/COOH）

第六章　卤代烃

ER6-1　第六章
卤代烃（课件）

卤代烃在医药工业领域具有广泛的用途，是药物合成中常见的反应原料和溶剂。卤代烃是化学合成的重要中间体，也是常用的溶剂、制冷剂等，很多药物分子中含有氟、氯、溴、碘等卤原子。在药物设计中，常通过在药物结构中引入卤原子或改变卤原子种类，从而改变药物活性。如吩噻嗪类药物，2-位无取代基时几乎没有抗精神病作用，2-位分别引入—Cl和—CF_3时可分别得具有良好抗精神病活性的药物奋乃静和氟奋乃静，并且后者比前者的安定作用强4～5倍。

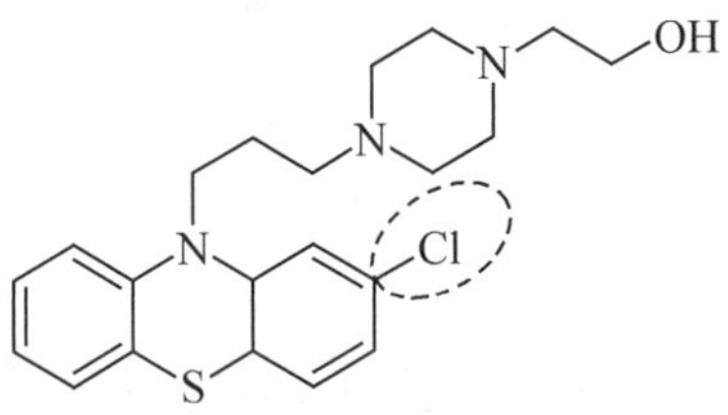
奋乃静

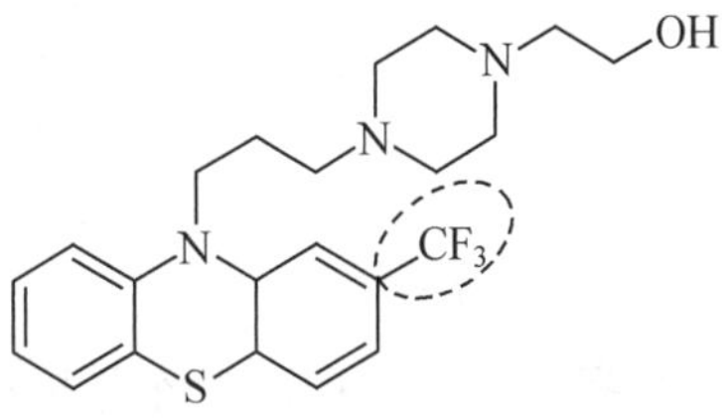
氟奋乃静

部分天然产物中也含有卤原子，如化合物：

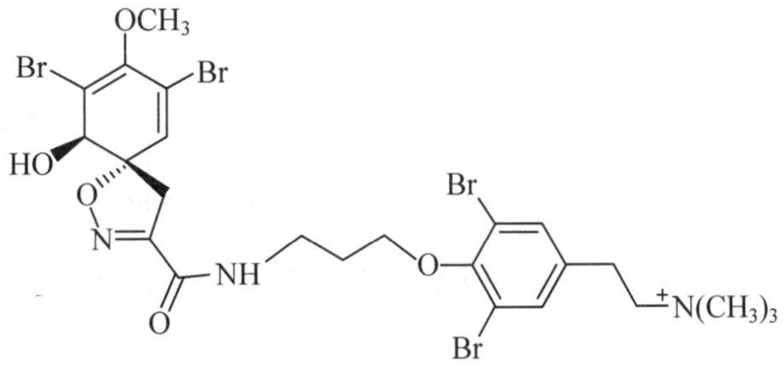

该化合物是从我国海南三亚附近海域的海绵 *Pseudoceratina* sp. 中提取得到的，其结构中含有多个溴原子。体外抗菌活性筛选结果表明，它对金黄色葡萄球菌标准株25923具有良好的抑制活性。

第一节　分类和命名

烃分子中的氢原子被卤原子取代后形成的化合物称为卤代烃（halohydrocarbon）。通常用通式RX代表卤代烃，其中R表示烃基，X表示卤原子（F、Cl、Br、I）。

一、分类

按卤原子所连烃基类型的不同,可将卤代烃分为饱和卤代烃、不饱和卤代烃及卤代芳烃三类。例如:

CH₃CH₂CH₂—X

饱和卤代烃

CH₂=CHCH₂CH₂—X

不饱和卤代烃

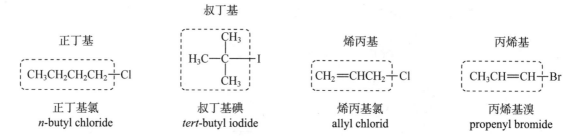

芳香卤代烃

根据分子中所含卤原子的数目,可分为一元卤代烃和多元卤代烃。

根据卤原子所连饱和碳原子的类型,又可分为伯卤代烃(1° 卤代烃)、仲卤代烃(2° 卤代烃)和叔卤代烃(3° 卤代烃)。

CH₃—X

卤甲烷

RCH₂—X

伯卤代烃

$\begin{array}{c}R\\|\\R'\end{array}$CH—X

仲卤代烃

$\begin{array}{c}R\\|\\R'—C—X\\|\\R''\end{array}$

叔卤代烃

二、命名

1. 普通命名法 卤代烃可看作是烃基的卤化物,根据取代基的俗名,以"烃基俗名 + 卤原子"进行命名。

正丁基

CH₃CH₂CH₂CH₂—Cl

正丁基氯
n-butyl chloride

叔丁基

H₃C—C—I (CH₃, CH₃)

叔丁基碘
tert-butyl iodide

烯丙基

CH₂=CHCH₂—Cl

烯丙基氯
allyl chlorid

丙烯基

CH₃CH=CH—Br

丙烯基溴
propenyl bromide

2. 系统命名法 以烃为母体,将卤原子作为取代基,命名原则和方法见之前各章的相关内容。

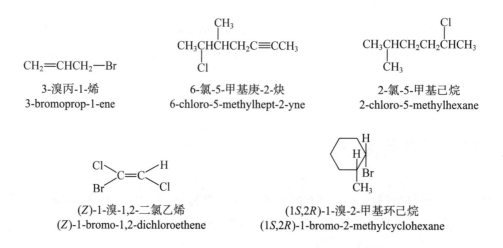

CH₂=CHCH₂—Br

3-溴丙-1-烯
3-bromoprop-1-ene

CH₃CHCH₂C≡CCH₃ (CH₃, Cl)

6-氯-5-甲基庚-2-炔
6-chloro-5-methylhept-2-yne

CH₃CHCH₂CH₂CHCHCH₃ (CH₃, Cl)

2-氯-5-甲基己烷
2-chloro-5-methylhexane

(Cl, Br)C=C(H, Cl)

(Z)-1-溴-1,2-二氯乙烯
(Z)-1-bromo-1,2-dichloroethene

(1S,2R)-1-溴-2-甲基环己烷
(1S,2R)-1-bromo-2-methylcyclohexane

第二节　结构

分子中的原子或基团因电负性不同而引起成键电子云沿着原子链向某一方向移动的效应称为诱导效应（inductive effect），可用"I"表示。诱导效应一般以乙酸的 α-氢为比较标准，如果取代基的吸电子能力比 α-氢强，则称其具有吸电子诱导效应，用 –I 表示；如果取代基的给电子能力比 α-氢强，则称其具有给电子诱导效应，用 +I 表示。诱导效应中电子云沿原子链传递，且随距离的增加而迅速减弱，一般经过三根共价键之后，诱导效应可忽略不计。

$$X \longleftarrow CR_3 \qquad\qquad H-CH_2COOH \qquad\qquad Y \longrightarrow CR_3$$
吸电子诱导效应(–I) 　　　　　　　标准 　　　　　　　给电子诱导效应(+I)

烃分子中的氢原子被卤原子取代后，成键电子对偏向电负性较大的卤原子，使得卤原子带部分负电荷、碳原子带部分正电荷。卤原子是具有 –I 效应的原子，且不同卤原子的 –I 效应大小与它们的电负性大小顺序一致。

$$\overset{\delta^-}{Cl} \longleftarrow \overset{\delta^+}{CH_2} \longleftarrow \overset{\delta\delta^+}{CH_2} \longleftarrow \overset{\delta\delta\delta^+}{CH_3}$$

上述诱导效应是分子本身固有的性质，称为静态诱导效应。当卤代烃发生化学反应时，受外界电场的影响（反应试剂或溶剂），原有 C—X 键的极化程度能被进一步加强，这时的极化影响称为动态诱导效应。

动态诱导效应强弱与成键原子的原子核对所属价电子的控制能力有关。价电子离核越近，受核控制越强，动态诱导效应越弱；反之，动态诱导效应越强。因此，碳卤键的动态诱导效应强弱顺序为 C—Cl＜C—Br＜C—I。

上述结构特征决定了卤代烃中有两个具有较高反应活性的位置，一是与卤原子直接相连的碳（ α-碳原子），带部分正电荷，是一个缺电子反应中心，容易受到试剂的进攻，从而发生卤原子被取代的反应；二是与 α-碳相连的 β-碳上的氢（ β-氢原子），受卤原子吸电子诱导效应影响， β-氢有一定的酸性，容易受到碱的进攻脱去一分子 HX，从而发生消除反应。

$$R \longrightarrow \overset{\displaystyle |}{\underset{\displaystyle |}{C}} \overset{\delta\delta^+}{\underset{H}{}} \longrightarrow \overset{\displaystyle |}{\underset{\displaystyle |}{C}} \overset{\delta^+}{} \longrightarrow X^{\delta^-}$$

此外，与金属形成金属有机化合物等也是卤代烃的重要化学性质。

第三节　物理性质

在室温下，除氟甲烷、氯甲烷、溴甲烷、氟乙烷、氯乙烷、氯乙烯等是气体外，其余常见的卤代烃都是液体。

纯净的一卤代烷都是无色的。一氟代烷蒸馏时容易脱去氟化氢,保存时容易变质。一氯代烷相当稳定,可以用蒸馏法纯化,但相对分子质量较大的叔氯代烷受热易脱去氯化氢。一碘代烷见光容易分解,同时颜色变深。

卤代烃的沸点会随分子中碳原子数的增加而升高。若含碳数相同,则沸点高低顺序为碘代烃＞溴代烃＞氯代烃。含碳数和卤原子种类都相同的卤代烃,其沸点会随碳链分支程度的增加而降低。

卤代烃难溶于水,能溶于醇、醚等有机溶剂。部分卤代烃对多种有机物有较好的溶解性能,是良好的溶剂。

部分卤代烃及卤代芳烃的蒸气有毒并具有致癌性,使用时应尽量避免吸入体内。

一些常见卤代烃的物理常数见表6-1。

表6-1　一些常见卤代烃的物理常数

构造式	熔点/℃	沸点/℃	相对密度(d_4^{20})	折射率(n_D^{20})
CH_3F	−114.8	−79.4	0.578 6	1.172 7
CH_3Cl	−97.7	−24.2	0.915 9	1.338 9
CH_3Br	−93.6	3.5	1.675 5	1.421 8
CH_3I	−66.4	42.4	2.279	1.530 4
CH_3CH_2Cl	−136.4	12.3	0.897 8	1.367 6
CH_3CH_2Br	−118.6	38.4	1.460 4	1.432 6
CH_3CH_2I	−108	72.3	1.935 8	1.510 3
$CH_3CH_2CH_2CH_2Cl$	−123.1	78.4	0.886 2	1.402 1
$CH_3CH_2CH_2CH_2Br$	−112.4	101.6	1.275 8	1.440 5
$CH_3CH_2CH_2CH_2I$	−103	130.5	1.615 4	1.500 1
$CH_3CH_2\underset{Cl}{CHCH_3}$	−131.3	68.3	0.873 2	1.397 1
$CH_3CH_2\underset{Br}{CHCH_3}$	−111.9	91.2	1.258 5	1.436 6
$CH_3CH_2\underset{I}{CHCH_3}$	−104.2	120	1.592 0	1.499 1
$(CH_3)_3CCl$	−25.4	52	0.842 0	1.385 7
$(CH_3)_3CBr$	−16.2	73.2	1.220 9	1.427 8
$(CH_3)_3CI$	−38.2	100	1.544 5	1.491 8
$CH_2{=}CHCl$	−153.8	−13.4	0.910 6	1.370 0
$CH_2{=}CHCH_2Cl$	−134.5	45	0.937 6	1.414 0
⟨苯环⟩−Cl	−45.6	132	1.105 8	1.524 1
⟨苯环⟩−Br	−30.8	156	1.495 0	1.559 7

构造式	熔点 /℃	沸点 /℃	相对密度 (d_4^{20})	折射率 (n_D^{20})
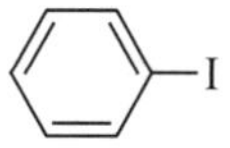 ⟨苯环⟩—I	−31.3	188.3	1.830 8	1.620 0
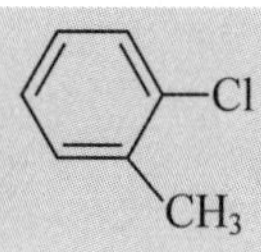 ⟨苯环⟩—Cl, CH₃	−35.1	159.2	1.082 5	1.526 8
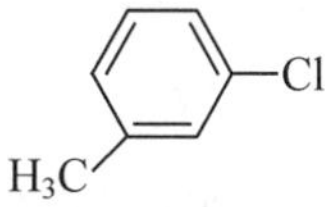 ⟨苯环⟩—Cl, H₃C	−47.8	162	1.072 2	1.521 4
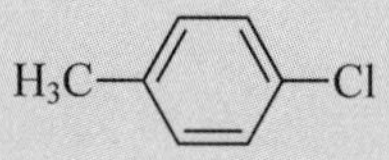 H₃C—⟨苯环⟩—Cl	7.5	162	1.069 7	1.515 0

第四节　化学性质

碳卤键(C—X)是卤代烃的特性基团(官能团),碳卤键的断裂能引发多种类型的化学反应,卤代烃的化学性质在医药工业有着重要而广泛的应用。

一、亲核取代反应

在卤代烃的极性 C—X 键中,缺电子的碳原子易受电荷丰富的试剂(:Nu⁻)进攻,卤原子带着 C—X 键的一对电子离去,成为卤素负离子,卤原子被其他原子或基团取代,称为亲核取代反应(nucleophilic substitution reaction),用符号 S_N 代表。

$$:Nu^- \;+\; -\overset{|}{\underset{|}{C}}-X \longrightarrow Nu-\overset{|}{\underset{|}{C}}- \;+\; X^-$$

亲核试剂　　底物　　　　　　　产物　　离去基团

卤代烃在反应中接受试剂进攻,称为底物(substrate);:Nu⁻ 代表亲核试剂,既可以是负离子,也可以是带有未共用电子对的中性分子;X⁻ 是离去基团,其离去能力的强弱对反应速率有重要影响。

（一）常见的亲核取代反应

1. 水解反应　卤代烃与氢氧化钠或氢氧化钾的稀醇水溶液共热,卤原子被羟基取代生成醇。

$$R—X + NaOH \xrightarrow{H_2O} R—OH + NaX$$
醇

因为多数卤代烃由醇合成,故此反应一般无制备价值。但在某些情况下,若有机物结构中引入卤素比直接引入羟基容易时,则可采取先引入卤原子后,再水解的方法制备醇。例如:

2. 与醇钠的反应 卤代烃与醇钠作用,卤原子被烃氧基取代生成醚。

$$R—X + NaOR' \longrightarrow R—O—R' + NaX$$
醚

该反应是制备醚的常用方法,也称为威廉姆逊(Williamson)醚合成。

3. 与氰化物的反应 卤代烃与氰化钠(氰化钾)在醇溶液中反应,卤原子被氰基取代生成腈。

$$R—X + NaCN \xrightarrow{醇} R—CN + NaX$$
腈

通过该法可在有机物结构中引入氰基,含氰基的化合物称作腈,腈可进一步转变成酰胺、羧酸等有机物,是增长碳链的重要反应。

4. 与炔基负离子的反应 卤代烃可与炔基负离子反应,在炔键碳原子上引入烃基。该反应也可增长碳链,可用于制备更高级的炔烃。

$$R—X + R'—C \equiv C^-Na^+ \longrightarrow R'—C \equiv C—R + NaX$$

由于仲、叔卤代烃与醇钠、炔基负离子等强碱反应时易发生消除反应,故与这些亲核试剂的反应只适用于伯卤代烃。

5. 卤原子的交换反应 卤代烃与卤素负离子反应,生成另一种卤代烃和另一种卤素负离子,此反应常用来制备氟代烃和碘代烃。

$$NaI + CH_3Br \xrightarrow{丙酮} CH_3I + NaBr$$

$$CH_3CH_2CH_2CH_2Br + KF \xrightarrow[120℃]{乙二醇} CH_3CH_2CH_2CH_2F + KBr$$

氯化钠(钾)或溴化钠(钾)在丙酮中的溶解度比碘化钠或碘化钾小得多,易从无水丙酮中析出,能使平衡向生成碘代烃的方向移动。如1-溴丁烷(沸点129.6℃)与氟化钾在乙二醇溶液中受热生成1-氟丁烷(沸点62.8℃),由于生成物的沸点比原料的沸点低,在反应温度下可以被蒸出,能使平衡不断向生成氟代烃的方向移动。

6. 与硝酸银的反应 卤代烃与硝酸银的醇溶液作用,生成硝酸酯,并有卤化银沉淀产生。

$$R—X + AgNO_3 \xrightarrow{醇} R—ONO_2 + AgX\downarrow$$
硝酸酯

7. 氨解反应 卤代烃与氨反应首先生成铵盐,经氢氧化钠处理后可制得胺。生成的有机胺仍然可以与卤代烃继续反应,直至生成季铵盐,实际反应中得到的是各级胺的混合物。

$$R-X + NH_3 \longrightarrow R-NH_2 \xrightarrow{RX} R-NH-R \xrightarrow{RX} R-\overset{R}{\underset{}{N}}-R \xrightarrow{RX} R-\overset{R}{\underset{R}{\overset{|}{N^+}}}-R \ X^-$$

伯胺　　　　　仲胺　　　　　叔胺　　　　　季铵盐

（二）亲核取代反应机理

对反应速率动力学数据的测定是研究有机反应机理及影响因素的重要手段。动力学研究发现,有些卤代烃(如叔丁基溴等)在稀碱溶液中的水解反应速率仅与卤代烃本身的浓度变化有关;而另一些卤代烃(如溴甲烷等)的水解反应速率则不仅与卤代烃的浓度变化有关,还和亲核试剂的浓度变化有关。这说明卤代烃的水解过程经历不同的反应机理。

1. 双分子亲核取代反应(S_N2)　实验测得溴甲烷的碱性水解反应速率与两种反应物(底物及亲核试剂)浓度一次方的乘积成正比。

$$反应速率 = k[\,CH_3Br\,][\,OH^-\,]$$

k 表示二级反应速率常数。在一定温度、一定溶剂中,k 值是相同的。该反应在反应动力学上称为二级反应。

目前认为,溴甲烷的碱性水解反应是按以下历程进行的。

亲核试剂　　　　底物　　　　　　　　过渡态　　　　　　　　产物　　　　　离去基团

亲核试剂 OH^- 从溴原子的背面进攻碳原子,与碳原子形成比较弱的键,同时碳溴键逐渐伸长被削弱,碳上的三个氢原子向溴原子方向发生偏转,碳的杂化态由 sp^3 向 sp^2 转化。

到达过渡态时,碳原子为 sp^2 杂化,与三个氢基本处于同一平面上,羟基和溴分处于平面的两侧,C—O 键部分形成,C—Br 键部分断裂,碳与氧以及碳与溴间的距离都超过正常键长,氢氧根离子的负电荷分布在氧原子和溴原子上。

随着反应的继续进行,C—O 键进一步缩短,C—Br 键进一步变长,三个氢原子也继续偏向溴原子一边。最后,溴完全离开碳原子,成为溴负离子,C—O 键达到正常键长,碳原子又重新转变为 sp^3 杂化,恢复成四面体构型。

反应过程中,随着反应物结构的变化,体系的能量也在不断变化。图 6-1 是溴甲烷水解过程中能量变化的示意图。

从图 6-1 可以看出,当亲核试剂从溴原子的背面接近中心碳时,要克服氢原子的阻力,同时由于三个 C—H 键的偏转,键角发生变化,使体系的能量逐渐升高。到达过渡态时,五个原子和基团同时挤在中心碳的周围,能量达到最高,位于能量曲线图的峰顶,它与反应物之间的能量差就是反应的活化能(E_a)。随着溴原子的离去,张力减小,体系的能量也逐渐降低。由于过渡态的形成涉及两种分子间碰撞,与二级动力学的数据是一致的,故该机理常称为 S_N2 反应(2 是指双分子)。

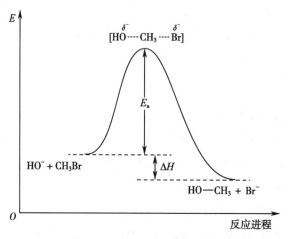

图 6-1 溴甲烷水解反应的反应进程-能量曲线

在 S_N2 反应中,亲核试剂总是从离去基团的背面进攻 α-碳,反应完成后,以 α-碳为中心的分子骨架将发生翻转,犹如雨伞被大风吹翻过去一样,这种分子骨架的翻转过程称为瓦尔登翻转(Walden inversion)。

有机反应的立体化学结果往往是研究反应机理的有力证据。当具有旋光活性的(S)-2-溴丁烷在碱性条件下水解时,得到确是构型完全翻转的产物(R)-丁-2-醇。

$$\text{HO}^- + \text{CH}_3\text{CH}_2 \underset{\text{H}}{\overset{\text{H}_3\text{C}}{\cdots} } \text{C}\text{—Br} \longrightarrow \text{HO—C} \underset{\text{H}}{\overset{\text{CH}_3}{\cdots}} \text{CH}_2\text{CH}_3 + \text{Br}^-$$

(S)-2-溴丁烷   (R)-丁-2-醇

综上所述,S_N2 反应连续而不分步骤,旧键的断裂和新键的生成是同时发生的,最后以同步的协同反应得到最终产物,反应中只有一个过渡态形成;反应速率与底物和亲核试剂两种分子的浓度有关,属于动力学二级反应;反应前后中心碳原子的构型发生完全翻转。

2. 单分子亲核取代反应(S_N1) 叔丁基溴在稀碱溶液中的水解反应速率只与底物浓度的一次方成正比,而与亲核试剂的浓度变化无关,在动力学上属于一级反应。

$$反应速率 = k[(\text{CH}_3)_3\text{CBr}]$$

一般认为,叔丁基溴的碱性水解反应是分步进行的。

第一步 $(\text{CH}_3)_3\text{C}\text{—Br} \rightleftharpoons \left[(\text{CH}_3)_3\overset{\delta^+}{\text{C}}\text{---}\overset{\delta^-}{\text{Br}}\right]^{\neq} \longrightarrow (\text{CH}_3)_3\text{C}^+ + \text{Br}^-$ 慢

过渡态 a

第二步 $(\text{CH}_3)_3\text{C}^+ + \text{OH}^- \rightleftharpoons \left[(\text{CH}_3)_3\overset{\delta^+}{\text{C}}\text{---}\overset{\delta^-}{\text{OH}}\right]^{\neq} \longrightarrow (\text{CH}_3)_3\text{COH}$ 快

过渡态 b

第一步,在溶剂的作用下叔丁基溴中的 C—Br 键发生离解,生成叔丁基碳正离子和溴负离子;第二步,生成的叔丁基碳正离子与溶液中的氢氧根离子或水分子结合,最后生成叔丁醇。

叔丁基溴发生 S_N1 碱性水解过程中的能量变化如图 6-2 所示。

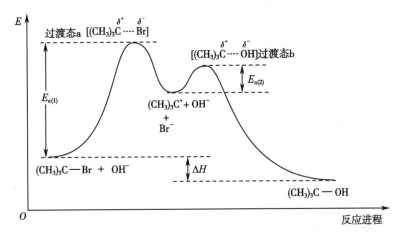

图 6-2　叔丁基溴水解反应的反应进程 - 能量曲线

C—Br 键在离解过程中逐渐拉长被削弱,碳原子上的正电荷和溴原子上的负电荷都在逐渐增加,键的部分断裂使体系的能量升高。由于反应在溶剂中进行,正、负电荷的分散程度增加,其溶剂化程度也随之增加,带电质点的溶剂化会释放能量,使体系的能量降低。当 C—Br 键极化到达一定程度后,反应体系到达能量高的过渡态 a,随着 C—Br 键的进一步拉长,最终发生完全断裂,形成叔丁基碳正离子和溴负离子。

生成的叔丁基碳正离子被溶剂分子包围,处于被溶剂化状态,要与氢氧根离子结合,必须脱去部分溶剂分子,因此体系的能量再度小幅升高。随着 C—O 键的逐渐形成,体系在达到过渡态 b 后,能量又开始下降。活性中间体叔丁基碳正离子的能量值处于过渡态 a 和过渡态 b 两能量峰间的谷底。

含多步基元反应的总反应的反应速率由最慢的那步基元反应决定。从图 6-2 可以看出,S_N1 反应中第一步反应的活化能 $E_{a(1)}$ 远大于第二步反应的活化能 $E_{a(2)}$,第一步反应为整个水解反应的限速步骤。叔丁基溴水解的第一步基元反应速率与亲核试剂浓度的变化无关,故称为单分子亲核取代反应,用 S_N1 表示(1 表示单分子)。

当具有旋光活性的仲或叔卤代烃在手性碳原子上发生 S_N1 反应时,生成的碳正离子为 sp^2 杂化的平面结构,还有一个容纳正电荷的 p 轨道与该平面垂直。亲核试剂可从平面的两侧以同等概率与碳正离子结合,得到 50% 的构型保持和 50% 的构型翻转产物,产物为外消旋体,如图 6-3 所示。

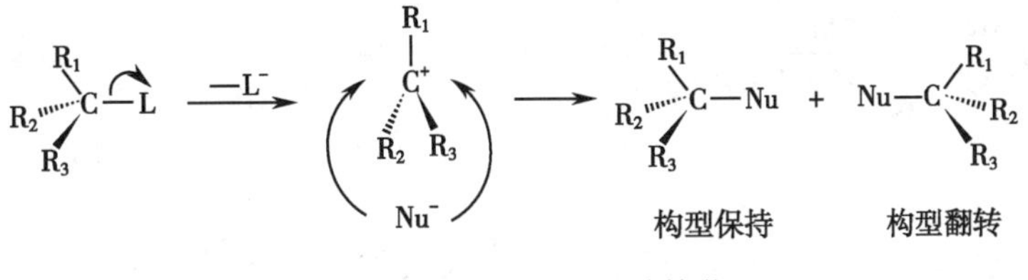

图 6-3　S_N1 机理的外消旋化

但是,在相当多的 S_N1 反应中,构型翻转产物多于构型保持产物,最后没有得外消旋体。

$$(CH_3)_2CHCH_2CH_2CH_2 \overset{\displaystyle \;}{\underset{CH_3}{\overset{C_2H_5\cdots\cdots}{C}}}\!\!-Cl \xrightarrow[\text{60℃}]{\text{80\%丙酮水溶液}}$$

(R)-6-氯-2,6-二甲基辛烷
(R)-6-chloro-2,6-dimethyloctane

$$(CH_3)_2CHCH_2CH_2CH_2 \overset{\displaystyle \;}{\underset{CH_3}{\overset{C_2H_5\cdots\cdots}{C}}}\!\!-OH \quad + \quad HO\!-\!\overset{\displaystyle \;}{\underset{CH_3}{\overset{\cdots\cdots C_2H_5}{C}}}\!CH_2CH_2CH_2CH(CH_3)_2$$

(R)-3,7-二甲基辛-3-醇   (S)-3,7-二甲基辛-3-醇
(R)-3,7-dimethyloctan-3-ol   (S)-3,7-dimethyloctan-3-ol
39.5%   60.5%

这种现象可以用离子对机理进行解释。

$$RX \rightleftharpoons R^+X^- \rightleftharpoons R^+\|X^- \rightleftharpoons R^+ + X^-$$

反应物   紧密离子对   松散离子对   自由离子

卤代烃离解时，碳卤键断裂后生成的 X^- 并未迅速离开底物，而是通过静电引力与碳正离子形成紧密离子对，紧密离子对可进一步被溶剂隔开则形成松散离子对，直至最后形成自由离子。亲核试剂在上述各个阶段均可与碳正离子结合而发生亲核取代反应。

在紧密离子对阶段，由于 R^+ 与 X^- 结合紧密，离去基团阻碍亲核试剂从正面进攻，因而只会得到从背面进攻的构型翻转产物。

在松散离子对阶段，离去基团尚未完全离去，亲核试剂从背面进攻的机会大于从正面进攻的机会，结果是构型翻转产物多于构型保持产物。

在自由离子阶段，亲核试剂从碳正离子两边进攻的机会相等，因而得到的是等量的构型翻转和构型保持产物，产物为外消旋体。

经典 S_N1 反应是以产物外消旋化为立体化学特征，但随着现代催化不对称技术的发展，实现了通过手性催化剂控制历经 S_N1 反应的产物的立体选择性。2018 年，哈佛大学的 Eric Jacobsen 教授团队使用手性氢键供体与 Lewis 酸促进剂相结合的高 Lewis 酸性复合物为催化剂，在低温下实现了炔丙基乙酸酯与烯丙基三甲基硅烷的不对称 S_N1 亲核取代反应，构建全取代的手性碳中心。

上述研究成果发表在国际顶级期刊 *Nature* 上(*Nature*, 2018, 556: 447-451)。*Nature* 期刊对这项工作给予了高度评价,并认为这是一项"值得载入有机化学教科书的颠覆性研究成果"。

碳正离子一个比较特征的现象,是分子中的负氢或烃基带着一对成键电子迁移到另一个缺电子的原子上,从而使一个相对不稳定的碳正离子转变为另一个相对稳定的碳正离子,即碳正离子的重排。因此,在卤代烃的 S_N1 反应中也可能会有重排产物生成。例如 3-碘-2,2-二甲基丁烷发生甲醇解反应:

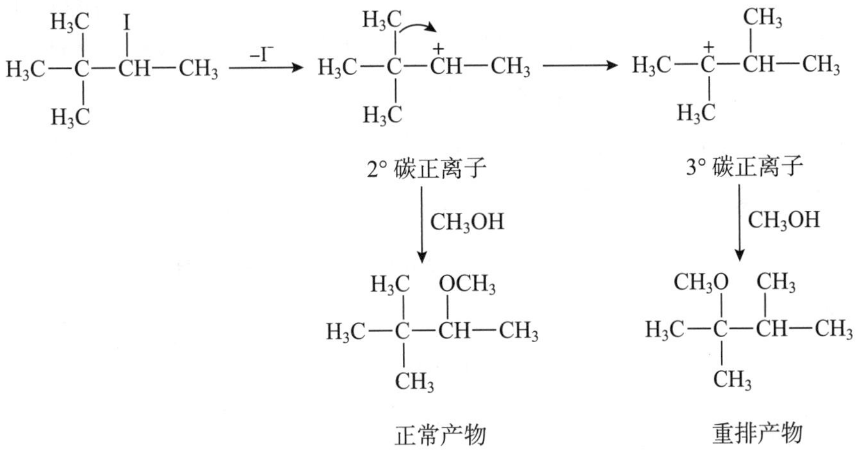

卤代烃首先离解生成 2° 碳正离子,然后邻位碳上的甲基迁移,重排为更加稳定的 3° 碳正离子,经后者反应可最终得到重排产物。

由上可知,S_N1 反应分步完成,有不止一个过渡态形成,第一步基元反应是整个反应的速控步骤;反应速率只与卤代烃的浓度有关,属于动力学一级反应;有活性中间体碳正离子生成,反应中可能有重排产物生成;产物既有构型保持,也有构型翻转。

(三)影响亲核取代反应机理和活性的因素

影响卤代烃亲核取代反应活性及机理的因素较多,如底物的结构、试剂的亲核性和溶剂的性质等。

1. 烃基的影响　　烃基的结构对 S_N2 反应活性的影响主要是在空间效应方面。因为亲核试剂从卤原子的背面进攻 α-碳,α-碳上所连烃基的数目越少、体积越小,空间位阻就越小,反应活性就越高。β-碳与 α-碳相邻,其所连烃基的数目和体积也会对亲核取代反应产生类似影响。

表 6-2 列出几种溴代烷在无水丙酮中与碘化钾按 S_N2 机理反应时的相对反应速率。

表 6-2　几种溴代烷与碘化钾进行 S_N2 反应时的相对反应速率

RBr	相对反应速率	RBr	相对反应速率
CH_3Br	30	CH_3CH_2Br	1.0
CH_3CH_2Br	1	$CH_3CH_2CH_2Br$	0.82
$(CH_3)_2CHBr$	0.02	$(CH_3)_2CHCH_2Br$	0.036
$(CH_3)_3CBr$	~0	$(CH_3)_3CCH_2Br$	~0

表 6-2 中的数据表明，发生 S_N2 反应的活性顺序是 CH_3X＞伯卤代烃＞仲卤代烃＞叔卤代烃；伯卤代烃随着 β-位取代基的增多，反应速率也减慢。

烃基的结构对 S_N1 反应活性的影响既有电性效应，也有空间效应。S_N1 反应中，生成碳正离子的步骤是整个反应的速控步骤，越稳定的碳正离子生成时所需的活化能越小，生成速率就越快。碳正离子的稳定性顺序是叔碳正离子＞仲碳正离子＞伯碳正离子＞甲基正离子，因此卤代烃 S_N1 反应的活性顺序是叔卤代烃＞仲卤代烃＞伯卤代烃＞CH_3X。

叔卤代烃 S_N1 反应活性高的另一个原因是空间效应。叔卤代烃的 α-碳上连有 3 个烃基，空间上较为拥挤，彼此相互排斥。若形成碳正离子，随杂化状态的改变，键角将会由约 109.5° 变为 120°，从而使基团间的距离增大，排斥力减弱，能量降低，这种因基团间拥挤、排斥而产生的张力有助于碳卤键的离解，也称为空助效应。

表 6-3 列出几种溴代烷在甲酸溶液中按 S_N1 机理进行水解反应时的相对反应速率。

表 6-3　几种溴代烷按 S_N1 机理进行水解反应时的相对反应速率

RBr	CH_3Br	CH_3CH_2Br	$(CH_3)_2CHBr$	$(CH_3)_3CBr$
相对反应速率	1	1.7	45	10^8

对于卤原子种类相同而烃基结构不同的卤代烃，可根据它们在硝酸银的醇溶液中生成沉淀的快慢及沉淀颜色的不同加以鉴别。

综上所述，烃基的结构对亲核取代反应的影响可归纳为：

$$\begin{array}{c} \xleftarrow{\quad S_N2\text{反应活性增强}\quad} \\ RX = CH_3X \text{　伯卤代烃　仲卤代烃　叔卤代烃} \\ \xrightarrow{\quad S_N1\text{反应活性增强}\quad} \end{array}$$

一般卤甲烷、伯卤代烃主要按 S_N2 机理反应，叔卤代烃按 S_N1 机理反应。仲卤代烃既可按 S_N1 或 S_N2 机理反应，也可以按介于 S_N1 和 S_N2 之间的机理反应，这取决于溶剂和亲核试剂等的影响。

2. 离去基团的影响　卤素负离子作为离去基团，其离去性强弱无论对 S_N1 反应还是对 S_N2 反应都产生影响，尤其对 S_N1 反应的影响更为显著。

卤素负离子的离去性强弱可根据 C—X 键的键能和离去基团的碱性判断。键能越小，共价键越易断裂，越易离去；离去基团的碱性越弱，形成的负离子越稳定，也越易离去。

C—X 键的键能大小如下所示。C—I 键的键能最小，最易断裂；C—F 键的键能最大，最难断裂。

	C—F	C—Cl	C—Br	C—I
键能 (kJ/mol)	485.3	339.0	284.5	217.6

HX 酸的酸性顺序为 HI＞HBr＞HCl＞HF，它们的共轭碱的碱性顺序则为 F^-＞Cl^-＞Br^-＞I^-。无论从上述键能数据分析还是从离去基团的碱性分析，卤素负离子的离去能力都是 I^-＞Br^-＞Cl^-＞F^-。

对于烃基相同而卤原子种类不同的卤代烃，其亲核取代反应（无论是 S_N1 还是 S_N2）活性总是 R—I＞R—Br＞R—Cl＞R—F。因此，可利用与硝酸银的醇溶液反应时的活性差异来鉴别碘代烃、溴代烃和氯代烃。在相同条件下,碘代烃的活性最高,最先产生黄色 AgI 沉淀;氯代烃的活性最弱,生成白色 AgCl 沉淀所需的时间最长。

3. 亲核试剂的影响 S_N1 反应速率取决于底物中 C—X 键的离解,反应中亲核试剂的亲核性通常很弱,对 S_N1 反应的影响很小。S_N2 反应中决定反应速率的过程有亲核试剂的参与,亲核试剂的浓度及亲核性强弱对 S_N2 反应的影响较大。亲该试剂的浓度越高、亲核性越强,S_N2 反应速率越快。

试剂的亲核能力由两个因素决定,一是给电子能力即碱性,另一个是可极化性。在外界电场影响下,极性化合物分子中的电荷分布可产生相应的变化,这种变化能力称为可极化性。同一周期元素从左向右,原子核对外层电子的引力增大,可极化性减弱;同主族元素从上至下,随着原子半径的增大,原子核对外层电子的约束力降低,可极化性增强。与成键电子对相比,未共用电子对只受一个原子核的控制,所以可极化性也较大。

试剂的碱性与亲核性分别用于衡量其与氢质子和带正电荷碳原子的亲和能力,都体现试剂提供电子的能力。由于标准不同,亲核性与碱性既有联系又有区别,亲核性强弱是根据它对取代反应速率的影响来判断的,碱性强弱则是根据它对酸碱平衡位置的影响判断的。试剂的亲核性强弱与其碱性强弱的次序可能一致,也可能不一致。

如果多个试剂的碱性大小和可极化性大小顺序一致,则亲核性大小顺序也与它们一致。如同周期元素为反应中心的同类亲核试剂,随着原子序数的增加,碱性和可极化性都在逐渐减弱,所以亲核性也逐渐减弱。

碱性、可极化性、亲核性: $R_3C^- > R_2N^- > RO^- > F^-$

具有相同中心原子的亲核试剂,碱性强者其亲核性也强。

碱性、亲核性: $C_2H_5O^- > OH^- > PhO^- > CH_3COO^- > NO_3^-$

$C_2H_5O^- > OH^-$

$C_2H_5OH > H_2O$

中性分子 H_2O、C_2H_5OH 等都是弱亲核试剂,带负电荷的氧如 OH^-、$C_2H_5O^-$ 等都是强亲核试剂。溴代新戊烷与 $C_2H_5O^-$ 以 S_N2 机理生成唯一的无重排的取代产物;当无 $C_2H_5O^-$ 时,弱亲核试剂乙醇缺乏进攻 α-碳的能力,只能等待碳正离子生成后再反应,取代反应过程为 S_N1 机理。

若多个试剂的碱性大小和可极化性大小的顺序是相反的,它们亲核性强弱的判断则需要具体分析。同主族元素如卤素负离子随 F^-、Cl^-、Br^-、I^- 的顺序,离子半径逐渐增大,碱性越来越弱,可极化性逐渐增强。在非质子溶剂(如 DMF)中,其亲核性顺序为 $F^->Cl^->Br^->I^-$,亲核性大小与碱性强弱变化方向一致;而在质子溶剂(如 H_2O)中,其亲核性顺序为 $I^->Br^->Cl^->F^-$,此时亲核性大小与碱性强弱变化方向相反。

此外,试剂的体积有时也会使其亲核性与碱性变化方向不一致。例如 $(CH_3)_3CO^-$ 的碱性比 OH^-、$C_2H_5O^-$ 更强,但亲核性却比两者弱。这是因为空间位阻妨碍它对缺电子 α-碳原子的进攻,而更倾向于夺取 β-氢质子发生消除反应。

一些常见的亲核试剂在质子溶剂中的亲核性强弱顺序:

$$RS^-\approx ArS^->CN^->I^->NH_3(RNH_2)>RO^-\approx OH^->Br^->PhO^->Cl^->H_2O>F^-$$

4. 溶剂的影响 根据分子中是否含有可形成氢键的氢原子,可将溶剂分为质子溶剂(如水、醇、酸等)和非质子溶剂(如己烷、苯、乙醚、丙酮、三氯甲烷、DMF、DMSO 等)。也可根据极性大小,将溶剂分为非极性溶剂($\varepsilon<15$,如己烷、苯、乙醚等)和极性溶剂(又称为偶极溶剂,$\varepsilon>15$,如丙酮、三氯甲烷、DMF、DMSO 等),偶极溶剂的偶极正端埋在分子内部、负端暴露在外部,其特点是可溶剂化正离子,而对负离子则基本没有溶剂化作用。

N,N-二甲基甲酰胺(DMF)   二甲基亚砜(DMSO)

前面已经说到,卤素负离子在不同溶剂中时亲核性顺序不完全一致,这是因为可极化性受溶剂的影响不大,但碱性与溶剂的关系很大。在极性非质子溶剂如 DMF 中,由于溶剂对卤素负离子基本无溶剂化作用,它们以"裸露"状态存在,此时碱性强者亲核性也强。在极性质子溶剂如 H_2O 中,卤素负离子能被不同程度地溶剂化,离子半径越小,负电荷越集中,被溶剂化的程度越高(溶剂化程度为 $F^->Cl^->Br^->I^-$),反应时需要的去溶剂化能量也越多,此时 F^- 的亲核性最弱,I^- 的亲核性最强。

相对于质子溶剂而言,极性非质子溶剂对 S_N2 反应是有利的。在 S_N2 反应中,由原来电荷集中的亲核试剂变成电荷比较分散的过渡态,H_2O、C_2H_5OH 等质子溶剂会更大程度地溶剂化 Nu^-,一方面提高反应的活化能;另一方面 Nu^- 被溶剂分子包围,降低其亲核性,也不利于反应的发生。而在 DMF、DMSO 等极性非质子溶剂中,亲核试剂处于"裸露"的自由状态,基态时能量较高,反应的活化能较低。

S_N2: $Nu^- + R{-}X \longrightarrow [Nu^{\delta^-}\cdots\cdots R\cdots\cdots X^{\delta^-}]^{\neq} \longrightarrow R{-}Nu + X^-$

                 电荷较集中   电荷较分散

相对于极性非质子溶剂,极性质子溶剂能够加速卤代烃解离,对 S_N1 反应更有利。质子溶剂不仅能够稳定化第一步生成的卤素负离子,而且在 S_N1 反应的第一步,过渡态的极性比反应物卤代烃的极性有所增大,极性质子溶剂对极性过渡态的溶剂化作用也比极性非质子溶剂强。因此,极性质子溶剂有利于降低 S_N1 反应速控步骤的活化能,有利于反应的发生。

S_N1:
$$R—X \longrightarrow [\, R^{\delta^+} \cdots\cdots X^{\delta^-}\,]^{\neq} \longrightarrow R^+ + X^-$$

极性较小　　　　　极性较大

表6-4列出了叔丁基氯在不同溶剂中溶剂解的相对反应速率。

表6-4　叔丁基氯在不同溶剂中溶剂解的相对反应速率

溶剂	介电常数(ε)	相对速率
乙酸	6	1
甲醇	33	4
甲酸	58	5×10^3
水	78	1.5×10^5

二、消除反应

从有机物分子中脱去一个小分子(如 H_2O、NH_3 等)生成不饱和键的反应称为消除反应(elimination reaction),用"E"表示。卤代烃与氢氧化钠或氢氧化钾的醇溶液共热时,α-碳上的卤原子与 β-碳上的氢以卤化氢形式脱去,在 α-碳和 β-碳之间形成双键得烯烃,也称为 β-消除或1,2-消除反应。

$$R—\overset{\beta}{CH}—\overset{\alpha}{CH_2} + KOH \xrightarrow[\triangle]{醇} R—CH=CH_2 + H_2O + KX$$

(一)反应机理

1. 双分子消除反应(E2)　双分子消除反应与 S_N2 反应相似,也是不分阶段一步完成的。不同之处在于亲核试剂(碱)的进攻对象不是 S_N2 反应中的 α-碳,而是 β-氢。底物中的 β-氢以质子形式被消除,同时 α-碳上的卤原子带着一对电子离去,并在 β-碳与 α-碳之间形成双键。

过渡态

此过程中有两种分子(底物与碱)同时参与反应,反应速率与底物及碱的浓度变化成正比,属于动力学二级反应,故称为双分子消除反应,用 E2 表示。

E2 反应中旧键的断裂与新键的形成基本同步完成,α-碳与 β-碳杂化态的改变是逐渐进行的,其对过渡态有严格的空间要求,即 β-氢与即将离去的卤原子必须处于反式共平面。因为只有两者处于共平面位置,在反应过程形成的 p 轨道才可以彼此平行而重叠成键(早期的 π 键)。而两者位于反式时为交叉式构象,形成过渡态时所需的能量比两者位于顺式时的能量要低,反应速率更快。

E2 反应具有高度的立体选择性,当反应可能生成两种构型不同的产物时,特定构型的底物通常只生成一种构型(Z- 型或 E- 型)的产物,而不是两种构型的产物都生成。例如($1S,2S$)-1- 溴 -1,2- 二苯基丙烷发生 E2 反应,最终仅得(Z)-1,2- 二苯基丙烯,而没有(E)- 型烯烃异构体生成。

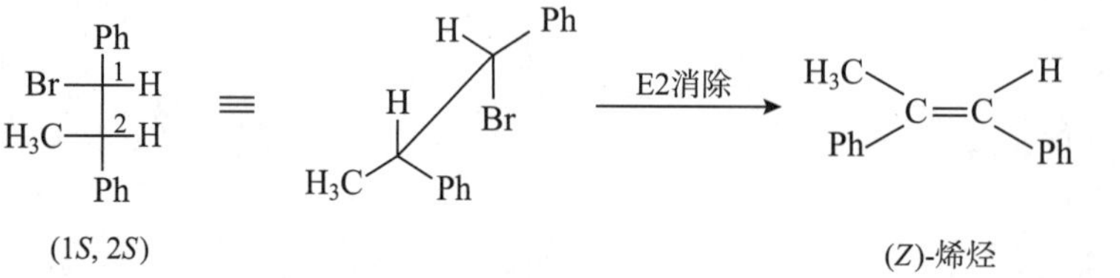

2. 单分子消除反应(E1) 单分子消除反应与 S_N1 反应相似,也是分步完成的。反应的第一步与 S_N1 反应完全相同,在溶剂作用下卤代烃的 C—X 键发生离解,生成碳正离子和卤素负离子,这一步是反应速率控制步骤;第二步则是进攻试剂(碱)夺取 β- 氢,在 α- 碳与 β- 碳之间形成双键。

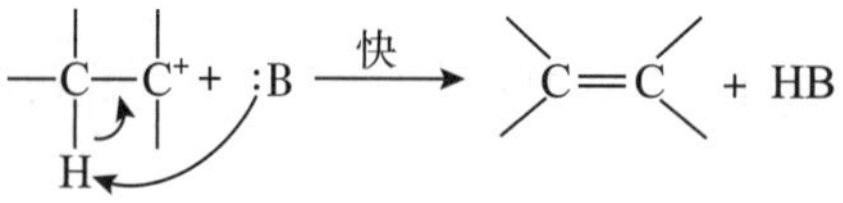

反应速率控制步骤反应的反应物只有底物一种,并没有碱参与,反应速率只与底物的浓度成正比,属于动力学一级反应,故称为单分子消除反应,用 E1 表示。

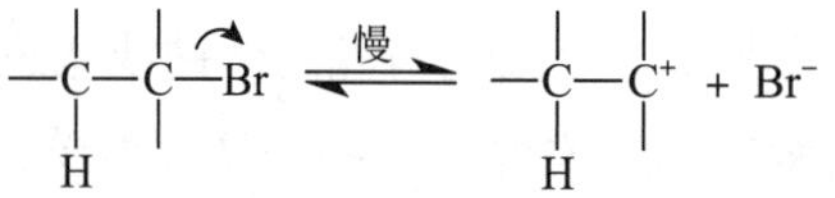

由于 E1 反应经由碳正离子中间体完成,所以与 S_N1 反应一样,也可能会有重排产物生成。

(二) 消除反应的取向

卤代烃发生消除反应时,若分子中存在多种不同的 β- 氢可供消除时,则 α- 碳上的卤原子与不同位置的 β- 氢消除时,将生成不同的消除产物。例如:

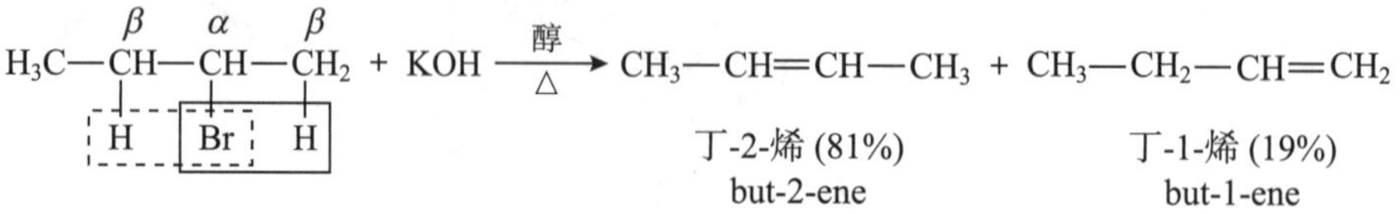

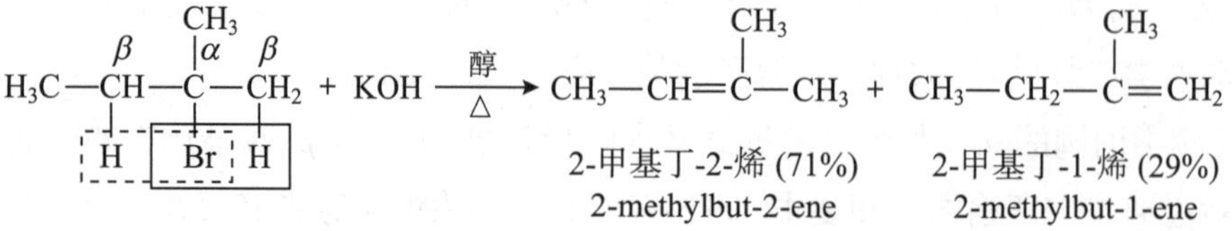

以上结果表明,卤代烃脱卤化氢时,其消除的 β- 氢主要来自含氢较少的 β- 碳原子,生成的主产物是双键碳上连有较多烃基取代的烯烃。卤代烃消除反应遵循的这一择向性规律称为札依采夫规则(Zaitsev rule),这可以从反应过渡态及产物的稳定性得到解释。

例如 2- 溴丁烷在 KOH 的乙醇溶液中发生 E2 反应时,由于分子含有两种 β- 氢,可分别与碱形成两种过渡态,进而生成两种不同的产物。

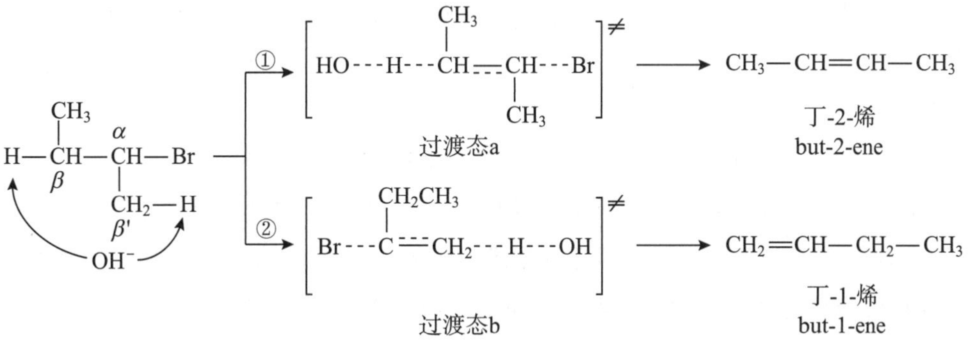

由于过渡态 a 中存在的超共轭效应比过渡态 b 显著,能量更低,因而反应①比反应②容易进行。同理,因为丁-2-烯比丁-1-烯的超共轭效应显著,是更稳定的烯烃,也使得反应①比反应②更容易进行。

卤代烃 E2 反应的过渡态中双键已部分形成,任何能使烯烃稳定的因素如 α- 碳上多烃基取代等都会使过渡态的能量降低,反应速率加快。在 E1 反应中,第一步生成碳正离子是整个反应的速控步骤,碳正离子越稳定,其历经过渡态的能量较低,反应速率就越快。因此,卤代烃不论是发生 E2 反应还是 E1 反应,其活性顺序均是叔卤代烃>仲卤代烃>伯卤代烃。

但是,消除反应的取向并非完全服从札依采夫规则。当反应按 E2 机理时,若卤代烃的 β- 位存在较大的空间位阻,而碱的体积也较大时,大体积的碱则更倾向于夺取空间位阻较小的 β- 氢。此时,反札依采夫规则(anti-Zaitsev rule)的产物将成为主产物。

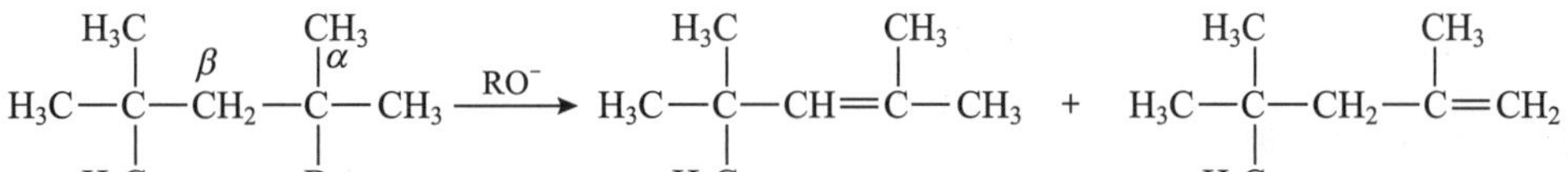

| RO⁻ = $C_2H_5O^-$ | 14% | 86% |
| RO⁻ = $(CH_3)_3CO^-$ | 2% | 98% |

(三) E1 和 E2 的关系

卤代烃发生消除反应时以何种机理进行主要取决于卤代烃的结构和反应条件,尤其是碱的浓度和强度。在稀碱或弱碱条件时,仲卤代烃和叔卤代烃易发生 E1 消除;在浓的强碱和低极性溶剂中时,卤代烃则易发生 E2 消除。

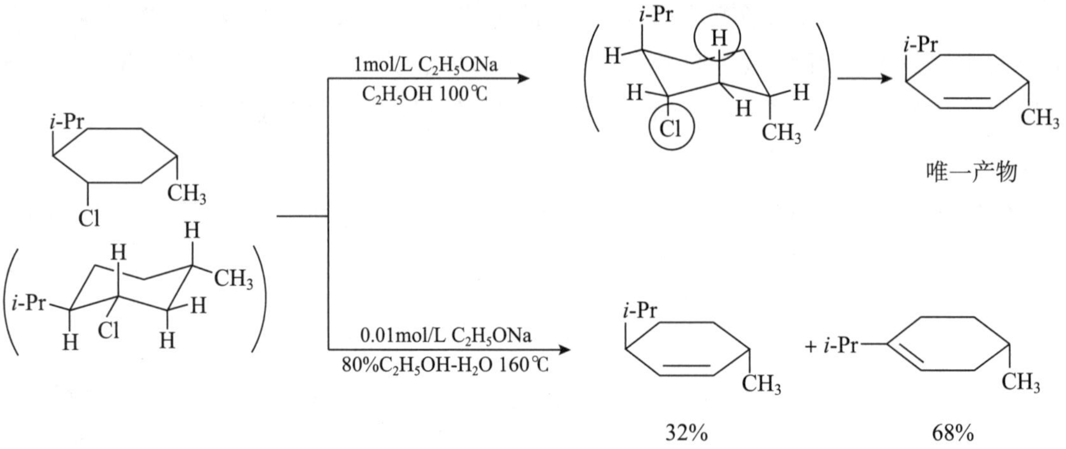

上例中，$C_2H_5O^-$ 是强亲核试剂，氯代环己烷衍生物在浓 C_2H_5ONa 溶液中以 E2 机理反应，E2 反应要求 β-氢与 α-位卤原子处于反式共平面。由于反应物的优势构象中无可供反式共平面消除的 β-氢，要通过翻环后才可满足此要求（画圈部位的 H），最终生成唯一产物。而在很稀的 C_2H_5ONa 溶液中以 E1 机理反应，生成的碳正离子中间体消除时对立体化学无严格要求，因此两个位置的 β-氢均可消除，并以符合札依采夫规则的产物居多。

（四）消除与亲核取代反应竞争

卤代烃的亲核取代反应与消除反应往往是同时发生的两类反应，反应主要按何种方式进行取决于反应物的结构及反应条件。

1. 烃基的结构　在强碱存在下，伯卤代烃易发生 S_N2 反应和 E2 反应，进攻试剂既是碱也是亲核试剂。对于直链的伯卤代烃，往往以 S_N2 反应为主，因为取代反应的活化能通常低于消除反应的活化能。

当伯卤代烃 β-碳上的支链增多时，因为空间位阻及基团间拥挤程度的增加，S_N2 产物的比例会下降，E2 产物的比例相应增加。

在相同条件下，仲卤代烃和叔卤代烃的 E2 产物更多，叔卤代烃则主要得 E2 产物。

表 6-5 列出了几种卤代烷在乙醇钠的乙醇溶液中取代产物与消除产物的质量分数。

表 6-5　几种卤代烷在乙醇钠的乙醇溶液中取代产物与消除产物的质量分数（55℃）

底物	S_N2 产物 /%	E2 产物 /%
CH_3CH_2Br	99	1
$CH_3CH_2CH_2Br$	91	9
$(CH_3)_2CHCH_2Br$	40	60
$(CH_3)_2CHBr$	20	80
$(CH_3)_3CBr$	7	93

无强碱存在时，卤代烃主要以 S_N1 反应和 E1 反应，并以 S_N1 反应为主。但当 α-碳或 β-碳取代基增多时，E1 产物的比例也会增加。如在稀醇溶液、80℃时，叔丁基溴生成 19% 的烯烃，而异丁基溴只生成 5% 的烯烃。

2. 亲核试剂　事实上，许多亲核试剂同时也是碱，因此亲核取代与消除往往是同时发生的。进攻试剂的亲核性强、碱性弱对 S_N2 反应有利,反之则对 E2 反应有利。一般来说,处于第三周期或半径更大的元素作为中心原子的试剂如 SCN^-、I^- 等的亲核性很强,而作为弱碱发生消除反应的倾向很小。

体积较大的碱作为亲核试剂时,由于位阻较大,不易接近缺电子的碳原子,因此 S_N2 反应较难发生。与此同时,E2 反应的机会会增加。

$$(CH_3)_2CHCH_2Br + CH_3CH_2ONa \xrightarrow{C_2H_5ONa} (CH_3)_2C\!=\!\!CH_2 + (CH_3)_2CHCH_2OC_2H_5$$
$$ 62\% 38\%$$

$$(CH_3)_2CHCH_2Br + (CH_3)_3COK \xrightarrow{(CH_3)_3COH} (CH_3)_2C\!=\!\!CH_2 + (CH_3)_2CHCH_2OC(CH_3)_3$$
$$ 92\% 8\%$$

3. 溶剂 增加溶剂极性对过渡态电荷增加的单分子反应(S_N1、E1)有利,对过渡态电荷分散的双分子反应(S_N2、E2)不利;而降低溶剂极性的作用则相反。因此,卤代烃在碱的水溶液中发生亲核取代反应,主要生成醇;而在碱的醇溶液中受热主要发生消除反应,主产物为烯烃。

4. 温度 温度升高对亲核取代反应和消除反应均有利,但对消除反应更有利。因为消除反应不仅需要断裂 C—X 键,而且需要断裂 C—H 键,反应需要提供更高的能量。

三、还原反应

卤代烃可以在不同条件下发生还原反应,生成烷烃。

催化氢化是还原反应之一,反应断裂碳卤键,在碳原子和卤原子上各加上一个氢原子,也称为氢解反应。

$LiAlH_4$ 是一种灰白色固体,能够提供氢负离子还原剂,后者可对卤代烃进行 S_N2 反应,从而还原卤代烃。$LiAlH_4$ 遇水发生猛烈水解,并放出氢气。

$$R\!-\!X + LiAlH_4 \xrightarrow[\triangle]{THF} R\!-\!H + AlH_3 + LiX$$

某些金属如锌在乙酸等酸性条件下也能还原卤代烃。

$$CH_3CH_2\underset{\underset{Br}{|}}{CH}\!-\!CH_3 \xrightarrow{Zn/AcOH} CH_3CH_2CH_2CH_3$$

氢化三正丁基锡也可以还原卤代烃,分子中同时存在的酯基等则不受影响。

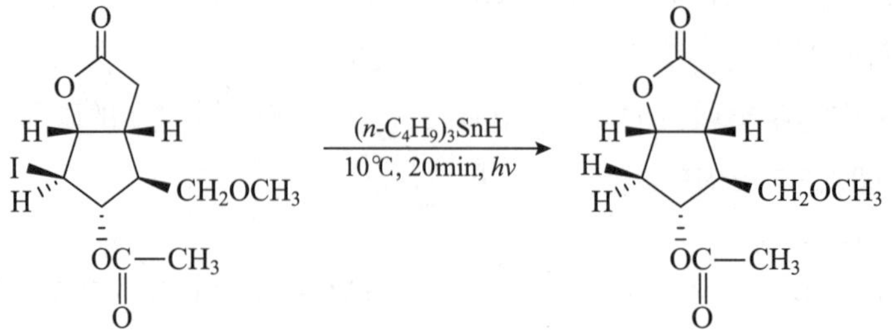

上述还原过程为自由基反应。在光和自由基引发剂作用下,卤代烃先产生烃基自由基,烃基自由基与氢化三正丁基锡反应,生成烃和三正丁基锡自由基,后者再与卤代烃作用,又产生烃基自由基和溴化三正丁基锡,重复之前的反应,不断将卤代烃转化为烃。

四、金属有机化合物的生成

卤代烃在一定条件下可与金属元素反应,生成含有 C—M 键(M 表示金属元素)的金属有机化合物。这类金属有机化合物的性质活泼,在有机合成中有着重要用途。

1. **格氏试剂的生成** 卤代烃在无水乙醚中可与镁反应,生成有机镁化合物。

$$R-X + Mg \xrightarrow[\text{R=1°、2°、3° 烷基,芳基或烯基}]{\text{无水乙醚}} RMgX$$

该反应的产物称为格利雅试剂(Grignard reagent),简称格氏试剂。格氏试剂的结构比较复杂,至今尚未完全清楚,一般用 RMgX 表示。

乙醚在反应中不仅是溶剂,它还可通过与格氏试剂络合而对其起稳定作用。

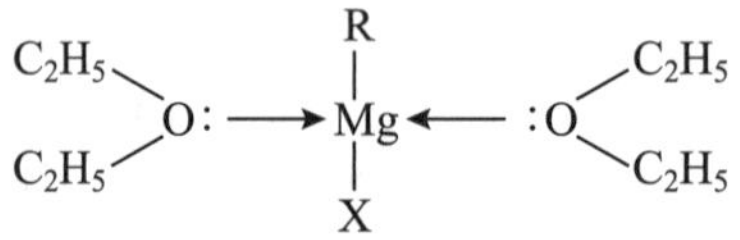

不同结构的卤代烃生成格氏试剂的难易程度不同,烃基相同时 R—X 的反应活性顺序是 R—I>R—Br>R—Cl。一般反应中常用溴代烃制备格氏试剂,因为其活性较氯代烃高而价格却较碘代烃便宜。

对于卤素相同而烃基结构不同的卤代烃,制备其相应格氏试剂时的反应活性顺序是叔卤代烃>仲卤代烃>伯卤代烃>乙烯型卤代烃或卤代芳烃。苯甲型、烯丙型卤代烃很容易与格氏试剂偶联,因此通常用氯代烃为原料,并在低温下制备相应的格氏试剂。乙烯型卤代烃或卤代芳烃,特别是其氯代烃在沸点较低的乙醚中不易形成格氏试剂,但可在沸点较高的四氢呋喃(THF)中加热回流使反应顺利进行。单质碘可以引发该反应的发生,简单卤代烃的产率通常在 90% 左右。

格氏试剂的性质活泼,遇到含活泼氢的化合物(如水、醇、羧酸、胺等)即分解生成烃,格氏试剂也易与空气中的氧及二氧化碳作用。因此,在制备格氏试剂时除应严格无水操作外,还应隔绝空气,并避免使用含活泼氢的化合物作反应物或溶剂。

$$RMgX + \begin{cases} H_2O \\ R'OH \\ R'COOH \\ R'NH_2 \\ R'C\equiv CH \end{cases} \longrightarrow RH + \begin{cases} HOMgX \\ R'OMgX \\ R'COOMgX \\ R'NHMgX \\ R'C\equiv CMgX \end{cases}$$

2. 与碱金属的反应　卤代烃与锂、钠等碱金属作用生成烃基锂、烃基钠。

$$RX + Li \longrightarrow RLi$$

$$RX + Na \longrightarrow RNa$$

烃基钠的性质比格氏试剂更活泼,生成后会立即与卤代烃发生偶联,称为伍尔兹(Wurtz)反应,可用来制备更高级的对称烷烃。

$$RNa + RX \longrightarrow R—R$$

烃基锂则可与 CuX 作用,生成二烃基铜锂,二烃基铜锂可与卤代烃发生偶联,称为科瑞-豪斯(Corey-House)反应。该偶联反应的适用范围很广,卤代烃中的烃基既可以是一级、二级烷基,也可以是乙烯基、芳基和烯丙基等。

$$2RLi + CuX \longrightarrow R_2CuLi$$

$$R_2CuLi + R'X \longrightarrow R—R' + RCu + LiX$$

五、多卤代烃的特性

同碳多卤代烃的卤原子反应活性会随其数目的增加而依次降低,例如氯甲烷类化合物水解反应所需的温度会随分子中氯原子数目的增加而增高。

$$CH_3Cl + H_2O \xrightarrow[\text{加压}]{100℃} CH_3OH + HCl$$

$$CH_2Cl_2 + H_2O \xrightarrow[\text{加压}]{165℃} \left[\begin{matrix} OH \\ | \\ H—C—OH \\ | \\ H \end{matrix} \right] \xrightarrow{-H_2O} \begin{matrix} O \\ \| \\ H—C—H \end{matrix}$$

$$CHCl_3 + H_2O \xrightarrow[\text{加压}]{225℃} \left[\begin{matrix} OH \\ | \\ H—C—OH \\ | \\ OH \end{matrix} \right] \xrightarrow{-H_2O} \begin{matrix} O \\ \| \\ H—C—OH \end{matrix}$$

$$CCl_4 + H_2O \xrightarrow[\text{加压}]{250℃} \left[\begin{matrix} OH \\ | \\ HO—C—OH \\ | \\ OH \end{matrix} \right] \xrightarrow{-2H_2O} CO_2\uparrow$$

这类多卤代烃与硝酸银的醇溶液共热通常也不产生卤化银沉淀。

第五节 卤原子位置对反应活性的影响

卤代烃的烃基部分含有双键时,卤原子的反应活性取决于双键和卤原子的相对位置。依据两者的位置关系,可将卤代烯烃分为乙烯型、烯丙型和孤立型三类。

R—CH=CH—X   R—CH=CH—$\overset{\displaystyle |}{\underset{\displaystyle |}{C}}$—X   R—CH=CH—$\overset{\displaystyle |}{\underset{\displaystyle |}{(C)_n}}$—X

乙烯型卤代烃   烯丙型卤代烃   孤立型卤代烃($n \geqslant 2$)

1. 乙烯型卤代烃 卤原子与双键碳直接相连,这类结构中卤原子的性质很不活泼,它们通常难以发生亲核取代反应,与金属镁反应生成格氏试剂也较为困难。乙烯型卤代烃中,连接卤原子的碳原子为 sp^2 杂化,相较于 sp^3 杂化的碳原子,其成键轨道的 p 成分降低,轨道缩小,键长变短,键能增大,不易断裂。此外,卤原子可用其一对未共用电子对所在的 p 轨道与双键的 π 键构成 p-π 共轭体系,使得 C—X 具有部分双键的性质,断裂时也需要供给更多的能量。

例如,氯乙烯即使与硝酸银的乙醇溶液一起共热数天,也无氯化银沉淀产生;而氯乙烯与金属镁需在四氢呋喃中才能顺利生成格氏试剂,在乙醚中则不能。氯乙烯分子中的 p-π 共轭如图 6-4 所示。

卤代芳烃的结构与乙烯型卤代烃相似,卤原子中的一对 p 电子也可与苯环的大 π 键构成 p-π 共轭体系,C—X 键具有部分双键的性质,难以断裂,卤原子的性质很不活泼。氯苯分子中的 p-π 共轭如图 6-5 所示。

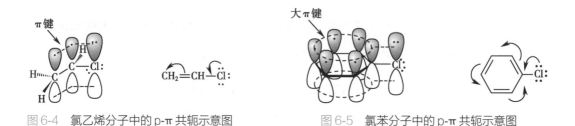

图 6-4 氯乙烯分子中的 p-π 共轭示意图   图 6-5 氯苯分子中的 p-π 共轭示意图

2. 烯丙型卤代烃 卤原子与双键碳相隔一个碳原子,这类卤代烃分子中卤原子的性质活泼,发生 S_N1 反应或 S_N2 反应的活性均较高。例如 3-氯丙烯在室温下能与硝酸银的乙醇溶液立刻反应产生白色沉淀,而 1-氯丙烷在相同条件下则不会产生白色沉淀。

烯丙型卤代烃易于发生 S_N1 反应,是因为其 C—X 键离解后生成的烯丙型碳正离子可以其空 p 轨道与双键 π 键的 p 轨道平行交叠,π 键中的电子可离域到带正电荷的空轨道上,使正电荷得到有效分散,能量降低,稳定性增强。烯丙基碳正离子的电子离域情况如图 6-6 所示。

烯丙型卤代烃易于发生 S_N2 反应,可能

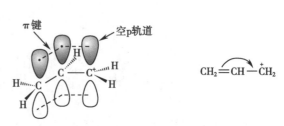

图 6-6 烯丙基碳正离子的电子离域示意图

是由于过渡态时 sp^2 杂化碳原子上的 p 轨道可与 π 键的 p 轨道交叠,从而稳定这种过渡态。3-氯丙烯进行 S_N2 反应时过渡态的轨道模型如图 6-7 所示。

苄基型卤代烃(如苄基氯)与烯丙型卤代烃相似,卤原子的活性也较高。苄基碳正离子的电子离域情况如图 6-8 所示。

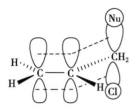 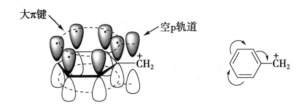

图 6-7　3-氯丙烯 S_N2 反应的过渡态　　　　　图 6-8　苄基碳正离子的电子离域示意图

3. 孤立型卤代烯烃　卤原子与双键碳相隔两个及两个以上的碳原子,由于卤原子与烯键间的距离较远,相互间无明显影响,卤原子的活性与相应的卤代烷相似,较卤乙烯型的活性高,较烯丙型卤代烃中卤原子的活性低。

综上所述,不同卤代烃的活泼性顺序为烯丙型卤代烃、苄基型卤代烃 ≈ 叔卤代烃＞仲卤代烃＞伯卤代烃＞卤甲烷＞乙烯型卤代烃、卤苯。例如与硝酸银的醇溶液反应时,烯丙型卤代烃或苄基型卤代烃在室温时即可较快生成卤化银沉淀;伯卤代烃(碘代烷除外)在室温时一般不生成沉淀,加热条件下可缓慢生成沉淀;乙烯型卤代烃或卤苯即使加热也不生成沉淀。因此,硝酸银的醇溶液可用于鉴别上述不同结构的卤代烃。

ER6-2　第六章目标测试

（方　方）

本章小结

碳卤键是极性共价键,是卤代烃的特性基团。

碳卤键中的碳原子带有较多的正电荷。碳原子可被亲核试剂进攻发生碳卤键断裂的亲核取代反应,典型的反应机理包括 S_N1 反应和 S_N2 反应。卤代烃的结构、离去基团的离去性、亲核试剂的亲核能力、溶剂性质等会影响亲核取代反应机理和活性。

受卤原子的吸电子诱导效应影响,卤代烃的 β-氢具有一定的酸性。在碱性条件下,卤代烃可发生消除反应生成烯烃,典型的反应机理包括 E1 反应和 E2 反应。卤代烃消除时的区域选择性一般遵循札依采夫规则,主要生成稳定的烯烃。消除反应活性为叔卤代烃＞仲卤代烃＞伯卤代烃。

卤代烃在碱性体系中常会得到亲核取代和消除两种产物。试剂的亲核性强、碱性弱、体积小时，有利于 S_N2 反应；试剂的碱性强、浓度大、体积大、反应温度高时，有利于 E2 反应。只有叔卤代烃在极性溶剂中溶剂解时，才发生 S_N1 反应和 E1 反应。

受电性效应影响，卤原子与双键的相对位置对卤原子的反应活性产生重要影响。卤代烃亲核取代反应活性为：烯丙型或苄基型＞卤代烷型＞卤乙烯型或卤苯型。

金属有机化合物分子中存在碳金属键。以卤代烃为原料，可制备格氏试剂、烃基锂等金属有机化合物，它们在有机合成中具有重要用途。

习　题

1. 1-溴环戊烷在含水乙醇中与 NaCN 反应，如果加入少量 NaI，反应速率会加快，为什么？

2. 请比较 S_N1 与 S_N2 反应机理的异同点。

3. 用化学方法鉴别下列化合物。

4. 制备格氏试剂为什么不能在质子溶剂中进行？

5. 发生消除反应的主要产物是　还是　？为什么？

6. 试比较　—Cl 与　—CH₂—Cl 分子中 C—Cl 的键长大小，并给予合理解释。

7. 将下列各组化合物按照 S_N1 反应机理的活性大小进行排序。

（1）A. 苄基溴　　　　　　　B. α-苯基溴乙烷　　　　　C. β-苯基溴乙烷

（2）A. $(CH_3)_3CBr$　　　　　B.　　　　　　　　　C.　—CH₂CH₂Br
　　　　　　　　　　　　　Br

（3）A. CH_3CH_2Cl　　　　　B. CH_3CH_2Br　　　　　C. CH_3CH_2I

8. 将下列各组化合物按照 S_N2 反应机理的活性大小进行排序。

（1）A. CH_3CH_2Br　　　　　B. $CH_3\overset{CH_3}{\underset{CH_3}{C}}CH_2Br$　　　　C. $CH_3\underset{CH_3}{CH}CH_2Br$

（2）A. $CH_3CHBrCH_3$　　　　B. $CH_2=CHBr$　　　　　C. $CH_2=CHCH_2Br$

（3）A.　　—Br　　　　　　B.　　—Br　　　　　　C.　　—Br

9. 将下列各组化合物按照 E1 反应机理的活性大小进行排序。

（1）A. 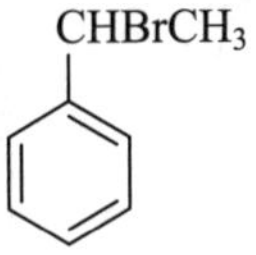　B. 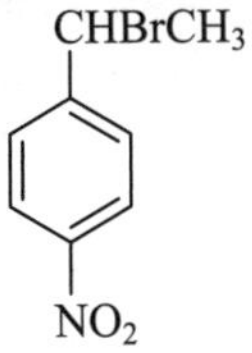　C. 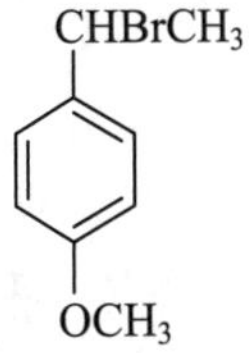

（2）A. 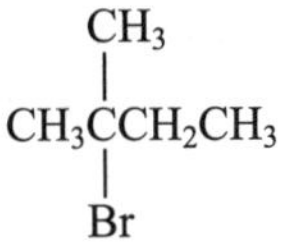　B. 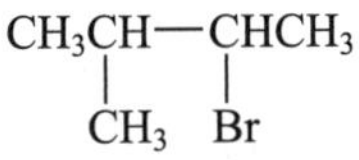　C. 

10. 将下列各组化合物按照E2反应机理的活性大小进行排序。

（1）A. $CH_3CH_2CH_2CH_2Br$　B. $CH_2{=}CHCH_2CH_2Br$　C. 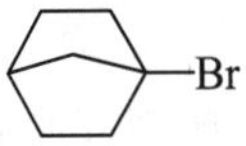

（2）A. 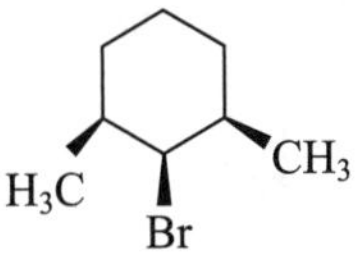　B. 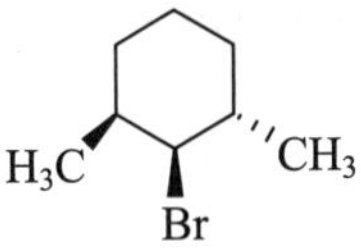　C. 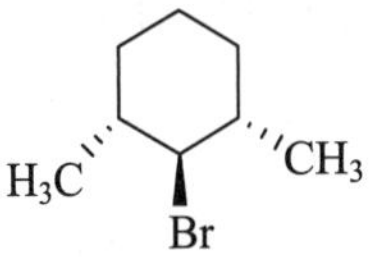

第七章 醇、酚和醚

　　醇（alcohol）、酚（phenol）、醚（ether）广泛存在于自然界中，是烃的含氧衍生物，也可以看作是水分子中的氢原子被烃基取代所得到的化合物，它们的分子结构中均含有C—O键。

　　醇、酚、醚是三类非常重要的有机化合物，在化工、医药、染料等领域中具有广泛的用途。例如甲醇和乙醇是重要的溶剂，也是合成多种有机化合物的基本原料；苯酚是合成阿司匹林和酚醛树脂的重要原料；乙醚具有全身麻醉作用，叔丁基甲基醚常被用作汽油添加剂，以改善汽油的特性。

第一节 醇

　　醇（alcohol）是脂肪烃类化合物中的氢原子被羟基（—OH）取代所得到的化合物，结构上的特点是羟基与一个饱和的 sp^3 杂化碳原子相连，羟基是其特性基团。一元醇可以表示为 R—OH。

一、分类和命名

（一）分类

1. 根据羟基的数目不同，可以将醇分为一元醇、二元醇和三（多）元醇。例如：

$$CH_3CH_2OH$$
一元醇

$$\begin{array}{cc} CH_2 & -CH_2 \\ | & | \\ OH & OH \end{array}$$
二元醇

$$\begin{array}{ccc} CH_2 & -CH & -CH_2 \\ | & | & | \\ OH & OH & OH \end{array}$$
三元醇

2. 根据羟基所连接碳原子的种类不同，可以将醇分为伯醇、仲醇和叔醇。例如：

$$R-CH_2-OH$$
一级（伯）醇

$$\begin{array}{c} R-CH-R_1 \\ | \\ OH \end{array}$$
二级（仲）醇

$$\begin{array}{c} R_1 \\ | \\ R-C-R_2 \\ | \\ OH \end{array}$$
三级（叔）醇

3. 根据羟基所连接烃基的结构不同，可以将醇分为脂肪醇和芳香醇。例如：

$$CH_3CH_2OH$$
脂肪醇

芳香醇

4. 根据羟基所连接烃基的结构中是否有不饱和键，可以将醇分为饱和醇和不饱和醇。例如：

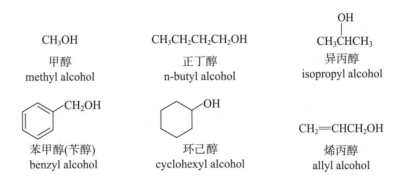

$$CH_3CH_2OH \qquad\qquad CH_3CH=CHCH_2OH$$

饱和醇 　　　　　　　　不饱和醇

（二）命名

1. 普通命名法　对于结构较简单的醇，命名时先写出与羟基相连的烃基名称，再以"醇"作为后缀，称为"某醇"；英文名称则在相应的烃基后面加上"alcohol"。例如：

CH_3OH
甲醇
methyl alcohol

$CH_3CH_2CH_2CH_2OH$
正丁醇
n-butyl alcohol

$\overset{\displaystyle OH}{\underset{\displaystyle\ }{CH_3CHCH_3}}$
异丙醇
isopropyl alcohol

苯甲醇(苄醇)
benzyl alcohol

环己醇
cyclohexyl alcohol

$CH_2=CHCH_2OH$
烯丙醇
allyl alcohol

2. 系统命名法　结构比较复杂的醇的命名原则：选择连有羟基碳原子在内的最长碳链作为主链，从靠近羟基的一端开始依次给主链碳原子编号，按照主链碳原子总数称为"某醇"，并在"某"字后面用阿拉伯数字标出羟基的位置；支链作为取代基，将其位置和名称写在前面，取代基不同时，按照英文名称首字母顺序先后排列。英文名称则是把相应的烷烃名称中的后缀"-ane"改为"-ol"。例如：

$CH_3CH_2CHCH_2OH$
$\quad\ \ CH_3$
2-甲基丁-1-醇
2-methylbutan-1-ol

$CH_3CH_2CHCH_2CH_2CCH_3$
$\qquad CH_3 \qquad\quad CH_3$
　　　OH
2,5-二甲基庚-2-醇
2,5-dimethylheptan-2-ol

不饱和醇命名时，需要选择连有羟基的最长碳链作为主链，从靠近羟基的一端开始编号，若不饱和键包含在主链之中，需要在母体名称前面标明不饱和键及羟基的位置，羟基的位次编号放在词尾"- 醇"或"-ol"前面；若不饱和键不能包含在主链中，则作为取代基进行命名。例如：

$CH_3CH=CHCH_2CH_2CHCH_3$
　　　　　　　OH
庚-5-烯-2-醇
hept-5-en-2-ol

$CH_3C\equiv CCHCH_3$
　　　　OH
戊-3-炔-2-醇
pent-3-yn-2-ol

$CH_3CH_2CH_2CH_2CHCH_2OH$
　　　　　　　CH=CH$_2$
2-乙烯基己-1-醇
2-vinylhexan-1-ol

脂环醇命名时，根据羟基所连接的脂肪环烃基命名为"环某醇"。例如：

3-甲基环戊-1-醇
3-methylcyclopentan-1-ol

3,4-二甲基环己-1-醇
3,4-dimethylcyclohexan-1-ol

芳香醇命名时，将芳基作为取代基。例如：

OH
|
CHCH₂CH₃

1-苯基丙-1-醇
1-phenylpropan-1-ol

CH₂CH₂CH₂OH

3-苯基丙-1-醇
3-phenylpropan-1-ol

多元醇命名时，将连有最多羟基的碳链作为主链，根据羟基的数目命名，并标出羟基的位次。例如：

CH₃ CH₃
| |
CH₃CCH₂CCH₃
| |
OH   OH

2,4-二甲基戊-2,4-二醇
2,4-dimethylpentane-2,4-diol

OH
OH

环己-1,2-二醇
cyclohexane-1,2-diol

二、结构和物理性质

（一）结构

醇结构中羟基的氧原子为 sp^3 杂化，分子结构与水分子相似，氧原子的两对未共用电子分别占据两个 sp^3 杂化轨道，其余两个 sp^3 杂化轨道分别与氢原子和烃基碳原子形成 H—O 和 C—O 两个 σ 键。例如甲醇（CH_3OH）的立体结构（图 7-1）。

碳原子和氧原子的电负性不同，由于氧的电负性强于碳，O—H 的键长（96pm）小于 C—H 的键长（110pm）。而且 C—O 键和 O—H 键的电子云密度均偏向氧原子一侧，均为极性键。

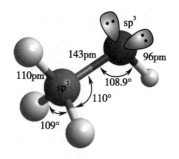

图 7-1 甲醇分子的立体结构

（二）物理性质

在溶液状态下，醇类分子结构中的羟基容易形成氢键。因此，醇类化合物的沸点比相应烷烃的沸点高，且在水中的溶解性增强。C_1～C_4 的一元饱和醇为无色液体，四个碳原子以下的醇及叔丁醇可以与水互溶；C_5～C_{11} 的醇为黏稠液体，一般具有特殊气味，部分能溶于水；C_{11} 以上的高级醇为蜡状固体，不溶于水。

常见醇类化合物的物理常数见表 7-1。

表7-1 常见醇类化合物的物理常数

化合物	熔点 /℃	沸点 /℃	溶解度 /（ g/100g H₂O，25℃ ）	pK_a
甲醇	-97.9	65.0	与水互溶	15.5
乙醇	-114.7	78.5	与水互溶	16.0
正丙醇	-126.5	97.4	与水互溶	—
异丙醇	-89.5	82.4	与水互溶	16.5

化合物	熔点 /℃	沸点 /℃	溶解度 /(g/100g H₂O,25℃)	pKₐ
正丁醇	−89.5	117.3	8.0	—
异丁醇	−108.0	108.0	10.0	—
仲丁醇	−114.7	99.5	12.5	—
叔丁醇	25.5	82.2	与水互溶	17.0
正戊醇	−79.0	138.0	2.2	—
正己醇	−46.7	158.0	0.7	—
环己醇	25.2	161.1	3.8	—

三、化学性质

醇的化学性质主要取决于羟基(—OH)特性基团。由于氧原子具有强电负性,化学反应过程中醇发生断裂的化学键多为 C—O 键和 O—H 键。在亲核取代反应和分子内脱水反应中多发生 C—O 键的断裂,与金属或碱反应(醇表现出酸性)多发生 O—H 键的断裂,分子间脱水反应中两种断裂方式均存在。

(一) 一元醇的化学性质

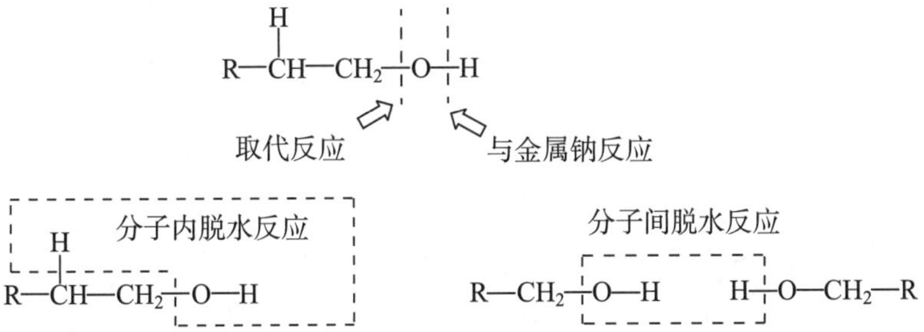

1. 醇的酸性及与活泼金属的反应　由于醇羟基中的 O—H 键具有较强的极性,因此氢原子具有一定的酸性,可以解离出氢质子得到烷氧负离子。醇的酸性可以通过醇解离反应的平衡常数 K_a 的负对数($-\lg K_a$)即 pK_a 来表征,pK_a 越大,酸性越弱;pK_a 越小,酸性越强。

$$ROH + H_2O \xrightleftharpoons{K_a} RO^- + H_3O^+$$

$$K_a = \frac{[RO^-][H_3O^+]}{[ROH]} \qquad pK_a = -\lg K_a$$

醇的酸性强弱取决于其解离所产生的烷氧负离子的稳定性。由于烃基具有给电子效应,与羟基直接相连的碳原子上烃基取代越多,烷氧负离子的稳定性越低,对应醇的酸性越弱,pK_a 值越大。一般醇的酸性顺序为甲醇＞伯醇＞仲醇＞叔醇,其 pK_a 值依次增加。例如甲醇在水中的 pK_a 为 15.5,乙醇为 16,异丙醇为 16.5,叔丁醇为 17.0。

醇可以与活泼金属钾或钠反应,生成醇钾或醇钠并释放出氢气。

$$CH_3CH_2OH + Na \longrightarrow CH_3CH_2ONa + 1/2\ H_2\uparrow$$

$$(CH_3)_3COH + K \longrightarrow (CH_3)_3COK + 1/2\ H_2\uparrow$$

醇钠是白色固体,能溶于过量的乙醇中,遇水迅速分解为醇和氢氧化钠,因此使用醇钠时应无水操作。醇钠的化学性质很活泼,它既是强碱,也是一个强的亲核试剂,在有机合成上可作为碱性缩合剂,也可用来向其他化合物中引入烷氧基。叔丁醇钾的碱性较强而亲核性较弱,通常用于卤代烃脱卤化氢的消除反应。

2. 醇的亲核取代反应

(1)氢卤酸作为反应试剂:当醇与氢卤酸反应时,醇羟基被卤原子取代生成卤代烃。

$$R—OH + HX \longrightarrow R—X + H_2O$$

与同一种氢卤酸反应时,醇的活性顺序为烯丙型醇、苄型醇>叔醇>仲醇>伯醇。

反应过程中,醇的羟基首先要发生质子化生成锌盐,有利于羟基的离去,卤素以负离子形式参与亲核取代反应。对于同一种醇而言,氢卤酸的活性顺序为 HI>HBr>HCl,HF 一般不反应,这与卤素负离子的亲核能力($I^->Br^->Cl^-$)密切相关,亲核能力越强,反应越容易发生。

醇与氢卤酸反应时,根据醇的结构类型不同,可以按照 S_N1 或 S_N2 机理进行。一般而言,烯丙型醇、苄型醇、叔醇、仲醇和 β-碳上有位阻的伯醇主要按照 S_N1 机理进行。叔醇的反应速度比仲醇快,叔醇在室温下即可与氢卤酸反应,而仲醇需要在加热条件下反应,这是受生成的碳正离子稳定性因素所影响。按照 S_N1 机理进行时,叔碳正离子会发生消除反应,生成烯烃。例如:

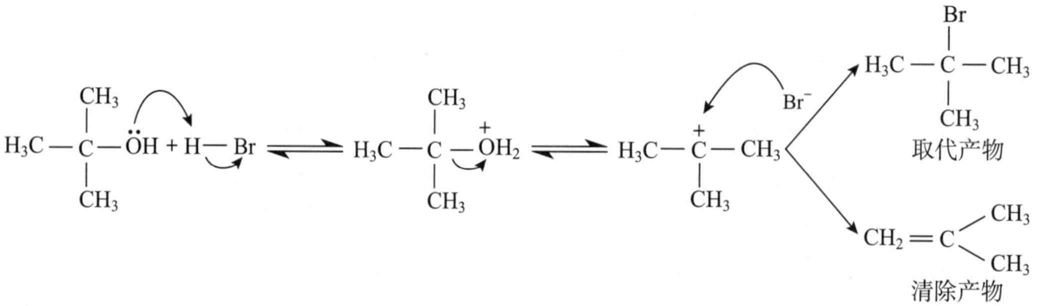

伯醇所生成的碳正离子不稳定,即使加热也不能按照 S_N1 机理进行。因此,大多数伯醇按照 S_N2 机理进行。例如:

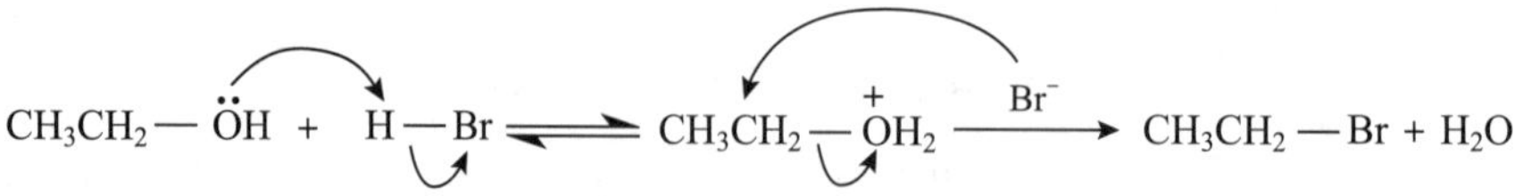

Cl^- 的亲核性比 Br^- 或 I^- 弱,因此伯醇与 HCl 的 S_N2 反应速度比 HBr 或 HI 慢,但向反应体系中加入路易斯酸 $ZnCl_2$ 后反应速度会加快。这是由于醇羟基的氧原子可以与 $ZnCl_2$ 产生络合,形成一个良好的离去基团,同时增强 C—O 键的极性,有利于亲核试剂的进攻。

$$CH_3CH_2CH_2OH + HCl \xrightarrow[\triangle]{ZnCl_2} CH_3CH_2CH_2Cl + H_2O$$

$$CH_3CH_2CH_2\ddot{O}H + Cl-Zn-Cl \longrightarrow CH_3CH_2CH_2-\overset{+}{\underset{\underset{Cl^-}{|}}{\underset{H}{O}}}-ZnCl \longrightarrow CH_3CH_2CH_2Cl$$

浓盐酸与无水氯化锌配成的溶液称为卢卡斯(Lucas)试剂。根据不同结构的醇与卢卡斯试剂反应速度的不同,可以来鉴别六个碳原子(含六个碳原子)以下的伯醇、仲醇和叔醇。低分子量的伯醇可溶解于卢卡斯试剂中,而生成的卤代烃不溶,溶液会变混浊。不同结构的醇在卢卡斯试剂中的反应现象具体见表7-2。

表7-2　不同结构的醇在卢卡斯试剂中的反应现象

醇的结构类型	反应现象
伯醇	加热后变混浊
仲醇	室温下数分钟后变混浊
叔醇	室温下立即变混浊

（2）卤化磷或氯化亚砜作为卤代试剂:卤化磷可以与醇反应生成卤代烃,反应不经过碳正离子过程,因此消除或重排的发生率低。

$$3ROH + PCl_3 \xrightarrow{\text{吡啶}} 3RCl + H_3PO_3$$

$$3ROH + PBr_3 \xrightarrow{\text{吡啶}} 3RBr + H_3PO_3$$

$$ROH + PCl_5 \xrightarrow{\text{吡啶}} RCl + POCl_3 + HCl$$

$$ROH + SOCl_2 \xrightarrow{\text{吡啶}} RCl + SO_2 + HCl$$

3. 醇的成酯反应　醇与有机酸反应可以脱去一分子水,生成相应的有机酸酯,这部分内容将在第十章中学习。醇也可以与硝酸、亚硝酸、硫酸、磷酸等无机酸反应生成相应的无机酸酯,例如三硝酸甘油酯(硝酸甘油)、硫酸二甲酯、磷酸三乙酯等,这些无机酸酯在医药、化工及生命科学中具有重要应用。

$$CH_3CH_2\ddot{O}-H + HO-\overset{O}{\underset{}{N}}=O \rightleftharpoons HO-\overset{O}{\underset{\underset{H}{\overset{|}{+OCH_2CH_3}}}{N}}-\bar{O} \longrightarrow H_2\overset{+}{O}-\overset{O}{\underset{OCH_2CH_3}{N}}-\bar{O} \rightleftharpoons CH_3CH_2ONO_2 + H_2O$$

三硝酸甘油酯(硝酸甘油, Nitroglycerin)

$$2CH_3OH + H_2SO_4 \longrightarrow CH_3OSO_2OCH_3 + 2H_2O$$

硫酸二甲酯
甲基化试剂

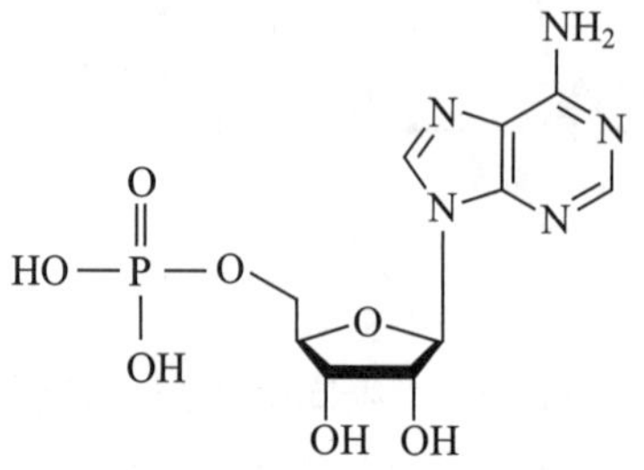

AMP(腺嘌呤核糖核苷酸)

醇还可以与有机磺酰氯反应生成有机磺酸酯,该类化合物结构中的磺酰氧基具有良好的离去能力,可以用于药物合成反应过程。

$$ROH \ + \ R'SO_2Cl \xrightarrow{\text{吡啶}} R'SO_3R + HCl$$

4. 醇的脱水反应　醇在脱水剂硫酸存在下加热可发生分子内脱水反应,生成烯烃。例如:

$$CH_3CH_2OH \xrightarrow[\triangle]{H_2SO_4} CH_2=CH_2 + H_2O$$

反应机理:在脱水反应中,酸的作用是将羟基质子化生成鉎盐,从而增加 C—O 键的极性,使其容易断裂,进而失去水分子生成碳正离子,然后再消除 β-氢生成烯烃。

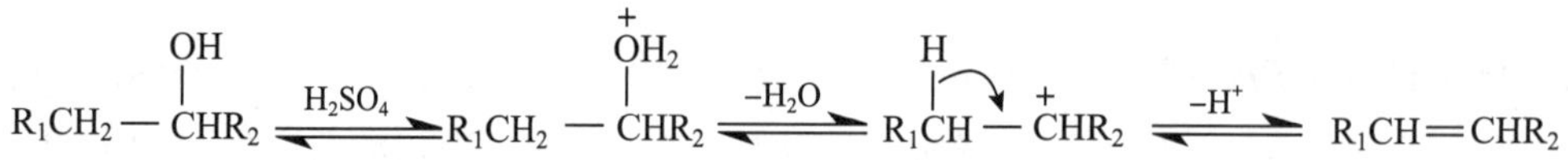

醇脱水反应的影响因素:

(1)醇的反应能力:叔醇和仲醇按照 E1 机理发生脱水反应,脱水的难易程度取决于所生成的活性中间体碳正离子的稳定性,碳正离子的稳定性顺序为叔碳正离子＞仲碳正离子＞伯碳正离子,故脱水反应的难易顺序为叔醇＞仲醇＞伯醇。

(2)脱水反应的方向:当醇分子中有较多可供消除的 β-氢时,酸催化下会生成多个脱水产物,主要产物为更稳定的烯烃(双键上所连接的取代基最多),即札依采夫规则,消除的是连有最少氢原子的 β-碳上的氢原子。

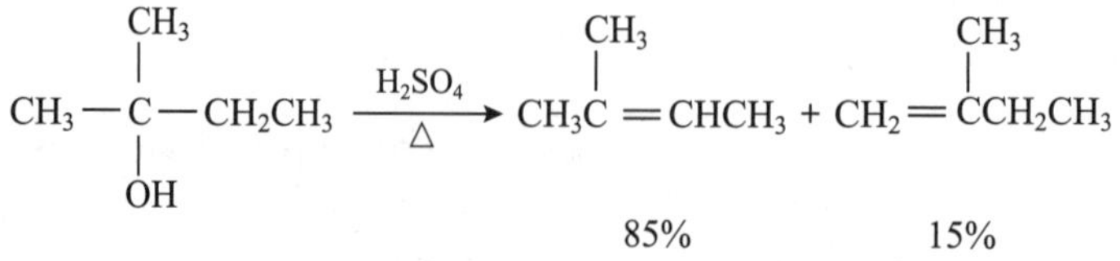

(3)生成烯烃的顺反异构:当主要产物存在顺反异构现象时,由于反式烯烃的稳定性大于顺式烯烃,故主要产物常以反式异构体为主。例如:

$$CH_3CH_2-\overset{\overset{\displaystyle CH_3}{|}}{\underset{\underset{\displaystyle OH}{|}}{C}}-CH_2CH_3 \xrightarrow[\Delta]{H_2SO_4}$$

主产物(反式) + 次要产物(顺式)

（4）碳正离子的重排：反应过程中生成活性中间体碳正离子更容易先发生重排反应，再消除新碳正离子的 β-氢，生成烯烃。例如：

$$CH_3-\overset{\overset{\displaystyle CH_3}{|}}{\underset{\underset{\displaystyle OH}{|}}{C}}-CH-C_2H_5 \rightleftharpoons CH_3-\overset{\overset{\displaystyle CH_3}{|}}{\underset{\underset{\displaystyle CH_3}{|}}{C}}-CH-C_2H_5 \xrightarrow{-H_2O} CH_3-\overset{\overset{\displaystyle CH_3}{|}}{\underset{\underset{\displaystyle CH_3}{|}}{C}}-\overset{+}{C}H-C_2H_5$$

重排

$$CH_3-\overset{+}{\underset{\underset{\displaystyle CH_3}{|}}{C}}-CH-C_2H_5 \qquad CH_3-\overset{\overset{\displaystyle CH_3}{|}}{\underset{\underset{\displaystyle CH_3}{|}}{C}}-CH=CHCH_3 \quad 3\%$$

$-H^+$

$$CH_3-\overset{\overset{\displaystyle CH_3}{|}}{\underset{\underset{\displaystyle CH_3}{|}}{C}}=C-C_2H_5 \quad + \quad CH_2=\overset{\overset{\displaystyle CH_3}{|}}{\underset{\underset{\displaystyle CH_3}{|}}{C}}-CH-C_2H_5$$

64%   33%

5. 醇的氧化反应　伯醇和仲醇结构中的 α-碳原子上连有氢原子，容易被氧化，而叔醇由于不含有 α-氢原子，因此不容易发生氧化反应。根据使用的氧化剂不同，伯醇可以被氧化为醛或羧酸，仲醇被氧化为酮。

（1）沙瑞特试剂氧化：铬酐（CrO_3）与吡啶形成的铬酐-双吡啶配合物称为沙瑞特（Sarrett）试剂，可使伯醇氧化为醛、仲醇氧化为酮，产率很高。该试剂尤其适用于分子中含有对酸敏感的基团（如缩醛）或易被氧化的基团（如碳碳双键）的醇类。例如：

$$CH_3CH_2CH_2CH_2OH \xrightarrow[CH_2Cl_2,\ 25℃]{\left(\text{吡啶}\right)_2 \cdot CrO_3} CH_3CH_2CH_2CHO$$

$$CH_3CH=CHCH_2OH \xrightarrow[CH_2Cl_2,\ 25℃]{\left(\text{吡啶}\right)_2 \cdot CrO_3} CH_3CH=CHCHO$$

（2）琼斯试剂氧化：将铬酐溶于稀硫酸中得到琼斯（Jones）试剂。在丙酮溶液中，琼斯试剂可以将仲醇氧化为酮，对氧化剂敏感的基团如环氧基、氨基、不饱和键、烯丙位碳氢键等不受影响。例如：

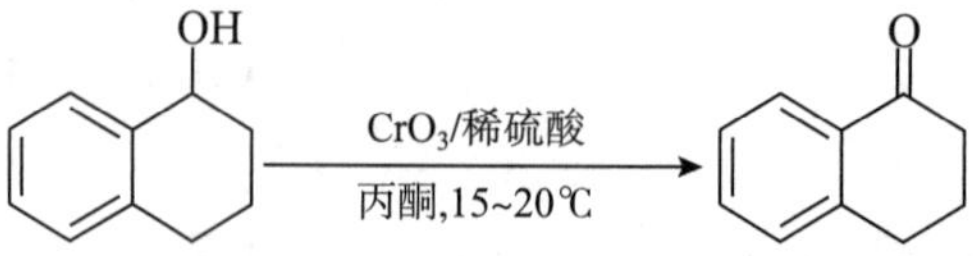

（3）活性 MnO_2 氧化：在碱（如氢氧化钠）存在下，高锰酸钾和硫酸锰反应可以制得活性 MnO_2。新制备的活性 MnO_2 可以选择性地将烯丙醇氧化为丙烯醛，将苄醇氧化为苯甲醛。共轭芳醛或酮可以由 MnO_2 氧化芳醇得到，不饱和键不受影响。例如：

$$CH_2=CHCH_2OH \xrightarrow[\triangle]{MnO_2} CH_2=CHCHO$$

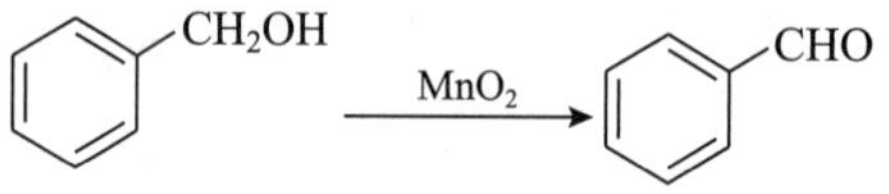

（4）欧芬脑尔氧化：欧芬脑尔（Oppenauer）氧化通常是指仲醇和丙酮（或环己酮）在醇金属（常用异丙醇铝）催化下被氧化为酮的反应，是仲醇的选择性氧化反应，反应物中的不饱和键不受影响。

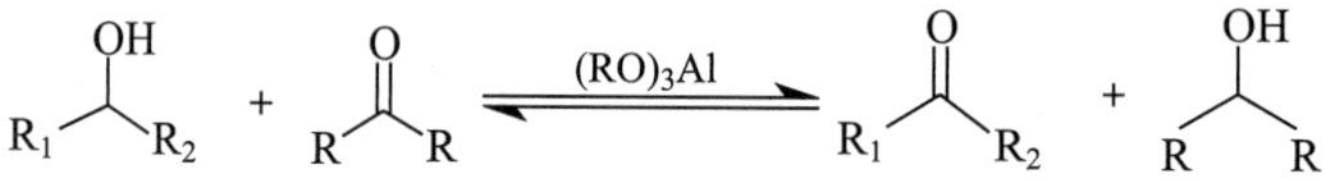

该反应为可逆反应，加大酮的用量可以增加产率。例如：

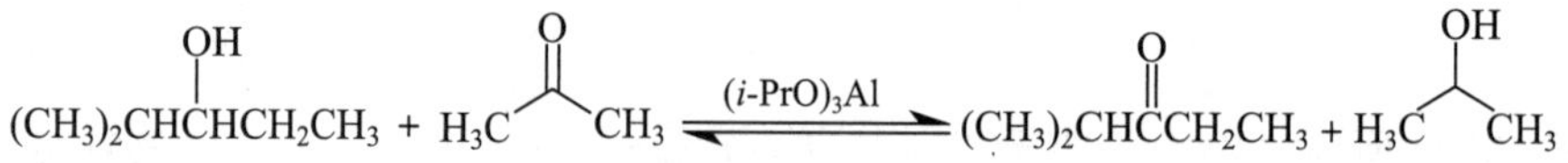

欧芬脑尔氧化一般不适合伯醇的氧化，因为产物醛在碱性条件下容易发生羟醛缩合反应。

（5）高锰酸钾氧化：高锰酸钾的强氧化性可以使伯醇直接氧化为羧酸，仲醇氧化为酮。如果所生成的酮羰基具有 α- 氢，则容易发生烯醇化并进一步氧化断裂。当生成的酮羰基不存在 α- 氢时，可以以较高的产率得到酮。

$$(CH_3)_2CHCH_2OH \xrightarrow{KMnO_4/NaOH/H_2O} (CH_3)_2CHCOOH$$

$$\xrightarrow{KMnO_4} (CH_3)_2C=O + (CH_3)_2CHCOOH$$

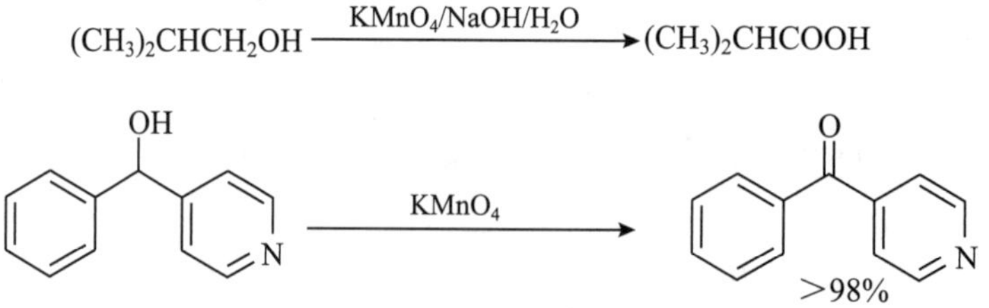

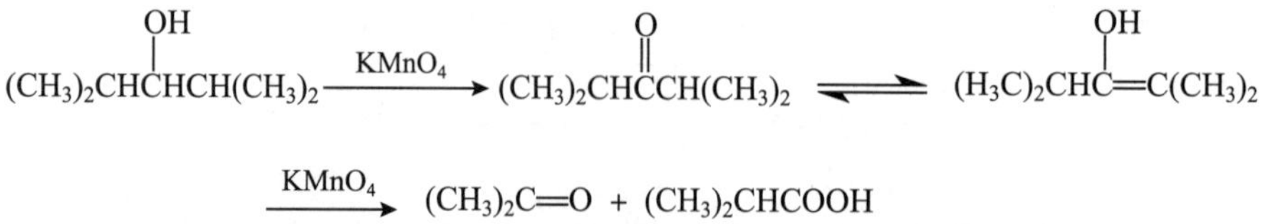

（6）铬酸氧化：铬酸可以将伯醇氧化为羧酸，仲醇氧化为酮。在实际使用中，以重铬酸盐

（$K_2Cr_2O_7$、$Na_2Cr_2O_7$）在酸（如硫酸、乙酸）溶液中反应。

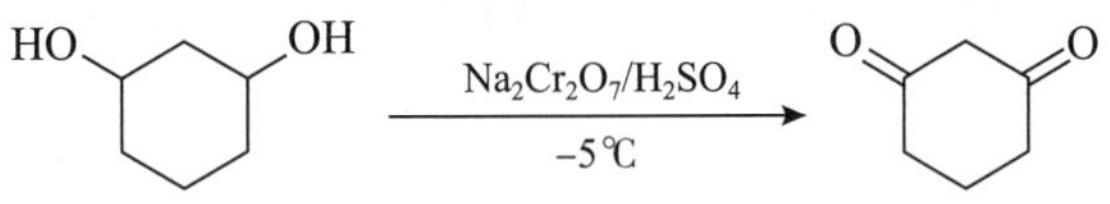

（二）邻二醇的化学性质

1. 氧化反应 邻二醇的氧化反应涉及碳碳键的断裂，可形成两分子羰基化合物。常用的氧化剂有高碘酸（HIO_4）、四乙酸铅[$Pb(OAc)_4$]等。

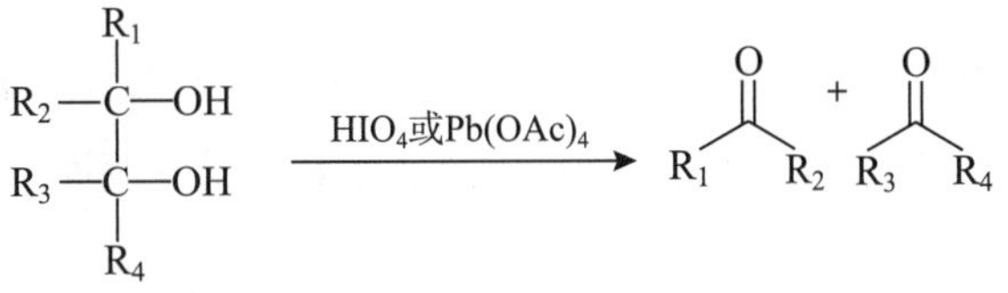

（1）高碘酸氧化：高碘酸可以将邻二醇氧化为醛或酮，而且反应可以定量发生，每断裂一个邻二醇的碳碳键需要一分子高碘酸，因此可根据高碘酸的用量计算多元醇中邻二醇羟基的数目，或根据产物逆推原化合物的结构，在糖类化合物中应用较为广泛。

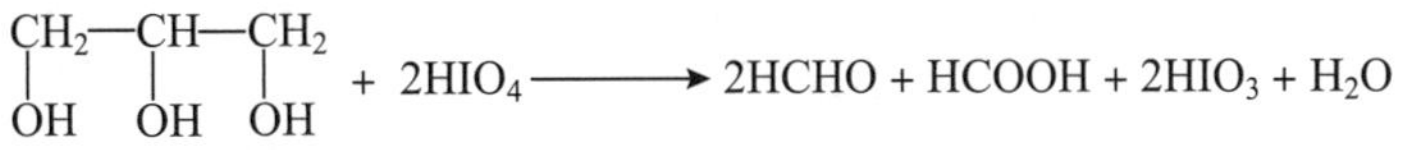

反应机理：高碘酸与邻二醇形成环状高碘酸酯中间体。

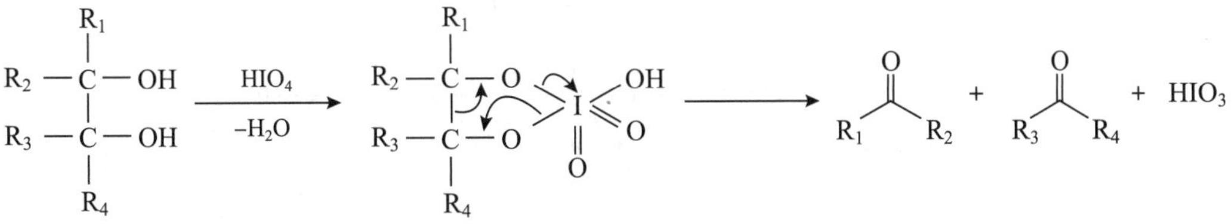

例如：

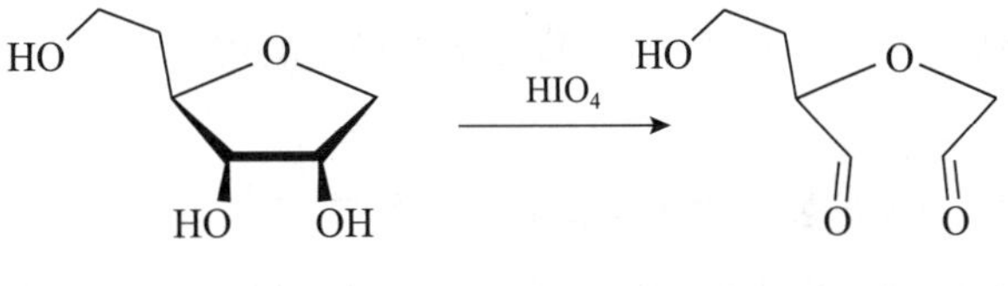

邻二醇的构型对氧化反应的影响较大，顺式邻二醇的氧化速度比反式异构体快，而反式邻二醇因与高碘酸无法形成环状中间体，因此不与高碘酸发生反应。

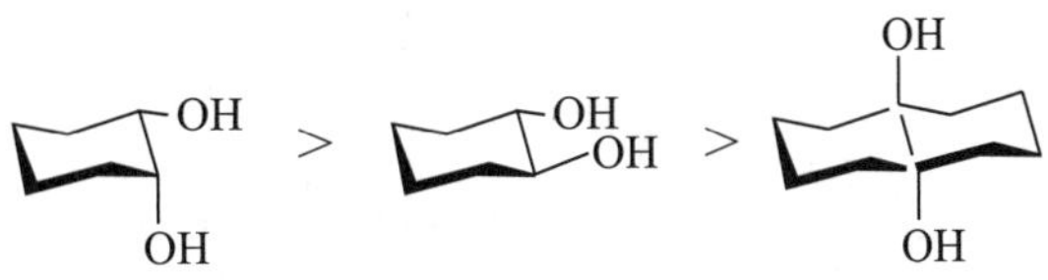

相对反应速度　　　　30　　　　　　　1　　　　　　　不反应

（2）四乙酸铅氧化：四乙酸铅的氧化能力强，可以定量地将邻二醇氧化为两分子羰基化合物。氧化过程可不经过环状酯中间体，因此反应受邻二醇构型的限制较小，可以将高碘酸不能氧化的反式邻二醇氧化。

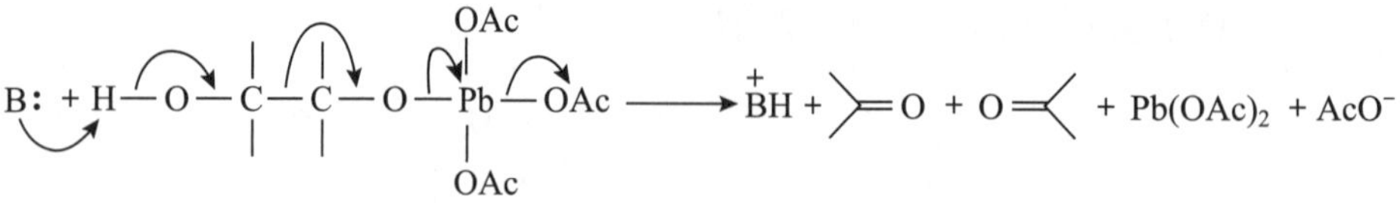

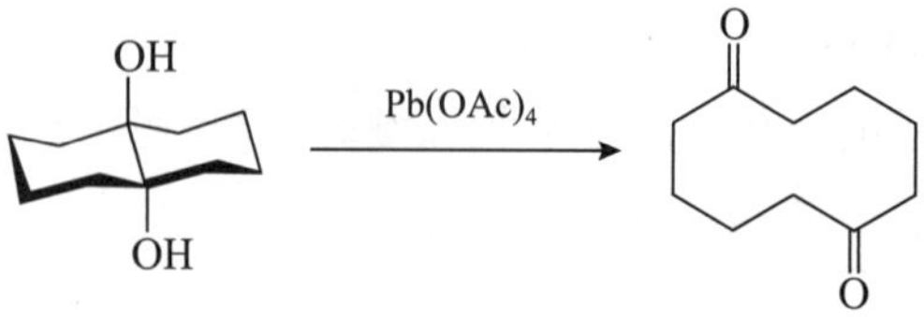

2. 频哪醇重排反应　当两个羟基所连接的碳原子均为叔碳原子时，此时的邻二醇称为频哪醇（pinacol）。在酸催化下，频哪醇失去一分子水重排成频哪酮的反应称为频哪醇重排（pinacol rearrangement）反应。

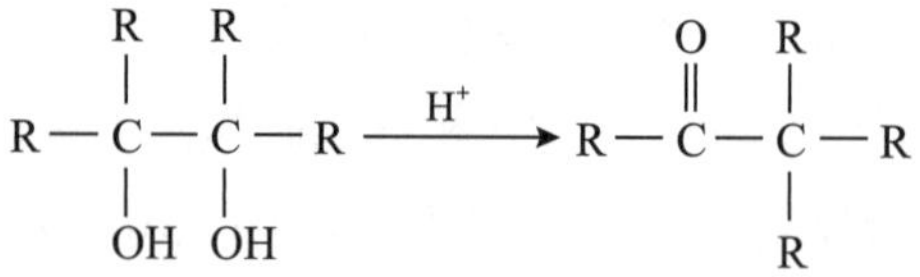

反应机理：

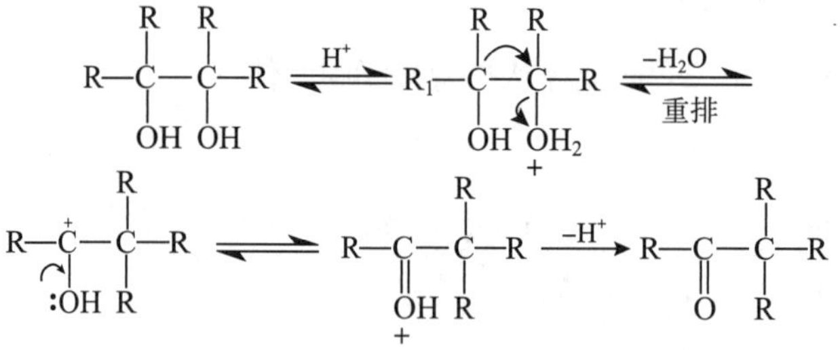

该反应通过碳正离子机理进行，首先一个羟基被质子化，在脱水形成碳正离子的同时邻位碳上的取代基发生迁移，正电荷转移至连有另一个羟基的碳原子上，从而转化为更稳定的碳正离子，羟基氧原子为碳正离子提供电子形成氧鎓离子并进一步离去氢离子得到频哪酮。

频哪醇重排反应的影响因素及需要注意的问题如下。

（1）碳正离子的稳定性：频哪醇结构中有两个羟基，哪一个羟基优先被质子化取决于所生成的碳正离子的稳定性。一般而言，脱水后所生成的碳正离子越稳定，对重排越有利。

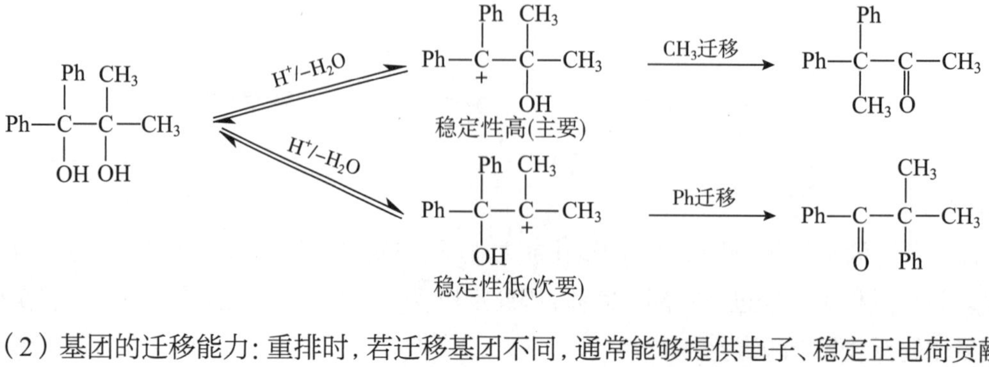

（2）基团的迁移能力：重排时，若迁移基团不同，通常能够提供电子、稳定正电荷贡献较

多的基团优先迁移。基团的迁移能力顺序为芳基＞烷基＞氢，而且芳基上有给电子基团时更有利于迁移；烷基的迁移能力一般为3°＞2°＞1°。例如：

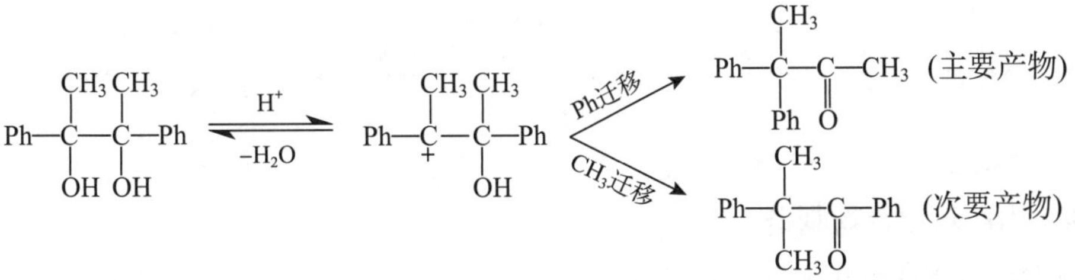

（3）立体化学因素的影响：在环系化合物中，当迁移基团与离去基团位于反式位置时有利于重排的发生。

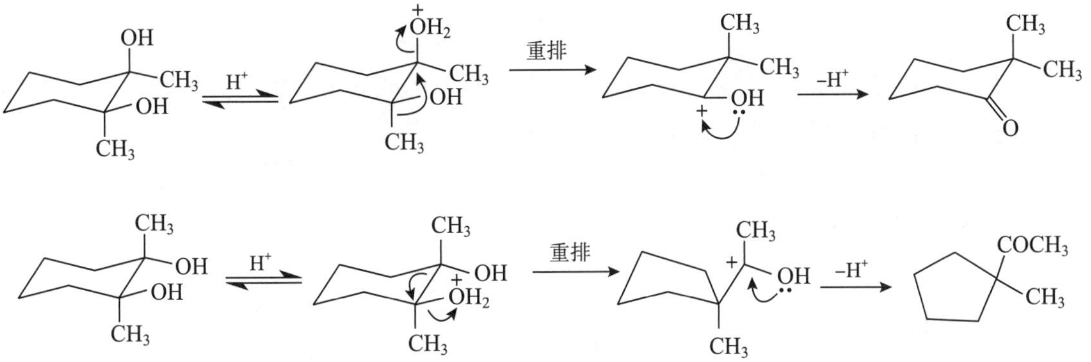

3. **与氢氧化铜的反应**　邻二醇可以与新制的氢氧化铜反应生成蓝色络合物，因此可以用氢氧化铜对频哪醇进行鉴别。

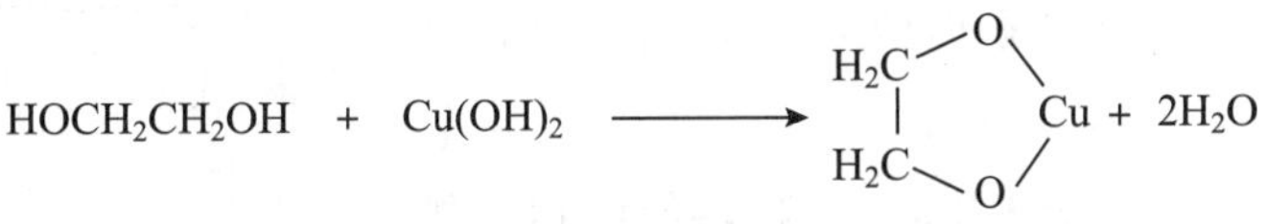

蓝色络合物

四、醇的制备

（一）由烯烃制备

1. **烯烃的水合**　烯烃在酸催化下可与水进行加成反应得到相应的醇，具体内容请见第四章。醇也可以通过烯烃的间接水合反应制备，即烯烃与烷基磺酸反应生成磺酸酯，再经过水解生成相应的醇。

2. **硼氢化 - 氧化反应**　烯烃与硼烷加成后，在碱性过氧化氢条件下氧化可制备相应的醇，具体内容请见第四章。

（二）由卤代烃制备

伯卤代烃在碱性条件下水解可制备伯醇，仲卤代烃和叔卤代烃在碱性条件下容易发生消除反应，具体内容请见第六章。

（三）由格氏试剂制备

由格氏试剂与醛、酮等羰基化合物加成后再水解可以得到伯、仲、叔醇，反应通式如下。

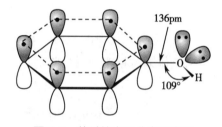

（四）由羰基化合物制备

该部分内容将在第八～第十章介绍。

第二节　酚

酚（phenol）是指芳环上的氢原子直接被羟基取代所形成的化合物，即羟基与一个芳香环直接相连，一元酚类化合物的结构通式为 Ar—OH。

一、结构、分类和命名

（一）结构

苯酚是最简单的酚。苯酚为平面结构，酚羟基中氧原子的杂化状态与醇羟基相似，也是 sp^3 杂化，氧原子的两对未共用电子分别占据两个 sp^3 杂化轨道，轨道内的一对未共用电子与苯环的 π 体系形成 p-π 共轭，电子离域（图 7-2）。

图 7-2　苯酚的电子分布示意图

酚类化合物的结构与醇相似，都含有羟基，因此酚与醇的羟基特性基团存在共性，如发生成醚、成酯等反应。但由于酚羟基中氧原子的一对未共用电子与苯环发生共轭，使得氧原子的电子云密度偏向苯环一侧。因此，酚的化学性质与醇也具有一定的差别：①酚类结构的 C—O 键更稳定，不容易发生羟基的取代或消除反应；②O—H 键的电子云密度偏向氧原子，极性增强，氢原子容易解离，从而显示出更强的酸性；③由于苯环的电子云密度增加，更容易发生亲电取代反应，具体内容见第五章。

（二）分类和命名

根据酚羟基的数目多少，可以将酚分为一元酚和多元酚，含有两个或两个以上羟基的酚称为多元酚。

苯酚	邻苯二酚	间苯三酚
（一元酚）	（二元酚）	（三元酚）

酚类的系统命名通常是在"酚"字前面加上芳环的名称,并以此作为母体,再标出芳环上取代基的位置、数目和名称。例如:

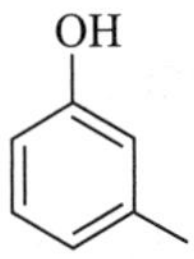

3-甲基苯酚
3-methylphenol

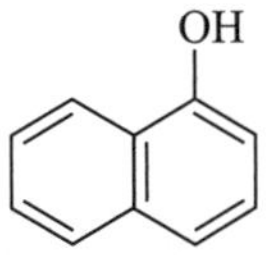

萘-1-酚
naphthalen-1-ol

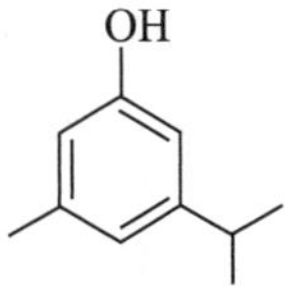

3-异丙基-5-甲基苯酚
3-isopropyl-5-methylphenol

二、物理性质

酚类化合物在室温下多数为固体,一般都是无色的,由于此类化合物容易发生氧化反应,在储存过程中会因含有氧化产物而略带黄色或红色。

由于结构中存在羟基,大多数酚类化合物与醇类化合物相似,分子间或与水分子之间容易形成氢键,使得酚类化合物的熔点、沸点和水溶性比相应分子量的烃类化合物高。例如苯酚的沸点为182℃,而与其分子量接近的甲苯的沸点只有110.6℃。低级酚在水中具有一定的溶解度,随着分子中羟基数目的增多,与水分子形成氢键的作用更强,因此在水中的溶解度增大。常见酚类化合物的物理常数见表7-3。

表7-3 常见酚类化合物的物理常数

化合物	熔点/℃	沸点/℃	溶解度/(g/100ml H_2O,25℃)	pK_a
苯酚	43	182	8.2	10.00
邻甲基苯酚	30	191	2.5	10.20
间甲基苯酚	11	201	2.6	10.01
对甲基苯酚	35.5	201	2.3	10.17
邻氯苯酚	43	220	2.8	8.11
间氯苯酚	33	214	2.6	8.80
对氯苯酚	43	220	2.7	9.20
邻硝基苯酚	45	217	0.2	7.17
间硝基苯酚	96	—	1.4	8.28
对硝基苯酚	114	—	1.7	7.15

三、化学性质

(一)酚羟基的反应

1. 苯酚的酸性 苯酚又名石炭酸,具有弱酸性,能够与强碱成盐,同时酚羟基的氢很容易被活泼金属取代。苯酚的酸性($pK_a=10$)比醇(环己醇的 $pK_a=15.7$)强,比碳酸($pK_{a_1}=6.4$)弱,因此苯酚能溶于氢氧化钠溶液而不溶于碳酸氢钠溶液。向苯酚钠水溶液中通入二氧化碳会产生混浊现象,利用这一性质可以将苯酚与碱不溶性物质分离,也可用于苯酚的鉴别。

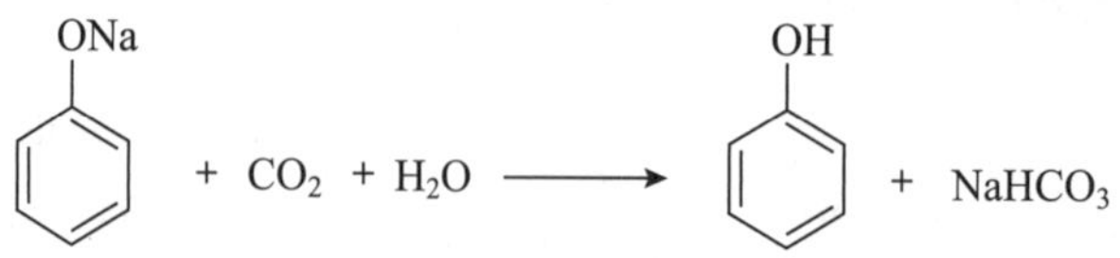

苯酚具有酸性的原因:①羟基上的氧原子具有未共用电子对,与苯环上的 π 电子形成 p-π 共轭,降低氧原子的电子云密度,O—H 键的极性大,电子云密度偏向于氧,从而更有利于质子的离去;②酚解离后生成的酚氧负离子是几个极限结构的共振杂化体,负电荷得以分散到苯环上,使共振杂化体更稳定。

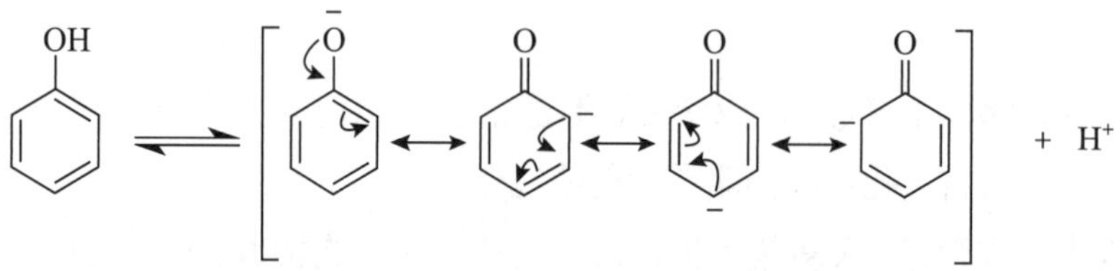

苯酚芳环上的取代基不同,酸性强度不同,一般可以从两个角度来分析取代基对苯酚酸性的影响:①氢原子的解离能力,即 O—H 键的极性。键的极性增强,氢的解离能力增强,酸性增强。②氢解离后所形成的酚氧负离子的稳定性。氧负离子越稳定,酚的酸性越强。

不同取代的苯酚的酸性强度取决于苯环上的取代基的种类、位置和数目(见表 7-3 中各酚类化合物的 pK_a 值)。

(1)取代基的种类和位置:苯环上有吸电子基团时,吸电子基团可以使解离后的氧原子上的负电荷分散,稳定性增强,酸性增强;相反,苯环上有给电子基团时,酚的酸性相应减弱。

取代基与酚羟基的相对位置(邻位、间位、对位)在很大程度上也会影响苯酚的酸性,这可以通过取代基的诱导效应、共轭效应以及邻位效应等进行解释,而且不同种类的取代基在不同位置时占主导地位的效应也不同。酚羟基的邻位或对位有吸电子基团(如—NO_2、—X 等)时,由于诱导效应和共轭效应同时存在,酚的酸性增大;当间位有吸电基时,由于只存在诱导效应的影响,酸性增强不显著。

1)硝基:硝基是吸电子基团,可使苯酚的酸性增强。硝基处于邻位和对位时可以通过吸电子诱导效应和吸电子共轭效应使生成的负电荷分散,邻位的影响更加明显。处于间位时,以吸电子诱导效应为主。

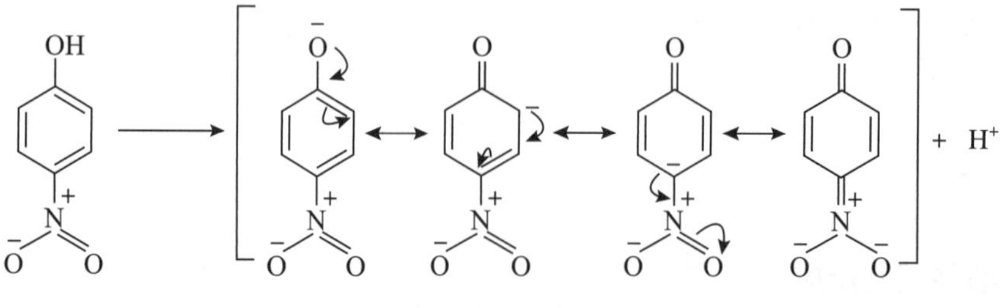

2)卤素:卤素是吸电子基团,具有吸电子诱导效应,也可使苯酚的酸性增强。卤素与苯环直接相连时又存在给电子共轭效应,使苯酚的酸性减弱。因此,卤素取代对苯酚酸性的影响是吸电子诱导效应和给电子共轭效应综合作用的结果。当卤素处于酚羟基间位时诱导效

应强,共轭效应弱;处于对位时,共轭效应强,诱导效应弱;处于邻位时,因存在诱导效应和"邻位效应"使得酸性显著增强。

3)甲氧基:甲氧基在不同位置的效应不同,间位和邻位取代使苯酚的酸性增强,间位取代主要因为甲氧基的吸电子诱导效应使得氧负离子得到稳定,而邻位取代则受"邻位效应"的影响较大,酸性比间位稍弱。对位取代使酸性减弱,是因为对位取代时甲氧基主要通过给电子共轭效应使苯环的电子云密度增加,O—H键的极性减弱,且氧负离子的电荷得不到分散。

4)烃基:烃基作为给电子基团,通过苯环将电子推向羟基,从而使 O—H 键的极性减弱,苯酚的酸性降低。烃基主要通过给电子诱导效应产生影响,当处于邻位时给电子效应更显著,所以酸性最弱。

（2）取代基的数目:取代基的数目越多,影响越显著。如 2,4- 二硝基苯酚和 2,4,6- 三硝基苯酚的 pK_a 分别为 4.09 和 0.25。

2. 酚醚的形成与克莱森重排

（1）酚醚的形成:酚类化合物由于氧原子与苯环的 p-π 共轭效应,C—O 键的稳定性增强,不容易断裂。因此,由酚制备醚时多采用酚盐与卤代烃进行亲核取代反应(详见本章"醚的制备"中的威廉姆逊反应)。

（2）克莱森重排:烯丙基芳基醚在高温(190～200℃)条件下可发生克莱森重排(Claisen rearrangement)反应,生成 2- 烯丙基酚。

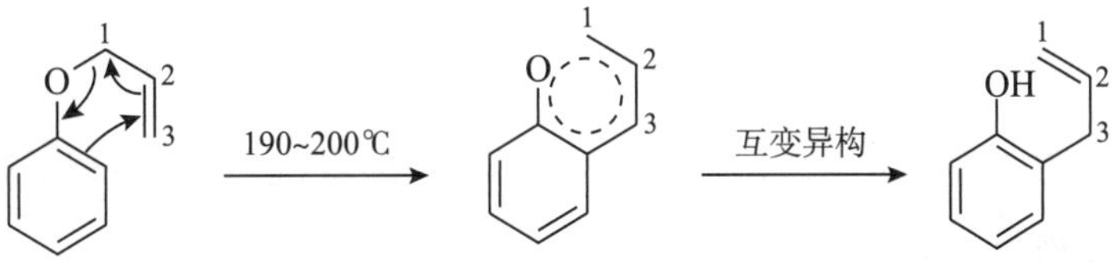

2-allylphenol

克莱森重排反应的机理为周环迁移重排机理。烯丙基芳基醚的远端不饱和碳原子与芳环上的邻位碳原子形成新的 C—C 键,同时 C—O 键断裂,经环状过渡态形成新的碳碳双键。

当两个邻位均被占据时,重排反应发生在对位,若邻、对位都有取代基则不发生重排。

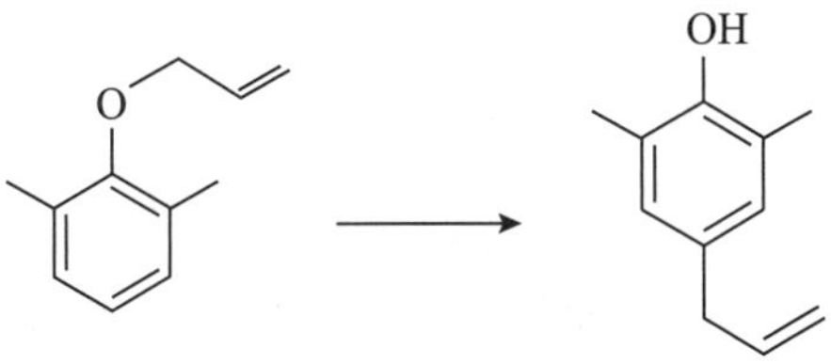

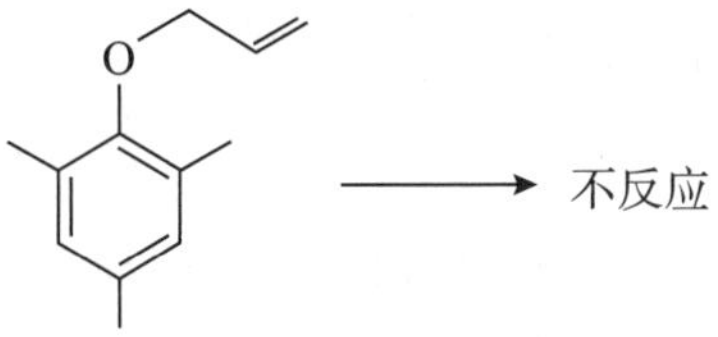

不反应

3. 酚酯的形成与傅瑞斯重排

（1）酚酯的形成:如前所述,由于酚结构中的羟基氧原子与苯环形成 p-π 共轭,使得氧原子的亲核性降低,因此与醇相比,酚成酯的难度较大。羧酸与酚在酸性条件下不适用于酚酯的合成,一般采用活性更高的羧酸衍生物如酰氯或酸酐来合成酚酯(详见第十章)。

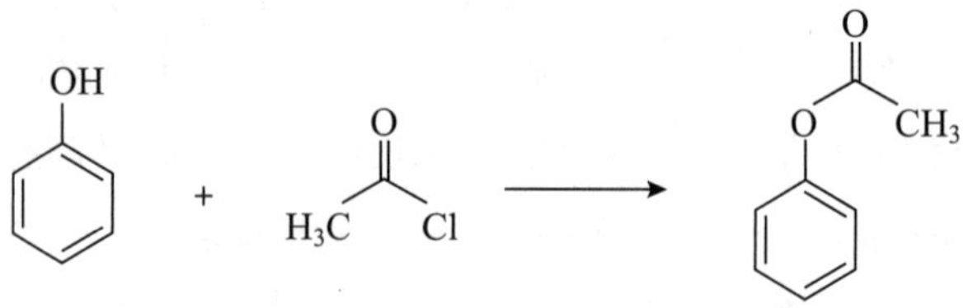

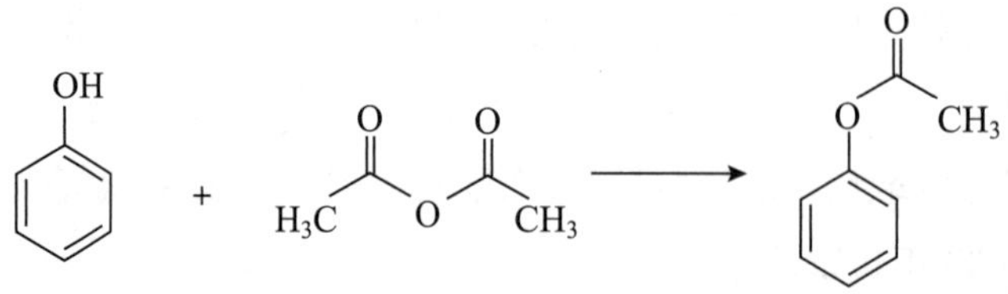

（2）傅瑞斯重排:酚酯在路易斯酸(如 AlCl$_3$、BF$_3$、TiCl$_4$ 或 SnCl$_4$ 等)催化下重排为邻羟基芳酮或对羟基芳酮的反应称为傅瑞斯(Fries)重排反应。

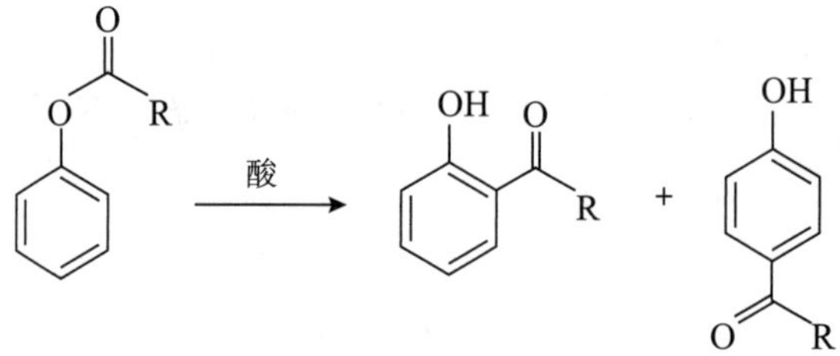

重排反应发生的位置可以通过选择温度来控制,一般来说,低温有利于对位产物的生成,高温有利于邻位产物的生成。例如:

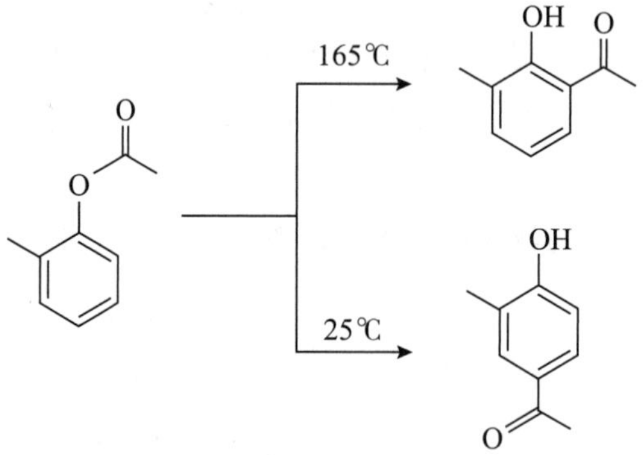

无论是芳香酸还是脂肪酸形成的酚酯均可发生重排,这是在酚的芳环上引入酰基的重要方法。

该重排反应属于亲电取代反应,当酚的芳香环上有间位定位基时,重排反应一般不能发生。

4. 与三氯化铁的反应　大多数酚类化合物都可以与三氯化铁水溶液反应,生成有颜色的配合物。如苯酚与三氯化铁反应生成蓝紫色络合物。

$$6C_6H_5OH + FeCl_3 \longrightarrow H_3[Fe(C_6H_5O)_6] + 3HCl$$

不同的酚与三氯化铁反应产生的颜色不同,可利用这一性质对酚进行鉴别。例如邻甲基苯酚显蓝色,间苯二酚显蓝紫色,邻苯二酚显绿色。

此外,含有烯醇结构(—CH=CH—OH)的化合物也可以发生类似的反应,因此也可以用三氯化铁水溶液对烯醇类结构进行鉴别。

(二)芳环上的反应

酚羟基可以增加苯环的电子云密度,使苯环活化,因此酚类化合物很容易发生亲电取代反应。

1. 卤代反应　苯与溴水无法发生反应,但苯酚和溴水可以不依赖于路易斯酸催化,在室温下即可反应,生成 2,4,6-三溴苯酚。三溴苯酚在水中的溶解度极小,形成白色沉淀,反应能够快速且定量进行,灵敏度高,可用于苯酚的定性和定量分析。

苯环上引入溴原子的数量与反应试剂的种类以及溶剂的极性密切相关。在苯酚与溴水反应体系中加入强酸(如氢溴酸),反应可停留在生成 2,4-二溴苯酚的阶段;若使用非极性溶剂(如 CS_2 或 CCl_4),低温下反应可以得到一溴苯酚产物。

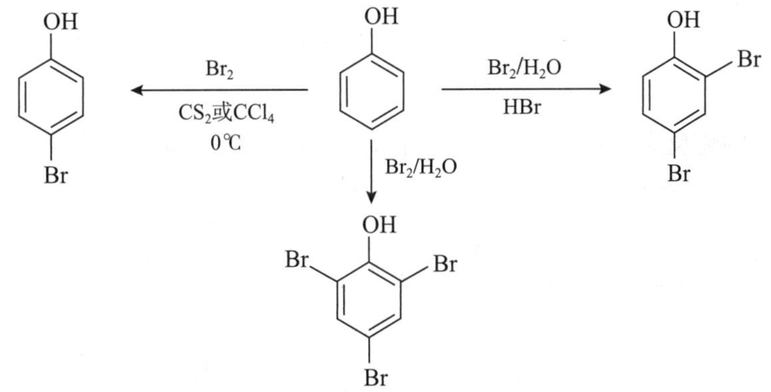

2. 磺化反应　苯酚与浓硫酸可以发生磺化反应,生成的产物与反应温度密切相关,低温下主要得到邻位产物,高温下主要得到对位产物。

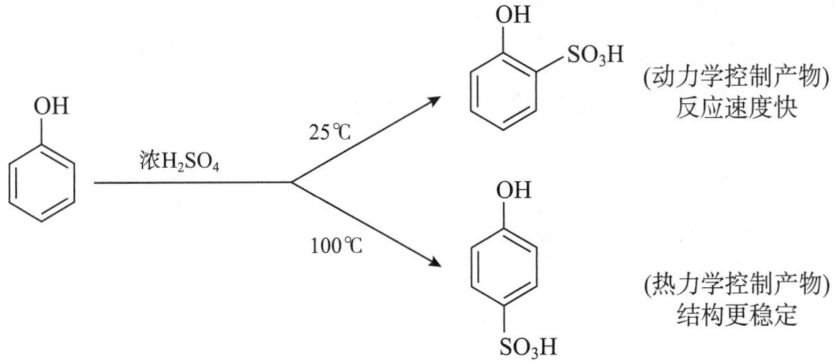

高温条件下持续反应可生成 4-羟基苯-1,3-二磺酸。由于磺化反应产物可在稀酸溶液中进一步除去磺酸基,因此在有机合成中常用磺酸基对苯环上的特定位置进行保护,从而将取代基引入指定位置(见下述"硝化反应"的相关内容)。

3. 硝化反应　苯酚在室温下很容易与稀硝酸发生硝化反应,生成邻硝基苯酚和对硝基苯酚,产物以邻硝基苯酚为主。但由于苯酚容易被硝酸氧化,硝化反应的产率较低。

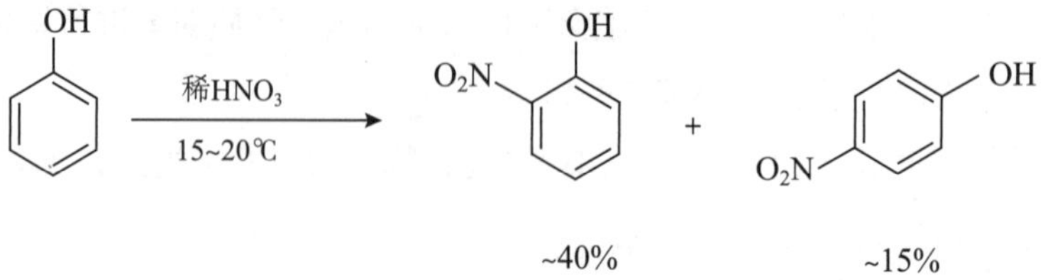

~40%   ~15%

根据两个产物性质的不同,可以通过水蒸气蒸馏的方法进行分离纯化。由于邻硝基苯酚比对硝基苯酚更容易形成分子内氢键,而对硝基苯酚主要以分子间氢键为主,因此邻硝基苯酚的沸点以及在水中的溶解度均小于对硝基苯酚。邻硝基苯酚的挥发性大,可随水蒸气蒸出;而对硝基苯酚的挥发性小,不易随水蒸气蒸出。

苯酚与亚硝酸作用主要生成对亚硝基苯酚,对亚硝基苯酚可以用稀硝酸继续氧化为对硝基苯酚。因此,通过苯酚的亚硝化、氧化途径能得到对硝基苯酚。

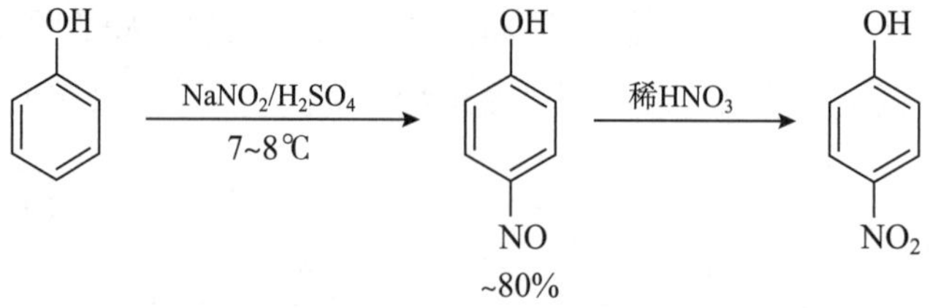

~80%

利用苯酚的磺化反应、硝化反应以及磺化反应的可逆性,可以制备邻硝基苯酚。

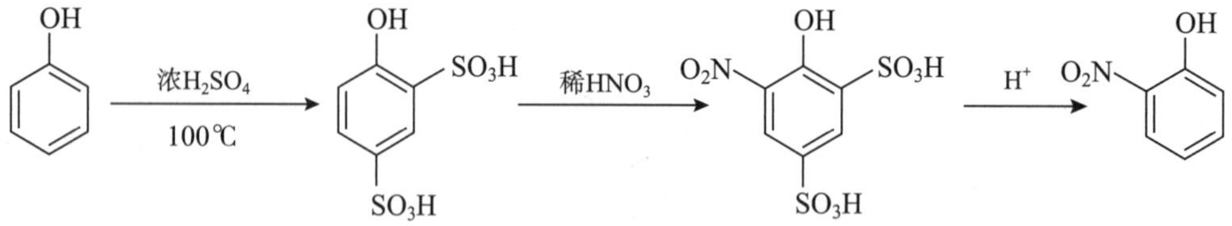

4. 弗里德-克拉夫茨反应　由于酚羟基使得苯环的电子云密度增加,所以酚比较容易发生弗里德-克拉夫茨反应生成烷基化或酰基化产物。但酚的弗里德-克拉夫茨反应一般很少用 $AlCl_3$ 作催化剂,原因是 $AlCl_3$ 很容易与酚羟基形成配合物,从而使苯环的电子云密度降低,导致反应不容易进行,所以酚的弗里德-克拉夫茨反应常用 H_3PO_4 或 BF_3 作催化剂。在酰化反应中,常采用羧酸作为酰基化试剂,而不使用酰氯。例如:

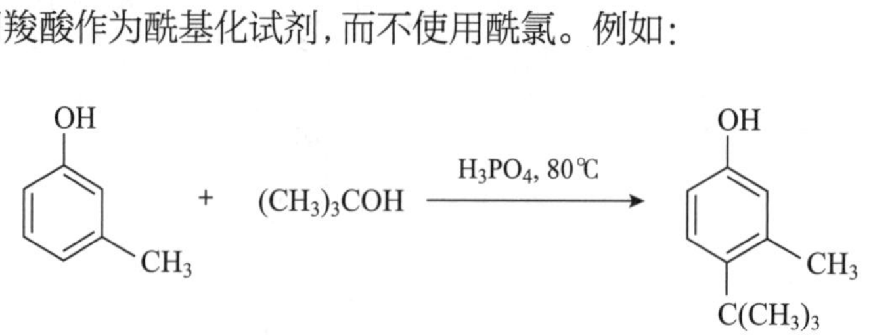

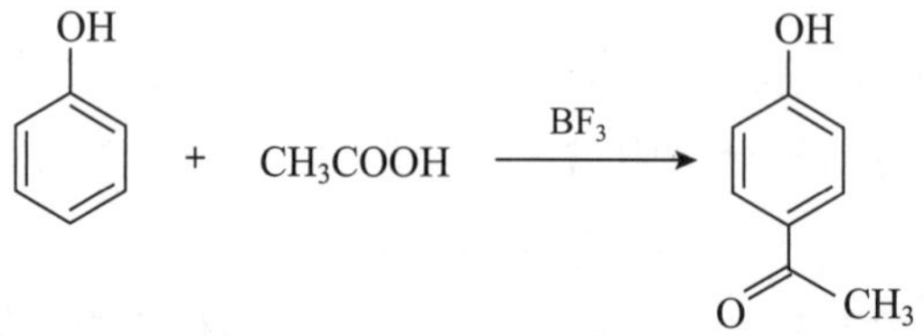

5. 柯尔柏-施密特反应　酚的碱金属盐在加温加压条件下与二氧化碳形成酚酸的反应

称为柯尔柏-施密特（Kolbe-Schmidt）反应。该反应是在芳环上直接引入羧基的一种方法。

由于酚类的钠盐或钾盐中氧负离子 p 轨道上的未共用电子对使得苯环的电子云密度增加，从而有利于进攻二氧化碳结构中的缺电性碳原子，形成芳香酸。

6. 瑞穆尔-梯曼反应　在强碱水溶液中，酚类化合物与氯仿反应，在酚羟基的邻位或对位可引入一个醛基（—CHO），该反应称为瑞穆尔-梯曼（Reimer-Tiemann）反应。反应中醛基主要进入邻位，当两个邻位均有取代基时才主要进入对位。

该反应是一个典型的亲电取代反应，机理是三氯甲烷在碱性条件下生成二氯卡宾（ : CCl_2），二氯卡宾作为亲电试剂进攻含有酚氧负离子的苯环，因此只有苯环上富电子的酚类才可发生此类反应。

反应机理：

$$CHCl_3 + NaOH \longrightarrow :CCl_2$$

（三）酚的氧化反应

酚类化合物具有一定的还原性,容易被 $KMnO_4$、$K_2Cr_2O_7/H_2SO_4$、CrO_3、$FeCl_3$ 等氧化剂氧化为醌。

多元酚更容易被氧化,在室温下即可发生。

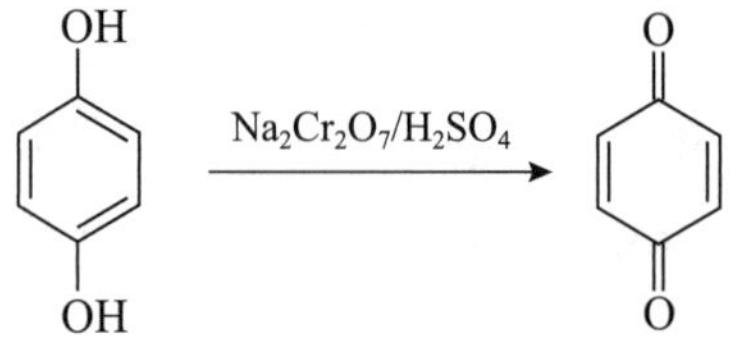

一般而言,苯酚芳环上的吸电子取代基不利于氧化反应进行,给电子基团有利于氧化反应进行。

四、酚的制备

(一)芳磺酸盐碱熔制备酚

芳磺酸盐碱熔法是工业生产中制备酚类化合物的最早的方法。具体步骤是芳磺酸在高温下与熔融的苛性碱作用,使磺酸基被羟基取代,得到酚钠盐,进一步酸化得到酚。最常用的苛性碱是氢氧化钠,其次是氢氧化钾。该方法的优点是工艺过程简单,对设备的要求不高,适用于多种酚类的制备;缺点是需要使用大量酸、碱,废液多,工艺较落后。该方法也可用于制备烷基酚、多元酚以及萘酚等。

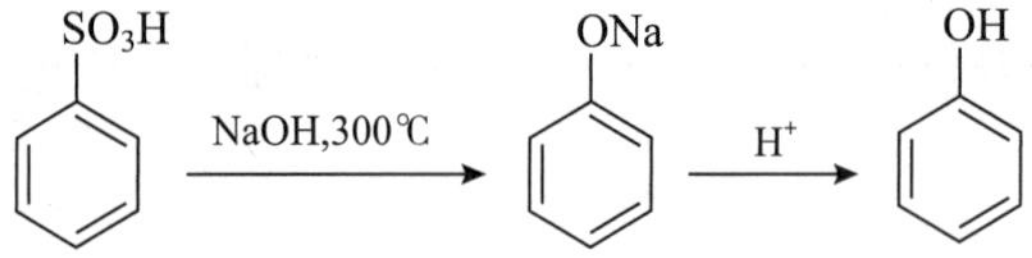

(二)卤代芳烃水解制备酚

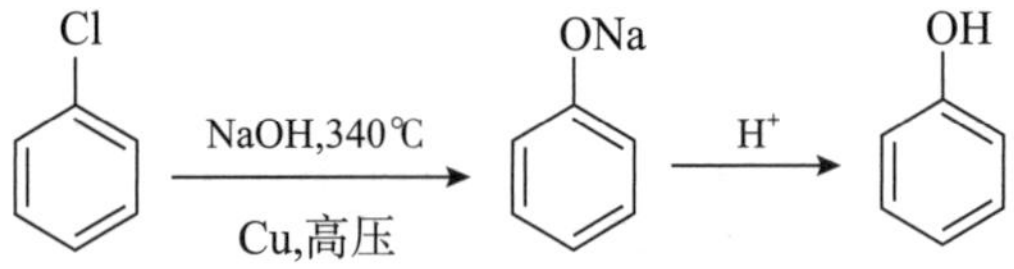

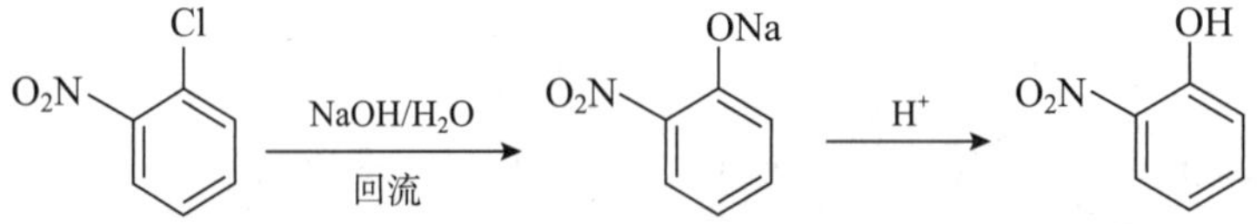

卤代芳烃的卤素原子需要在高温、高压和催化剂存在下与稀碱反应才能被羟基取代生成酚。芳环邻位或对位强吸电子基团(如硝基)的取代可以提升卤素原子的反应活性。例如邻硝基氯苯在氢氧化钠水溶液中回流,再经酸化可生成邻硝基苯酚,反应容易发生。

(三)异丙苯氧化法制备酚

异丙苯在催化剂作用下,经氧气氧化生成氢过氧化异丙苯,然后在稀硫酸作用下重排生成苯酚和丙酮。

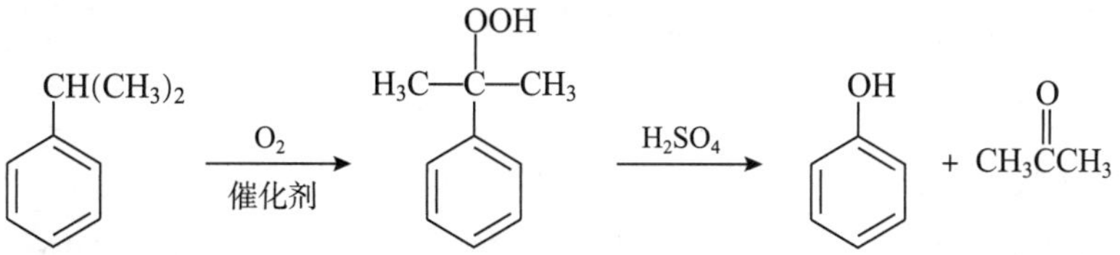

（四）重氮盐水解制备酚

实验室中常用苯胺在亚硝酸钠/硫酸作用下制备重氮盐（详见第十一章），在酸性条件下水解得到苯酚。例如：

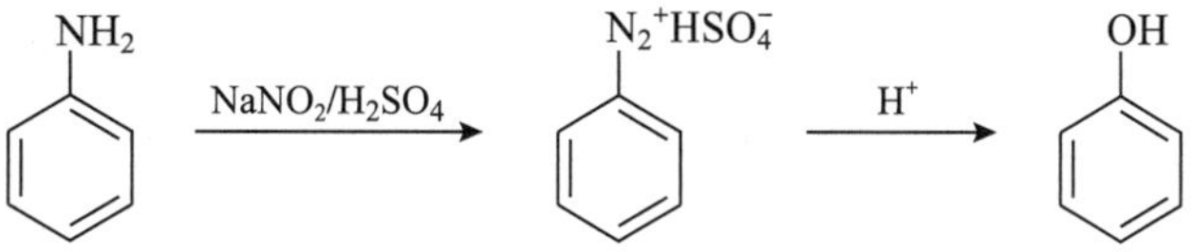

第三节 醚

醚（ether）可以看成是醇或酚结构中羟基中的氢原子被烃基取代所得到的化合物，也可以看成是水分子中的两个氢原子均被烃基取代的化合物，其特性基团为醚键 C—O—C，结构通式为 R—O—R′。

一、分类和命名

（一）分类

根据醚结构中氧原子上的两个取代基是否相同，可以将醚分为简单醚（两个烃基相同）和混合醚（两个烃基不同）；根据两个取代基的种类，可以将醚分为脂肪醚（两个取代基均为脂肪烃基）和芳香醚（至少含有一个芳烃基）；氧原子位于环状结构中的醚称为环醚，醚键位于三元环中时称为环氧化合物；含有多个氧原子的大环醚称为冠醚。

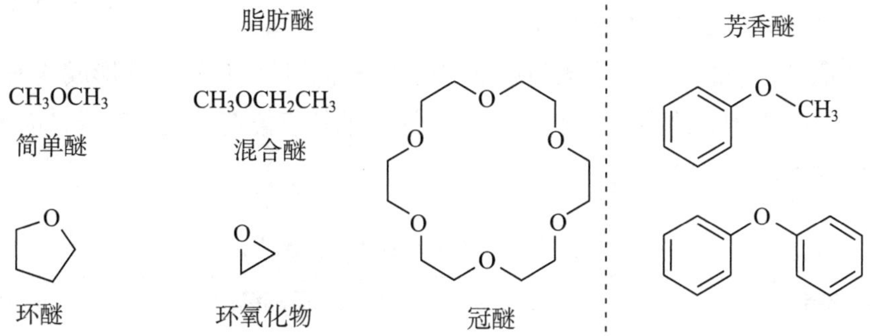

（二）命名

简单醚的命名方法是先写出与氧相连的基团名称，再将"醚"字放在基团名称后面，两个相同基团名称前可加上"二"字；混合醚的名称则按照取代基英文名称首字母顺序书写。醚的英文名称为"ether"，在"ether"之前加上取代基名称并按照取代基英文首字母排序，基团名称后加空格。例如：

CH₃OCH₂CH₃   CH₃CH₂OCH＝CH₂   CH₃CH₂OCH(CH₃)₂

乙基甲基醚   乙基乙烯基醚   乙基异丙基醚

ethyl methyl ether   ethyl vinyl ether   ethyl isopropyl ether

结构复杂的醚可采用系统命名法命名，将较大的烃基作为母体，将碳原子数较少的烃氧基作为取代基。例如：

$CH_3CHCH_2CH_2CH_3$
　　|
　OCH₂CH₃

2-乙氧基戊烷
2-ethoxypentane

1-甲氧基-2-甲基苯
1-methoxy-2-methylbenzene

3-甲氧基苯酚
3-methoxyphenol

环醚的命名可以采用俗名，没有俗名的称为氧杂某烷。例如：

四氢呋喃   环氧乙烷   1,4-二氧六环   氧杂丁烷

tetrahydrofuran   oxirane   1,4-dioxane   oxetane

二、结构和物理性质

（一）结构

醚的结构可以看作是水分子的两个氢均被烃基取代。因此，醚的结构与水分子相似，氧原子为 sp³ 杂化，两对未共用电子分别占用两个 sp³ 杂化轨道，另外两个 sp³ 杂化轨道分别与烃基碳形成 σ 键。例如甲醚（CH₃OCH₃）的立体结构（图 7-3）。

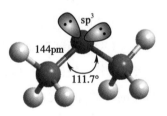

图 7-3 甲醚分子的立体结构

（二）物理性质

在常温常压下，甲醚和甲乙醚为气体，其余醚大多数都是无色液体。由于醚分子中的氧原子直接与烃基相连，没有活泼氢原子，无法形成分子间氢键，所以醚的沸点比分子量相近的醇低很多，与分子量相近的烷烃接近。互为同分异构体的醚和醇的沸点比较见表 7-4。

表 7-4　互为同分异构体的醚和醇的沸点比较

醚的结构	沸点 /℃	醇的结构	沸点 /℃
CH₃OCH₃	−23.0	CH₃CH₂OH	78.5
CH₃OCH₂CH₃	10.8	CH₃CH₂CH₂OH	82.4
CH₃CH₂OCH₂CH₃	34.5	CH₃(CH₂)₃OH	117.3
CH₃(CH₂)₃O(CH₂)₃CH₃	142.0	CH₃(CH₂)₇OH	194.5

醚分子中的氧原子具有未共用电子对,可以与水分子形成氢键作用,故醚在水中的溶解度比分子量相近的烷烃大,与同碳数的醇相近。环醚在水中的溶解度较大,例如四氢呋喃和1,4-二氧六环两者均可以与水以任意比例互溶,原因是醚键成环后氧原子突出在外,更容易与水形成氢键。

醚常作为有机溶剂,乙醚是最常用的溶剂。多数有机物可以溶于乙醚而难溶于水,而乙醚仅微溶于水,因此实验室中常采用乙醚从水中提取易溶于乙醚的物质,如提取中草药中某些脂溶性成分。纯净乙醚是外科手术中常用的麻醉药。

低级醚具有高度挥发性和易燃性,例如乙醚气体和空气可形成爆炸性混合气体,一个电火花便会引起剧烈爆炸,使用时要特别注意,应该保持通风良好,且实验室禁止使用明火。

三、化学性质

醚类化合物中的氧原子上带有未共用电子对,使其具有一定的碱性。同时,由于氧原子的强电负性,与两个烃基直接相连时氧原子的电子云密度增大,在强酸条件下可发生 C—O 键(对碱稳定)的断裂。

(一)锌盐的形成

醚键的氧原子具有未共用电子对,作为路易斯碱可以与浓硫酸、盐酸或路易斯酸(如三氟化硼)等形成锌盐。由于锌盐中带有正电荷的氧原子的电负性增强,C—O 键的极性增强,更有利于醚键的断裂。

$$CH_3CH_2OCH_2CH_3 + H_2SO_4 \rightleftharpoons CH_3CH_2\overset{+}{\underset{|}{O}}CH_2CH_3 + HSO_4^-$$
$$H$$

$$CH_3OCH_3 + BF_3 \rightleftharpoons CH_3\overset{+}{\underset{|}{O}}CH_3$$
$$\underset{}{\underline{B}F_3}$$

(二)醚键的断裂

醚与氢卤酸一起加热,碳氧键发生断裂,生成卤代烃和醇。在过量的氢卤酸存在下,醇可进一步转变为卤代烃。反应通式为:

$$R—O—R \xrightarrow[\triangle]{HX} R—OH + R—X \xrightarrow{HX} R—X$$

氢卤酸使醚键断裂的能力为 HI>HBr>HCl,氢氟酸通常不作为醚键断裂的试剂。该反应属于亲核取代反应,由于离去基团烃氧负离子是强碱,是一种弱的离去基团,故在中性条件下不能发生亲核取代反应。在酸性条件下醚形成锌盐,以弱碱醇形式离去,可以使取代反应顺利进行。

醚键的断裂机理和断裂位置取决于烷基的种类。伯烷基醚与强酸发生 S_N2 反应。简单醚的两个碳氧键相同,因此产物单一。对于混合醚,碳氧键的断裂位置受氧原子上两个取代基的空间位阻影响,小体积基团容易受卤素负离子进攻而形成卤代烃,大体积基团则转化为醇。例如:

$$CH_3CH_2OCH_2CH_3 \xrightleftharpoons{HBr} CH_3CH_2OH + CH_3CH_2Br$$

$$CH_3CH_2OCH_2CH_3 \xrightleftharpoons{H^+} CH_3CH_2 \overset{+}{\underset{H}{-}O-CH_2CH_3 \xrightarrow{Br^-} CH_3CH_2OH + CH_3CH_2Br$$

当两个取代基中存在一个苄基、烯丙基或者叔烷基时,反应按照 S_N1 机理进行。例如:

$$(CH_3)_3COCH_2CH_3 \xrightleftharpoons{HBr} (CH_3)_3C \overset{H}{\underset{+}{-}O-CH_2CH_3} \xrightarrow{-CH_3CH_2OH} (CH_3)_3\overset{+}{C} \underset{Br^-}{\nearrow} \begin{matrix} (CH_3)_2C=CH_2 \\ (CH_3)_3CBr \end{matrix}$$

由于芳环与醚形成 p-π 共轭的原因,其 C—O 键不容易发生断裂。甲基、乙基、叔丁基容易形成醚,也容易在酸中发生 C—O 键的断裂,因此在有机合成中常用来作羟基的保护基。

$$\xrightarrow{H_3PO_4/H_2O}$$

94%

(三)醚的自动氧化——过氧化物的形成

通常情况下,醚比较稳定。但若长期与空气接触或经光照,醚可与氧气缓慢反应,生成过氧化物。例如:

$$CH_3CH_2OCH_2CH_3 \xrightarrow{O_2} \underset{OOH}{CH_3\overset{|}{C}HOCH_2CH_3} \xrightarrow{-nC_2H_5OH} \left[\overset{H}{\underset{CH_3}{-}\overset{|}{C}-O-O} \right]_n$$

氢过氧化乙醚　　　　　　　　　　　过氧化乙醚

过氧化物不稳定,遇热会发生爆炸。因此,在使用乙醚、四氢呋喃等醚类溶剂进行蒸馏前需要检测其中是否含有过氧化物,同时蒸馏时温度不能过高,也不能将溶剂蒸干,否则会发生爆炸。检测方法:若待测醚溶剂能够使湿的淀粉-KI 试纸变蓝或使 $FeSO_4$-KSCN 混合液显红色,则说明存在过氧化物。除去过氧化物的方法是在醚中加入少量对苯二酚抗氧化剂,或将醚用硫酸亚铁溶液洗涤。

另外,由于乙醚的高挥发性和易燃性,即使不含有过氧化物,在使用时也要注意防火防爆,加强预防措施,避免出现安全事故。

四、环氧化合物

(一)结构

环氧化合物是指含有氧原子的三元环醚及其取代产物,最简单的是环氧乙烷。环氧乙烷是有毒气体,沸点为11℃,可溶于水、醇和醚,是重要的化学、制药工业的原料。

环氧乙烷的性质比开链醚活泼,不仅容易与酸反应,而且能与不同的碱反应。原因是碳和氧原子的 sp^3 杂化轨道在成键时不能正面重叠,而是以弯曲键相互连接,三元环存在较大的张力,体系的能量高,不稳定,极易与多种试剂反应导致开环。开环后张力才能得以缓解,因此开环是环氧化合物的主要反应形式。

(二)开环反应

由于环张力的存在,环氧化合物不同于一般的醚,性质非常活泼,在酸性或碱性条件下均可以发生开环反应。

1. 酸性条件下的开环反应

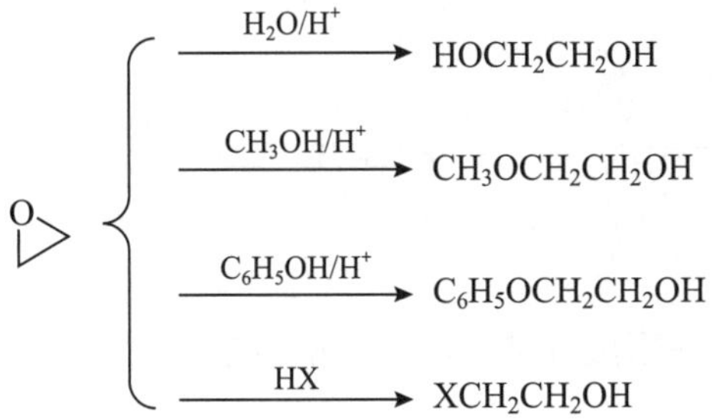

环氧化合物开环过程中,烷氧基被看作是离去基团,但离去能力不强。在酸催化下,氧原子被质子化形成锌盐,从而增加两个碳原子的正电性,容易被带有未共用电子对的亲核试剂进攻。

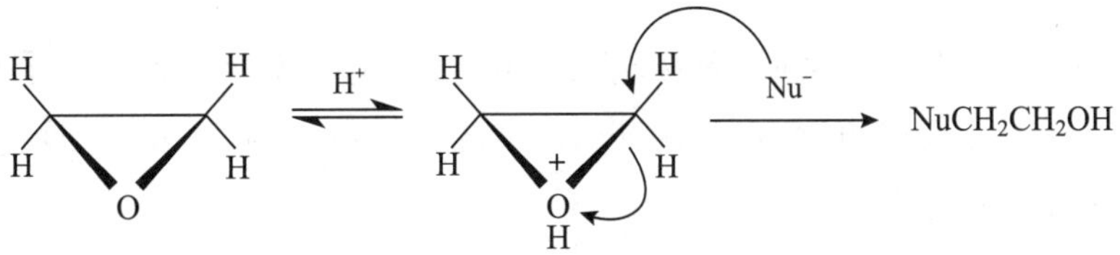

对于环氧乙烷而言,亲核试剂进攻每一个碳原子所得到的产物均相同,但若环氧乙烷的碳原子上有取代基形成不对称环氧乙烷时,理论上亲核试剂进攻不同碳原子的产物不同。这种情况下,亲核试剂倾向于进攻取代较多的碳原子。

原因在于酸性条件下被质子化后的环氧乙烷由于锌盐的吸电子诱导效应使得碳原子的正电性增强,而取代基可以分散碳原子上的正电荷,稳定性高,容易接受亲核试剂进攻。

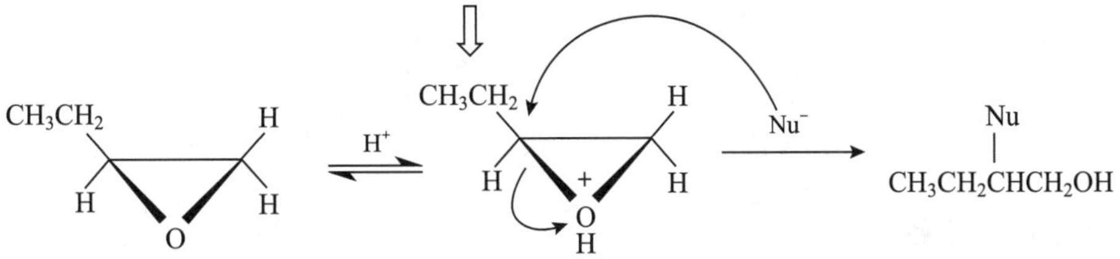

2. 碱性条件下的开环反应

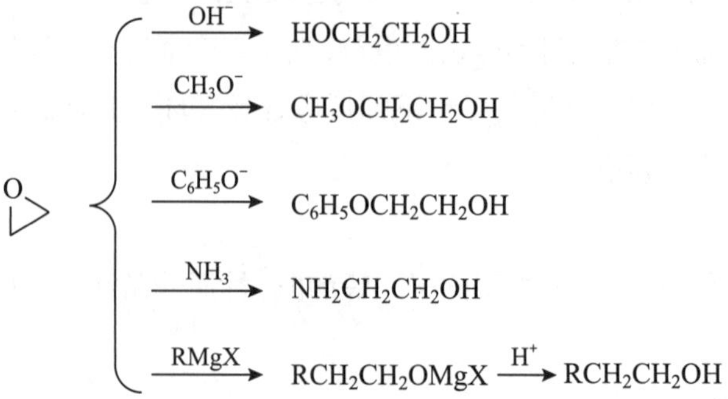

在碱性条件下,碱作为亲核试剂直接进攻环氧乙烷的碳原子。

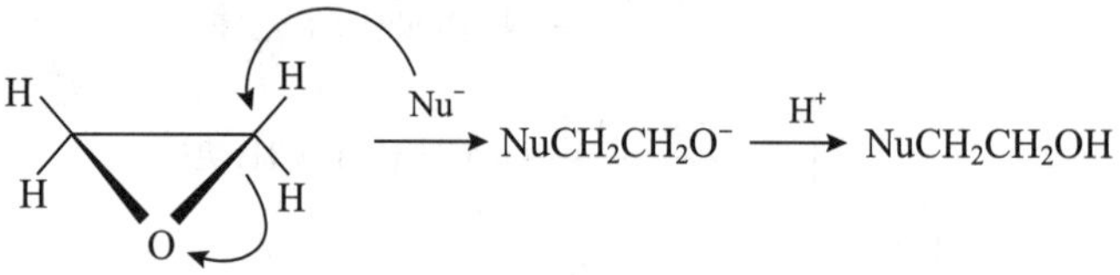

碱性条件下,氧原子无法形成锌盐,烷氧负离子的离去能力弱,因此亲核试剂倾向于进攻空间位阻较小的碳原子。

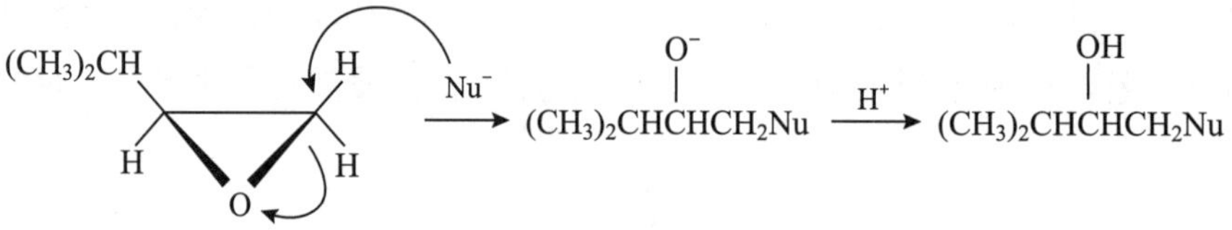

无论是哪种条件下的开环反应,均以 S_N2 机理进行,即 C—O 键的断裂与亲核试剂和环碳原子之间键的形成几乎同时进行,而且亲核试剂从离去基团(烷氧基)的背面进攻,因此存在构型翻转的立体化学特征。

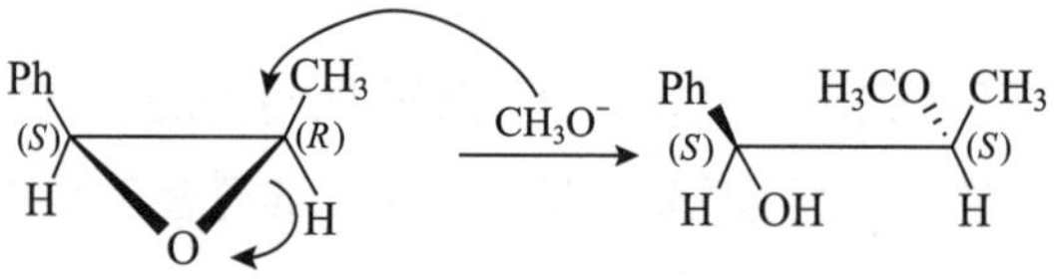

环氧化合物在酸或碱溶液中的开环方向可用下式表示。

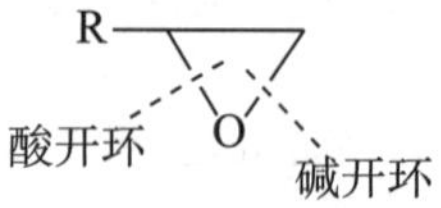

五、硫醇和硫醚

(一)结构和命名

1. 结构 　醇分子中的氧原子被硫原子替换后所形成的化合物称为硫醇(thiol),一元硫醇的结构通式为 R—SH,其特性基团称为巯基(mercapto)。醚分子中的氧原子被硫原子替换后所形成的化合物称为硫醚(thioether),硫醚的结构通式为 R—S—R′。硫原子与氧原子在元素周期表中处于同一个主族,最外层电子数相同,但硫的原子半径比氧的原子半径大,电负性比氧小,对外层电子的束缚能力弱,因此 S—H 键比 O—H 键的稳定性差,硫醇的氢更容易解离。

2. 命名 硫醇和硫醚的命名类似于醇和醚,仅在"醇"或"醚"字前面加上"硫"字即可。例如:

CH₃SH
甲硫醇
methanethiol

$$CH_3CHCH_2CH_2SH$$
（上方有 CH₃ 支链）
3-甲基丁-1-硫醇
3-methylbutane-1-thiol

（环戊基 SH）
环戊硫醇
cyclopentanethiol

（戊基 SH）
戊-3-硫醇
pentane-3-thiol

HSCH₂CH₂CH₂OH
3-巯基丙-1-醇
3-mercaptopropan-1-ol

CH₃SCH₂CH₃
乙基甲基硫醚
ethyl methyl sulfide

CH₃SCH₂CH₂OH
2-甲硫基乙醇
2-methylthioethanol

（环己基—S—CH₃）
环己基甲基硫醚
cyclohexyl methyl sulfide

(二)物理性质

低分子量硫醇具有挥发性和极其难闻的臭味,随着碳数增加,挥发性和臭味减弱。由于硫原子和氧原子电负性、原子半径的差异,作为氢键受体,硫原子形成氢键的能力比氧原子弱,因此硫醇的沸点和水溶性均低于相应的醇。硫醇与相应醇的沸点和水溶性比较见表7-5。

表7-5 硫醇与相应醇的沸点和水溶性比较

化合物	沸点/℃	室温下的水溶性
CH₃SH	6.2	微溶于水
CH₃OH	65.0	与水互溶
CH₃CH₂SH	37.0	微溶于水
CH₃CH₂OH	78.5	与水互溶

低分子量硫醚为无色液体(甲硫醚除外),不容易与水分子形成氢键,因此不溶于水,易溶于醇和醚,沸点比相应的醚高。

(三)化学性质

1. 氧化反应 硫醇极易被碘、过氧化氢或空气中的氧气等弱氧化剂氧化生成二硫化物(disulfide),在高锰酸钾、硝酸等强氧化剂作用下硫醇被氧化为磺酸。硫醚在常温下可以被硝酸、铬酐、过氧化氢氧化生成亚砜(sulfoxide);在高温下,硫醚被发烟硝酸、高锰酸钾等强氧化剂氧化为砜(sulfone)。

$$2CH_3CH_2SH + I_2 \longrightarrow CH_3CH_2S—SCH_2CH_3 + 2HI$$

$$CH_3CH_2SH + KMnO_4 \longrightarrow CH_3CH_2SO_3H$$

$$2CH_3CH_2CH_2SH + H_2O_2 \longrightarrow CH_3CH_2CH_2S—SCH_2CH_2CH_3 + 2H_2O$$

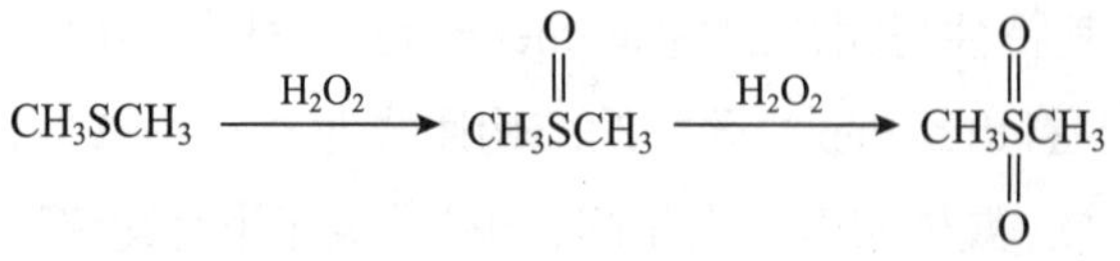

$$CH_3SCH_3 \xrightarrow{H_2O_2} CH_3\overset{\overset{O}{\|}}{S}CH_3 \xrightarrow{H_2O_2} CH_3\overset{\overset{O}{\|}}{\underset{\underset{O}{\|}}{S}}CH_3$$

甲硫醚　　　　　　　二甲亚砜　　　　　　　二甲基砜

2. 硫醇的酸性　硫醇中硫原子的体积大，轨道分散，S—H 键的稳定性低，因此硫醇的酸性大于水，OH⁻ 或 RO⁻ 可以夺取硫醇的氢质子。

$$RS-H + OH^- \xrightleftharpoons{\quad\quad} RS^- + H_2O$$

3. 硫醇与重金属作用　硫醇可以与重金属（汞、铅、银、铜等）的氧化物或盐反应生成不溶于水的硫醇盐。重金属离子在体内可与生物大分子结构中的巯基结合，从而引起中毒。临床上使用硫醇类化合物如 2,3- 二巯基丙 -1- 醇、2,3- 二巯基丁二酸钠、2,3- 二巯基丙磺酸钠等作为重金属盐中毒的解毒剂，通过竞争性结合金属离子，从而将重金属离子从尿液中排出，起到解毒作用。

4. 锍盐的形成　硫醚中的硫原子与醚中氧原子类似，具有未共用电子对，可以被质子化形成锍盐。此类锍盐不稳定，遇水即发生分解，释放出硫醚。

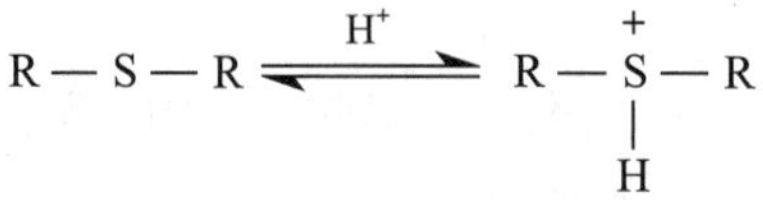

$$R-S-R \xrightleftharpoons{H^+} R-\overset{+}{\underset{\underset{H}{|}}{S}}-R$$

硫醚也可以与活泼卤代烃发生 *S*- 烷基化反应生成稳定的三烷基锍盐。例如：

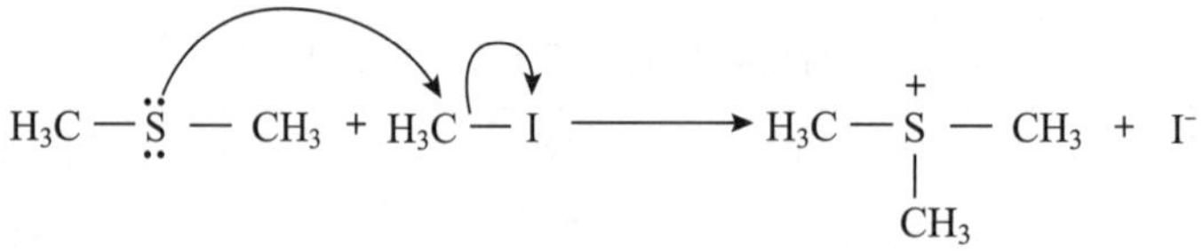

$$H_3C-\ddot{\underset{\cdot\cdot}{S}}-CH_3 + H_3C-I \longrightarrow H_3C-\overset{+}{\underset{\underset{CH_3}{|}}{S}}-CH_3 + I^-$$

由于三烷基锍盐中的硫原子带有正电荷，C—S 键的极性增强，碳原子的正电性因此而增强，更容易被亲核试剂进攻，因此三烷基锍盐可作为烷基化试剂被用于转移烷基。例如 *S*- 腺苷甲硫氨酸在体内作为甲基供体，参与对生物大分子的甲基化过程。

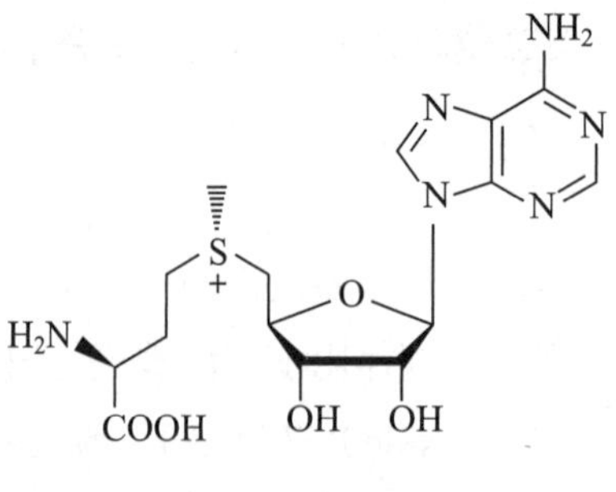

S-腺苷甲硫氨酸

六、冠醚

冠醚（crown ether）是指分子结构中具有乙二醇重复单位的大环多醚，因其立体结构类似于皇冠而得名。冠醚的命名比较复杂，一般按照"X-冠-Y"的方式命名，X 是指参与成环的原子总数（包括碳原子和氧原子），Y 是指参与成环的氧原子个数。例如 18-冠-6（图 7-4）。

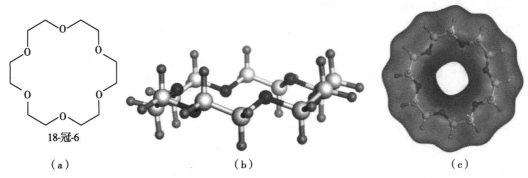

（a）分子结构；（b）立体结构；（c）分子表面图。

图 7-4　18-冠-6

冠醚最突出的特点是存在多个醚键，分子中有一个空穴，金属离子可以通过与冠醚中的氧原子作用形成配合物。不同结构的冠醚，分子中的空穴大小不同，可以容纳的金属离子不同，只有与空穴直径大小相当的金属离子才可以进入并形成络合物，所以冠醚的络合作用具有较高的选择性。例如 12-冠-4 只能络合 Li^+，18-冠-6 络合 K^+（图 7-5），24-冠-8 络合 Cs^+ 等。

从冠醚的结构可以看出，分子内腔为氧原子，可以与水分子形成氢键作用，具有亲水性，其外周都是由甲亚基组成的，具有亲脂性。因此，冠醚可以将水相中的金属阳离子包

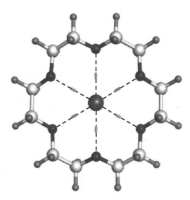

图 7-5　18-冠-6 与 K^+ 形成的络合物结构示意图

埋在亲水的空腔内，而由于外围保持亲脂性，从而使得阴离子容易进入有机相，加快非均相反应的进行。例如氰化钾溶于水，而卤代烃溶于有机溶剂，将卤代烃与氰化钾水溶液混合，因为两相不互溶，反应难以发生。但加入 18-冠-6 以后，冠醚先进入水相将 K^+ 络合，从而使得 CN^- 更容易进入有机相，反应可以迅速进行。

$$
\text{PhCH}_2\text{Br} + \text{KCN} \xrightarrow[\text{25℃}]{\text{18-冠-6}} \text{PhCH}_2\text{CN}
$$

$$
n\text{-C}_7\text{H}_{15}\text{Br} + \text{KOAc} \xrightarrow[\text{25℃}]{\text{18-冠-6}} n\text{-C}_7\text{H}_{15}\text{OAc}
$$

因此，冠醚的这种作用称为相转移催化作用，冠醚是一种相转移催化剂。

七、醚的制备

（一）醇分子间脱水

在非亲核性的无机酸（如浓硫酸）存在下，两分子相同的醇可以发生分子间脱水反应生成醚，这是制备简单醚的一般方法。例如：

$$2CH_3CH_2OH \underset{130℃}{\overset{浓H_2SO_4}{\rightleftharpoons}} CH_3CH_2OCH_2CH_3 + H_2O$$

伯醇脱水的反应机理是醇分子的羟基被质子化后使 C—O 键的极性增强,碳原子的正电性增强,容易接受另一分子醇羟基的亲核进攻,水分子作为离去基团,再失去质子得到相应的醚,反应按照 S_N2 机理进行。

$$RCH_2-\overset{..}{\underset{..}{O}}H \overset{H^+}{\rightleftharpoons} RCH_2-\overset{+}{\underset{\underset{H}{|}}{O}}-H \underset{-H_2O}{\overset{R-\overset{..}{O}H}{\rightleftharpoons}} RCH_2-\overset{+}{\underset{\underset{H}{|}}{O}}-R \overset{H_2\overset{..}{O}}{\rightleftharpoons} RCH_2-O-R + H_3O^+$$

醇脱水反应为可逆反应,在酸性条件下醚键会发生断裂,因此在反应过程中及时将醚蒸出可以促使反应向右进行。反应受温度的影响较大,对于乙醇脱水而言,130℃生成乙醚,但温度升高到180℃则会生成乙烯。

$$CH_3CH_2OH \underset{180℃}{\overset{浓H_2SO_4}{\longrightarrow}} CH_2{=}CH_2 + H_2O$$

仲醇的脱水反应按照 S_N1 机理进行,即质子化后的醇羟基脱水生成碳正离子,另一分子醇作为亲核试剂进攻碳正离子,再脱去质子得到醚。

$$CH_3\overset{\overset{..}{O}H}{\underset{|}{C}}HCH_3 \overset{H^+}{\rightleftharpoons} CH_3\overset{\overset{+}{O}H_2}{\underset{|}{C}}HCH_3 \underset{-H_2O}{\rightleftharpoons} CH_3\overset{+}{C}HCH_3 \overset{CH_3\overset{\overset{..}{O}H}{\underset{|}{C}}HCH_3}{\rightleftharpoons}$$

$$(CH_3)_2CH-\overset{+}{\underset{\underset{H}{|}}{O}}-CH(CH_3)_2 \overset{-H^+}{\rightleftharpoons} (CH_3)_2CH-O-CH(CH_3)_2$$

叔醇在酸性条件下容易发生消除反应,因此不生成醚。

醇脱水方法适用于制备简单醚;对于复杂醚,采用不同的醇脱水生成复杂的产物,没有实际应用价值。复杂醚的制备多采用威廉姆逊合成法。

(二)威廉姆逊合成法

烷氧负离子具有良好的亲核性,利用烷氧负离子与伯卤代烃或磺酸酯可以制备氧原子上连有不同取代基的醚,该方法称为威廉姆逊(Williamson)合成法,同样也适用于简单醚和环醚的制备。烷氧负离子一般使用醇钠,可以用相应的醇作溶剂。另外,二甲基亚砜(DMSO)或六甲基磷酰胺(HMPA)也常作为该方法的溶剂。

$$RONa + R'X \longrightarrow ROR' + NaX$$
$$RONa + CH_3SO_2OR' \longrightarrow ROR' + CH_3SO_3Na$$

反应为 S_N2 机理,由于醇钠又具有强碱性,该方法仅适用于伯卤代烃或空间位阻较小的仲卤代烃,叔卤代烃在强碱性条件下会发生 E2 消除反应,生成烯烃。因此,当醚键氧原子上连有叔烷基时,应该选择叔醇钠作为亲核试剂,体积相对较小的卤代烃作为底物,而不能选择与叔醇钠对应的叔卤代烃作为底物。例如:

$$(CH_3)_3CONa \ + \ CH_3CH_2Cl \longrightarrow (CH_3)_3COCH_2CH_3$$

$$(CH_3)_3CCl \ + \ CH_3CH_2ONa \nrightarrow (CH_3)_2C\!=\!CH_2$$

ER7-2　第七章目标测试

（李乾斌）

本章小结

醇、酚、醚均为含有氧原子的物质,可以分别看作为水分子中的氢原子被一个脂肪烃(醇)或一个芳香烃(酚)或被两个烃基同时取代得到的产物。结构中的氧原子具有两对未共用电子,结构中的 C—O 键或 O—H 键具有一定的极性。

醇、酚、醚类化合物存在分子间或分子内氢键(X—H···Y)作用,从而影响溶液状态下物质的理化性质,如沸点和水溶性等。

醇羟基可以发生亲核取代反应,如卤代、成酯、成醚。醇羟基具有酸性,与金属钠反应生成醇钠。醇可以发生分子间或分子内脱水,反应机理和产物取决于醇的结构。在不同氧化剂存在下,醇的氧化产物不同。

酚羟基具有酸性,氧原子的未共用电子对与苯环形成 p-π 共轭,这是与醇的区别,酚的酸性强弱在不同程度上受芳环上取代基的种类、位置和数目影响。酚可以发生威廉姆逊反应、克莱森重排和傅瑞斯重排。酚羟基成酯的能力弱于醇。芳环上容易发生卤代、磺化、硝化反应及弗里德-克拉夫茨反应、柯尔柏-施密特反应、瑞穆尔-梯曼反应。酚环容易被氧化为醌。

醚键中氧原子的电子云密度增大,因此容易形成𬭩盐,在酸性条件下容易发生 C—O 键的断裂,醚容易发生自身氧化生成过氧化物。环氧化合物在酸性或碱性条件下均容易发生开环,但催化机理不同,开环具有区域选择性和立体选择性。冠醚常用作相转移催化剂。

硫醇和硫醚分别为醇分子和醚分子中的氧原子被硫原子取代后的产物,容易形成锍盐或被氧化为亚砜或砜。硫醇的酸性强于醇,且易与重金属络合。

习　题

1. 用系统命名法命名下列化合物。

（1）
$$\underset{CH_3CH_2CHCH_2CHCH_3}{\overset{\quad CH_3\quad\quad OH}{}}$$

（2）

（3） 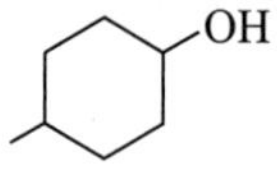　　　　（4）

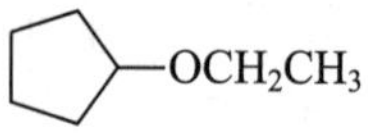

（5）CH$_3$CH$_2$CHCHCH$_3$ （上: OCH$_3$, 下: CH$_3$）

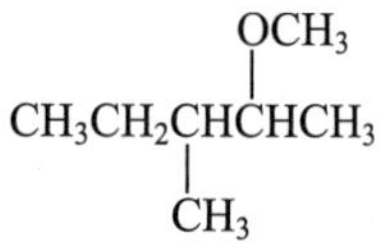

（6）

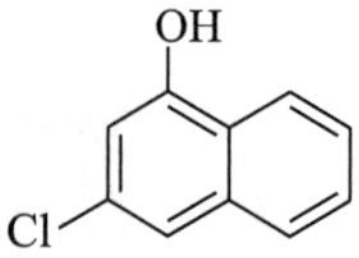

（7）

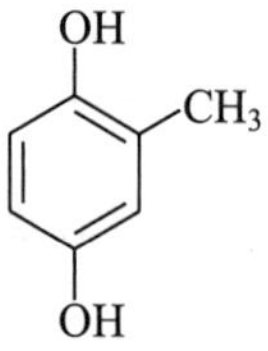

（8）CH$_3$CHCH$_2$CHCH$_2$OH （Br 和 CH$_3$）

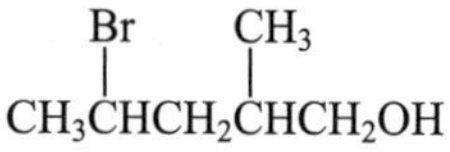

（9）CH$_3$CH=CHCH$_2$OH　　　　（10）CH$_3$—CH—CH$_2$OH（OH）

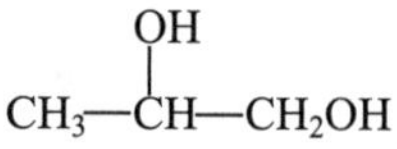

2. 写出下列化合物的结构式。

（1）（S）-3-甲基己-3-醇

（2）trans-2-溴环己-1-醇（含一对对映体）

（3）2,2-二甲基丙-1-醇

（4）3,5-二硝基苯酚

（5）4-甲氧基庚烷

（6）2-甲基四氢呋喃

（7）4-乙氧基-2-甲基苯酚

3. 回答下列问题。

（1）比较下列化合物的酸性强弱，并解释。

1）2-氯苯酚，2-甲基苯酚，4-硝基苯酚，3,5-二甲基苯酚

2）CH$_3$SH，CH$_3$OH

3）

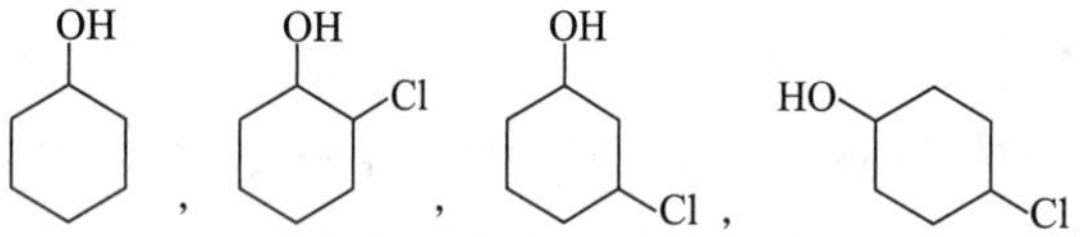

（2）解释下列化合物水溶性顺序的原因：乙醇＞氯乙烷＞乙烷。

（3）请按照沸点从高到低的顺序将下列化合物排序。

1）环己烷，环己醇，氯代环己烷

2）2,3-二甲基戊-2-醇，2-甲基己-2-醇，庚-2-醇

（4）乙-1,2-二醇比1,2-二氯乙烷更容易聚合，请给出理由。

4. 写出下列反应的主要产物。

（1）CH$_3$CHCH$_2$OH $\xrightarrow{\text{HI}}$ （CH$_3$）

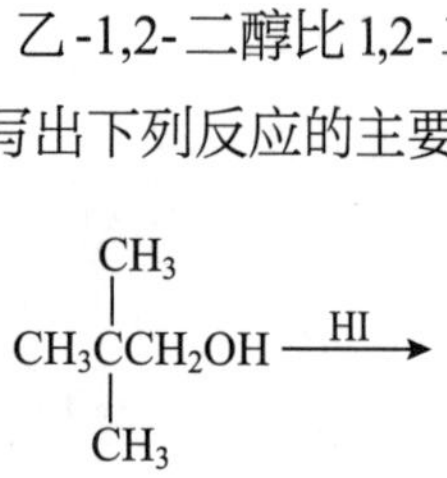

（2）CH$_3$CH$_2$OH + CH$_3$CH$_2$CHCH$_2$CH$_3$ $\xrightarrow{\text{CH}_3\text{CH}_2\text{ONa}}$ （Br）

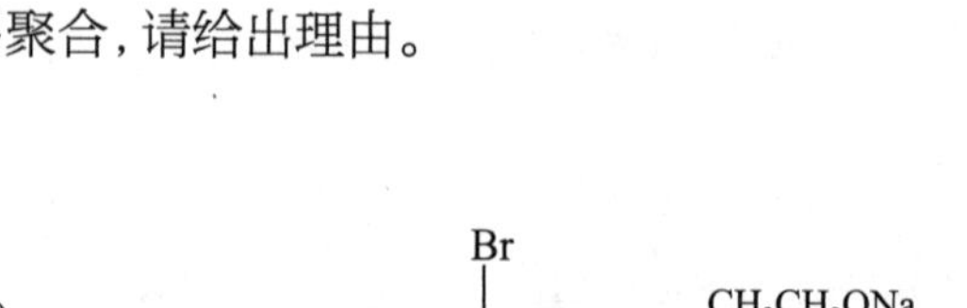

（3） 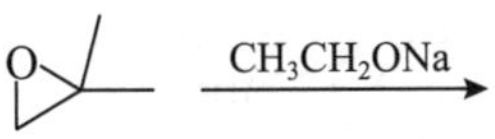 $\xrightarrow{CH_3CH_2ONa}$

（4）$(CH_3CH_2)_3COH \xrightarrow[\triangle]{H_2SO_4}$

（5） 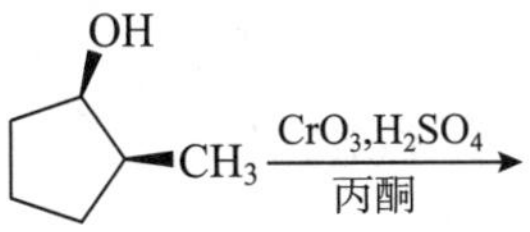 $\xrightarrow[\text{丙酮}]{CrO_3,H_2SO_4}$

（6） 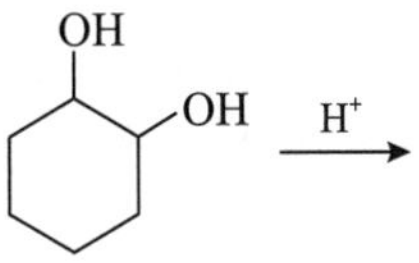 $\xrightarrow{H^+}$

（7） 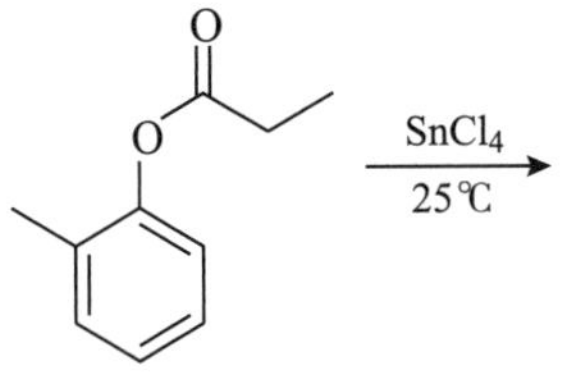 $\xrightarrow[25℃]{SnCl_4}$

（8） 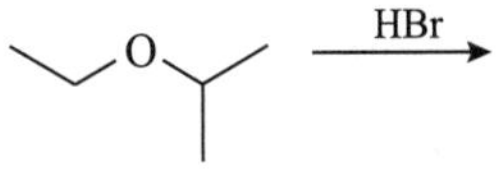 $\xrightarrow{HBr}$

（9） 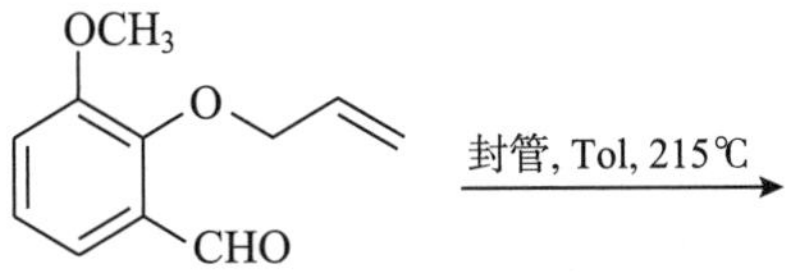 $\xrightarrow{\text{封管, Tol, }215℃}$

（10） 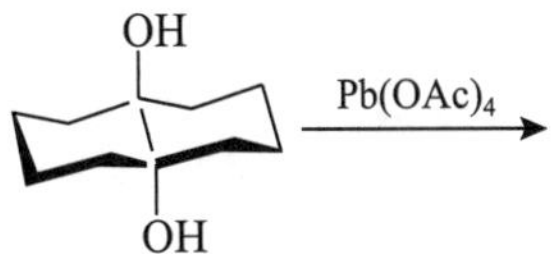 $\xrightarrow{Pb(OAc)_4}$

（11） 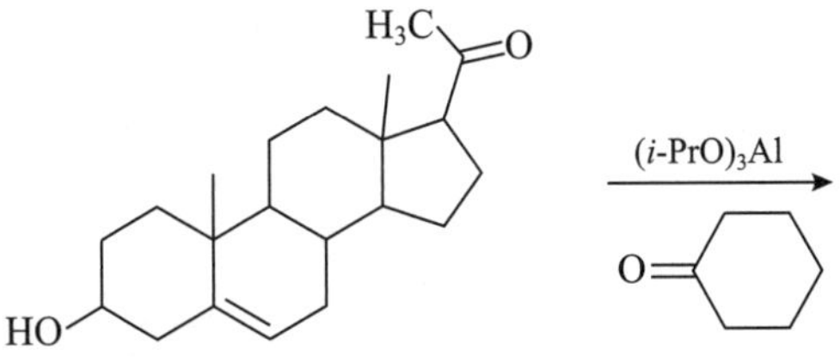 $\xrightarrow[\underset{O}{\bigcirc}]{(i\text{-PrO})_3Al}$

（12） 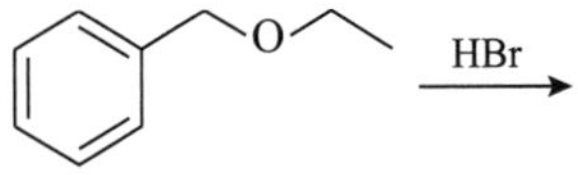 $\xrightarrow{HBr}$

5. 请写出下列转化的反应机理。

（1） 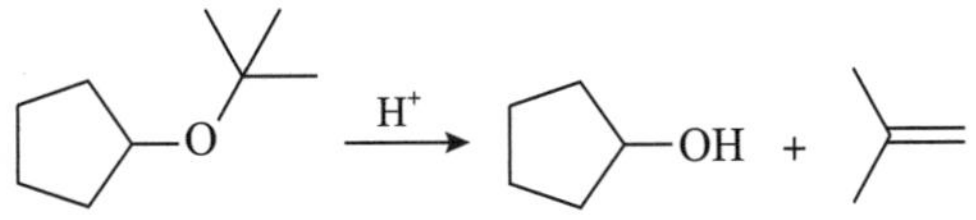 $\xrightarrow{H^+}$

（2） 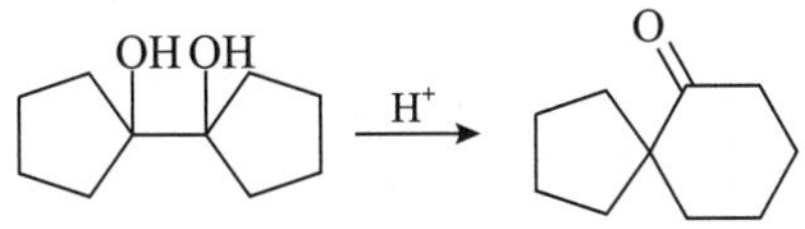 $\xrightarrow{H^+}$

（3） 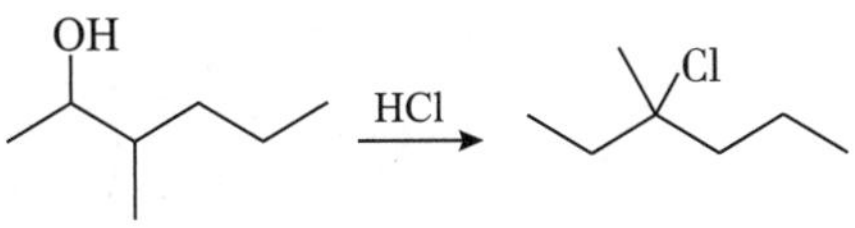 $\xrightarrow{HCl}$

（4）$CH_3\underset{\underset{OH}{|}}{\overset{\overset{CH_3}{|}}{C}}CH_2CH_3 \xrightarrow[\triangle]{H_2SO_4} CH_3\overset{\overset{CH_3}{|}}{C}=CHCH_3$

6. 用苯、苯酚和不超过 4 个碳原子的有机化合物作原料，分别设计下列化合物的合成路线。若可设计多种路线，试判断不同路线的优劣。

（1） 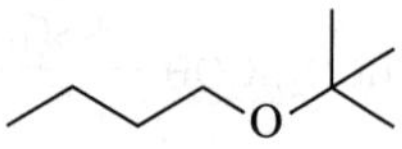　（2） 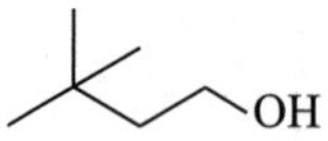　（3）OHC　CHO

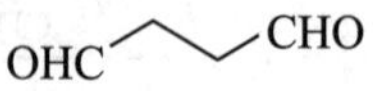

（4） 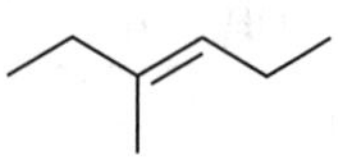　（5） 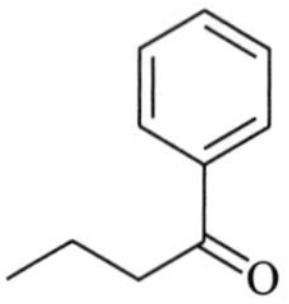　（6）

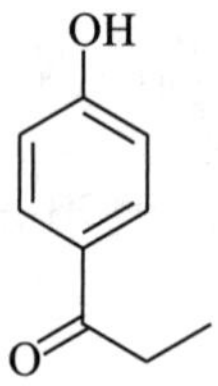

（7） 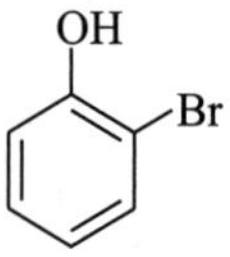　（8）

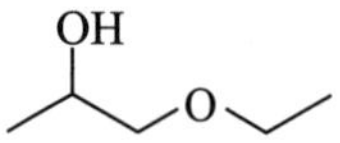

第八章　醛、酮和醌

　　氧原子与碳原子以双键相连的基团称为羰基（C＝O）。羰基的两端分别与氢和烃基相连称为醛，通式为 RCHO；酮的羰基两端连的是烃基，通式为 RCOR'；醌分子中含有共轭环己二烯二酮结构。醛、酮和醌类化合物有广泛的用途，如甲醛是最简单的醛，它是制备树脂、涂料和胶黏剂的重要原料；丙酮是最简单的酮，是性能优良的有机溶剂；茜草素是从茜草中提取的醌类化合物，是一种天然红色染料。

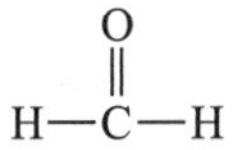

甲醛 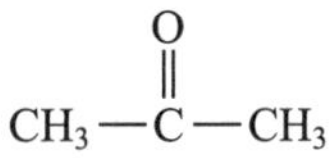　　　　　丙酮 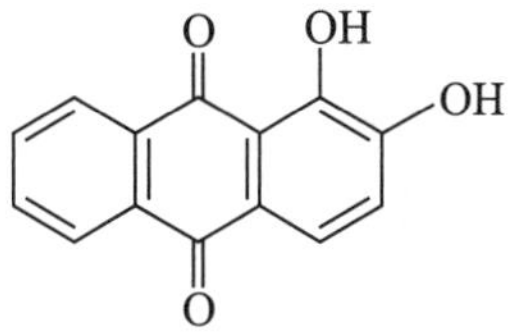　　　　　　茜草素

第一节　醛和酮

一、分类、结构和命名

（一）分类
根据羰基所连烃基的情况，醛和酮类化合物主要分以下几类。

1. 脂肪醛、酮和芳香醛、酮

脂肪醛　　　芳香醛　　　脂肪酮

2. 饱和醛、酮和不饱和醛、酮

CH_3CH_2CHO　　　　$H_2C{=}CH{-}CHO$　　　　$CH_3{-}\overset{O}{\overset{\|}{C}}{-}CH_3$

饱和醛　　　　　　不饱和醛　　　　　饱和酮

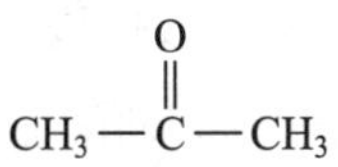

3. 一元醛（或酮）和多元醛（或酮）

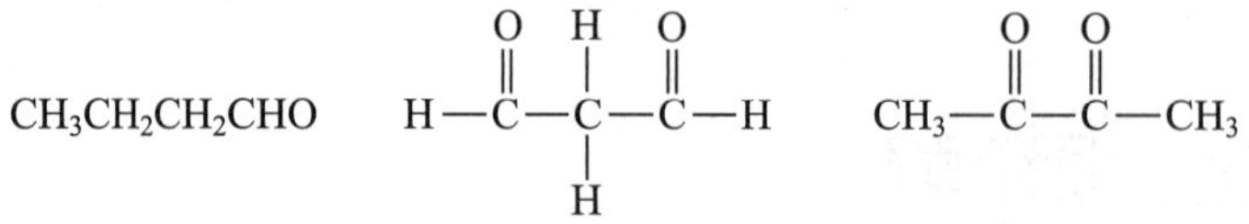

$$CH_3CH_2CH_2CHO \qquad H-\overset{\overset{O}{\|}}{C}-\overset{\overset{H}{|}}{\underset{H}{C}}-\overset{\overset{O}{\|}}{C}-H \qquad CH_3-\overset{\overset{O}{\|}}{C}-\overset{\overset{O}{\|}}{C}-CH_3$$

一元醛 二元醛 二元酮

（二）结构

从结构来看，羰基的碳和氧以双键相连，成键情况与乙烯类似，羰基的碳原子采用 sp^2 杂化，三个杂化轨道均用来形成 σ 键，其中一个和氧原子成键。碳原子上未参与杂化的 p 轨道和氧原子的 p 轨道肩并肩重叠生成 π 键，氧原子上还有两对孤对电子。

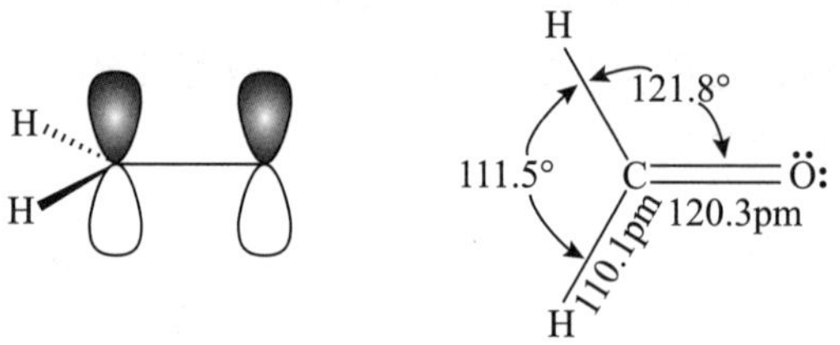

羰基上的氧原子电负性强，π 键电子云向氧原子偏移，产生部分极化，导致羰基化合物的偶极矩比较大。

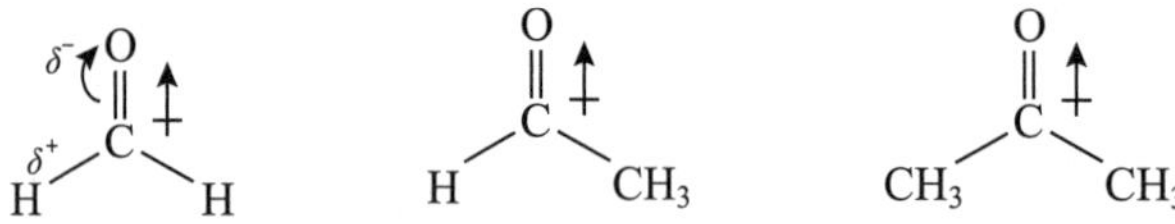

μ=2.27D μ=2.72D μ=2.85D

羰基结构部分极化使醛、酮等化合物易于发生亲核加成、氧化还原等化学反应。

（三）命名

简单的醛或酮可以用普通命名法。醛命名时，碳链从醛基相邻的碳原子开始，依次用 α、β、γ 等编号。酮的命名则根据分子结构中羰基所连的烃基不同，中文命名按照简单基团在前、复杂基团在后的规则；英文命名则按照取代基英文名称首字母先后顺序的规则，将其名称写在酮字之前。当酮的羰基与苯环相连时，称为酰基苯。

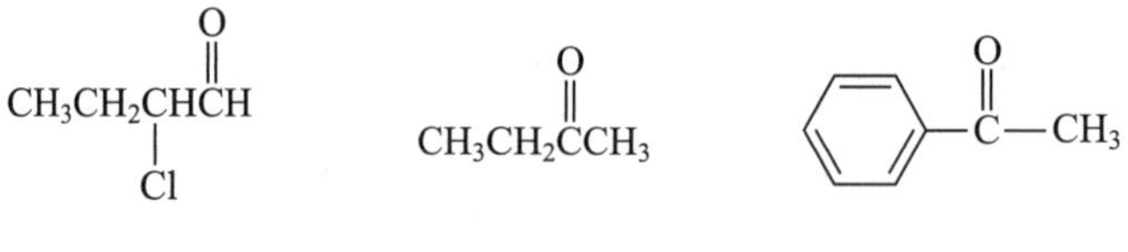

α-氯丁醛 甲基乙基酮 乙酰苯
α-chlorobutyraldehyde ethylmethylketone acetophenone

醛和酮通常采用系统命名法。脂肪族醛（或酮）选择含羰基最多、最长的碳链作为主链，从醛基一端或靠近酮基的一端开始编号，以使羰基的位号最小，酮的名称中还要注明羰基的位置。如主链上有支链或取代基时，需注明支链或取代基的位号和名称；当含羰基的部分在分子结构中作为取代基时，则醛基用"甲酰基"或"氧甲基"命名，酮羰基用"氧亚基"表示。脂环酮的羰基在环内时，称为"环某酮"；羰基在环外时，则将环作为取代基，按脂肪族酮的规则命名。

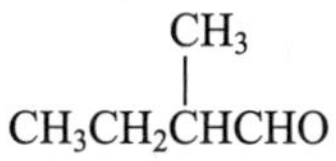

CH₃CH₂CHCHO
    |
   CH₃

2-甲基丁醛
2-methylbutanal

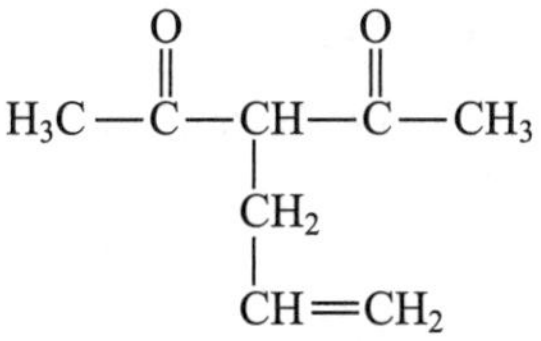

3-烯丙基-2,4-戊二酮
3-allyl-2,4-pentanedione

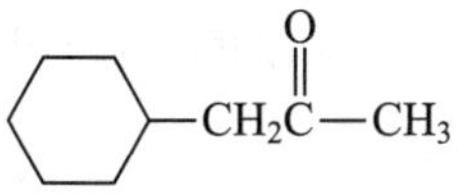

1-环己基-2-丙酮
1-cyclohexyl-2-acetone

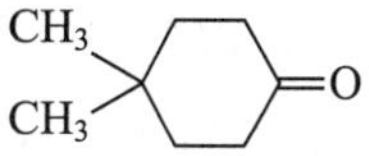

4,4-二甲基环己酮
4,4-dimethylcyclohexanone

芳香族醛、酮常将芳环作为取代基来命名,部分醛、酮采用传统俗名来命名。

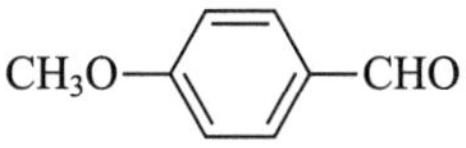

4-甲氧基苯甲醛
4-methoxybenzaldehyde

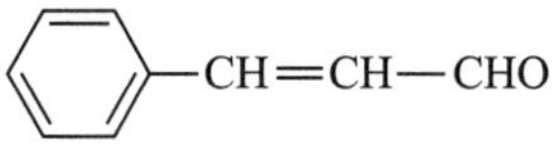

肉桂醛
cinnamicaldehyde

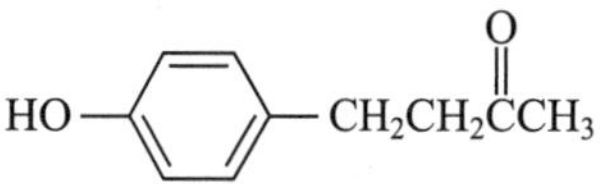

覆盆子酮
raspberryketone

二、物理性质

由于羰基具有极性,故醛或酮类化合物的偶极矩较大,增加分子之间的吸引力,但其分子间不能形成氢键,因此沸点比相应的醇类化合物低,比相当分子量的醚或烃要高。

羰基上的氧原子作为受体,可与水形成氢键,使醛、酮的水溶性增加。一些低级的醛、酮可与水混溶,随分子量的增加,醛、酮在水中的溶解度下降,但易溶于一般的有机溶剂。

脂肪族醛(或酮)的相对密度<1,芳香族醛(或酮)的相对密度>1。表 8-1 为一些常见醛、酮的物理常数。

表 8-1 一些常见醛、酮的物理常数

化合物	熔点 /℃	沸点 /℃	溶解度 /(g/100g H_2O)	相对密度 /(g/cm³)
甲醛	−92	−21	易溶	—
乙醛	−121	21	16	0.783
丙醛	−81	49	7	0.806
丁醛	−99	76	7	0.804
丙酮	−95	56	混溶	0.789
丁酮	−86	80	37	0.805
环己酮	−45	155	2.4	0.953
苯乙酮	21	202	不溶	1.028
二苯甲酮	48	306	不溶	1.087

三、化学性质

(一)亲核加成反应

1. **概述** 羰基结构中,氧的电负性大于碳,碳氧双键中的共用电子对更靠近氧,碳略带正电性,容易被亲核试剂进攻,发生亲核加成反应。由于醛的羰基碳相对于酮正电性更强、位阻更小,因此其反应活性更高。羰基的亲核加成反应可以在酸性或碱性条件下进行。

碱性条件下的反应过程如下:

$$R\!-\!\underset{R'}{\overset{R}{C}}\!=\!O + Nu^- \longrightarrow R\!-\!\underset{R'}{\overset{Nu}{\underset{|}{C}}}\!-\!O^- \xrightarrow{H_2O} R\!-\!\underset{R'}{\overset{Nu}{\underset{|}{C}}}\!-\!OH$$

酸性条件下的反应过程如下:

$$\underset{R'}{\overset{R}{C}}\!=\!\overset{..}{O} + H^+ \rightleftharpoons \left[\underset{R'}{\overset{R}{C}}\!=\!\overset{+}{O}H \longleftrightarrow \underset{R'}{\overset{R}{\overset{+}{C}}}\!-\!OH \right] \xrightarrow{Nu^-} R\!-\!\underset{R'}{\overset{Nu}{\underset{|}{C}}}\!-\!OH$$

2. 羰基与含碳亲核试剂的加成反应

(1)与金属有机化合物的加成反应:金属有机化合物如有机镁、有机锂试剂等与醛、酮发生加成反应后,经水解可生成不同类型的醇,醇又可以通过官能团转化,变成其他化合物,因此该类型反应在合成上有广泛的用途。金属有机化合物的亲核性非常强,它们与醛、酮的反应往往是不可逆的。

$$R\!-\!\overset{O}{\overset{\|}{C}}\!-\!R' + R''\!-\!MgX \xrightarrow{Et_2O} R\!-\!\underset{R'}{\overset{OMgX}{\underset{|}{C}}}\!-\!R'' \xrightarrow{H_3O^+} R\!-\!\underset{R'}{\overset{OH}{\underset{|}{C}}}\!-\!R''$$

格氏试剂是由卤代烃和金属镁反应制得的烷基卤化镁试剂,广泛用于醇的制备。

$$CH_3MgI + CH_3\!-\!\overset{O}{\overset{\|}{C}}\!-\!CH_3 \xrightarrow{Et_2O} CH_3\!-\!\underset{CH_3}{\overset{OMgI}{\underset{|}{C}}}\!-\!CH_3 \xrightarrow{H_2O} CH_3\!-\!\underset{CH_3}{\overset{OH}{\underset{|}{C}}}\!-\!CH_3$$

当醛或酮的羰基与一个手性中心连接时,它与金属有机化合物(包括格氏试剂、有机锂试剂等)发生亲核加成的过程是一个手性诱导反应,具有立体选择性。当金属有机化合物与手性醛、酮类化合物反应时,金属与羰基氧络合,导致羰基氧一端的位阻增加,羰基邻位手性碳上较大的基团 L 与羰基氧处于反位,与 R 以重叠式构象存在,为最有利于反应的构象。依据这种反应时的构象,经常利用 Cram 规则预测反应的主要产物。Cram 规则规定,羰基化合物邻位手性碳上的较大的基团 L 与 R 呈重叠式,手性碳上的中等大小的基团(M)和较小的基团(S)在羰基的两侧呈交叉式。发生亲核反应时,亲核试剂倾向于从空间位阻最小的基团 S 一边进攻羰基,得到主要产物(ⅰ);当试剂从中等大小的基团 M 一边进攻羰基时,得到次要产物(ⅱ)。

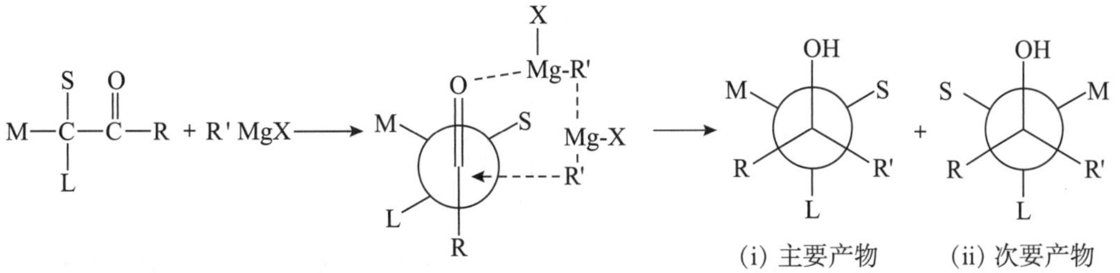

当醛、酮的 α-碳上存在—OH、—NHR 基团时,它们与羰基氧可以形成分子内氢键,并以重叠式构象存在。反应时,亲核试剂倾向于从该重叠式构象的 S 基团一侧进攻。

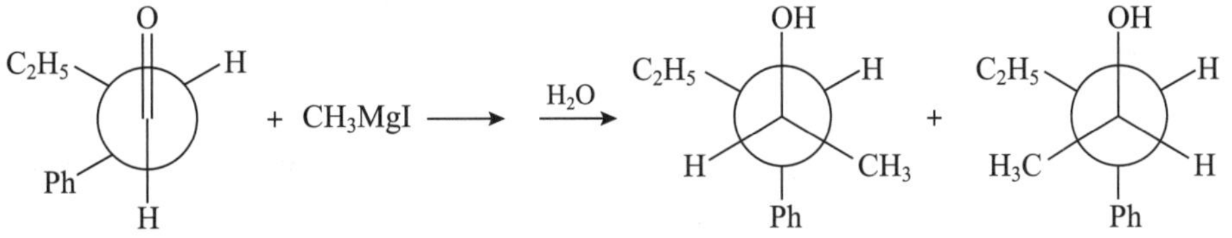

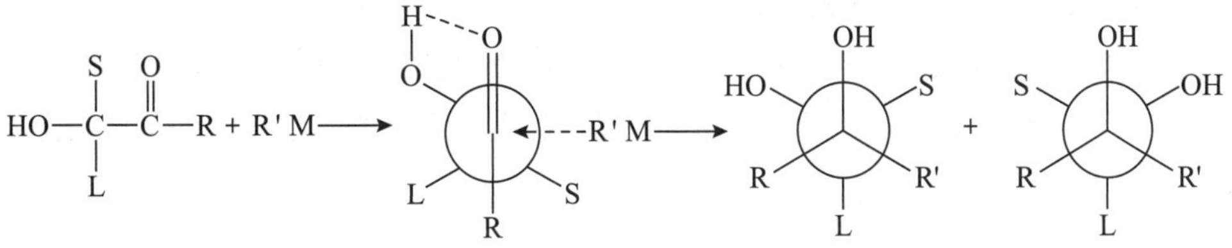

（2）与氢氰酸的加成反应:醛、脂肪族甲基酮和含 8 个碳原子(含 8 个碳)以下的环酮可以与氢氰酸发生亲核加成反应,生成 α-羟基腈。

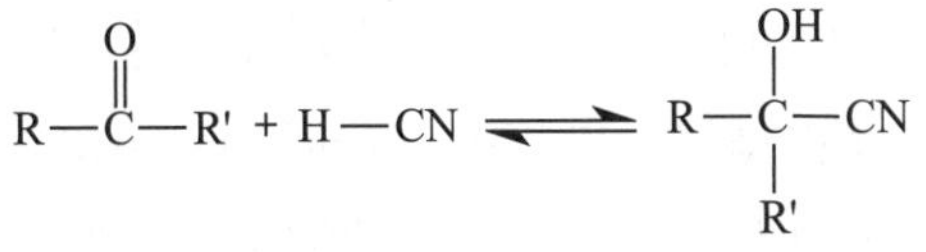

$$R-\overset{O}{\underset{}{C}}-R' + H-CN \rightleftharpoons R-\overset{OH}{\underset{R'}{C}}-CN$$

α-羟基腈

α-羟基腈水解后可以得到 α-羟基酰胺, α-羟基酰胺脱水则生成 α,β-不饱和酰胺,然后再进一步水解则生成 α,β-不饱和酸。在工业生产中,利用该反应,以丙酮和氢氰酸为原料,得到重要的工业原料甲基丙烯酸。

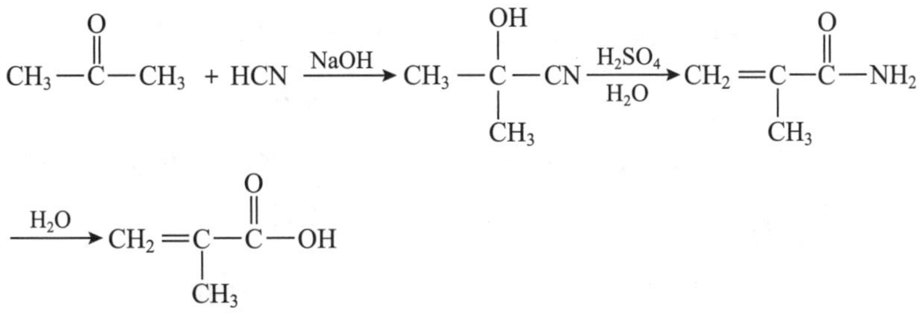

$$CH_3-\overset{O}{\underset{}{C}}-CH_3 + HCN \xrightarrow{NaOH} CH_3-\overset{OH}{\underset{CH_3}{C}}-CN \xrightarrow[H_2O]{H_2SO_4} CH_2=\overset{}{\underset{CH_3}{C}}-\overset{O}{\underset{}{C}}-NH_2$$

$$\xrightarrow{H_2O} CH_2=\overset{}{\underset{CH_3}{C}}-\overset{O}{\underset{}{C}}-OH$$

甲基丙烯酸

碱对氢氰酸与醛、酮的反应有很大的影响。氢氰酸是弱酸,较难解离出氰根离子,碱性条件有利于氢氰酸的解离,使氰基负离子的浓度增加,导致反应速率明显增加。

$$HCN + {}^-OH \longrightarrow {}^-CN + H_2O$$

$$R-\overset{\overset{\displaystyle O}{\|}}{C}-R' + {}^-CN \rightleftharpoons R-\overset{\overset{\displaystyle O^-}{|}}{\underset{\underset{\displaystyle R'}{|}}{C}}-CN \xrightarrow{H_2O} R-\overset{\overset{\displaystyle OH}{|}}{\underset{\underset{\displaystyle R'}{|}}{C}}-CN$$

酸性条件下氢质子和羰基间发生质子化反应,增加羰基的反应活性,但酸性条件不利于氢氰酸的解离,使氰基负离子的浓度降低,亲核加成反应速率下降。因此,总体来说,弱碱性条件最有利于反应进行。

$$R-\overset{\overset{\displaystyle O}{\|}}{C}-R' + H^+ \longrightarrow R-\overset{\overset{\displaystyle \overset{+}{O}H}{\|}}{C}-R' \longleftrightarrow R-\overset{\overset{\displaystyle OH}{|}}{\underset{+}{C}}-R' \qquad \text{加酸导致羰基亲电性增加}$$

$$HCN \rightleftharpoons H^+ + {}^-CN \qquad \text{当酸性增加时,反应平衡偏向左边}$$

氢氰酸的挥发性大,有剧毒,使用不方便,因此实际操作中常常将醛、酮与氰化钾或氰化钠的溶液混合,再加入无机酸。

3. 羰基与含氧亲核试剂的加成反应

（1）与水的加成反应:水作为亲核试剂,能与醛、酮发生加成反应生成偕二醇,偕二醇的一个碳上连有两个羟基,容易失水变为相应的醛或酮。因此,醛、酮与水的加成反应为可逆反应。

$$R-\overset{\overset{\displaystyle O}{\|}}{C}-R' + H_2O \underset{}{\overset{H^+}{\rightleftharpoons}} R-\overset{\overset{\displaystyle OH}{|}}{\underset{\underset{\displaystyle R'}{|}}{C}}-OH$$

偕二醇的结构不稳定,在热力学上处于不利状态,其发生的可逆反应大多偏向反应物的一边。醛(或酮)结构中基团的空间位阻和电子效应对反应的方向有重要影响,随着醛(或酮)空间位阻的增大和羰基亲电性的减弱,偕二醇的产率明显下降。如甲醛在水中基本完全水合,而丙酮由于甲基的给电子作用和位阻作用,形成的水合物极少。

$$H-\overset{\overset{\displaystyle O}{\|}}{C}-H + H_2O \rightleftharpoons H-\overset{\overset{\displaystyle OH}{|}}{\underset{\underset{\displaystyle H}{|}}{C}}-OH \quad \sim 100\%$$

$$CH_3-\overset{\overset{\displaystyle O}{\|}}{C}-CH_3 + H_2O \rightleftharpoons CH_3-\overset{\overset{\displaystyle OH}{|}}{\underset{\underset{\displaystyle CH_3}{|}}{C}}-OH \quad \sim 0\%$$

当羰基和强吸电子基团如 Cl_3C-、$RCO-$、$-CHO$、$-COOH$、FCH_2- 等相连时,此时羰基的亲电性增强,易于受到水的亲核进攻,形成稳定的水合物。

$$Cl-\overset{\overset{\displaystyle Cl}{|}}{\underset{\underset{\displaystyle Cl}{|}}{C}}-\overset{\overset{\displaystyle O}{\|}}{C}-H + H_2O \rightleftharpoons Cl-\overset{\overset{\displaystyle Cl}{|}}{\underset{\underset{\displaystyle Cl}{|}}{C}}-\overset{\overset{\displaystyle OH}{|}}{\underset{\underset{\displaystyle H}{|}}{C}}-OH$$

水合氯醛

茚三酮分子中三个带正电荷的羰基连接在一起,互相排斥,稳定性较差。当茚三酮居于中间的羰基与水反应后,电荷排斥下降,同时还形成分子内氢键,使水合物的稳定性增加,化学平衡向右进行。

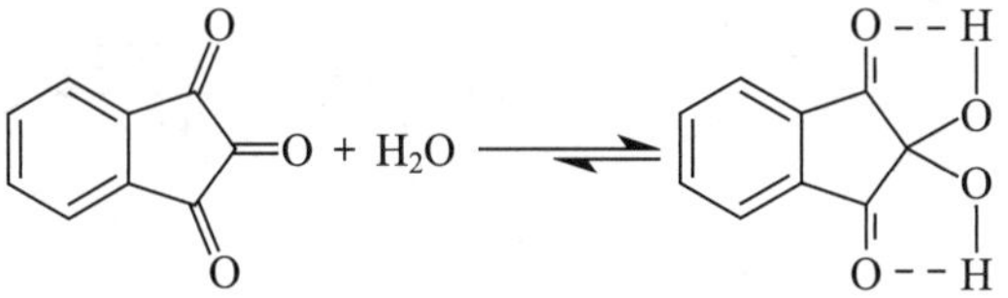

水合茚三酮

(2)与醇的加成反应:醇与水相似,羟基具有亲核性,能与醛(或酮)发生加成反应,生成相应的半缩醛或半缩酮,然后进一步反应生成缩醛或缩酮。

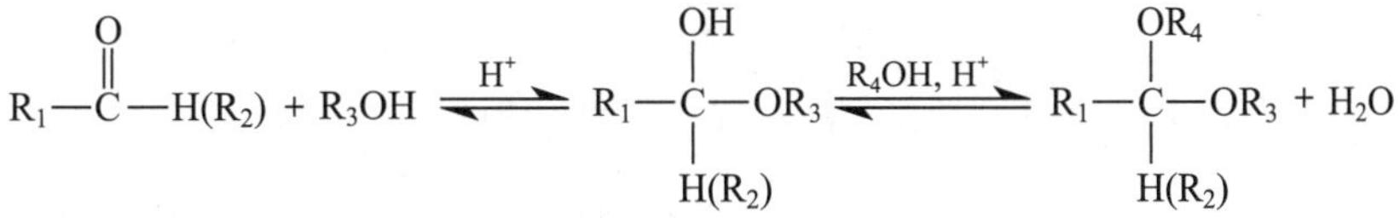

半缩醛(酮)　　　缩醛(酮)

反应过程中,羰基与氢质子首先生成锌盐,增加羰基碳的反应活性,随后与一分子醇发生亲核加成,再失去氢质子,生成不稳定的半缩醛(或酮)结构,然后半缩醛(或酮)结构中的羟基再与氢质子结合生成锌盐,此时若脱去一分子醇则变为原来的醛(或酮);若脱去一分子水后再与一分子醇反应,脱去氢质子,则得到缩醛(或酮)。该过程中,脱水为最慢的一步。

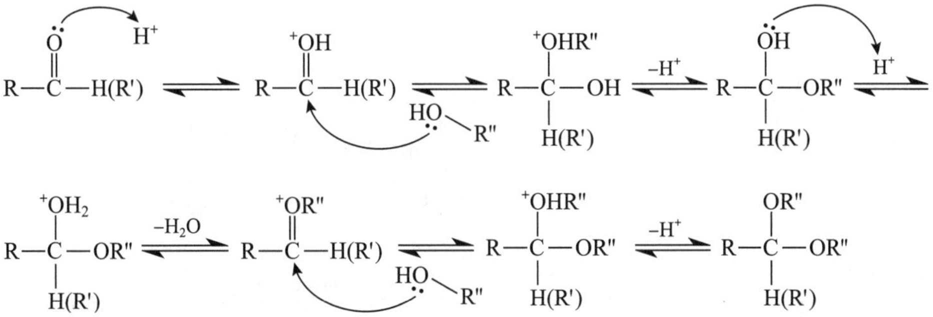

酮与简单醇反应难以得到缩酮,但与1,2-二醇反应却可以产生稳定的缩酮。

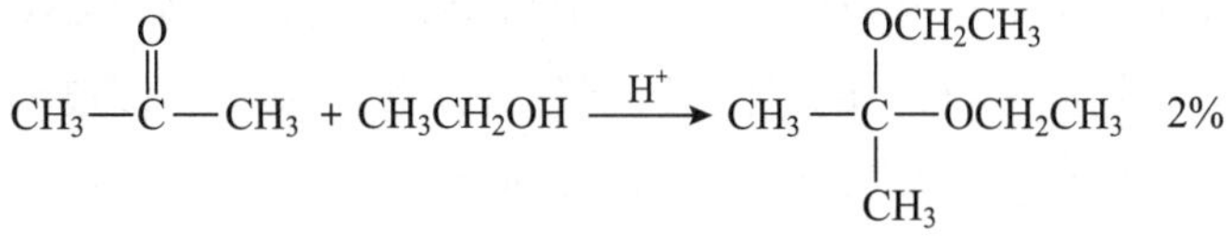

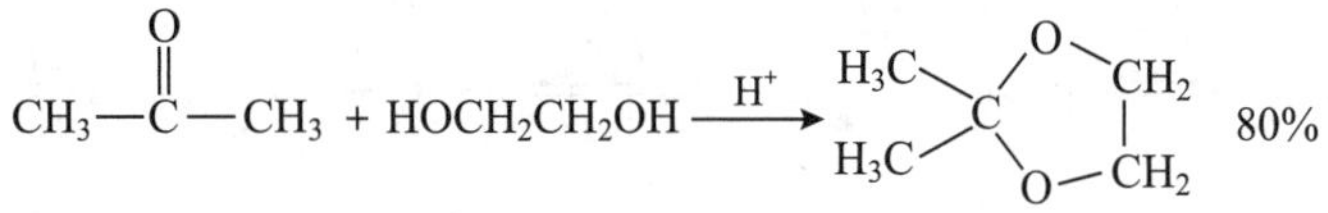

缩醛、缩酮在碱性和氧化条件下比较稳定,在酸性条件下易于水解生成醛或酮,因此在有机合成中常用来保护羰基。对羰基进行保护时,常用的保护试剂是甲醇、乙醇、乙二醇。如含有醛基和酮基的化合物与格氏试剂反应,要获得保留醛基的产物,由于醛羰基的活性比酮

羰基高，醛羰基可与醇优先反应，变成缩醛将其保护起来；当酮羰基反应完毕后，再用稀酸处理，可使原来的醛羰基恢复，获得所需的产物。

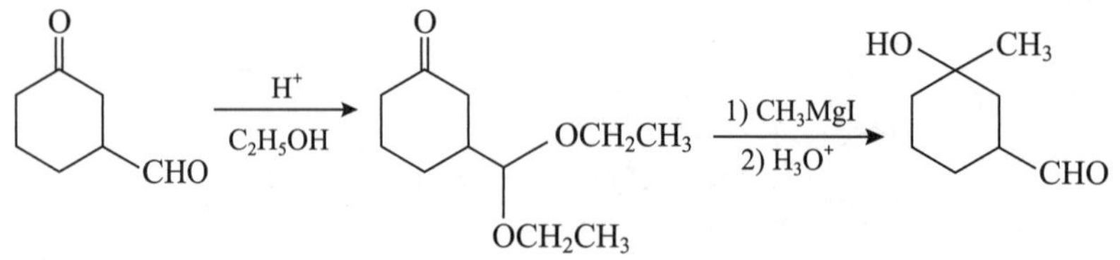

该反应还可以用于 1,2-二醇的保护，如用甘油（丙三醇）合成一元酯时，三个羟基均可发生酯化反应，因而可用丙酮将两个羟基保护起来，酯化完毕后，在酸性条件下水解，得到甘油单羧酸酯。

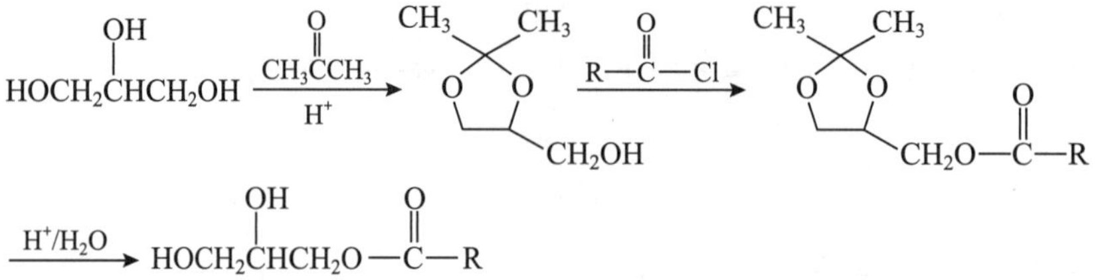

4. 羰基与含氮亲核试剂的加成反应

（1）与胺的加成反应：醛、酮的羰基与伯胺发生亲核加成后，易失水（消除）形成亚胺（又称为席夫碱，Schiff base）。脂肪族亚胺很不稳定，容易分解；而芳香族亚胺则比较稳定，可以制备得到。

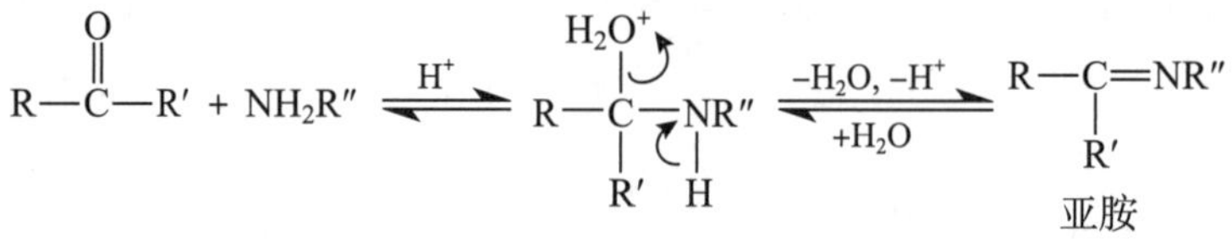

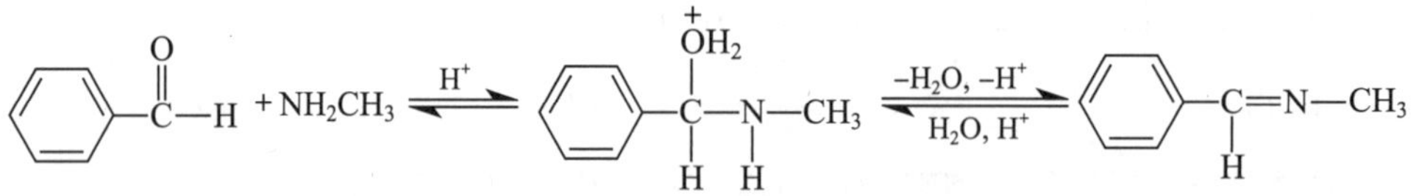

醛、酮与仲胺发生亲核加成反应后，所得的中间产物不稳定。如果醛（或酮）羰基的 α-碳上有氢时，则该中间体可将 α-碳上的氢消去，导致脱水生成烯胺。该过程为可逆反应，在稀酸水溶液中烯胺水解，又可返回得到醛（或酮）以及仲胺。

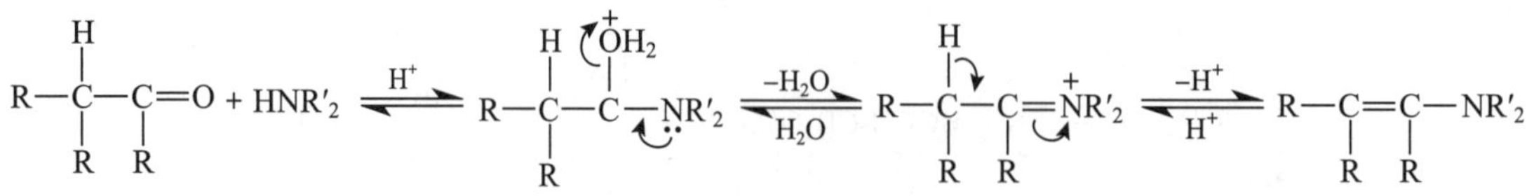

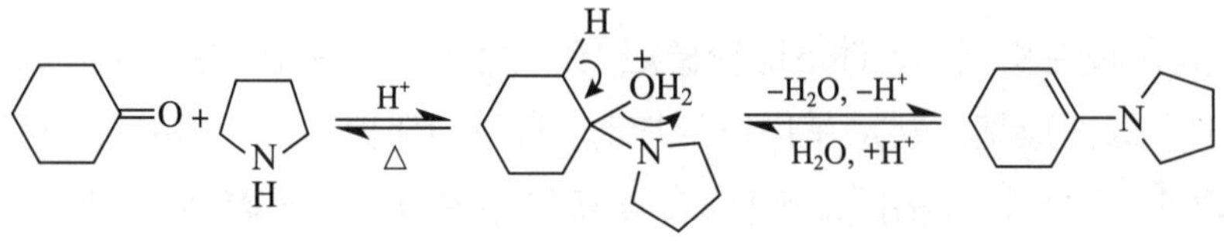

醛（或酮）与伯胺、仲胺的反应均为可逆过程，在稀酸或稀碱水溶液中生成的亚胺或烯胺可水解，又可返回得到醛（或酮）和胺，因此这也是保护羰基化合物的一种方法。

（2）与氨及其衍生物的加成反应：醛、酮与氨很难生成稳定的产物，只有个别反应具有制备价值，如三氯乙醛和氨反应生成稳定的白色晶体。甲醛与氨经过多次缩合，最终生成特殊的笼状化合物六甲亚基四胺（乌洛托品）等。

$$Cl_3C-\overset{O}{\overset{\|}{C}}-H + NH_3 \longrightarrow Cl_3C-\overset{OH}{\underset{H}{\overset{|}{C}}}-NH_2$$

$$H-\overset{O}{\overset{\|}{C}}-H + NH_3 \rightleftharpoons CH_2=NH \rightleftharpoons \text{（六元环）} \xrightarrow[NH_3]{3\ HCHO} \text{六亚甲基四胺}$$

六亚甲基四胺

氨中的一个氢原子被其他基团取代后得到的一系列化合物即氨的衍生物，用通式 NH₂—X 表示。氨的衍生物与醛、酮的反应和伯胺类似，首先发生亲核加成，然后脱水形成含碳氮双键的化合物。

$$R-\overset{O}{\overset{\|}{C}}-R' + NH_2X \rightleftharpoons R-\overset{O^-}{\underset{R'}{\overset{|}{C}}}-\overset{+}{\underset{X}{N}}H_2 \rightleftharpoons R-\overset{OH}{\underset{R'}{\overset{|}{C}}}-\underset{X}{NH} \underset{+H_2O}{\overset{-H_2O}{\rightleftharpoons}} R-\overset{}{\underset{R'}{\overset{\|}{C}}}=N-X$$

一些常见的氨衍生物及其与醛、酮的反应如下。

$$R-\overset{O}{\overset{\|}{C}}-R' + \begin{cases} NH_2-OH\ \text{羟胺} \longrightarrow R-\overset{R'}{\overset{|}{C}}=N-OH\ \ \text{肟} \\ NH_2-NH_2\ \text{肼} \longrightarrow R-\overset{R'}{\overset{|}{C}}=N-NH_2\ \ \text{腙} \\ Ph-NHNH_2\ \text{苯肼} \longrightarrow R-\overset{R'}{\overset{|}{C}}=N-Ph\ \ \text{苯腙} \\ NH_2-\overset{O}{\overset{\|}{C}}-NHNH_2\ \text{氨基脲} \longrightarrow NH_2-\overset{O}{\overset{\|}{C}}-NH-N=\overset{R}{\overset{|}{C}}-R'\ \text{缩氨脲} \end{cases}$$

醛、酮与羟胺反应生成肟，该过程包括加成和消除两步反应，在中性及碱性条件下脱水消除是决速反应，而在酸性条件下亲核加成则是最慢的一步，因此反应的酸碱性对肟的制备具有重要意义。如由丙酮制备肟时，将反应体系的 pH 调至 4.5 时效果最好。由醛生成肟较为容易，酮的反应则受位阻的影响较大，成肟反应相对较难。

醛或酮与肼、苯肼和氨基脲的反应与羟胺相似。苯肼和氨基脲的碱性和亲核性均比较弱，当反应体系在酸性条件下时羰基接受质子而活化，同时苯肼和氨基脲的碱性弱，在酸性体系下难以完全质子化而失去亲核性，反应效果相对较好。

氨的衍生物与醛、酮的反应条件温和、产率高，因此常把肼、苯肼和氨基脲、羟胺等称为羰基试剂。氨类衍生物如 2,4-二硝基苯肼、苯肼、氨基脲等与醛、酮的反应产物多为固体，在稀酸或稀碱溶液中又水解为原来的醛、酮,可用于醛、酮的分离、提纯,而且一些固体很容易结晶,并具有一定的熔点,可用于鉴别醛、酮。

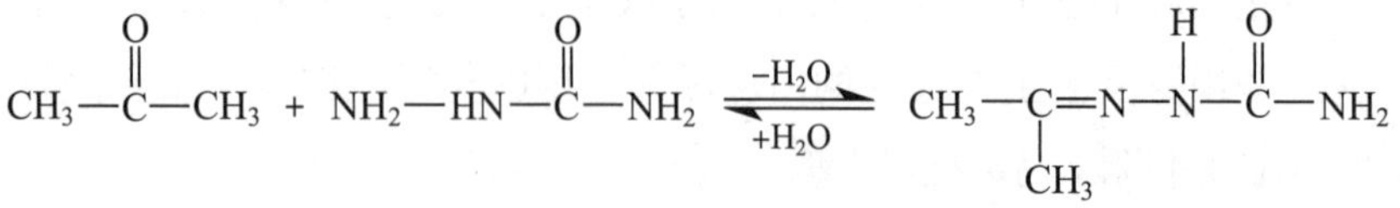

氨基脲　　　　　　　　　　丙酮缩氨脲(熔点:189~190℃)

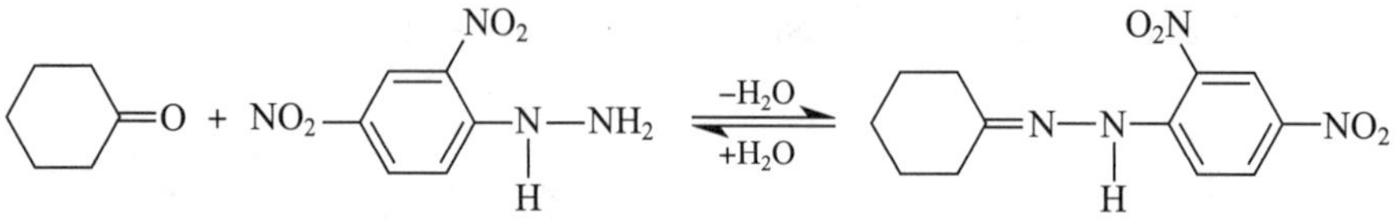

2,4-二硝基苯肼　　　　　　环己酮-2,4-二硝基苯腙(熔点:158~160℃)

5. 羰基与含硫亲核试剂的加成反应

(1)与饱和亚硫酸氢钠溶液的加成反应:在过量的饱和亚硫酸氢钠溶液中,无须添加催化剂醛和活泼酮即可发生反应,转化为相应的加成产物 α-羟基磺酸钠盐。值得注意的是,该反应中亚硫酸氢钠中的硫对羰基进行亲核加成。由于得到的加成物是盐,能溶于水,不溶于饱和亚硫酸氢钠溶液和乙醚等有机溶剂,因此可利用此类反应得到醛或者活泼酮的亚硫酸氢钠加成物,再将其从其他有机物中分离出来,然后用稀酸或者碱分解,可得到相应的醛或活泼酮;同时 α-羟基磺酸钠盐容易以晶体形式从溶液中析出,利用该反应还可鉴别醛和脂肪族甲基酮。

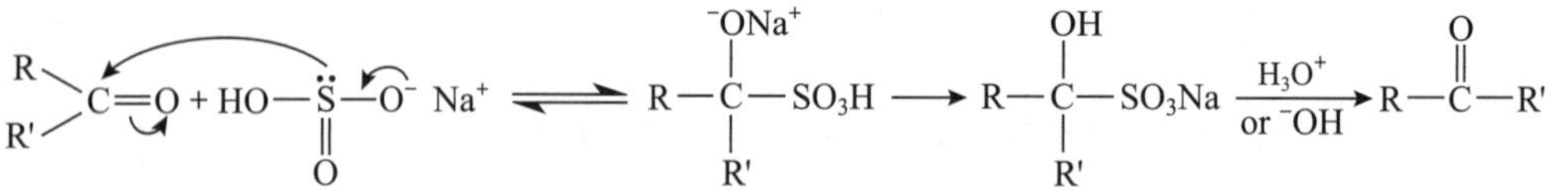

亚硫酸氢钠与羰基的加成反应受醛或酮结构的影响较大,特别是空间位阻。醛与亚硫酸氢钠容易发生反应,但酮的反应一般产率较低。脂肪族甲基酮可以与亚硫酸氢钠反应,但芳香酮以及其他脂肪酮则基本不反应。另外,一些低级环酮(环内的碳原子≤8)的羰基两侧基团受环的限制,空间位阻较小,也可发生反应,因此利用该反应还可鉴别醛、脂肪族甲基酮和部分低级环酮。

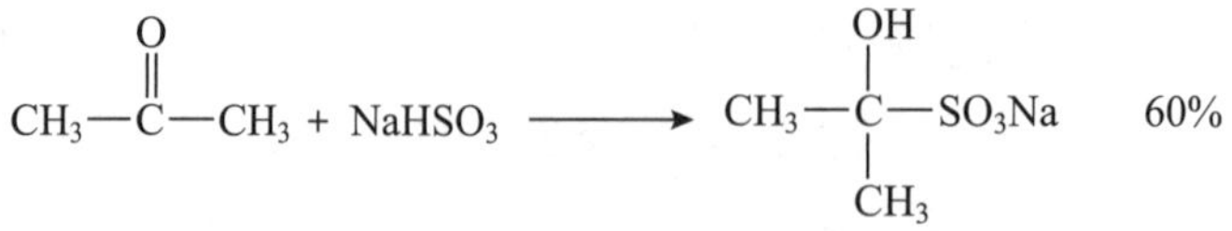

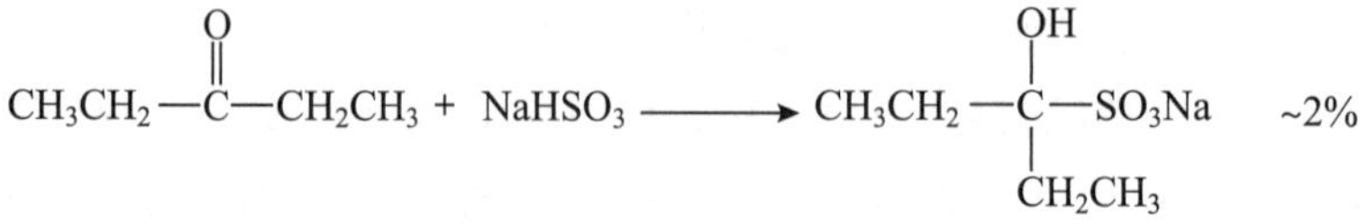

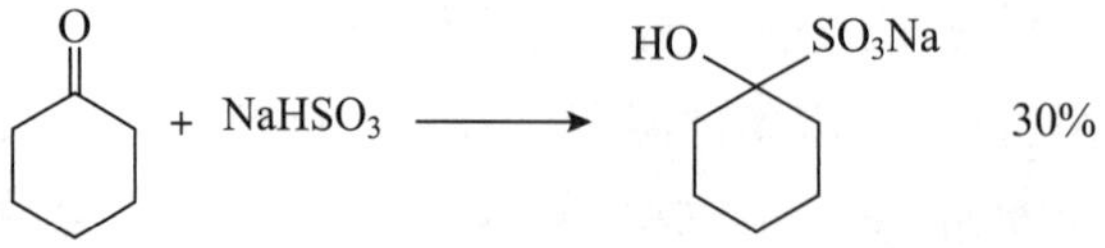

（2）与硫醇的加成反应：硫醇比相应醇的亲核能力强。在酸催化下，醇需要在加热条件下才能与醛（或酮）发生反应，硫醇则在室温下即可与醛（或酮）反应生成缩硫醛（或酮），生成的缩硫醛（或酮）在汞离子作用下可恢复成原来的醛、酮。由于缩硫醛（或酮）分解变回原来的醛（或酮）相对较难，故一般不用于羰基的保护，但缩硫醛（或酮）在催化剂作用下容易氢解脱硫，因此常利用该反应在比较温和的条件下将羰基转化成亚甲基。

$$
R-\underset{\parallel}{\overset{O}{C}}-H(R') \ + \ R''SH \ \underset{}{\overset{H^+}{\rightleftharpoons}} \ R-\underset{H(R')}{\overset{SR''}{\underset{|}{\overset{|}{C}}}}-SR'' \ \xrightarrow[\text{Raney Ni}]{H_2} \ R-\underset{H(R')}{\overset{|}{\underset{|}{CH_2}}}
$$

缩硫醛(酮) $\downarrow HgCl_2$

$$
R-\underset{\parallel}{\overset{O}{C}}-H(R')
$$

（二）α-活泼氢的反应

与醛、酮分子的羰基直接相连的碳称为α-碳，α-碳上的氢称为α-氢。

$$
R-\underset{H}{\overset{R}{\underset{|}{\overset{|}{\underset{\alpha}{C}}}}}-\underset{}{\overset{R}{\underset{}{\overset{|}{C}}}}=O
$$

醛、酮分子中的α-碳氢键与羰基可产生超共轭效应，羰基又有吸电子诱导效应，导致α-氢显示一定的酸性，在许多化学反应中具有相当大的活泼性。一般简单醛、酮α-氢的 $pK_a < 20$，比乙炔（$pK_a=25$）的酸性大。

1. 酮式-烯醇式互变异构　醛、酮的α-氢电离后可生成质子和共轭碱，共轭碱的负电荷分布在羰基的α-碳上或氧原子上。当质子与共轭碱重新结合时，加在α-碳上将重新变为醛或酮，称为酮式；加在氧上则成为烯醇，称为烯醇式；醛、酮形成酮式-烯醇式动态平衡混合物。由于醛、酮的酮式与烯醇式可以通过共轭碱进行互相变化，它们又互为异构体，故称为互变异构体。

$$
R-\underset{H}{\overset{R}{\underset{|}{\overset{|}{C}}}}-\underset{\parallel}{\overset{O}{C}}-R \ \underset{}{\overset{-H^+}{\rightleftharpoons}} \ \left[R-\overset{R}{\underset{}{\overset{|}{C}}}-\underset{R}{\overset{}{\underset{|}{C}}}=O \ \longleftrightarrow \ R-\overset{R}{\underset{}{\overset{|}{C}}}=\underset{R}{\overset{}{\underset{|}{C}}}-O^- \right] \ \underset{}{\overset{H^+}{\rightleftharpoons}} \ R-\overset{R}{\underset{}{\overset{|}{C}}}=\underset{R}{\overset{OH}{\underset{|}{C}}}-R
$$

酮式　　　　　　　　　　　　　　　　　　　　　　　　　　　　　　　烯醇式

简单醛、酮的酮式-烯醇式动态平衡中，主要以酮式存在。如果烯醇式的离域条件非常有利，增加烯醇式的稳定性，也能成为主要存在形式。例如：

$$
CH_3-\underset{\parallel}{\overset{O}{C}}-CH_3 \ \rightleftharpoons \ CH_2=\underset{}{\overset{OH}{\underset{|}{C}}}-CH_3
$$
0.000 15%

$$
CH_3\underset{\parallel}{\overset{O}{C}}CH_2\underset{\parallel}{\overset{O}{C}}OC_2H_5 \ \rightleftharpoons \ CH_3\underset{|}{\overset{OH}{C}}=CH\underset{\parallel}{\overset{O}{C}}OC_2H_5
$$
92.5%　　　　　　　　　　　　7.5%

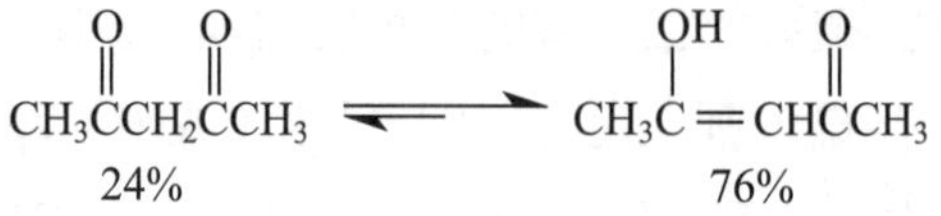

$$CH_3CCH_2CCH_3 \ \rightleftharpoons \ CH_3C=CHCCH_3$$
$$24\% \qquad\qquad 76\%$$

一般而言,烯醇式在酮式-烯醇式平衡混合物中的含量稀少,但它是化学反应中的重要中间体,反应中其不断被消耗,促使平衡移动,酮式向烯醇式不断转化,最终使醛、酮完全反应。

在酸或碱催化下,醛或酮的酮式和烯醇式能够快速形成动态平衡。

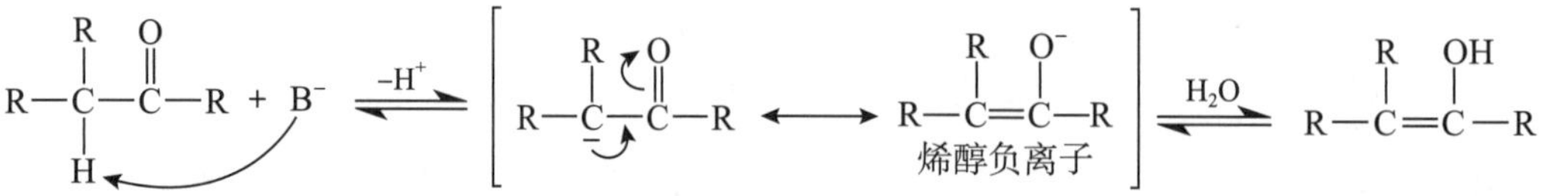

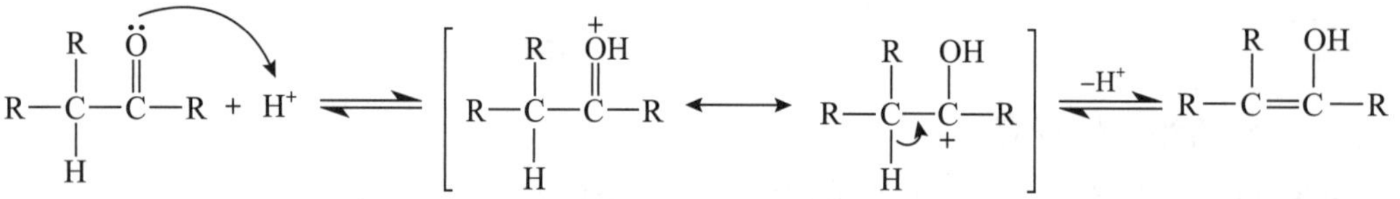

醛、酮在碱作用下能生成相对较稳定的烯醇负离子。不对称酮可以产生两种不同的烯醇负离子,它们的比例受热力学和动力学控制。受热力学控制的主要产物是取代基更多的烯醇负离子,因为烯醇式双键上的取代基越多,烯醇式越稳定,所占的比例越高;而受动力学控制的主要产物是取代基少的烯醇负离子,这是由于取代基多的 α-碳的空间位阻大,α-碳上的氢难以去除导致的。

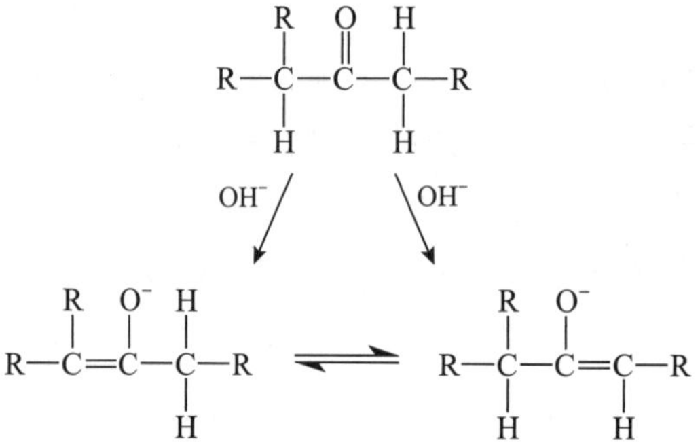

热力学控制产物   动力学控制产物

如 α-甲基环戊酮在非质子溶剂中以位阻大的三苯甲基锂作为碱,反应主要生成取代较少的烯醇负离子。α-甲基环戊酮在质子溶剂水中使用位阻小、相对较弱的碱,大部分能够生成受热力学控制的取代基多的烯醇负离子。例如:

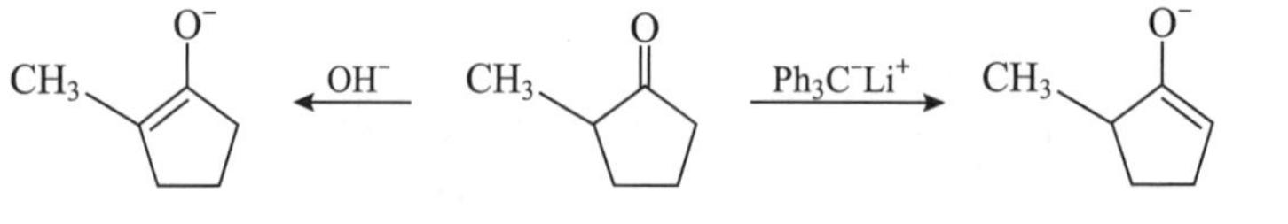

取代基多烯醇式		取代基少烯醇式
94%	热力学控制	6%
28%	动力学控制	72%

2. α-氢的卤代反应　在酸或碱催化下,醛、酮的α-氢可以被卤素取代。

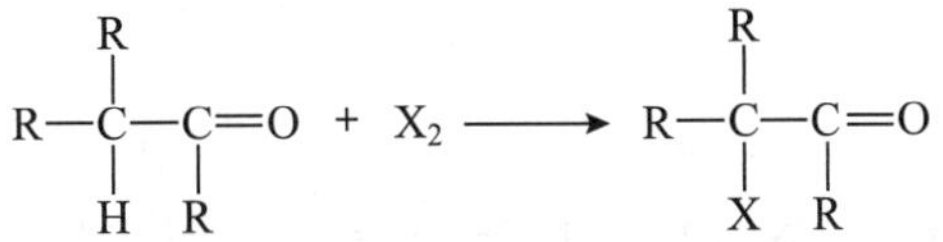

$$R-\underset{\underset{H}{|}}{\overset{\overset{R}{|}}{C}}-\overset{\overset{R}{|}}{C}=O \ + \ X_2 \longrightarrow R-\underset{\underset{X}{|}}{\overset{\overset{R}{|}}{C}}-\overset{\overset{R}{|}}{C}=O$$

醛、酮在酸催化下,首先发生羰基质子化,然后转变成烯醇式,再与卤素发生反应。反应实质上是卤素与碳碳双键的亲电加成。当醛、酮的α-氢被卤素取代后,卤素作为吸电子基团,使羰基的电子云密度减小,氧原子接受质子的能力下降,酮式难以转化为烯醇式,进一步发生卤化反应困难。因此在酸催化下,卤代反应可以停留在一卤代的阶段。

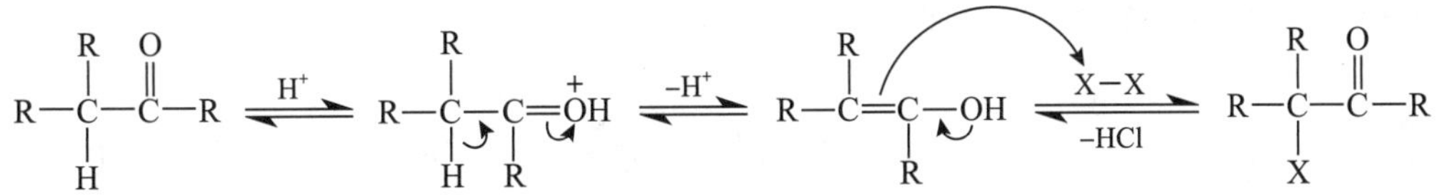

$$CH_3-\overset{\overset{O}{\|}}{C}-CH_3 \ + \ Br_2 \xrightarrow[\Delta]{H_2O,\ HOAc} \underset{44\%}{BrCH_2-\overset{\overset{O}{\|}}{C}-CH_3}$$

对于酸催化的卤代反应,生成烯醇是反应的限速步骤,因此卤化反应速度与醛、酮的浓度和酸的浓度有关,与卤素的浓度无关。

在碱催化下,醛、酮被碱夺去质子,生成烯醇负离子,然后与卤素反应,生成α-卤代醛(或酮)。由于卤素的吸电子效应,α-卤代醛(或酮)上α-氢的酸性更强,在碱性溶液中比未取代的醛、酮更容易发生卤代反应,因此醛、酮在碱性催化下进行卤代反应难以停留在一卤代的阶段,往往得到α-氢全部被卤代的产物。

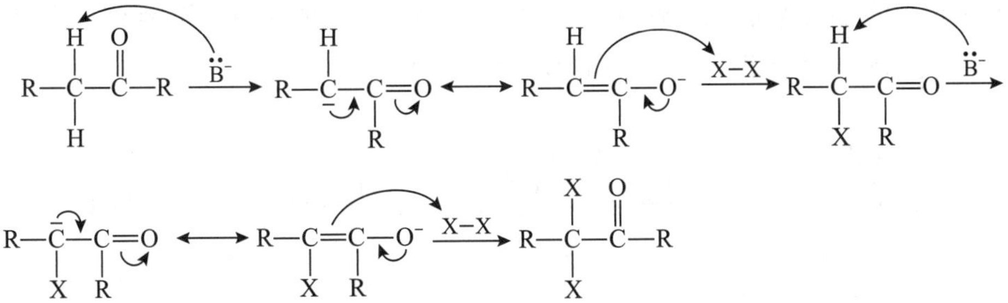

甲基酮在碱性条件下与卤素反应,与羰基相连的甲基上的三个α-氢全部被卤素取代,生成三卤代醛、酮;然后在碱作用下碳碳键发生断裂,生成相应的卤仿和羧酸盐,该类反应称为卤仿反应。在合成中,卤仿反应可将甲基酮上的甲基去掉,酸化后得到少一个碳的羧酸。

$$R-\overset{\overset{O}{\|}}{C}-CH_3 \ + \ NaOH \ + \ X_2 \longrightarrow RCOONa \ + \ CHX_3$$

碘仿为不溶于水的黄色固体,具有特殊气味,通常也可用碘仿反应鉴别甲基酮类化合物。α-甲基醇或其他能被卤素氧化成甲基酮的化合物也可发生卤仿反应。例如:

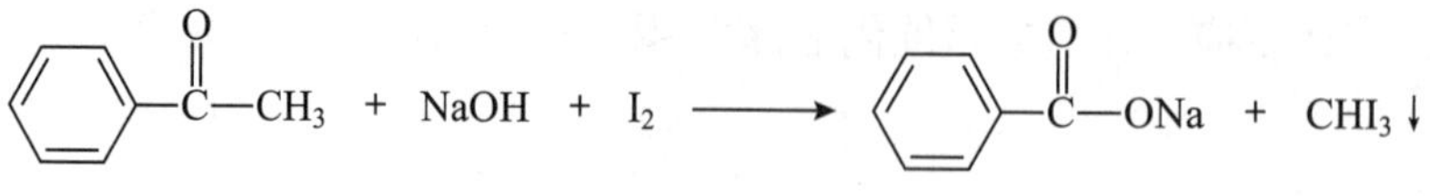

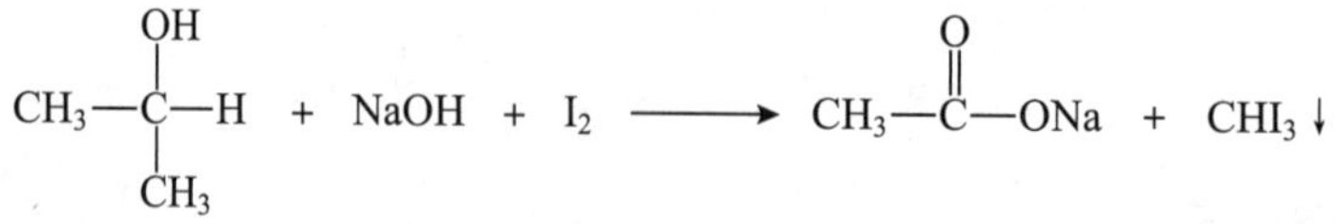

3. 羟醛缩合反应 具有 α-氢的醛、酮在酸或碱催化下与另一分子醛、酮的羰基发生亲核加成,使醛或酮的 α-碳和另一分子的羰基碳原子间形成新的碳碳键,生成 β-羟基醛、酮类化合物,该反应称为羟醛缩合(aldol condensation)反应。

碱催化下的羟醛缩合反应机理如下:

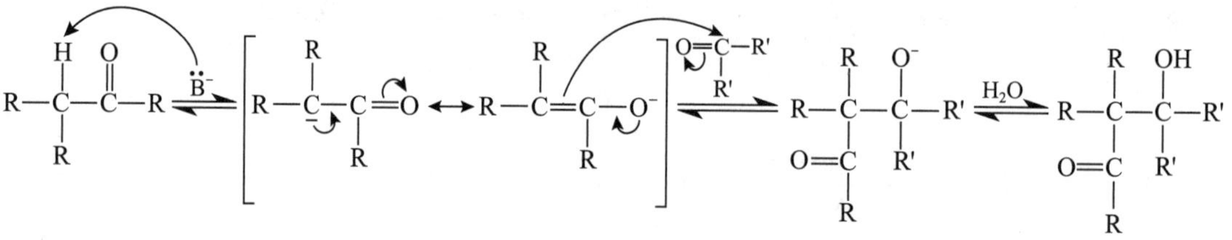

酸催化下的羟醛缩合反应机理如下:

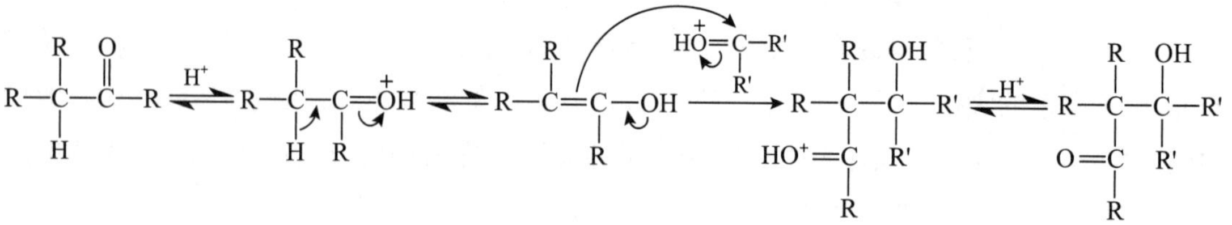

β-羟基醛、酮在加热或者酸、碱催化条件下易于脱水,生成 α,β-不饱和醛、酮,因此羟醛缩合反应是获得 α,β-不饱和醛、酮类化合物的重要方法。

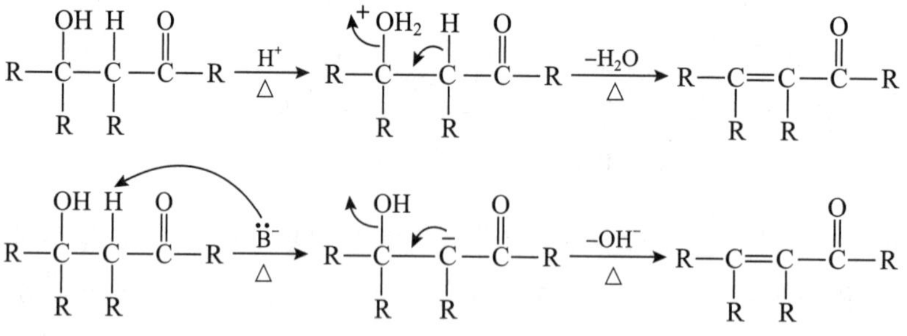

若要制备 β-羟基醛、酮类化合物,需在相对较低的温度下反应,例如:

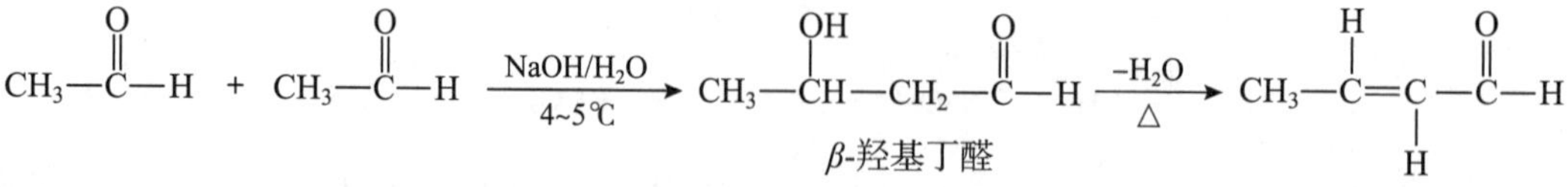

相同分子之间的缩合是羟醛缩合反应的最简单的形式。例如:

$$2\ CH_3-\overset{\overset{\displaystyle O}{\|}}{C}-CH_3 \xrightarrow[\triangle]{H^+} CH_3-\overset{\overset{\displaystyle OH}{|}}{\underset{\underset{\displaystyle CH_3}{|}}{C}}-\overset{\overset{\displaystyle H}{|}}{\underset{\underset{\displaystyle H}{|}}{C}}-\overset{\overset{\displaystyle O}{\|}}{C}-CH_3 \xrightarrow[\triangle]{-H_2O} CH_3-\overset{\overset{\displaystyle H}{|}}{\underset{\underset{\displaystyle CH_3}{|}}{C}}=\overset{\overset{\displaystyle H}{|}}{C}-\overset{\overset{\displaystyle O}{\|}}{C}-CH_3$$

$$2\ \text{(环己酮)} \xrightarrow[-H_2O]{Al[OC(CH_3)_3]_3} \text{(产物)}$$

多元醛（或酮）分子内的羰基和 α-氢处于适当位置时，可以进行分子内羟醛缩合，生成环状化合物，可用于五～七元环状化合物的合成。例如：

$$\xrightarrow[\triangle]{KOH,\ H_2O}$$

$$\xrightarrow[\triangle]{Na_2CO_3,\ H_2O}$$

两种不相同的醛或酮进行混合羟醛缩合反应，可以得到更多类型的产物。当两种醛或酮的羰基和 α-氢均能产生缩合时，则生成四种羟醛缩合的混合产物，没有合成价值。如果用含有 α-活泼氢的醛或酮与不含 α-活泼氢的醛或酮的羰基去交叉缩合，明显更有意义。

$$CH_3-\overset{\overset{\displaystyle CH_3}{|}}{\underset{\underset{\displaystyle H}{|}}{C}}-\overset{\overset{\displaystyle H}{|}}{C}=O + HCHO \xrightarrow{OH^-} CH_3-\overset{\overset{\displaystyle CH_3}{|}}{\underset{\underset{\displaystyle O=C}{|}}{C}}-CH_2OH$$

芳香醛没有 α-氢，经常用来与具有 α-氢的醛或酮缩合，反应在碱性条件下可得到产率很高的 α, β-不饱和醛、酮类化合物，该反应称为克莱森-施密特（Claisen-Schmidt）反应。

$$C_6H_5-CHO + CH_3-\overset{\overset{\displaystyle O}{\|}}{C}-H \xrightarrow[10℃]{NaOH,\ H_2O} C_6H_5-CH=CH-CHO$$

（三）氧化反应和还原反应

1. 氧化反应　醛的化学性质较为活泼，容易被氧化。如用高锰酸钾或重铬酸钾可将醛氧化成相应的羧酸。例如：

$$CH_3(CH_2)_5CHO \xrightarrow[H_2SO_4]{KMnO_4} CH_3(CH_2)_5COOH$$

$$C_6H_5CH_2CHO \xrightarrow[\text{or } CrO_3/H^+]{KMnO_4冷稀溶液} C_6H_5CH_2COOH$$

弱氧化剂如托伦（Tollen）试剂（硝酸银的氨溶液）、费林（Fehling）试剂（以酒石酸盐为络合剂的碱性氢氧化铜溶液）等可将醛氧化成羧酸，而且不影响碳碳双键。托伦试剂氧化时，醛被氧化生成羧酸，而银离子被还原成金属银。若反应器壁光滑洁净，银可沉淀在器壁上形成银镜，该反应也称为银镜反应。

$$RCHO + 2Ag(\overset{+}{N}H_3)_2\overset{-}{O}H \xrightarrow{\triangle} RCOONH_4 + 2Ag\downarrow + 3NH_3 + H_2O$$

费林试剂能够将脂肪醛氧化成羧酸，二价铜化合物被还原，生成砖红色的氧化亚铜析出。芳香醛不与费林试剂反应。因此，可以用费林试剂鉴别脂肪醛和芳香醛。

$$RCHO + 2Cu(OH)_2 + NaOH \xrightarrow{\triangle} RCOONa + Cu_2O\downarrow + 3H_2O$$

酮一般很难被氧化，但在强氧化条件下羰基碳与 α-碳之间可发生断裂，生成碳原子数减少的羧酸。不对称的酮由于羰基两侧的碳链都有可能断裂，往往生成多种酸的混合物；而对称的环酮被氧化时只生成一种酸，具有一定的制备价值。

$$CH_3CH_2CH_2\overset{O}{\overset{\|}{C}}CH_3 \xrightarrow[\triangle]{KMnO_4, H^+} CH_3CH_2CH_2COOH + CH_3CH_2COOH + CH_3COOH + CO_2$$

2. 还原反应

（1）克莱门森还原：锌汞齐和醛、酮在浓盐酸中回流反应，将羰基还原为亚甲基的反应称为克莱门森（Clemmensen）反应。

$$R-\overset{O}{\overset{\|}{C}}-R' \xrightarrow[HCl]{Zn-Hg} RCH_2R' + H_2O$$

克莱门森反应在酸性条件下进行，因此只适用于对酸稳定的醛或酮。例如：

80%

65%

（2）沃尔夫-基希纳-黄鸣龙还原：对酸不稳定而对碱稳定的醛或酮可用沃尔夫-基希纳（Wolff-Kishner）-黄鸣龙方法将羰基还原成亚甲基。早期方法是将醛或酮与无水肼生成腙，然后腙在乙醇钠的乙醇溶液中于高压釜或封管中加热（约200℃），放出氮气生成烃。

$$R-\overset{O}{\overset{\|}{C}}-R' \xrightarrow[\triangle]{NH_2NH_2} R-\underset{\underset{R'}{|}}{C}=NNH_2 \xrightarrow[C_2H_5OH]{C_2H_5ONa} RCH_2R' + N_2$$

上述方法的反应温度高,需要在高压釜或封管中进行,操作不方便。我国化学家黄鸣龙对此进行改进,用氢氧化钠代替醇钠、肼的水溶液代替无水肼,并加入高沸点的溶剂如二缩乙二醇$(HOCH_2CH_2)_2O$,将醛或酮与它们一起加热,首先生成腙,然后再蒸出水和未反应的肼,再升温(180℃以上)使腙分解,得到还原产物。该反应可在常压下进行,并且碳碳双键不受影响。

$$R-\overset{O}{\overset{\|}{C}}-R' \xrightarrow[(CH_2CH_2OH)_2O]{NH_2NH_2,\ NaOH} RCH_2R'$$

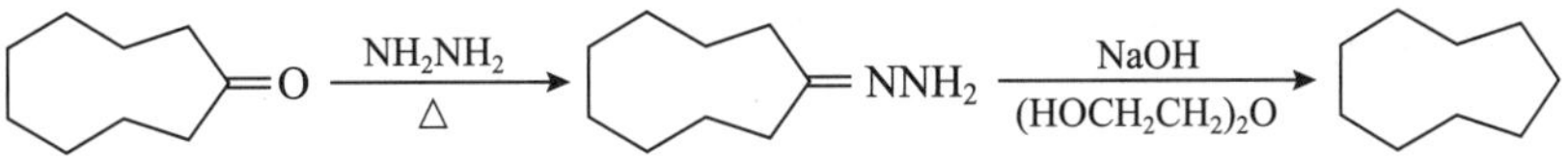

（3）催化氢化:与不饱和烃一样,醛或酮的羰基在铂、钯、镍等催化剂作用下,可以加氢还原生成相应的醇。

$$R-\overset{O}{\overset{\|}{C}}-R' \xrightarrow{H_2} R-\overset{OH}{\overset{|}{\underset{R'}{C}}}-H$$

当醛或酮中存在碳碳双键时,双键也可通过催化加氢饱和,但羰基和双键的活性不同,通常碳碳双键先被还原,羰基随后被还原。通过控制反应条件与氢的用量,可选择性地还原双键,或同时还原羰基。

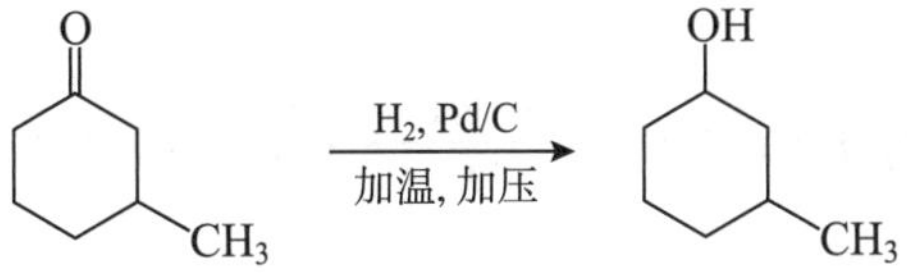

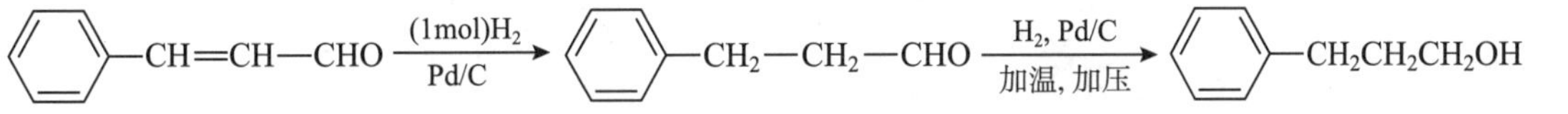

（4）麦尔外因-彭多夫还原:在异丙醇铝-异丙醇作用下,醛或酮被还原为醇,称为麦尔外因-彭多夫(Meerwein-Ponndorf)还原。通常是以异丙醇铝为催化剂,以异丙醇为还原剂来实现醛、酮的还原。

$$R-\overset{O}{\overset{\|}{C}}-R' + CH_3-\overset{OH}{\overset{|}{\underset{CH_3}{C}}}-H \xrightarrow{[(CH_3)_2CHO]_3Al} R-\overset{OH}{\overset{|}{\underset{R'}{C}}}-H + CH_3-\overset{O}{\overset{\|}{C}}-CH_3$$

麦尔外因-彭多夫还原反应是欧芬脑尔氧化反应的逆反应,具有很高的选择性,对醛、酮分子中的其他不饱和基团不产生影响。

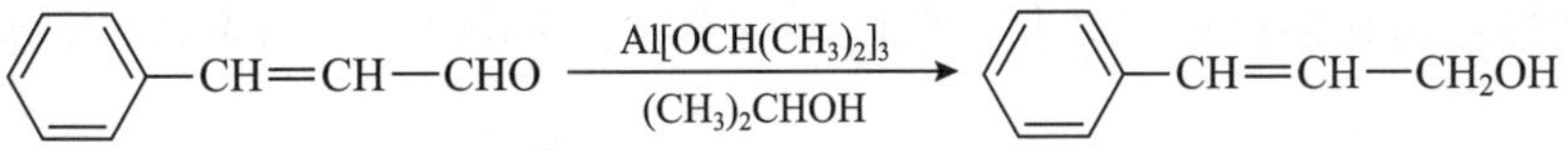

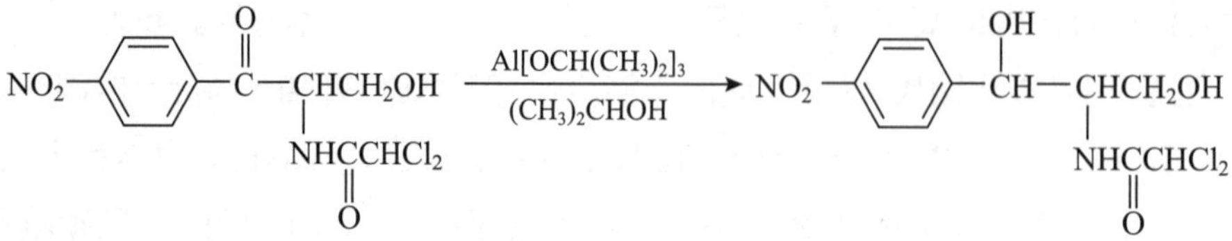

（5）金属氢化物还原：醛、酮用金属氢化物还原时，羰基可被还原成醇羟基。此类金属还原剂能够产生氢负离子，与羰基碳进行亲核加成，生成醇盐，经水解后得到醇。同时醛、酮中的碳碳双键和三键不受影响。最常用的金属氢化物有氢化铝锂（$LiAlH_4$）和硼氢化钠（$NaBH_4$）。

氢化铝锂还原反应机理如下：

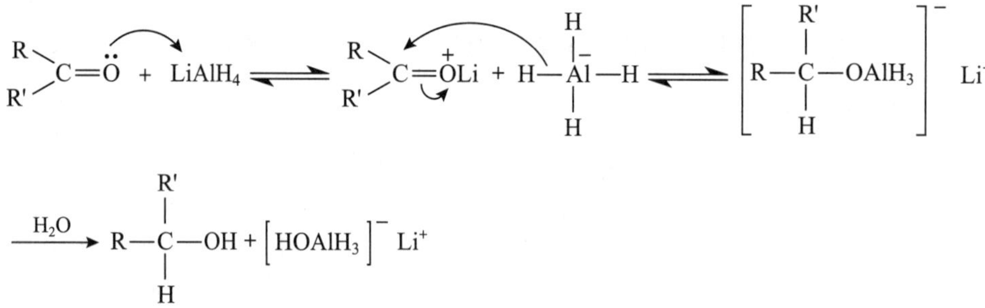

氢化铝锂的反应活性较高，容易水解，需在无水条件下使用。硼氢化钠的还原反应机理和氢化铝锂类似，但其活性较弱，与水、质子溶剂的作用慢，很多反应可在醇溶液中进行，通常可选择性地还原醛或酮，不还原酯基、羧基、氰基等。

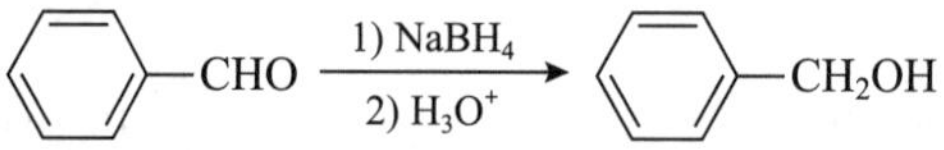

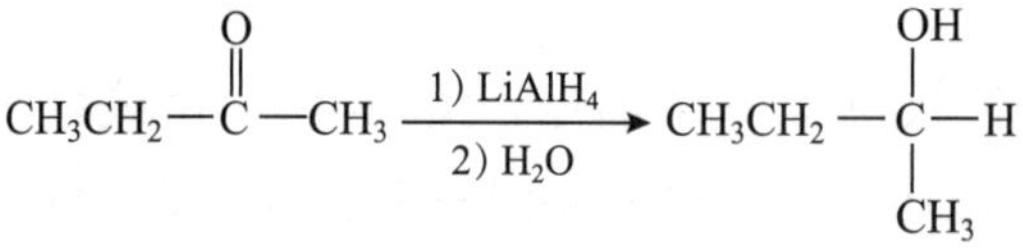

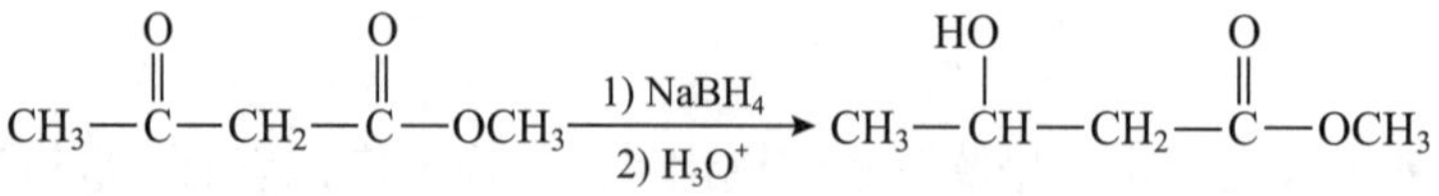

含孤立双键的不饱和醛、酮与金属氢化物反应时，双键不受影响，羰基被还原成醇。α,β-不饱和醛、酮使用氢化铝锂还原时共轭双键不受影响，但用硼氢化钠还原时则羰基和双键均可被还原。

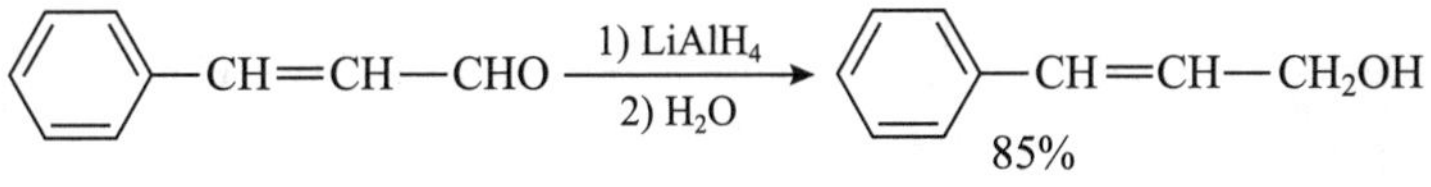

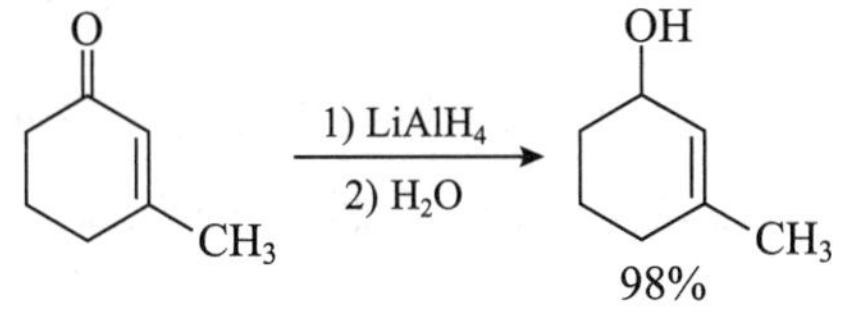

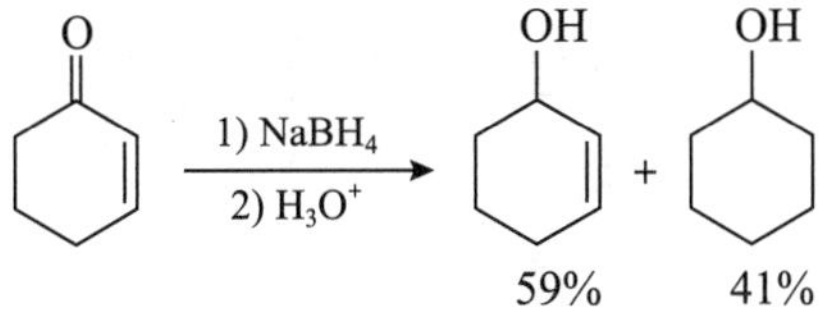

$$\text{C}_6\text{H}_5\text{—CH=CH—CHO} \xrightarrow[\text{2) H}_2\text{O}]{\text{1) LiAlH}_4} \text{C}_6\text{H}_5\text{—CH=CH—CH}_2\text{OH}$$
85%

98%

59%   41%

硼烷能够还原醛或酮的羰基，反应机理与硼烷和碳碳双键加成类似，首先醛和酮的羰基氧进攻硼烷上缺电子的硼原子，硼上的氢以负氢转移到羰基碳上，生成的硼酸酯水解后得到醇。不饱和醛、酮与硼烷反应时，首先羰基被还原，再还原双键。

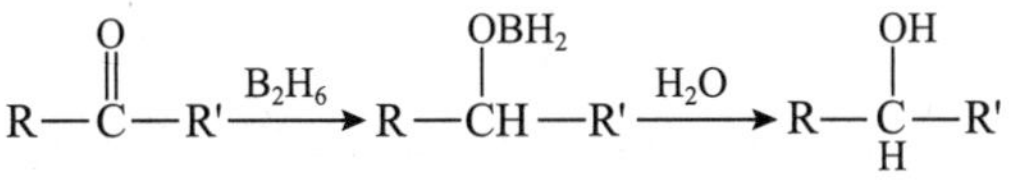

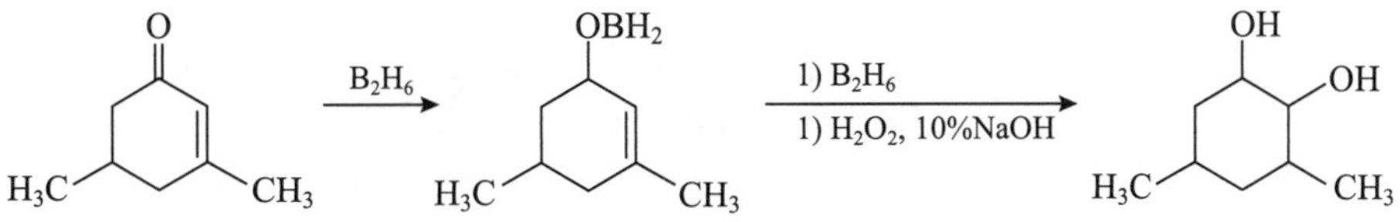

（6）酮的双分子还原：酮在非质子溶剂中，以钠、镁、铝、铝汞齐或低价钛试剂为还原剂，发生双分子偶联后水解，生成频哪醇，该反应称为酮的双分子还原。

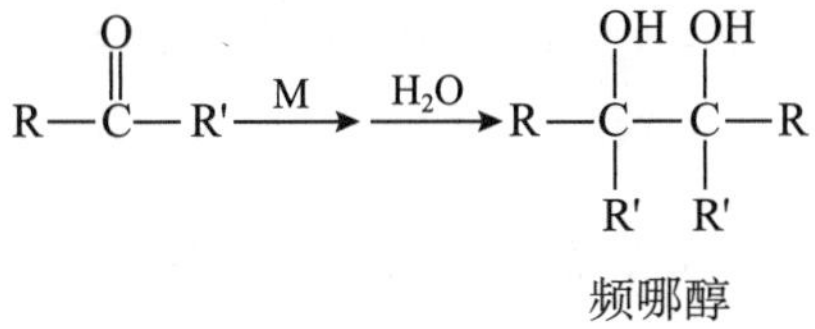

频哪醇

反应中，酮从金属处接受一个电子，生成自由基，两个自由基偶联生成邻二醇盐，水解后即得到频哪醇。

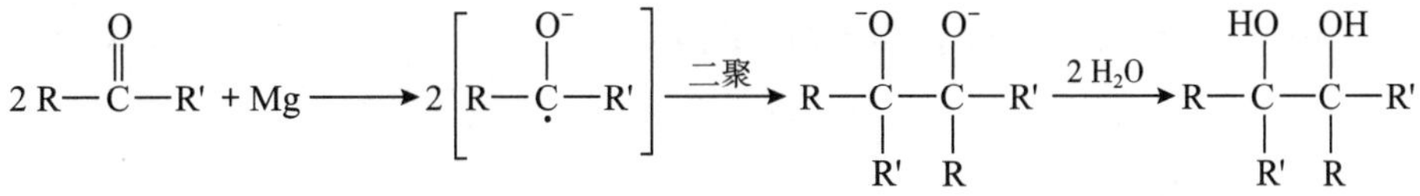

（四）其他反应

1. 维悌希反应　醛、酮与磷叶立德（phosphorus ylide）反应生成烯烃，此反应称为维悌希（Wittig）反应。磷叶立德称为维悌希（Wittig）试剂。

磷叶立德是由三苯基磷与卤代烃反应生成鏻盐，鏻盐在强碱作用下脱去卤化氢制得的。

$$(C_6H_5)_3\ddot{P} + R\underset{R'}{\overset{H}{\underset{|}{\overset{|}{C}}}}\!\!-\!X \longrightarrow \left[(C_6H_5)_3\overset{+}{P}\!\!-\!\underset{R'}{\overset{H}{\underset{|}{\overset{|}{C}}}}\!\!-\!R\right]X^- \xrightarrow{C_6H_5Li} (C_6H_5)_3\overset{+}{P}\!\!-\!\underset{R'}{\overset{|}{\overset{-}{C}}}\!\!-\!R \longleftrightarrow (C_6H_5)_3P\!=\!\underset{R'}{\overset{|}{C}}\!\!-\!R$$

磷叶立德

磷叶立德是一种内鎓盐,带负电的碳原子具有很强的亲核性,可对醛或酮的羰基进行亲核进攻,生成的氧磷杂环丁烷中间体很不稳定,分解后生成烯烃。

$$(C_6H_5)_3\overset{+}{P}\!\!-\!\underset{R}{\overset{|}{\overset{-}{C}}}\!\!-\!R + R'\!-\!C\!=\!O \longrightarrow \begin{array}{c} R'\!-\!C\!-\!O^- \\ | \\ R\!-\!C\!-\!\overset{+}{P}(C_6H_5)_3 \\ | \\ R \end{array} \longrightarrow \left[\begin{array}{c} R'\!-\!C\!-\!O \\ | \quad\ | \\ R\!-\!C\!-\!P(C_6H_5)_3 \\ | \\ R \end{array}\right]$$

氧磷杂环丁烷

$$\longrightarrow R\!-\!\underset{R}{\overset{|}{C}}\!=\!\underset{R'}{\overset{|}{C}}\!\!-\!R' + (C_6H_5)_3P\!=\!O$$

维悌希反应条件温和、产率较高,反应物中的醚、酯、烯、炔、卤素等基团不受影响,是合成中分子引入烯键的重要方法。

$$\text{环己酮}=\!O + (C_6H_5)_3P\!=\!CH_2 \longrightarrow \text{环己烷}=\!CH_2 + (C_6H_5)_3P\!=\!O$$

$$\text{苯}\!-\!CHO + (C_6H_5)_3P\!=\!CH\!-\!\overset{O}{\overset{\|}{C}}\!-\!OCH_3 \longrightarrow \text{苯}\!-\!CH\!=\!CH\!-\!\overset{O}{\overset{\|}{C}}\!-\!OCH_3$$

2. 达参反应 醛、酮在强碱如氨基钠、醇钠作用下与 α-卤代羧酸酯反应,生成 α,β-环氧酸酯,该反应称为达参(Darzens)反应。

$$R\!-\!\overset{O}{\overset{\|}{C}}\!-\!R' + R''\!-\!\underset{X}{\overset{H}{\underset{|}{\overset{|}{C}}}}\!\!-\!\overset{O}{\overset{\|}{C}}\!-\!OCH_3 \xrightarrow{B^-} R\!-\!\underset{R'\ R''}{\overset{O}{\triangle}}\!\!-\!\overset{O}{\overset{\|}{C}}\!-\!OCH_3$$

反应物 α-卤代羧酸酯在碱作用下失去氢质子,生成碳负离子,随后碳负离子对醛或酮的羰基进行亲核加成得到烷氧负离子,其中氧上的负电荷以分子内 S_N2 机理进攻 α-碳,卤离子离去,形成 α,β-环氧酸酯。

$$R''\!-\!\underset{X}{\overset{H}{\underset{|}{\overset{|}{C}}}}\!\!-\!\underset{OCH_3}{\overset{|}{C}}\!=\!O \xrightarrow{\ddot{B}^-} R''\!-\!\underset{X}{\overset{|}{\overset{-}{C}}}\!-\!\underset{OCH_3}{\overset{|}{C}}\!=\!O \longleftrightarrow R''\!-\!\underset{X}{\overset{|}{C}}\!=\!\underset{OCH_3}{\overset{|}{C}}\!-\!\overset{-}{O} \xrightarrow{R\text{-}\overset{O}{\overset{\|}{C}}\text{-}R'}$$

$$R\!-\!\underset{R'}{\overset{O^-}{\underset{|}{\overset{|}{C}}}}\!\!-\!\underset{X}{\overset{R''}{\underset{|}{\overset{|}{C}}}}\!\!-\!\overset{O}{\overset{\|}{C}}\!-\!OCH_3 \longrightarrow R\!-\!\underset{R'\ R''}{\overset{O}{\triangle}}\!\!-\!\overset{O}{\overset{\|}{C}}\!-\!OCH_3$$

α,β-环氧酸酯可在温和条件下水解,生成不稳定的游离酸,很容易脱羧失去二氧化碳,变为烯醇,再经酮式-烯醇式互变异构生成醛或酮。

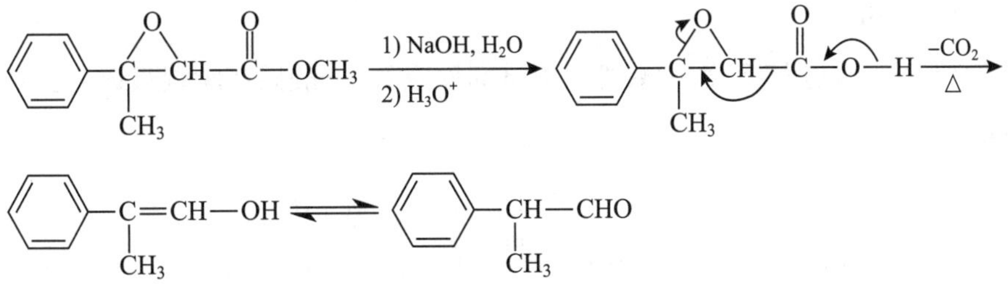

3. 康尼扎罗反应 两分子不含 α-氢的醛在浓碱作用下,一分子被氧化成羧酸,另一分子被还原成醇,称为康尼扎罗(Cannizzaro)反应。

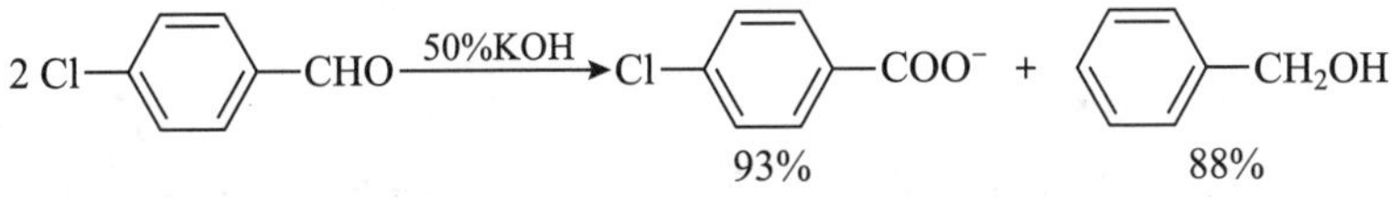

两种均无 α-氢的醛发生康尼扎罗反应,活泼的醛被氧化成羧酸,不活泼的醛被还原成醇。如甲醛和芳醛作为原料,发生康尼扎罗反应后,生成甲酸和芳醇。

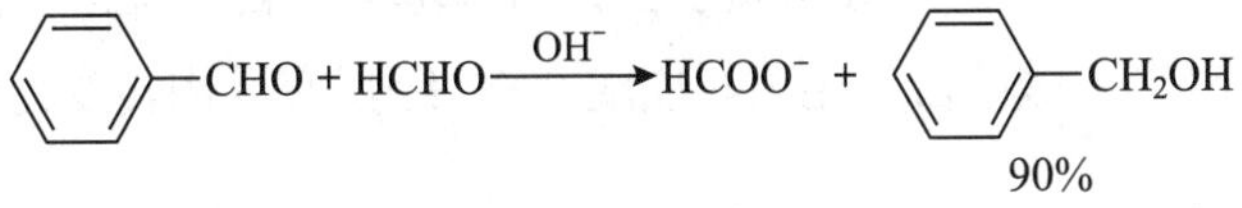

4. 醛自身聚合反应 一些低级醛可以发生聚合作用,生成链状或环状化合物,如甲醛、乙醛等的羰基可自身加成,打开碳氧双键,聚合成固体的三聚体或多聚体,甲醛水溶液在贮存过程中能聚合成链长不等的多聚甲醛的白色沉淀。甲醛为气体,乙醛为低沸点的液体,储存和使用不方便,常将它们以多聚体形式保存,使用时再解聚。三聚甲醛在常温下比较稳定,在酸性条件下加热即可全部解聚产生甲醛。

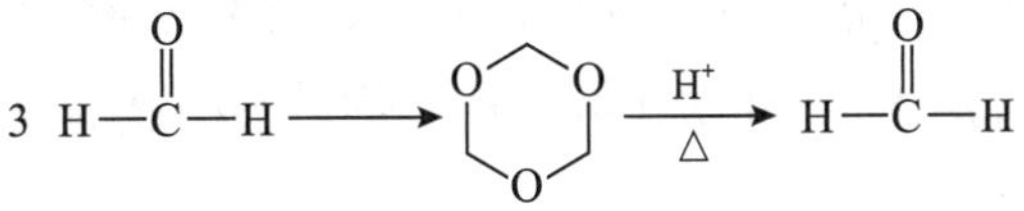

四、α,β-不饱和醛、酮

(一)化学结构

分子中含有碳碳不饱和键的醛、酮称为不饱和醛、酮,其中碳碳双键位于 α,β-碳原子间称为 α,β-不饱和醛、酮。α,β-不饱和醛、酮分子中,1,2-位的碳氧双键和3,4-位的碳碳双键形成 π-π 共轭体系。

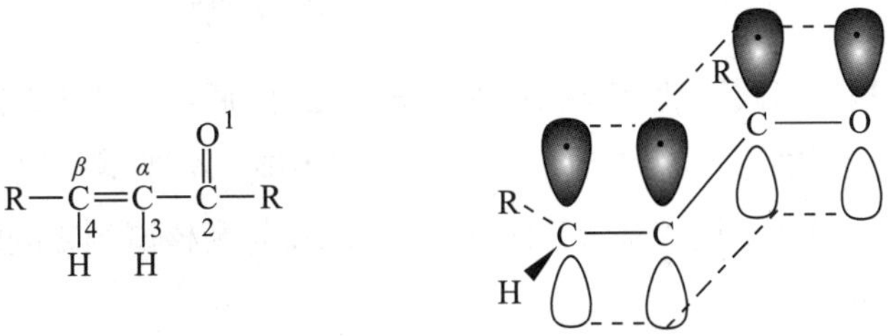

（二）加成反应

α,β-不饱和醛、酮与卤素、次卤酸等亲电试剂反应时，一般只在碳碳双键上发生亲电加成反应。例如：

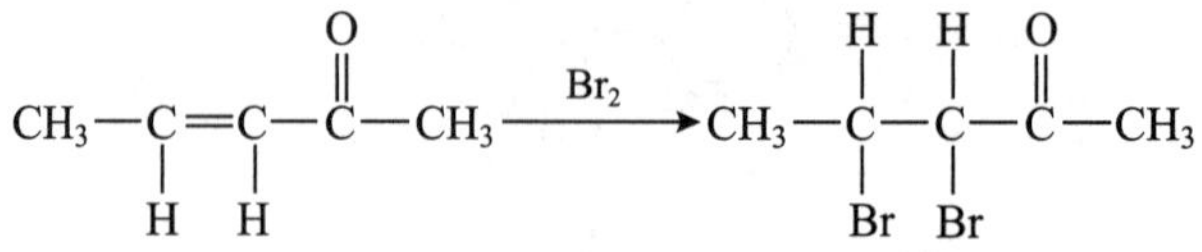

$$CH_3-C=C-C-CH_3 \xrightarrow{Br_2} CH_3-C-C-C-CH_3$$

与共轭二烯烃类似，在羰基氧电负性和共轭体系影响下，当 α,β-不饱和醛、酮与亲核试剂发生加成反应时，生成 1,2-加成产物或者 1,4-加成产物。

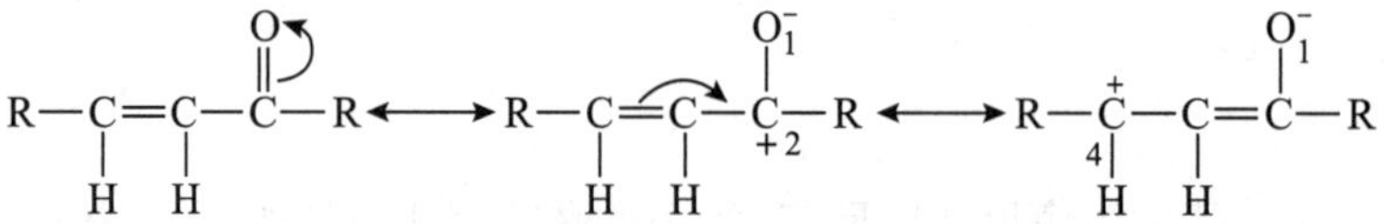

$$R-C=C-C-R \longleftrightarrow R-C=C-C-R \longleftrightarrow R-C-C=C-R$$

某些与烯烃能够发生亲电加成反应的试剂如卤化氢、水和醇等，也可与 α,β-不饱和醛、酮在酸催化下发生 1,4-加成反应。溶液中质子首先与羰基氧结合，产生一个烯丙型碳正离子离域体系，其后亲核试剂与 β-碳结合产生 1,4-加成产物，经互变异构转变为酮式结构。

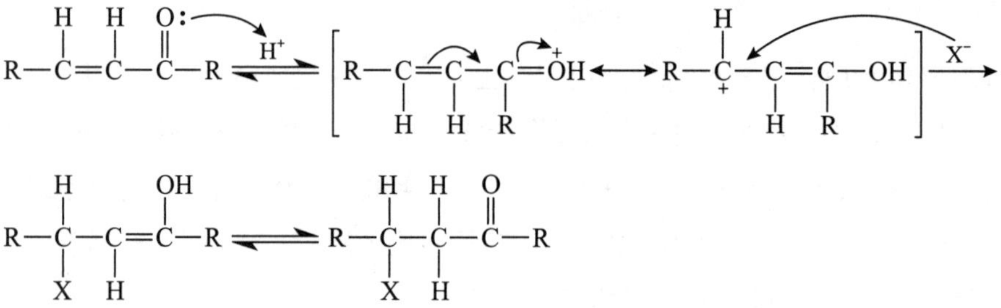

能够与羰基发生亲核加成反应的试剂均可与 α,β-不饱和醛、酮发生加成反应。如果亲核试剂首先进攻正电性的 β-碳，则生成 1,4-加成产物。亲核试剂也可直接进攻羰基碳，生成 1,2-加成产物。

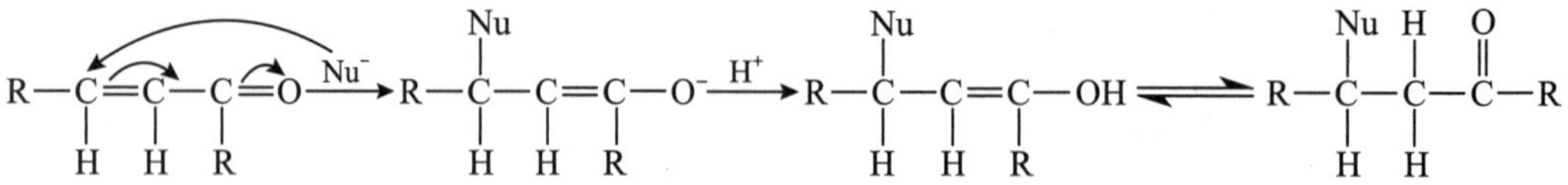

1,4-加成产物

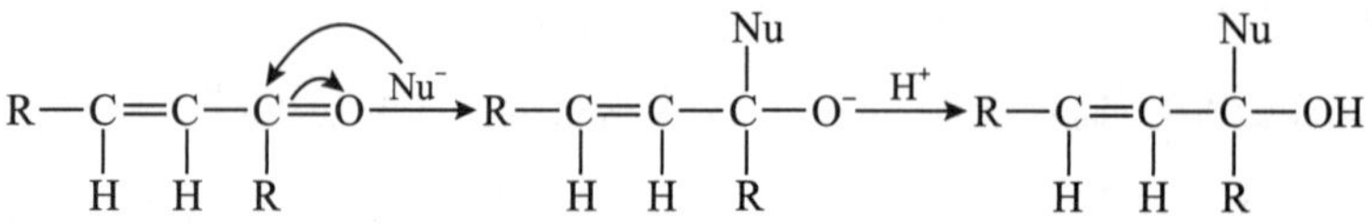

1,2-加成产物

α,β-不饱和醛、酮与格氏试剂或有机锂等试剂反应时，通常生成 1,2-加成产物；若羰基旁的基团较大或亲核试剂的空间位阻较大，则反应倾向生成 1,4-加成产物。如 α,β-不饱和醛、酮与格氏试剂反应，则需要根据羰基旁基团的大小，以及与亲核试剂之间的空间位阻关系，对不同的反应进行具体分析。

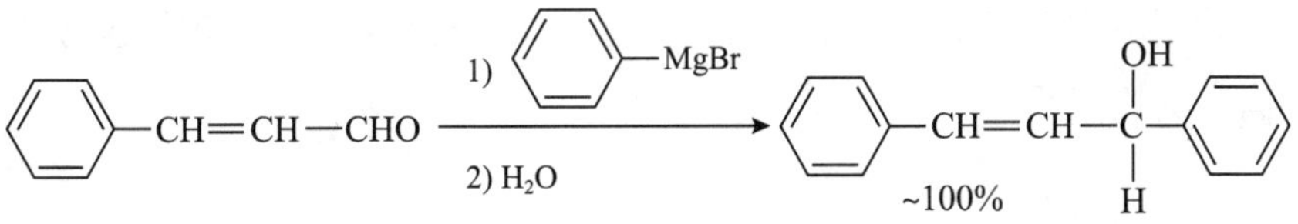

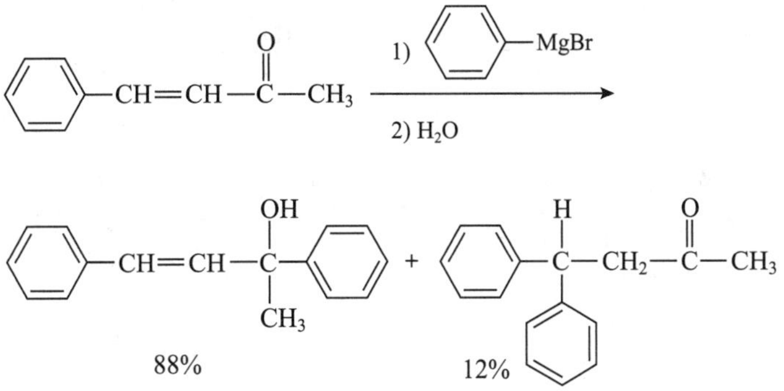

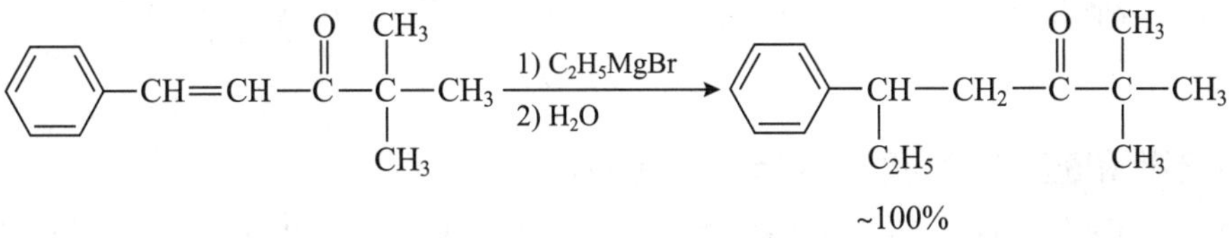

~100%

88%   12%

~100%

与格氏试剂相比，有机锂试剂受位阻的影响较小，其与 α,β-不饱和醛、酮反应时，主要生成 1,2-加成产物。α,β-不饱和醛、酮与二烃基铜锂试剂反应，则生成 1,4-加成产物，这是铜锂试剂的一个重要特点。

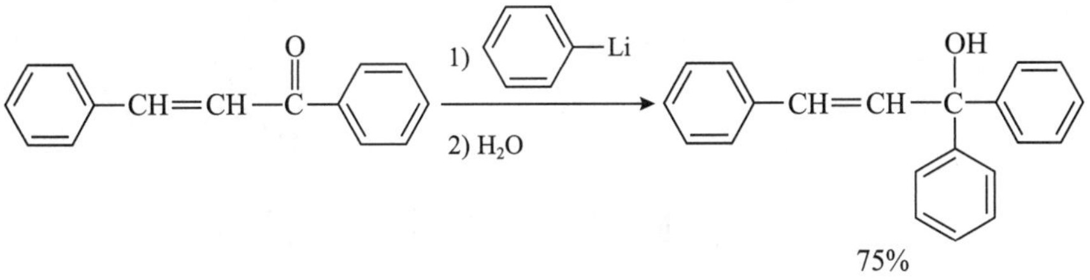

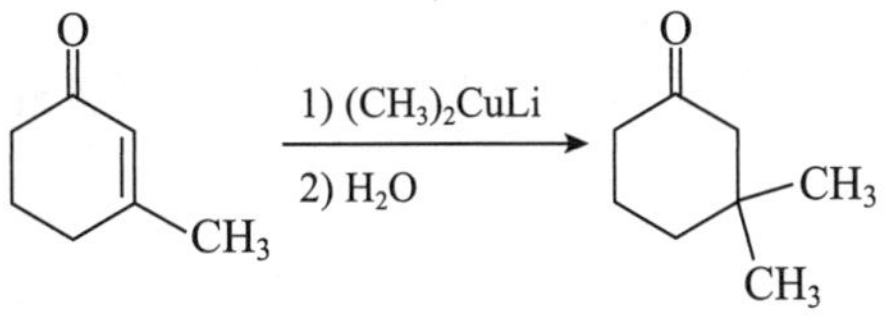

75%

在碱催化下，α,β-不饱和醛、酮与碳负离子的 1,4-亲核加成反应称为迈克尔（Michael）加成反应。该反应是有机合成中增长碳链的重要方法。

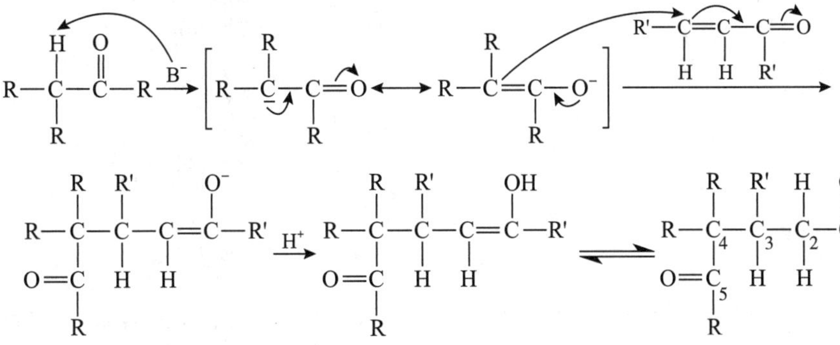

迈克尔加成反应常用于 1,5- 二羰基化合物的合成。该反应具有一定的区域选择性，在有机合成方面有广泛的应用。

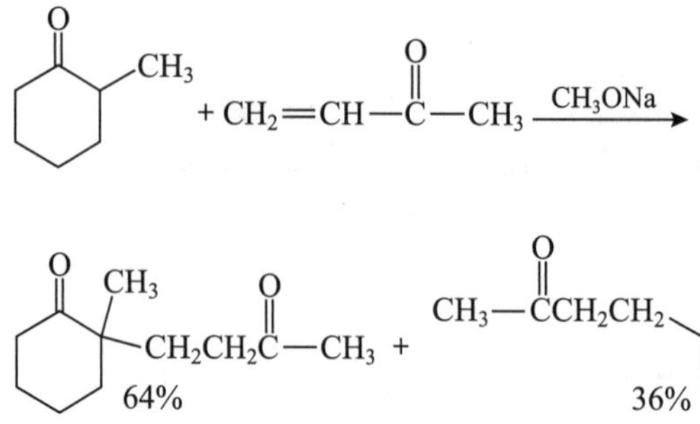

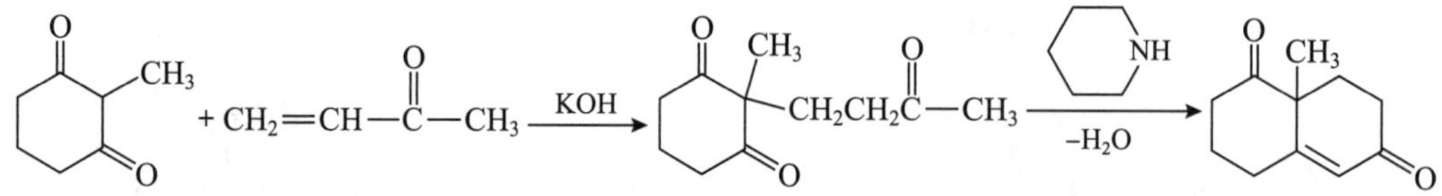

（三）不饱和醛、酮参与的 Diels-Alder 反应

不饱和醛、酮上的双键可与双烯体发生 Diels-Alder 反应。α,β- 不饱和醛、酮上的羰基作为吸电子基团，使共轭的双键作为亲双烯体的活性增加，发生 Diels-Alder 反应更加容易。

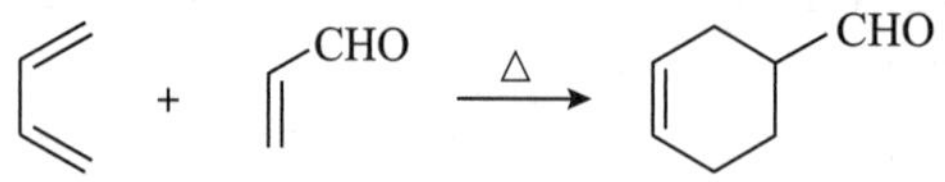

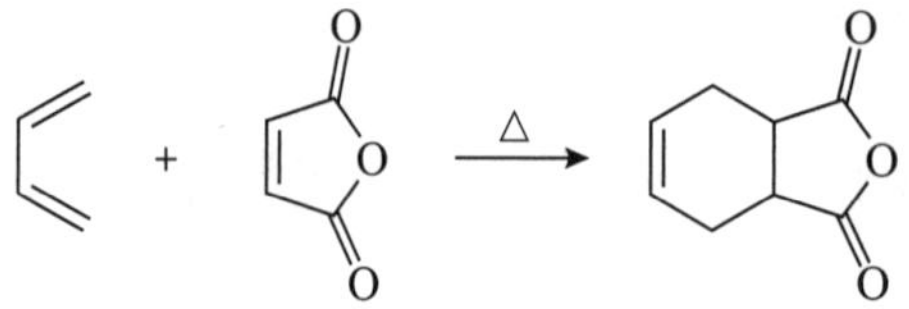

该类反应是立体专一性顺式加成反应，亲双烯体在反应过程中构型保持不变，且优先生成内型加成产物。

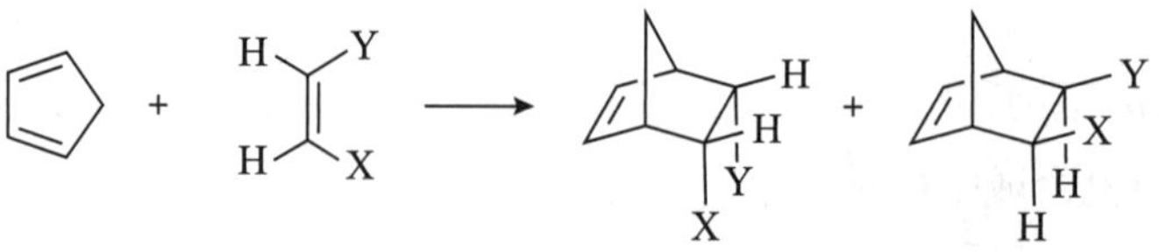

内型(endo)　　　　外型(exo)

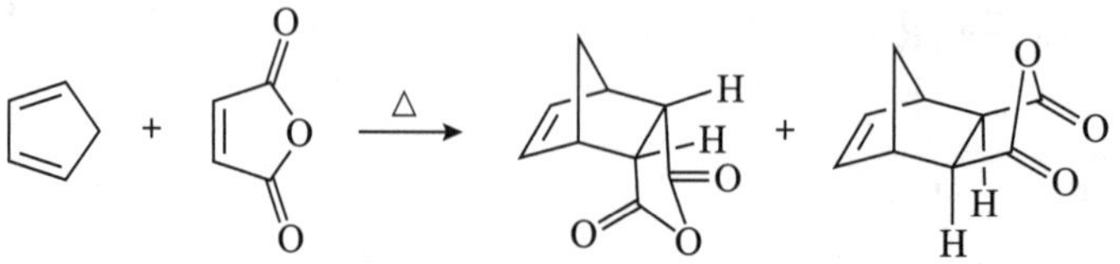

主要产物　　　　次要产物

Diels-Alder 反应具有很强的区域选择性。当双烯体上有取代基时，其与 α,β- 不饱和醛、酮

反应后形成的六元环上有多个取代基,环上的取代基处于邻位或对位时的化合物为主要产物。

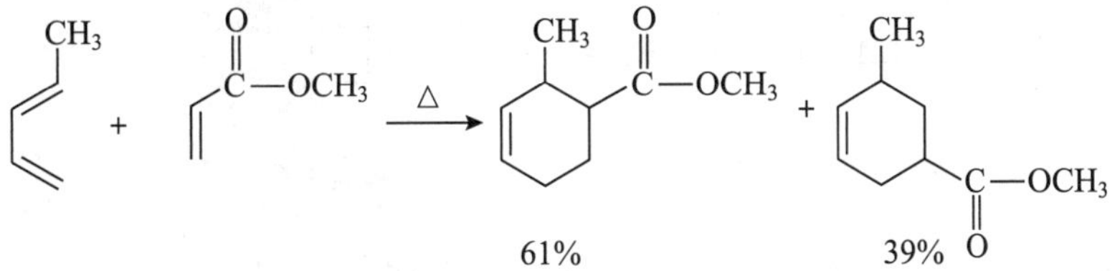

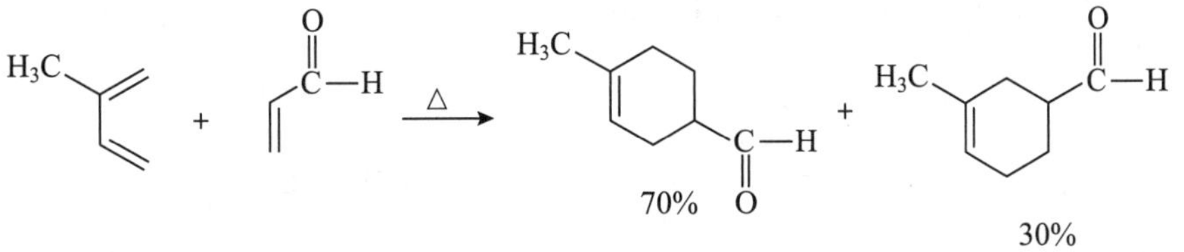

61%　　　39%

70%　　　30%

（四）烯酮

1. 化学结构　烯酮在结构上的特征是 C＝C 和 C＝O 共用一个碳原子,可以看作是羧酸分子内失水的产物。

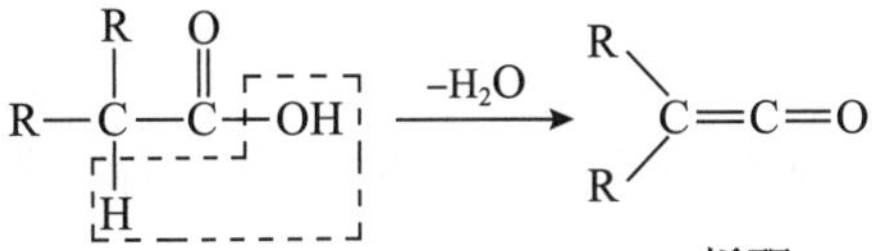

烯酮

乙烯酮(CH_2＝C＝O)是最简单的烯酮,化学性质非常活泼,现以其为例介绍烯酮的典型化学性质。

2. 烯酮的反应

（1）加成反应:烯酮的羰基可以和水、卤化氢、醇、羧酸以及氨等含"活性氢"的化合物发生加成反应,其中氢加在羰基氧上,另一部分加在羰基碳上,后经烯醇互变异构化生成羧酸、酰卤、酸酐、酯以及酰胺等,乙烯酮则是一个优良的乙酰化试剂。

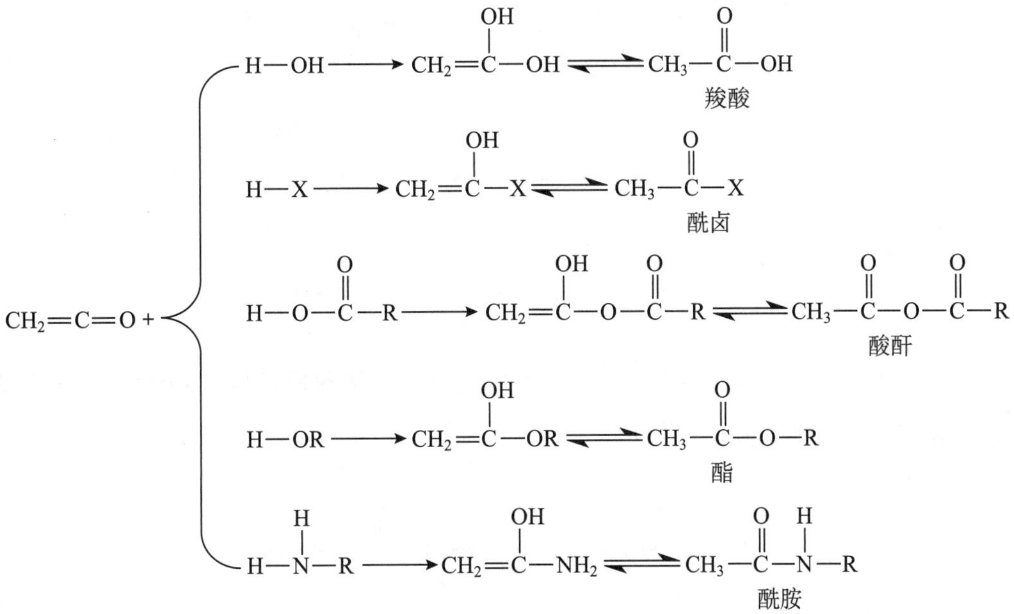

羧酸

酰卤

酸酐

酯

酰胺

（2）聚合反应：甲醛与烯酮可以发生分子间聚合生成β-丙内酯。

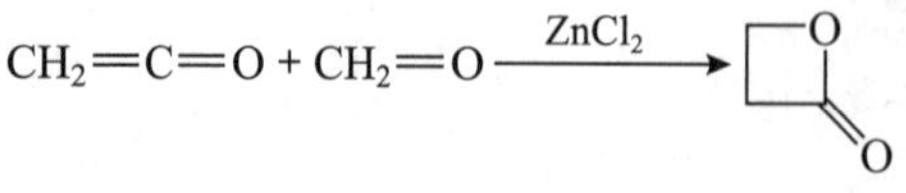

$$CH_2=C=O + CH_2=O \xrightarrow{ZnCl_2} \text{（}\beta\text{-丙内酯结构）}$$

β-丙内酯

乙烯酮容易发生二聚，生成二乙烯酮。二乙烯酮的化学性质比乙烯酮稳定，在加热条件下又可分解产生乙烯酮，因此常作为乙烯酮的一种保存形式。

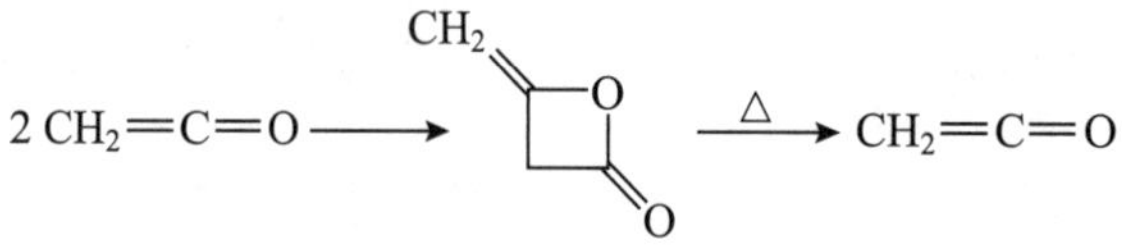

$$2\,CH_2=C=O \longrightarrow \text{（二乙烯酮结构）} \xrightarrow{\triangle} CH_2=C=O$$

二乙烯酮

五、醛、酮的制备

（一）醇的氧化与脱氢

伯醇和仲醇可以通过氧化剂氧化生成相应的醛或酮。酮不易被氧化，但醛在强氧化剂作用下可继续氧化生成羧酸，因此伯醇需要使用选择性氧化剂才能获得醛。例如沙瑞特（Sarett）试剂能够较好地把伯醇的氧化控制在醛的阶段；采用活性二氧化锰作氧化剂，可将烯丙醇的羟基氧化为羰基，且双键不受影响。

$$R-CH_2OH \xrightarrow{H_2Cr_2O_7} R-\overset{O}{\overset{\|}{C}}-H \xrightarrow{H_2Cr_2O_7} R-\overset{O}{\overset{\|}{C}}-OH$$

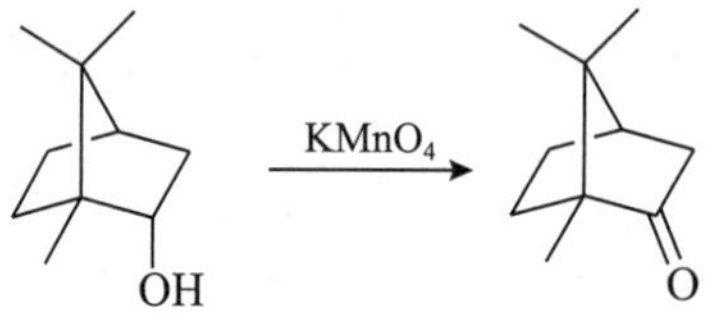

$$CH_3CH_2CH_2CH_2OH \xrightarrow{CrO_3\cdot2吡啶} CH_3CH_2CH_2-\overset{O}{\overset{\|}{C}}-H$$

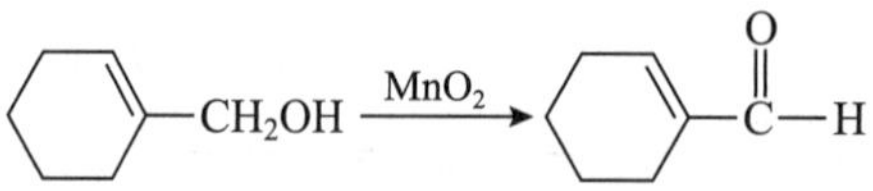

工业生产中，常使用铜粉、铜铬氧化物等作为催化剂，将醇脱氢得到醛或酮，生成的氢气再通过氧化除去，促使反应持续进行。

$$CH_3-\overset{OH}{\underset{H}{\overset{|}{\underset{|}{C}}}}-CH_2CH_3 \xrightarrow[400℃]{Zn-Cu} CH_3-\overset{O}{\overset{\|}{C}}-CH_2CH_3$$

（二）芳烃的酰化反应

芳烃通过 Friedel-Crafts 酰基化反应可生成芳酮。该反应生成的芳酮不再继续酰化产生多酰化产物,而且不发生重排。

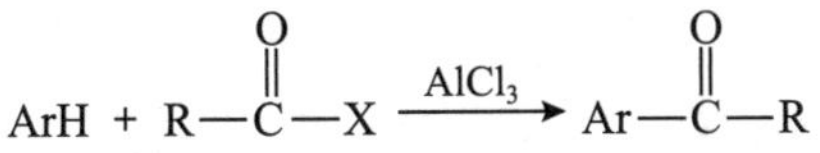

$$ArH + R{-}\overset{\displaystyle O}{\overset{\|}{C}}{-}X \xrightarrow{AlCl_3} Ar{-}\overset{\displaystyle O}{\overset{\|}{C}}{-}R$$

芳烃如果和甲酰氯发生酰化反应,则得到相应的芳香醛。由于甲酰氯不稳定,Gattermann-Koch 反应利用一氧化碳和氯化氢替代甲酰氯,并在催化剂(氯化亚铜和无水三氯化铝)作用下对具有活化基团的芳烃进行甲酰化。在氟化硼催化下,用甲酰氟作酰化试剂,也可使含有活化基团的芳烃甲酰化。

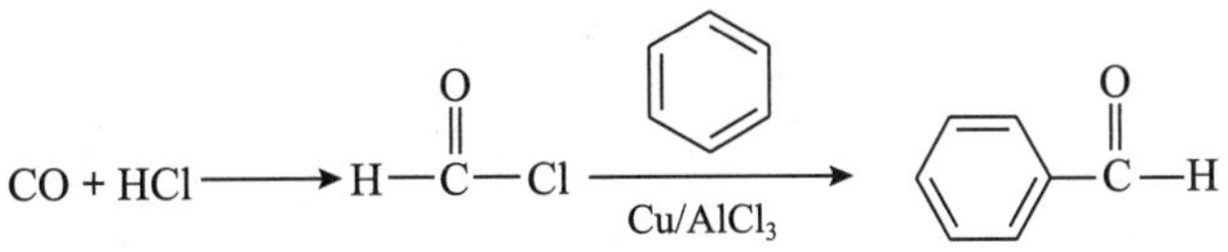

$$CO + HCl \longrightarrow H{-}\overset{\displaystyle O}{\overset{\|}{C}}{-}Cl \xrightarrow[Cu/AlCl_3]{\text{苯}} \text{苯}{-}\overset{\displaystyle O}{\overset{\|}{C}}{-}H$$

（三）脱卤反应

偕二卤代烃的水解反应,以及酰氯的催化氢解均可获得相应的醛或酮。

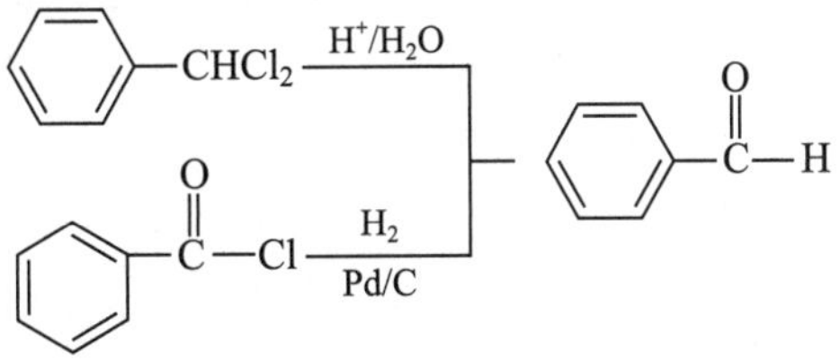

$$\begin{array}{c} Ph{-}CHCl_2 \xrightarrow{H^+/H_2O} \\ Ph{-}\overset{\displaystyle O}{\overset{\|}{C}}{-}Cl \xrightarrow[Pd/C]{H_2} \end{array} \Bigg] \to Ph{-}\overset{\displaystyle O}{\overset{\|}{C}}{-}H$$

第二节　醌

一、结构和命名

醌是一类具有共轭环己二烯二酮结构的化合物,醌类化合物广泛存在于植物中,如胡桃醌、大黄素、丹参醌Ⅰ等。

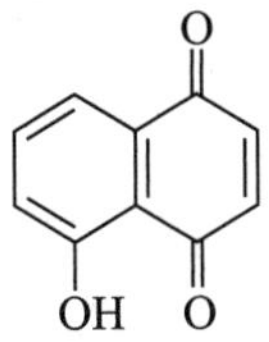

胡桃醌
Juglone

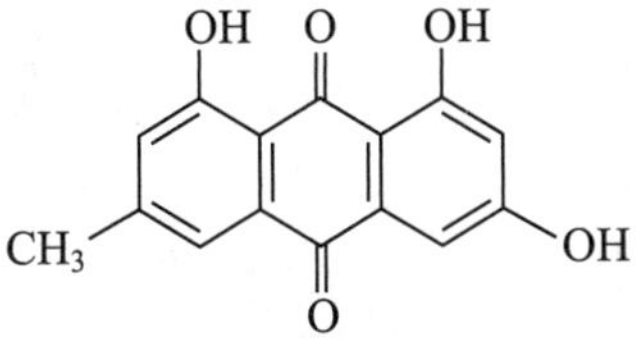

大黄素
Emodin

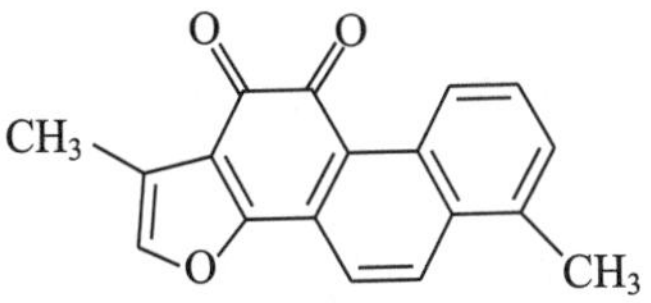

丹参醌Ⅰ
Tanshinone Ⅰ

根据骨架结构,醌类化合物有苯醌(benzoquinone)、萘醌(naphthoquinone)、蒽醌(anthraquinone）和菲醌（phenanthrenequinone）四种类型。醌类化合物命名时以苯醌、萘醌、蒽醌、菲醌等作为母体，两个羰基碳的位置用数字注明，有的也可用邻、对注明相对位置，取代基的名称和位置写在醌的名称之前。

邻苯醌
1,2-Benzoquinon

对苯醌
1,4-Benzoquinone

2,5-二甲基-1,4-苯醌
2,5-Dimethyl-1,4-benzoquinone

1,4-萘醌
1,4-Naphthoquinone

9,10-蒽醌
9,10-Anthraquinone

9,10-菲醌
9,10-Phenanthrone

醌类化合物大多都具有颜色，如对苯醌是黄色结晶、邻苯醌是红色结晶。

二、化学性质

（一）加成反应

对苯醌可与卤素发生亲电加成反应。如在乙酸溶液中，对苯醌的碳碳双键与溴发生加成反应，生成 5,6-二溴环己-2-烯-1,4-二酮和 2,3,5,6-四溴环己-1,4-二酮。产物在碱性条件下消除溴化氢，又可转化为溴代对苯醌。

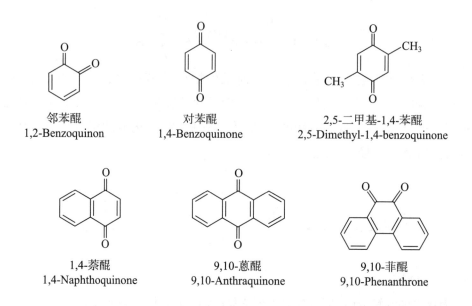

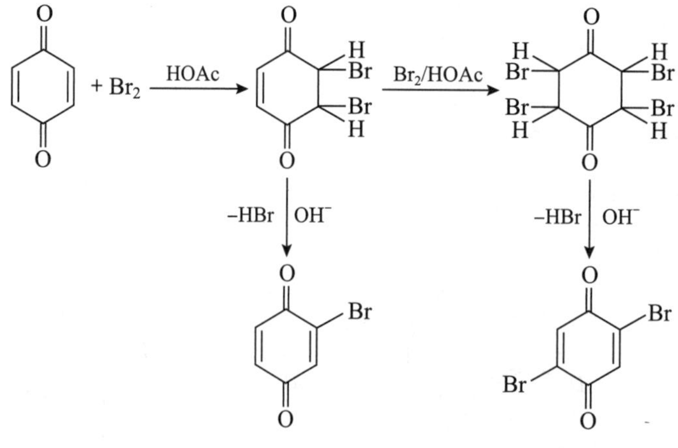

对苯醌的羰基可以与亲核试剂发生 1,2-加成反应，如与羟氨反应生成对苯醌单肟和双肟。对苯醌单肟与对亚硝基苯酚为互变异构体，可以进行互相转化。

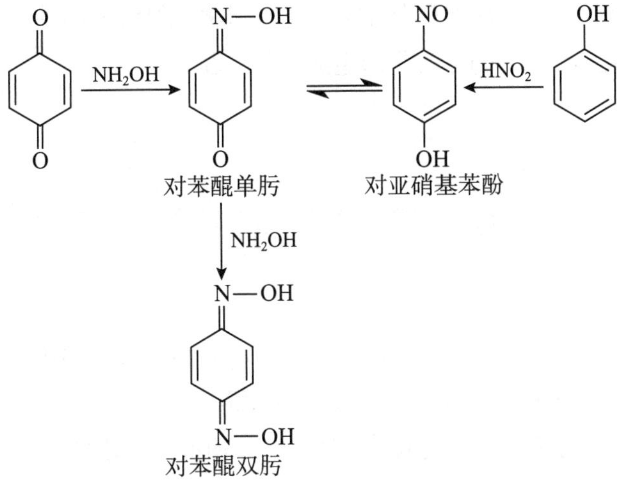

对苯醌单肟　　　　　对亚硝基苯酚

对苯醌双肟

对苯醌的羰基还可以与格氏试剂发生 1,2- 亲核加成反应生成醌醇。

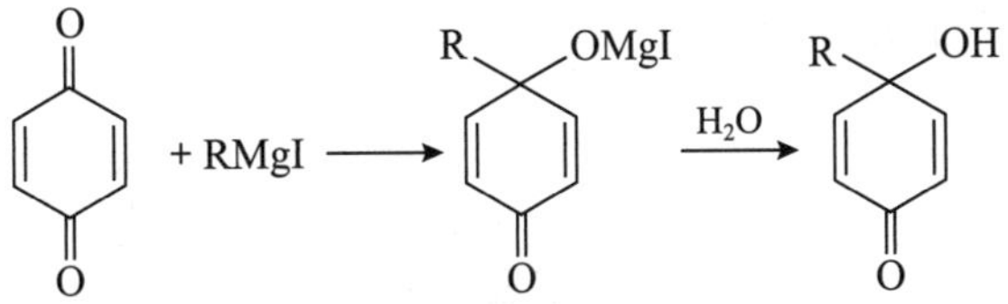

醌醇在酸性条件下容易重排成烷基取代的苯二酚。

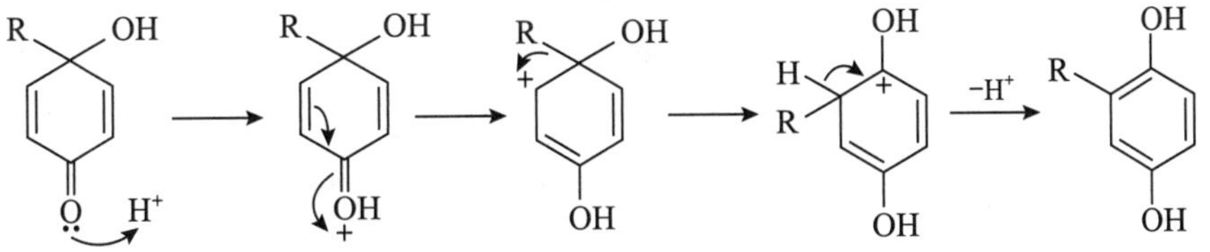

对苯醌与氢氰酸、氯化氢、甲醇等可以发生 1,4- 亲核加成反应。如对苯醌与氢氰酸反应生成 2,5- 二羟基苯甲腈。

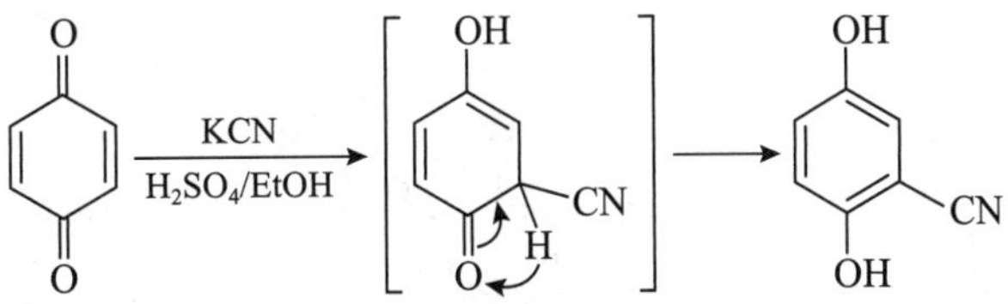

对苯醌与甲醇在浓硫酸催化下反应，首先生成 2- 甲氧基对苯二酚，受甲氧基给电子作用的影响，2- 甲氧基对苯二酚更容易被过量的对苯醌氧化，生成 2- 甲氧基对苯醌，然后再与甲醇发生 1,4- 加成反应，最终生成 2,5- 二甲氧基对苯二酚。

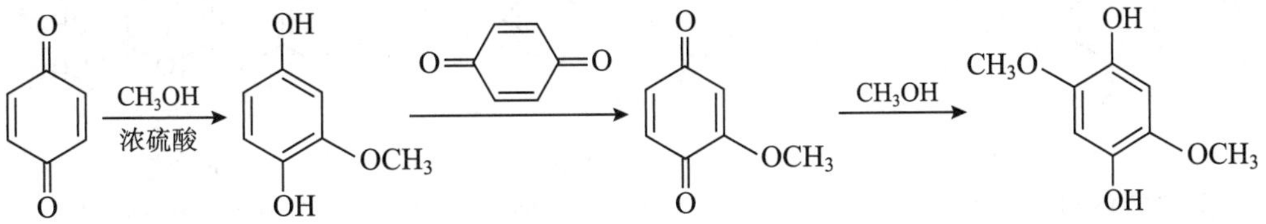

（二）还原反应

对苯醌在亚硫酸水溶液中，经 1,6- 加氢被还原成对苯二酚（又称氢醌）。该反应中，对苯醌与对苯二酚可以组成一个可逆的电化学氧化还原体系,醌首先接受一个电子,生成负离子自由基半醌,半醌再接受一个电子,酸化后生成对苯二酚。

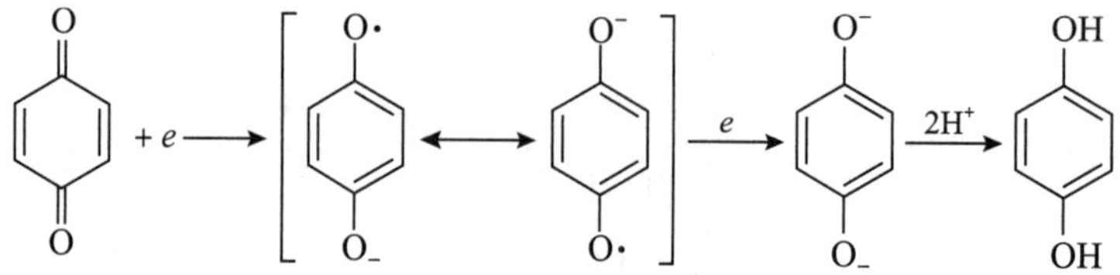

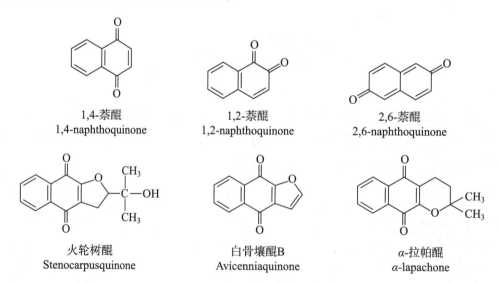

醌上连接的基团会对 1,6- 加氢还原反应产生影响,吸电子基团可提高醌的氧化还原电势,容易被还原,具有给电子基团的对苯醌则比较稳定。

在对苯醌被还原为对苯二酚的过程中,会生成一种难溶于水的深绿色中间产物,称为醌氢醌。该化合物形成的原因是对苯醌和对苯二酚共同存在时,两种分子中的 π 电子体系相互作用,对苯二酚的 π 电子相对"过剩",而醌分子中的 π 电子相对"缺乏",两者之间发生微弱的授受电子现象,生成电荷迁移络合物。

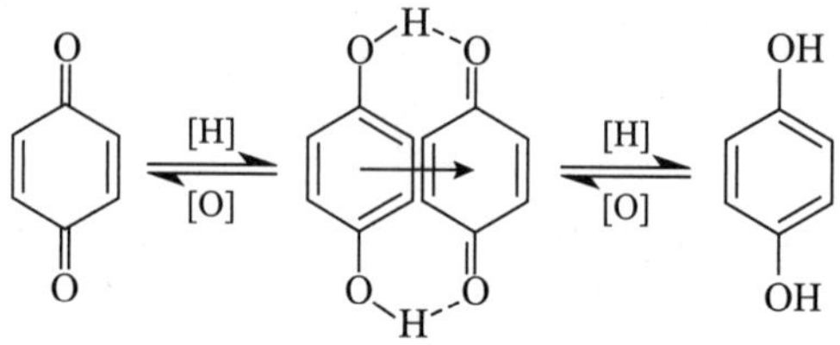

醌氢醌

三、萘醌、蒽醌和菲醌

萘醌有 1,4-、1,2- 和 2,6- 三种异构体,广泛存在于天然产物中,其中绝大多数为 1,4- 萘醌类,如火轮树醌、白骨壤醌 B 和 α- 拉帕醌等。

1,4-萘醌
1,4-naphthoquinone

1,2-萘醌
1,2-naphthoquinone

2,6-萘醌
2,6-naphthoquinone

火轮树醌
Stenocarpusquinone

白骨壤醌B
Avicenniaquinone

α-拉帕醌
α-lapachone

蒽醌是淡黄色结晶,化学性质较稳定,难以氧化,但容易被还原成蒽 -9,10- 二酚。如蒽醌在保险粉(连二亚硫酸钠,$Na_2S_2O_4$)的碱溶液中生成蒽 -9,10- 二酚,溶液显血红色,被空气氧化后褪色，并析出蒽醌，常利用这个性质检测蒽醌的存在。

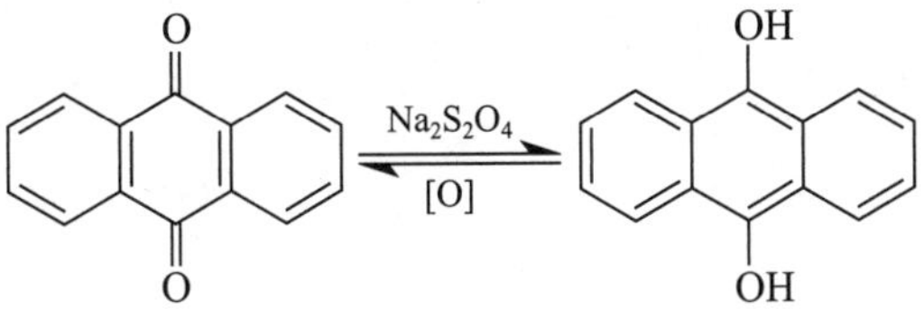

蒽醌的化学性质更像芳酮，容易磺化，在不同的反应条件下可分别得到 α- 蒽醌磺酸、β- 蒽醌磺酸、2,6- 蒽醌二磺酸、1,5- 蒽醌二磺酸等。β- 蒽醌磺酸是制取染料阴丹士林蓝的原料。2,6- 蒽醌二磺酸的钠盐在工业上可用作脱硫催化剂。

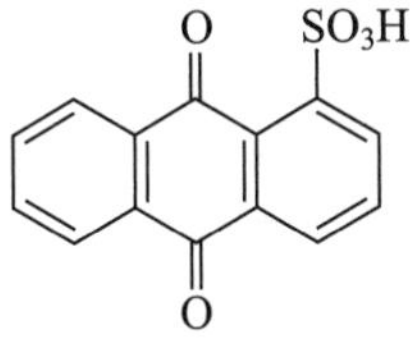

α-蒽醌磺酸
α-anthraquinonesulfonic acid

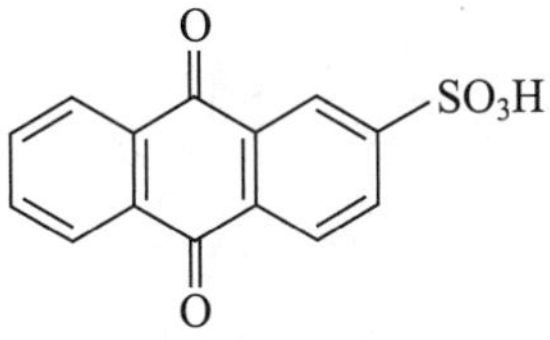

β-蒽醌磺酸
β-anthraquinonesulfonic acid

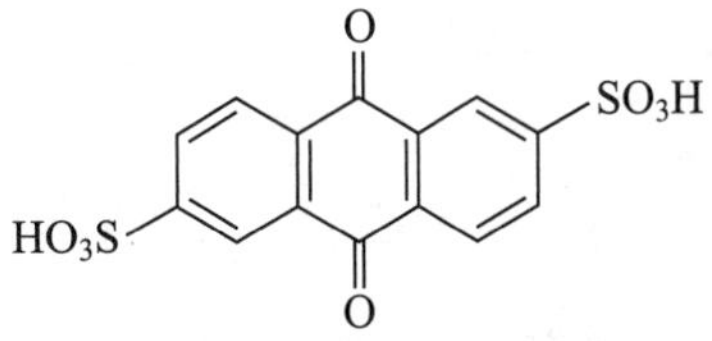

2,6-蒽醌二磺酸
2,6-anthraquinonedisulfonic acid

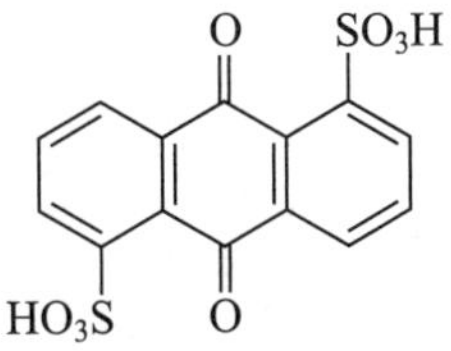

1,5-蒽醌二磺酸
1,5-anthraquinonedisulfonic acid

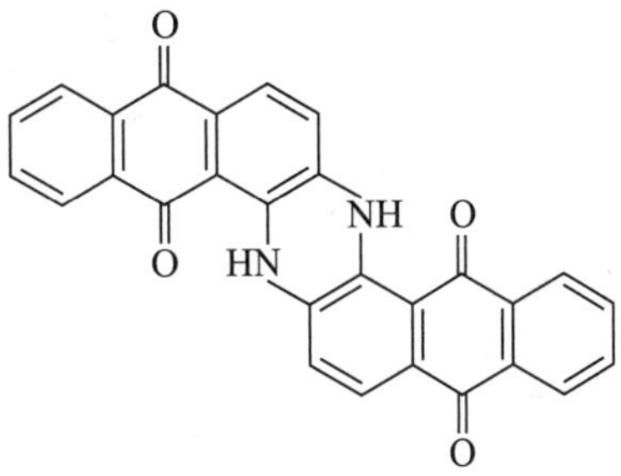

阴丹士林蓝
Indanthrone

菲醌分为邻菲醌、对菲醌及 9,10- 菲醌等类型。

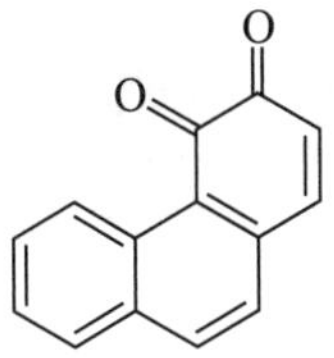

3,4-邻菲醌
3,4-phenanthraquinone

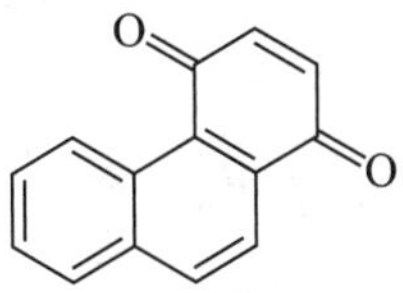

1,4-对菲醌
1,4-phenanthraquinone

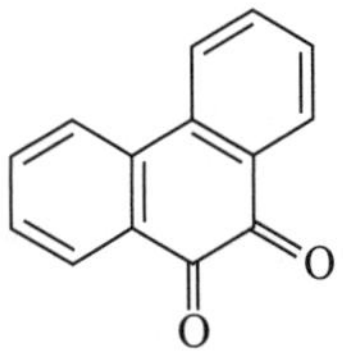

9,10-菲醌
9,10-phenanthraquinone

菲醌与 2,4- 二硝基苯肼反应能定量生成芳腙，还可与亚硫酸氢钠反应生成溶于水的加成物，利用这些性质可进行菲醌的提纯以及纯度的测定。

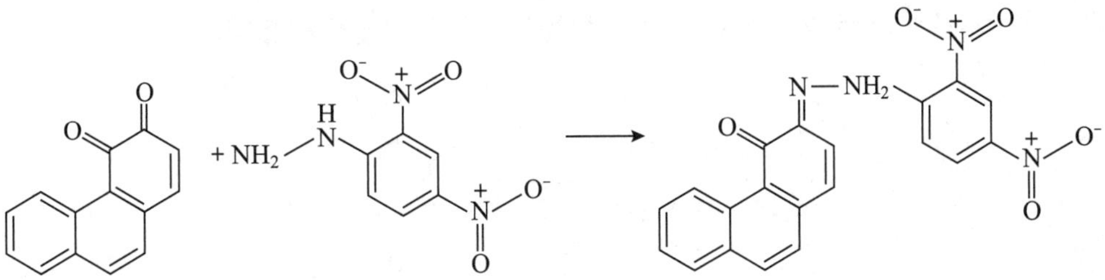

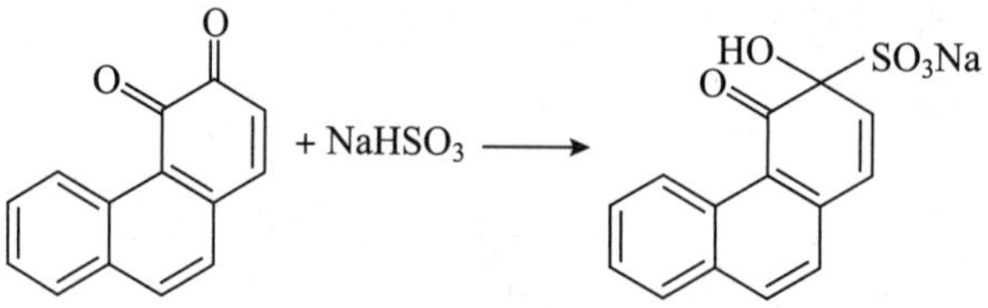

四、醌的制备

醌通常采用氧化反应来制备。苯酚由于羟基的活化作用，能氧化成对苯醌。

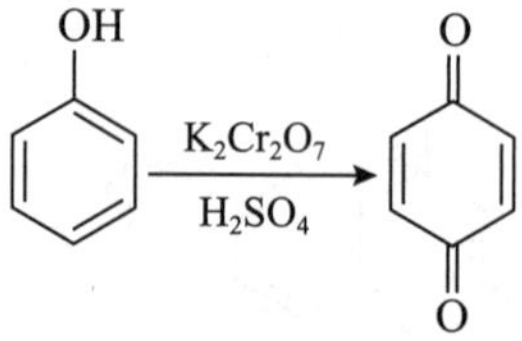

邻苯二酚、对苯二酚比苯酚更富电子，因此更易于被氧化为邻苯醌或对苯醌。

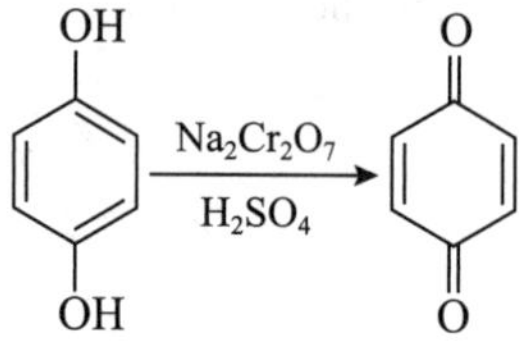

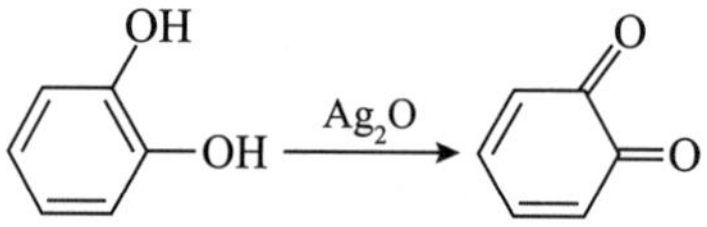

1,2-萘醌和1,4-萘醌的制备方法与苯醌类似，可通过氧化萘二酚的方法得到。

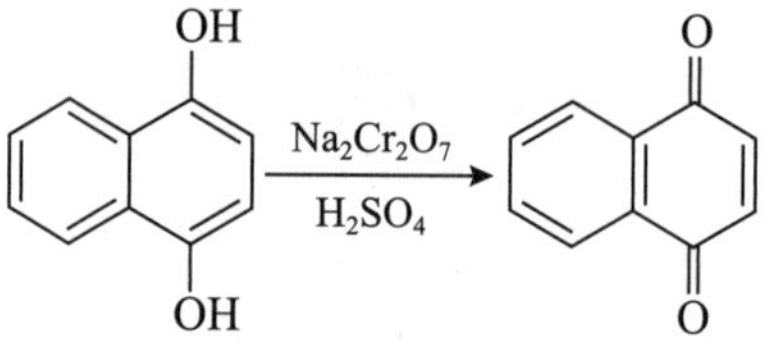

萘在强氧化剂作用下也可以得到1,4-萘醌。

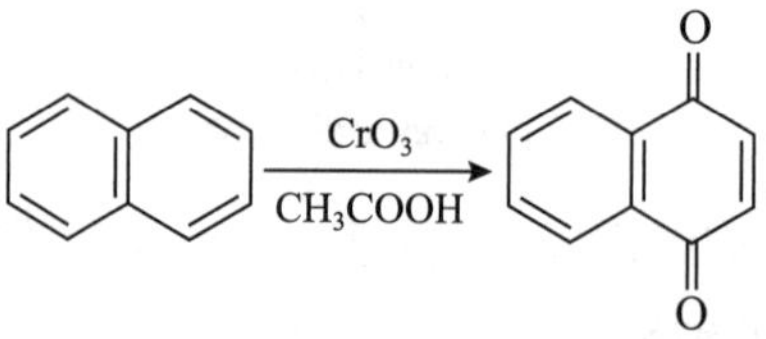

1,4-萘醌

蒽和菲本身化学性质较为活泼，可以直接被氧气氧化成蒽醌和菲醌。

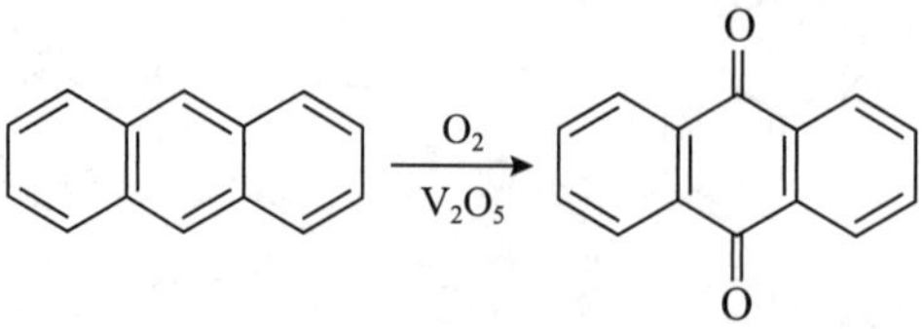

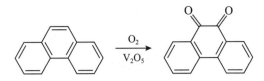

ER8-2　第八章目标测试

（夏亚穆）

本章小结

醛、酮、醌的分子中都含有羰基（C＝O），为羰基化合物。羰基的碳与氧形成π键，由于氧的电负性大，π键产生极化，易于发生化学反应。

羰基的亲核加成反应：羰基的π电子更靠近氧，碳略带正电性，容易被亲核试剂进攻，产生加成反应。反应可在酸性或碱性条件下进行，亲核试剂为含碳亲核试剂，如金属有机化合物、氢氰酸；含氧亲核试剂，如水、醇等；含氮亲核试剂，如胺及其衍生物等；含硫亲核试剂，如亚硫酸氢钠、硫醇等。

α-氢反应：具有α-氢的醛酮存在酮式-烯醇式互变平衡，导致α-氢的酸性增加，可以被卤素取代；也可在酸或碱催化下，其α-碳和另一分子羰基碳形成新的碳碳键，发生羟醛缩合。

氧化还原反应：醛的性质比酮更活泼，容易氧化成酸。羰基在还原剂作用下可被还原成烷基或醇。

不饱和醛酮反应：α,β-不饱和醛酮分子中1,2-位的碳氧双键和3,4-位的碳碳双键形成共轭体系，能够发生1,2-加成和1,4-加成反应。双键与羰基的π键活性不同，可以进行选择性还原。

烯酮反应：烯酮含有C＝C＝O结构，羰基的活性高，与含"活性氢"的化合物发生亲核加成反应后，可生成羧酸、酰卤、酸酐、酯以及酰胺等。

醌的反应：醌是一类具有共轭环己二烯二酮结构的化合物，能发生亲核加成和还原反应等。

习　题

1. 用系统命名法命名下列化合物（标明构型）。

（1）〔苯基〕—CH＝CHCHO

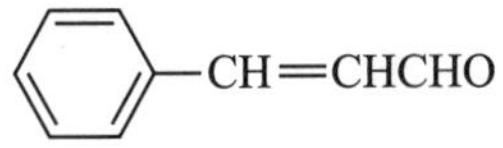

（2）〔环丙基〕—CH₂—C（＝O）—CH₃

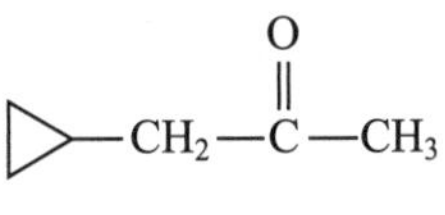

（3）

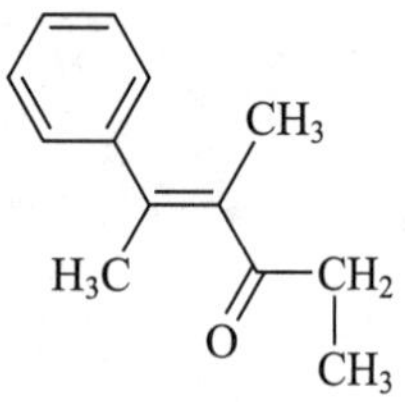

（4）

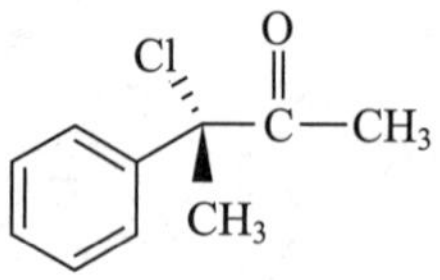

（5）

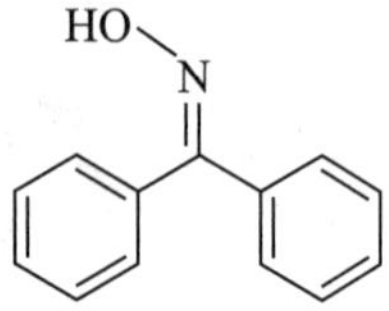

（6）

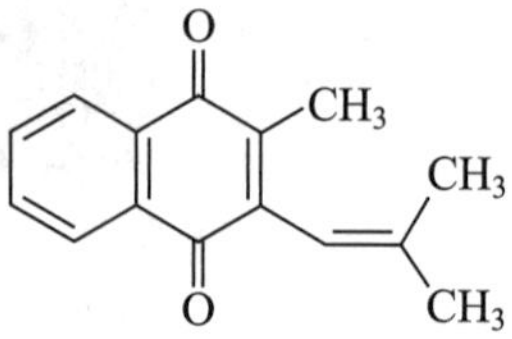

2. 写出下列化合物的结构式。

（1）2,2-二甲基环戊酮

（2）甲醛苯腙

（3）丙酮缩氨脲

（4）3-（间羟基苯基）丙醛

（5）2-氨基-9,10-蒽醌

（6）（2R,3R）-2-苯基-3-氯丁醛

3. 回答下列问题。

（1）下列化合物中能发生碘仿反应的有哪些？请说明原因并写出化学方程式。

a. $CH_3CH_2\overset{O}{\overset{\|}{C}}CH_3$

b. $(CH_3)_2CHOH$

c. $(CH_3CH_2)_2C{=}O$

d. 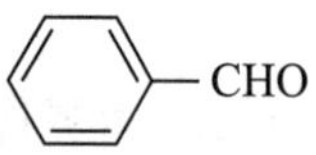 —CHO

（2）请按羰基的亲核加成反应活性由大到小对下列化合物进行排序，并解释原因。

a. $CH_3\overset{O}{\overset{\|}{C}}CH_2CH_3$

b. $CH_3\overset{O}{\overset{\|}{C}}{-}H$

c. $(CH_3)_3C{-}\overset{O}{\overset{\|}{C}}{-}C_6H_5$

（3）选用合适的试剂对下列化合物进行鉴别。

①a.

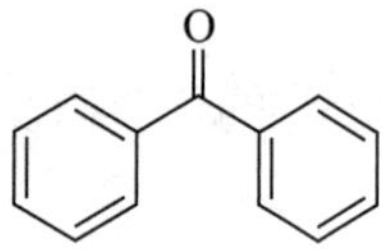

b.

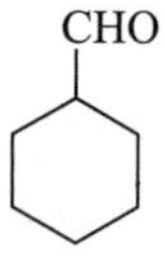

c.

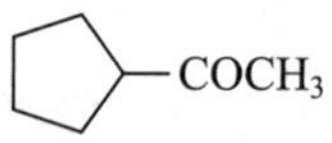

②a. 苯甲醛

b. 丁醛

c. 丁醇

（4）将下列化合物按与 $NaHSO_3$ 发生加成反应的活性由大到小排序，并说明原因。

a. $Cl{-}CH_2\overset{O}{\overset{\|}{C}}{-}H$

b. $CH_3\overset{O}{\overset{\|}{C}}{-}H$

c. $F{-}\overset{H}{\underset{F}{\overset{|}{C}}}{-}\overset{O}{\overset{\|}{C}}{-}H$

d. 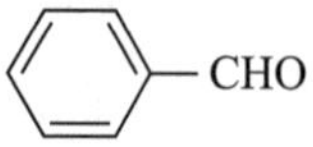 —CHO

（5）写出以下反应的机理。

4. 完成下列反应式。

（1）$2\ Cl-\!\!\!\bigcirc\!\!\!-CHO\ \xrightarrow{\ KOH\ }$

（2）$CH_3-\!\!\!\bigcirc\!\!\!=O\ \xrightarrow{\ LiAlH_4\ }$

（3）$\bigcirc\!\!\!=O+(CH_3)_2CuLi\ \xrightarrow[\text{低温}]{\text{醚}}\ \xrightarrow{\ H_2O\ }$

（4）$CH_3O-\!\!\!\bigcirc\!\!\!-CHO+CH_3COCH_3\ \xrightarrow[\triangle]{\ NaOH\ }$

（5）$\bigcirc\!\!\!=O+\bigcirc\!\!\!-Br\ \xrightarrow[Et_2O]{\ Mg\ }\ \xrightarrow{\ H_3O^+\ }$

（6）$HO\underset{CH_2OH}{\overset{CHO}{-\!\!\!\!\overset{|}{\underset{|}{C}}\!\!\!\!-}}H\ \xrightarrow[OH^-]{\ HCN\ }$

（7）$C_6H_5CH\!=\!CH\!-\!\overset{O}{\overset{\|}{C}}H\ \xrightarrow[2)\ H_3O^+]{1)\ C_2H_5MgBr}$

（8）$CH_3CH_2\overset{O}{\overset{\|}{C}}CH_3\ \xrightarrow{\ NH_2CONHNH_2\ }$

5. 根据题目条件，推断化合物的结构。

（1）化合物 a、b 的分子式均为 C_8H_8O，均不与溴水发生反应。a 无银镜反应，也不与饱和 $NaHSO_3$ 反应，但能够发生碘仿反应；b 既可以发生银镜反应，也可以与饱和 $NaHSO_3$ 反应，但无碘仿反应。试写出 a、b 的构造式。

（2）化合物 a（$C_5H_{12}O$）具有旋光性，当它用碱性高锰酸钾剧烈氧化时变成 b（$C_5H_{10}O$）。b 无旋光性，b 与正丙基溴化镁作用后水解成 c，其能够拆分成两个对映异构体。试推导出 a、b、c 的构造式。

（3）化合物 a 具有分子式 $C_6H_{12}O_3$，其在 1 710cm^{-1} 处有强的红外吸收峰。a 用碘的氢氧化钠溶液处理时得到黄色沉淀，其与托伦试剂不发生银镜反应；然而 a 用稀 H_2SO_4 处理后，能够与托伦试剂作用有银镜产生。a 的核磁共振谱数据如下：

δ 2.1（3H）单峰　　δ 3.2（6H）单峰

δ 2.6（2H）多重峰　δ 4.7（1H）三峰

6. 完成下列转化（其他试剂任选）。

（1）以丙酮为原料合成化合物（CH_3）$_2$C＝CHCOOH。

（2）以苯、不多于 C_3 的有机物合成化合物（CH_3）$_2$C＝CHCH$_2$C$_6$H$_5$。

（3）以 Br（CH_2）$_3$CHO、不多于 C_3 的有机物合成化合物（CH_3）$_2$C（OH）（CH_2）$_4$OH。

（4）以丙酮和甲醛为原料合成化合物 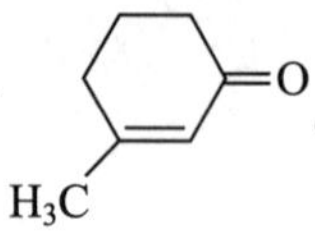 。

第九章　羧酸和取代羧酸

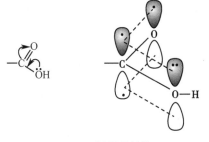

分子中含有羧基（—COOH）的化合物称为羧酸，羧基是羧酸的特性基团。除了甲酸外，羧酸可看作是烃分子中的氢被羧基取代的衍生物，其通式可写成 RCOOH。羧酸分子中烃基上的氢原子被其他原子或原子团取代的化合物称为取代羧酸，如卤代酸、羟基酸、氨基酸和酮酸等。

羧酸或取代羧酸在自然界中广泛存在，与人类生活密切相关，如食醋中含 5%～8% 的乙酸。许多羧酸或取代羧酸与生命代谢有关，如糖代谢过程中存在羟基酸的氧化、酮酸的脱羧反应等。有些羧酸和取代羧酸具有生物活性和药理活性，有的作为制药及有机化工的重要中间体，有的本身就是药物。例如：

阿司匹林　　　　　　　　　　　布洛芬

第一节　羧酸

一、结构、分类和命名

（一）结构

羧酸分子中的羧基碳原子为 sp^2 杂化，三个 sp^2 杂化轨道分别与两个氧原子和碳原子或氢原子形成三个 σ 键，这三个 σ 键在同一平面上，键角约为 $120°$，羧基碳原子未杂化的 p 轨道和氧原子上的 p 轨道形成 π 键，因此羧基是一平面结构。羟基氧原子上含孤对电子的 p 轨道与羰基的 π 键形成 p-π 共轭体系，羧基的结构如图 9-1 所示。

p-π 共轭使碳氧双键和碳氧单键的键长趋于平均化。X 射线衍射证明，甲酸分子中 C=O 双键的键长为 123pm，比醛、酮中羰基的键长（120pm）有所增长；C—O 单键的键长为 136pm，比醇中碳氧单键的键长（143pm）短。羧基是羧酸的特性基团，羧酸中的羰基与羟基相互

图 9-1　羧基的结构

影响,从而表现出羧基的特殊化学性质。如羧基中羟基 O—H 键的极性增大,氢质子易电离而表现酸性;羧基中的羰基不易发生类似于醛、酮羰基的亲核加成反应等。

(二) 分类

根据分子中与羧基相连的烃基结构的不同,羧酸可分为脂肪酸和芳香酸。脂肪酸根据烃基的饱和程度还可以分为饱和脂肪酸和不饱和脂肪酸;根据羧基数目的不同又可分为一元酸、二元酸或多元酸。

(三) 命名

羧酸的命名一般采用系统命名,但相当一部分羧酸和取代羧酸都有俗名。俗名通常根据其来源而得,例如蚁酸(即甲酸,是 1670 年从蚂蚁蒸馏液中分离得到的)、醋酸(即乙酸,是 1700 年从食醋中得到的)等。一些从自然界中得到的取代酸也常用俗名,如 $CH_3CH(OH)COOH$ 是在 1850 年从酸奶中得到,称为乳酸;2-羟基苯甲酸又称为水杨酸,存在于自然界的柳树皮、白珠树叶及甜桦树中。

羧酸的系统命名原则与醛相似,命名时选择含羧基的最长碳链为主链,编号从羧基碳原子开始,用阿拉伯数字标明主链碳原子的位次。简单的羧酸也可用希腊字母标位,与羧基直接相连的碳原子位置为 α,依次为 β、γ、δ 等,最末端碳原子可用 ω 表示。例如:

3-甲基戊酸或 β-甲基戊酸
3-methylpentanoic acid or
β-methylpentanoic acid

3-(4-溴苯基)丁酸
3-(4-bromophenyl)butanoic acid

不饱和羧酸(如主链中含有不饱和键 C=C 或 C≡C)的命名则分别称为烯酸和炔酸,并将不饱和键的位次编号写在"烯"或"炔"之前。例如:

4-甲基戊-3-烯酸
4-methylpent-3-enoic acid

己-3-炔酸
hex-3-ynoic acid

如果不饱和键 C=C 或 C≡C 不含在主链中,则 C=C 或 C≡C 作为取代基进行命名。

无支链的直链二元酸可按含碳的总数称为"某二酸"。含有支链的二元酸应选择含有两个羧基在内的最长碳链为主链,支链无论长短均作为取代基。当直链烃直接与两个以上的羧基相连时,可看作是母体烷烃被羧基所取代,可采用如"三甲酸"等后缀方法命名,编号时应使所有羧基的位次和最小。例如:

3-丙基己二酸
3-propylhexanedioic acid

2-羟基丙-1,2,3-三甲酸 (柠檬酸)
2-hydroxypropane-1,2,3-tricarboxylic
acid(citric acid)

脂环直接与羧基相连时,命名时可由其母体烃名称加上后缀"甲酸""二甲酸"等,编号从与羧基相连的碳原子开始。若是多元酸,羧基的位次编号置于"二甲酸"等之前。例如:

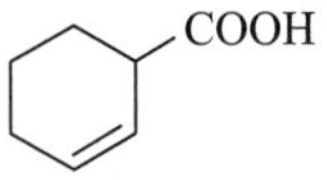

环己-2-烯甲酸
cyclohex-2-enecarboxylic acid

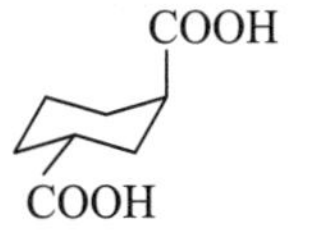

(1*R*,3*R*)-环己烷-1,3-二甲酸
(1*R*,3*R*)-cyclohexane-1,3-dicarboxylic acid

羧基连在苯环上的芳香酸则以苯甲酸为母体,并标明取代基的名称和位次。

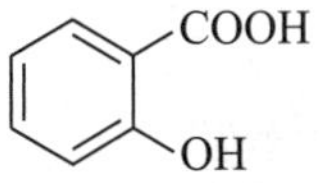

2-羟基苯甲酸(水杨酸)
2-hydroxybenzoic acid(salicylic acid)

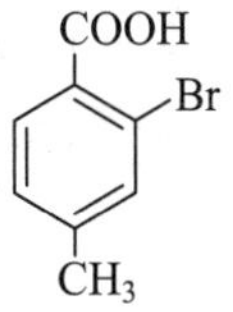

2-溴-4-甲基苯甲酸
2-bromo-4-methylbenzoic acid

取代羧酸的命名是以羧酸为母体,命名时标明取代基的位置和名称。当主链上含有羰基时,羰基作为取代基,称为"氧亚基"。例如:

$$CH_3CH_2CHCOOH$$
（上方为 OH）

$$CH_3CCOOH$$
（上方为 O）

2-羟基丁酸
2-hydroxybutanoic acid

2-氧亚基丙酸(丙酮酸)
2-oxopropanoic acid(pyruvic acid)

羧酸分子中除去羧基中的羟基后所余下的部分称为酰基,酰基的名称可根据相应的羧酸命名。例如:

乙酰基
acetyl

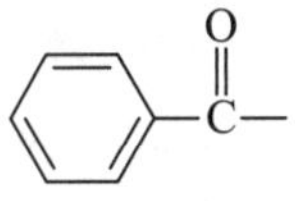

苯甲酰基
benzoyl

二、物理性质

低级的饱和一元羧酸为液体;$C_1 \sim C_{10}$ 的羧酸都具有强烈的刺激性气味;高级的饱和一元羧酸为蜡状固体,挥发性低,没有气味;脂肪族二元羧酸和芳香羧酸都是结晶固体。

羧酸与水能形成很强的氢键。在饱和一元羧酸中,甲酸至丁酸可与水混溶;其他一元羧酸随碳链的增长,分子中的非极性烃基增大,水溶性降低,癸酸以上的羧酸不溶于水。碳原子数少于 8 的二元酸在水中有一定的溶解度,而碳原子数大于 8 的二元酸和芳香羧酸难溶或不溶于水。

饱和一元羧酸的沸点随相对分子质量的增加而增高。羧酸的沸点比相对分子质量相同或相近的醇的沸点高。例如甲酸的沸点(100.5℃)比相同分子量的乙醇的沸点(78.5℃)高;乙酸的沸点(118℃)比丙醇的沸点(97.2℃)高。这是由于羧酸分子之间能由两个氢键互相结合形成二聚(缔合)体。

$$2\ RCOOH \rightleftharpoons R-C\overset{O----H-O}{\underset{O-H----O}{}}C-R$$

饱和一元羧酸的熔点随着碳原子的增加而呈锯齿形上升,即偶数碳原子的羧酸比相邻两个奇数碳原子的羧酸的熔点高。这是因为偶数碳原子的羧酸分子的对称性较高,晶体排列比较紧密。二元羧酸由于分子中碳链的两端都有羧基,分子间引力大,熔点比分子量相近的一元羧酸高得多。一些常见羧酸的物理常数如表9-1所示。

表9-1　一些常见羧酸的物理常数

系统命名	俗名	熔点/℃	沸点/℃	溶解度/(g/100g H_2O)	pK_a(25℃)
甲酸	蚁酸	8.4	100.5	∞	3.76
乙酸	醋酸	16.6	117.9	∞	4.75
丙酸	初油酸	−20.8	141	∞	4.87
丁酸	酪酸	−4.3	163.5	∞	4.81
2-甲基丙酸	异丁酸	−46.1	153.2	22.8	4.84
戊酸	缬草酸	−33.8	186	～5	4.82
己酸	羊油酸	−2	205	0.96	4.83
十六酸	软脂酸	62.9	269/0.01MPa	不溶	—
十八酸	硬脂酸	69.9	287/0.01MPa	不溶	—
乙二酸	草酸	189.5	—	8.6	1.27[*] 4.27[**]
丙二酸	缩苹果酸	136	—	73.5	2.85[*] 5.70[**]
丁二酸	琥珀酸	185	—	5.8	4.21[*] 5.64[**]
戊二酸	胶酸	98	—	63.9	4.34[*] 5.41[**]
己二酸	肥酸	151	—	1.5	4.43[*] 5.40[**]
顺丁烯二酸	马来酸	131	—	79	1.90[*] 6.50[**]
反丁烯二酸	富马酸	302	—	0.7	3.00[*] 4.20[**]
苯甲酸	安息香酸	122.4	249	0.34	4.17

注:[*]为 pK_{a_1};[**]为 pK_{a_2}。

三、化学性质

羧酸的特性基团羧基是由羰基和羟基相连而成的,由于这两个基团的相互作用,使得羧酸的性质并不等于醛、酮和醇性质的简单加和。根据羧基的结构特点分析,羧酸应具有下列主要的化学性质。

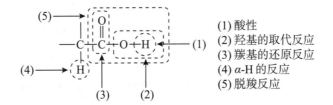

(5) → O
（1）酸性
（2）羟基的取代反应
（3）羰基的还原反应
（4）α-H 的反应
（5）脱羧反应

（一）酸性和成盐

1. 酸性　羧酸在水中能解离出质子,表现出明显的酸性。

$$RCOOH + H_2O \rightleftharpoons RCOO^- + H_3O^+$$

羧酸显酸性是由于羧基中羟基氧上的孤对电子与羰基的 π 键发生 p-π 共轭作用,使羟基氧原子上的电子云向羰基偏移,致使 O—H 间的成键电子对更靠近氧原子,从而使 O—H 键的极性增强,有利于氢的解离。此外,羧基解离氢质子后生成羧酸根负离子,由于 p-π 共轭作用,羧基负离子中的负电荷不再集中在一个氧原子上,而是分散于两个氧原子上,如图 9-2 所示。由于负电荷得到分散,使能量降低而趋向稳定。X 射线衍射实验证明羧酸根负离子中的两个 C—O 的键长相等,是完全等同的。

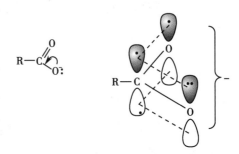

图 9-2　羧酸根负离子的结构

羧酸根负离子的结构也可以用下列共振结构式表示。

$$\left[R-C{\displaystyle{O \atop O^-}} \longleftrightarrow R-C{\displaystyle{O^- \atop O}} \right] \equiv R-C{\displaystyle{O^{\delta-} \atop O^{\delta-}}}$$

羧酸的 pK_a 一般在 4～5,与盐酸、硫酸等强无机酸相比为弱酸,但比碳酸(pK_{a_1}=6.5)、酚、醇及其他各类含氢有机化合物的酸性强。

2. 影响酸性的因素　羧酸酸性的强弱取决于电离后所生成的羧酸根负离子的稳定性,羧酸根负离子越稳定,酸性就越强。若羧酸分子中含有使羧酸根负离子稳定的因素,则酸性增强;反之,则酸性减弱。

（1）脂肪酸:脂肪酸酸性的强弱与羧酸烃基上所连基团的性质有关。

脂肪族一元羧酸中,甲酸的酸性最强。这是由于烷基的给电子诱导效应所导致的,给电子诱导效应不利于羧酸根负离子负电荷的分散而稳定性降低,因而酸性降低。甲酸中的氢被一系列烷基取代后的酸性如下:

	HCOOH	CH$_3$COOH	CH$_3$CH$_2$COOH	(CH$_3$)$_2$CHCOOH	(CH$_3$)$_3$CCOOH
pK_a	3.77	4.74	4.87	4.86	5.05

当烷基上的氢原子被卤原子、羟基、硝基等吸电子基团取代后,由于这些基团的吸电子诱导效应使羧酸根负离子的负电荷得到分散而稳定性增大,因而酸性增强。吸电子取代基对羧酸酸性的影响与它们的电负性大小、数量及与羧基的相对位置等因素有关。例如:

	FCH$_2$COOH	ClCH$_2$COOH	BrCH$_2$COOH	ICH$_2$COOH	CH$_3$COOH
pK_a	2.57	2.86	2.94	3.18	4.75

	CH$_3$COOH	ClCH$_2$COOH	Cl$_2$CHCOOH	Cl$_3$CCOOH
pK_a	4.74	2.86	1.29	0.65

	CH$_3$CH$_2$CHCOOH $\vert$ Cl	CH$_3$CHCH$_2$COOH $\vert$ Cl	CH$_2$CH$_2$CH$_2$COOH $\vert$ Cl	CH$_3$CH$_2$CH$_2$COOH
pK_a	2.86	4.41	4.70	4.81

二元羧酸的酸性比相应的一元羧酸强,二元羧酸的解离是分两步进行的,第一步解离会受到另一个羧基的吸电子诱导效应的影响,酸性增强。两个羧基之间的距离越近,影响越大。例如:

	乙二酸	丙二酸	丁二酸	戊二酸	己二酸
pK_{a_1}	1.27	2.85	4.21	4.34	4.43

碳链在四个碳原子以上的二元羧酸其 pK_{a_1} 的差距明显减小,但还是比乙酸强。当一个羧基解离后,成为羧酸根负离子,会对另一端的羧基产生给电子诱导效应,使第二个羧基不易解离,因此一些低级二元羧酸的 pK_{a_2} 总是大于 pK_{a_1}。

(2)芳香酸:苯甲酸比一般脂肪酸的酸性强(除甲酸外),它的 pK_a 值为4.17。当芳环上引入取代基后,其酸性强弱随取代基的种类、位置不同而发生变化。表9-2列出一些取代苯甲酸的 pK_a 值。

表9-2 一些取代苯甲酸的 pK_a 值

	邻-	间-	对-		邻-	间-	对-
H	4.17	4.17	4.17	NO$_2$	2.21	3.46	3.40
CH$_3$	3.89	4.28	4.35	OH	2.98	4.12	4.54
Cl	2.89	3.82	4.03	OCH$_3$	4.09	4.09	4.47
Br	2.82	3.85	4.18	NH$_2$	5.00	4.82	4.92

从表9-2可以看出,当取代基在间位和对位时,一般给电子基团如甲基使酸性降低,而吸电子基团如硝基使酸性增强。

三种硝基苯甲酸的酸性都比苯甲酸强,而且酸性大小顺序是邻位＞对位＞间位,这是因为硝基苯的结构为下列极限式的叠加。

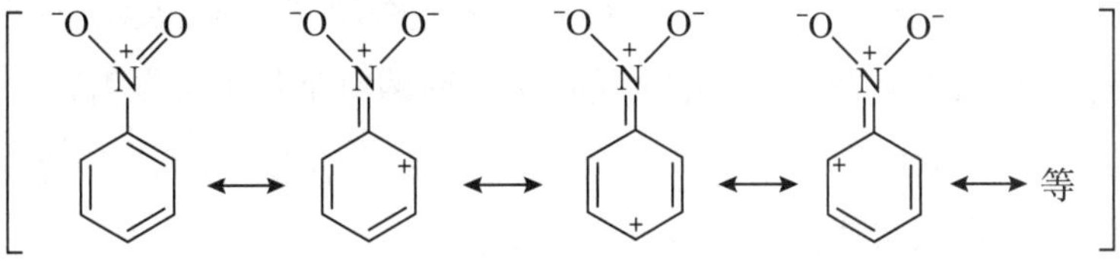

从以上硝基苯的共振杂化体结构可以看出，苯环的 π 电子和硝基发生共轭作用，吸电子共轭效应使硝基的邻、对位电子云密度较低。当邻、对位连有羧基后，对羧基上的电子有吸引作用，有利于羧基中氢的解离。

使邻、对位异构体的酸性增加的另一个因素是硝基的吸电子诱导作用，但在对位异构体中影响较小，而在邻位异构体中影响较大，因此邻硝基苯甲酸的酸性比对硝基苯甲酸还强。硝基处于羧基间位时只有吸电子诱导作用，因此酸性不如邻、对位的强。

取代基—OH 和—OCH$_3$ 具有两种效应。当在间位时，仅存在吸电子诱导效应，因而使苯甲酸的酸性增强；当在对位时，存在给电子共轭效应和吸电子诱导效应，且给电子共轭效应大于吸电子诱导效应，总的结果使苯甲酸的酸性减弱。

甲氧基取代的苯甲酸其酸性邻、间位的强于苯甲酸，而对位的弱于苯甲酸，这和甲氧基取代的苯酚类似。对甲氧基苯甲酸的结构可认为是下面两种极限式的叠加。

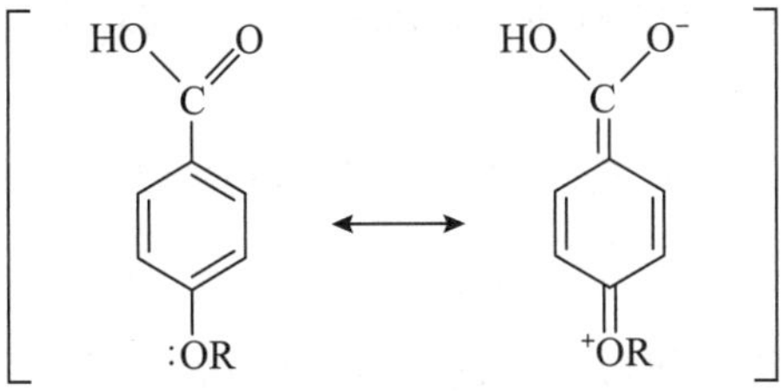

从表 9-2 还可以看出，邻位取代的苯甲酸的酸性不论是吸电子基团还是给电子基团（氨基除外）均较间位和对位的强，这是邻位效应（电性效应、空间效应以及氢键等）的结果。例如：

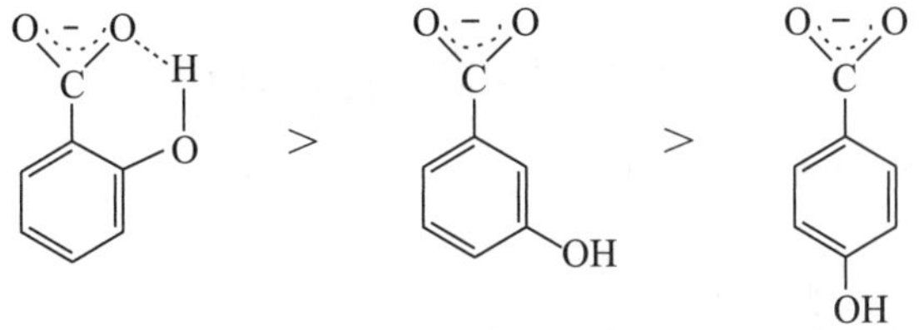

邻羟基苯甲酸的酸性较间位和对位异构体显著增强，主要是由于邻位的羟基与酸根负离子形成分子内氢键，使邻羟基苯甲酸根负离子稳定，酸性增强；而间位或对位异构体则在几何上不能形成分子内氢键。

3. 成盐反应　羧酸的 pK_a 值一般在 $4\sim5$，属于弱酸，但比碳酸的酸性（pK_{a_1}=6.5）要强些。羧酸能与碱（如氢氧化钠、碳酸钠、碳酸氢钠等）中和成盐。例如：

$$CH_3COOH + NaOH \longrightarrow CH_3COONa + H_2O$$

$$CH_3COOH + NaHCO_3 \longrightarrow CH_3COONa + H_2O + CO_2\uparrow$$

成盐可以改变药物的水溶性。医药工业上常将水溶性差的含羧基的药物转变成易溶于水的碱金属羧酸盐，以增加其水溶性。如含有羧基的青霉素和氨苄西林的水溶性小，将其转变成钾盐或钠盐后水溶性增大,便于临床使用。许多羧酸盐在工业、农业、医药卫生领域中被广泛应用,如硬脂酸钠(钾)可用作表面活性剂、苯甲酸钠具杀菌防腐作用等。

羧酸盐与强的无机酸作用,又可转化为原来的羧酸。利用这个性质,可用于羧酸的分离与提纯,或从动植物中提取含羧基的有效成分。

$$RCOONa + HCl \longrightarrow RCOOH + NaCl$$

羧酸也可与氨气或有机胺成盐。

$$RCOOH + R'NH_2 \longrightarrow RCOO^-H_3N^+R'$$

此反应可用于羧酸或胺类外消旋体的拆分。

$$(\pm)酸 + (-)胺 \longrightarrow \left.\begin{array}{c}(+)酸\cdot(-)胺盐 \\ (-)酸\cdot(-)胺盐\end{array}\right\} \xrightarrow{\text{分离}} \begin{array}{c}(+)酸\cdot(-)胺盐 \\ + \\ (-)酸\cdot(-)胺盐\end{array} \xrightarrow{HCl} \begin{array}{c}(+)酸 + (-)胺盐 \\ (-)酸 + (-)胺盐\end{array}$$

非对映异构体

(二)羧基中羟基的取代反应

羧基中的羟基在一定条件下可以被卤素、酰氧基、烷氧基或氨基取代,生成酰卤、酸酐、酯或酰胺羧酸衍生物。

1. 酯的生成 羧酸与醇在酸催化下生成酯和水的反应称为酯化反应。

$$RCOOH + R'OH \underset{}{\overset{H^+}{\rightleftharpoons}} RCOOR' + H_2O$$

常用的催化剂有硫酸、氯化氢、对甲苯磺酸及酸性树脂等。酯化反应是可逆反应,催化剂和温度在加速酯化反应速率的同时,也加速逆反应速率。通常酯化反应不能进行完全,处于平衡状态。为提高产率,必须使平衡向产物方向移动。常采用加入过量的价廉原料,以改变反应达到平衡时反应物和产物的组成;或加除水剂,除去反应中所产生的水;也可以将酯从反应体系中不断蒸出。

羧酸和醇发生酯化反应,羧基和醇羟基之间的脱水有两种可能的价键断裂方式。

(1)酰氧键断裂(亲核加成-消除机理)

$$R-\overset{\overset{O}{\|}}{C}-OH + H-OR' \underset{}{\overset{H^+}{\rightleftharpoons}} RCOOR' + H_2O$$

(2)烷氧键断裂(碳正离子机理)

$$R-\overset{\overset{O}{\|}}{C}-O-H + HO-R' \underset{}{\overset{H^+}{\rightleftharpoons}} RCOOR' + H_2O$$

各种实验表明,在大多数情况下,酯化反应是按酰氧断裂方式进行的,即羧酸分子中的羟基与醇羟基的氢结合脱水生成酯,在反应中羧酸的酰氧键断裂。如用含有 ^{18}O 的醇和羧酸酯化时,形成含有 ^{18}O 的酯,说明酯化反应是由羧酸提供羟基。例如:

$$C_6H_5-\overset{\overset{O}{\|}}{C}-OH + H^{18}OCH_3 \underset{}{\overset{H^+}{\rightleftharpoons}} C_6H_5-\overset{\overset{O}{\|}}{C}-^{18}OCH_3 + H_2O$$

通常情况下,伯醇、仲醇与羧酸酯化时,多按酰氧键断裂方式进行。其反应机理如下:

$$\text{R—C}\underset{\text{OH}}{\overset{\text{O}}{\|}} \xrightarrow[\text{}]{\text{H}^+} \quad (\text{I}) \xrightarrow[\text{}]{\text{HOR}'} \quad (\text{II}) \rightleftharpoons (\text{III})$$

（Ⅰ） （Ⅱ） （Ⅲ）

$$\xrightarrow[\text{}]{-\text{H}_2\text{O}} \quad (\text{IV}) \quad \rightleftharpoons \quad \text{R—C}\underset{\text{OR}'}{\overset{\text{O}}{\|}} + \text{H}^+$$

（Ⅳ） （Ⅴ）

首先羧酸中羰基氧与 H^+ 结合成𨦤盐（Ⅰ）,增加羰基碳原子的正电性,有利于亲核试剂醇对羰基碳的亲核加成,形成一个四面体中间体（Ⅱ）;然后 H^+ 转移生成中间体（Ⅲ）,接着消除一分子水生成𨦤盐（Ⅳ）,再失去 H^+ 形成酯（Ⅴ）。反应经历亲核加成-消除的过程。总的结果是羧基中的羟基被烷氧基取代,可看作是羰基上的亲核取代反应。

从反应机理可以看出,反应过程中会生成一个四面体结构的中间体（Ⅱ）,比反应物的空间位阻增大,所以羧酸和醇的结构对酯化难易程度的影响很大。一般来说,酸或醇分子中烃基的空间位阻增大都会使酯化反应速率变慢。结构不同的醇和羧酸进行酯化反应时的活性顺序如下。

醇: $CH_3OH > RCH_2OH > R_2CHOH$

酸: $CH_3COOH > RCH_2COOH > R_2CHCOOH > R_3CCOOH$

叔醇与羧酸发生酯化反应时,由于叔醇的体积较大,不易形成四面体中间体,在酸性条件下易生成叔碳正离子。因此,叔醇与羧酸的酯化反应不以加成-消除反应机理成酯,而是按碳正离子机理成酯,即羧基中的氢与醇中的羟基结合脱水生成酯,在反应中羧酸的氧氢键断裂,而醇分子是发生烷氧键断裂。

$$(CH_3)_3COH \xrightarrow[\text{}]{H^+} (CH_3)_3C\overset{+}{—}OH_2 \xrightarrow[\text{}]{-H_2O} (CH_3)_3\overset{+}{C} \xrightarrow[O=C—R']{} R'\overset{+OH}{—}C—OC(CH_3)_3$$

$$\xrightarrow[\text{}]{-H^+} R'—\overset{O}{\overset{\|}{C}}—OC(CH_3)_3 + H^+$$

酯化反应是一重要的反应,在药物合成中常利用酯化反应将药物转变成前药,以改变药物的生物利用度、稳定性及克服多种不利因素。如治疗青光眼的药物塞他洛尔,其分子中含羟基,极性强,脂溶性差,难于透过角膜;将羟基酯化制成丁酰塞他洛尔,其脂溶性明显增强,透过角膜的能力增强 4~6 倍,进入眼球后,经酶水解再生成塞他洛尔而起效。

2. 酰卤的生成 羧基中的羟基被卤素取代的产物称为酰卤,其中最重要的是酰氯。酰氯可由羧酸与亚硫酰氯（二氯亚砜）、三氯化磷或五氯化磷等氯化剂反应制得。

$$3R—\overset{O}{\overset{\|}{C}}—OH + PCl_3 \longrightarrow 3R—\overset{O}{\overset{\|}{C}}—Cl + H_3PO_3$$

$$R-\overset{\overset{\text{O}}{\|}}{C}-OH + PCl_5 \longrightarrow R-\overset{\overset{\text{O}}{\|}}{C}-Cl + POCl_3 + HCl\uparrow$$

$$R-\overset{\overset{\text{O}}{\|}}{C}-OH + SOCl_2 \longrightarrow R-\overset{\overset{\text{O}}{\|}}{C}-Cl + SO_2\uparrow + HCl\uparrow$$

酰氯非常活泼,容易水解,因此不能用水洗的方法除去反应中的无机杂质,通常用蒸馏法分离产物。故采用哪种氯化剂,主要取决于原料、产物和副产物之间的沸点差距。亚硫酰氯(沸点为76℃)是实验室制备酰氯常用的试剂,在反应中生成的副产物HCl和SO$_2$气体易于回收或分离,过量SOCl$_2$可通过蒸馏除去,可得到纯净的酰氯。酰溴常用三溴化磷与羧酸反应制得。

3. 酸酐的生成 羧酸(甲酸除外)在脱水剂(如乙酰氯、乙酸酐、P$_2$O$_5$等)存在下加热,发生分子间脱水生成酸酐。

$$R-\overset{\overset{\text{O}}{\|}}{C}-OH + HO-\overset{\overset{\text{O}}{\|}}{C}-R \xrightarrow[\triangle]{\text{脱水剂}} R-\overset{\overset{\text{O}}{\|}}{C}-O-\overset{\overset{\text{O}}{\|}}{C}-R + H_2O$$

甲酸在加热条件下一般不发生分子间脱水反应,但在浓硫酸中加热,分解成一氧化碳和水,可用来制取高纯度的一氧化碳。

$$HCOOH \xrightarrow[60\sim80℃]{H_2SO_4} CO + H_2O$$

混合酸酐可由羧酸盐与酰氯反应得到。

$$R-\overset{\overset{\text{O}}{\|}}{C}-O-Na + R'-\overset{\overset{\text{O}}{\|}}{C}-Cl \longrightarrow R-\overset{\overset{\text{O}}{\|}}{C}-O-\overset{\overset{\text{O}}{\|}}{C}-R' + NaCl$$

4. 酰胺的生成 羧酸与氨(胺)反应,首先形成羧酸铵盐,然后加热脱水生成酰胺。

$$RCOOH \xrightarrow{NH_3} RCOONH_4 \underset{\triangle}{\rightleftharpoons} R-\overset{\overset{\text{O}}{\|}}{C}-NH_2 + H_2O$$

$$RCOOH \xrightarrow{HNR'_2} RCOOH \cdot NHR'_2 \underset{\triangle}{\rightleftharpoons} R-\overset{\overset{\text{O}}{\|}}{C}-NR'_2 + H_2O$$

这是一个可逆反应,但在铵盐分解的温度下水被不断蒸除,使平衡转移,反应可趋于完全,例如:

$$\text{〈〉}-NH_2 + CH_3COOH \xrightarrow{\triangle} \text{〈〉}-NH\overset{\overset{\text{O}}{\|}}{C}CH_3 + H_2O$$

(三)还原反应

羧酸一般难以被催化氢化或化学还原剂如硼氢化钠等所还原,但强还原剂氢化铝锂(LiAlH$_4$)却可以顺利地将羧酸还原为伯醇。

$$R-COOH \xrightarrow[\text{②}H_3O^+]{\text{①}LiAlH_4/Et_2O} R-CH_2OH$$

例如：

$$CH_2=CHCH_2COOH \xrightarrow[\text{②} H_3O^+]{\text{①} LiAlH_4/Et_2O} CH_2=CHCH_2CH_2OH$$

反应常在无水乙醚或四氢呋喃中进行。氢化铝锂能还原很多具有羰基结构的化合物，但不能还原孤立的碳碳双键，因此是一种选择性还原剂。氢化铝锂还原羧酸在室温下即可进行，产率很高，在实验室及工业生产中广泛使用。

（四）α-氢的卤代反应

羧酸α-碳上的氢原子受羧基吸电子诱导效应的影响，具有一定的活性。但由于羧基中的羰基和羟基形成 p-π 共轭体系，与醛、酮中的羰基相比，羧基的吸电子能力较小，所以羧酸α-氢的活性比醛、酮α-氢的活性要低，难以直接卤代，需要在催化剂作用下才能进行。羧酸在少量红磷或三卤化磷存在下可与卤素（Cl_2 或 Br_2）发生反应，得到α-卤代酸。此反应称为赫尔-乌尔哈-泽林斯基（Hell-Volhard-Zelinsky）反应。例如：

$$RCH_2COOH + Br_2 \xrightarrow[\text{或} PBr_3]{\text{红磷}} RCHCOOH + HBr$$
$$\qquad\qquad\qquad\qquad\qquad | \\ \qquad\qquad\qquad\qquad\qquad Br$$

$$2P + 3Br_2 \longrightarrow 2PBr_3$$

例如：

$$CH_3CH_2COOH + Br_2 \xrightarrow{\text{红磷}} CH_3CHCOOH + HBr$$
$$\qquad\qquad\qquad\qquad\qquad | \\ \qquad\qquad\qquad\qquad\qquad Br$$

反应机理如下：

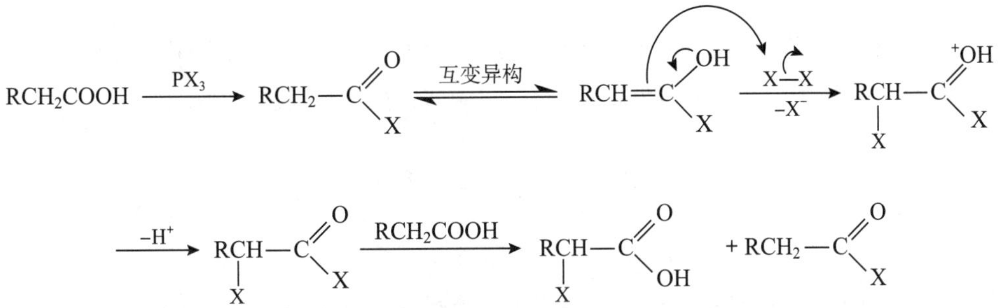

羧酸卤代时，控制反应条件和卤素用量，可生成一卤代或多卤代酸。例如用乙酸和氯气在微量碘催化下，控制氯气用量可以分别得到一氯代、二氯代和三氯代乙酸。

$$CH_3COOH \xrightarrow[I_2]{Cl_2} ClCH_2COOH \xrightarrow[I_2]{Cl_2} Cl_2CHCOOH \xrightarrow[I_2]{Cl_2} Cl_3CCOOH$$

（五）脱羧反应

加热条件下，羧酸分子失去羧基并放出二氧化碳的反应称为脱羧反应。

饱和一元羧酸对热稳定，通常不发生脱羧反应。但在特殊条件下，如羧酸钠盐与碱石灰共热，也可以发生脱羧反应。

$$CH_3COONa + NaOH \xrightarrow[\triangle]{CaO} CH_4\uparrow + Na_2CO_3$$

此外,在 α-碳上连有吸电子基团(如硝基、卤素、酰基、羧基、氰基和不饱和键等)的羧酸容易发生脱羧反应。例如:

$$CH_3\overset{\overset{O}{\|}}{C}CH_2COOH \xrightarrow{\triangle} CH_3\overset{\overset{O}{\|}}{C}CH_3 + CO_2\uparrow$$

$$CH_2=CH-CH_2-COOH \xrightarrow{\triangle} CH_2=CH-CH_3 + CO_2\uparrow$$

$$Cl_3C-COOH \xrightarrow{\triangle} CHCl_3 + CO_2\uparrow$$

各类羧酸脱羧的反应机理并不完全一样。例如 β-酮酸易脱羧是由于羰基和羧基以氢键配合形成六元环状过渡态,然后发生电子转移失去二氧化碳,先生成烯醇,再重排得酮。

$$R-\overset{O\cdots H}{\underset{CH_2}{\overset{\|}{C}}}\overset{O}{\underset{}{C}}=O \xrightarrow[-CO_2]{\triangle} R-\overset{OH}{\underset{}{C}}=CH_2 \longrightarrow R-\overset{\overset{O}{\|}}{C}-CH_3$$

丙二酸型化合物及 α-硝基羧酸等脱羧反应也属于这一类型。三氯乙酸发生脱酸的反应机理与 β-酮酸不同。

$$Cl_3C-\overset{\overset{O}{\|}}{C}-OH \xrightarrow{-H^+} Cl_3C-\overset{\overset{O}{\|}}{C}-O^- \xrightarrow{\triangle} Cl_3C^- + CO_2\uparrow \xrightarrow{H^+} CHCl_3$$

芳香族羧酸的脱羧反应较脂肪族羧酸容易,如苯甲酸在喹啉溶液中加少量铜粉加热即可脱羧。当羧基的邻、对位上连有强吸电子基团时,更易发生脱羧反应。例如:

$$C_6H_5COOH \xrightarrow[\text{喹啉}/\triangle]{Cu} C_6H_6 + CO_2\uparrow$$

(六)二元酸的热解反应

二元羧酸对热较敏感,当单独加热或与脱水剂共热时,随着两个羧基间距离的不同,可发生脱羧、分子内脱水或同时脱羧和脱水的反应。

两个羧基直接相连或连在同一碳原子上的二元羧酸受热易脱羧生成一元羧酸。例如:

$$\overset{COOH}{\underset{COOH}{|}} \xrightarrow{\triangle} HCOOH + CO_2\uparrow$$

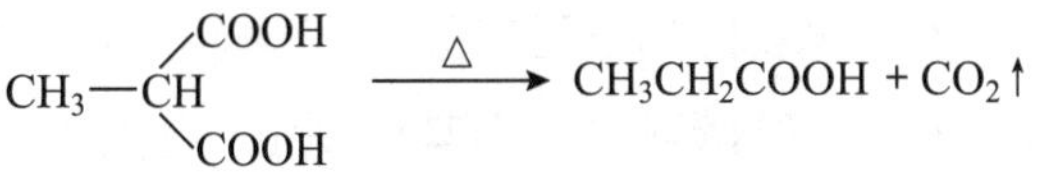

$$CH_3-CH\big<^{COOH}_{COOH} \xrightarrow{\triangle} CH_3CH_2COOH + CO_2\uparrow$$

两个羧基间隔两个或三个碳原子的二元羧酸受热发生脱水反应,生成环状酸酐。若与脱水剂共热,反应更易进行,常用的脱水剂有乙酰氯、乙酸酐、五氧化二磷等。例如:

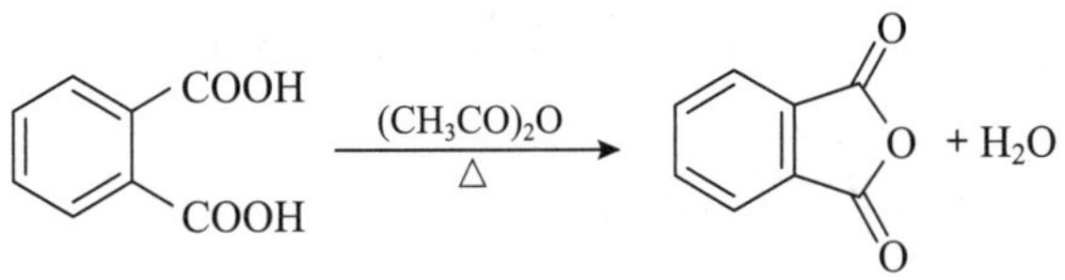

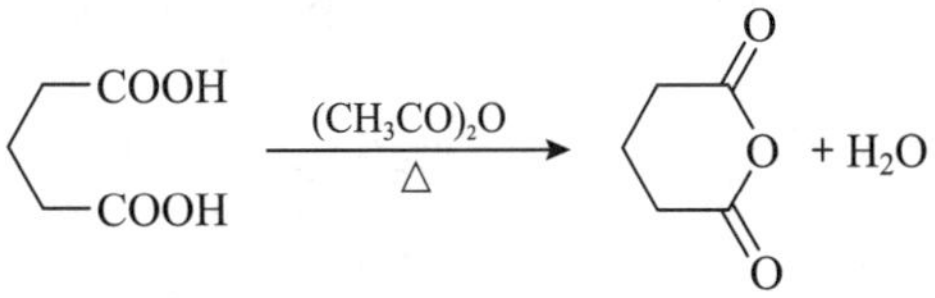

两个羧基间隔四个或五个碳原子的二元羧酸受热时同时发生脱水和脱羧反应,生成五元或六元环酮。例如:

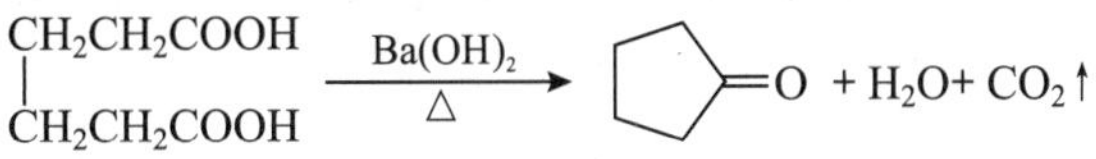

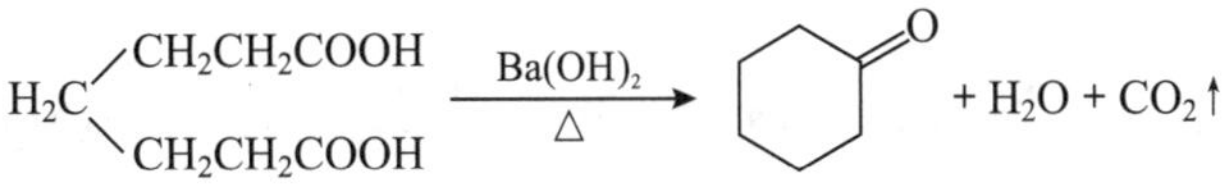

更长碳链的二元羧酸受热时发生分子间脱水形成聚酸酐,一般不形成大于六元环的环酮。

四、羧酸的制备

1. 氧化法　在前面的有关章节中已讨论过芳烃侧链、醇、醛、酮等在一定条件下可被氧化转变为羧酸。

芳烃侧链的氧化是制备芳香羧酸的常用方法,常用的氧化剂有高锰酸钾、重铬酸钾(钠)以及硝酸等。例如:

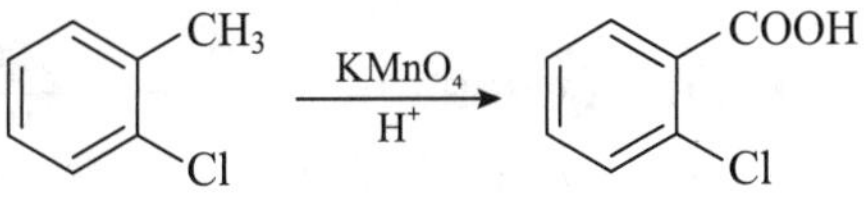

伯醇或醛氧化可制得相应的羧酸。

$$RCH_2OH \xrightarrow{[O]} RCOOH$$

$$RCHO \xrightarrow{[O]} RCOOH$$

酮也能氧化成羧酸，如环己酮氧化制备己二酸；甲基酮可通过卤仿反应制备少一个碳原子的羧酸，且反应不影响分子中的碳碳双键。而其他开链酮因氧化产物复杂，一般不作为制备羧酸的原料。

2. 腈水解法 腈在酸性或碱性水溶液中可水解生成羧酸。

$$R—CN + 2H_2O \xrightarrow{H^+或\ OH^-} R—COOH + NH_3$$

腈水解法是制备羧酸的常用方法。例如：

$$(CH_3)_2CHCH_2CH_2CN \xrightarrow{75\%H_2SO_4} (CH_3)_2CHCH_2CH_2COOH$$

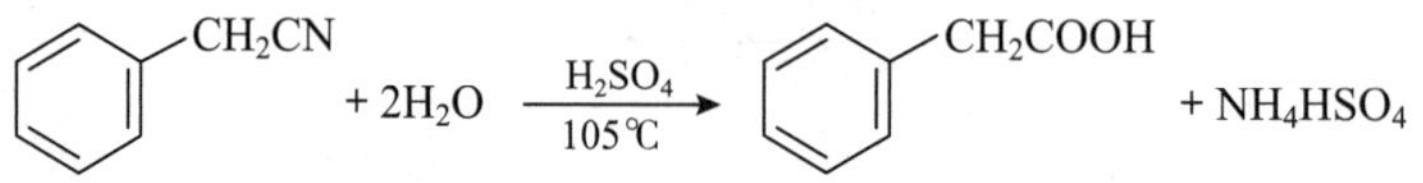

脂肪族腈是由卤代烃与氰化钠（钾）反应制得的，水解后得到比原来的卤代烃多一个碳原子的羧酸。此法通常只适用于伯卤代烃，因仲、叔卤代烃在氰化钠（钾）中易发生消除反应。芳香族腈水解得芳香族羧酸，但芳香族腈不能通过卤代芳烃制得，芳香族腈可由重氮盐制取（见第十一章）。

二元羧酸和不饱和羧酸也可通过此法制备。例如：

$$BrCH_2CH_2Br \xrightarrow{NaCN} NCCH_2CH_2CN \xrightarrow{H_3O^+} HOOCCH_2CH_2COOH$$

$$CH_2{=}CHCH_2Cl \xrightarrow{NaCN} CH_2{=}CHCH_2CN \xrightarrow{H_3O^+} CH_2{=}CHCH_2COOH$$

3. 格氏试剂法 格氏试剂与二氧化碳的加成产物经水解生成羧酸。

$$RMgX + CO_2 \xrightarrow[低温]{乙醚} RCOMgX\ (C{=}O) \xrightarrow{H_3O^+} RCOOH$$

通常将格氏试剂的乙醚溶液倒入过量的干冰中，或将格氏试剂的乙醚溶液在低温下通入二氧化碳，一般温度在-10～10℃。利用此法可由伯、仲、叔或芳香卤代烃来制备增加一个碳原子的羧酸。例如：

$$CH_3CH_2CH(Br)CH_2CH_3 \xrightarrow[Et_2O]{Mg} CH_3CH_2CH(MgBr)CH_2CH_3 \xrightarrow{CO_2} \xrightarrow[H^+]{H_2O} CH_3CH_2CH(COOH)CH_2CH_3$$

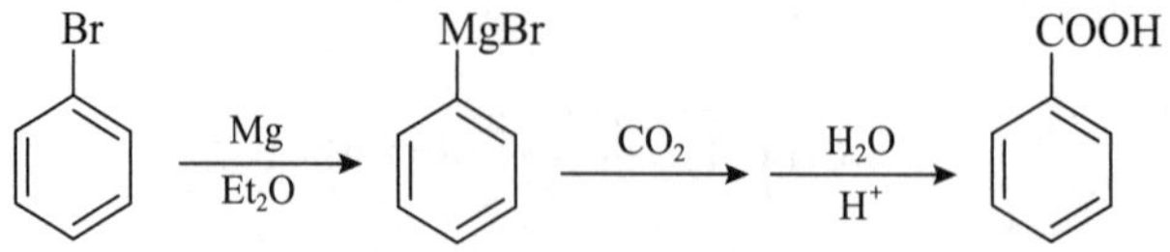

第二节 取代羧酸

羧酸分子中烃基上的氢原子被其他原子或基团取代后的化合物称为取代羧酸。取代羧酸广泛存在于自然界中，在药物合成和生物代谢中都是十分重要的物质。

取代羧酸根据取代基的不同，分为卤代酸、羟基酸、氨基酸、羰基酸等。各类取代酸还可根据取代基和羧基的相对位置，分为 α、β、γ 等取代羧酸。

取代羧酸是双特性基团化合物，分子中既有羧基，又有其他特性基团。在性质上，各特性基团既保留其本身的特征反应，又由于不同的特性基团之间相互影响而产生一些特殊性质，如前面已介绍的各取代基对羧酸酸性的影响。本节主要介绍卤代酸、羟基酸的一些比较典型、重要的性质。

一、卤代酸

（一）化学反应

卤代酸在稀碱溶液中，卤原子可发生亲核取代反应，也可发生消除反应，发生何种类型的反应主要取决于卤原子与羧基的相对位置和产物的稳定性。

α-卤代酸中的卤原子由于受羧基的影响，活性增强，它能与多种亲核试剂反应生成不同的产物，可用于制备 α-羟基酸、α-氨基酸、α-氰基酸等。例如：

$$\underset{X}{RCHCOOH} + H_2O \xrightarrow{\text{稀}OH^-} \underset{OH}{RCHCOOH}$$

$$R-\underset{X}{CH}-COOH + NH_3(\text{过量}) \longrightarrow R-\underset{NH_2}{CH}-COOH$$

还可用于制备化学医药工业中的重要原料丙二酸。

$$BrCH_2COOH \xrightarrow[\text{中和}]{NaOH} BrCH_2COONa \xrightarrow{NaCN} NC-CH_2COONa \xrightarrow[\triangle]{H_3O^+} HOOCCH_2COOH$$

β-卤代酸在稀碱条件下发生消除反应，生成 α,β-不饱和酸，生成的产物中可形成较稳定的 π-π 共轭体系。

$$\underset{X}{RCH}-CH_2COOH \xrightarrow[\triangle]{\text{稀}OH^-} RCH=CHCOOH$$

γ-卤代酸或 δ-卤代酸在等摩尔碱作用下，先生成羧酸盐，再发生分子内 S_N2 反应生成五元或六元环内酯。

$$\underset{X}{RCHCH_2CH_2COOH} \xrightarrow{NaCO_3/H_2O} \underset{X}{RCHCH_2CH_2COO^-} \xrightarrow{S_N2} \text{（环内酯）}$$

（二）制备

卤原子与羧基的相对位置不同，可采用不同的方法制备。α-卤代酸可由羧酸α-氢直接卤代得到（见本章第一节）；β-卤代酸由α,β-不饱和酸与卤化氢共轭加成得到。

$$RCH=CHCOOH + HX \longrightarrow \underset{\underset{X}{|}}{R}CHCH_2COOH$$

γ-卤代酸、δ-卤代酸等的合成：由相应的二元酸单酯经汉斯狄克（Hunsdiecker）反应生成卤代酸酯，再水解得到相应的卤代酸。如δ-卤代酸由己二酸单甲酯合成。

$$CH_3OOC(CH_2)_4COOH \xrightarrow[KOH]{AgNO_3} CH_3OOC(CH_2)_4COOAg$$

$$\xrightarrow[CCl_4]{Br_2} CH_3OOC(CH_2)_3CH_2Br \xrightarrow[H_2O]{H^+} HOOC(CH_3)_3CH_2Br$$

二、羟基酸

（一）化学性质

羟基酸易发生脱水、脱羧反应，产物取决于羟基与羧基的相对位置。

1. 脱水反应　羟基酸对热敏感，受热易脱水，产物因羟基与羧基的相对位置不同而异。

α-羟基酸受热时两分子间交叉脱水生成交酯。

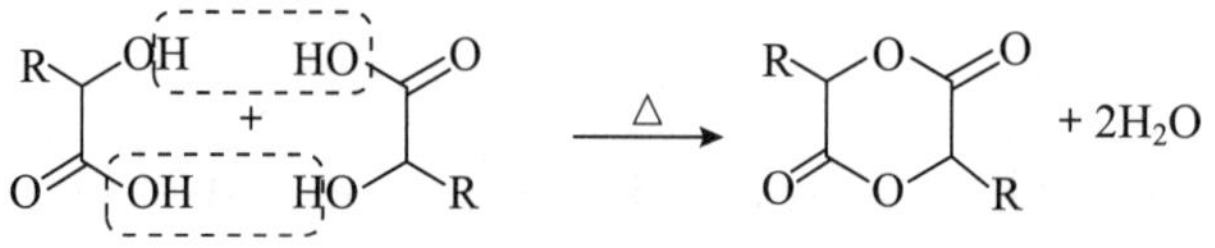

交酯

β-羟基酸受热发生分子内脱水生成α,β-不饱和酸。

$$\underset{\underset{OH}{|}}{R}CHCH_2COOH \xrightarrow{\triangle} RCH=CHCOOH + H_2O$$

γ-羟基酸或δ-羟基酸受热发生分子内脱水生成γ-内酯或δ-内酯。例如：

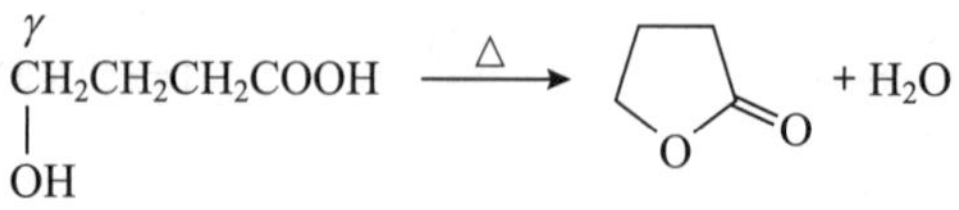

$$\overset{\gamma}{\underset{\underset{OH}{|}}{C}H_2}CH_2CH_2COOH \xrightarrow{\triangle}$$ $$+ H_2O$$

γ-丁内酯

$$\overset{\delta}{H}OCH_2CH_2CH_2CH_2COOH \xrightarrow{\triangle}$$ $$+ H_2O$$

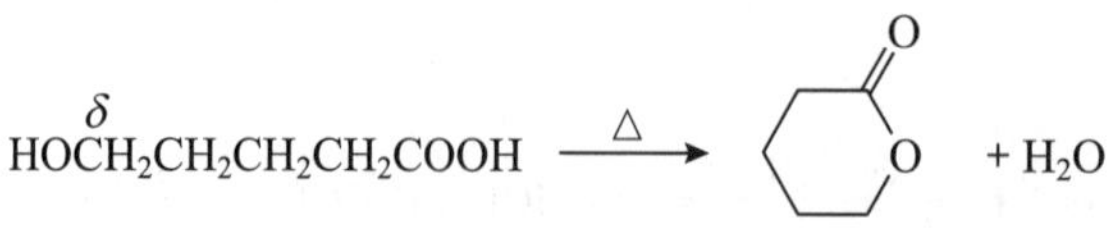

δ-戊内酯

γ-羟基酸在室温下即可脱水生成内酯。γ-内酯是稳定的中性化合物，在碱性条件下可开环形成 γ-羟基酸盐。例如：

$$\text{（内酯结构）} + \text{NaOH} \longrightarrow \text{HOCH}_2\text{CH}_2\text{CH}_2\text{COONa}$$

$$\gamma\text{-羟基丁酸钠}$$

δ-内酯比 γ-内酯难生成，且 δ-内酯易开环，在室温时即可分解而显酸性。

2. 脱羧反应　α-羟基酸与硫酸或高锰酸钾溶液共热，可分解脱羧生成醛或酮。

$$\begin{array}{c} \underset{\overset{|}{\text{OH}}}{\overset{\overset{\text{H(R')}}{|}}{\text{R}-\text{C}-\text{COOH}}} \xrightarrow[\text{H}_2\text{O}/\triangle]{\text{H}_2\text{SO}_4} \text{R}-\overset{\text{O}}{\overset{\|}{\text{C}}}-\text{H(R')} + \text{HCOOH} \xrightarrow{[\text{O}]} \text{CO}_2\uparrow + \text{H}_2\text{O} \end{array}$$

$$\underset{\overset{|}{\text{OH}}}{\text{RCHCOOH}} \xrightarrow[\text{H}^+]{\text{KMnO}_4} \text{R}-\overset{\text{O}}{\overset{\|}{\text{C}}}-\text{H} + \text{CO}_2\uparrow + \text{H}_2\text{O} \xrightarrow{\text{KMnO}_4} \text{RCOOH}$$

此反应在合成上可由高级脂肪酸经 α-卤代、水解成 α-羟基酸，再经上述反应制得比原来的羧酸少一个碳原子的高级脂肪醛、酮或羧酸。

β-羟基酸用碱性高锰酸钾溶液处理，则氧化成 β-酮酸后再脱羧生成甲基酮。

$$\underset{\overset{|}{\text{OH}}}{\text{RCHCH}_2\text{COOH}} \xrightarrow[\triangle]{\text{KMnO}_4/\text{OH}^-} \text{R}\overset{\text{O}}{\overset{\|}{\text{C}}}\text{CH}_2\text{COOH} \xrightarrow{\triangle} \text{R}\overset{\text{O}}{\overset{\|}{\text{C}}}\text{CH}_3 + \text{CO}_2$$

（二）制备

1. 水解法　α-卤代酸水解得 α-羟基酸。羟基腈在酸性溶液中水解也可得相应的羟基酸。例如：

$$\text{CH}_3\overset{\text{O}}{\overset{\|}{\text{C}}}\text{CH}_3 \xrightarrow[\text{②NaCN}]{\text{①NaHSO}_3} \underset{\overset{|}{\text{CH}_3}}{\overset{\overset{\text{OH}}{|}}{\text{CH}_3\text{CCN}}} \xrightarrow{\text{H}_3\text{O}^+} \underset{\overset{|}{\text{CH}_3}}{\overset{\overset{\text{OH}}{|}}{\text{CH}_3\text{CCOOH}}}$$

2. 瑞佛马斯基（Reformatsky）反应　在锌粉存在下，α-卤代酸酯与醛或酮反应得到 β-羟基酸酯，称为瑞佛马斯基反应。

$$\underset{\text{(R')H}}{\overset{\text{R}}{\text{C}}}=\text{O} + \text{BrCH}_2\text{COOR} \xrightarrow[\text{②H}_3\text{O}^+]{\text{①Zn/Et}_2\text{O}} \underset{\text{(R')H}}{\overset{\text{R}}{\text{C}}}\overset{\text{OH}}{\underset{\text{CH}_2\text{COOR}}{}}$$

此反应类似于格氏试剂与羰基化合物的加成反应，其反应机理如下。

$$\text{BrCH}_2\text{COOR} + \text{Zn} \xrightarrow{\text{Et}_2\text{O}} \text{BrZnCH}_2\text{COOR}$$

$$\underset{\text{(R')H}}{\overset{\text{R}}{\text{C}}}=\text{O} + \text{BrZnCH}_2\text{COOR} \longrightarrow \underset{\text{(R')H}}{\overset{\text{R}}{\text{C}}}\overset{\text{OZnBr}}{\underset{\text{CH}_2\text{COOR}}{}} \xrightarrow{\text{H}_3\text{O}^+} \underset{\text{(R')H}}{\overset{\text{R}}{\text{C}}}\overset{\text{OH}}{\underset{\text{CH}_2\text{COOR}}{}}$$

反应中首先生成有机锌化合物,有机锌化合物的活性较低,不与酯羰基反应,所以可得到β-羟基酸酯。此方法的产率较高,是合成β-羟基酸酯的一个重要方法。例如:

$$(CH_3)_2CHCH_2CHO + CH_3\underset{Br}{CH}COOC_2H_5 \xrightarrow[\text{②}\ H_3O^+]{\text{①}\ Zn/Et_2O} (CH_3)_2CHCH_2\underset{OH}{CH} - \underset{CH_3}{CH}COOC_2H_5$$

β-羟基酸酯经水解可得β-羟基酸。

ER9-2　第九章目标测试

（吴敬德）

本章小结

羧基(—COOH)是羧酸的特性基团,羧基是一平面结构。

羧基中羟基氧原子的一对孤对电子与羰基的 π 键形成 p-π 共轭效应,电子向羰基方向离域。羟基氢更易离去,羧基具有酸性。羧酸的酸性通常强于酚和碳酸。能使电离后生成的羧酸根负离子稳定的因素均可增强其酸性,反之则使酸性减弱。影响羧酸酸性的因素有电性因素(诱导效应、共轭效应、场效应)和立体因素等。

羧羰基的碳带有正电荷。在一定条件下可接受亲核试剂进攻,使得羧基中的羟基被其他原子或原子团取代,生成酰卤、酸酐、酯或酰胺等羧酸衍生物。

羧基结构中具有碳氧双键。在一定条件可被还原剂(如氢化铝锂、乙硼烷等)还原生成伯醇。甲酸和甲酸盐由于其结构的特殊性,还能发生银镜反应等,表现出较强的还原性。

羧基具有吸电子作用。受其影响,羧酸的 α-氢具有一定的活性,在少量红磷或三卤化磷存在下,可与卤素(如 Cl_2 或 Br_2)发生反应生成 α-卤代酸。

α-碳上连有吸电子基团的一元羧酸受热易发生脱羧反应;二元羧酸受热时,随两个羧基的相对位置不同,可以发生脱羧、脱水以及既脱羧又脱水的化学反应。

卤代酸和羟基酸属于双特性基团化合物,化学性质与两个特性基团的相对位置有关。卤代酸在稀碱溶液中可以发生水解、消除以及分子内亲核取代反应。羟基酸在加热的情况下可以发生分子间酯化、分子内脱水以及分子内酯化反应。

习　题

1. 用系统命名法命名下列化合物(标明构型)。

（1）

（2）HOOC—C(CH₃)=C(CH₃)—COOH

（3）

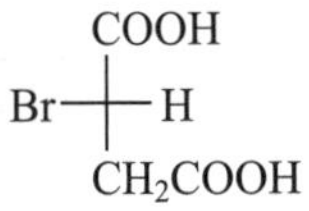

$$\begin{array}{c} COOH \\ | \\ Br \!-\!\!\!-\! H \\ | \\ CH_2COOH \end{array}$$

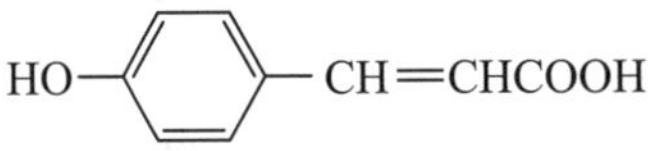

（4）

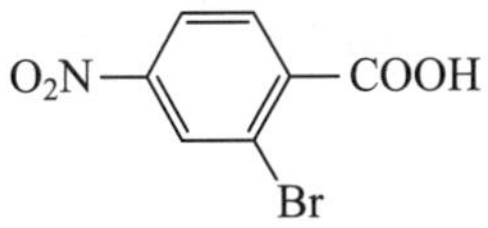

O_2N 苯环 $\begin{array}{c} COOH \\ Br \end{array}$

（5）$HO-\!\!\!\!\bigcirc\!\!\!\!-CH\!=\!CHCOOH$

（6）$CH_3-\!\!\!\!\bigcirc\!\!\!\!-\begin{array}{c}CHCH_2CH_2COOH\\|\\CH_3\end{array}$

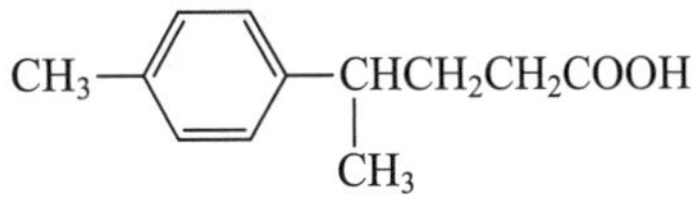

（7）$OHCCH_2CH_2CH_2CH_2COOH$

（8）苯环 $\begin{array}{c}NH_2\\|\\CH_2CHCOOH\end{array}$

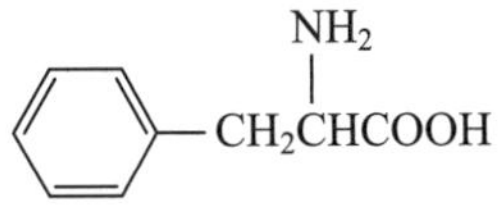

2. 写出下列化合物的结构式。

（1）反-4-甲基环己烷甲酸（优势构象）

（2）（R）-2-苯氧基丁酸

（3）3,4,5-三羟基苯甲酸

（4）草酸

（5）6-溴萘-1-甲酸

（6）乙酰水杨酸

3. 回答下列问题。

（1）为什么羧酸的沸点及在水中的溶解度较相对分子质量相近的其他有机物高？

（2）下列酸与乙醇在酸催化下发生酯化反应，请将它们按反应速率从快到慢的顺序排列，并说明原因。

①戊酸　　②2,2-二甲基丙酸　　③2-甲基丁酸　　④3-甲基丁酸

（3）比较下列化合物的酸性强弱并说明理由。

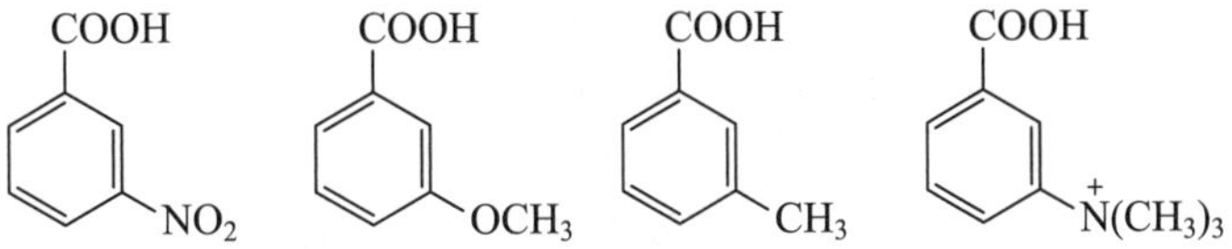

（4）用化学方法鉴别下列化合物。

①水杨酸，乙酰水杨酸，苯酚

②丙醛，丙酮，丙酸

（5）写出下列反应的主要产物并指出反应经历哪种反应机理。

①$\begin{array}{c}COOH\\|\\CH_3CH_2CHCOOH\end{array}\xrightarrow{\triangle}$

②$HOOCCH_2CH_2\begin{array}{c}NO_2\\|\\CHCOOH\end{array}\xrightarrow{\triangle}$

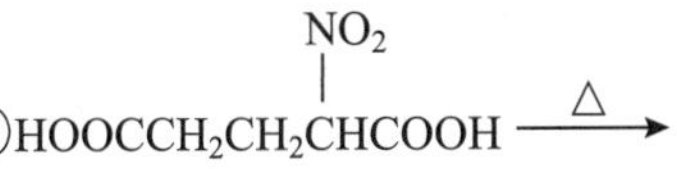

4. 完成下列反应式。

（1）$CH_3\begin{array}{c}CH_3\\|\\CHCHCOOH\\|\\CH_3\end{array}\xrightarrow[H^+]{C_2H_5OH}$

（2）苯环$-COOH \xrightarrow{SOCl_2}$

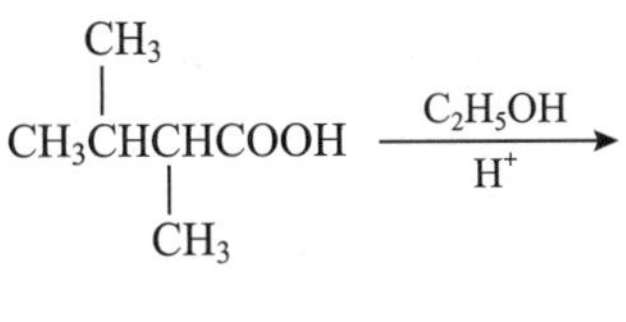

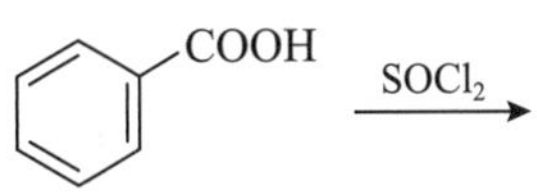

（3）$(CH_3)_2CHCH_2COOH$ $\xrightarrow{Br_2/P}$

（4）$CH_3CH{=}CHCHCOOH$（下标CH_3） $\xrightarrow[\text{②}H_3O^+]{\text{①}LiAlH_4}$

（5）CH_3CHCH_2MgBr（下标CH_3） $\xrightarrow[\text{②}H_3O^+]{\text{①}CO_2/\text{无水乙醚}}$

（6）环戊烷 $\begin{smallmatrix}COOH\\COOH\end{smallmatrix}$ $\xrightarrow{\triangle}$

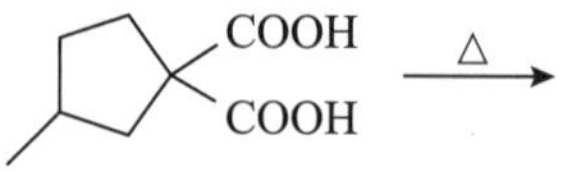

（7）$HOCH_2CH_2CH_2CHO$ $\xrightarrow[\text{②}H_3O^+]{\text{①}HCN}$ $\xrightarrow[-H_2O]{H^+}$

（8）环戊酮$=O + BrCH_2COOC_2H_5$ $\xrightarrow[\text{②}H^+]{\text{①}Zn/PhH}$

5. 化合物 A（$C_{11}H_{12}O_2$）可通过芳醛与丙酮在碱存在下反应得到。A 发生碘仿反应生成 B（$C_{10}H_{10}O_3$），A 和 B 用热的高锰酸钾氧化均生成化合物 C（$C_8H_8O_3$），C 用 HI 处理生成 D（$C_7H_6O_3$），D 能使三氯化铁溶液显色。在 D 的位置异构体中，D 的酸性最强。试推测 A、B、C、D 的结构。

6. 完成下列转化（其他试剂任选）。

（1）$HOCH_2CH_2CH_2Cl \longrightarrow HOCH_2CH_2CH_2COOH$

（2）$CH_3CHO \longrightarrow CH_3CCOOH$（上标$OH$，下标$CH_3$）

（3）$CH_3CH_2CH_2OH \longrightarrow CH_3CH_2CH{=}CCOOH$（下标$CH_3$）

（4）苯 $\longrightarrow$ 邻甲基苯甲酸 $\begin{smallmatrix}COOH\\CH_3\end{smallmatrix}$

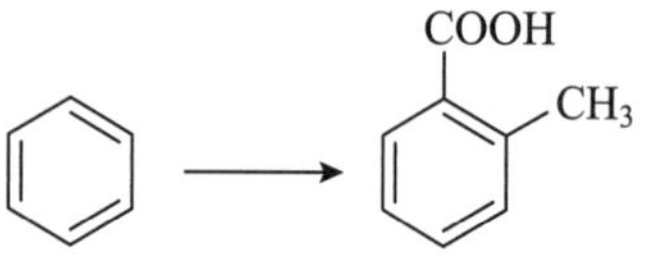

第十章 羧酸衍生物和碳酸衍生物

　　羧酸分子脱去羟基的剩余部分称为酰基,酰基与卤原子、酰氧基、烃氧基、氨基等相连形成的化合物统称为羧酸衍生物(carboxylic acid derivative),包括酰卤(acyl halide)、酸酐(acid anhydride)、酯(ester)、酰胺(amide)等。

羧酸	羧基	酰基	酰卤

酸酐	酯	酰胺

　　碳酸分子中的羟基被其他原子或基团取代所生成的化合物称为碳酸衍生物(carbonic acid derivative)。碳酸是一个二元酸,因此有酸性和中性两种衍生物。

碳酸	酸性衍生物	中性衍生物

　　人们的日常生活离不开羧酸衍生物和碳酸衍生物。糖醋鱼的香气来源于乙酸乙酯。解热镇痛药阿司匹林(乙酰水杨酸)的结构中同时含有羧基和乙酰氧基。红霉素的分子结构中具有一个十四元环内酯结构。青霉素类和头孢菌素类抗菌药物分子中都含有一个易于水解的 β- 内酰胺结构。此外,羧酸衍生物和碳酸衍生物是很重要的溶剂、原料和医药中间体,广泛应用于实验室合成和工业生产中。

青霉素类 Penicillins	阿司匹林 Aspirin

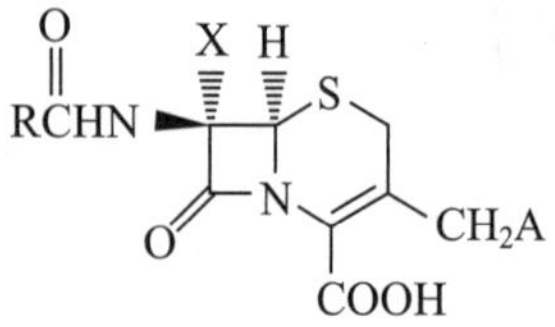

头孢菌素类
Cephalosporins

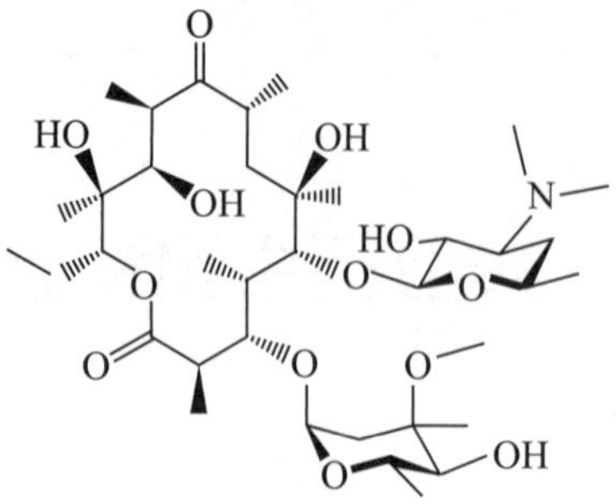

红霉素
Erythromycin

第一节　羧酸衍生物

一、结构和命名

（一）结构

羧酸衍生物中含有羰基,羰基碳原子是 sp^2 杂化,碳氧双键中一个是 σ 键、另一个是 π 键。与醛、酮不同的是,醛、酮中羰基碳所连的两个基团均为烃基或氢,而羧酸衍生物的羰基一端连有一个杂原子(O、N、卤素等),由于这些杂原子上都有孤对电子,可以与羰基形成 p-π 共轭,因此羧酸衍生物分子中的 C—O 键都具有部分双键的性质,键长变短。例如甲酸甲酯中羰基与甲氧基之间的 C—O 的键长(0.133nm)要小于甲醇中的 C—O 的键长(0.143nm)。

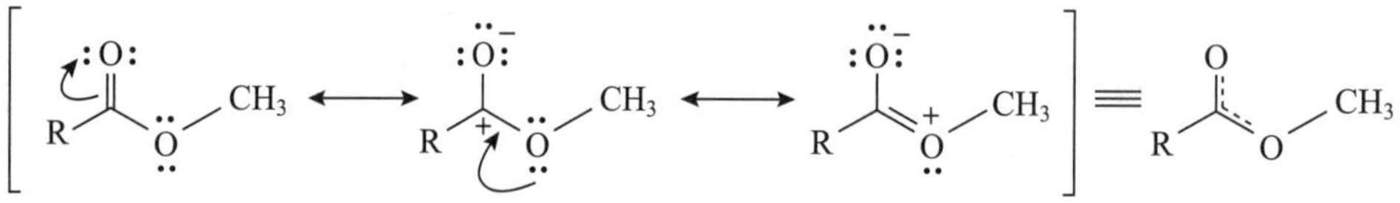

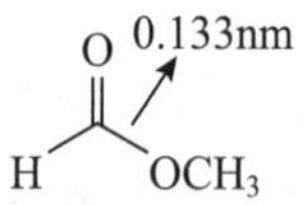

甲酸甲酯 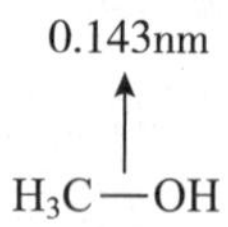　　　　　甲醇

（二）命名

1. 酰卤的命名　酰卤的命名由相应的酰基名称加卤素名称组成,即将相应羧酸的酰基名称放在前面、卤素名称放在后面,合起来命名。例如:

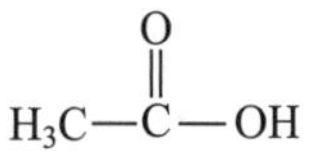

乙酸
acetic acid

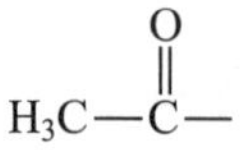

乙酰基
acetyl

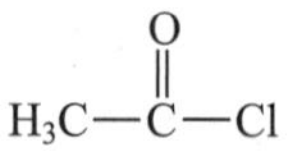

乙酰氯
acetyl chloride

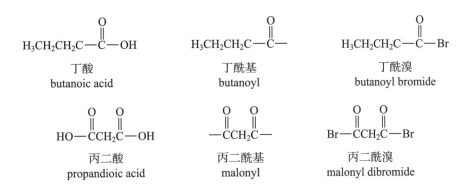

$H_3CH_2CH_2C-\overset{\overset{\displaystyle O}{\|}}{C}-OH$

丁酸
butanoic acid

$H_3CH_2CH_2C-\overset{\overset{\displaystyle O}{\|}}{C}-$

丁酰基
butanoyl

$H_3CH_2CH_2C-\overset{\overset{\displaystyle O}{\|}}{C}-Br$

丁酰溴
butanoyl bromide

$HO-\overset{\overset{\displaystyle O}{\|}}{C}CH_2\overset{\overset{\displaystyle O}{\|}}{C}-OH$

丙二酸
propandioic acid

$-\overset{\overset{\displaystyle O}{\|}}{C}CH_2\overset{\overset{\displaystyle O}{\|}}{C}-$

丙二酰基
malonyl

$Br-\overset{\overset{\displaystyle O}{\|}}{C}CH_2\overset{\overset{\displaystyle O}{\|}}{C}-Br$

丙二酰溴
malonyl dibromide

2. 酸酐的命名 酸酐的命名由相应的羧酸名称加"酐"字组成,这是因为两个羧基脱去一分子水后生成的化合物称为酸酐。由两个相同的一元羧酸脱水形成的酸酐称为单酐。例如:

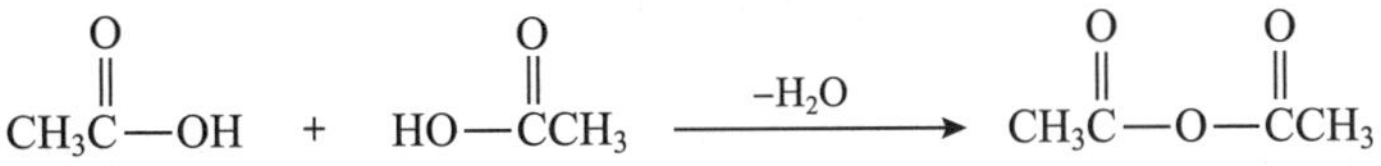

$CH_3\overset{\overset{\displaystyle O}{\|}}{C}-OH$ + $HO-\overset{\overset{\displaystyle O}{\|}}{C}CH_3$ $\xrightarrow{-H_2O}$ $CH_3\overset{\overset{\displaystyle O}{\|}}{C}-O-\overset{\overset{\displaystyle O}{\|}}{C}CH_3$

乙酸　　　　　　乙酸　　　　　　　　　　　　乙酸酐
acetic acid　　　acetic acid　　　　　　　　　acetic anhydride

由两个不相同的一元羧酸脱水形成的酸酐称为混酐。命名时,在两个羧酸的名称后加"酐"字,两个羧酸按其英文名称字母顺序排序。例如:

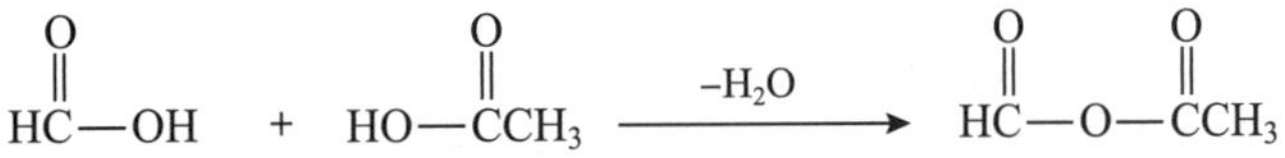

$HC\overset{\overset{\displaystyle O}{\|}}{-}OH$ + $HO-\overset{\overset{\displaystyle O}{\|}}{C}CH_3$ $\xrightarrow{-H_2O}$ $HC\overset{\overset{\displaystyle O}{\|}}{-}O-\overset{\overset{\displaystyle O}{\|}}{C}CH_3$

甲酸　　　　　　乙酸　　　　　　　　　　　　乙甲酸酐
formic acid　　　acetic acid　　　　　　　　acetic formic anhydride

由二元羧酸脱水后可形成环状酸酐。命名时,在二元羧酸的名称后加"酐"字。例如:

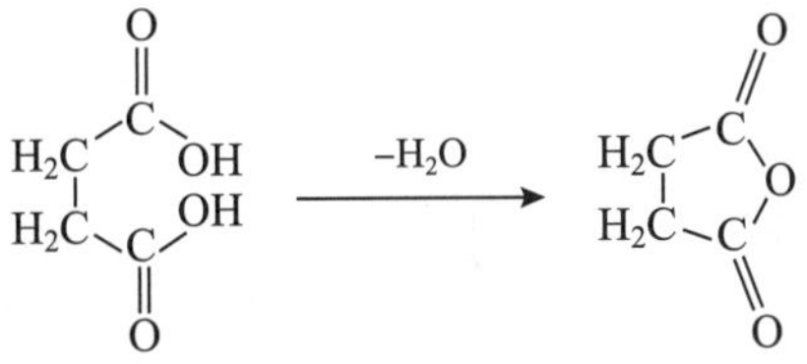

$$\begin{array}{c} H_2C-\overset{\overset{\displaystyle O}{\|}}{C}-OH \\ | \\ H_2C-\overset{\underset{\displaystyle O}{\|}}{C}-OH \end{array} \xrightarrow{-H_2O} \begin{array}{c} H_2C-\overset{\overset{\displaystyle O}{\|}}{C} \\ | \quad\quad O \\ H_2C-\underset{\underset{\displaystyle O}{\|}}{C} \end{array}$$

丁二酸
butanedioic acid

丁二酸酐
butanedioic anhydride

3. 酯的命名 酯是一类酸和醇的失水产物。含氧无机酸和醇的失水产物可以命名为"无机酸某酯";有机羧酸和醇的失水产物可以命名为"有机酸某酯"。例如:

HNO_3 + $HO-CH_3$ $\xrightarrow{-H_2O}$ O_2N-OCH_3

硝酸　　　甲醇　　　　　　　　硝酸甲酯
nitric acid　methanol　　　　　methyl nitrate

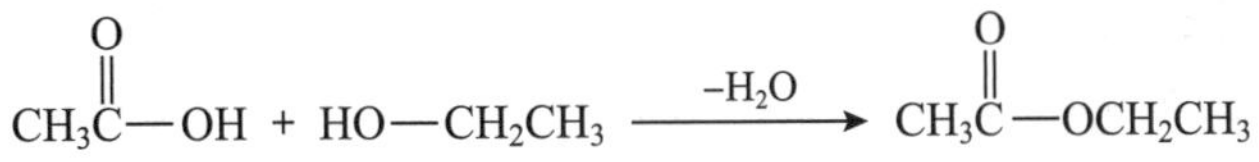

$CH_3\overset{\overset{\displaystyle O}{\|}}{C}-OH$ + $HO-CH_2CH_3$ $\xrightarrow{-H_2O}$ $CH_3\overset{\overset{\displaystyle O}{\|}}{C}-OCH_2CH_3$

乙酸　　　　　乙醇　　　　　　　　　乙酸乙酯
acetic acid　　ethanol　　　　　　　ethyl acetate

分子内的羟基和羧基脱去一分子水后生成的环状酯称为内酯,最容易形成的是五元或六元环内酯。命名时,将相应羧酸的"酸"字改为"内酯",并标明其位号。例如:

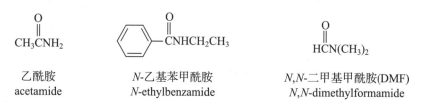

4-羟基丁酸
4-hydroxybutanoic acid

丁-4-内酯
butano-4-lactone

4. 酰胺的命名 酰基与氮原子相连的化合物称为酰胺。命名时,将相应羧酸的酰基名称放在前面,称为"某酰胺";如果其氮原子上有其他取代基,则在取代基名称前加"N-"标出,并置于母体名称之前。例如:

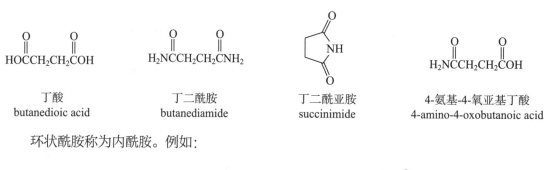

乙酰胺
acetamide

N-乙基苯甲酰胺
N-ethylbenzamide

N,N-二甲基甲酰胺(DMF)
N,N-dimethylformamide

如果某二元羧酸中两个羧基上的羟基均被氨基取代,称为"某二酰胺";若两个羧基上的羟基被同一个氨基取代,得到的环状化合物称为"某二酰亚胺";若一个羧基保留,另一个羧基上的羟基被氨基取代,则主官能团为羧基,母体化合物是羧酸。例如:

丁酸
butanedioic acid

丁二酰胺
butanediamide

丁二酰亚胺
succinimide

4-氨基-4-氧亚基丁酸
4-amino-4-oxobutanoic acid

环状酰胺称为内酰胺。例如:

丙-3-内酰胺
propano-3-lactam

丁-4-内酰胺
butano-4-lactam

戊-5-内酰胺
pentano-5-lactam

二、物理性质

(一)一般物理性质

低级酰卤和酸酐均是有刺鼻气味的液体,高级的为固体。低级酯是有芳香气味的液体,存在于植物中,如乙酸异戊酯有香蕉香味、苯甲酸甲酯有茉莉香味、正戊酸异戊酯有苹果香味,故许多低级酯可用作香料;十四个碳以下的甲酯、乙酯均为液体;高级酯为蜡状固体。酰胺除甲酰胺外均是固体,这是因为分子间形成氢键,N-取代酰胺或 N,N-二取代酰胺分子中氮上的氢被取代,则氢键缔合作用减弱或无氢键生成,使其熔点、沸点降低,因此脂肪族的 N-取代酰胺常为液体。酰卤、酸酐和酯都无法形成分子间氢键,分子间不能缔合。酰卤的沸点比相应的羧酸低;酸酐的沸点比其相对分子质量相当的羧酸低,但比相应羧酸的沸点高(如乙酸酐的沸点为 139.6℃,与其相对分子质量相当的戊酸的沸点为 186℃,乙酸的沸点为 118℃);酯的沸点比相应的酸或醇都要低,而与相同碳数的醛、酮差不多。

酰卤与酸酐不溶于水,低级酰卤与酸酐遇水易水解;酯在水中的溶解度很小,低级酯微溶于水,易溶于有机溶剂;低级酰胺可溶于水,N,N-二甲基甲酰胺(DMF)和 N,N-二甲基乙酰胺能与水和多数有机溶剂及无机溶剂互溶,是一种良好的极性非质子溶剂。这些羧酸衍生物都可溶于有机溶剂,而乙酸乙酯是很好的有机溶剂,大量用于工业生产中。

表 10-1 列出了常见羧酸衍生物的物理常数。

表 10-1　常见羧酸衍生物的物理常数

类别	名称	结构式	沸点 /℃	熔点 /℃	相对密度(d_4^{20})
酰卤	乙酰氯	CH_3COCl	51	−112	1.104
	丙酰氯	CH_3CH_2COCl	80	−94	1.065
	丁酰氯	$CH_3CH_2CH_2COCl$	102	−89	1.028
	苯甲酰氯	C_6H_5COCl	197	−1	1.212
酯	甲酸甲酯	$HCOOCH_3$	32	−99.8	0.974
	乙酸乙酯	$CH_3COOC_2H_5$	77	−84	0.901
	乙酸丁酯	$CH_3COO(CH_2)_3CH_3$	126	−77	0.882
	乙酸戊酯	$CH_3COO(CH_2)_4CH_3$	147.6	−70.8	0.879
	乙酸异戊酯	$CH_3COO(CH_2)_2CH(CH_3)_2$	142	−78	0.876
	丙二酸二乙酯	$CH_2(COOC_2H_5)_2$	199	−50	1.055
	甲基丙烯酸甲酯	$H_2C\!=\!CCOOCH_3$ $\quad\quad\quad\lvert$ $\quad\quad\quad CH_3$	100		0.936
	苯甲酸乙酯	$C_6H_5COOC_2H_5$	213	−32.7	1.051/15℃
	苯甲酸苄酯	$C_6H_5COOCH_2C_6H_5$	324	18.8	1.114/18℃
	邻苯二甲酸二甲酯		282		1.190 5
	邻苯二甲酸二丁酯		340		1.045
酸酐	乙酸酐	$(CH_3CO)_2O$	139.6	−73	1.082
	苯甲酸酐	$(C_6H_5CO)_2O$	360	42	1.199
	邻苯二甲酸酐		284	131	1.527

类别	名称	结构式	沸点/℃	熔点/℃	相对密度(d_4^{20})
酰胺	甲酰胺	$HCONH_2$	200 分解	3	1.139
	乙酰胺	CH_3CONH_2	221	82	1.159
	丙酰胺	$CH_3CH_2CONH_2$	213	80	1.042
	丁酰胺	$CH_3CH_2CH_2CONH_2$	216	116	1.032
	戊酰胺	$CH_3(CH_2)_3CONH_2$	232	106	1.023
	苯甲酰胺	$C_6H_5CONH_2$	290	130	1.341
	乙酰苯胺	$CH_3CONHC_6H_5$	305	114	1.21/4℃
	N,N-二甲基甲酰胺	$HCON(CH_3)_2$	153	-61	0.994/22.4℃
	N,N-二甲基乙酰胺	$CH_3CON(CH_3)_2$	165		0.937/25℃

（二）光谱性质

在红外光谱中,酯中的 C＝O 伸缩振动吸收接近 1 735cm^{-1} 区域,为强吸收。当酯中的 C＝O 与不饱和基团共轭时,其吸收移向低波数方向,在 1 720cm^{-1} 区域。另外,在 1 300～1 050cm^{-1} 区域有两个 C—O 伸缩振动吸收,其中波数较高的吸收峰比较特征,可用于酯的鉴定。图 10-1 为苯甲酸乙酯的红外光谱图。

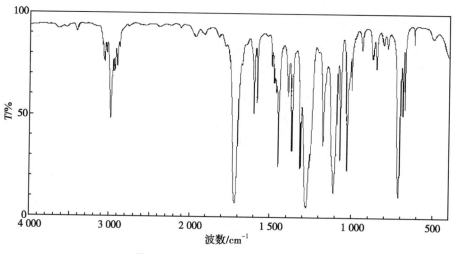

图 10-1　苯甲酸乙酯的红外光谱图

酰卤的 C＝O 的伸缩振动吸收在 1 800cm^{-1} 左右。芳香酰卤在 1 785～1 765cm^{-1} 区域有两个强的吸收峰,波数较高的是 C＝O 伸缩振动吸收,在 1 785～1 765cm^{-1}（强）;波数较低的是芳环与 C＝O 之间的 C—C 伸缩振动吸收（在 875cm^{-1} 区域）的弱倍频峰,在 1 750～1 735cm^{-1} 区域。

酸酐在 1 860～1 800cm^{-1}（强）和 1 800～1 750cm^{-1}（强）区域有反对称、对称的两个 C＝O 伸缩振动吸收峰,这两个峰往往相隔 60cm^{-1} 左右。对于线型酸酐,高频峰较强于低频峰;而环状酸酐则反之。酸酐 C—O 的伸缩振动吸收在 1 310～1 045cm^{-1}（强）。

一级酰胺 $RCONH_2$ 的 C＝O 伸缩振动吸收在 1 690cm^{-1}（强）区域,缔合体在 1 650cm^{-1} 区域。N—H 伸缩振动有两个吸收峰,分别在 3 520cm^{-1} 和 3 400cm^{-1} 区域。二级酰胺 RCONHR 中游离的 C＝O 伸缩振动吸收在 1 680cm^{-1}（强）区域,缔合体在 1 650cm^{-1}（强）区域。三级酰胺

RCONR′R″ 的 C═O 伸缩振动吸收在 1 650cm⁻¹（强）区域。图 10-2 为乙酰胺的红外光谱图。

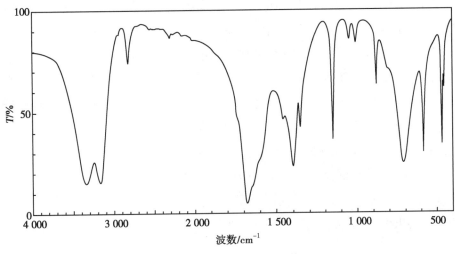

图 10-2　乙酰胺的红外光谱图

在羧酸衍生物的核磁共振氢谱中，羰基 α-位质子的化学位移 δ 在 2～3ppm。酯中与氧相连的烷基碳上质子的化学位移 δ 在 3.5～4ppm。酰胺中氮上质子的化学位移 δ 在 5～10ppm。

三、化学性质

羧酸衍生物的分子中含有一个酰基（—COR），酰基碳均与杂原子 Y（Y= 卤原子、氧原子和氮原子）相连，—COY 是这类化合物的反应中心。羧酸衍生物与羧酸一样，也能发生加氢还原和酰基碳上的亲核取代反应。但由于 Y 的不同，它们在反应活性上会有所不同。由于羧酸和羧酸衍生物在结构上也存在一些差别，有些羧酸能发生的反应如脱羧反应，羧酸衍生物不能发生。

（一）酰基上的亲核取代反应

1. 酰基上的亲核取代反应概述　羧酸衍生物的亲核取代反应可表达如下。

$$R-\overset{\overset{\displaystyle O}{\|}}{C}-L \ + \ Nu^- \ \rightleftharpoons \ R-\overset{\overset{\displaystyle O}{\|}}{C}-Nu \ + \ L^-$$

从反应结果来看，酰基碳上的一个基团被亲核试剂所取代，因此这类反应属于亲核取代反应。羧酸衍生物的亲核取代反应实际上分两步进行，第一步是羰基碳上发生亲核加成反应，生成一个带负电的中间体，它的中心碳原子为 sp³ 杂化，为四面体结构；第二步是中间体消除一个离去基团，由此形成的产物是另一种羧酸衍生物或羧酸。因此，羧酸衍生物的亲核取代反应又称为羰基的亲核加成-消除反应，总的反应历程可以用下式表示。

$$R-\overset{\overset{\displaystyle O}{\|}}{C}-L \ + \ Nu^- \ \underset{\text{平面结构}}{} \quad \overset{\text{亲核加成}}{\rightleftharpoons} \quad R-\overset{\overset{\displaystyle O^-}{|}}{\underset{\underset{\displaystyle Nu}{|}}{C}}-L \quad \overset{\text{消除}}{\longrightarrow} \quad R-\overset{\overset{\displaystyle O}{\|}}{C}-Nu \ + \ L^-$$

平面结构　　　　　　　　　四面体结构　　　　　　　平面结构

Nu：进攻的亲核试剂，即 H_2O、ROH、NH_3、RNH_2 或 R_2NH 等。

L^-：离去基团，即 X^-、$RCOO^-$、RO^-、NH_2^-、RNH^- 或 R_2N^-。

总的反应速率和两步反应的速率都有关系，但第一步更为重要。酰基中的羰基碳原子是 sp^2 杂化，三个 σ 键是平面分布。羰基碳上如果连有吸电子基团，将增加羰基碳的正电性，有利于亲核试剂的进攻；反之，如果连有给电子基团，将不利于亲核试剂的进攻。亲核加成生成的中间体其碳原子为 sp^3 杂化，即四面体结构。如果原来羰基碳原子上连接的基团过于庞大，在四面体结构中就显得过于拥挤而不利于反应进行。上述电子效应和空间效应都将对第一步的反应速率有所影响。第二步反应是否进行，取决于离去基团 L^- 的碱性，即碱性越弱，越易离去。羧酸衍生物各离去基团离去的难易次序为 $I^->Br^->Cl^->RCOO^->RO^->NH_2^-$。因此，羧酸衍生物的反应活性顺序为酰卤＞酸酐＞酯＞酰胺。

羧酸衍生物在酸或碱催化作用下比在中性溶液中更容易水解。酸催化作用的第一步是酰基氧原子质子化，使羰基碳原子更易遭受亲核试剂的进攻，即使弱的亲核试剂也可以与其发生反应，得到四面体中间体，最后发生消除反应生成产物。例如酸催化下的水解：

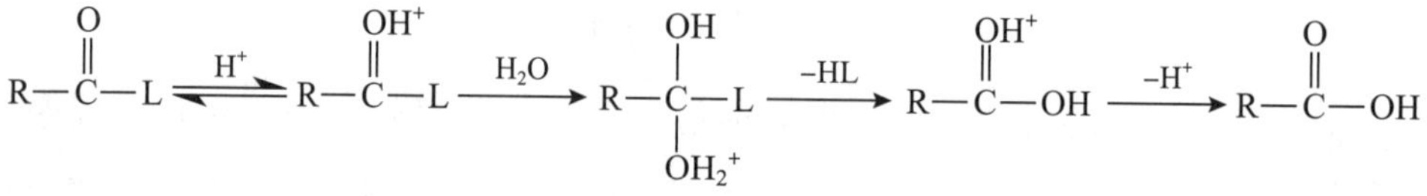

2. 羧酸衍生物的水解反应　酰卤、酸酐、酯和酰胺都可与水发生亲核取代反应生成相应的羧酸，这类反应称为羧酸衍生物的水解反应。例如：

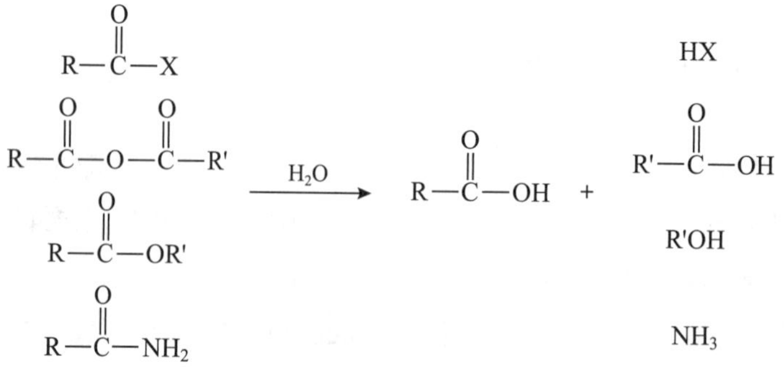

（1）酰卤的水解：在羧酸衍生物中，酰卤的水解速率最快，小分子酰卤的水解反应很剧烈，如乙酰氯在湿空气中会发烟，这是因为乙酰氯水解产生盐酸之故。相对分子质量较大的酰卤在水中的溶解度较小，反应速率很慢，如果加入使酰卤与水都能溶的溶剂，反应就能顺利进行。在多数情况下，酰卤不需催化剂帮助即可发生水解反应，在少数情况下需要碱作催化剂。但由于酰卤是由羧酸制备的，这个反应主要是保存酰卤时的副反应。

（2）酸酐的水解：酸酐可以在中性、酸性、碱性溶液中水解，酸酐不溶于水，在室温下水解很慢，加热或加入酸碱可催化这个反应。如果选择合适的溶剂使反应体系成均相，或通过加热使反应体系成均相，不用酸碱催化，也能发生水解反应。例如丁烯二酸酐与水加热至均相后得到顺丁烯二酸。

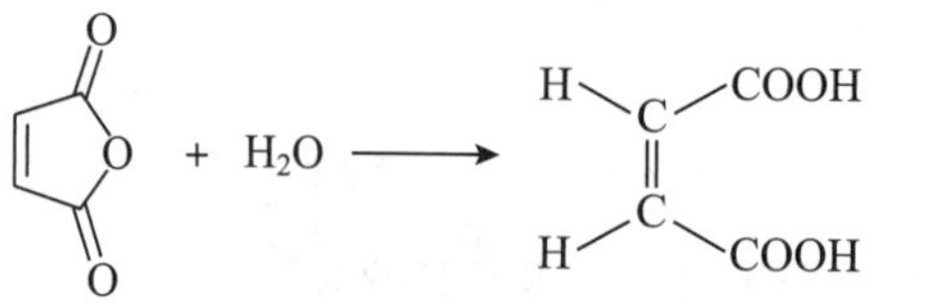

（3）酯的水解：通过酯的水解反应生成羧酸和醇，该过程可以看作是酯化反应的逆反应，因此酯水解反应最后也达到平衡。酯的水解比酰氯、酸酐困难，故需要酸或碱催化，用碱催化的效果较好，因为产生的羧酸与碱反应成盐，可促使反应平衡向产物方向移动，反应完成后，酸化可得羧酸。酯在碱性条件下的水解反应称为皂化反应，肥皂就是利用此反应制取的。

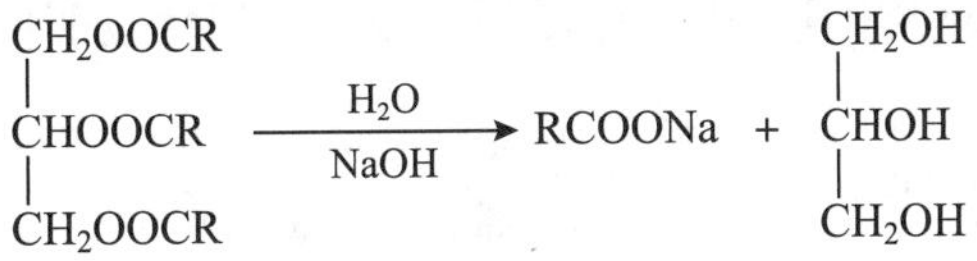

$$\begin{array}{c} CH_2OOCR \\ | \\ CHOOCR \\ | \\ CH_2OOCR \end{array} \xrightarrow[\text{NaOH}]{\text{H}_2\text{O}} RCOONa + \begin{array}{c} CH_2OH \\ | \\ CHOH \\ | \\ CH_2OH \end{array}$$

酰卤、酸酐、酯、酰胺的水解、醇解、氨（胺）解的反应机理很多是类似的，对酯水解的反应机理研究得比较深入，故用它加以说明，其他类推。

1）酯的碱性水解机理：酯可以在碱催化作用下发生水解，生成羧酸盐和醇。

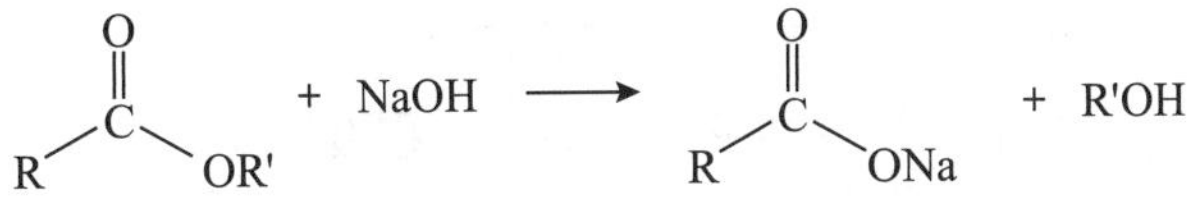

酯的碱性水解是通过亲核加成-消除机理完成的，具体过程如下。

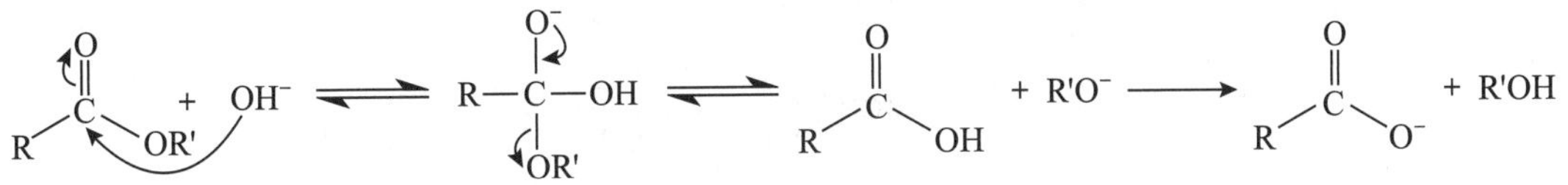

OH⁻先进攻酯羰基碳发生亲核加成，形成四面体中间体，然后消除 R'O⁻。这两步反应均是可逆的，在四面体中间体上消除 OH⁻，得回原来的酯；消除 R'O⁻，可以得羧酸。但由于此反应是在碱性条件下进行的，生成的羧酸可以和碱发生中和反应，推动平衡向右移动。

上述反应机理表明，酯在碱性水解时发生酰氧键断裂，这一点已被同位素标记实验所证明。乙酸戊酯用 $H_2^{18}O$ 在碱性条件下水解，结果得到的羧酸负离子中有 ^{18}O，这说明水解是酰氧键断裂。

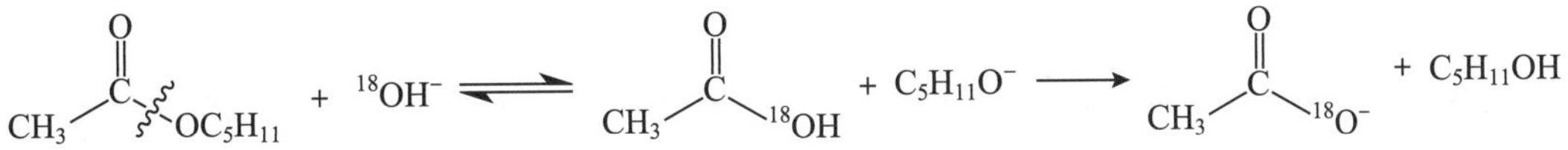

酰氧键断裂

2）酯的酸性水解机理

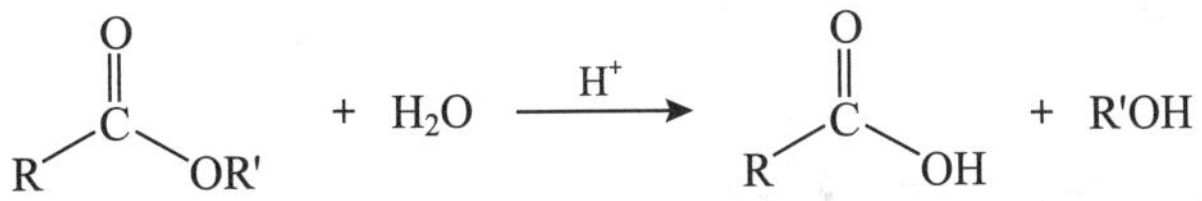

经同位素方法证明，酸催化水解一般也是酰氧键断裂，反应是按下列机理进行的。

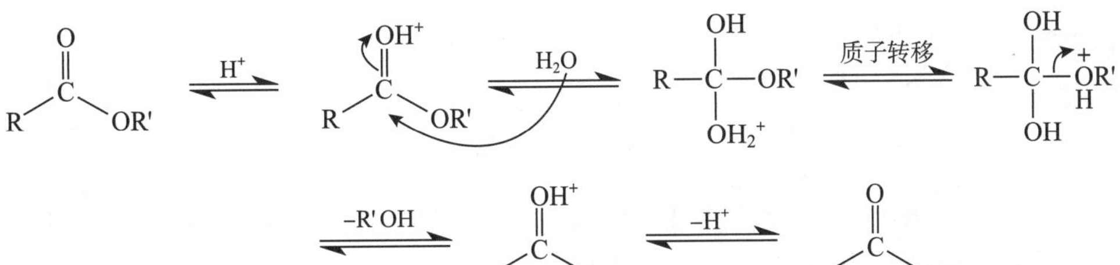

反应的关键步骤是水分子进攻具有较高亲电活性的质子化后的酯,形成四面体正离子的中间体,经质子转移后的消除反应得到相应的醇,再通过消除质子得到羧酸。这是一个可逆反应,由于在反应中存在大量水,故可以使反应趋向完全。

（4）酰胺的水解:酰胺在酸或碱催化下可以水解为酸和氨(或胺),酰胺的水解比酯要困难,反应条件比其他羧酸衍生物更为剧烈,需强酸或强碱且较长时间的加热。例如:

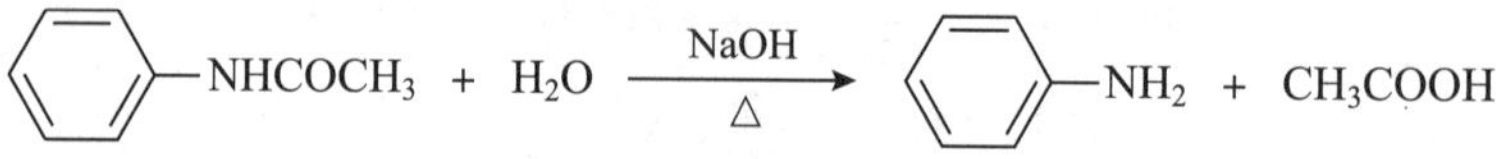

当使用酸催化时,酸除使酰胺的羰基质子化外,还可以中和平衡体系中产生的氨或胺,使它们成为铵盐,这样可使平衡向水解方向移动;当使用碱催化时,碱进攻羰基碳,同时将形成的羧酸中和成盐。

3. 羧酸衍生物的醇解反应 酰卤、酸酐、酯、酰胺都可与醇作用,通过亲核取代反应(加成-消除机理)生成酯。羧酸衍生物的醇解是合成酯的重要方法之一。

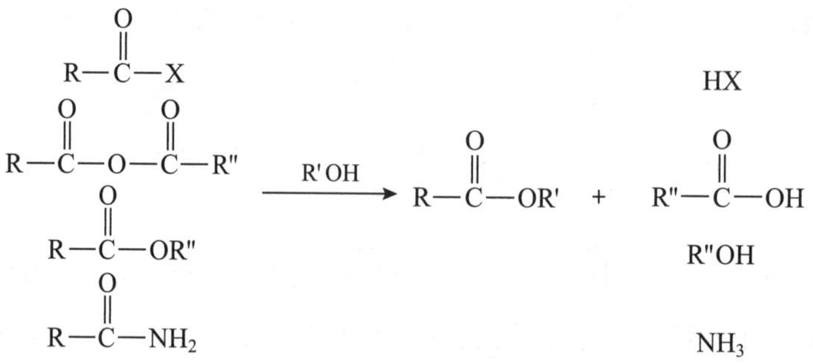

（1）酰卤的醇解:酰卤很容易发生醇解反应,羧酸经过酰氯再与醇反应生成酯,比直接通过羧酸与醇反应制备酯的效果要好。但对于反应性弱的芳香酰卤或有空间位阻的脂肪酰卤,以及对于三级醇或酚,通常要在体系中加入缚酸剂如三乙胺或吡啶来吸收生成的卤化氢。碱一方面中和产生的酸,另一方面也起到催化作用。例如:

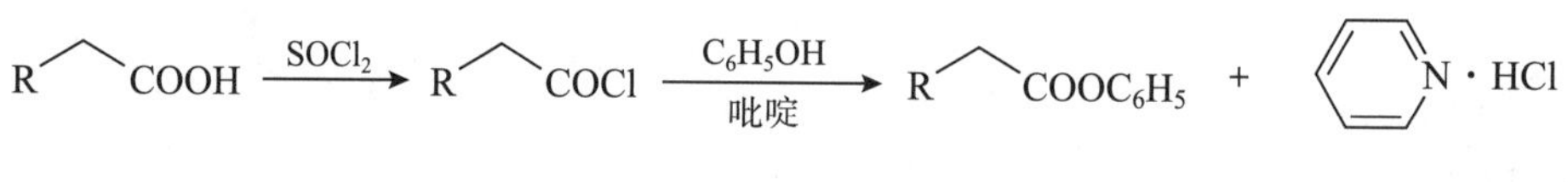

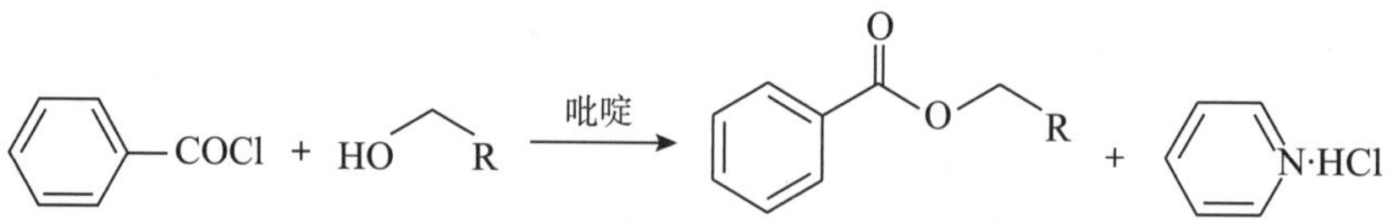

（2）酸酐的醇解:酸酐和酰卤一样,也很容易醇解。酸酐醇解产生一分子酯和一分子酸,因此是常用的酰化试剂。例如:

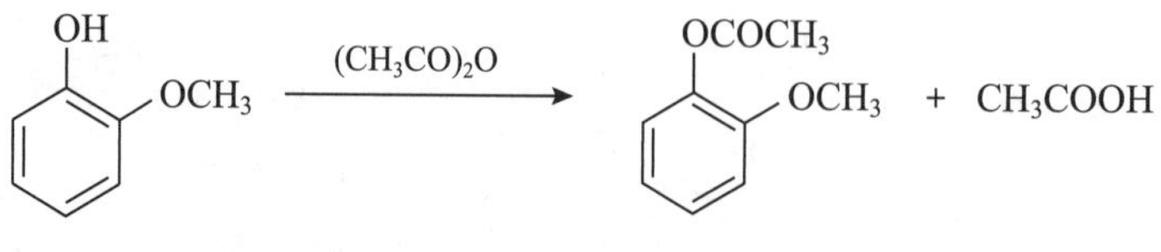

（3）酯的醇解:酯中的—OR' 被另一个醇的—OR" 置换称为酯的醇解,也称为酯交换反应。反应需在酸或碱催化下进行。

$$RCOOR' + R''OH \underset{}{\overset{\text{酸或碱}}{\rightleftharpoons}} RCOOR'' + R'OH$$

这是一个可逆反应,为使反应向右进行,通常使用过量的醇,同时将反应生成的醇蒸除,该反应常用于由低沸点的酯制备高沸点的酯。反应机理与酯的酸催化或碱催化水解机理类似。例如下列反应,在反应过程中尽快把产生的甲醇除掉,使反应顺利进行。

$$CH_2{=}CHCOOCH_3 + n{-}C_4H_9OH \xrightarrow{\text{TsOH}} CH_2{=}CHCOOC_4H_9{-}n + CH_3OH$$

酯交换反应在工业上的一个重要应用是涤纶的合成。涤纶是由对苯二甲酸与乙二醇缩聚制得的,但这个反应对于对苯二甲酸的纯度要求很高,而合成的对苯二甲酸不能达到要求,且很难提纯,因此通过变成它的甲酯再分馏提纯。提纯后的对苯二甲酸二甲酯与乙二醇共熔,然后在催化剂作用下通过酯交换反应而得到涤纶。

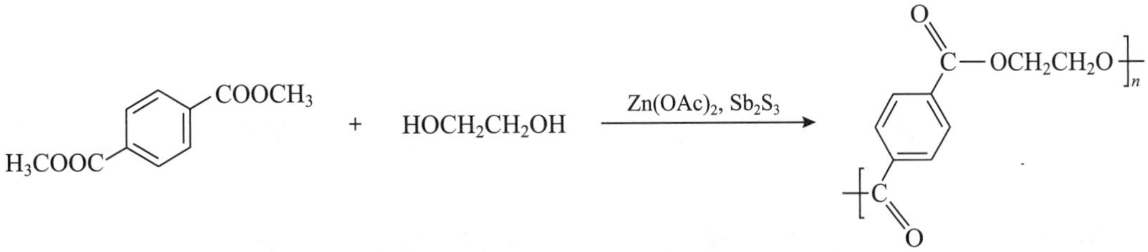

（4）酰胺的醇解:酰胺的醇解是可逆的,需用过量的醇才能生成酯并放出氨。酸或碱对反应有催化作用。

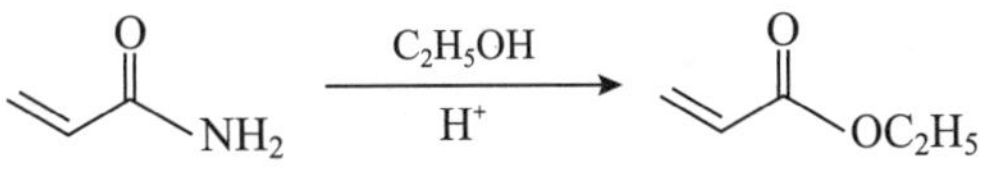

4. 羧酸衍生物的氨解反应 酰卤、酸酐和酯都可发生氨解反应生成酰胺。羧酸衍生物的氨解是制备酰胺的常用方法。

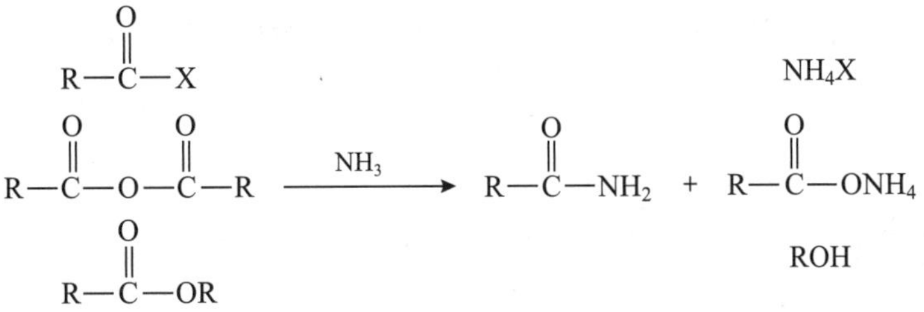

（1）酰卤的氨解:酰氯很容易与氨、一级胺或二级胺反应形成酰胺。例如酰氯遇冷的氨水即可进行反应,因为氨的亲核性比水强。

$$R{\diagdown}COCl + NH_3 \longrightarrow R{\diagdown}CONH_2 + NH_4Cl$$

若用酰氯与胺进行反应,反应通常在碱性条件下进行,常用的碱有氢氧化钠、吡啶、三乙胺、N,N-二甲基苯胺等,所用的碱可中和反应生成的酸,以避免消耗与酰氯反应的胺。

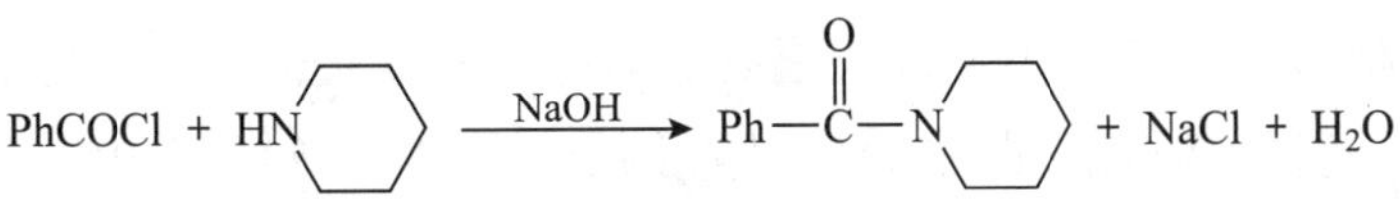

（2）酸酐的氨解：乙酸酐与乙酰氯相比，较不易发生氨解反应。有些反应物易溶于水，氨解可以在水中进行，因为胺比水的亲核性大得多。例如：

$$(CH_3CO)_2O + H_2NCH_2COOH \xrightarrow{H_2O} CH_3CONHCH_2COOH + CH_3COOH$$

环状酸酐与氨在高温下加热，可得到酰亚胺。例如：

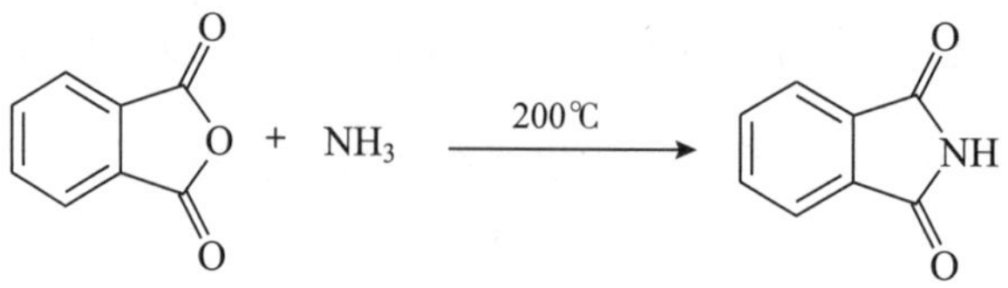

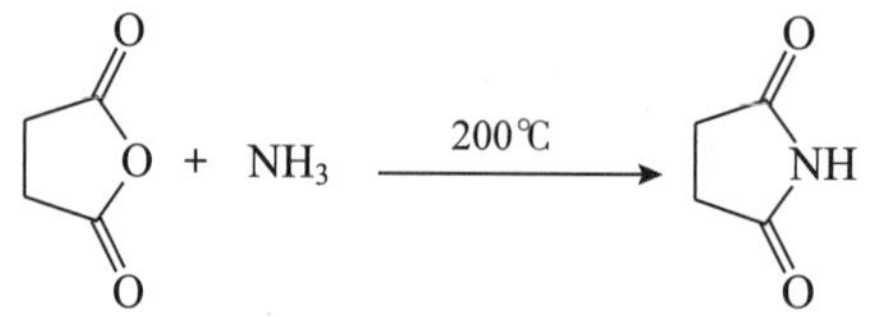

酸酐发生氨解反应时，除产生酰胺外，还生成羧酸，因此反应中经常加入三级胺，以中和反应产生的酸。

（3）酯的氨解：酯与氨（或胺）通过酯的氨解（或胺解）反应形成酰胺。这些氨或胺本身作为亲核试剂，进攻酯羰基的碳。

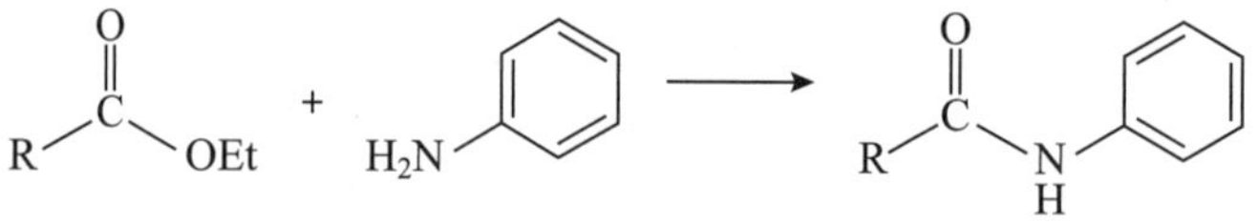

（二）羧酸衍生物与金属有机化合物的反应

1. 与格氏试剂的反应　格氏试剂或有机金属锂化合物与酰卤反应得到酮，但酮很易进一步反应得到三级醇，因此酮的产率很低。酯和酸酐与格氏试剂反应往往不能停留在生成酮的阶段，最终得到醇。除甲酸酯和格氏试剂反应得到仲醇外，其他酯与格氏试剂反应得到叔醇。

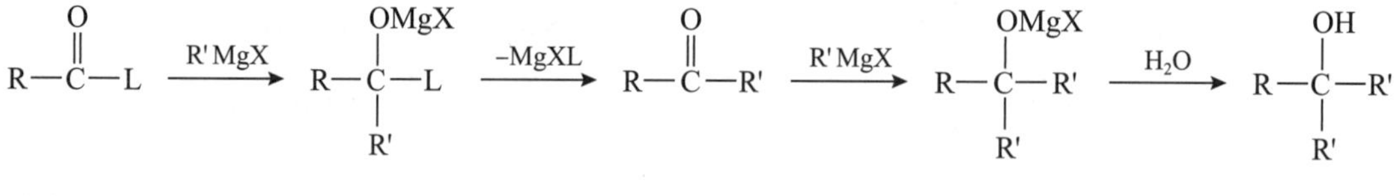

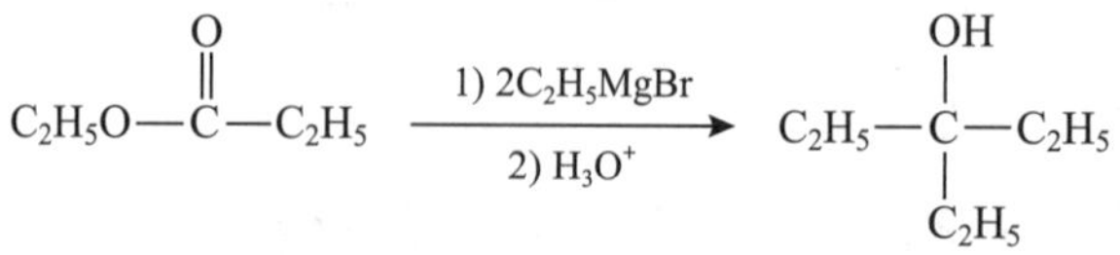

$$HCOOC_2H_5 \xrightarrow[2)\ H_3O^+]{1)\ 2C_2H_5MgBr} (C_2H_5)_2CHOH$$

低温可以抑制格氏试剂与酮的反应，因此如果用 1 化学当量的格氏试剂在低温下分批加到酰氯的溶液中，这样控制格氏试剂的量，以免生成的酮与格氏试剂发生作用，则可得到酮。

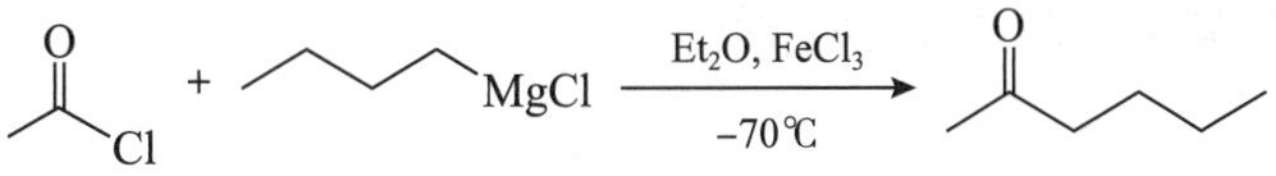

2. 与二烷基铜锂的反应　二烷基铜锂的活性较低,在羧酸衍生物中只有酰卤与其反应较好,可用于制备酮。例如6-氧亚基壬酰氯与3摩尔比的二甲基铜锂反应,可得到癸-2,7-二酮。

$$CH_3CH_2CH_2CO(CH_2)_4COCl \xrightarrow{(CH_3)_2CuLi} CH_3CH_2CH_2CO(CH_2)_4COCH_3$$

（三）羧酸衍生物的还原反应

羧酸衍生物都可以被还原,常用的还原方法有催化加氢还原和氢化铝锂还原。酰卤、酸酐和酯的还原产物均为伯醇,酰胺的还原产物为胺。

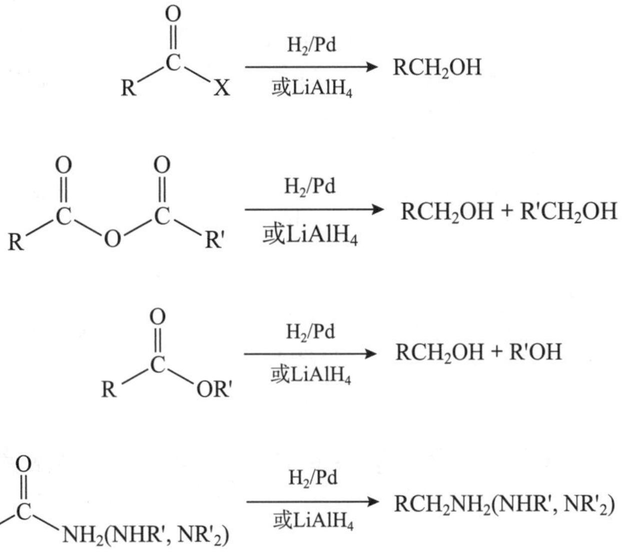

1. 用催化氢化法还原　酰氯催化氢化时,若使用部分中毒的催化剂,可使反应终止在醛的阶段。一般在钯催化剂中加入少量的硫-喹啉,使催化剂部分中毒,降低其催化活性,反应在较低温度下进行,以避免进一步被还原。该反应是制备醛的一种方法,也称为罗森蒙德（Rosenmund）还原法。

$$RCOCl + H_2 \xrightarrow[\text{硫-喹啉}]{Pd-BaSO_4} RCHO$$

链状酸酐在催化氢化条件下还原,得到两分子醇。一分子环状酸酐经还原得一分子二元醇。

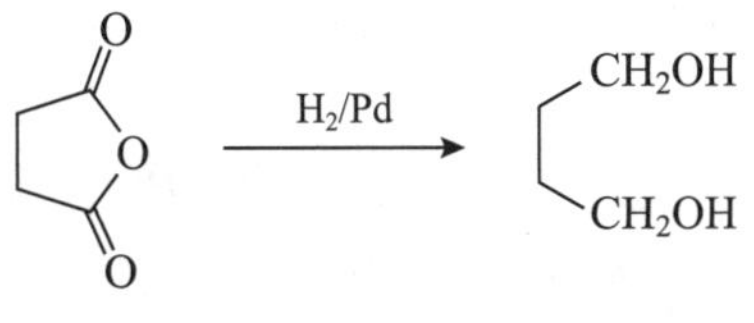

酰胺很不易还原,用催化氢化法还原需用特殊的催化剂并在高温高压下进行,产物为胺。

2. 用金属氢化物还原　常用的金属氢化物包括氢化铝锂、硼氢化锂和硼氢化钠。硼氢化锂可由硼氢化钠与氯化锂在乙醇中制备。

$$CH_3CH_2OH$$
$$NaBH_4 + LiCl \xrightarrow{C_2H_5OH} LiBH_4 + NaCl$$

作为还原剂，氢化铝锂的还原能力最强，适用于各种羧酸衍生物的还原。硼氢化锂的还原能力比硼氢化钠略强。酯能被氢化铝锂和硼氢化锂还原为一级醇，但硼氢化锂对酯反应稍慢。

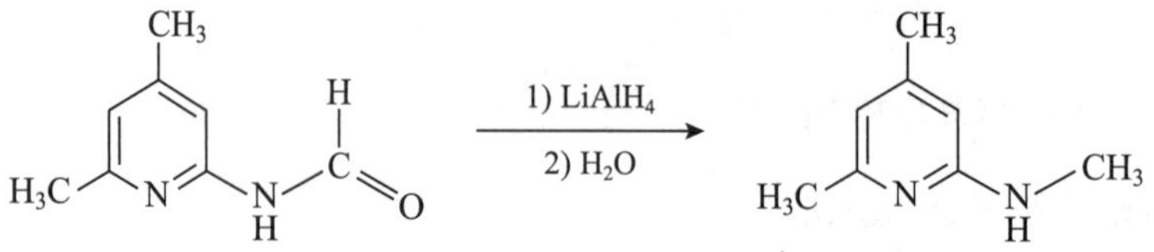

一级酰胺、二级酰胺可以被氢化铝锂还原为一级胺、二级胺；三级酰胺与过量氢化铝锂反应，能够生成三级胺。例如：

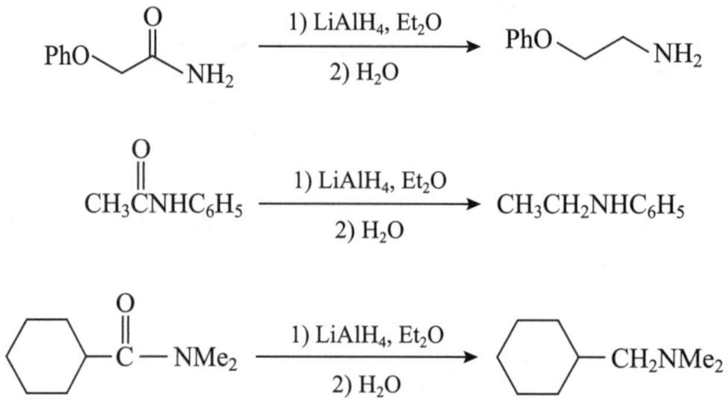

（四）酯的缩合反应

两分子酯在碱作用下脱去一分子醇，生成 β-羰基酯的反应称为酯缩合反应，也称为克莱森（Claisen）缩合反应。

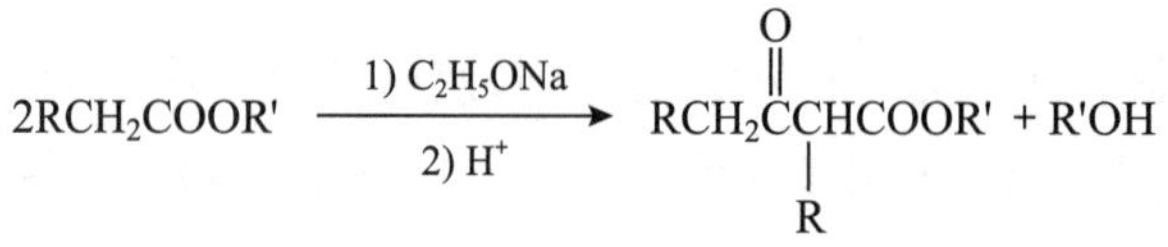

以乙酸乙酯参与的缩合反应生成乙酰乙酸乙酯为例，克莱森缩合的反应机理如下。

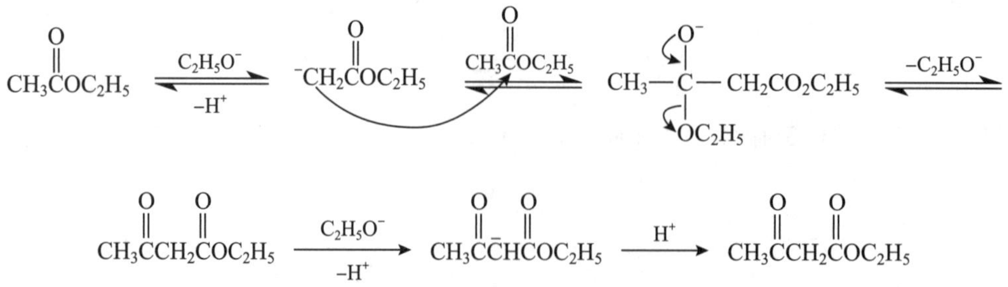

首先，乙酸乙酯在碱作用下失去 α-氢，生成碳负离子，碳负离子对另一分子酯发生亲核加成，再消去乙氧负离子生成乙酰乙酸乙酯。由于反应是在碱性体系中进行的，生成的乙酰乙酸乙酯立刻与碱反应生成钠盐，将钠盐从体系中分离出来，再酸化即得到乙酰乙酸乙酯。

以上反应机理说明，在进行酯缩合反应时，当酯的 α-碳上只有一个氢时，需要使用比醇钠更强的碱，才能迫使反应朝右方进行；当 α-碳上有两个氢时，一般使用碱性相对较弱的醇钠就可以。

二元羧酸酯可以发生分子内及分子间酯缩合反应。例如分子中的两个酯基被四个或四个以上的碳原子隔开，就会发生分子内缩合反应，形成五元环或更大环的酯，这种环化酯缩合反应又称为狄克曼（Dieckmann）反应。利用狄克曼反应可以合成多种环状化合物。例如：

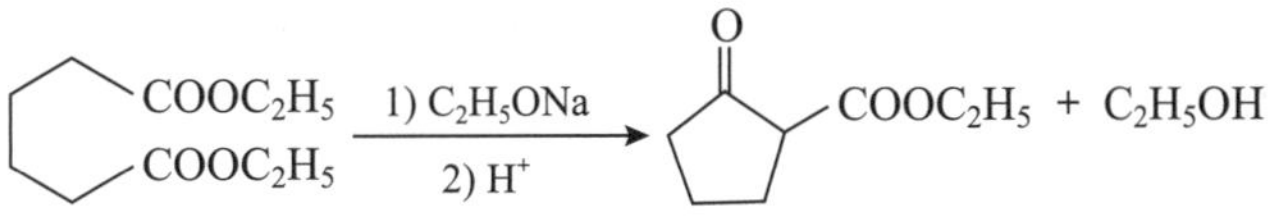

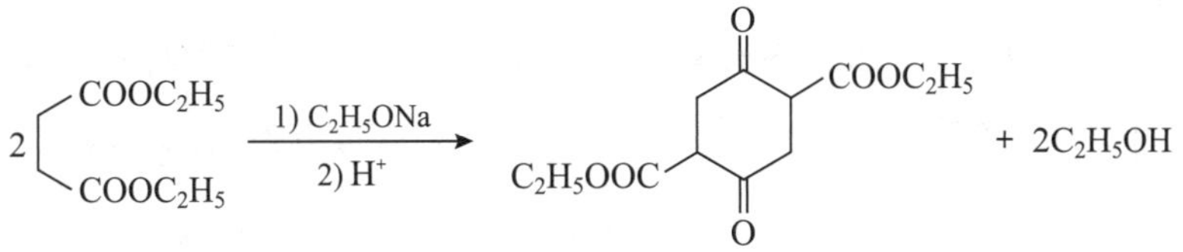

（五）达参（Darzens）缩合反应

醛或酮在强碱（如氨基钠、醇钠等）作用下与 α-卤代酸酯反应，生成 α,β-环氧酸酯的反应称为达参缩合反应。产物 α,β-环氧酸酯也称为"缩水甘油酸酯"，经水解可以得到醛和酮。含 α-活泼氢的其他化合物也能与醛或酮发生类似反应。达参缩合具有良好的普适性，芳香族醛和酮、脂肪族酮以及 α,β-不饱和酮和环状酮均能取得不错的产率；脂肪族醛也能用于该反应，但产率较低。

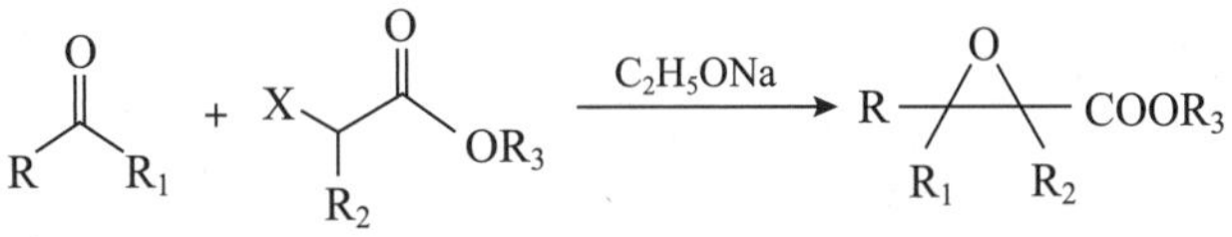

达参缩合反应的机理：首先是 α-卤代酸酯在碱性条件下生成相应的碳负离子中间体，接着与醛、酮的羰基进行亲核加成，得到一个烷氧负离子，然后发生 S_N2 反应，卤离子离去，形成 α,β-环氧酸酯类化合物。

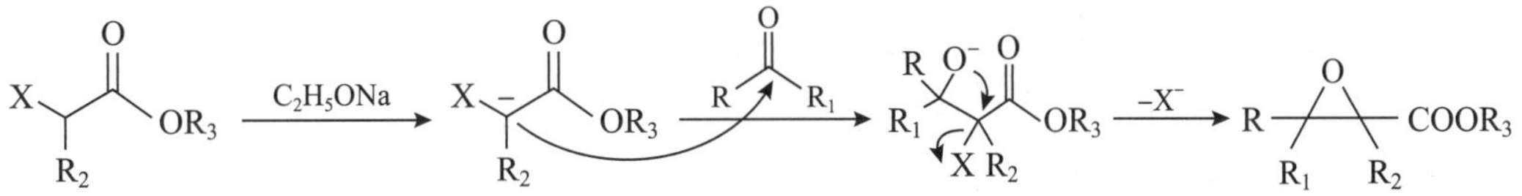

α-氯代酸酯反应的产率往往要优于相应的溴代物和碘代物。除了 α-卤代羧酸酯外，α-卤代砜、α-卤代腈、α-卤代酮亚胺、α-卤代硫羟酸酯、α-卤代酰胺和 γ-卤代巴豆酸酯等有吸电子基团取代的卤代物都可以用于达参缩合。

（六）酰胺的特殊反应

1. 酸碱性 酰胺分子中氮原子的未共用电子对与羰基存在 p-π 共轭效应，使氮原子上的电子云密度降低，减弱它接受质子的能力，因此酰胺近于中性。但在酰亚胺分子中，氮原子上连接的两个羰基由于 p-π 共轭效应使氮原子上的电子云密度大大降低，并使氮氢键的极性增强，从而表现出明显的酸性。例如丁二酰亚胺和邻苯丁二酰亚胺的 pK_a 值分别为 9.6 和 8.3，因此酰亚胺能与碱反应成盐。例如：

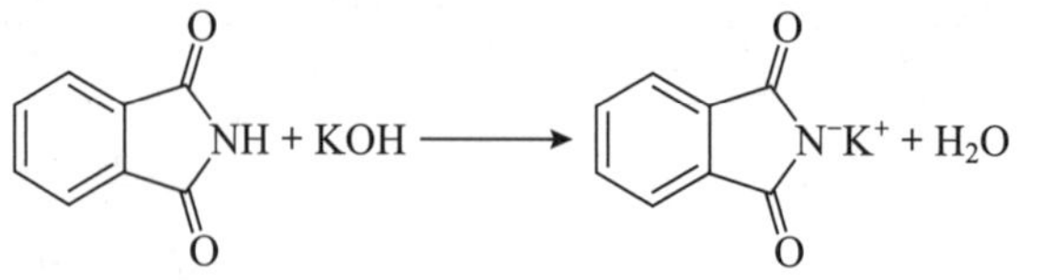

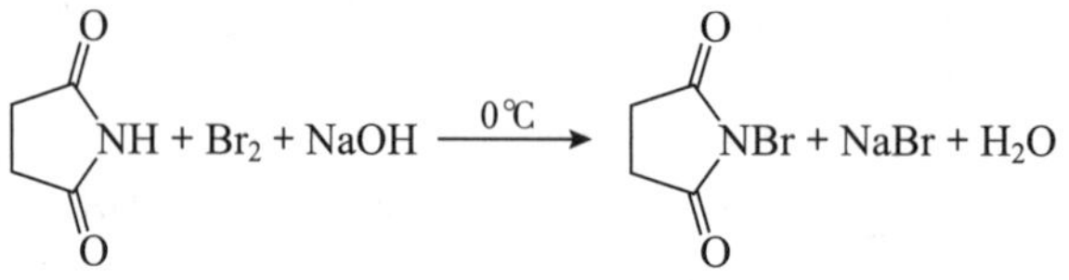

N-溴代丁二酰亚胺(NBS)

2. 脱水反应 酰胺在强脱水剂作用下或高温加热，发生分子内脱水生成腈，常用的脱水剂有五氧化二磷、亚硫酰氯等。这个反应有时被用于制备有机腈类化合物。

$$R\overset{O}{\overset{\|}{C}}NH_2 \xrightarrow{P_2O_5} RCN + H_2O$$

3. 霍夫曼（Hofmann）降级反应 酰胺与氯或溴的碱溶液作用，脱去羰基生成伯胺，在反应中碳链减少一个碳原子，故称为酰胺降级反应，也称为霍夫曼降级反应（或降解反应、重排反应）。

$$R\overset{O}{\overset{\|}{C}}NH_2 \xrightarrow{Br_2/NaOH} RNH_2 + CO_2\uparrow$$

反应历程一般认为如下：

$$R\overset{O}{\overset{\|}{C}}NH_2 \xrightarrow{Br_2/NaOH} \underset{(\text{I})}{R\overset{O}{\overset{\|}{C}}\underset{H}{\underset{|}{N}}{-}Br} \xrightarrow[-H_2O]{OH^-} \underset{(\text{II})}{R\overset{O}{\overset{\|}{C}}\overset{-}{N}{-}Br} \xrightarrow{-Br^-} \underset{(\text{III})}{RN{=}C{=}O}$$

$$\xrightarrow{H_2O} \underset{(\text{IV})}{R\underset{H}{\underset{|}{N}}{-}\overset{O}{\overset{\|}{C}}{-}O{-}H} \longrightarrow RNH_2 + CO_2\uparrow$$

反应中首先是酰胺与溴的碱溶液作用，生成*N*-溴代酰胺（Ⅰ）；（Ⅰ）在碱作用下脱去H_2O，生成不稳定的*N*-溴代酰胺负离子（Ⅱ）；（Ⅱ）易发生重排生成异氰酸酯（Ⅲ）；（Ⅲ）水解生成不稳定的*N*-溴代氨基甲酸（Ⅳ）；（Ⅳ）脱羧生成相应的伯胺。

四、羧酸衍生物的制备

（一）酰卤的制备

羧酸与无机卤化物（PCl_3、PCl_5、$SOCl_2$等）作用，羧基中的羟基被卤原子替代，生成酰卤。

通常需要根据所用原料和所得产物之间的沸点差异来选择合适的无机卤化物，PCl_3常用于制备沸点较低的酰氯，PCl_5常用于制备沸点较高的酰氯。亚硫酰氯（氯化亚砜）是实验室中制备酰氯的重要试剂，因为生成的HCl和SO_2易从反应体系中分离，所以反应的转化率很高，酰氯的产率高达95%以上。

$$CH_3COOH + PCl_3 \longrightarrow CH_3COCl + H_3PO_3$$

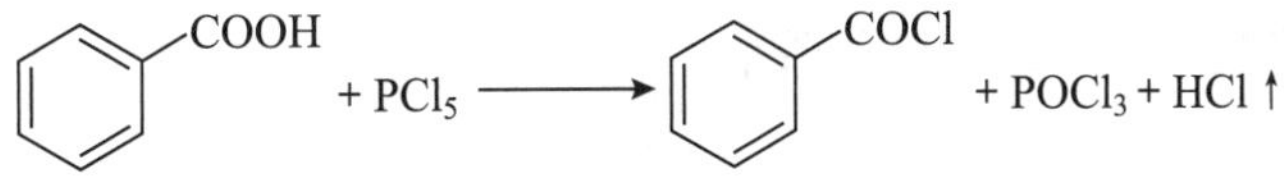

$$CH_3(CH_2)_4COOH + SOCl_2 \longrightarrow CH_3(CH_2)_4COCl + SO_2\uparrow + HCl\uparrow$$

（二）酸酐的制备

通过干燥的羧酸钠盐与酰氯反应，这是实验室制备酸酐尤其是混合酸酐的一个重要方法。例如：

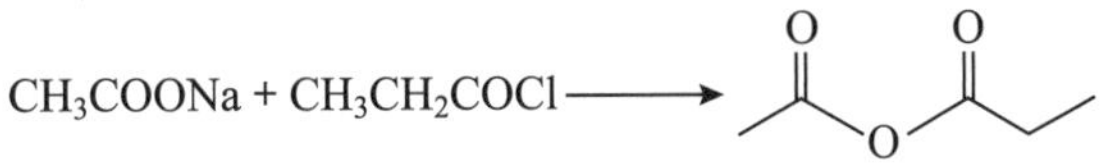

羧酸可经脱水反应形成酸酐。例如：

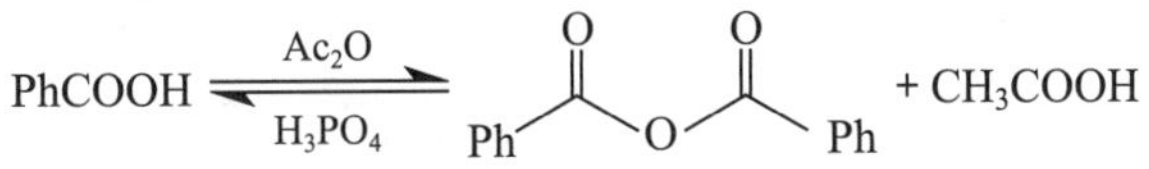

此法适合制备比乙酸的沸点高的羧酸。因为这是一个可逆反应，反应过程中把乙酸蒸出，反应才能向右方进行。

二元羧酸通过此法可合成环状酸酐，反应产生的水常用共沸法或真空蒸馏法除去，五元、六元环状酸酐常用此法制备。

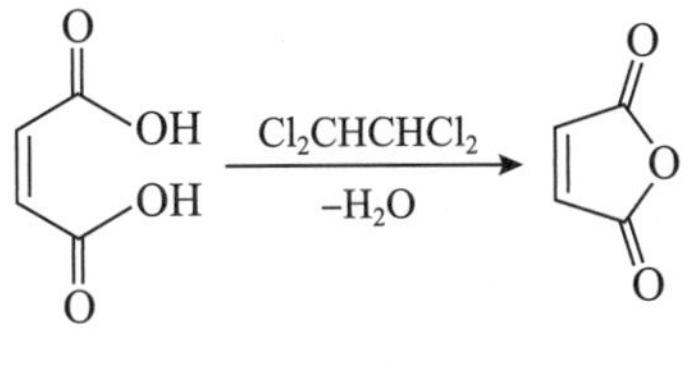

一些工业上很重要的酸酐常用芳烃氧化法制备。如苯在高温及V_2O_5催化下氧化为顺丁烯二酸酐，邻二甲苯可氧化为邻苯二甲酸酐。

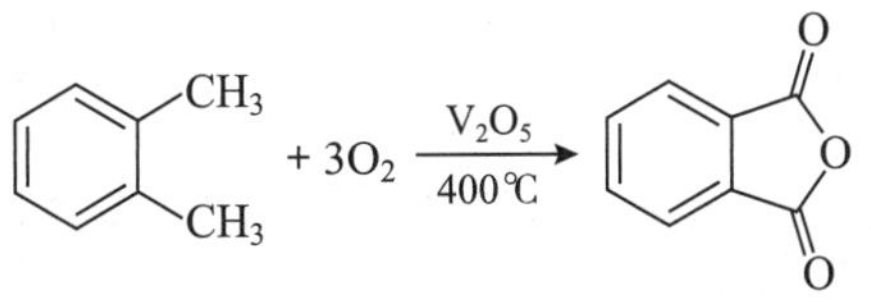

工业上最重要的酸酐是乙酸酐，它最重要的生产方法是利用乙酸与乙烯酮反应制备。

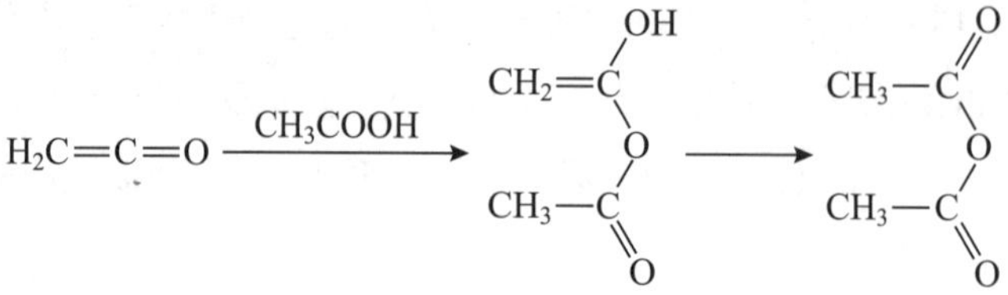

（三）酯的制备

酯的制法很多，可以在酸催化作用下通过羧酸和醇的直接酯化来制备，或通过羧酸盐与活泼卤代烷反应来制备，也可以通过羧酸衍生物的醇解来制备。

羧酸与重氮甲烷反应可用来制备羧酸甲酯。

$$RCOOH + CH_2N_2 \longrightarrow RCOOCH_3 + N_2\uparrow$$

羧酸与烯、炔的加成也能用来制备酯，以下是几个反应实例。

$$CH_2(COOH)_2 + 2(CH_3)_2C\!=\!CH_2 \xrightarrow[\text{室温}]{\text{浓}H_2SO_4} CH_2(COOCMe_3)_2$$

$$CH_3COOH + HC\!\equiv\!CH \xrightarrow[70\sim80℃]{H_2SO_4} CH_3COOCH\!=\!CH_2$$

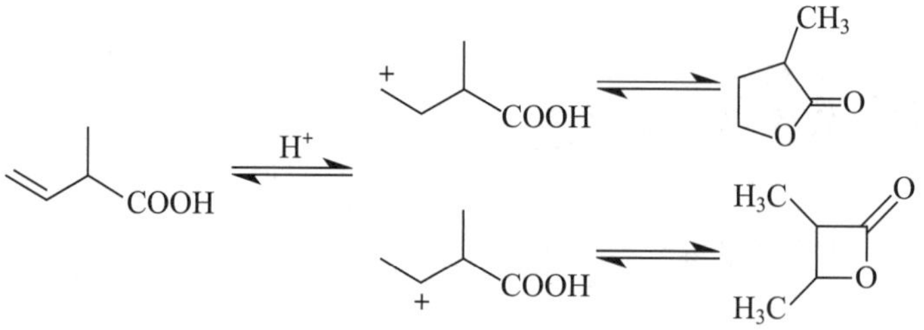

（四）酰胺的制备

酰胺可以通过羧酸衍生物的氨解来制备，也可以通过腈的控制水解或铵盐的部分脱水来制备。例如：

$$CH_3CH_2COOH + NH_3 \rightleftharpoons CH_3CH_2COO^-NH_4^+ \xrightarrow{200℃} CH_3CH_2CONH_2 + H_2O$$

$$PhCH_2CN \xrightarrow[40\sim50℃]{35\%HCl} PhCH_2CONH_2$$

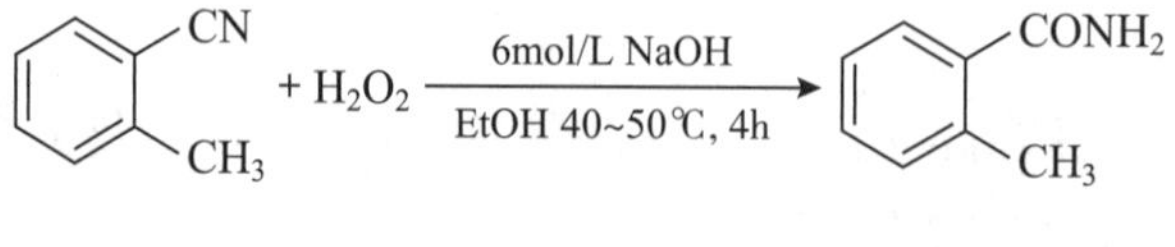

五、乙酰乙酸乙酯在有机合成中的应用

乙酰乙酸乙酯俗称"三乙"，是无色、具有水果香味的液体，沸点为180.4℃，在沸点时有分解现象，制备时一般使用减压蒸馏的方法提纯。在通常条件下，乙酰乙酸乙酯是以酮式和烯醇式两种结构以动态平衡而同时存在的互变异构体，酮式约为92.5%，烯醇式约为7.5%。在

不同溶剂和不同温度、浓度等条件下,酮式和烯醇式的含量也有所变化。在常态下,乙酰乙酸乙酯可以表现出烯醇式和酮式两个方面的特征反应,能与羰基试剂(如羟氨、苯肼等)发生反应,也能与金属钠作用放出氢气,可以使溴的四氯化碳溶液褪色,还能与三氯化铁作用显紫色等。由于它的特殊结构,还可发生以下反应。

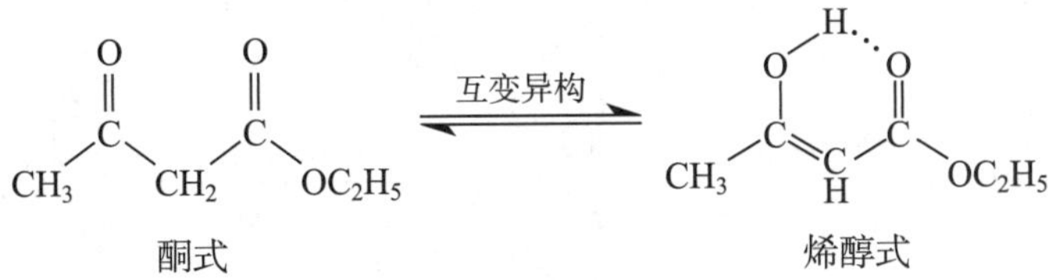

酮式 ⇌(互变异构) 烯醇式

(一)酮式分解与酸式分解

乙酰乙酸乙酯在稀碱(5% NaOH)或稀酸中加热,首先发生酯的水解反应,生成乙酰乙酸。乙酰乙酸不稳定,加热容易脱羧生成酮,所以称为酮式分解。

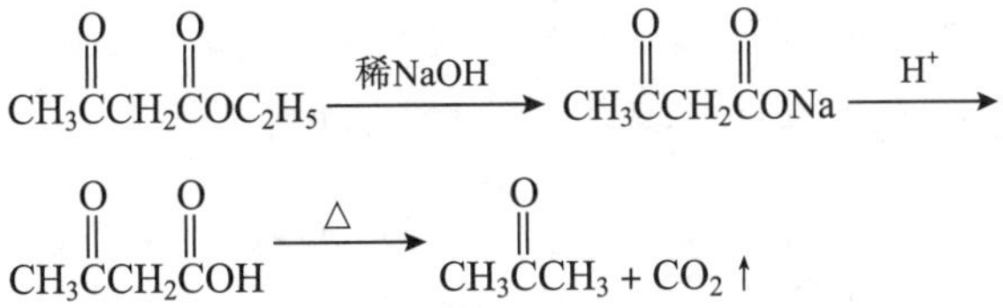

乙酰乙酸乙酯在浓碱(40% NaOH)中加热,α-碳和β-碳之间的键断裂,生成两分子乙酸盐,酸化后得到乙酸,称为酸式分解。酸式分解实际上是克莱森酯缩合反应的逆反应。

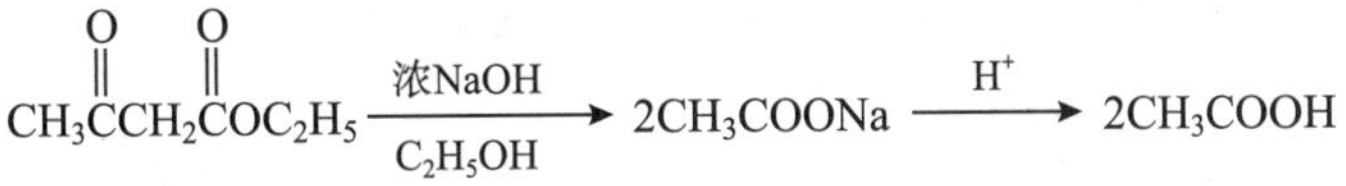

(二)乙酰乙酸乙酯参与的有机反应

乙酰乙酸乙酯的亚甲基上的氢具有酸性,在碱作用下产生碳负离子,可以和卤代烃或酰卤等发生亲核取代反应。

1. 乙酰乙酸乙酯参与的烃基化反应 乙酰乙酸乙酯在醇钠等碱作用下与卤代烃反应,结果是在亚甲基上引入一个烃基,生成取代乙酰乙酸乙酯。

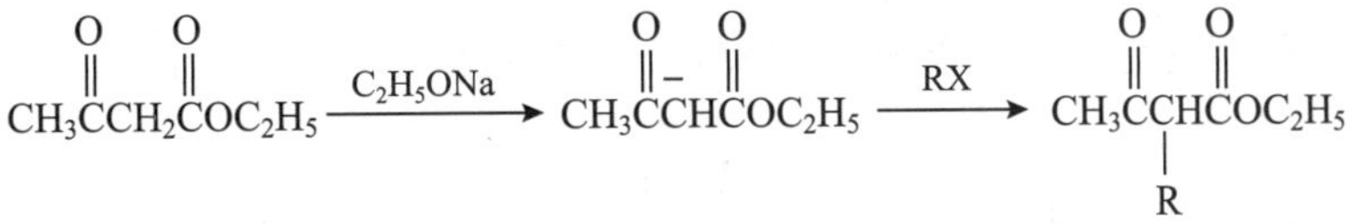

烃基取代的乙酰乙酸乙酯分子中还有一个活泼氢,可重复上述反应,进行两次烃基化,得到二烃基乙酰乙酸乙酯。

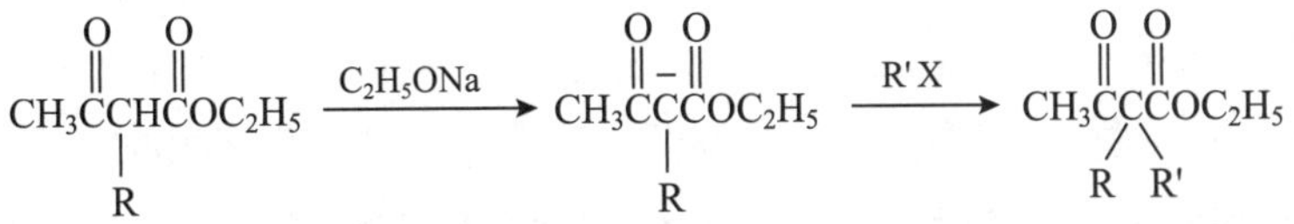

烃基取代的乙酰乙酸乙酯也可以发生酮式分解或酸式分解。

$$CH_3COCH_2COC_2H_5 \xrightarrow[\text{2) RX}]{\text{1) } C_2H_5ONa} \underset{R}{CH_3COCHCOC_2H_5} \xrightarrow[\text{2) } H_3O^+]{\text{1) 5\%NaOH}} CH_3COCH_2R$$

因此,利用乙酰乙酸乙酯活泼亚甲基上的烃基或酰基取代物,再通过酮式分解或酸式分解,可以合成甲基酮、二酮、一元羧酸和酮酸等一系列化合物。例如合成甲基酮:

$$CH_3COCH_2COC_2H_5 \xrightarrow[\text{2) } C_2H_5Br]{\text{1) } C_2H_5ONa} \underset{C_2H_5}{CH_3COCHCOC_2H_5} \xrightarrow[\text{2) } H_3O^+]{\text{1) NaOH/H}_2O} CH_3COCH_2CH_2CH_3$$

$$\underset{C_2H_5}{CH_3COCHCOC_2H_5} \xrightarrow[\text{2) } CH_3I]{\text{1) } C_2H_5ONa} H_3C-CO-\underset{CH_3}{\underset{|}{C}}\overset{C_2H_5}{-}CO-OC_2H_5 \xrightarrow[\text{2) } H_3O^+]{\text{1) NaOH/H}_2O} CH_3CO\underset{CH_3}{CH}CH_3$$

如果使用的卤代烷为二卤代烷,根据乙酰乙酸乙酯和二卤代烷的物质的量配比以及两个卤素原子之间的碳链长度,可以合成环酮或二酮类化合物。

$$CH_3COCH_2COC_2H_5 \xrightarrow[\text{2) BrCH}_2(CH_2)_2CH_2Br]{\text{1) } C_2H_5ONa} \underset{CH_2(CH_2)_2CH_2Br}{CH_3COCHCOC_2H_5} \xrightarrow{C_2H_5ONa}$$

$$\text{(环戊烷-1-乙酰基-1-甲酸乙酯)} \xrightarrow[\text{2) } H_3O^+]{\text{1) NaOH/H}_2O} \text{(环戊基甲基酮)}COCH_3$$

$$2CH_3COCH_2COC_2H_5 \xrightarrow[\text{2) BrCH}_2CH_2Br]{\text{1) } C_2H_5ONa} \begin{matrix} CH_3COCHCOC_2H_5 \\ | \\ CH_2 \\ | \\ CH_2 \\ | \\ CH_3COCHCOC_2H_5 \end{matrix} \xrightarrow[\text{2) } H_3O^+]{\text{1) NaOH/H}_2O} CH_3COCH_2(CH_2)_2CH_2COCH_3$$

乙酰乙酸乙酯还可与 α-卤代酸酯发生反应,生成 γ-酮酸。

$$CH_3COCH_2COC_2H_5 \xrightarrow[\text{2) BrCH}_2COOC_2H_5]{\text{1) } C_2H_5ONa} \underset{CH_2COOC_2H_5}{CH_3COCHCOC_2H_5} \xrightarrow[\text{2) } H_3O^+]{\text{1) NaOH/H}_2O} CH_3COCH_2CH_2COOH$$

与乙酰乙酸乙酯反应时使用的卤代烃一般要求采用伯卤代烃或仲卤代烃,这是因为叔卤代烷在碱性条件下易发生消除反应生成烯烃,使反应产率降低。乙烯型卤代烃($XHC{=}CH_2$)和卤代芳烃($Ar{-}X$)由于卤原子的活性较低,不易与乙酰乙酸乙酯发生反应。卤代烃分子中不能含有羧基或酚羟基等酸性基团,它们将会分解乙酰乙酸乙酯的钠盐,使反应难以进行。

2. 乙酰乙酸乙酯参与的酰基化反应　乙酰乙酸乙酯与碱作用形成的碳负离子还可与酰氯等试剂反应,生成 α-酰基取代的产物,然后经酮式分解,得到 β-二酮类化合物。

$$CH_3CCH_2COC_2H_5 \xrightarrow[\text{2) RCOCl}]{\text{1) NaH, DMF}} CH_3CCHCOC_2H_5 \xrightarrow[\text{2) H_3O^+}]{\text{1) NaOH/H_2O}} CH_3CCH_2CR$$

进行此类反应时,不能使用醇钠作碱,以免生成的醇和酰氯再反应生成酯,而烷氧负离子将被生成的酸中和。一般常用氢化钠代替醇钠,用极性非质子溶剂 DMF、DMSO 等代替乙醇。

六、丙二酸二乙酯在有机合成中的应用

(一)丙二酸二乙酯与卤代烃的反应

丙二酸二乙酯分子能与强碱性的醇钠作用形成钠盐。生成的碳负离子是一个强亲核试剂,与卤代烃反应时,可发生亲核取代反应生成一烃基或二烃基取代丙二酸二乙酯,水解后得到相应的烃基取代丙二酸,在加热下脱羧生成相应的烃基取代乙酸。

$$C_2H_5OCCH_2COC_2H_5 \xrightarrow{C_2H_5ONa} C_2H_5OCCHCOC_2H_5 \xrightarrow{RX} C_2H_5OCCHCOC_2H_5$$

$$\xrightarrow[\text{2) H_3O^+}]{\text{1) NaOH/H_2O}} HOCCHCOH \xrightarrow{\triangle} RCH_2COOH$$

如果采用二卤代烷,且控制丙二酸二乙酯与二卤代烷的物质的量比不少于 2∶1 时,可得到二元羧酸类化合物。

$$2(C_2H_5OOC)_2CH_2 \xrightarrow[\text{2) Br(CH_2)_2Br}]{\text{1) C_2H_5ONa}} \begin{array}{l} CH_2CH(COOC_2H_5)_2 \\ | \\ CH_2CH(COOC_2H_5)_2 \end{array} \xrightarrow[\text{2) H_3O^+}]{\text{1) NaOH/H_2O}} \begin{array}{l} CH_2CH_2COOH \\ | \\ CH_2CH_2COOH \end{array}$$

控制丙二酸二乙酯与二卤代烷的物质的量比不超过 1∶1,且二卤代烷的碳链长度大于 2时,可得到环烷基羧酸类化合物。

$$C_2H_5OCCH_2COC_2H_5 \xrightarrow[\text{2) Br(CH_2)_3Br}]{\text{1) C_2H_5ONa}} C_2H_5OCCHCOC_2H_5$$

$$\xrightarrow{C_2H_5ONa} C_2H_5O-C-OC_2H_5 \xrightarrow[\text{2) H_3O^+}]{\text{1) NaOH/H_2O}} $$

除了与卤代烷的反应外,丙二酸二乙酯也可以与溴代乙酸乙酯反应来制备丁 -1,4-二酸。

$$CH_3COCH_2COC_2H_5 \xrightarrow[\text{2) BrCH}_2\text{COOC}_2\text{H}_5]{\text{1) C}_2\text{H}_5\text{ONa}} \quad \underset{\underset{CH_2COOC_2H_5}{|}}{C_2H_5OCCHCOC_2H_5} \xrightarrow[\text{2) H}_3\text{O}^+]{\text{1) NaOH/H}_2\text{O}} \quad \underset{CH_2COOH}{\overset{CH_2COOH}{|}}$$

与乙酰乙酸乙酯合成法类似,丙二酸二乙酯合成法中常用伯卤代烷或仲卤代烷,叔卤代烷在碱性条件下易发生消除反应生成烯烃,使反应产率降低。乙烯型卤代烃($XHC{=\!=}CH_2$)和卤代芳烃($Ar{-}X$)由于卤原子的活性较低,不易发生反应。同时,卤代烃分子中不能含有羧基和酚羟基等酸性基团。当需要引入两个不同的烃基时,一般是先引入体积较大、活性较低的烃基,后引入体积小、活性高的烃基。

(二)迈克尔(Michael)加成反应

乙酰乙酸乙酯和丙二酸二乙酯都容易形成碳负离子,可以与 α,β-不饱和羰基化合物发生迈克尔加成反应,用于合成 δ-羰基羧酸酯或 δ-二羰基化合物。

$$CH_2(CO_2C_2H_5)_2 + CH_2{=\!=}CHCHO \xrightarrow[\text{C}_2\text{H}_5\text{OH}]{\text{C}_2\text{H}_5\text{ONa}} OHC{-}CH_2CH_2CH(CO_2C_2H_5)_2$$

$$\xrightarrow[\text{2) H}_3\text{O}^+]{\text{1) NaOH/H}_2\text{O}} OHC{-}CH_2CH_2CH_2COOH$$

$$CH_3CCH_2COC_2H_5 \quad + \quad CH_2{=\!=}CHCOC_2H_5 \xrightarrow[\text{C}_2\text{H}_5\text{OH}]{\text{C}_2\text{H}_5\text{ONa}} \quad \underset{\underset{\underset{O}{||}}{\underset{CH_2CH_2COC_2H_5}{|}}}{CH_3CCHCOC_2H_5}$$

$$\xrightarrow[\text{2) H}_3\text{O}^+]{\text{1) NaOH/H}_2\text{O}} CH_3CCH_2CH_2CH_2COH$$

七、油脂和蜡

(一)油脂

油脂是高级脂肪酸的甘油酯,一般在室温下是液体的称为油,如菜籽油、花生油、豆油和桐油等;在室温下是固体或半固体的称为脂肪,如牛油、猪油等。油脂广泛存在于动植物体内,植物油脂大部分存在于植物的果实、种子和胚胎中,而花、叶、根、茎部位的含量较少;动物油脂存在于高等动物的脂肪中。油脂是三大营养物质之一,在生物体内的主要功能是供给能量,在机体内完全氧化时 1g 油脂放出的热量(38.9kJ)比 1g 糖和 1g 蛋白质放出的热量(糖17.6kJ、蛋白质16.7kJ)的总和还要多。

油脂的主要成分是由一分子甘油和三分子高级脂肪酸所形成的酯类化合物。高级脂肪酸以不饱和酸及相对分子质量低的酸居多。油脂的结构通式可以表示为:

$$\begin{array}{l} CH_2{-}OOCR \\ | \\ CH{-}OOCR' \\ | \\ CH_2{-}OOCR'' \end{array}$$

如果三分子高级脂肪酸相同（R＝R'＝R"），则称为简单甘油酯；如果为不同的脂肪酸（R、R'、R" 不完全相同），则称为混合甘油酯。天然油脂大多数为混合甘油酯，其中油中含不饱和酸的甘油酯较多，而脂肪中含饱和脂肪酸的甘油酯较多。组成油脂的高级脂肪酸种类很多，目前已经发现的有 50 多种。其中绝大多数是含有偶数碳原子的饱和或不饱和直链高级脂肪酸，带有支链、取代基和环状的脂肪酸及奇数碳原子的脂肪酸极少。

（二）脂肪酸

天然油脂水解后的脂肪酸是各种酸的混合物，一般都是十个碳以上的偶数碳原子的羧酸。饱和酸最多的是 C_{12}～C_{18} 酸，动物脂肪如猪油及牛油中含有大量软脂酸（palmitic acid）及硬脂酸（stearic acid）。软脂酸的分布最广，几乎所有油脂中均含有；而硬脂酸在动物脂肪中的含量较多（在 10%～30%）；椰子油含有大量的十二碳酸（或称为月桂酸），有时可以高达近 50%。油脂中常见的饱和脂肪酸见表 10-2。

表 10-2　油脂中常见的饱和脂肪酸

俗名	系统命名	结构式	熔点 /℃	分布
羊脂酸	葵酸	$CH_3(CH_2)_8COOH$	32	椰子油、奶油
月桂酸	十二碳酸	$CH_3(CH_2)_{10}COOH$	44	鲸蜡、椰子油
肉豆蔻酸	十四碳酸	$CH_3(CH_2)_{12}COOH$	58	豆蔻油、椰子油、棕榈油
软脂酸	十六碳酸	$CH_3(CH_2)_{14}COOH$	63	动植物油脂
硬脂酸	十八碳酸	$CH_3(CH_2)_{16}COOH$	71.2	动植物油脂
花生酸	二十碳酸	$CH_3(CH_2)_{18}COOH$	77	花生油

在组成油脂的各种不饱和脂肪酸中（表 10-3），最常见的是含有十六个和十八个碳原子的烯酸，如棕榈油酸、油酸、亚油酸和亚麻酸。这些不饱和酸的第一个双键大都在 C_9 和 C_{10} 之间，而且几乎所有双键都是顺式的。亚油酸和亚麻酸不能在人体中合成，但在生理过程中起着极为重要的作用。如果人体缺乏这两种物质，会导致脂质代谢紊乱、血脂升高、动脉硬化，进而引发脑血管疾病等。

表 10-3　油脂中常见的不饱和脂肪酸

俗名	系统命名	结构式	熔点 /℃	分布
棕榈油酸	（Z）- 十六碳 -9- 烯酸		0.5	鱼油、蓝藻
油酸	（Z）- 十八碳 -9- 烯酸		13.4	动植物油
亚油酸	（9Z,12Z）-十八碳-9,12- 二烯酸		−5	植物油
亚麻酸	（9Z,12Z,15Z）-十八碳 -9,12,15- 三烯酸		−11.3	亚麻仁油

俗名	系统命名	结构式	熔点/℃	分布
蓖麻油酸	(Z)-12-羟基十八碳-9-烯酸		5.5	蓖麻油
花生四烯酸	(5Z,8Z,11Z,14Z)-二十碳-5,8,11,14-四烯酸		−49	卵磷脂

（三）油脂的物理性质

由于天然油脂是混合物，它们均无固定的熔点和沸点。一般而言，不饱和脂肪酸的含量较高或者低碳数脂肪酸的含量较高时，这样的油脂在室温下为液体。例如棉籽油的甘油酯中不饱和脂肪酸的含量约占75%，其在常温下为液体；而在牛油的甘油酯中，饱和脂肪酸的含量达到60%～70%，因而其在室温下呈半固态。

由于不饱和脂肪酸都为顺式构型，其碳链不能像饱和脂肪酸那样呈现规则的锯齿状，而是弯曲成一定的角度，因此羧酸分子之间不能紧密接触，分子间作用力小，油的熔点较脂肪低。

脂肪和油在乙醚、石油醚、三氯甲烷、苯等溶剂中有很好的溶解性，而在质子溶剂中的溶解性很差。油脂的相对密度为0.9～0.95。

（四）油脂的化学性质

组成油脂的脂肪酸中不同程度地含有碳碳不饱和键，因此油脂兼有酯和不饱和烃的性质。

1. 水解反应 在催化剂存在下，油脂在较高的温度和压力下可以水解成脂肪酸和甘油，这是一个可逆反应。

$$C_3H_5(OOCR)_3 + H_2O \underset{\text{加热、加压}}{\overset{\text{催化剂}}{\rightleftharpoons}} C_3H_5(OH)_3 + 3RCOOH$$

在酸和解脂酶存在下，油脂的水解反应很容易发生。在常温下酸和解脂酶可催化油脂部分水解，这是油脂在贮藏过程中发生酸败现象的主要原因之一。

$$\begin{array}{c} CH_2OOCR \\ | \\ CHOOCR' \\ | \\ CH_2OOCR'' \end{array} \xrightarrow[H_2O]{\text{解脂酶}} \begin{array}{c} CH_2-OH \\ | \\ CHOOCR' \\ | \\ CH_2OOCR'' \end{array} + RCOOH$$

精制的油脂中含水分很少，解脂酶的含量也极低，因而可长期存放。

油脂在碱性条件下发生彻底水解，生成甘油和脂肪酸盐（用于制肥皂），称为皂化反应。例如油脂与氢氧化钠溶液共热水解，生成甘油和高级脂肪酸的钠盐（肥皂）。皂化反应是不可逆过程，因为产物之一是脂肪酸的盐。

$$\begin{array}{c} CH_2OOCR \\ | \\ CHOOCR \\ | \\ CH_2OOCR \end{array} \xrightarrow[H_2O]{NaOH} \begin{array}{c} CH_2-OH \\ | \\ CH-OH \\ | \\ CH_2-OH \end{array} + 3RCOONa$$

油脂皂化反应是分步进行的,三个脂肪酸逐步水解下来,反应速率取决于碱的浓度、温度和油脂的结构等。由于各种油脂的成分不同,组成油脂的各种脂肪酸的相对分子质量不同,所以相同质量的各种油脂皂化时所需的碱的量也不相同。使1g油脂完全皂化所需的氢氧化钾的质量(毫克数)称为皂化值,根据油脂的皂化值可以计算油脂的平均相对分子质量。油脂的平均相对分子质量越大,单位质量油脂的物质的量越小,其皂化值也越小。工业上利用皂化值可以计算皂化反应时的投料比。常见油脂的名称及皂化值、碘值见表10-4。

表 10-4　常见油脂的名称及皂化值、碘值

分类	油脂名称	皂化值	碘值
脂肪	椰子油	250～260	8～10
	棕榈油	196～210	48～58
	奶油	216～235	26～45
	猪油	193～200	46～66
	牛油	190～200	31～47
不干性油	蓖麻油	176～187	81～90
	橄榄油	185～200	74～94
	花生油	185～195	83～93
半干性油	棉籽油	191～196	103～115
	鲸脂油	188～194	110～150
干性油	大豆油	189～194	124～136
	亚麻油	189～196	170～204
	桐油	189～195	160～170

天然油脂除主要含有高级脂肪酸的甘油酯外,通常还含有一些非酯类化合物,这些非酯类化合物在皂化时与碱不反应。油脂皂化时,其中不能与碱作用的物质称为不皂化物。不皂化物包括一些高级醇、烃类、碳水化合物、有机色素、维生素等。天然油脂中不皂化物的含量通常在1%以下。在制皂工业中,油脂中不皂化物的含量直接影响肥皂的质量,不皂化物的含量越多,制得的肥皂质量越差。但油脂用于食用时,其中的不皂化物常含有重要的营养成分,是有益的组成。

2. 酯交换反应　油脂的酯交换属于醇解反应,在工业上用于制备高级脂肪酸甲酯、乙酯等。利用这一反应不但可以得到高纯度的高级脂肪酸酯,还可进一步制得高碳脂肪醇、脂肪胺、季铵盐、酰胺等重要的化工原料。

$$\begin{array}{c} CH_2OOCR \\ | \\ CHOOCR' \\ | \\ CH_2OOCR'' \end{array} + CH_3OH \xrightarrow{\text{催化剂}} \begin{array}{c} CH_2-OH \\ | \\ CH-OH \\ | \\ CH_2-OH \end{array} + \begin{array}{c} RCOOCH_3 \\ R'COOCH_3 \\ R''COOCH_3 \end{array}$$

油脂的酯交换反应要求油脂必须是纯净的,尤其是含水量和酸值都应相当低,否则该反应不能进行或酯交换不彻底。

3. 加成反应与碘值　在镍催化作用、适当的温度和压力下，油脂中脂肪酸碳链上的不饱和键与氢气可发生加成反应，称为油脂的氢化，产物称为氢化油或"硬化油"。油脂的氢化可以通过调节氢气的通入量和反应时间来控制氢化程度，制取具有不同理化指标的氢化油。氢化程度不同，所得加氢油脂的饱和度不同，熔点范围也不同。例如熔点为56℃左右的工业硬化油用于制皂，可以取代资源有限的牛、羊油脂；完全硬化的油脂则用于制备饱和脂肪酸；选择氢化制得的硬化油可用于配制起酥油、人造奶油、黄油等。油脂氢化后减少分子中的不饱和键，可明显提高油脂的抗氧化性和耐热性，延长贮存期。例如油脂中的亚油酸或亚麻酸氢化成油酸后，对氧的稳定性可提高 5～10 倍。油脂的彻底氢化也可直接得到高碳醇及甘油。

$$\begin{array}{c}\text{CH}_2\text{OOCR}\\|\\\text{CHOOCR}'\\|\\\text{CH}_2\text{OOCR}''\end{array} + \text{H}_2 \xrightarrow[280\sim360℃,\ 20\text{MPa}]{\text{铜铬氧化物}} \begin{array}{c}\text{CH}_2-\text{OH}\\|\\\text{CH}-\text{OH}\\|\\\text{CH}_2-\text{OH}\end{array} + \begin{array}{c}\text{RCH}_2\text{OH}\\\text{R}'\text{CH}_2\text{OH}\\\text{R}''\text{CH}_2\text{OH}\end{array}$$

　　油脂也可以与卤素发生加成反应。通常油脂的不饱和程度用碘值表示，100g 油脂所能吸收的碘的质量（克数）称为碘值。碘值越大，表示油脂的不饱和程度越大。在油脂氢化过程中，可用测定碘值的大小检测氢化程度。常见油脂的碘值见表 10-4。

　　4. 氧化反应与酸值　油脂在贮存期间可被空气氧化成过氧化物、醛、酮、羧酸等，并产生令人厌恶的酸臭味，通常称为油脂的氧化酸败。油脂酸败是个复杂的化学过程，光、热、催化剂、水分等因素影响酸败程度，其中温度是决定油脂氧化时生成何种产物的主要因素。氧化酸败在有催化剂时（如金属离子的存在）能迅速进行，也可被脂肪氧化酶所催化；在无催化剂时也可自动发生，这是一个自由基氧化过程。因此储存油脂时，应将其放入避光、干燥的密闭容器中，在阴凉处存放。通常动物油脂比植物油脂容易酸败，这是因为动物油脂中常含有较多的脂肪氧化酶，而植物油脂中常含有具有抗氧化作用的酚类物质。例如芝麻油（香油）中含有芝麻酚，一般不易变质。

　　油脂在空气中发生水解和氧化反应，都会生成游离的脂肪酸。油脂中游离的脂肪酸越多，油脂的酸败程度越厉害。通常用酸值表示油脂的酸败程度。酸值是指中和 1g 油脂所需的氢氧化钾的质量（毫克数）。酸值是油脂质量分析中的一个重要指标，也是衡量油脂水解程度和检验脂肪酸的一个理化指标。

　　（五）油脂的干性

　　将含有不饱和酸甘油酯的油脂涂成薄膜，暴露于空气中，会发生变稠或变成坚韧的薄膜，这种现象称为油脂的干化。例如桐油刷在木制品表面上，逐渐形成一层干硬、带有光泽且具有一定弹性的薄膜。具备这种特殊性质的油脂称为干性油。干性油在空气中可变成硬化膜这一特点可能与分子中存在共轭双键有关。油脂分子中含有共轭双键的数目越多，干性就越强。干性油形成硬膜的过程很复杂，主要原因是被空气中的氧所氧化，并进一步发生聚合反应生成高分子化合物，形成固态薄膜。此膜覆盖在物体表面可以保护物体不受磨损和免受空气氧化的腐蚀。

　　有些油脂分子中含有双键，但不成共轭体系，这类油脂在空气中也能成膜，但结膜速度慢且不牢固,这种油脂称为半干性油,如棉籽油。亚麻油的干性化不是很好,但当把它与氧化铅一起加热后,可大大提高其干化性能,其原因是在处理过程中除了有双键的氧化作用外,还有一部分双键发生移位,形成共轭体系而利于干化性能的提高。有的油脂在经过上述处理后也不具备干化性能,则称为不干性油,如猪油、花生油等。由碘值可以判断油脂的属性,碘值>130属于干性油,碘值在100~130属于半干性油,碘值<100属于不干性油。

(六)蜡

蜡是指具有16个碳以上的偶数碳原子的羧酸和高级一元醇形成的酯。此外,尚存在一些相对分子质量较高的游离的羧酸、醇以及高级的碳氢化合物和酮。

蜡多为固体,重要的有下列几种。

$$C_{25\sim27}H_{51\sim55}COOC_{30\sim31}H_{61\sim65} \qquad C_{15}H_{31}COOC_{16}H_{33} \qquad C_{25}H_{51}COOC_{30}H_{61}$$

蜂蜡 鲸蜡 巴西蜡

蜡可用于制蜡纸、防水剂、光泽剂等。若将蜡水解,得相应的高级羧酸及高级醇等。

第二节 碳酸衍生物

从结构上看,碳酸是一个双羟基化合物,它的水合物称为原碳酸。

碳酸 原碳酸

因为碳酸含有两个可被取代的羧羟基,因此它可以形成单酰氯、单酰胺、单酯,也可以形成双酰氯、双酰胺、双酯。保留一个羟基的碳酸衍生物是不稳定的,很容易分解释放出二氧化碳。

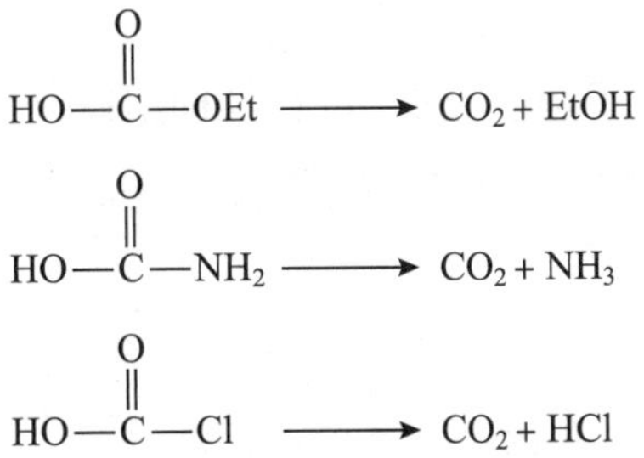

原碳酸含有四个可被取代的羟基,因此可以形成四种体系的衍生物。原碳酸的四氯化合物即是四氯化碳。

原酸酯[$RC(OR')_3$]可以看作是原酸[$RC(OH)_3$]的三烃基衍生物,即同碳三元醇的三烃基醚。原酸酯分子中存在醚键,对碱稳定,但在酸性条件下容易水解生成羧酸酯。

$$RC(OR')_3 + H_2O \xrightarrow{H^+} R\text{—}COOR' + 2R'OH$$

原酸酯与格氏试剂反应可以生成缩醛或缩酮,再经过水解生成醛或酮,这是合成高碳数醛、酮的重要方法。

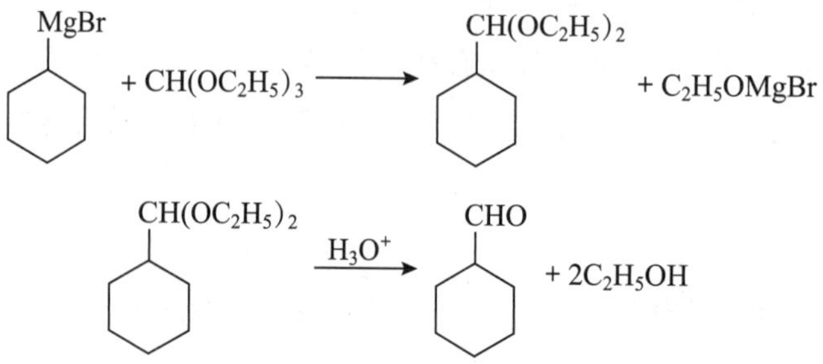

某些碳酸衍生物是十分重要的,下面列举几个有代表性的碳酸衍生物。

一、碳酸二酰氯

碳酸二酰氯又称为光气(phosgene),是无色、无味的剧毒气体,沸点为 8.2℃。光气可以由四氯化碳和 80% 发烟硫酸(发烟硫酸含有 80% 的游离 SO_3)制备。

$$CCl_4 + 2SO_3 \longrightarrow COCl_2 + S_2O_3Cl_2$$

工业上可以用 CO 和 Cl_2 在无光照下通过活化的碳催化剂制备。它和酰氯一样,可以发生水解、氨解和醇解反应。

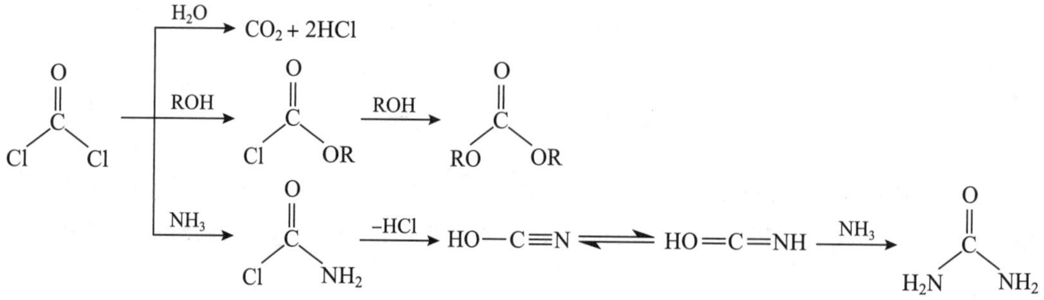

光气在有机合成上是一个重要的试剂,具有各种用途,在合成染料中占有重要的位置。它和芳烃发生弗里德-克拉夫茨反应,生成芳香酸的酰氯,水解即得芳香酸;或再和一分子芳烃反应,生成二芳基酮。

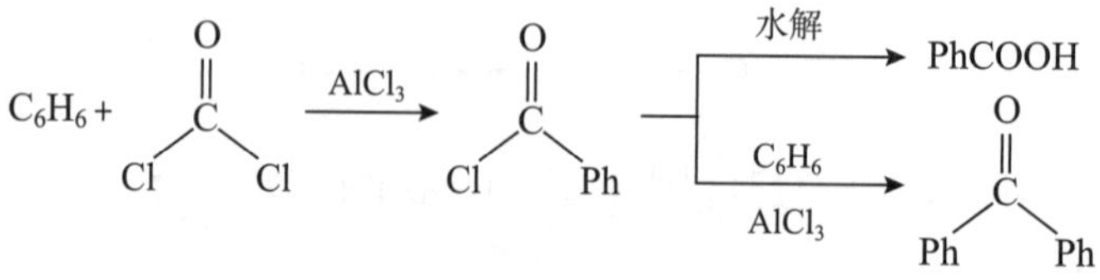

二、尿素

尿素(urea),又称脲,是碳酸的全酰胺,也是碳酸的最重要衍生物,并且是多数动物和人类蛋白质新陈代谢的最后产物,每日约产生 30g。它是由人体排泄物中取得的第一个纯有机化合物(1773 年),在有机化学发展史上占有重要的地位。尿素的结构至今还有些争论,碳氮键的键长是 137pm,比正常的短一些,处于 $\equiv$C—N 及 $=$C$=$N 之间;同时碳氧双键的键长是 125pm,比一般的 C$=$O 长一点。因此,可以用共振式表示如下。

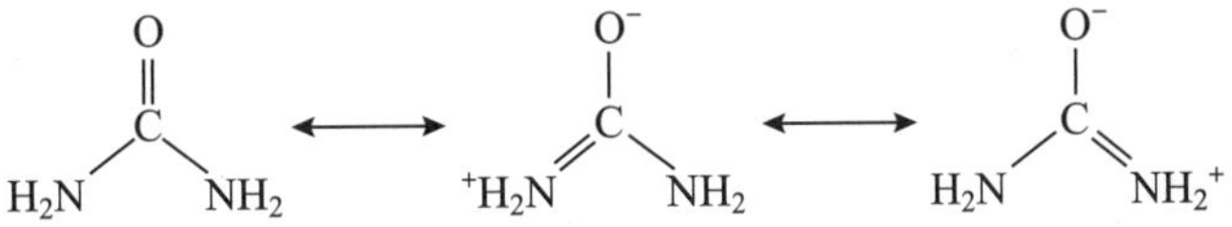

大量尿素是用 CO_2 和 NH_3 在高温高压下制备的。尿素的主要用途是作为肥料;一部分用来制备尿素甲醛树脂;少量的用来制备巴比妥酸,它是一个重要的镇静催眠药。

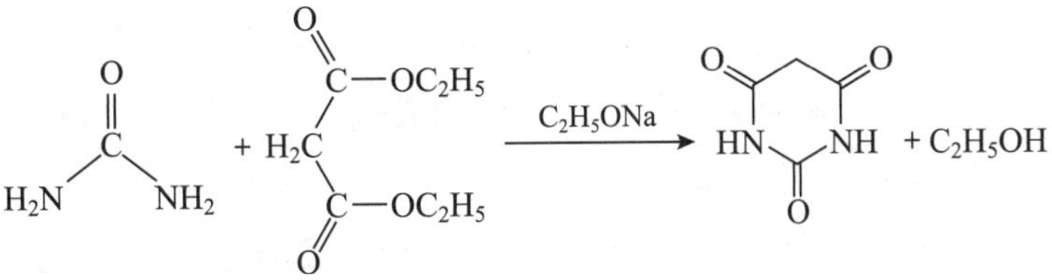

尿素还有如下性质。

(1)尿素是一个一元碱,符合上述两性离子的结构,和酸形成盐,可用下式表示。

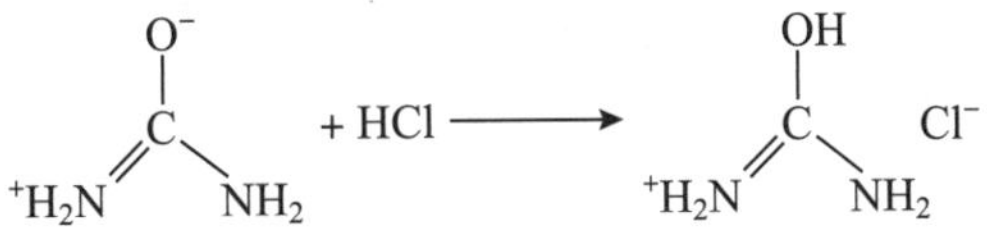

(2)尿素的一个特殊性质是和具有一定结构形状的烃、醇等能形成结晶化合物。如六个碳的烃、醇等都可以用尿素沉淀下来,但是小于六个碳及具有支链的烃、醇等不能形成沉淀。通过这个性质,可以把某些直链烃和支链烃分开。

(3)尿素在稍微超过它的熔点之上加热时,分解成氨和氰酸。如果加热不太强烈,有些氰酸和尿素缩合,形成双缩脲。硫酸铜和双缩脲反应呈现紫色,称为双缩脲反应,可用来鉴定尿素。这个反应的更重要的用途是用来鉴定肽键,因此也可以用它鉴定蛋白质。

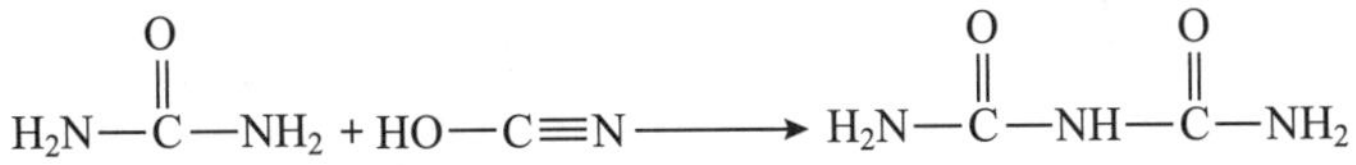

(4)尿素在尿素酶作用下可以分解成 CO_2 和 NH_3。大豆中含有大量的尿素酶,它是首次取得的结晶形的酶,在生物化学发展史上甚为重要。分解后放出的氨可以用酸标定;也可用 Nessler 试剂,通过比色法测定,这是测定尿素的一个很重要的方法。

此外,胍、硫脲、硫代碳酸等也可以看作是碳酸衍生物。

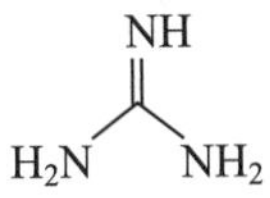

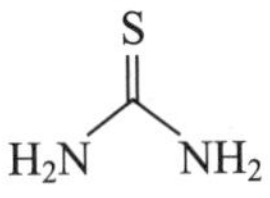

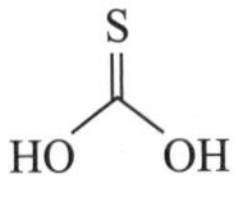

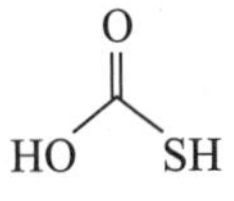

ER10-2　第十章目标测试

（宋汪泽）

本章小结

在本章中，需要重点掌握羧酸衍生物的结构、命名规则，羧酸衍生物的水解、醇解、氨解反应及反应活性；重点掌握酯的碱性水解反应机理、酯与格氏试剂的加成反应、羧酸衍生物的还原反应、罗森蒙德（Rosenmund）还原、克莱森（Claisen）酯缩合反应[包括分子内及分子间狄克曼（Dieckmann）缩合反应]及机理。需要掌握酰胺的酸碱性及霍夫曼（Hofmann）降级反应、乙酰乙酸乙酯的酮式和烯醇式互变、酮式分解等在合成中的应用；掌握丙二酸二乙酯的制备、烃基化反应在合成上的应用以及相关的迈克尔（Michael）加成反应。熟悉羧酸衍生物的物理性质、一些碳酸衍生物的结构及性质。了解酯的酸性水解机理、原酸酯的结构及性质等。

习　题

1. 用系统命名法命名下列化合物。

2. 用反应机理解释下列实验结果。

3. 完成下列化合物的转化（其他试剂任选）。

4. 用乙酰乙酸乙酯或丙二酸二乙酯作原料合成下列化合物（其他试剂任选）。

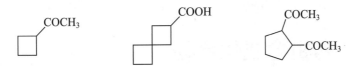

5. 一些二醇类化合物可以通过"双格氏试剂"与内酯的反应来合成：

（1）写出这个转化的反应机理。

（2）如何将此方法用于合成下列化合物？

第十一章　有机含氮化合物

ER11-1　第十一章
有机含氮化合物
（课件）

有机含氮化合物是指分子中含有氮原子的有机化合物，可以看作是烃分子中的氢原子被含氮的官能团所取代或者烃分子中的碳原子被氮原子所置换的衍生物。有机含氮化合物的结构类型多，且与生命大分子、功能性材料分子、药物分子密切相关。前述章节已经学习过多种有机含氮化合物，例如亚胺、肟、腙、脲、腈、氨基酸、酰胺等。本章主要讨论硝基化合物、胺类、重氮化合物和偶氮化合物，该类化合物常见于药物结构中。

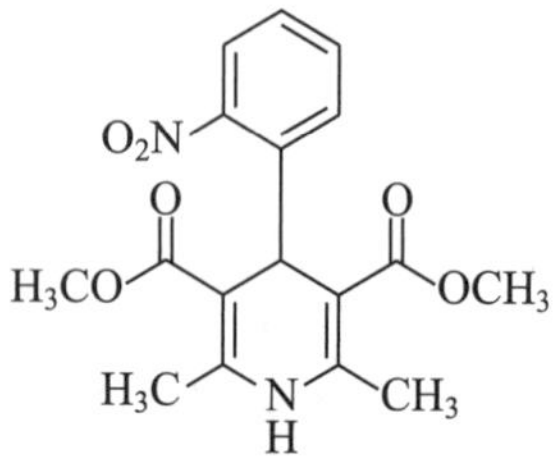

硝苯地平(nifedipine)
抗高血压

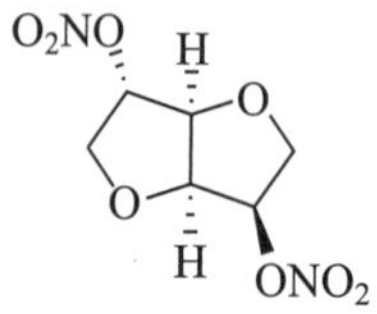

硝酸异山梨酯(isosorbide dinitrate)
抗心绞痛

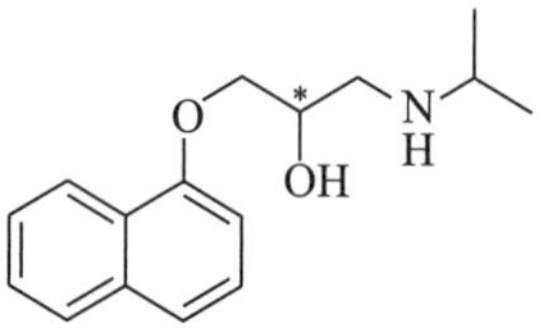

普萘洛尔(propranolol)
抗心律失常，抗心绞痛

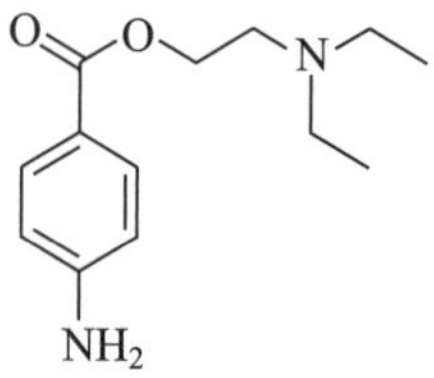

普鲁卡因(procaine)
局部麻醉

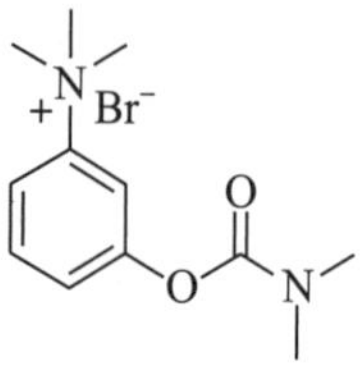

溴新斯的明(neostigmine bromide)
治疗腹气胀、重症肌无力等

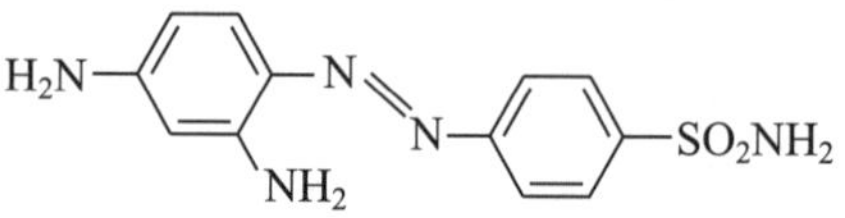

百浪多息(prontosil)
抗菌

第一节　硝基化合物

一、结构、分类和命名

（一）结构和分类

硝基化合物（nitro-compound）是指烃分子中的氢原子被硝基（$-NO_2$）取代形成的衍生物。

根据硝基所连烃的类型不同，可分为脂肪族和芳香族硝基化合物。根据分子中所含硝基的数目，可分为一元、二元、三元或多元硝基化合物。常用 $R-NO_2$ 及 $Ar-NO_2$ 分别表示一元脂肪族及芳香族硝基化合物。

物理方法测得硝基中的氮原子到两个氧原子的距离均为121pm,说明两根N—O键是等同的。杂化轨道理论认为,硝基中的氮原子为sp^2杂化,其中两个sp^2杂化轨道分别与两个氧原子形成σ键,另一个sp^2杂化轨道与碳原子形成σ键。氮原子还有一个p轨道未参与杂化,其与三个sp^2杂化轨道所在的平面垂直,并与两个氧原子的p轨道相互平行。硝基氮、氧原子的三个p轨道"肩并肩"重叠,形成三中心四电子的共轭体系(图11-1),因此硝基的两根N—O键是等同的,硝基为对称结构。

共振论认为,硝基化合物是以下两种极限式的共振杂化体。

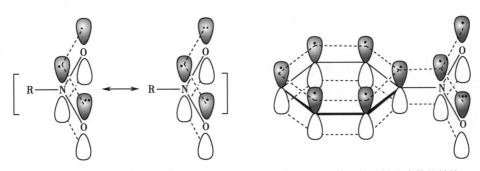

在芳香族硝基化合物结构中,由于硝基与芳环(如苯环)处在同一平面上,硝基氮原子和氧原子的p轨道与苯环的p轨道平行,从而形成更大的共轭体系(图11-2)。

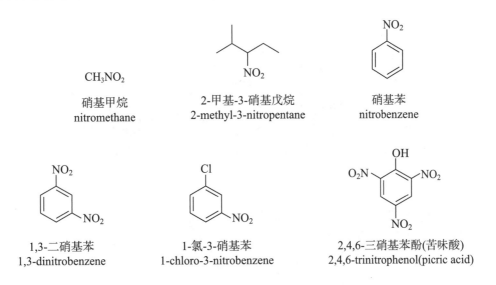

图11-1 硝基的结构   图11-2 芳香族硝基化合物的结构

(二)命名

硝基化合物的系统命名遵循前述章节各类化合物的命名规则,只需将硝基(nitro)当作取代基进行命名即可。例如:

CH_3NO_2

硝基甲烷
nitromethane

2-甲基-3-硝基戊烷
2-methyl-3-nitropentane

硝基苯
nitrobenzene

1,3-二硝基苯
1,3-dinitrobenzene

1-氯-3-硝基苯
1-chloro-3-nitrobenzene

2,4,6-三硝基苯酚(苦味酸)
2,4,6-trinitrophenol(picric acid)

二、物理性质

硝基化合物分子的极性较大，分子间的偶极相互作用较强，沸点相对较高。芳香族硝基化合物多为淡黄色或黄色，一般难溶于水，易溶于有机溶剂。如硝基苯为淡黄色、具有苦杏仁味的油状液体，难溶于水，密度比水大，易溶于乙醇、乙醚、苯等有机溶剂。

多硝基化合物受热易分解，具有爆炸性，如三硝基甲苯（TNT）是相对安全的烈性炸药。硝基化合物一般具有毒性，易透过皮肤被机体吸收，在体内经生物还原可形成活泼自由基，具有致突变和致癌性，可导致高铁血红蛋白血症，严重时可致死。

三、化学性质

从硝基的结构可以看出，硝基上的氮原子带正电荷，具有很强的吸电子诱导效应。此外，硝基与芳环相连时可与之形成共轭体系，此时硝基同时表现出吸电子诱导效应和共轭效应，使得芳环的电子云密度大幅降低。这不利于芳环上的亲电取代反应，但对芳环上的亲核取代反应是有利的。在芳香烃中已经介绍了硝基对苯环上亲电取代反应活性的影响和反应的定位规律，本节主要讨论硝基对芳环上亲核取代反应的影响、硝基对 α-氢及苄位氢酸性的影响及芳香族硝基化合物的还原反应。

（一）硝基对芳环上亲核取代反应的影响

卤苯型化合物中的卤素很不活泼，一般难以发生亲核取代反应。但当卤苯的对位或邻位有硝基存在时，卤原子被亲核试剂取代的反应活性增加；硝基越多，亲核取代反应越容易进行。例如：

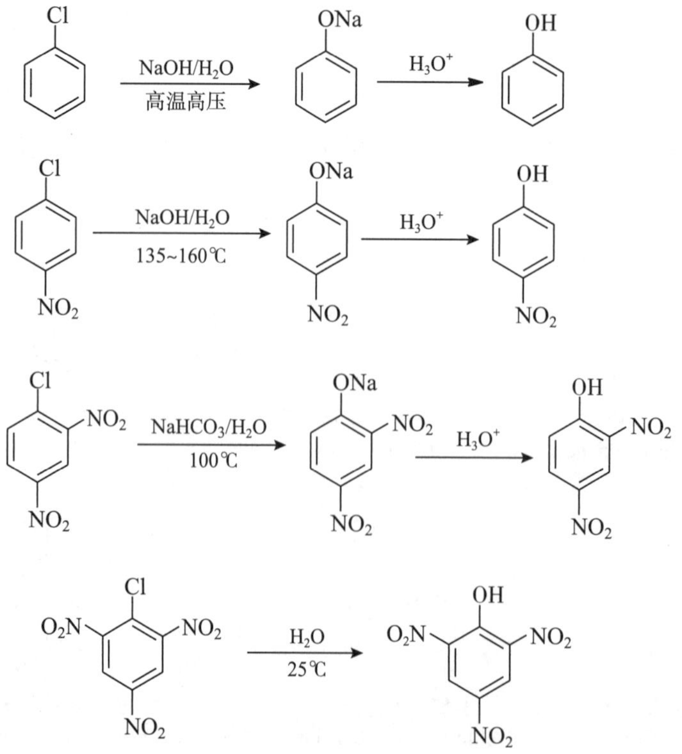

实验证实,该类亲核取代反应为加成-消除机理,简单的反应过程可表示如下。

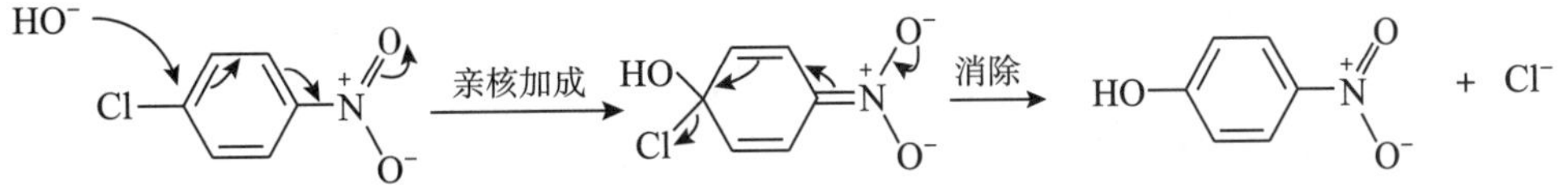

芳环上的亲核取代反应是分两步进行的。第一步是亲核加成,亲核试剂进攻与卤素相连的碳,形成带负电荷的活性中间体——σ配合物,也称为迈森海默尔配合物(Meisenheimer complex);第二步是卤素负离子的离去(消除),生成产物。总的结果是卤素被亲核试剂取代。

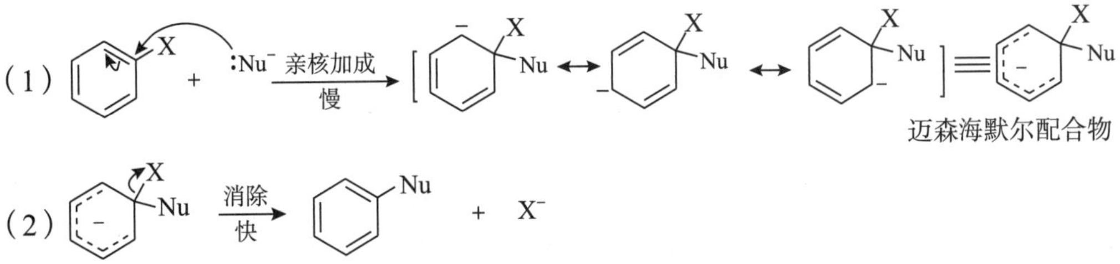

该反应的限速步骤为第一步亲核加成反应,因此活性负离子中间体越稳定,反应就越容易进行。芳环上亲核取代反应的限速步骤中有两个分子参与,故称为双分子芳香亲核取代反应(S_N2Ar)。

邻位或对位硝基促进卤苯被取代的原因可从以下两个方面理解。一方面,由于硝基的强吸电子作用,使得与卤素相连的碳原子的电子云密度降低,容易受到亲核试剂的进攻;另一方面,限速步骤中所形成的σ配合物中间体的负电荷可被邻位或对位硝基的共轭效应有效分散而稳定,使得反应容易进行。

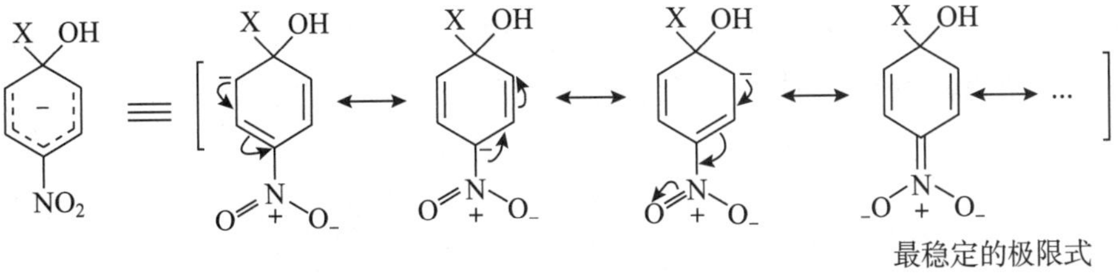

从上述共振极限式可以看出,σ配合物中的负电荷可以离域到反应中心碳原子(即与卤素相连的碳原子)的两个邻位碳原子、对位碳原子以及对位硝基的氧原子上。其中,负电荷离域在电负性较大的氧原子上时的极限式最为稳定,该极限式对共振杂化体的稳定性贡献最大。硝基在邻位的情况与在对位的情况相似。然而,若硝基处于卤素的间位,则不能通过类似的共轭作用分散σ配合物的负电荷,因此间位硝基对卤素的活化作用不显著。

(二)硝基对α-氢及苄位氢酸性的影响

含α-氢的脂肪族硝基化合物具有明显的酸性,能逐渐溶解于强碱水溶液中而形成盐。例如:

$$CH_3NO_2 + NaOH \longrightarrow [CH_2NO_2]^- Na^+ + H_2O$$

$$pK_a = 10.2 \qquad\qquad pK_a = 15.7$$

在该反应中由于受硝基的强吸电子作用，α-位 C—H 键中的电子向硝基偏移，α-氢更易解离；同时，α-氢解离后所形成的碳负离子可被硝基的共轭效应所稳定。

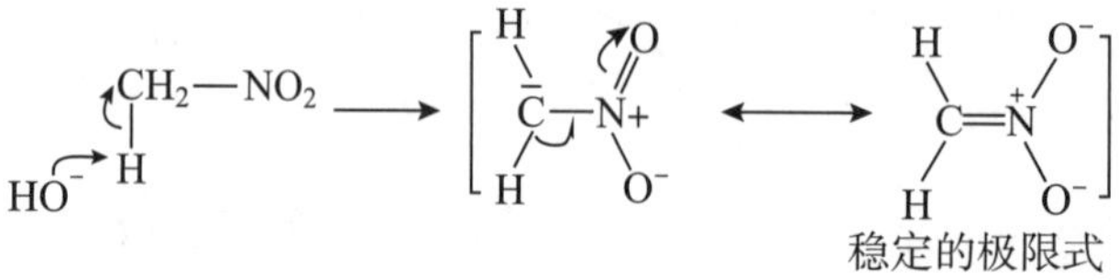

稳定的极限式

具有 α-氢的脂肪族硝基化合物在碱性条件下可形成碳负离子，因此可以发生一系列碳负离子参与的反应。例如与醛、酮发生缩合反应：

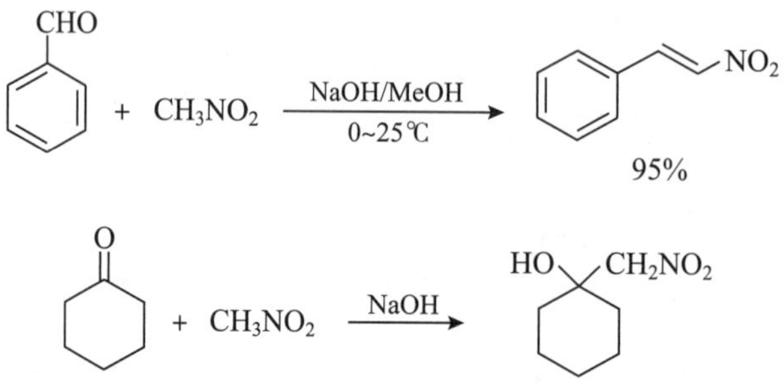

当甲苯的邻位或对位有硝基时，相应苄位氢的酸性会明显增强，在碱性条件下能与苯甲醛发生缩合反应。例如：

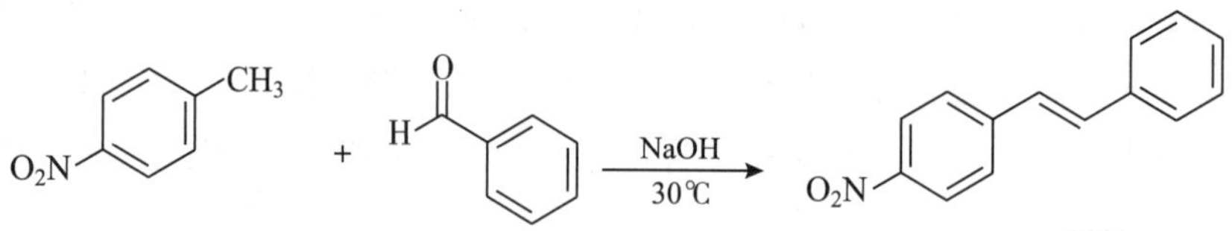

受对位硝基影响，对硝基甲苯在碱性条件下易解离出质子，形成相应的苄基碳负离子，其碳上的负电荷可离域到对位硝基的氧原子上，因此其结构相对稳定。

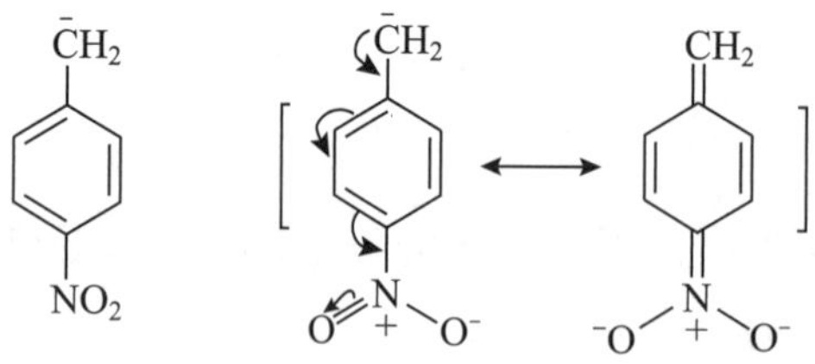

稳定的极限式

邻硝基的情况与对硝基相似，也可使苄位氢的酸性增强；而间硝基则不能通过共轭效应分散相应的负电荷，对苄位氢的酸性影响较小。

（三）硝基化合物的还原反应

硝基化合物可被多种还原试剂还原，还原剂的种类、反应条件及反应介质的酸碱性对还原反应产物有较大的影响。

1. 硝基还原为氨基　在酸性介质中（常用盐酸、硫酸、乙酸、氯化铵等），以 Fe、Zn 或 Sn 等金属或 $SnCl_2$ 作为还原剂，硝基将还原为氨基。

$$\begin{array}{l} \text{R —NO}_2 \\ \text{Ar—NO}_2 \end{array} \xrightarrow[\text{HCl}]{\text{Fe或Zn或Sn}} \begin{array}{l} \text{R —NH}_2 \\ \text{Ar—NH}_2 \end{array}$$

在上述反应条件下,脂肪族或芳香族硝基化合物中的硝基均能被还原为氨基,但由于芳香族硝基化合物相对容易制备获得,所以此反应常见用于芳香族硝基化合物的还原。例如:

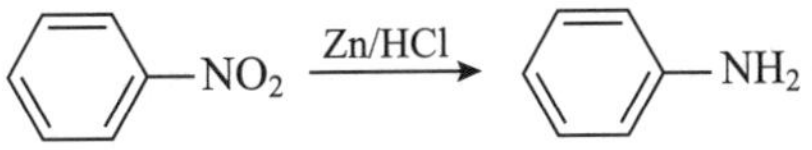

该还原反应的中间产物是亚硝基苯及 N-苯基羟胺,但它们在酸性条件下极易被进一步还原为氨基,不易被分离出来。

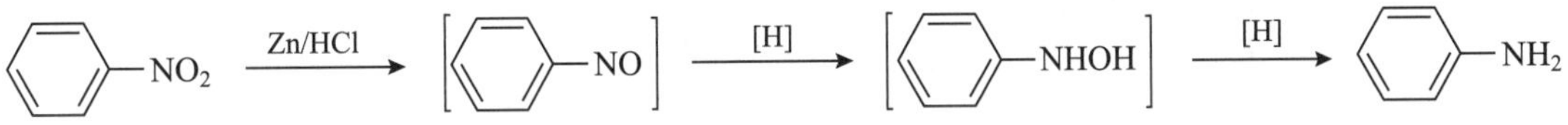

催化氢化也是将硝基还原为氨基的常用方法,具有后处理简便、无"三废"污染等优点,且适用于对酸敏感的硝基化合物的还原。例如抗菌药物奥沙拉秦(olsalazine)中间体的合成:

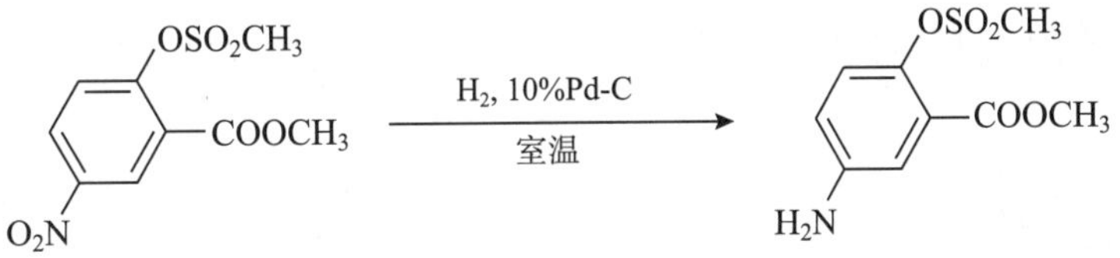

硫化合物[如 Na_2S_x、NH_4HS、$(NH_4)_2S$、$(NH_4)_2S_x$ 等]也可作为还原剂将硝基还原为氨基。硫化物还原剂的一个特点是可以选择性地只还原二硝基化合物中的一个硝基,得硝基苯胺衍生物。不过具体哪一个硝基被还原,需通过实验确证。

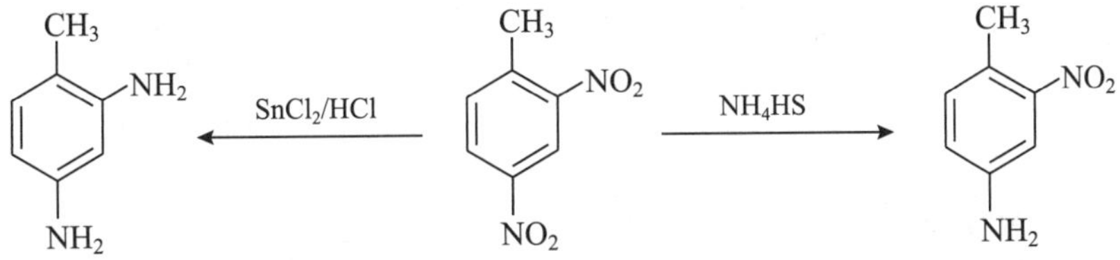

2. 硝基还原为羟胺　在中性或弱酸性介质中,以金属为还原剂,芳香族硝基化合物主要被还原为芳基羟胺。例如:

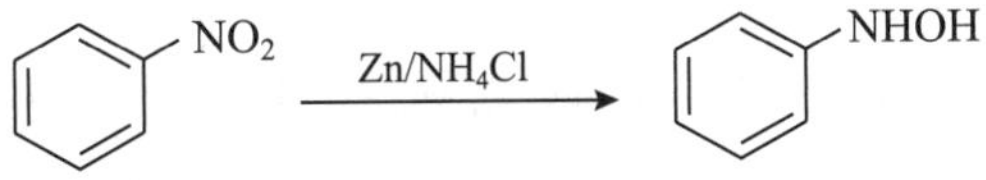

苯基羟胺在 Zn/HCl 条件下可被进一步还原为苯胺。苯基羟胺在 $Na_2Cr_2O_7/H_2SO_4$ 条件下可被氧化为亚硝基苯,这是制备亚硝基化合物的一种方法。

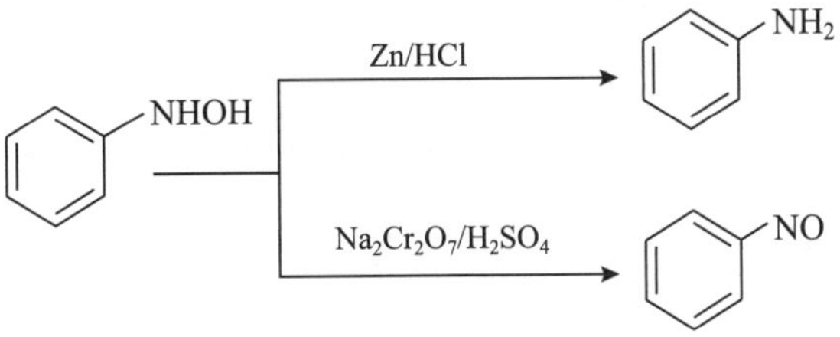

3. 硝基的双分子还原　在碱性介质中, 芳香族硝基化合物主要发生双分子还原。还原剂的种类、当量不同, 还原产物有较大的差异, 可形成氧化偶氮苯、偶氮苯、氢化偶氮苯等产物。但上述产物在酸性条件下进一步被还原, 最终均可转变为苯胺。例如:

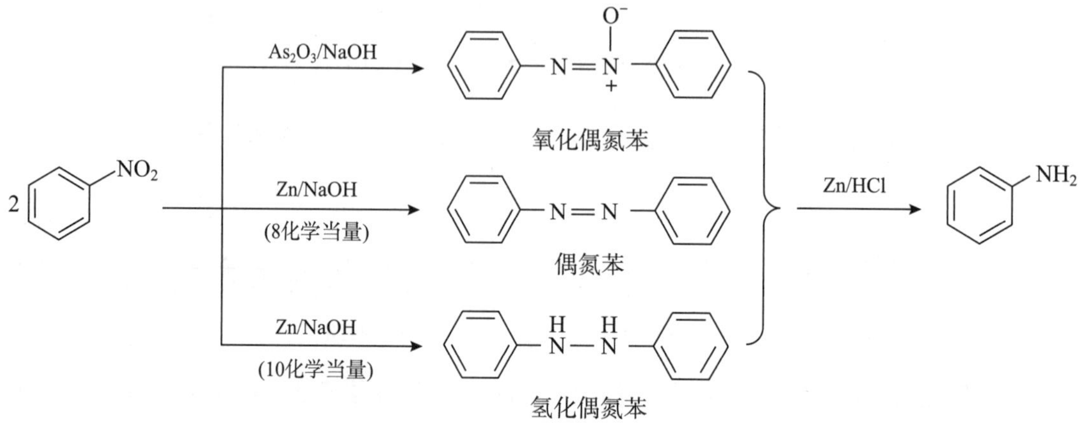

氢化偶氮苯在酸性介质中可发生重排, 得到联苯胺, 该反应称为联苯胺重排(benzidine rearrangement)。该重排反应优先发生在对位; 若对位被取代基占据, 重排将发生在邻位。

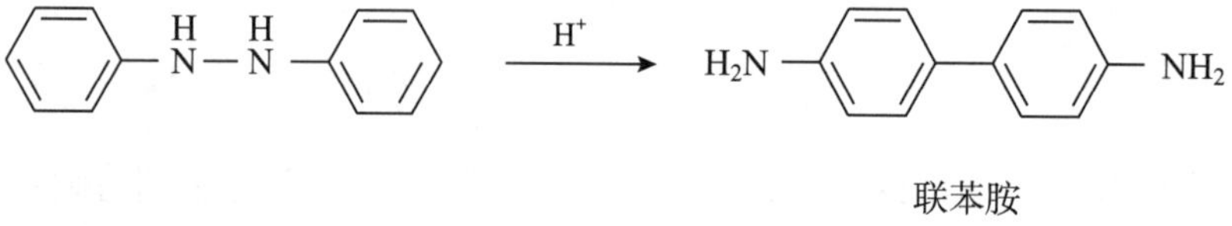

联苯胺

质子酸在联苯胺重排反应中起催化剂的作用, 反应过程如下。

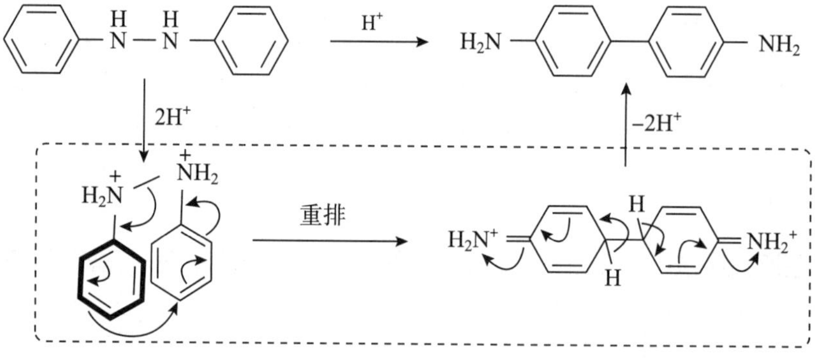

利用联苯胺重排反应, 可方便地制备具有对称性的联苯衍生物。例如:

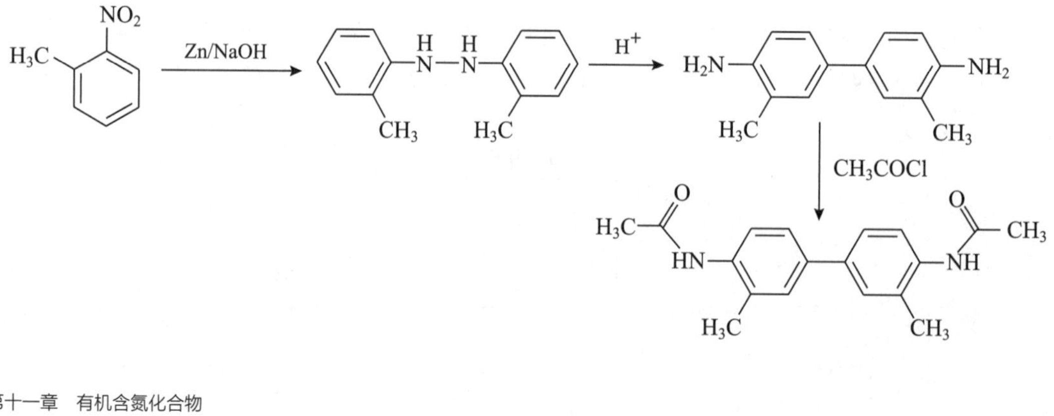

以金属氢化物（如 $LiAlH_4$）为还原剂时，脂肪族硝基化合物可被还原为胺，芳香族硝基化合物则通常被还原为偶氮化合物。

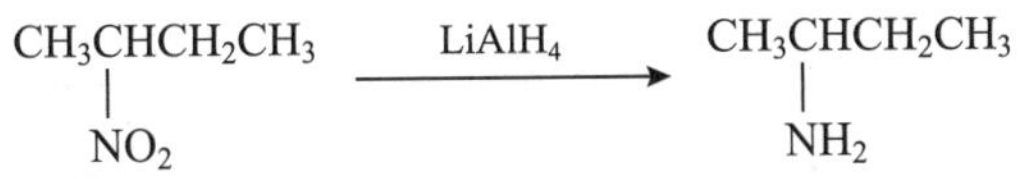

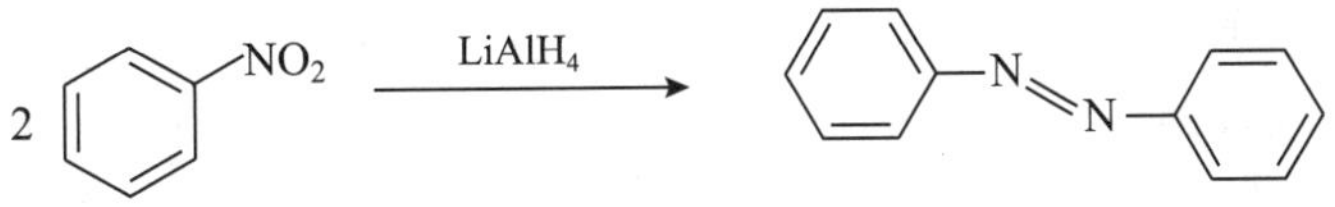

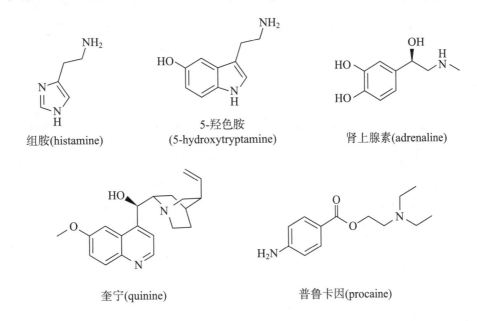

第二节　胺

氨分子（NH_3）中的氢原子被烃基取代所形成的化合物称为胺（amine），一元胺的通式可表示为 RNH_2 或 $ArNH_2$。胺类化合物广泛存在于动植物中，具有广泛的生理活性或药理活性。如组胺、5-羟色胺、肾上腺素等在人体内均为重要的生理活性物质，奎宁为从金鸡纳树皮中分离得到的抗疟药。氨基或取代氨基也常见于化学药物分子中，如局部麻醉药普鲁卡因。

组胺(histamine)

5-羟色胺
(5-hydroxytryptamine)

肾上腺素(adrenaline)

奎宁(quinine)

普鲁卡因(procaine)

一、分类和命名

（一）分类

按照氮原子上取代的烃基数目，胺可分为一级（伯）胺（primary amine）、二级（仲）胺（secondary amine）、三级（叔）胺（tertiary amine）和四级（季）铵盐（quaternary ammonium salt）。

RNH_2	R_2NH	R_3N	$R_4N^+X^-$
CH_3NH_2	$(CH_3)_2NH$	$(CH_3)_3N$	$(CH_3)_4NH^+Cl^-$
伯胺	仲胺	叔胺	季铵盐

与卤代烃或醇中对伯、仲、叔的定义不同，胺的伯、仲、叔是指与氮原子相连的烃基（R）数目，而不是指烃基本身的结构类型。例如：

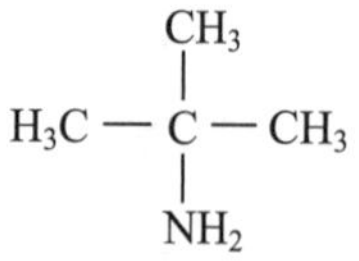

叔丁胺　　　　　　　叔丁醇　　　　　　　叔丁基氯
（一级/伯胺）　　　（三级/叔醇）　　　（三级/叔卤代烃）

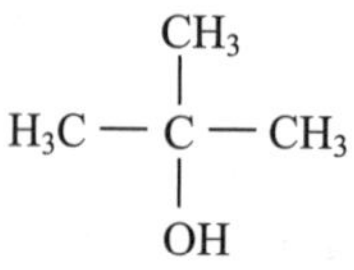

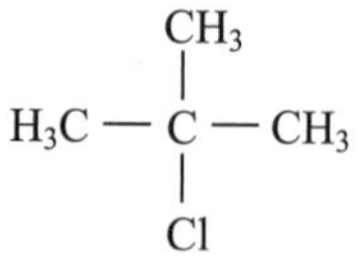

根据直接与氮原子相连的烃基类型不同，胺可分为脂肪胺和芳香胺。例如：

$CH_3CH_2CH_2NH_2$　　　　　　　　　　　　　　　　　　

脂肪胺　　　　　　　　芳香胺 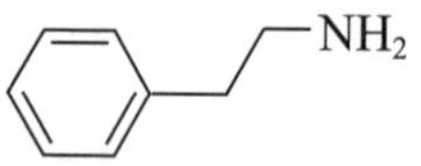　　　　　　　　脂肪胺

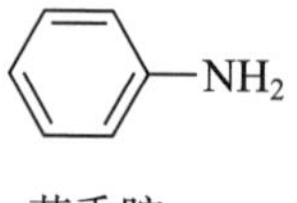

（二）命名

简单的胺可根据与氮原子相连的烃基的名称命名，将"胺"字加到烃基名称之后，"基"字一般可省略。英文名称中，脂肪胺以-amine 结尾，取代苯胺以-aniline 结尾。例如：

$CH_3CH_2NH_2$　　　　$CH_3CH_2NHCH_2CH_3$　　　　$N(CH_2CH_3)_3$

乙（基）胺　　　　　二乙（基）胺　　　　三乙（基）胺　　　　苯胺
ethylamine　　　　　diethylamine　　　　triethylamine　　　　aniline

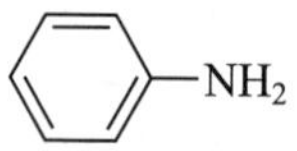

胺通常采用与醇类似的方法进行命名。选取与氨基相连的最长碳链为主链，以"胺"为后缀，并在其之前用数字标明—NH_2 在主链中的位次。若—NH_2 上的氢被其他取代基取代，则用斜体 N- 表示取代基的位次。例如：

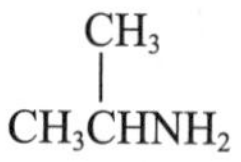

CH_3CHNH_2（上方 CH_3）

丙-2-胺　　　　　　　　　　2-甲基环己胺　　　　　　　　4-甲基己-3-胺
propan-2-amine　　　　2-methylcyclohexan-1-amine　　　4-methylhexan-3-amine

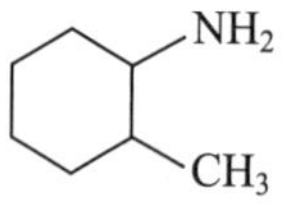

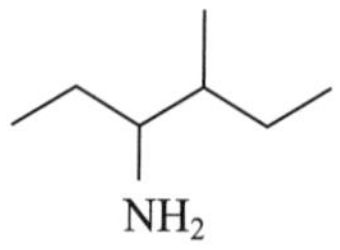

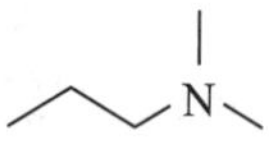

N, N-二甲基丙-1-胺　　　　　N-乙基-3-氟-N-甲基苯胺　　　　N-环己基苯胺
N, N-dimethylpropan-1-amine　　N-ethyl-3-fluoro-N-methylaniline　　N-cyclohexylaniline

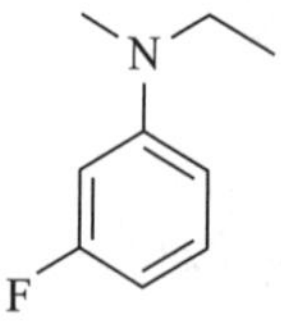

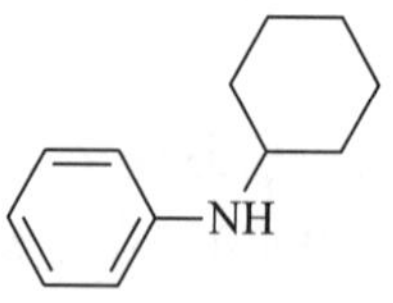

对于多元胺，命名与多元醇的命名类。例如：

丁-1,3-二胺
butane-1,3-diamine

环己-1,4-二胺
cyclohexane-1,4-diamine

苯-1,3-二胺
benzene-1,3-diamine

萘-1,4-二胺
naphthalene-1,4-diamine

当—NH_2 不是主体特性基团时，或当不是所有—NH_2 都包含在主链中时，将—NH_2 视作取代基，用前缀"氨基（amino）"命名。例如：

4-氨基苯甲酸
4-aminobenzoic acid

2-(氨基甲基)丙-1,3-二胺
2-(aminomethyl)propane-1,3-diamine

二、结构

脂肪胺的结构与氨（NH_3）分子类似，分子中的氮原子采取 sp^3 不等性杂化，其中三个 sp^3 杂化轨道与氢原子的 s 轨道或者碳原子的杂化轨道重叠形成三个 σ 键，剩余一个 sp^3 杂化轨道被一对孤对电子所占据，因此胺分子为三角锥形结构。

当胺中氮原子上连接的三个原子或基团不同时，考虑到孤对电子可视作最小取代基，此类胺应为手性分子，氮为手性中心。理论上，与以碳为手性中心的化合物一样，胺可存在两个具有旋光活性的对映体，两者互为镜像。但实际上，这种胺的对映体却无法通过实验拆分，原因在于两种对映体之间的能垒较低（21～30kJ/mol），两者可快速相互转化。例如（R）-和（S）-N-甲基乙胺在室温条件下即可发生快速构型转化而消旋化，使之无法拆分（图11-3）。因此，胺大多被认为没有旋光活性。

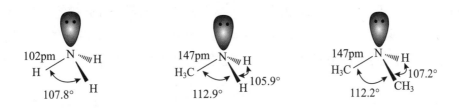

(S)-N-甲基乙胺   (R)-N-甲基乙胺

图 11-3 N-甲基乙胺的对映体及其构型转化

但是在某些特殊的环状叔胺中，由于环的刚性限制使这种构型转化难以发生，则可拆分获得一对稳定的对映体。如 Tröger 碱：

在季铵盐中，氮原子的四个 sp^3 杂化轨道都用于成键，其构型翻转难以发生。如果氮上连接的四个基团不同，则相应的季铵盐具有手性，可分离得到一对旋光性相反的对映体。例如：

相比于脂肪胺，芳香胺中氮原子上孤对电子占据的 sp^3 杂化轨道具有更多的 p 轨道成分，其虽然与芳环的 π 电子轨道不完全平行，但在一定程度上可与之重叠，形成共轭效应（图 11-4）。

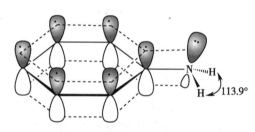

图 11-4　苯胺的结构

该共轭效应使得芳香胺的结构有别于脂肪胺：①苯胺中 C—N 的键长为 140pm，短于脂肪胺中的 C—N 键（147ppm）；②苯胺中以氮原子为顶点的三角锥形结构相比于脂肪胺显得更为扁平一些，例如苯胺中 H—N—H 所构成的平面与苯环平面的二面角为 142.5°，远大于脂肪胺的正常角度 125°，更趋近于 sp^2 杂化轨道的平面结构；③苯胺中 H—N—H 的键角为 113.9°，大于脂肪胺中的键角（约 106°），趋近于 sp^2 杂化轨道的角度（120°）。因此，可以认为苯胺中氮原子的杂化轨道在某种形式上介于 sp^2 杂化和 sp^3 杂化之间。

脂肪胺　　　　　　　苯胺　　　　　　　酰胺

三、物理性质

在常温下，低级脂肪胺为无色气体或易挥发的液体，气味与氨相似，有的具有鱼腥味；高级脂肪胺为固体。芳香胺为高沸点的液体或低熔点的固体，具有特殊气味，往往具有较大的毒性，甚至可致癌。

伯胺、仲胺和叔胺能与水分子形成氢键，因此低级脂肪胺易溶于水，但随着烃基增大，溶解度迅速下降，中、高级脂肪胺和芳香胺微溶或难溶于水；胺大多溶于醇、醚、苯等有机溶剂。

伯胺和仲胺分子自身可形成分子间氢键,因此其熔点和沸点比分子量相近的非极性化合物高。由于氮的电负性比氧小,所以胺的氢键弱于醇的氢键,因此胺的沸点往往低于分子量相近的醇。一些常见胺的物理常数见表11-1。

表11-1　一些常见胺的物理常数

化合物	结构简式	沸点/℃	熔点/℃	水溶性/(g/100ml,25℃)
氨	NH_3	−33	−78	∞
甲胺	CH_3NH_2	−6	−95	易溶
二甲胺	$(CH_3)_2NH$	7	−93	易溶
三甲胺	$(CH_3)_3N$	3	−117	易溶
乙胺	$C_2H_5NH_2$	17	−81	易溶
二乙胺	$(C_2H_5)_2NH$	56	−48	易溶
三乙胺	$(C_2H_5)_3N$	89	−114	14
丙胺	$CH_3CH_2CH_2NH_2$	49	−83	易溶
丁胺	$CH_3(CH_2)_3NH_2$	78	−50	易溶
乙二胺	$H_2NCH_2CH_2NH_2$	117	8	易溶
苯胺	$C_6H_5NH_2$	184	−6	3.7
N-甲基苯胺	$C_6H_5NHCH_3$	196	−57	微溶
N,N-二甲基苯胺	$C_6H_5N(CH_3)_2$	194	3	微溶
邻甲基苯胺	$o\text{-}CH_3C_6H_4NH_2$	200	−28	1.7
间甲基苯胺	$m\text{-}CH_3C_6H_4NH_2$	203	−30	微溶
对甲基苯胺	$p\text{-}CH_3C_6H_4NH_2$	200	44	0.7
邻硝基苯胺	$o\text{-}O_2NC_6H_4NH_2$	284	71	0.1
间硝基苯胺	$m\text{-}O_2NC_6H_4NH_2$	307(分解)	114	0.1
对硝基苯胺	$p\text{-}O_2NC_6H_4NH_2$	332	148	0.05

四、化学性质

胺中的氮原子具有一对孤对电子,因此胺具有碱性和亲核性。在芳香胺中,除在氮原子上的反应外,芳环上还可发生亲电取代反应。由于氨基的给电子作用,芳香胺芳环上的亲电取代反应比苯更容易进行。

(一)碱性及成盐反应

与氨一样,伯、仲、叔胺的氮原子上均有孤对电子,可接受质子,呈碱性。例如当甲胺溶于水中时,可从水分子中得到一个质子,发生下列解离反应。

$$CH_3NH_2 \ + \ H_2O \ \rightleftharpoons \ CH_3\overset{+}{N}H_3 + OH^-$$
$$\text{碱} \qquad\qquad\qquad \text{共轭酸}$$

胺在水溶液中碱性的强弱通常用胺的共轭酸的解离平衡常数 K_a 或其负对数值 pK_a 来表示。胺的共轭酸的 K_a 值越小或 pK_a 值越大,酸性越弱,则该胺的碱性越强。常见胺的共轭酸的 pK_a 值见表11-2。

表 11-2 常见胺的共轭酸的 pK_a 值

胺	pK_a	胺	pK_a	胺	pK_a
NH_3	9.24	$PhCH_2NH_2$	9.34	$(CH_3)_3N$	9.78
CH_3NH_2	10.65	$(CH_3)_2NH$	10.73	$(CH_3CH_2)_3N$	10.75
$CH_3CH_2NH_2$	10.71	$(CH_3CH_2)_2NH$	11.00	$(CH_3CH_2CH_2)_3N$	10.65
$CH_3CH_2CH_2NH_2$	10.61	$(CH_3CH_2CH_2)_2NH$	10.91	$PhN(CH_3)_2$	5.06
$PhNH_2$	4.62	$PhNHCH_3$	4.85	$p\text{-}CH_3C_6H_4NH_2$	5.12
$(Ph)_2NH$	0.8	$(Ph)_3N$	−5.0	$p\text{-}CH_3OC_6H_4NH_2$	5.30
$o\text{-}CH_3C_6H_4NH_2$	4.39	$m\text{-}CH_3C_6H_4NH_2$	4.96	$p\text{-}ClC_6H_4NH_2$	4.00
$o\text{-}CH_3OC_6H_4NH_2$	4.52	$m\text{-}CH_3OC_6H_4NH_2$	4.30	$p\text{-}O_2NC_6H_4NH_2$	1.2
$o\text{-}ClC_6H_4NH_2$	2.70	$m\text{-}ClC_6H_4NH_2$	3.48		
$o\text{-}O_2NC_6H_4NH_2$	−0.3	$m\text{-}O_2NC_6H_4NH_2$	2.5		

从表 11-2 可以看出,脂肪胺的碱性普遍比氨稍强,而芳香胺的碱性弱于氨。

对于脂肪胺,由于烷基的给电子诱导效应,使氮原子上的电子密度增加,与质子结合的能力增强,故脂肪胺的碱性一般强于氨。

如果仅从诱导效应来看,胺的氮原子上的烷基取代越多,氮原子上的电子密度越大,碱性应该越强。然而脂肪伯、仲、叔胺在水溶液中的碱性强弱顺序通常为仲胺>叔胺>伯胺,这是因为在水溶液中胺的碱性不仅与氮原子上的电子密度有关,还与其共轭酸(铵正离子)的溶剂化程度有关。胺的氮原子上的氢越多,其共轭酸与水形成氢键的机会就越多,溶剂化程度也就越大,那么铵正离子就越稳定,胺的碱性也就越强(图 11-5)。此外,从空间效应来看,随着氮原子上的取代基增多,占据的空间增大,使得质子不易靠近氨基与之结合,从而导致碱性降低。脂肪胺在水溶液中的碱性强弱顺序(仲胺>叔胺>伯胺)是上述多种因素综合作用的结果。

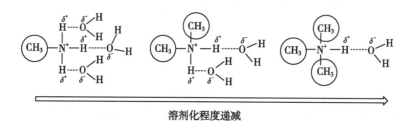

溶剂化程度递减

图 11-5 胺的共轭酸(铵离子)的溶剂化效应示意图

芳香胺的碱性远弱于氨,这是由于氮上的孤对电子与苯环的 π 电子发生 p-π 共轭效应,氮上的孤对电子可被离域到苯环,从而使得氮上的电子云密度降低,导致氮原子结合质子的能力降低,碱性减弱。例如苯胺的碱性(共轭酸的 pK_a=4.62)远远弱于氨的碱性(共轭酸的 pK_a=9.24)。当氮原子上连有更多的苯环时,碱性将进一步下降。例如二苯胺的碱性(共轭酸的 pK_a=0.8)要比苯胺弱 6 300 倍,而三苯胺(共轭酸的 pK_a=−5.0)基本上可以认为没有碱性。

苯环上的取代基可影响苯胺的碱性(表 11-2),影响程度与取代基的种类和位置有关。简单而言,若取代基使氨基氮原子上的电子云密度降低,则苯胺的碱性下降;反之,若取代基使氨基氮原子上的电子云密度增高,则苯胺的碱性增强。

处于氨基对位的取代基可通过诱导效应和共轭效应共同影响苯胺的碱性。如对位—OR

表现出吸电子诱导效应和给电子共轭效应，且后者远强于前者，综合表现为强给电子作用，使得相应苯胺衍生物的碱性显著增强；对位—X 表现为吸电子诱导效应和给电子共轭效应，且前者强于后者，综合表现为吸电子作用，使得相应苯胺衍生物的碱性减弱；对位—R 表现为弱给电子诱导效应及弱给电子超共轭效应，综合表现为弱给电子作用，使得相应苯胺衍生物的碱性略微增强；对位—NO_2 取代具有强吸电子诱导效应和强吸电子共轭效应，使得相应苯胺衍生物的碱性大幅降低。例如：

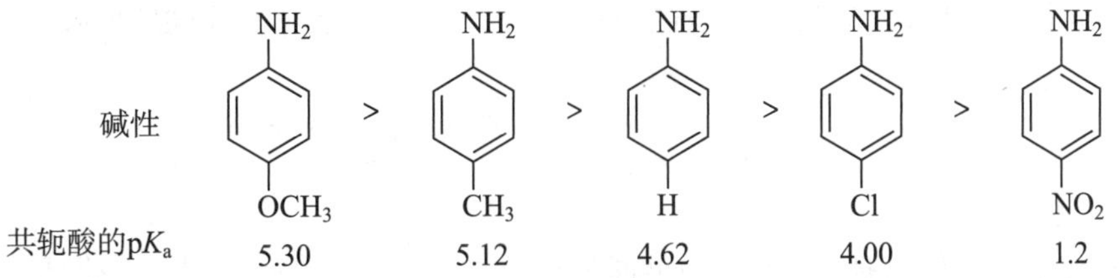

碱性
NH2
OCH3
>
NH2
CH3
>
NH2
H
>
NH2
Cl
>
NH2
NO2
共轭酸的pKa
5.30
5.12
4.62
4.00
1.2

当取代基位于氨基间位时，由于共轭效应只能影响邻位和对位，此时诱导效应起主导作用。间位—OR、—X、—NO_2 等基团均表现为吸电子诱导效应，均使碱性减弱。间位—R 具有弱给电子诱导效应，使碱性略有增强。对比取代基处于间位、对位的取代苯胺的碱性大小，由于—OR、—X、—R 等取代基在间位时不具有处于对位时的给电子共轭效应，因此碱性间位均弱于对位；而对于—NO_2 取代基，间位只有吸电子诱导效应，而对位还具有吸电子共轭效应，因此碱性对位弱于间位。例如：

碱性
NH2
OCH3
>
NH2
>
NH2
OCH3
共轭酸的pKa
5.30
4.62
4.30
碱性
NH2
>
NH2
Cl
>
NH2
Cl
共轭酸的pKa
4.62
4.00
3.48
碱性
NH2
CH3
>
NH2
CH3
>
NH2
共轭酸的pKa
5.12
4.96
4.62
碱性
NH2
>
NH2
NO2
>
NH2
NO2
共轭酸的pKa
4.62
2.5
1.2

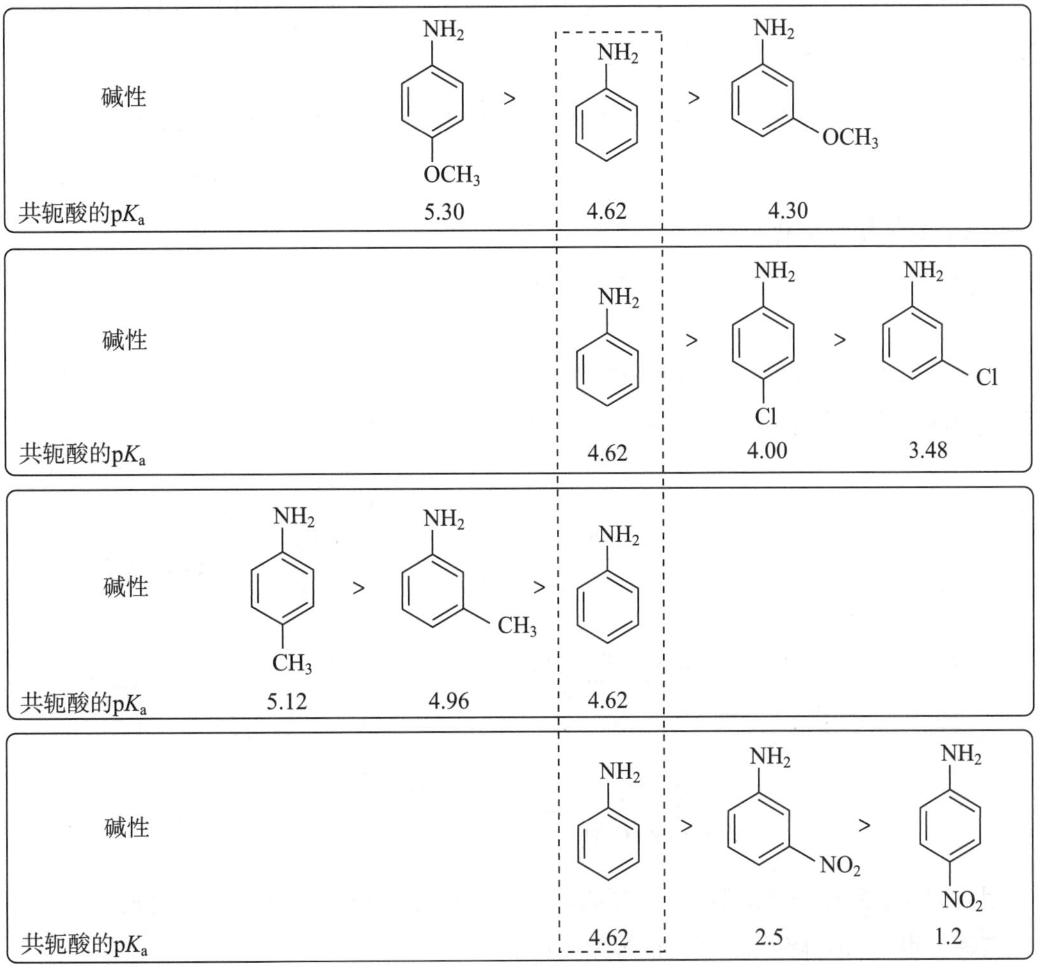

当取代基处于邻位时，不论是吸电子效应的—NO$_2$、—X，还是给电子效应的—OR、—R，相应苯胺衍生物的碱性均弱于苯胺。邻位甲氧基、甲基虽然具有给电子作用，但可能由于邻位取代基不利于质子化后的共轭酸的溶剂化作用，因此碱性依然减弱。邻位取代基对苯胺碱性的影响是电子效应和空间效应综合作用的结果，这种复杂的作用统称为"邻位效应"。

（二）烷基化反应

氨或胺的氮原子上具有一对孤对电子，具有较强的亲核性，可与卤代烃发生 S$_N$2 反应。例如伯胺与卤代烷反应，首先生成仲胺盐，该仲胺盐进一步经质子转移生成仲胺。

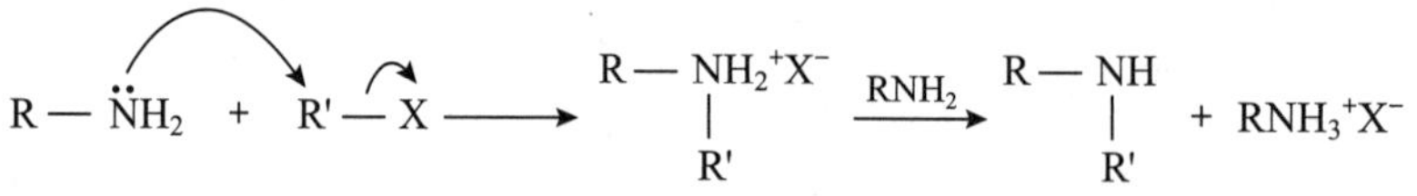

产物仲胺的氮上仍有孤对电子，且仲胺的亲核性一般强于伯胺，因此所生成的仲胺会与伯胺竞争继续与卤代烷反应，经类似过程得到叔胺。叔胺还可再与卤代烷反应得季铵盐。因此，该类反应往往得到多种产物的混合物。

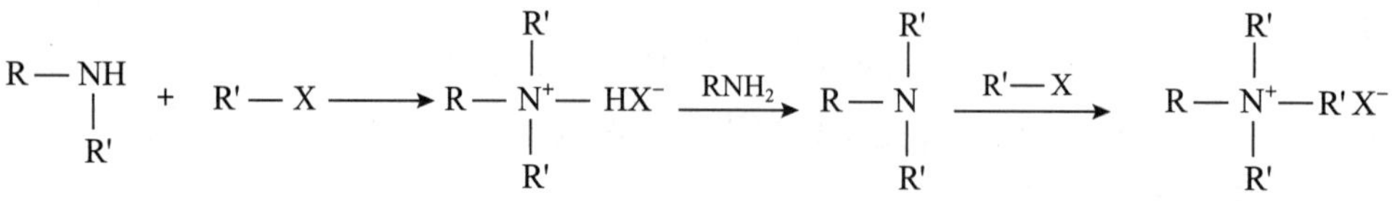

控制反应物的当量，可使其中一种或两种产物的产率较高。例如 1-溴辛烷与 2 倍量的 NH$_3$ 反应主要得到一取代和二取代产物。

$$CH_3(CH_2)_6CH_2Br + 2NH_3 \longrightarrow CH_3(CH_2)_6CH_2NH_2 + [CH_3(CH_2)_6CH_2]_2NH$$

45%　　　　　　　　　　43%

（三）酰化和磺酰化反应

伯胺和仲胺的氮上有氢原子，可被酰基取代生成酰胺；而叔胺的氮上无氢原子，不能生成酰胺。

脂肪胺可与酰卤、酸酐，甚至酯等发生氨解反应而生成酰胺。芳胺因其亲核性较弱，一般需用反应活性较高的酰卤或酸酐进行酰化。例如：

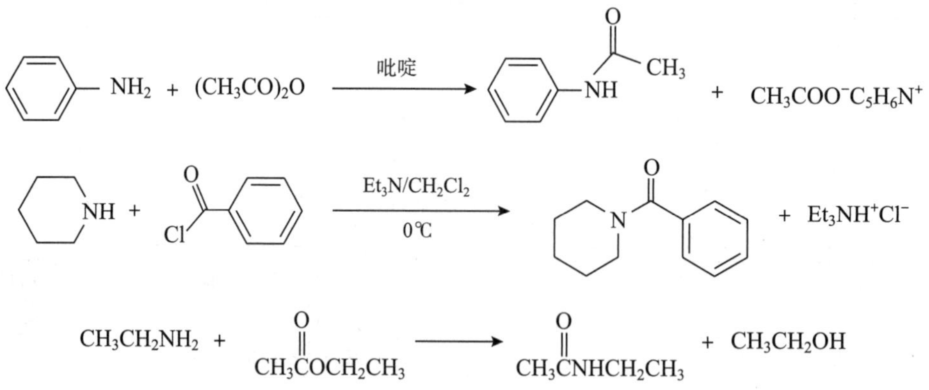

用酰卤或酸酐作酰化剂时，常需要加入碱以中和生成的酸，常用的碱为有机碱（如吡啶、三乙胺等），也可用碳酸钾、氢氧化钠等无机碱。

虽然伯胺的氮上含有两个氢原子，但一般只能引入一个酰基。因为生成酰胺后，由于氮上的孤对电子与羰基发生 p-π 共轭效应，氮原子的亲核性大大降低。因此，常利用酰化反应将氨基转变为酰胺（引入保护基），使其在后续反应过程中不易被氧化。酰胺可以通过酸或碱水解再游离出氨基（脱除保护基）。例如下述反应路线，虽然增加"保护"与"脱保护"步骤，但总收率远高于直接进行氧化反应。

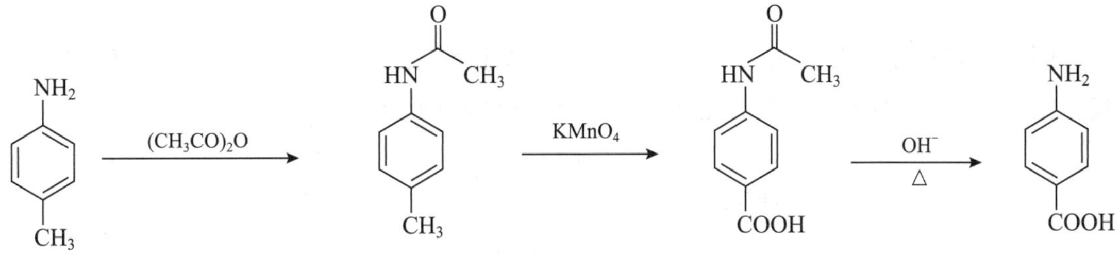

伯胺和仲胺还可与磺酰氯作用生成磺酰胺，磺酰胺一般不溶于水。

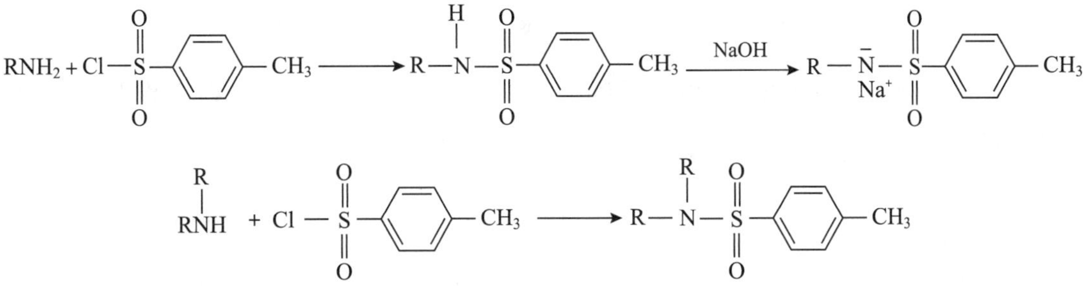

由伯胺生成的磺酰胺的氮原子上的氢受磺酰基强吸电子作用的影响，具有弱酸性，可与氢氧化钠反应形成盐而溶于其水溶液中，将溶液酸化，又会重新析出不溶于水的磺酰胺。仲胺形成的磺酰胺不含酸性氢原子，因此不能溶于氢氧化钠溶液。而叔胺因无可离去的氢原子，所以不能被磺酰化，亦不溶于碱，但可溶于酸。因此，利用对甲基苯磺酰氯或苯磺酰氯与三种不同类型的胺反应现象上的差异，可以鉴别和分离伯、仲、叔胺，该类反应称为兴斯堡（Hinsberg）反应。

（四）与亚硝酸反应

伯胺、仲胺、叔胺与亚硝酸反应的产物和现象不同。

1. 伯胺　芳香伯胺与亚硝酸在低温下（0～5℃）反应，生成芳香重氮盐（diazonium salt），该反应称为重氮化反应（diazotization reaction）。由于亚硝酸不稳定，通常用亚硝酸钠及过量盐酸或硫酸代替亚硝酸。例如：

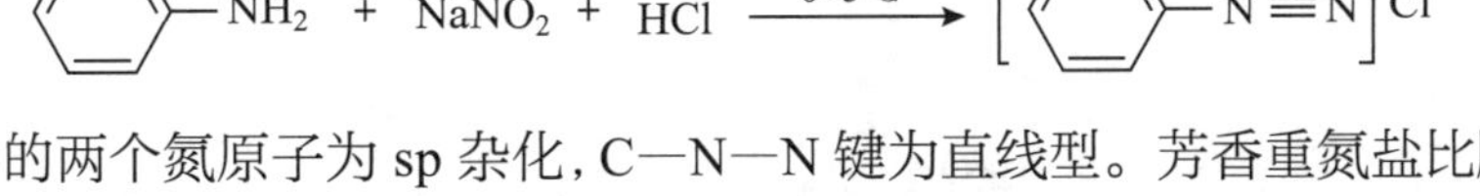

重氮盐中的两个氮原子为 sp 杂化，C—N—N 键为直线型。芳香重氮盐比脂肪重氮盐稳定，这是由于芳环的 π 体系可与重氮离子的一个 π 键共轭，分散其正电荷（图 11-6）。芳香重氮盐一般在低温下较为稳定，温度过高易发生水解。此外，芳香重氮盐在干燥情况下极不稳定，易分解爆炸，因此制备获得芳香重氮盐后，一般在水溶液中、低温条件下直接进行下一步反应。

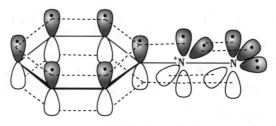

图 11-6 苯重氮离子的轨道结构

脂肪伯胺亦可与亚硝酸进行重氮化反应,生成重氮盐。但由于脂肪重氮盐极不稳定,即使在低温条件下也极易分解释放出氮气,生成活泼的碳正离子。

$$R-NH_2 + NaNO_2 + 2HCl \xrightarrow{H_2O} \left[R-\overset{+}{N}\equiv NCl^- \right] + NaX + 2H_2O$$
极不稳定的重氮盐

$$R^+ + X^- + N_2\uparrow$$

所形成的碳正离子会进一步发生一系列的取代、消除和重排等反应,得到多种产物的混合物。例如:

$$CH_3CH_2CH_2CH_2NH_2 \xrightarrow[0\sim5℃]{NaNO_2/HCl}$$

$CH_3CH_2CH_2CH_2OH$	取代产物(25%)
$CH_3CH_2CH_2CH_2Cl$	取代产物(5.2%)
$CH_3CH_2\underset{OH}{CHCH_3}$	重排后的取代产物(13.2%)
$CH_3CH_2\underset{Cl}{CHCH_3}$	重排后的取代产物(3%)
$CH_3CH=CHCH_3$	重排后的消除产物(10.6%)
$CH_3CH_2CH=CH_2$	消除产物(25.9%)

脂肪伯胺与亚硝酸的一个较有制备价值的反应是氨甲基环醇的扩环反应(ring-expansion reaction),可用于从低级环酮合成增加一个碳原子的高级环酮(一般适用于 $C_5\sim C_9$ 的环酮)。氨甲基环醇反应物可由相应的环酮与硝基甲烷负离子加成,再将硝基还原为氨基制备得到。例如:

2. 仲胺 芳香或脂肪仲胺与亚硝酸反应均是在胺的氮原子上发生亚硝化反应,得 *N*-亚硝基胺(*N*-nitrosoamine)。例如:

$$(CH_3)_2NH + HCl + NaNO_2 \longrightarrow (CH_3)_2N-N=O$$

N-亚硝基二甲胺
(黄色油状物)

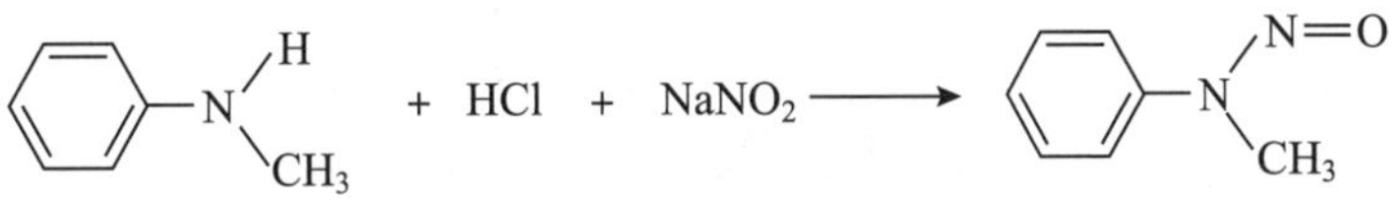

N-甲基-N-亚硝基苯胺
(黄色油状物)

仲胺的亚硝化反应得到的 N-亚硝基仲胺一般为中性的黄色液体或固体,比较稳定,可用于仲胺的鉴别。N-亚硝基仲胺经水解或还原(如 $SnCl_2$/HCl 等)可将亚硝基脱除,获得原来的仲胺,因此可作为仲胺的一种精制方法。

很多 N-亚硝基胺为强致癌物,在新药结构中一般需避免引入类似的毒性基团。例如:

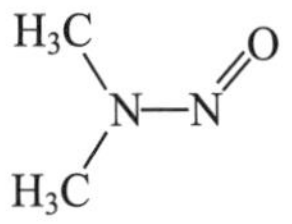

皮革制作过程中可形成,
也存在于除草剂中

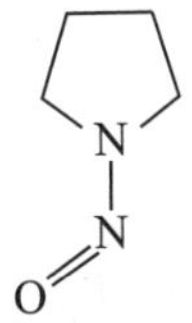

用亚硝酸钠处理的熏
肉油炸过程中可形成

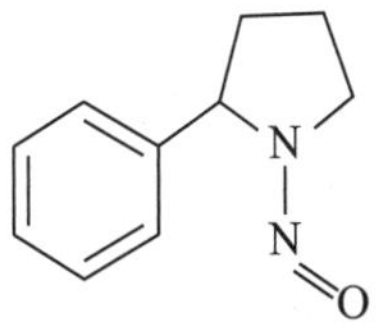

吸烟过程中可形成

3. 叔胺 脂肪叔胺的氮上没有氢,与亚硝酸只能发生酸碱中和反应,生成亚硝酸盐。亚硝酸盐可在碱性条件下重新转变为叔胺。

$$R_3N + HNO_2 \longrightarrow R_3NH^+NO_2^- \xrightarrow{NaOH} R_3N + NaNO_2 + H_2O$$

对于芳香叔胺,由于氨基的强致活作用,其与亚硝酸发生芳香亲电取代反应,即亚硝化(nitrosation)反应。亚硝基优先取代在烷氨基的对位;若对位已被占据,则反应发生在邻位。

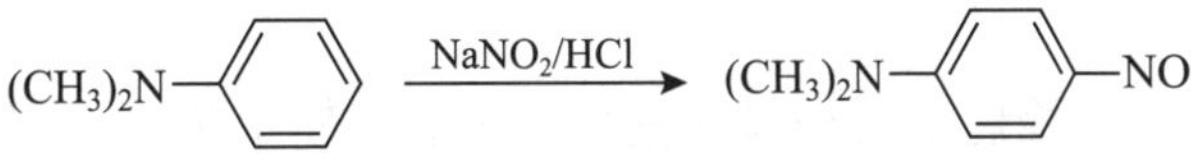

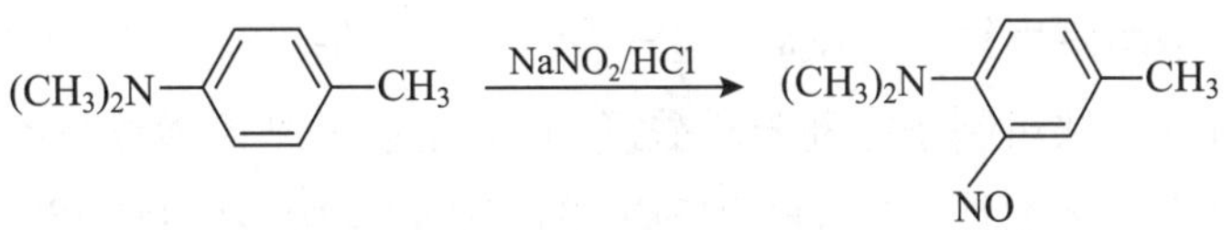

$$(CH_3)_2N-\text{⟨benzene⟩} \xrightarrow{NaNO_2/HCl} (CH_3)_2N-\text{⟨benzene⟩}-NO$$

$$(CH_3)_2N-\text{⟨benzene⟩}-CH_3 \xrightarrow{NaNO_2/HCl} (CH_3)_2N-\text{⟨benzene⟩}(NO)-CH_3$$

该类芳香族亚硝基化合物具有较大的共轭体系,一般具有明显的颜色,且在酸性和碱性条件下呈现不同的颜色。例如:

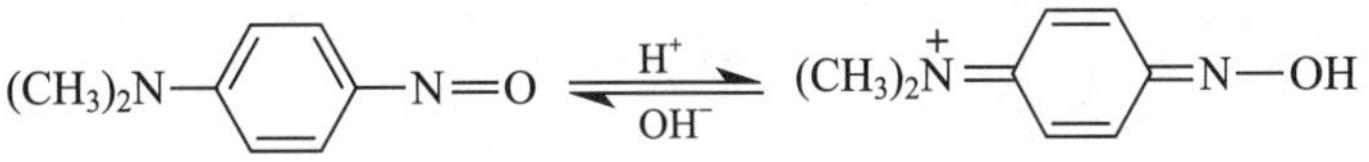

$$(CH_3)_2N-\text{⟨benzene⟩}-N=O \underset{OH^-}{\overset{H^+}{\rightleftharpoons}} (CH_3)_2\overset{+}{N}=\text{⟨ring⟩}=N-OH$$

翠绿色　　　　　　　　　　　　　桔黄色

根据伯、仲、叔胺与 HNO_2 反应的不同现象,可鉴别胺的类型。

(五)芳环上的取代反应

芳胺中的氨基是很强的邻对位定位基,芳胺的邻、对位易发生亲电取代反应。

1. 卤代反应 苯胺可与溴水迅速反应生成 2,4,6-三溴苯胺的白色沉淀。该反应可定量进行,常用于苯胺的定性鉴别和定量分析。

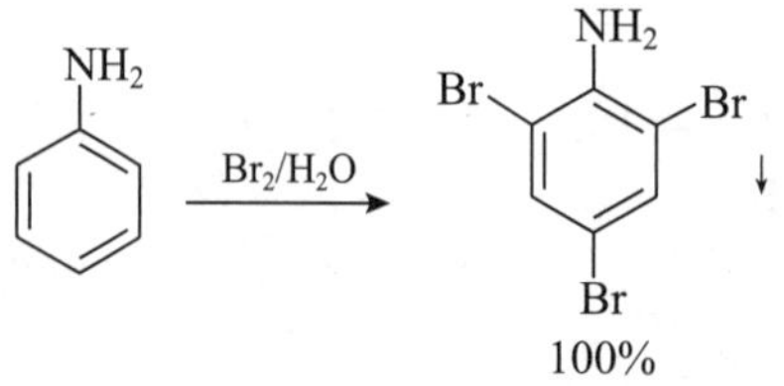

苯胺与氯或溴反应很难停留在一取代的阶段。因此,若需制备一氯代或一溴代苯胺,常用的方法是先将氨基乙酰化,以降低氨基对苯环的致活作用,再进行卤代,最后通过水解脱除乙酰基。此外,由于乙酰基团的空间位阻原因,可高选择性地获得对位取代产物。例如:

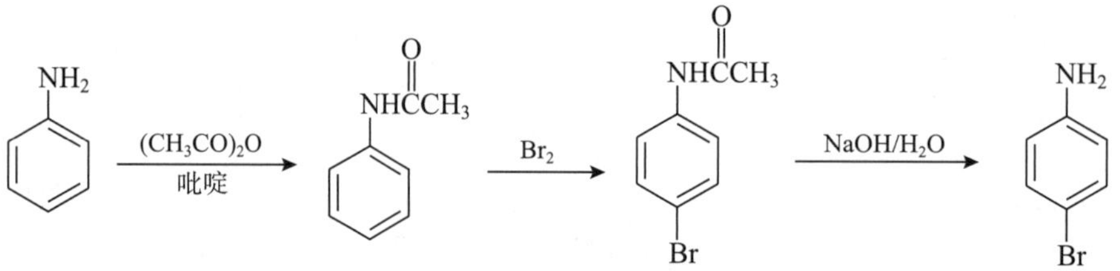

2. 磺化反应 苯胺与浓硫酸作用生成苯胺硫酸盐,加热脱水生成不稳定的苯胺磺酸,后者很快重排生成对氨基苯磺酸。

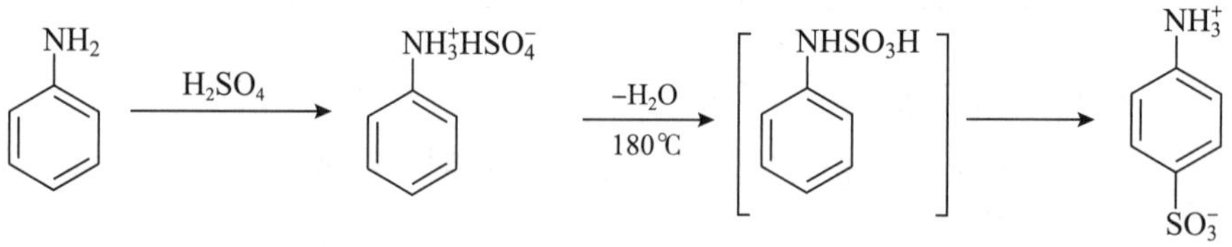

对氨基苯磺酸兼有酸性基团和碱性基团,在分子内可成盐,即内盐,其熔点高、水溶性较小。

苯胺也可与氯磺酸发生氯磺化反应,但一般需先将氨基进行保护,以避免在氨基上发生磺酰化反应。通过该方法可制备得到苯磺酰氯,其为工业上制备磺胺类药物的重要中间体。该中间体与一系列胺类化合物进行磺酰化反应,即可得到结构多样的磺胺类药物。

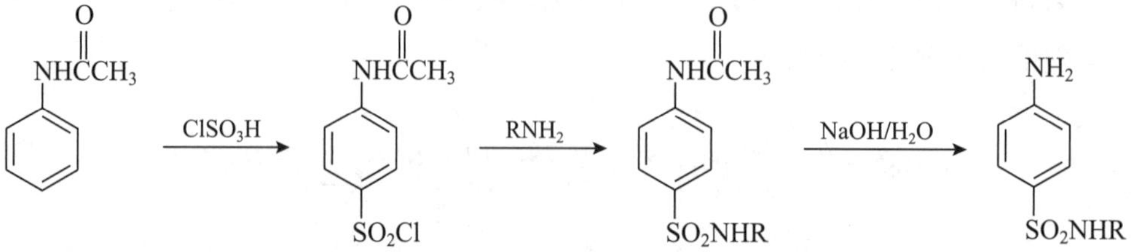

3. 硝化反应 由于苯胺很容易被硝酸氧化,很少直接用硝酸对苯胺进行硝化引入硝基。常用的方法是先将氨基乙酰化保护,再硝化,最后水解脱除乙酰基。产物通常为邻位、对位取代的混合物,其中对位产物为主要产物。

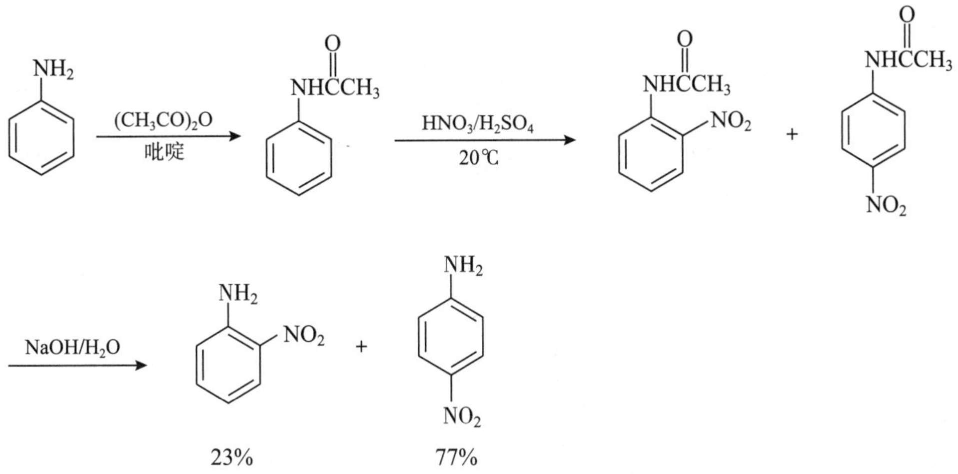

若希望选择性地制备邻位硝化的产物,可以先将乙酰苯胺磺化,用磺酸基占据对位,再进行硝化,最后通过水解,同时脱除乙酰基、磺酸基,可高收率地得到邻硝基苯胺。

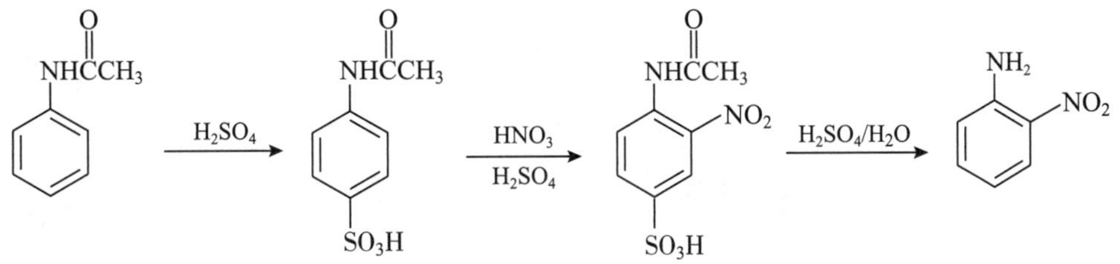

4. 弗里德-克拉夫茨酰基化反应　　由于氮原子上具有孤对电子而具有较强的亲核性以及氨基对苯环上亲电取代反应的活化作用,在芳胺的酰基化反应中,往往存在氨基酰基化和芳环酰基化的竞争反应。若氮上无氢原子,芳香叔胺可直接进行弗里德-克拉夫茨酰基化反应。例如:

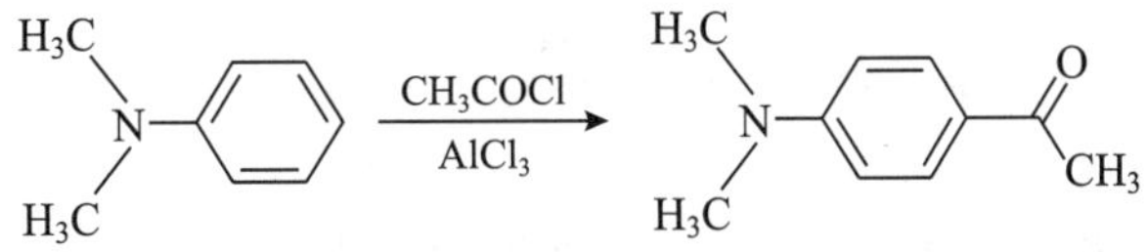

而芳香伯、仲胺具有较强的亲核性,易优先与酰化试剂发生反应,若要在其苯环上引入酰基,则需先将氨基用乙酰基保护起来,再进行弗里德-克拉夫茨酰基化反应。

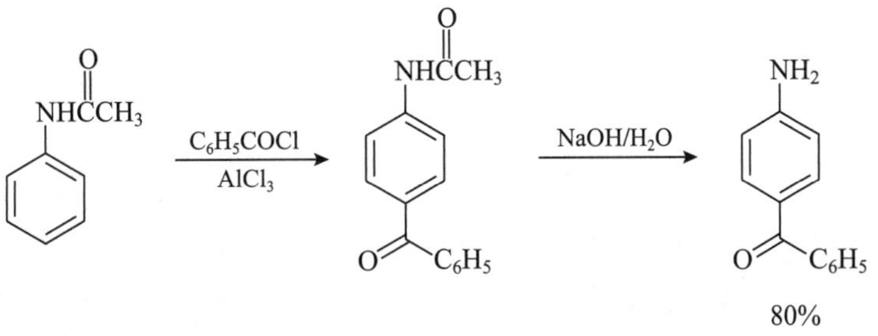

（六）烯胺在合成中的应用

前面已介绍了伯胺与醛、酮在酸催化下可缩合生成亚胺或席夫(Schiff)碱,本节主要介绍仲胺与醛、酮的反应和用途。仲胺与含有 α-氢的醛、酮反应时,因加成产物的氮上无可消除

的氢,羟基易与α-氢脱水,形成烯胺(enamine)。例如:

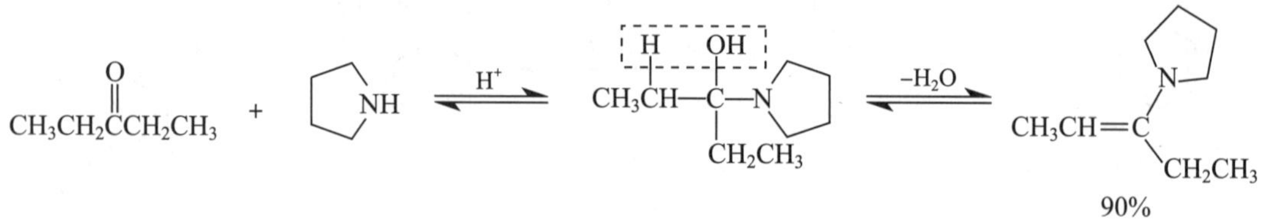

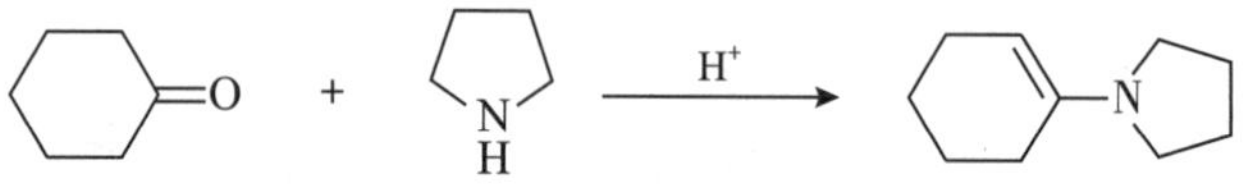

90%

形成烯胺的反应一般需要在酸性、无水条件下进行,通常采用对甲苯磺酸作为催化剂,若进一步在反应体系中加入脱水剂则可提高烯胺的收率。仲胺多采用环状仲胺,如六氢吡啶(哌啶)、四氢吡咯(吡咯烷)、吗啉等,其与羰基的反应活性顺序为:

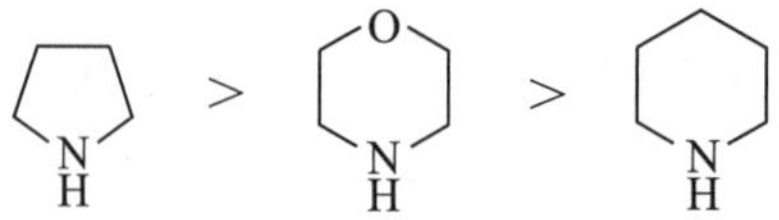

四氢吡咯   吗啉   哌啶

形成烯胺的反应机理如下:

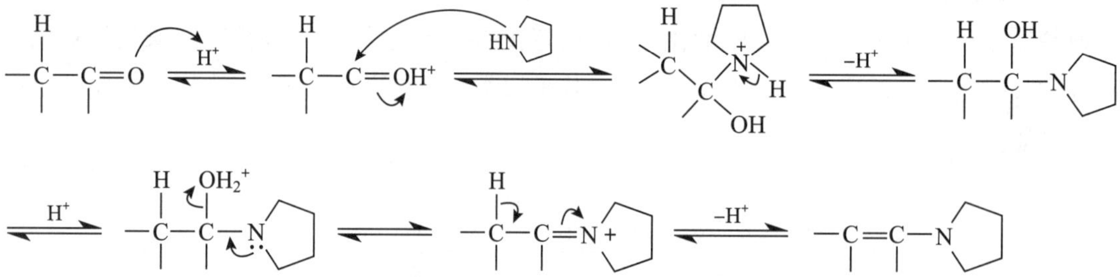

上述反应过程是可逆的,烯胺在酸性水溶液中易水解,重新转变为羰基化合物和仲胺。

烯胺结构中的氮原子与烯键之间存在 p-π 共轭效应,氮原子上的孤对电子可离域到碳碳双键上,使原羰基的α-碳原子上带有部分负电荷。烯胺的结构可用共振式表示如下:

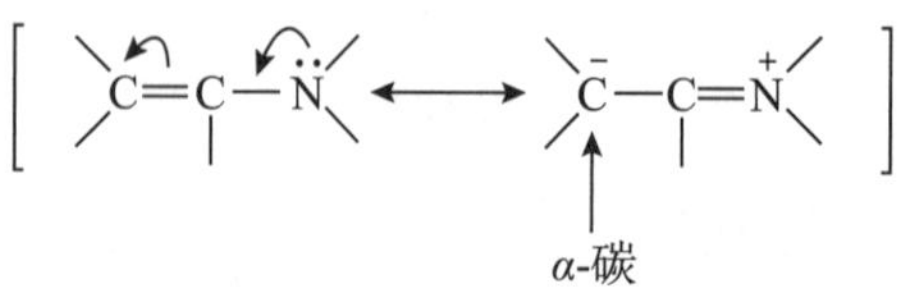

α-碳

由此可见,烯胺具碳负离子的结构特点,α-碳具有亲核性,可与卤代烷发生亲核取代反应,生成烷基化产物;与酰卤经亲核加成-消除生成酰基化产物。因生成的烷基化和酰基化产物中的"$\diagup$C$=$$\overset{+}{N}$$\diagdown$"结构很容易被水解,恢复为原来的羰基,最终得到在原羰基的α-碳上引入烷基或酰基的产物。这是在酮的α-碳原子上引入烷基或酰基的重要方法之一。例如:

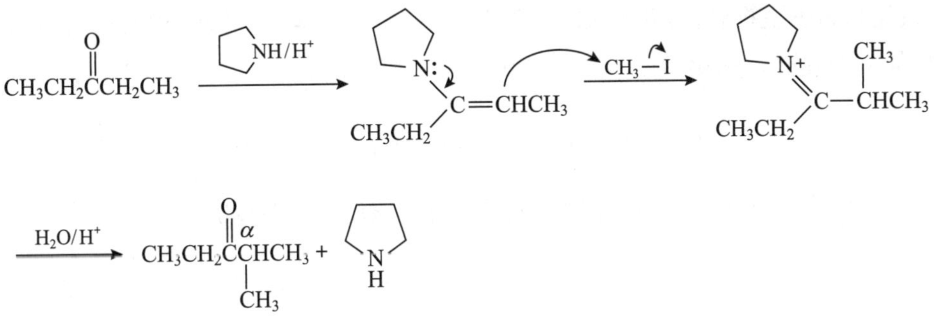

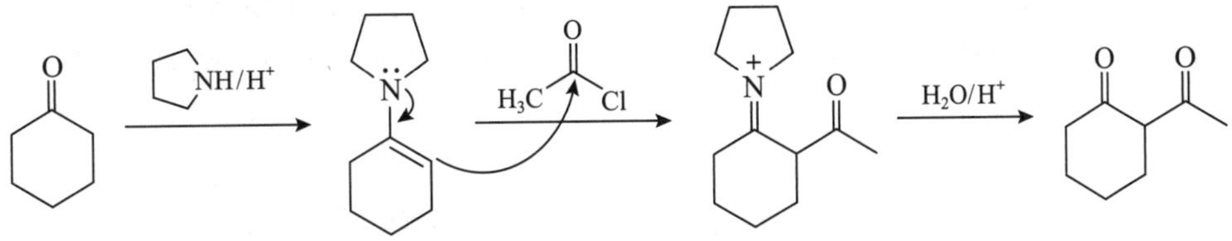

醛也可以通过烯胺制备 α-烷基化的醛。例如：

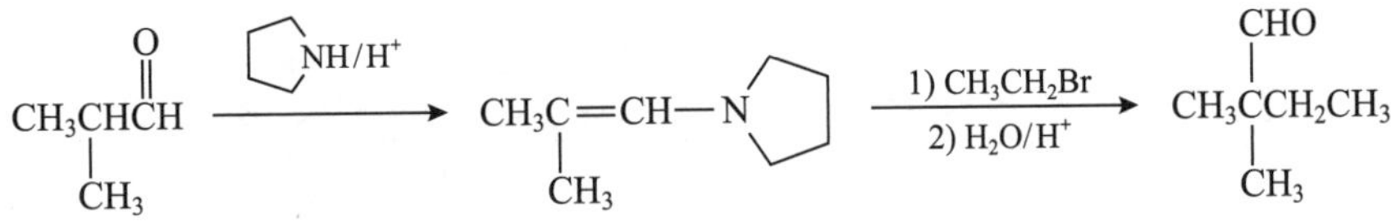

五、季铵盐和季铵碱

（一）命名

季铵化合物是指氮原子上连有四个烃基、含氮部分带有正电荷的一类物质，包括季铵盐和季铵碱，其命名按照无机盐或无机碱的方式进行命名。例如：

$(CH_3)_4\overset{+}{N}Br^-$

溴化四甲基铵
tetramethylammonium bromide

$(CH_3)_3\overset{+}{N}C_2H_5Cl^-$

氯化三甲基乙铵
trimethylethanaminium chloride

$(CH_3CH_2CH_2CH_2)_4\overset{+}{N}HSO_4^-$

硫酸氢化四丁基铵
tetramethylammonium hydrosulfate

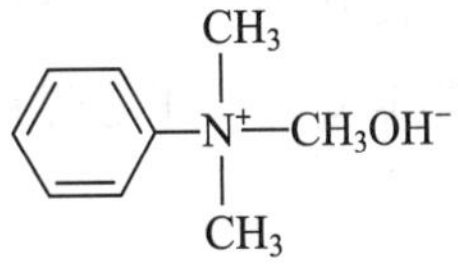

氢氧化-*N,N,N*-三甲基苯铵
N,N,N-trimethylbenzenaminium hydroxide

（二）季铵盐

1. 制备与性质　季铵盐可由叔胺与卤代烷反应制得。

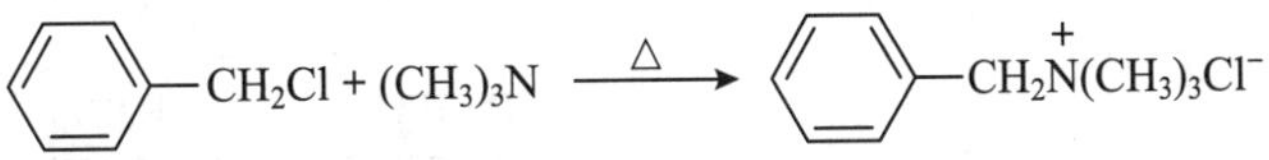

氯化苄基(三甲基)铵

季铵盐为离子型物质,易溶于水,不溶于乙醚,熔点较高。季铵盐和铵盐与碱的反应不同。伯、仲、叔胺的盐与碱作用,可将胺游离出来。例如:

$$RNH_3^+Cl^- + KOH \longrightarrow RNH_2 + KCl + H_2O$$

而季铵盐的氮上无氢,与强碱作用生成季铵碱。该反应为平衡反应。

$$R_4N^+I^- + KOH \rightleftharpoons R_4N^+OH^- + KI$$

2. 用途 季铵盐的一个主要用途是作为表面活性剂,可降低表面张力。这类季铵盐通常有一个长链烃基,既溶于水,又溶于有机溶剂。这类表面活性剂还有杀菌消毒作用。

溴化-*N*-苄基-*N,N*-二甲基十二烷-1-铵(新洁尔灭)
N-benzyl-*N,N*-dimethyldodecan-1-aminium bromide

溴化-*N,N*-二甲基-*N*-苯乙基十二烷-1-铵(消毒宁)
N,-N-dimethyl-*N*-phenethyldodecan-1-aminium bromide

季铵盐的另一项重要用途是作为相转移催化剂。常用的季铵盐相转移催化剂有氯化四丁基铵(TBAC)、氯化三乙基苄铵(TEBA)、氯化甲基三辛基铵(TOMAC)等。相转移催化剂能促使反应物在水相及有机相间不断穿梭,解决由于非均相反应物间互不相溶而导致的反应速率慢,甚至不反应等问题。

相转移催化剂广泛应用于有机合成,以提升反应速率和产率。例如在有机溶剂(如二氯甲烷)中伯卤代烃(如溴乙烷)与NaCN进行亲核取代反应,若不加相转移催化剂,溴乙烷溶于有机相,而NaCN溶于水相,两种反应物分别处于两相,两者之间发生分子碰撞的概率较小,反应速率慢。当有相转移催化剂存在时,水相中的NaCN与$RN_4^+Br^-$作用可生成$RN_4^+CN^-$。$RN_4^+CN^-$能溶解在有机相中,进一步与溴乙烷反应生成产物CH_3CH_2CN,同时再生$RN_4^+Br^-$。因此只需要催化量的$RN_4^+Br^-$,即可使CN^-从水相转移至有机相,从而加快反应速率、提升反应收率(图11-7)。

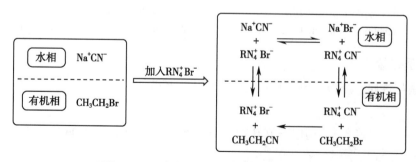

图 11-7 季铵盐的相转移催化过程示意图

$$CH_3CH_2Br + NaCN \xrightarrow[CH_2Cl_2/H_2O]{R_4N^+Br^-} CH_3CH_2CN$$
$$100\%$$

癸 -1- 烯的苯溶液和高锰酸钾水溶液在不加相转移催化剂时反应基本不发生, 这是由于反应物烯烃溶于有机相, 而氧化剂 MnO_4^- 处于水相, 两者之间难以发生分子碰撞, 而加入相转移催化剂可提高反应速率及收率。

$$CH_3(CH_2)_7CH=CH_2 \xrightarrow[氯化甲基三辛基铵]{KMnO_4/苯/H_2O} CH_3(CH_2)_7COOH + HCOOH$$
$$91\%$$

(三) 季铵碱

1. **制备** 如前所述, 季铵盐与强碱 (NaOH 或 KOH) 作用生成季铵碱, 并与季铵盐达成平衡。常用湿的氧化银与季铵盐反应制备季铵碱, 因为卤化银沉淀从反应体系中析出可促使反应平衡向右移动。例如：

$$(CH_3)_4N^+I^- + AgOH \longrightarrow (CH_3)_4N^+OH^- + AgI\downarrow$$

将碘化银沉淀滤除, 滤液通过减压蒸馏除去溶剂, 可得季铵碱固体, 但它极易吸潮, 因此常常直接用其水溶液。季铵碱为强碱, 其碱性与氢氧化钠、氢氧化钾碱性相当。

2. **性质** 季铵碱受热易发生分解反应, 分解产物与季铵碱的结构有关。当四个烃基均为甲基时, 分解产物为三甲胺和甲醇。该反应可以视作分子内 S_N2 反应, OH^- 作为亲核试剂取代三甲氨基。

$$(CH_3)_4N^+OH^- \xrightarrow{\triangle} (CH_3)_3N + CH_3OH$$

$$(CH_3)_3\overset{+}{N}—CH_3 + OH^- \longrightarrow (CH_3)_3N + CH_3OH$$

当季铵碱中氮的 β- 位有氢原子时, OH^- 作为碱夺取 β- 氢, 发生消除反应, 分解产物为叔胺、烯烃和水。例如：

$$R—CH—CH_2—\overset{CH_3}{\underset{CH_3}{\overset{|}{\underset{|}{N^+}}}}—CH_3 \xrightarrow{100℃} R—CH=CH_2 + N(CH_3)_3 + H_2O$$

当季铵碱存在两种或两种以上不同的 β- 氢原子时, 主要从含氢较多的 β- 碳原子上消除氢, 生成的主要产物是双键碳上含取代基较少的烯烃, 该消除规律首先由德国化学家霍夫曼 (Hofmann) 于 1851 年发现, 因此该季铵碱的消除反应称为霍夫曼消除。

$$\underset{N(CH_3)_3{}^+OH^-}{CH_3CH_2\overset{\beta'}{CH_2}\overset{\beta}{CH}CH_3} \xrightarrow{\triangle} \underset{95\%}{CH_3CH_2CH=CH_2} + \underset{5\%}{CH_3CH=CHCH_3} + N(CH_3)_3 + H_2O$$

该反应是按 E2 消除机理进行的。季铵碱中的氮原子带正电荷, 具有强吸电子诱导效应,

导致 β-碳上的氢酸性增强,从而有利于 OH^- 进攻并夺取 β-氢,同时 C—N 键断裂,形成 C=C 双键。

$$CH_3CH_2CH_2CH\!\!-\!\!CH_2\!\!-\!\!H \quad OH^-$$
$$\underset{N(CH_3)_3^+}{|}$$

季铵碱受热按霍夫曼规则消除的原因主要有以下两个方面。

(1) β-氢的酸性:碱(如 OH^-)优先夺取酸性更强的 β-氢发生消除。β-碳原子上的烷基(给电子取代基)越多,则 β-氢越难解离,酸性就越弱;反之,β-氢的酸性越强。因此,消除反应一般优先消除含氢较多(取代基较少)的 β-碳上的氢,符合霍夫曼规则。但若 β-碳上的取代基为羰基、苯基等可产生共轭效应的基团时,由于脱除 β-氢后的碳负离子可被共轭效应所稳定,使得 β-碳原子上氢的酸性增强。这种情况下,反而从含氢较少的 β-碳原子上消除氢,得到与霍夫曼规则预期不同的主产物。因此,季铵碱受热消除的区域选择性本质是消除酸性强的 β-氢。

$$\underset{\beta}{\text{Ph—CHCH}_2}\!\!-\!\!\overset{CH_3}{\underset{CH_3}{\overset{|}{N^+}}}\!\!-\!\!\underset{\beta}{\text{CH}_2\text{CH}_3\text{OH}^-} \xrightarrow{\triangle} \overset{H_3C}{\underset{Ph}{\diagup}}C\!\!=\!\!CH_2 \ + (CH_3)_2NCH_2CH_3 + H_2O$$

(2) β-氢的立体位阻:E2 消除反应机理从立体化学上要求被消除的氢和离去基团为反式共平面关系,即需两者在空间上处于对位交叉式。

反式共平面

在季铵碱的消除反应中,能与季铵基团形成对位交叉的氢越多,与季铵基团处于邻位交叉的基团体积越小,越有利于消除反应的发生。例如下列化合物含有两个 β-碳原子 C_1 和 C_3,若围绕 C_1 和 C_2 间的 σ 键旋转,优势构象为构象 I,C_1 上的三个氢均可发生消除,消除相对容易;若围绕 C_2 和 C_3 间的 σ 键旋转,则有三种交叉式构象 II、III、IV,其中最稳定的构象为 II,但该结构中与季铵基团反式共平面的基团为乙基,不能发生消除反应。构象 III 和 IV 中虽有反式共平面的氢原子,但相比于 I,这两种构象都存在大体积基团间的空间排斥作用,使其能量较高、相对不稳定、存在的比例低,因此也不易发生消除。

I (围绕 C_1-C_2 旋转)   II (围绕 C_2-C_3 旋转)   III (围绕 C_2-C_3 旋转)   IV (围绕 C_2-C_3 旋转)

季铵碱的霍夫曼消除反应可用于测定胺的结构。若测定一个未知胺,可用过量的 CH_3I

与之作用,生成季铵盐,再转化为季铵碱,然后进行热分解。根据反应过程中消耗的 CH_3I 的摩尔数,可推测原来的胺是几级胺;根据生成烯烃的结构,可推测碳架结构。

例如某胺的分子式为 $C_5H_{11}N$,制成季铵盐时消耗 2 倍当量的碘甲烷,经过两次霍夫曼消除,生成 2-甲基丁-1,3-二烯和三甲胺,据此可推测原胺为 3-甲基吡咯烷。所涉及的化学转变过程如下:

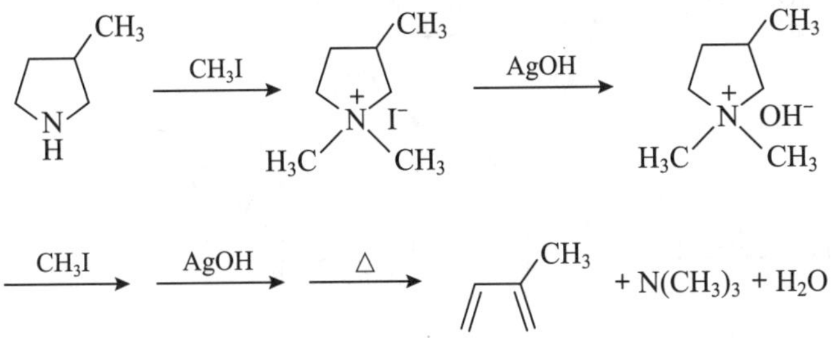

六、胺的制备

(一)氨或胺的烃基化

氨或胺的氮上有孤对电子,可以与脂肪族卤代烃发生亲核取代反应生成胺,但此类反应往往得到各种胺的混合物,不易分离、纯化,且产率不高。若使用大大过量的氨或胺时,可以降低多烷基化产物的比例,得到单烷基化的主产物。例如:

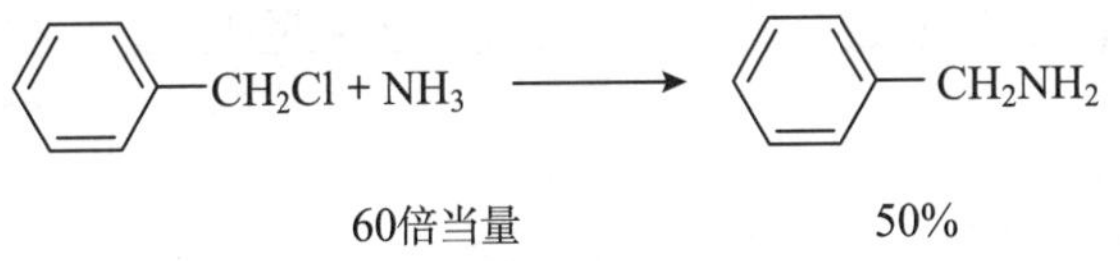

60倍当量   50%

芳香卤代烃的卤素一般难以被氨(或胺)直接取代,但当卤素的邻位或对位有强吸电子基团(如硝基等)时,取代反应变得容易很多。例如:

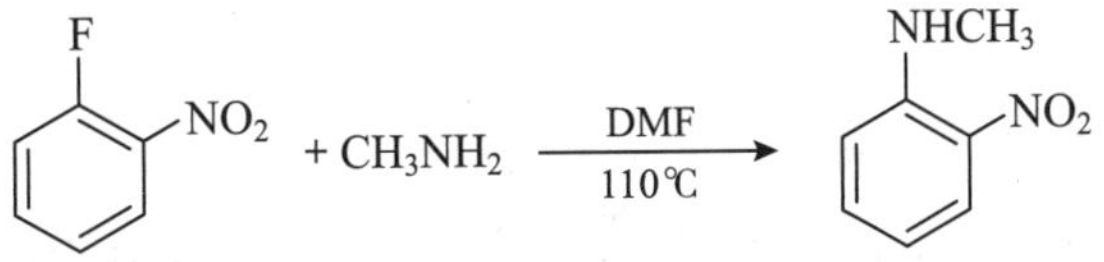

(二)硝基化合物的还原

硝基化合物的还原是制备伯胺的常用方法。金属加酸还原法及催化氢化法是将硝基转变为氨基的两种最常用的还原法。

金属加酸还原法中的金属常用 Fe、Zn 或 Sn 等,也可用 $SnCl_2$,酸可用盐酸、硫酸或乙酸等。工业上曾大量应用便宜的铁粉和盐酸作为还原剂,但会产生大量废液、废渣(铁泥),造成环境污染。在工业上,铁粉还原法已逐渐被淘汰,并被催化氢化所替代。

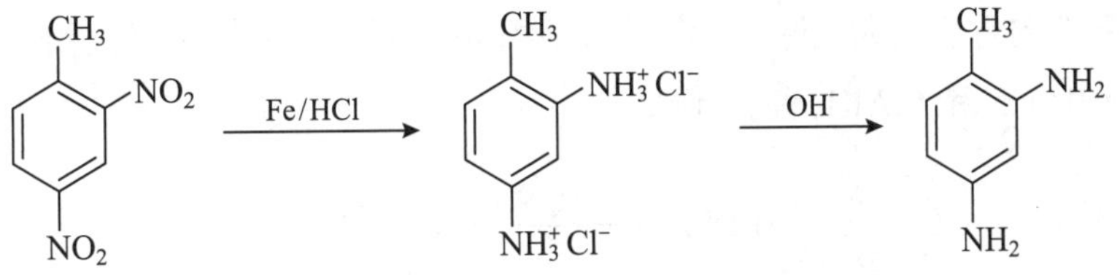

催化氢化法常用的催化剂为 Ni、Pt 和 Pd 等,反应可在中性条件下进行,因此对酸敏感的化合物可以用此方法还原。催化氢化法对环境污染小,可用来制备芳香伯胺和脂肪伯胺,在实验室和工业上都被广泛使用。

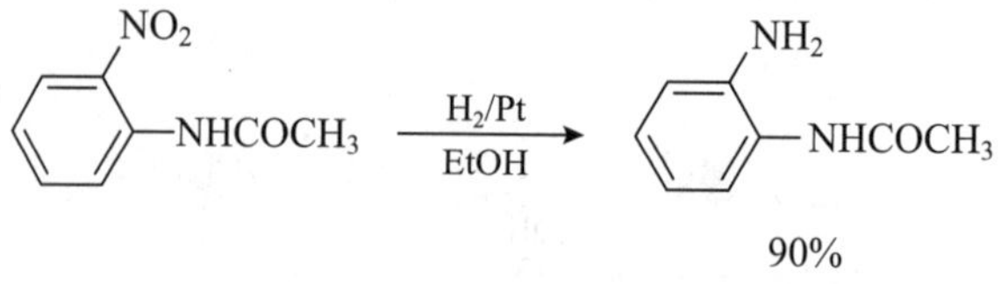

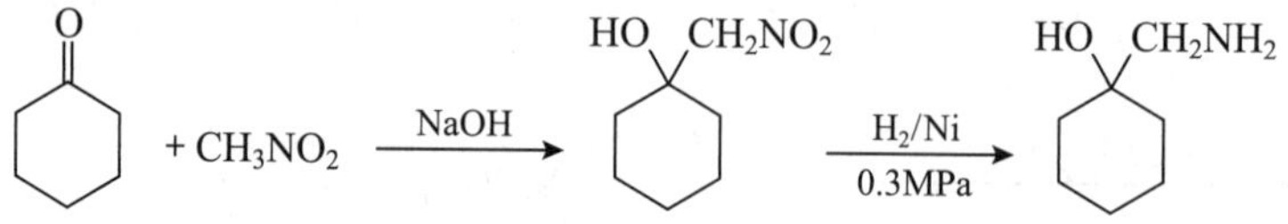

90%

(三)腈、叠氮、肟以及酰胺的还原

腈、叠氮和肟等化合物经还原可制备伯胺,这些化合物常用催化氢化或金属氢化物(如 LiAlH$_4$)还原为氨基。例如:

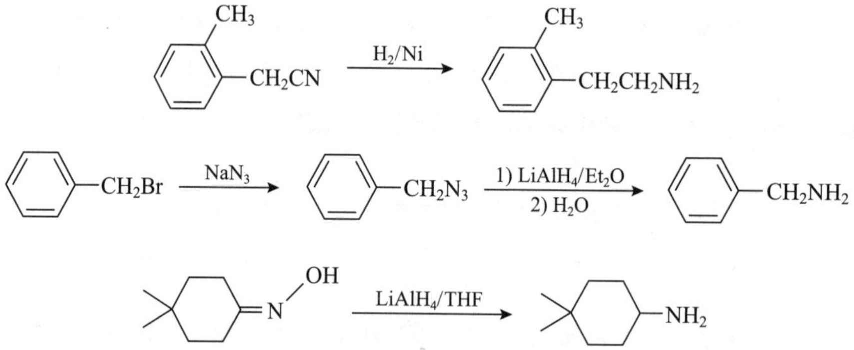

酰胺常用氢化铝锂还原为胺。根据反应物酰胺上的氮原子上有无取代基,还原产物可以是伯胺、仲胺或叔胺。例如:

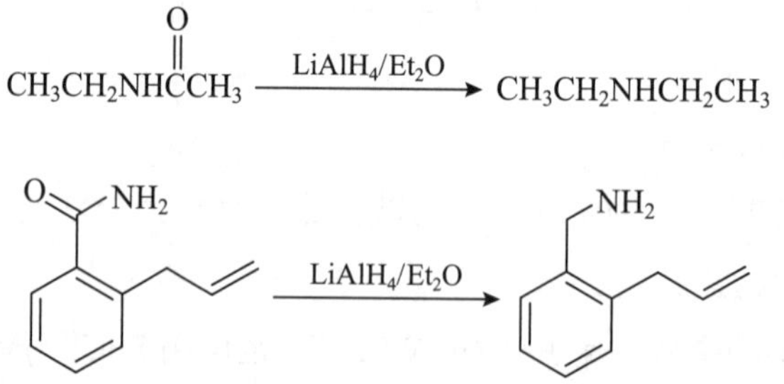

$$CH_3CH_2NHCCH_3 \xrightarrow{\text{LiAlH}_4/\text{Et}_2\text{O}} CH_3CH_2NHCH_2CH_3$$

(四)醛、酮的还原氨(胺)化

氨或胺可以与醛或酮缩合得亚胺,在还原剂存在下可进一步被还原为相应的伯胺、仲胺或叔胺,该制备胺的方法称为还原氨(胺)化。常用的还原方法为催化氢化和金属氢化物还原法(NaBH$_4$、NaBH$_3$CN 和 LiAlH$_4$ 等)。例如:

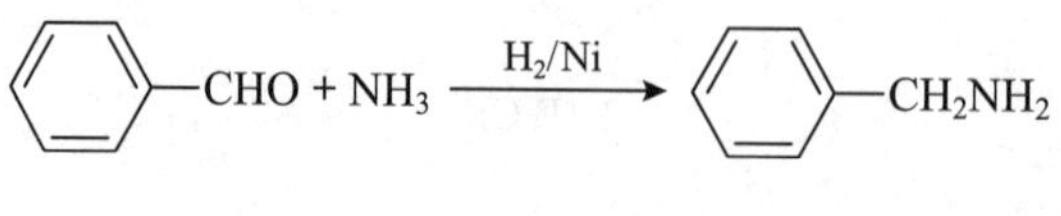

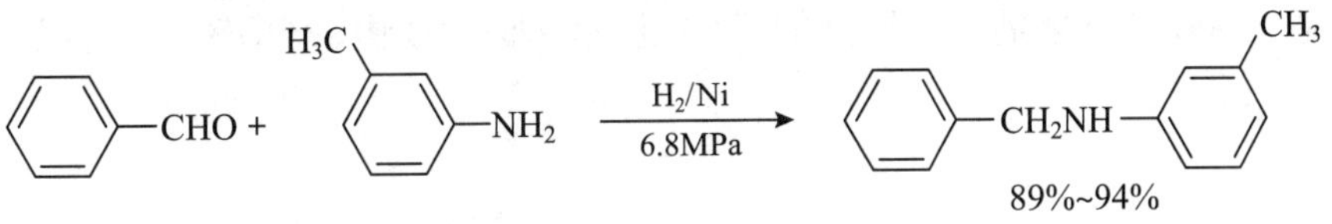

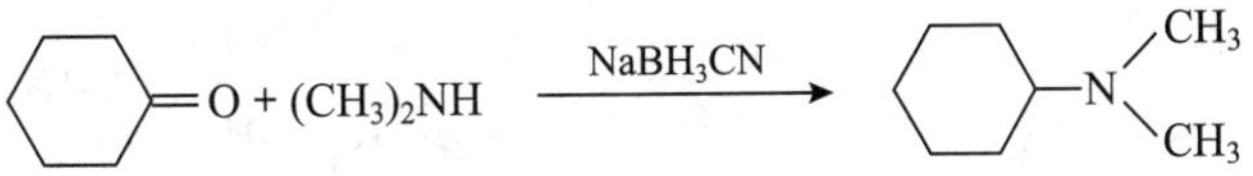

醛或酮在高温下与甲酸铵反应可得伯胺,该反应称为刘卡特(Leuckart)反应。该反应中甲酸铵受热分解为氨和甲酸,氨与醛或酮反应生成亚胺,甲酸作为还原剂进一步将亚胺还原成胺。例如:

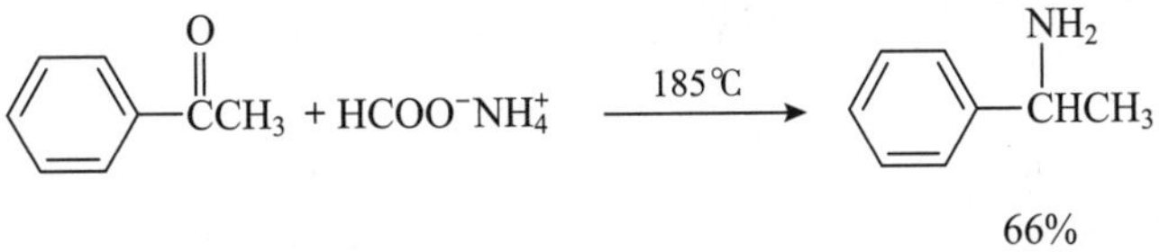

(五)酰胺的霍夫曼(Hofmann)降解

将酰胺用次卤酸钠(如次氯酸钠、次溴酸钠)的碱溶液(或卤素的碱溶液)处理,可脱除羰基制备少一个碳原子的伯胺,该反应称为霍夫曼(Hofmann)降解反应。

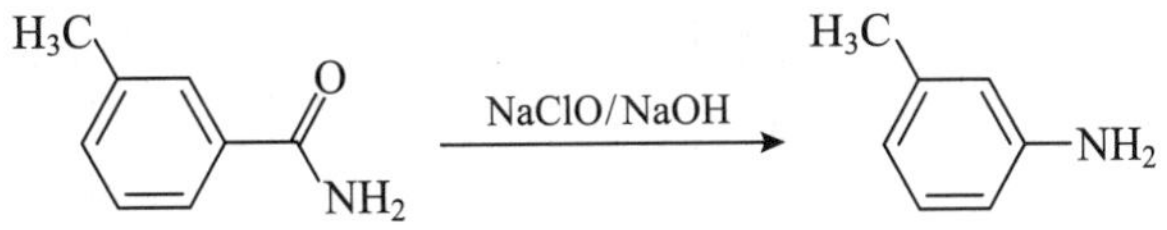

若酰胺中具有手性碳,反应后手性中心的构型保持,从而可制备相应的手性胺。

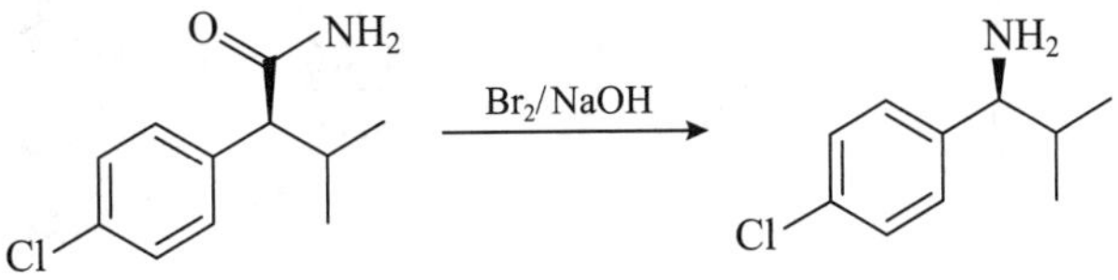

(六)盖布瑞尔(Gabriel)合成法

盖布瑞尔合成法是制备伯胺的一种方法。首先是邻苯二甲酰亚胺在碱性条件下转变为邻苯二甲酰亚胺负离子,随后该负离子与卤代烷通过亲核取代反应生成 N-烷基化合物,再进行水解得到伯胺。其中常使用伯卤代烃制备伯胺,因为在强碱条件下,仲卤代烃和叔卤代烃易发生消除反应。

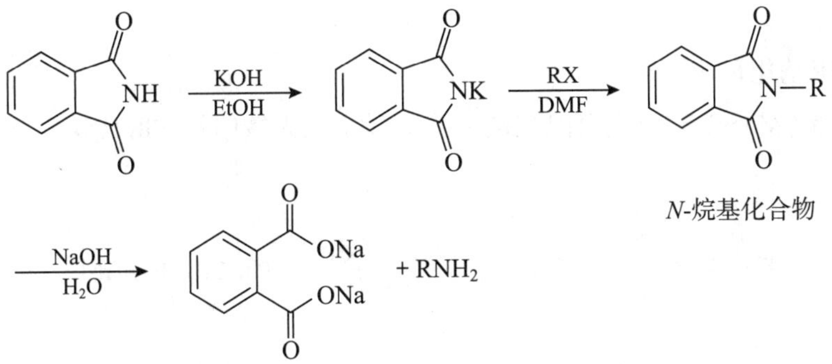

N-烷基化合物的水解需较为剧烈的条件，且水解速度较慢、产率较低，可以采用肼解代替水解来生成胺。

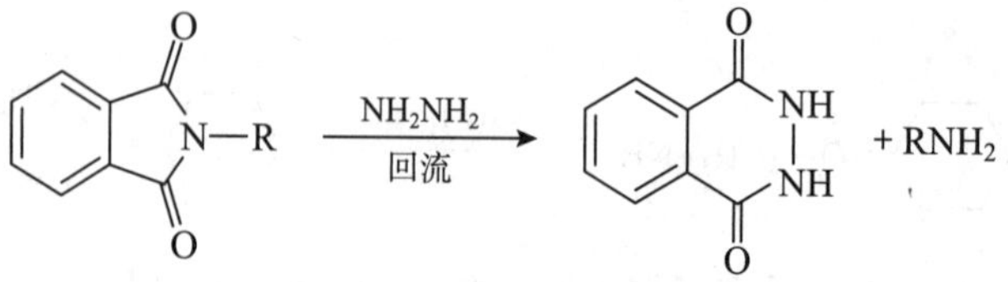

盖布瑞尔合成中的卤代烃可用醇的磺酸酯（如对甲基苯磺酸酯 TsOR）替换，这是由于 TsO^- 比卤素负离子更易离去。邻苯二甲酰亚胺负离子与卤代烃的反应为 S_N2 反应，因此若反应中心是手性碳原子，则产物将发生构型翻转。例如：

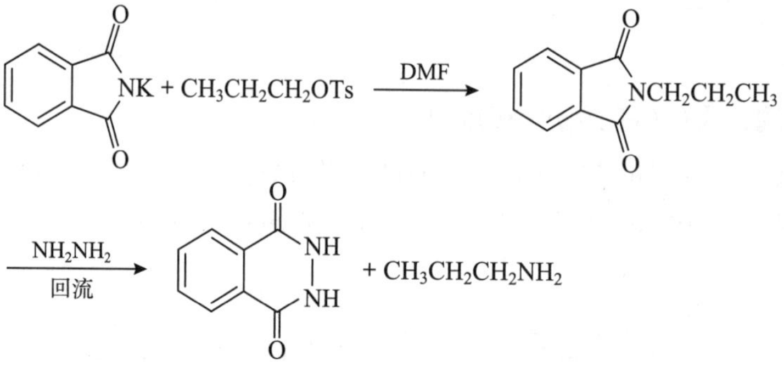

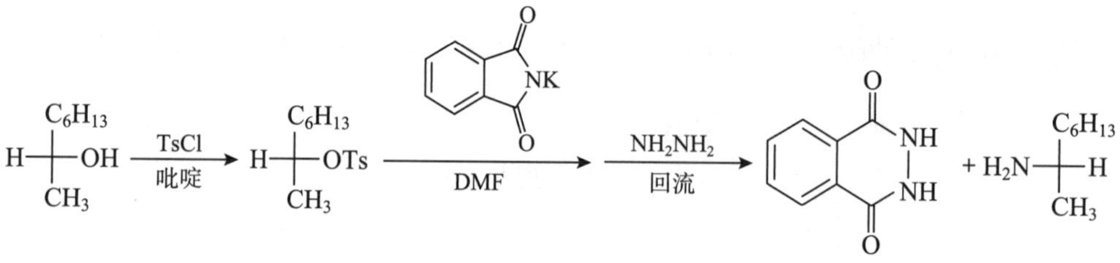

此外，盖布瑞尔合成法还可用于制备 *α*-氨基酸（酯）。

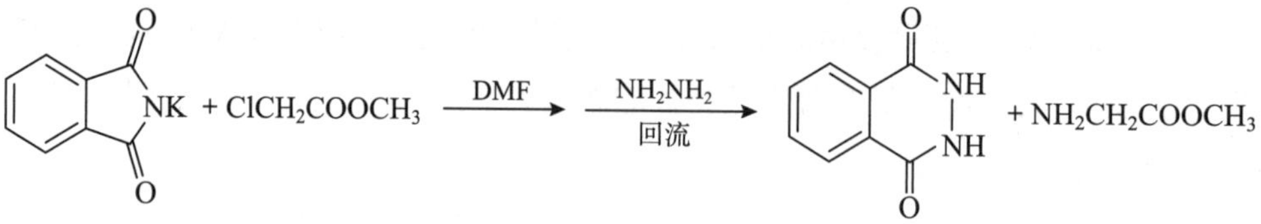

（七）胺甲基化反应

通过曼尼希（Mannich）反应可以在羰基的 *α*-碳上引入氨甲基或取代氨甲基。例如：

$$PhCOCH_3 + HCHO + CH_3NH_2 \xrightarrow[2)\ NaOH]{1)\ HCl/EtOH} PhCOCH_2CH_2NHCH_3$$

第三节　重氮化合物和偶氮化合物

一、命名

重氮化合物可用通式 $R{-}N_2^+X^-$ 来表示,命名时在烃母体(RH)的基础上加上后缀"重氮盐",英文名为 diazonium,再以"X^-"名称为前缀而组成。例如:

$CH_3CH_2N_2^+Cl^-$

氯化乙烷重氮盐
ethanediazonium chloride

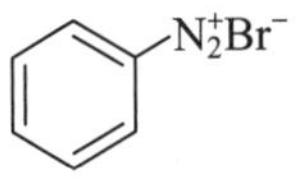

溴化苯重氮盐
benzenediazonium bromide

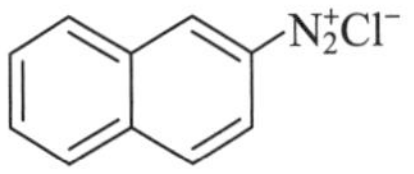

氯化萘-2-重氮盐
naphthalene-2-diazonium chloride

偶氮化合物(azo compound)一般可用通式 $R{-}N{=}N{-}R'$ 表示,命名时可将"$-N{=}N-$"作为母体结构,视作乙氮烯(diazene)的衍生物。例如:

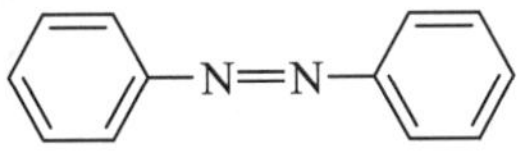

二苯基乙氮烯(俗称偶氮苯)
diphenyldiazene(azobenzene)

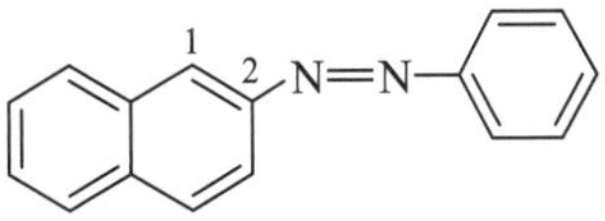

(萘-2-基)苯基乙氮烯(俗称萘-2-偶氮苯)
(naphthalen-2-yl)phenyldiazene(naphthalene-2-azobenzene)

若偶氮化合物 $R{-}N{=}N{-}R'$ 中的 R 上含有主体特性基团,则将其作为母体,"$R'-N{=}N-$"则作为取代基命名。例如:

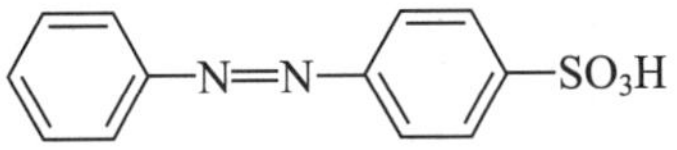

4-(苯基乙氮烯基)苯磺酸,俗称4-(苯基偶氮基)苯磺酸
4-(phenyldiazenyl)benzenesulfonic acid or 4-(phenylazo)benzenesulfonic acid

二、芳香重氮盐的性质

芳香重氮盐在有机合成中的应用非常广泛,其反应可归为两大类:一是重氮基($-N_2^+$)被其他原子或官能团所取代并放出氮气的反应,称为放氮反应;二是产物分子中仍然保留两个氮原子的还原反应和偶联反应,称为留氮反应。

（一）取代反应

重氮基在不同的条件下可被卤素、氰基、羟基、氢原子等取代,制备一般芳香亲电取代反应难以获得的芳香衍生物,为有机合成上极为重要的一类反应。

1. 被卤素或氰基取代　将重氮盐水溶液与碘化钾共热,重氮基易被碘取代,生成芳香碘化物,同时释放氮气。

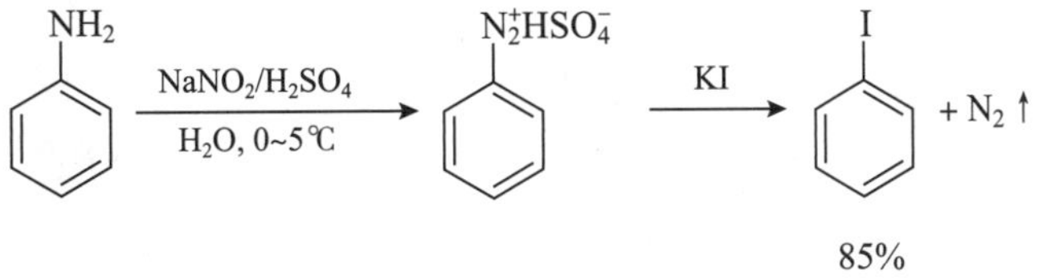

氯离子和溴离子的亲核能力较弱,因此难以采用上述方法直接引入氯或溴原子。1884年,桑德迈尔(Sandmeyer)发现在氯化亚铜或溴化亚铜催化下,重氮盐在氢卤酸溶液中加热,重氮基可分别被氯或溴原子取代,生成芳香氯化物或溴化物。该反应称为桑德迈尔反应(Sandmeyer reaction)。

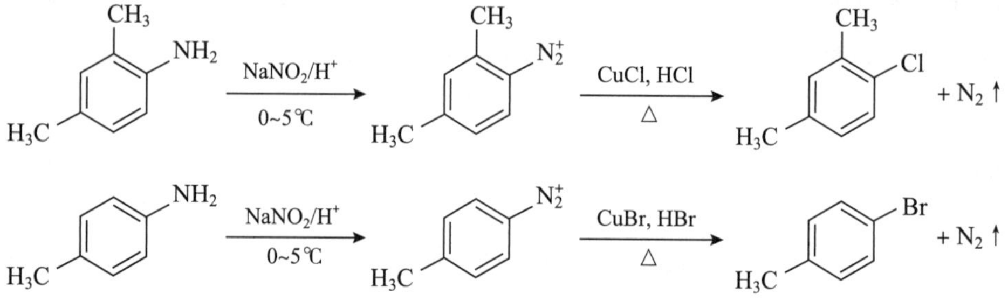

盖特曼(Gattermann)发现用金属铜代替 CuX 也可制得芳香氯化物或溴化物,且反应温度一般较桑德迈尔反应低,操作更为简单,但一般产率相对较低。

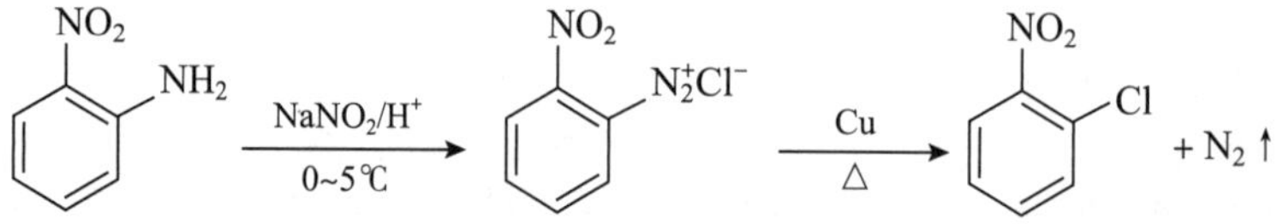

在氰化亚铜作用下,重氮盐的重氮基也可以被氰基取代,生成芳香腈。但该反应需要在中性条件下进行,以免剧毒性的氢氰酸逸出。

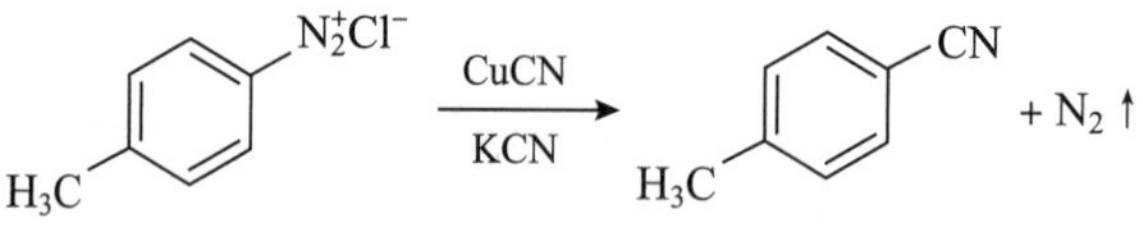

芳环上氟的取代不能通过上述方法引入,往往需先制成氟硼酸重氮盐,其稳定性较高且溶解度较小,可以从水溶液中析出,再将氟硼酸重氮盐干燥后加热可分解生成芳香氟化物,该反应称为席曼(Schiemann)反应。

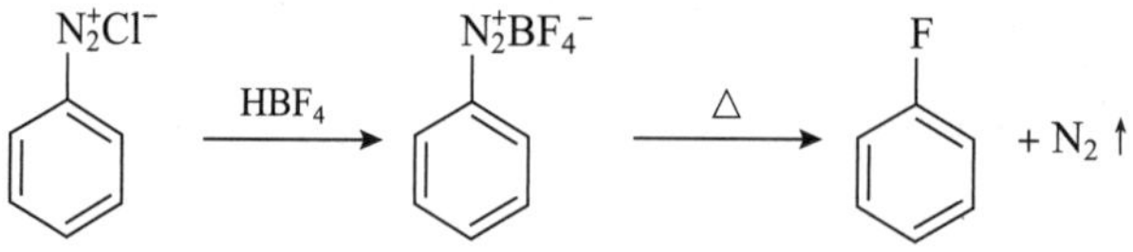

2. 被羟基取代 重氮盐的酸溶液一般很不稳定,即使保持在低温(0~5℃),反应仍会缓慢分解生成酚并释放氮气,提高酸的浓度和反应温度可使水解加速。若重氮盐是在 HCl 或 HBr 条件下制备的,体系中含有 Cl⁻ 或 Br⁻,水解时除了得到酚之外,还会生成氯代或溴代副产物。HSO_4^- 的亲核能力比水弱,因此制备酚时常用重氮硫酸盐以减少副反应。

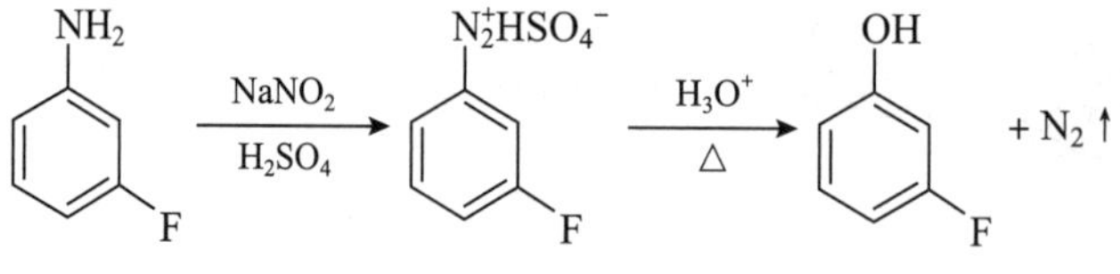

上述水解反应中常会生成副产物偶氮化合物,这是因为反应中生成的酚与尚未水解的重氮盐发生偶联反应。

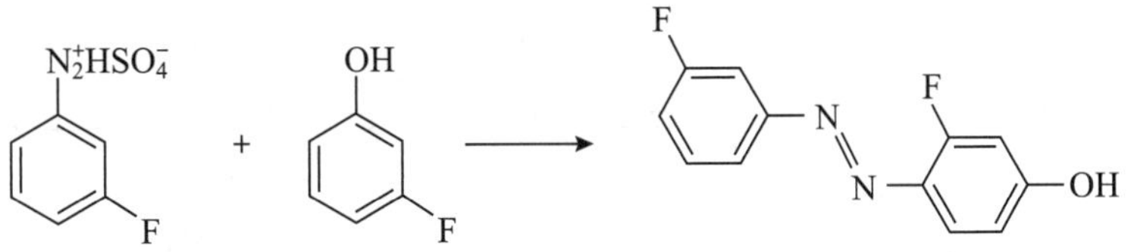

近年发展起来较实用的重氮盐水解方法为在室温条件下,重氮盐在催化量的氧化亚铜与过量的硝酸铜作用下水解,副反应较少,产率较高。

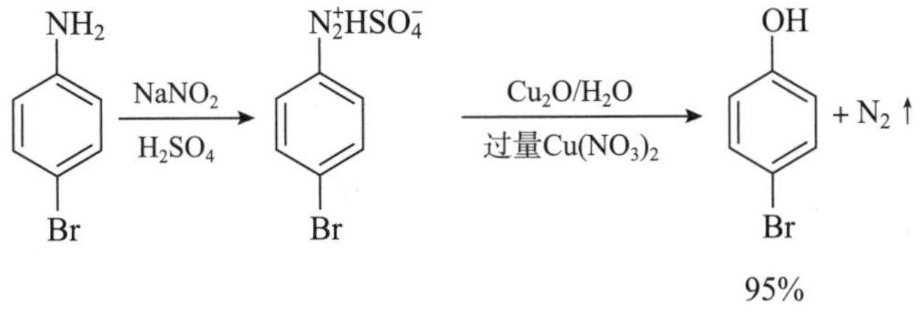

3. 被氢取代　重氮盐在某些还原剂作用下能发生重氮基被氢原子取代的反应,常用的还原剂有次磷酸或乙醇,反应在水溶液中进行。用乙醇作还原剂时会有副产物芳基乙基醚生成。

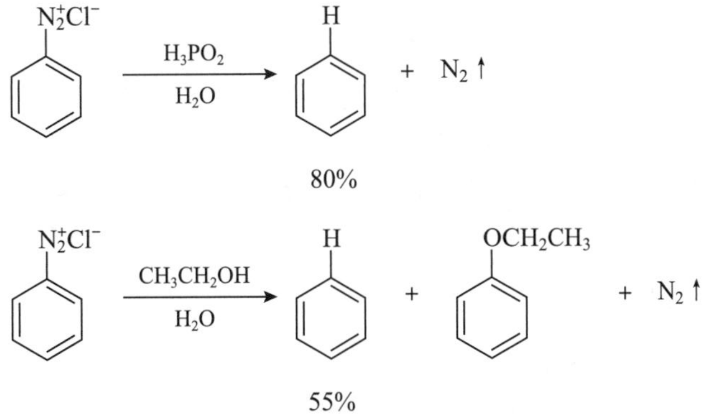

结合氨基的定位作用,巧妙地应用该反应可以合成一些直接取代较难得到的化合物。例如1,3-二氯-5-甲基苯的合成:

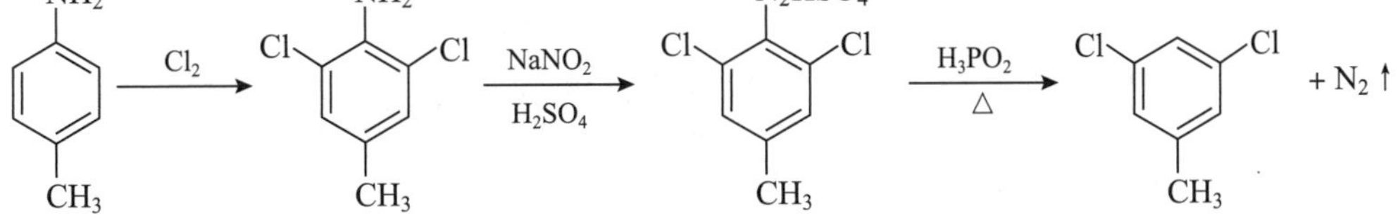

4. 重氮盐的取代反应在合成上的应用　硝化反应可以在苯环上引入硝基,还原成氨基后,再利用氨基的活化作用和定位作用,可在芳环的特定位置引入相关基团,然后氨基又可经重氮盐转化成其他基团如卤素、羟基、氰基、氢等。酚羟基、氰基又可分别转变为一系列苯酚衍生物及羧酸衍生物。该系列反应在芳香化合物的合成中应用极其广泛。

例1：由苯合成间二溴苯。首先用逆合成分析法分析原料和目标产物间的关系，逆合成分析过程如下。

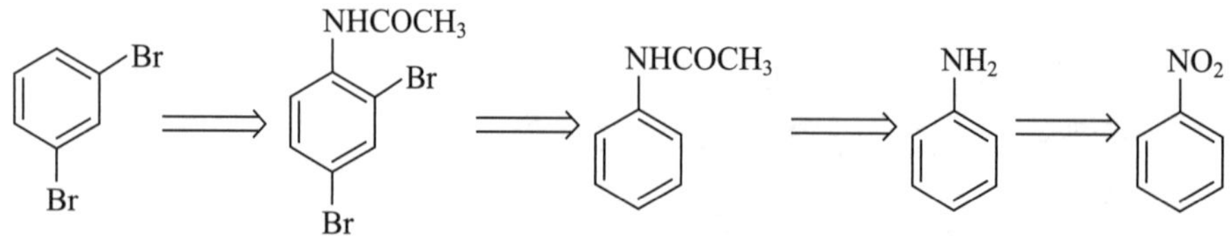

在合成中还需要氨基的保护和脱保护，具体合成路线如下。

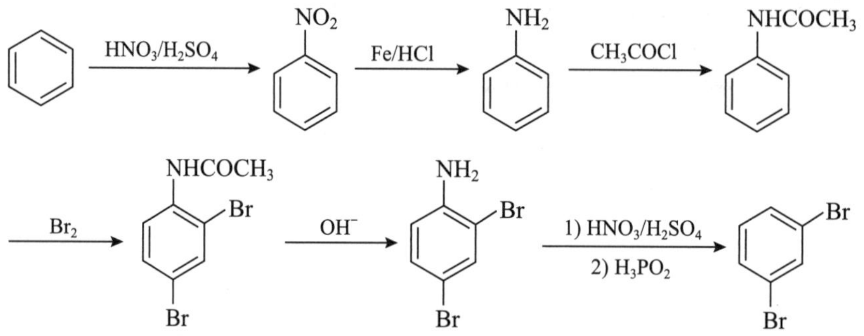

例2：由苯合成1,3-二溴-2-氯-5-氟苯的逆合成分析过程如下。

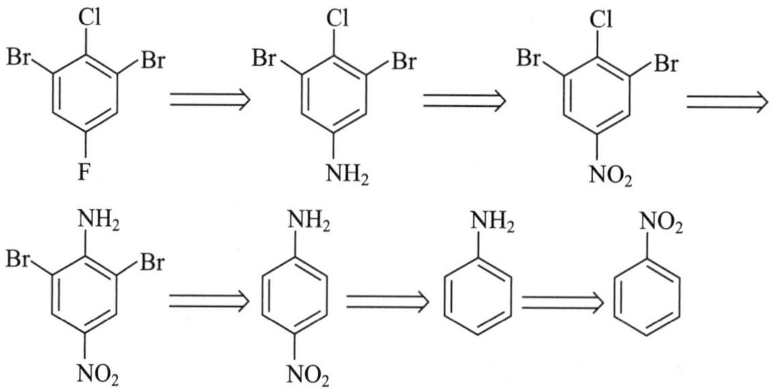

具体合成路线如下。

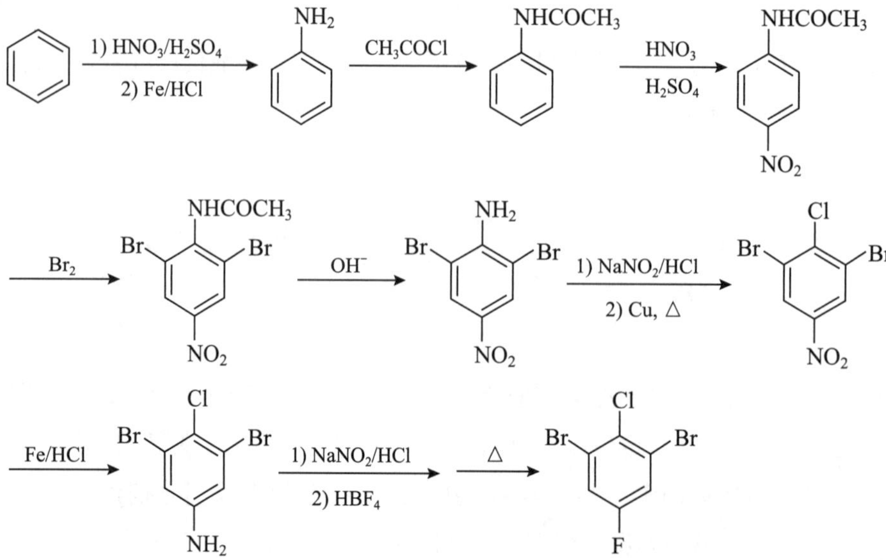

（二）还原反应

芳香重氮盐可以被各种还原剂（如硫代硫酸钠、亚硫酸钠、亚硫酸氢钠、Sn/HCl等）还原为苯肼，这是实验室及工业生产苯肼的常用方法。

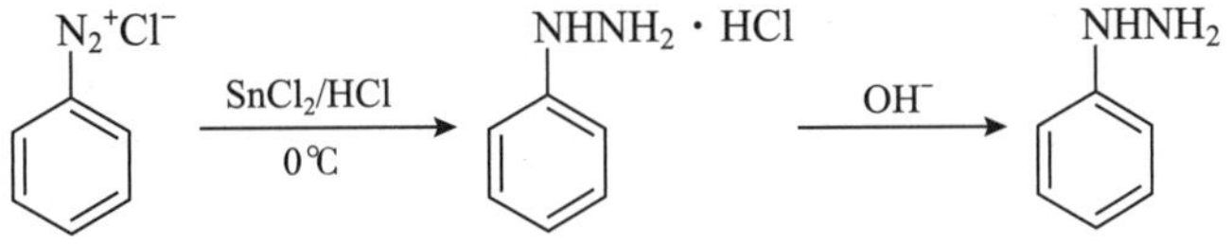

苯肼为无色结晶固体或油状液体，熔点为19.6℃。微溶于水和碱溶液，易溶于酸，能与乙醇、乙醚、氯仿、苯互溶。苯肼具有还原性，在空气中，尤其是在光照下很快变为棕色，因此需避光保存。苯肼可用于鉴定醛、酮、糖类化合物，工业上常用于制备燃料、药物和显影剂等。

若采用较强的还原剂与芳香重氮盐反应，重氮盐将被还原成苯胺。

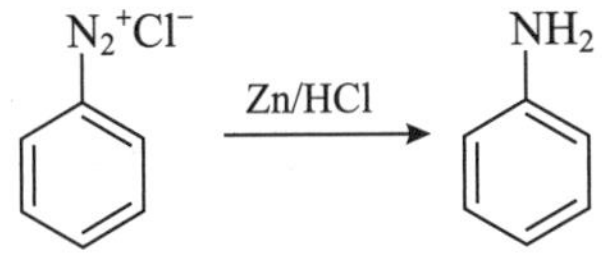

（三）偶联反应

重氮盐正离子是一种弱的亲电试剂，可以与酚类、芳香叔胺等活泼的芳香化合物进行芳香亲电取代反应，生成偶氮化合物（azo compound，Ar—N＝N—Ar′），该反应称为重氮偶联反应（diazonium coupling reaction）。芳香偶氮化合物都有颜色，常被用作染料或指示剂。

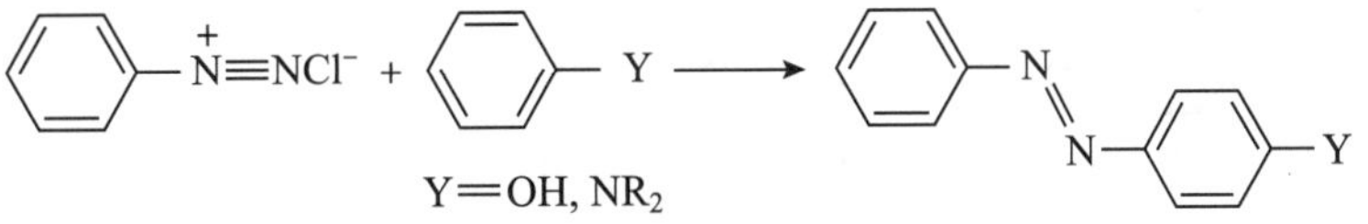

1. 与酚的偶联反应　重氮盐与酚偶联通常在弱碱性条件下（pH＝8～10）进行，偶联反应一般优先发生在羟基的对位；当对位有取代基时，得邻位偶联产物。

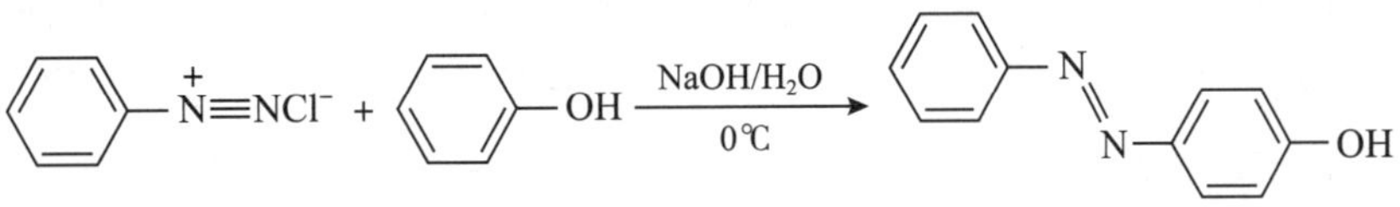

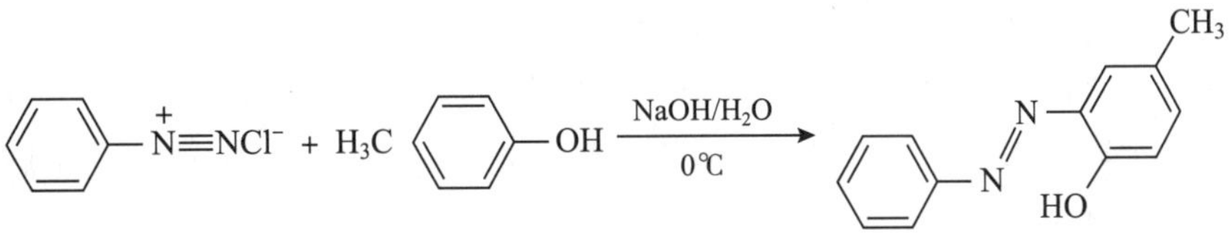

该反应之所以在弱碱下进行是由于酚呈弱酸性，碱性条件下可形成酚盐负离子，给电子共轭效应更强，有利于酚与亲电试剂重氮盐正离子发生偶联反应。但碱性也不宜过强，因为在强碱条件下（pH＞10）芳香重氮盐易转变为重氮酸或重氮酸离子，使得偶联反应速率降低或终止。

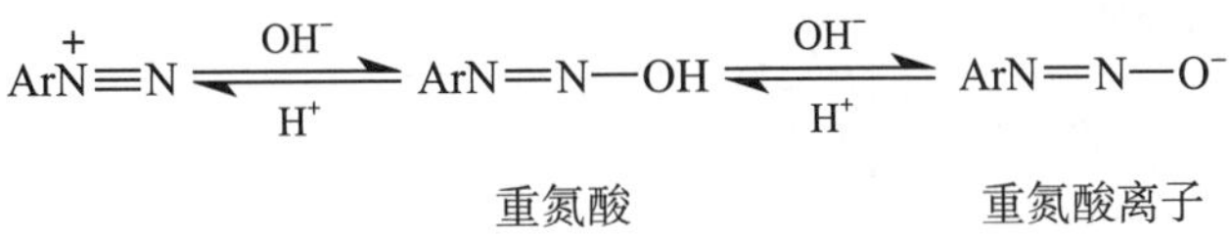

$$ArN^+\!\!\equiv\!\!N \underset{H^+}{\overset{OH^-}{\rightleftharpoons}} ArN\!\!=\!\!N\!\!-\!\!OH \underset{H^+}{\overset{OH^-}{\rightleftharpoons}} ArN\!\!=\!\!N\!\!-\!\!O^-$$

重氮酸　　　　　　重氮酸离子

重氮盐与萘酚也能发生类似的偶联反应。

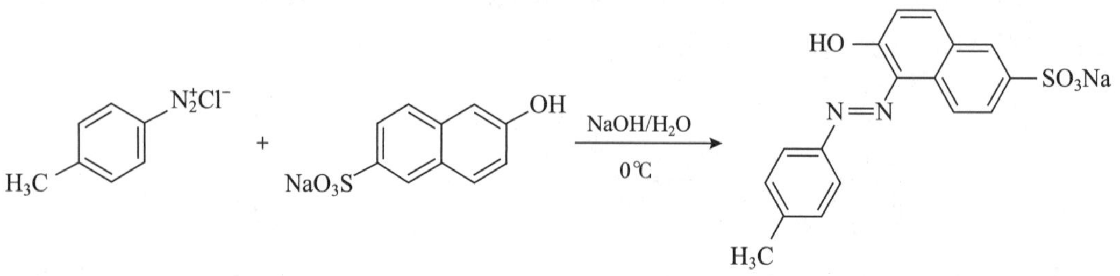

日落黄(食用素色)

2. 与芳胺的偶联反应 芳香重氮盐与芳香叔胺在弱酸性(pH=5~7)溶液中可发生偶联反应,生成对氨基偶氮化物;若氨基的对位被占据,则生成邻位偶联产物。

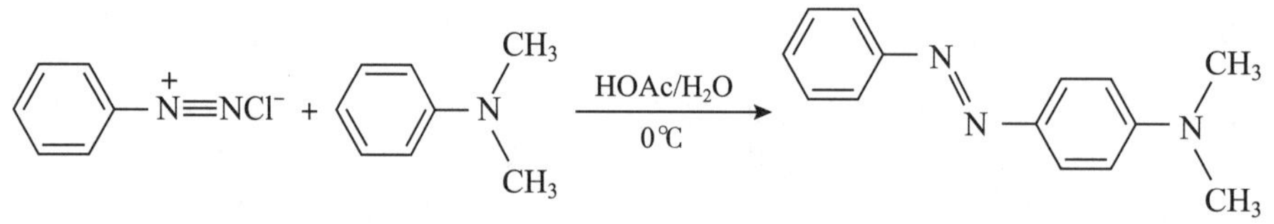

黄色

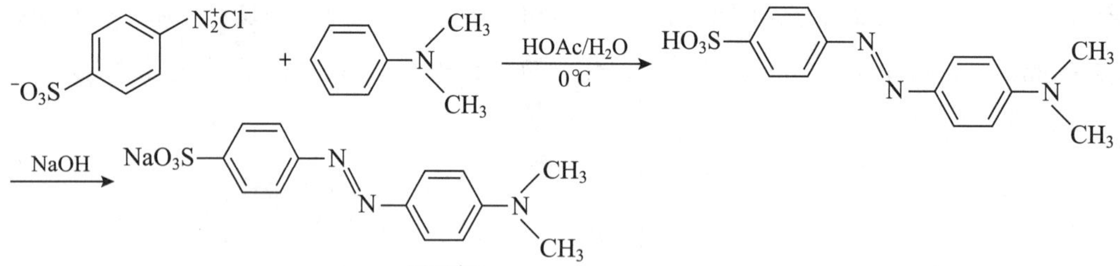

甲基橙

氨基为强致活基团,因此芳香叔胺的芳环上具有良好的亲电取代反应活性。然而芳香叔胺的水溶性较差,这对于重氮盐参与的水相反应是不利的。弱酸条件下可促使芳香叔胺形成铵盐,增大其在水中的溶解度。由于成盐反应是可逆的,随着偶联反应中芳胺的消耗,芳胺的盐会重新转化成芳胺参与反应。该反应体系的酸性不宜过强(pH<5),否则会形成大量铵盐而降低芳胺的浓度,使得偶联反应速率减弱,甚至终止。

芳香伯胺和芳香仲胺的氮原子上连有氢,在冷的弱酸溶液中也可以发生偶联反应,但反应发生在氮原子而不是碳原子上,产物为苯重氮氨基苯。芳香伯胺对应产物的氮上还含有一个氢,可发生互变异构。

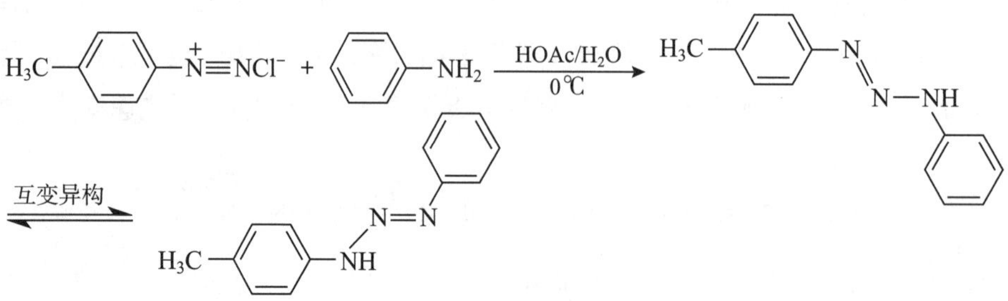

三、重氮甲烷

重氮甲烷（diazomethane，CH_2N_2）是最重要的脂肪族重氮化合物，其为黄色有毒气体，沸点为 −23℃，具有爆炸性，因此制备及使用时需注意安全。重氮甲烷易溶于乙醚、四氢呋喃等溶剂，一般使用其乙醚溶液。制备重氮甲烷最常用的方法是采用 N-甲基-N-亚硝基对甲基苯磺酰胺在碱作用下分解。

$$H_3C-\underset{}{\bigcirc}-\overset{O}{\underset{O}{S}}-\overset{NO}{\underset{}{N}}-CH_3 \xrightarrow[C_2H_5OH]{KOH} H_3C-\underset{}{\bigcirc}-\overset{O}{\underset{O}{S}}-OC_2H_5 + CH_2N_2 + H_2O$$

70%

重氮甲烷为线性分子，其轨道结构如图 11-8 所示。

重氮甲烷的结构亦可用如下共振式表示。

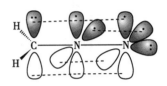

图 11-8　重氮甲烷的结构

$$\left[\overset{H}{\underset{H}{>}}C=\overset{+}{N}=\overset{-}{N}: \longleftrightarrow \overset{H}{\underset{H}{>}}\overset{..}{C}-\overset{+}{N}\equiv N: \right]$$

重氮甲烷非常活泼，能发生多种类型的化学反应，而且反应条件温和、产率高、副反应少，因此它是一种用途非常广泛的有机合成试剂。

（一）与含活泼氢的化合物反应

重氮甲烷为一种重要的甲基化试剂，可与羧酸反应形成甲酯，与酚以及具有烯醇结构的 β-二酮、β-酮酸酯等化合物反应生成甲醚。

$$RCOOH + CH_2N_2 \longrightarrow RCOOCH_3 + N_2\uparrow$$

$$ArOH + CH_2N_2 \longrightarrow ArOCH_3 + N_2\uparrow$$

$$\overset{O}{\underset{Ph}{\parallel}}\underset{}{C}CH_2\overset{O}{\underset{C_2H_5}{\parallel}} + CH_2N_2 \longrightarrow \underset{Ph}{\overset{OCH_3}{C}}=C\overset{O}{\underset{C_2H_5}{\parallel}} + N_2\uparrow$$

（二）与醛、酮的反应

重氮甲烷可与醛、酮反应生成增加一个碳原子的酮。

$$R-\overset{O}{\underset{}{C}}-H + CH_2N_2 \longrightarrow R-\overset{O}{\underset{}{C}}-CH_2-H$$

$$R-\overset{O}{\underset{}{C}}-R' + CH_2N_2 \longrightarrow R-\overset{O}{\underset{}{C}}-CH_2-R'$$

该反应机理为重氮甲烷首先与羰基发生亲核加成，然后发生重排，主产物为增加一个碳的羰基化合物，但也有少量环氧化物生成。

重排中基团的迁移顺序为—H＞—CH₃＞—CH₂R＞—CHR₂＞—CR₃。此反应常用于环酮的扩环，生成增加一个碳的环酮。例如：

63%

15%

（三）分解成卡宾的反应

卡宾（carbene），又称碳烯，是一种碳外层只有六个电子的中性活泼反应中间体，一般只能在反应体系中短暂存在。重氮甲烷在光照、加热或铜催化作用下能够分解生成最简单的亚甲基卡宾（ :CH₂）。

$$H_2\overset{-}{C}\!-\!\overset{+}{N}\equiv N: \longrightarrow\; :CH_2 + N_2\uparrow$$

卡宾有两种结构：单线态和三线态。在单线态卡宾中，中心碳原子为 sp^2 杂化，其中两个 sp^2 杂化轨道参与形成两个 σ 键，键角为 100°～110°，另一个 sp^2 杂化轨道上为一对孤对电子，两个电子自旋方向相反，与 sp^2 杂化轨道平面垂直的 p 轨道为空轨道。在三线态卡宾中，一般认为中心碳原子为 sp 杂化，其中两个 sp 杂化轨道参与形成两个 σ 单键，键角为 136°～180°，碳原子上还有两个相互垂直的 p 轨道，每个 p 轨道容纳一个电子，两个电子的自旋方向相同。除了二卤卡宾以及与氮、氧、硫原子相连的卡宾外，大多数卡宾都处于非直线形的三线态基态。以下是亚甲基卡宾的两种结构（图 11-9 ）。

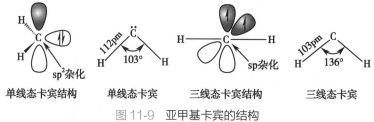

| 单线态卡宾结构 | 单线态卡宾 | 三线态卡宾结构 | 三线态卡宾 |

图 11-9　亚甲基卡宾的结构

卡宾所发生的反应主要是加成反应和插入反应。

1. 加成反应　卡宾是活泼的亲电试剂，易与烯烃或炔烃的 π 键发生加成反应，生成环丙烷衍生物。

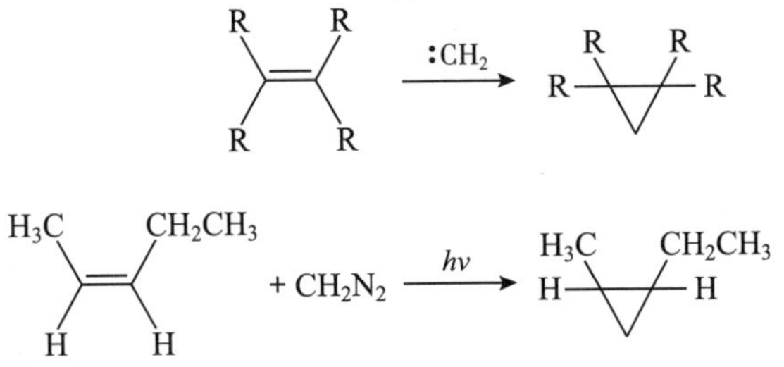

2. 插入反应 卡宾的插入反应是指将“: CH_2”插入碳与其他原子所形成的单键中间，例如插入 C—H、O—H 等键中。插入反应一般没有选择性，往往得到混合物。例如：

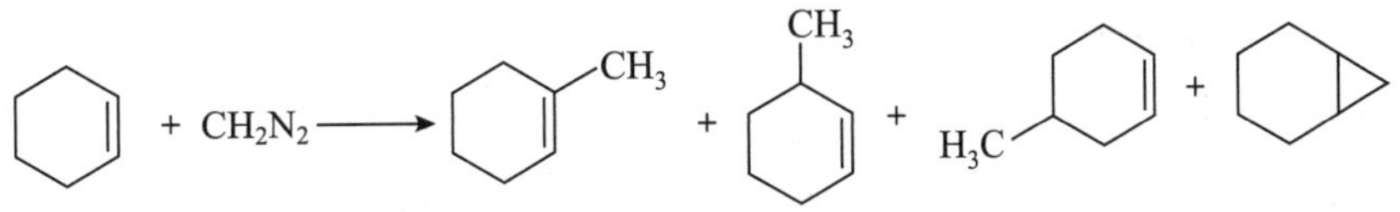

四、偶氮化合物

偶氮化合物中偶氮基(—N═N—)上的氮原子为 sp^2 杂化。与烯烃类似，偶氮化合物存在顺反异构，且一般反式比顺式稳定，两种异构体在光照或加热条件下可相互转化。

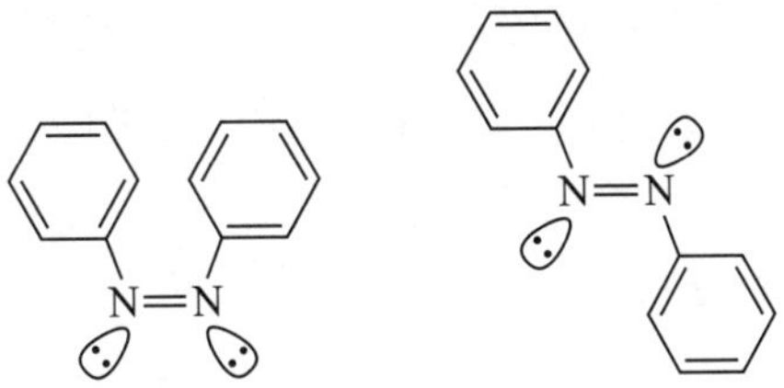

(*Z*)-偶氮苯　　(*E*)-偶氮苯

熔点　71.4℃　　68℃

偶氮化合物除了用作染料、指示剂外，还可用作新型光信息存储材料、聚合反应引发剂等。

偶氮化合物在碱性条件下可以被锌粉还原为氢化偶氮苯，在酸性条件下被还原成芳胺，这是制备芳胺的一种方法。

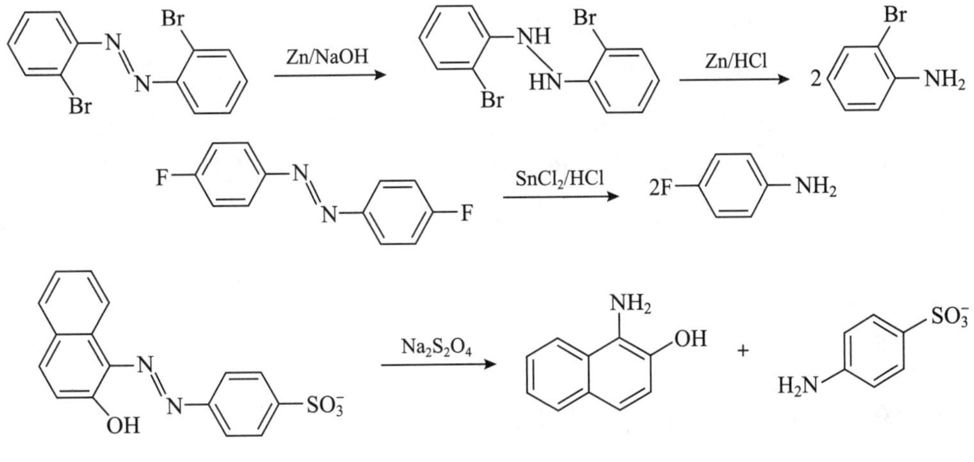

ER11-2 第十一章目标测试

（张晓进）

本章小结

硝基（—NO₂）的氮原子为 sp^2 杂化，为平面结构，中心氮原子带正电荷。硝基具有很强的吸电子诱导效应，对芳环的邻、对位还表现出很强的吸电子共轭效应。一方面，硝基使 α-氢及芳环邻、对位的苄基氢的酸性增强，在碱性条件下易形成碳负离子，可发生一系列碳负离子参与的反应；另一方面，硝基使苯环邻、对位的卤素易于被亲核试剂取代，发生水解、醇解、胺解等反应。

硝基可被多种还原试剂（如金属/HCl、硫化物、金属氢化物、催化氢化等）还原，还原剂的种类、反应条件及反应介质的酸碱性对产物有较大的影响。硝基化合物可还原转变为胺、偶氮或氢化偶氮化合物等。

胺的氮原子上具有一对孤对电子，故胺具有碱性及亲核性。胺可与酸成盐，可发生烷基化、酰化、磺酰化等反应。芳香胺中的氨基与芳环发生 p-π 共轭，具有强给电子效应，氮上的电子云向芳环离域，因此芳香胺的碱性及亲核性均弱于脂肪胺。

在芳胺中，受氨基的给电子效应影响，芳环的电子云密度升高，使得苯环上的亲电取代反应更易发生，且具有邻、对位定位效应。

仲胺与含 α-氢的醛、酮可形成烯胺。由于烯胺结构中存在 p-π 共轭体系，使原羰基的 α-碳上带有部分负电荷，因此烯胺具有亲核性，可与卤代烃、酰卤分别发生烷基化、酰基化反应，产物又可水解成原来的醛、酮和仲胺。这是醛、酮在 α-碳上引入烷基或酰基的重要方法之一。

季铵碱具有强碱性，受热易分解，发生霍夫曼消除反应，反应按 E2 机理进行。通过霍夫曼彻底甲基化反应可测定胺的结构。

重氮盐中的重氮基带正电荷，易发生放氮反应。脂肪族重氮化合物释放 N₂ 后形成碳正离子，继而可发生取代、消除、重排等一系列反应。芳香重氮盐由于 p-π 共轭效应，稳定性相对增强，在一定条件下可被卤素、氰基、羟基、氢等取代。芳香化合物可通过硝化、还原、重氮化等一系列反应，并结合取代基的定位效应，可高效地在芳环上引入特定的取代基。重氮盐还可以通过留氮反应（还原反应和偶合反应）制备芳肼、偶氮化合物等。

习　题

1. 用系统命名法命名下列化合物（标明构型）。

（1）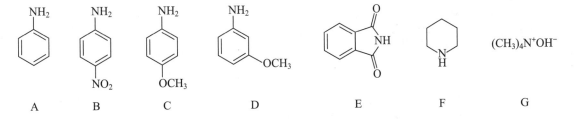 （2） （3）

（4） （5） （6）

（7） （8）

2. 写出下列化合物的结构式。

（1）苦味酸 　　（2）5-二乙氨基-2-硝基苯甲醛 　　（3）（1R,3R）-环己-1,3-二胺

（4）重氮甲烷 　　（5）氯化-N,N,N-三甲基苯胺 　　（6）（E）-萘-2-偶氮苯

3. 回答下列问题。

（1）将下列化合物的碱性从强到弱进行排序。

A　　　B　　　C　　　D　　　E　　　F　　　G

（2）下列哪些化合物可以拆分得到一对对映体？

A　　　B　　　C　　　D　　　E

（3）下列化合物可在 NaOH/H$_2$O 条件下发生水解反应,将其反应速率从大到小进行排序。

A　　　B　　　C　　　D

（4）季铵碱 A 受热主要生成 B 和甲醇,而难以发生消除反应生成烯烃,试解释其原因。

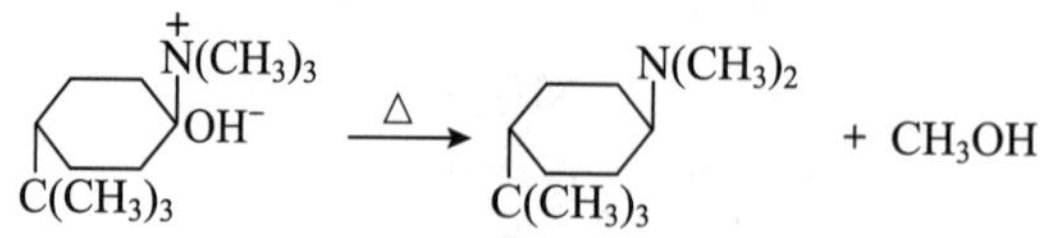

A   B $+ CH_3OH$

（5）试写出反应机理。

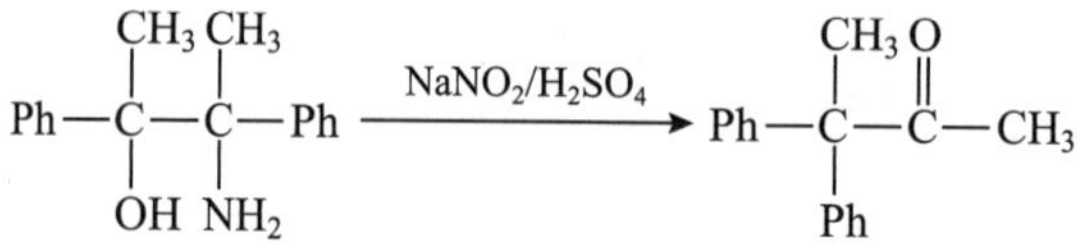

$$Ph-\underset{OH}{\underset{|}{\overset{CH_3}{\overset{|}{C}}}}-\underset{NH_2}{\underset{|}{\overset{CH_3}{\overset{|}{C}}}}-Ph \xrightarrow{NaNO_2/H_2SO_4} Ph-\underset{Ph}{\underset{|}{\overset{CH_3}{\overset{|}{C}}}}-\underset{}{\overset{O}{\overset{\|}{C}}}-CH_3$$

4. 完成下列反应式。

（1） 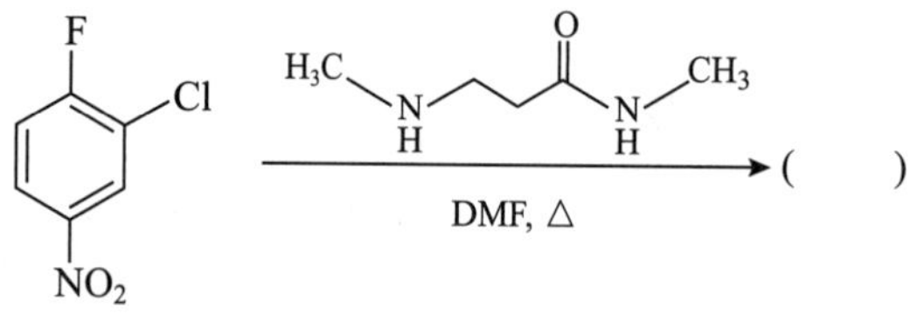
$$\xrightarrow[\text{DMF, }\triangle]{H_3C\underset{H}{\overset{}{N}}\cdots\underset{H}{\overset{O}{N}}CH_3} (\quad)$$

（2）
$$H-\overset{Ph}{\underset{Ph}{\overset{|}{\underset{|}{\overset{+}{N}(CH_3)_3OH^-}}}}-CH_3 \xrightarrow{\triangle} (\quad)$$

（3）
$$\xrightarrow[\text{NaOH}]{PhCHO} (\quad)$$

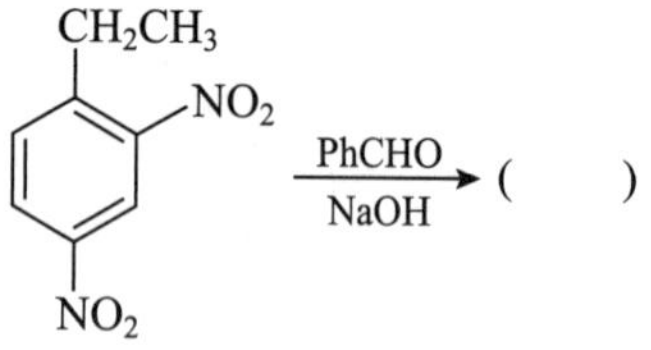

（4） 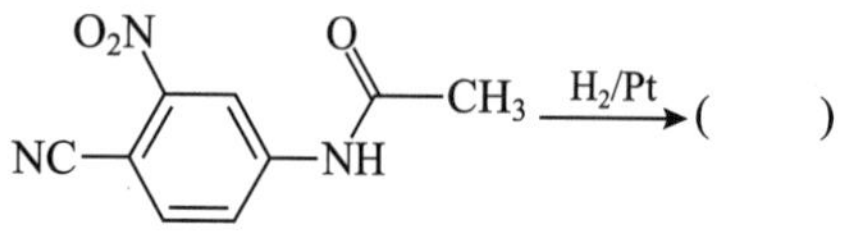
$$\xrightarrow{H_2/Pt} (\quad)$$

（5） 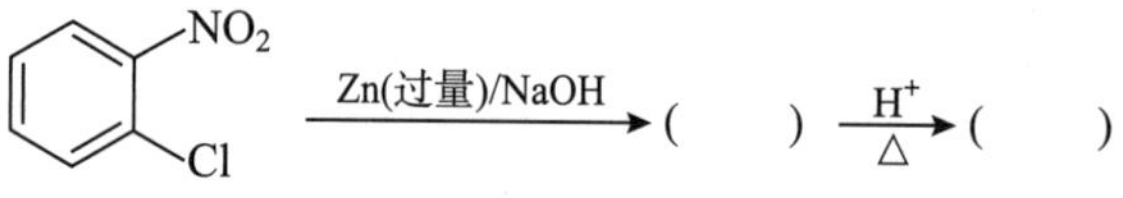
$$\xrightarrow{Zn(过量)/NaOH} (\quad) \xrightarrow[\triangle]{H^+} (\quad)$$

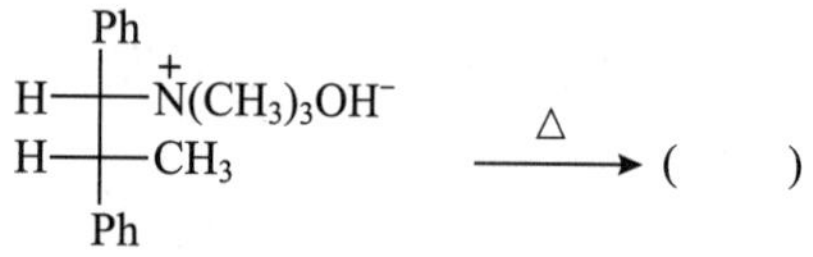

（6） 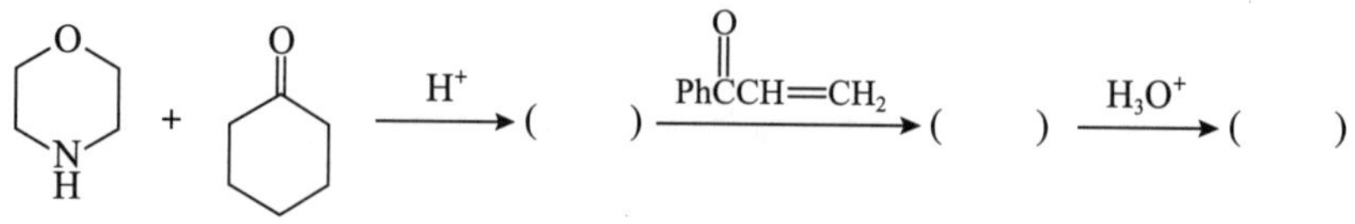
$$\xrightarrow{H^+} (\quad) \xrightarrow{PhCCH=CH_2} (\quad) \xrightarrow{H_3O^+} (\quad)$$

（7） 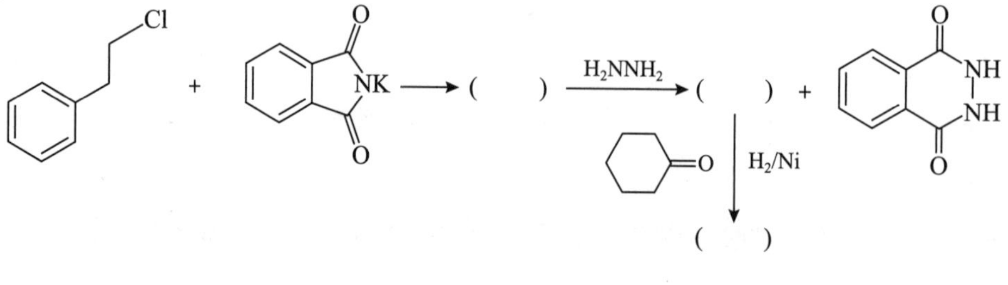
$$+ \xrightarrow{} (\quad) \xrightarrow{H_2NNH_2} (\quad) + \xrightarrow[]{} $$
$$\downarrow H_2/Ni$$
$$(\quad)$$

（8）

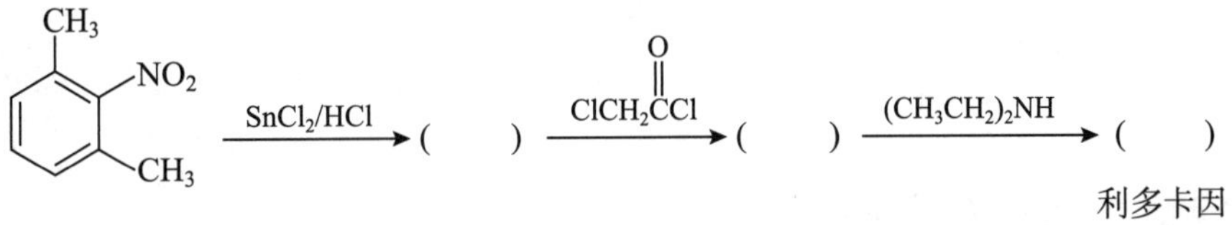

$$\underset{\text{苯环（2,6-二甲基硝基苯）}}{\overset{CH_3}{\underset{CH_3}{\bigcirc NO_2}}} \xrightarrow{SnCl_2/HCl} (\qquad) \xrightarrow[\text{ClCH}_2\text{CCl}]{\overset{O}{\parallel}} (\qquad) \xrightarrow{(CH_3CH_2)_2NH} (\qquad)$$

利多卡因
Lidocaine
（局部麻醉药）

5. 镇痛药哌替啶的结构式为 $C_{15}H_{21}NO_2$，可发生下列反应，试推测其结构。

$$C_{15}H_{21}NO_2 \xrightarrow[\substack{2)\ Ag_2O/H_2O \\ 3)\ \triangle}]{1)\ CH_3I(\text{过量})} C_{16}H_{23}NO_2 \xrightarrow[\substack{2)\ Ag_2O/H_2O \\ 3)\ \triangle}]{1)\ CH_3I(\text{过量})} C_{14}H_{16}O_2 + \text{三甲胺}$$

$$C_{14}H_{16}O_2 \xrightarrow[\substack{2)\ Zn/H_2O}]{1)\ O_3} \underset{OHC \quad CHO}{\overset{O}{\underset{\qquad}{\bigcirc}}} + 2HCHO$$

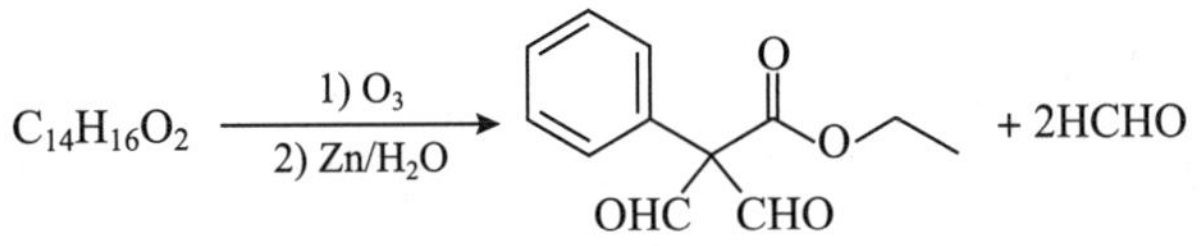

6. 完成下列转化（其他试剂任选）。

（1）

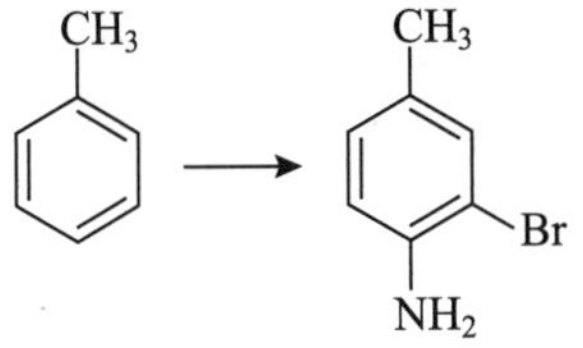

（2）

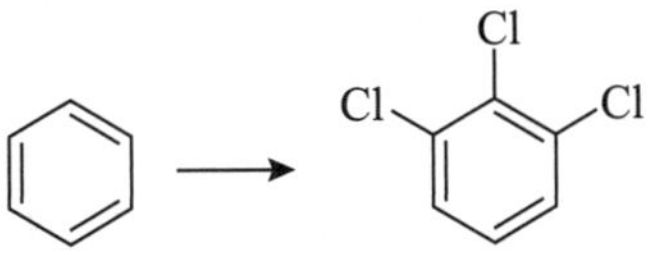

（3）

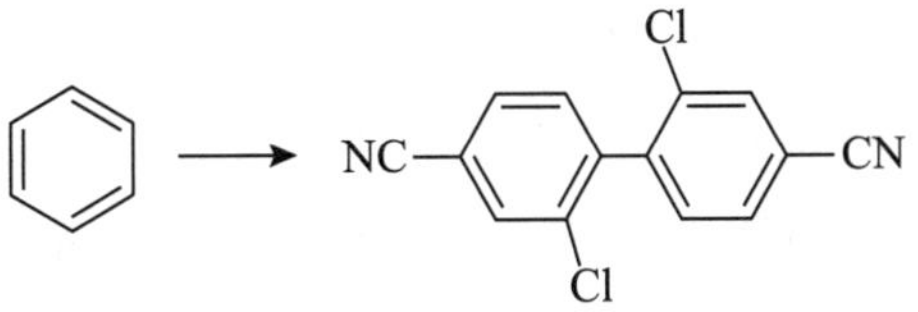

（4）

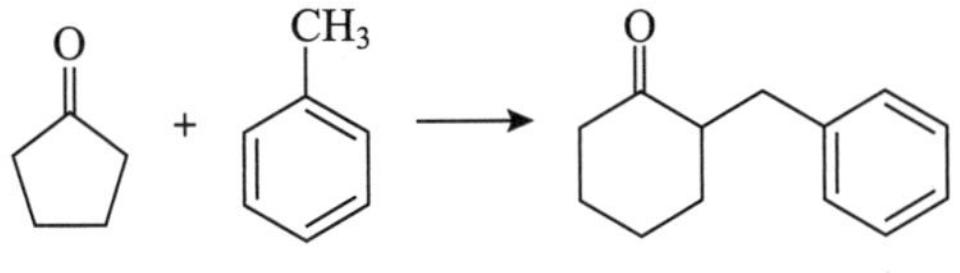

（5）

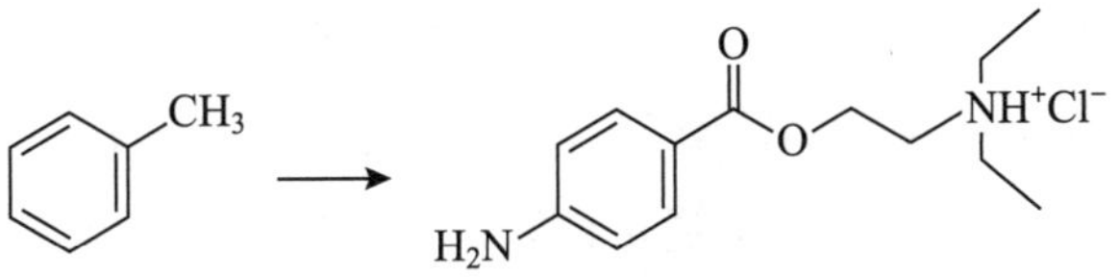

盐酸普鲁卡因(局部麻醉药)

第十二章 杂环化合物

　　在环状化合物中,参与成环的原子除碳以外还有其他原子(常见的有氧、硫和氮等原子,通常称为杂原子),这类化合物称为杂环化合物(heterocyclic compound)。自然界中的杂环化合物种类繁多、用途广泛,其中许多具有重要的生物活性或药理活性。例如叶绿素为植物提供绿色,是植物进行光合作用不可缺少的物质;喹啉类生物碱喜树碱对多种动物肿瘤有抑制作用,与常用的其他抗肿瘤药无交叉耐药性;腺嘌呤、鸟嘌呤是构成核酸以及脱氧核酸的基本碱基,在生命活动中起着重要作用;人工合成药物磺胺甲噁唑、头孢地尼等均属于杂环类化合物,在治疗尿路感染、呼吸道感染等方面均显示出明显的抗菌作用。再例如在光电材料领域中,含噻唑、噻吩等结构单元的杂环类有机半导体材料均表现出优良的载流子迁移率。因此,关于杂环化合物的研究一直是科研工作者关注的热点。

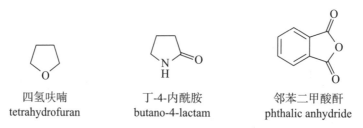

磺胺甲噁唑(SMZ,新诺明)　　　　长春新碱　　　　腺嘌呤

　　前面章节中的内酯、环状酰胺、环状酸酐、环醚等环状化合物的环结构中虽然也含有杂原子,但它们的性质与相应的开链化合物相似,通常把它们放在一般的脂肪族化合物中介绍。

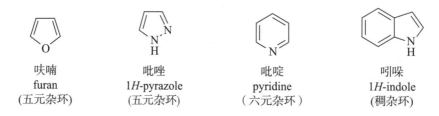

四氢呋喃　　　　　　　丁-4-内酰胺　　　　　　邻苯二甲酸酐
tetrahydrofuran　　　butano-4-lactam　　　phthalic anhydride

　　呋喃、吡唑、吡啶、吲哚等化合物中的环结构较稳定,具有平面结构,显示出一定的芳香性,其结构和反应活性与苯有相似之处,这类化合物通常称为芳杂环化合物。本章主要介绍芳杂环化合物,其中包括五元杂环、六元杂环以及典型的稠杂环类化合物。

呋喃　　　　　吡唑　　　　　吡啶　　　　　吲哚
furan　　　　1H-pyrazole　　pyridine　　　1H-indole
（五元杂环）　（五元杂环）　　（六元杂环）　（稠杂环）

第一节　分类和命名

杂环化合物可按杂环的骨架分为单杂环化合物和稠杂环化合物；单杂环化合物按环的大小又可分为五元杂环化合物和六元杂环化合物；根据杂原子数目的多少可分为含有一个杂原子和含有两个或多个杂原子的杂环化合物；稠杂环分为芳环并杂环和杂环并杂环；根据所含杂原子的种类不同可分为氧杂环、硫杂环和氮杂环等。

五元杂环化合物和六元杂环化合物的分类及名称分别见表 12-1 和表 12-2。

表 12-1　五元杂环化合物的分类及名称

类别	含一个杂原子			含两个杂原子			
单环	 呋喃 furan 	噻吩 thiophene 	吡咯 1*H*-pyrrole	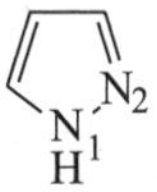 吡唑 1*H*-pyrazole 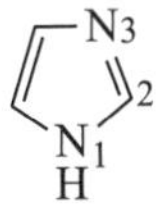	咪唑 1*H*-imidazole 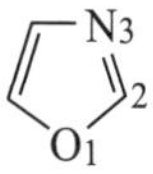	噁唑 oxazole 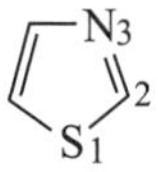	噻唑 thiazole
稠环	吲哚(苯并吡咯) 1*H*-indole	苯并呋喃 benzofuran	苯并噻吩 benzothiophene	苯并咪唑 benzoimidazole	苯并噁唑 benzoxazole	苯并噻唑 benzothiazole	

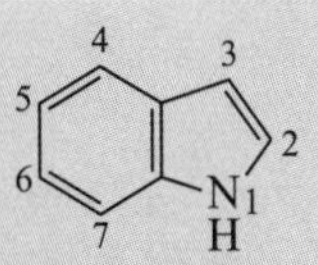

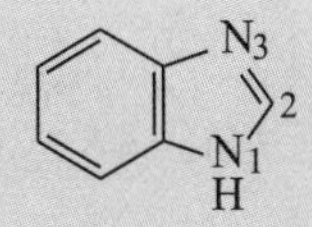

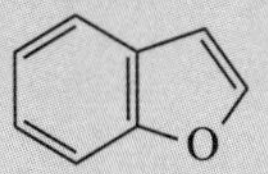

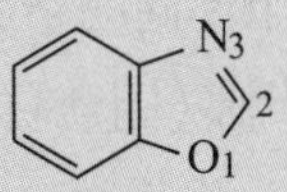

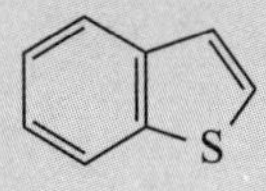

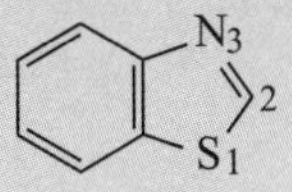

表 12-2　六元杂环化合物的分类及名称

类别	含有一个杂原子			含有两个杂原子		
单环	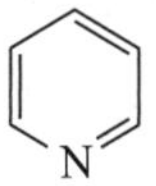 吡啶 pyridine 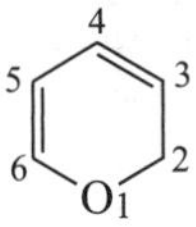	2*H*-吡喃 2*H*-pyran 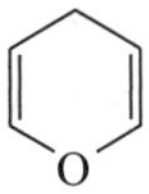	4*H*-吡喃 4*H*-pyran	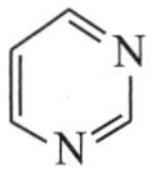 嘧啶 /rimidin 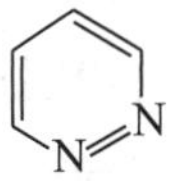	哒嗪 pyridazine 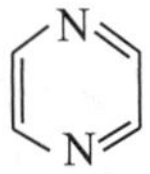	吡嗪 pyrazine
稠环	喹啉 quinoline	异喹啉 isoquinoline	吖啶 acridine	酞嗪 phthalazine	1,10-菲咯啉 1,10-phenanthroline	

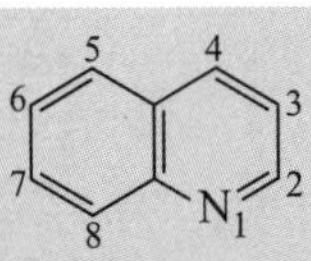

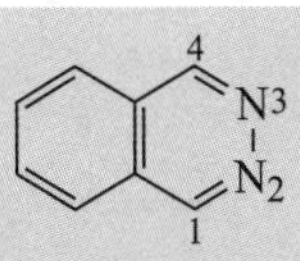

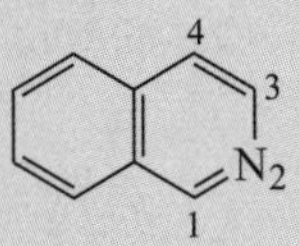

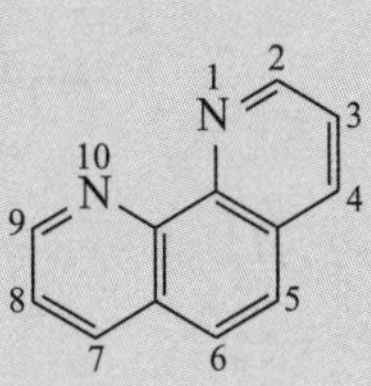

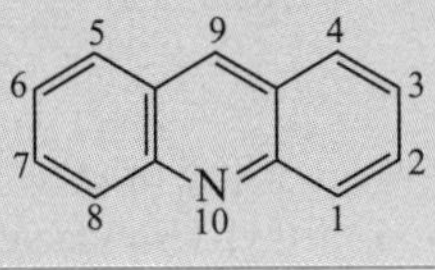

杂环化合物一般采用音译法,即按照杂环化合物的英文译音,选用同音的汉字,再加"口"字旁。当杂环化合物环上有取代基时,杂环上的编号一般从杂原子开始,依次用1、2、3……编号,杂原子旁边的碳原子可以按数字依次排序,也可以用希腊字母依次编为 α、β、γ 等。如果环中有相同的杂原子,则从带有氢原子或取代基的那个杂原子开始编号,并使各杂原子的位次之和最小。对于稠杂环上的编号,大多是固定编号。

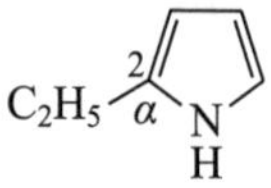

2-乙基吡咯
2-ethyl-1*H*-pyrrole

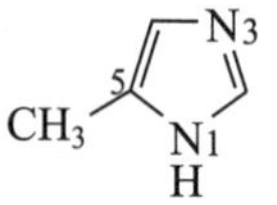

5-甲基咪唑
5-methyl-1*H*-imidazole

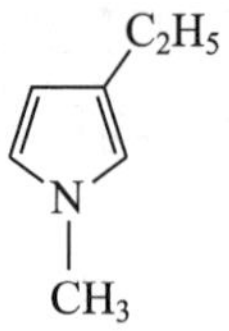

3-乙基-1-甲基吡咯
3-ethyl-1-methyl-1*H*-pyrrole

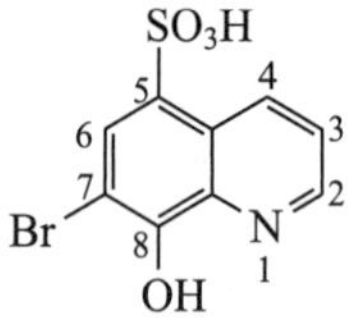

7-溴-8-羟基喹啉-5-磺酸
7-bromo-8-hydroxyquinoline-5-sulfonic acid

如果环中有两个或几个不同的杂原子时,则按 O、S、N 的顺序依次编号。命名时以杂环为母体或者将杂环作为取代基(因含有更重要的官能团)。

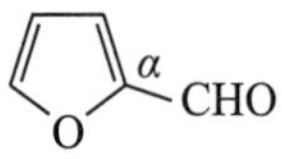

呋喃-2-甲醛(呋喃-α-甲醛)
furan-2-carbaldehyde

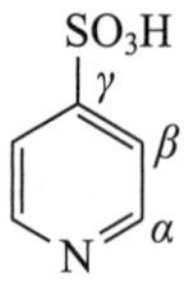

吡啶-4-磺酸(吡啶-γ-磺酸)
pyridine-4-sulfonic acid

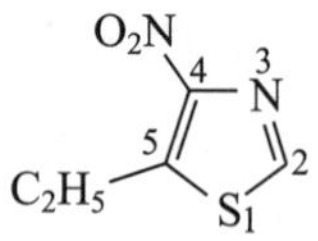

5-乙基-4-硝基噻唑
5-ethyl-4-nitrothiazole

命名不同饱和程度的杂环化合物时要标明氢化的程度和位置。含有活泼氢(称为指示氢)的杂环及其衍生物可能存在互变异构,命名时可用位号加"*H*"(要求斜体大写)作词首来表示指示氢位置不同的异构体。

四氢呋喃
tetrahydrofuran

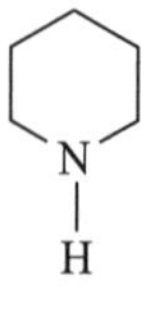

六氢吡啶(哌啶)
hexahydropyridine(piperidine)

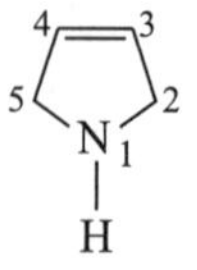

2,5-二氢吡咯
2,5-dihydro-1*H*-pyrrole

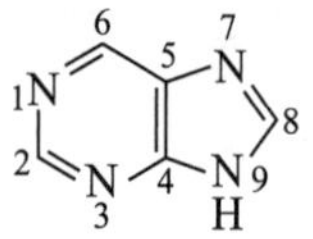

9*H*-嘌呤
9*H*-purine

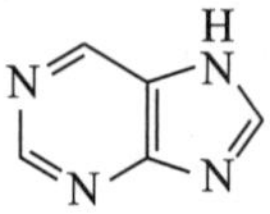

7*H*-嘌呤
7*H*-purine

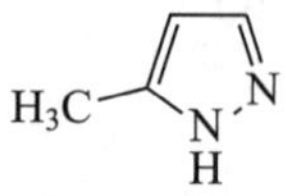

5-甲基吡唑
5-methyl-1*H*-pyrazole

第二节 五元杂环化合物

一、呋喃、噻吩、吡咯

（一）结构和物理性质

五元杂环化合物呋喃、噻吩、吡咯的结构和苯相类似，构成环的四个碳原子和杂原子（O、S、N）均为 sp^2 杂化状态，它们以 σ 键相连形成一个五元环平面（图 12-1）。四个碳原子上未参与杂化的 p 轨道（占据 1 个电子）与杂原子上未参与杂化的 p 轨道（占据 2 个电子）都垂直于五元环平面，相互平行肩并肩重叠，构成一个环状闭合共轭体系，形成的大 π 键其离域电子总数为 6 个。因为符合休克尔（Hückel）规则，所以呋喃、噻吩和吡咯具有芳香性。共轭体系中的 6 个电子分散在 5 个原子上，使整个环的 π 电子云密度较苯大，称为多 π 芳杂环，因此比苯容易发生亲电取代反应。

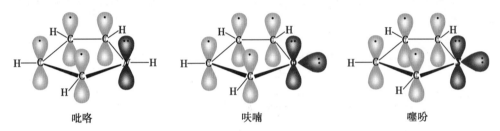

吡咯　　　　　　　　呋喃　　　　　　　　噻吩

图 12-1　吡咯、呋喃和噻吩的分子结构

O、S、N 的电负性均大于碳，因此杂环上的 π 电子云密度不像苯环那样均匀，导致呋喃、噻吩和吡咯的离域能均小于苯，但比大多数共轭二烯的离域能（表 12-3）要大得多，因此芳香性大小顺序为苯＞噻吩（性质与苯接近）＞吡咯＞呋喃（具有部分共轭二烯的性质），稳定性大小顺序为噻吩＞吡咯＞呋喃。

表 12-3　离域能数据表

化合物	苯	噻吩	吡咯	呋喃	共轭二烯
离域能/（kJ/mol）	152	117	88	67	12～28

呋喃存在于松木焦油中，为无色液体，沸点为 32℃，不溶于水，在空气中能够缓慢聚合。噻吩主要存在于煤焦油的粗苯中，有难闻的臭味，沸点为 84℃。吡咯是一种具有微弱的苯胺气味的无色油状液体，沸点为 113℃，难溶于水，能与大部分有机溶剂混溶，在空气中吡咯的颜色变深并逐渐变成树脂状物。

（二）化学性质

呋喃、噻吩和吡咯环上的电子云密度大于苯，比苯容易发生亲电取代反应。由于给电子共轭效应顺序为 N＞O＞S，亲电取代反应活性顺序为吡咯＞呋喃＞噻吩，亲电取代反应主要发生在电子云密度较大的 α-位。

1. 卤化反应　通常情况下，呋喃、噻吩和吡咯与卤素在室温条件下反应容易得到多卤代物。若要得到一卤代物，需要将反应物浓度降低并在低温条件下进行反应。

吡咯 $\xrightarrow{\text{I}_2,\ \text{KI}}$ 2,3,4,5-四碘吡咯

呋喃 $\xrightarrow[-40\,℃]{\text{Cl}_2}$ 2-氯呋喃 + 2,5-二氯呋喃

呋喃 + Br_2 $\xrightarrow[0\,℃]{\text{二噁烷}}$ 2-溴呋喃 + HBr

噻吩 + I_2 $\xrightarrow[0\,℃]{\text{HgO, 苯}}$ 2-碘噻吩

2. 硝化反应　在硝酸的强酸性条件下呋喃和吡咯容易进行聚合或氧化反应,因此硝化反应一般在温和的硝化试剂和低温条件下进行。乙酸硝酸酯是由乙酸和硝酸低温条件下生成的硝化试剂。

$$\text{HNO}_3 + (\text{CH}_3\text{CO})_2\text{O} \longrightarrow \text{CH}_3\text{COONO}_2 + \text{CH}_3\text{COOH}$$

吡咯 $\xrightarrow[-10\,℃]{\text{CH}_3\text{COONO}_2}$ 2-硝基吡咯(主要产物) + 3-硝基吡咯

噻吩 $\xrightarrow[0\,℃]{\text{CH}_3\text{COONO}_2}$ 2-硝基噻吩(主要产物) + 3-硝基噻吩

3. 磺化反应　通常情况下噻吩可直接用硫酸磺化,但是呋喃和吡咯必须用吡啶的三氧化硫加合物作为磺化剂。

呋喃 $\xrightarrow{\text{C}_5\text{H}_5\text{N} \cdot \text{SO}_3}$ 呋喃-2-磺酸

吡咯 $\xrightarrow{\text{C}_5\text{H}_5\text{N} \cdot \text{SO}_3}$ 吡咯-2-磺酸

噻吩 $\xrightarrow[\text{室温}]{\text{H}_2\text{SO}_4}$ 噻吩-2-磺酸

4. Friedel-Crafts 烷基化和酰基化反应　呋喃、噻吩和吡咯的 Friedel-Crafts 烷基化反应常得到混合的多烷基取代物且不易分离。由于难以得到一烷基取代产物,Friedel-Crafts 烷基化反应的合成应用价值较低。Friedel-Crafts 酰基化反应可在路易斯酸催化下进行,反应主要发生在 α- 位,对于活性大的吡咯甚至可不用催化剂,直接用酸酐酰化。若吡咯在三乙胺、乙

酸钠等碱性条件下进行酰化,主要得到 N-酰化产物。

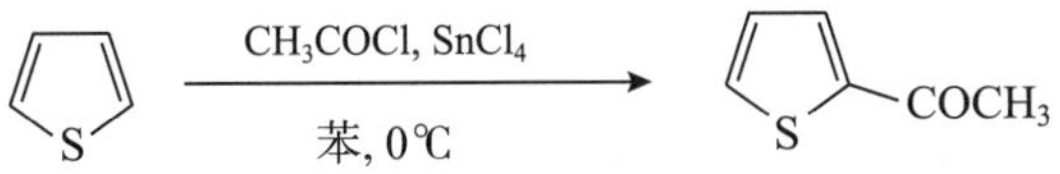

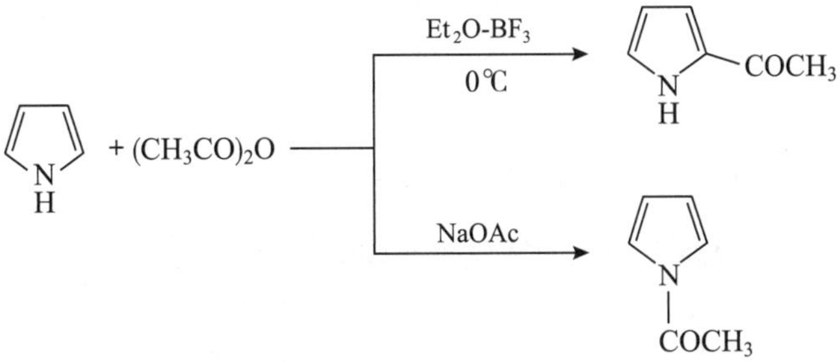

5. 加氢反应 呋喃、噻吩和吡咯均可进行催化氢化反应。其中,呋喃和吡咯可在氢气氛围下用 Ni、Pd 等催化剂还原,分别生成四氢呋喃和四氢吡咯;若用锌还原吡咯,则生成二氢吡咯。噻吩能使一般的催化剂中毒,需使用 MoS_2 还原得到四氢噻吩。

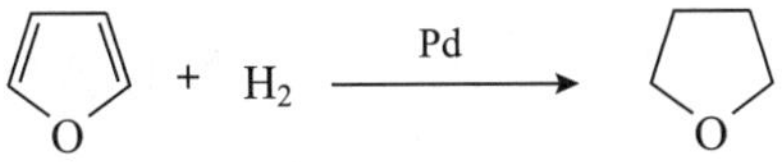

四氢呋喃
tetrahydrofuran

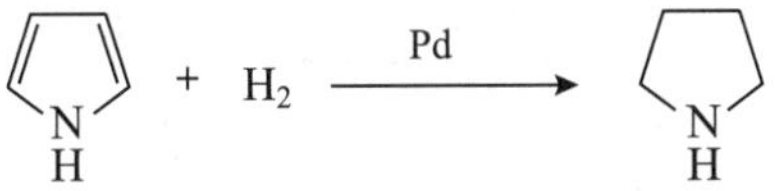

四氢吡咯
tetrahydropyrrole

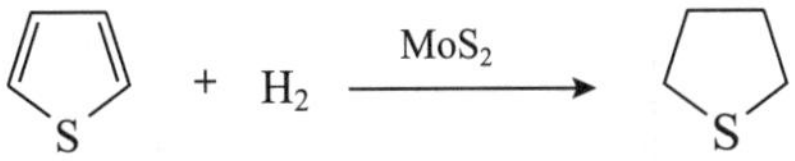

四氢噻吩
tetrahydrothiophene

6. Diels-Alder 反应 通常情况下,呋喃和噻吩能与活泼的亲双烯体发生 Diels-Alder 反应,而吡咯不能作为双烯体参与 Diels-Alder 反应,但 N-取代吡咯可与活泼的亲双烯体发生这一反应。其中,呋喃与乙炔类亲双烯体发生 Diels-Alder 反应,得到的产物用酸处理可转化为 2,3-二取代苯酚。

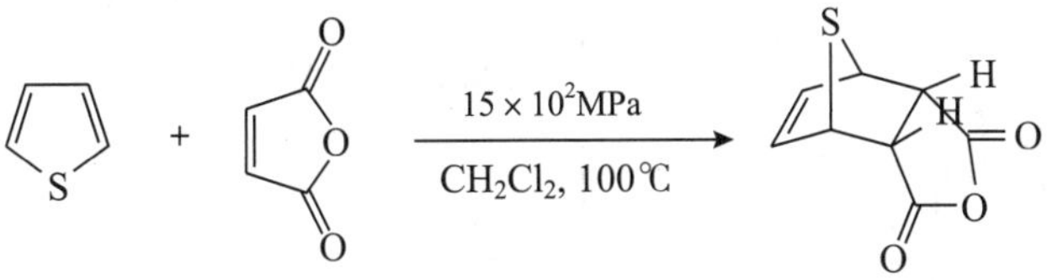

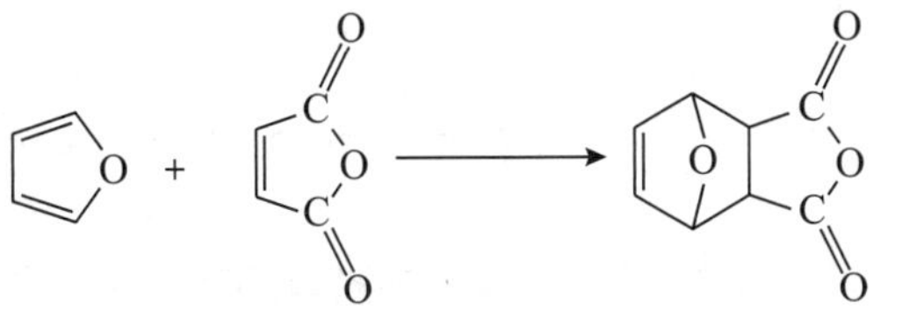

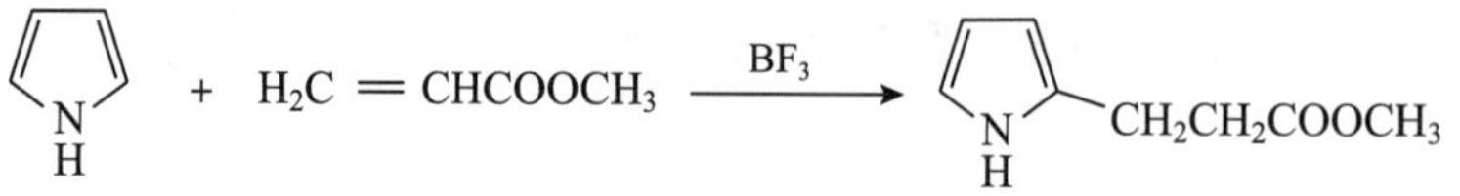

$$\text{吡咯} + H_2C=CHCOOCH_3 \xrightarrow{BF_3} \text{吡咯-}CH_2CH_2COOCH_3$$

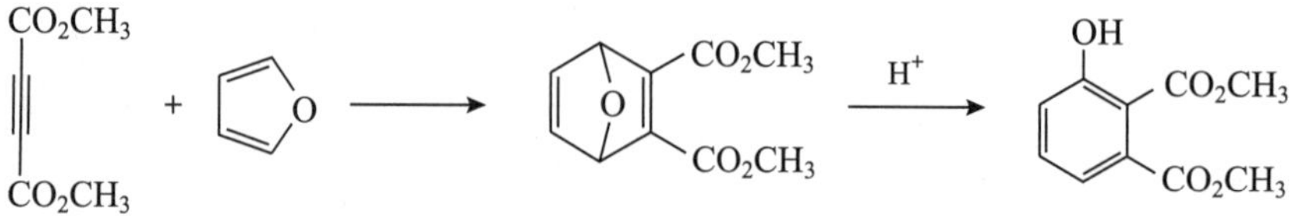

$$\text{(丁炔二酸二甲酯)} + \text{呋喃} \longrightarrow \text{(双环氧桥)} \xrightarrow{H^+} \text{(苯酚衍生物)}$$

7. 吡咯的酸性　吡咯分子中氮原子上的孤对电子对参与共轭,所以不易与 H$^+$ 结合,基本上无碱性(pK_b=13.6)。但氮原子上的氢显示出弱酸性,能与强碱作用得到盐。

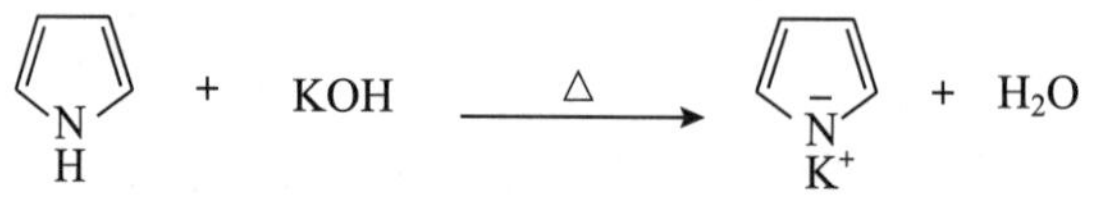

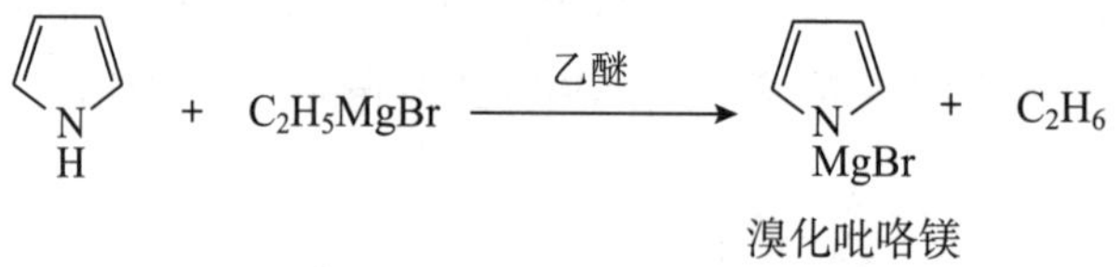

$$\text{吡咯} + KOH \xrightarrow{\triangle} \text{吡咯钾盐} + H_2O$$

$$\text{吡咯} + C_2H_5MgBr \xrightarrow{\text{乙醚}} \text{溴化吡咯镁} + C_2H_6$$

溴化吡咯镁

吡啶的钾盐比较活泼能与许多试剂反应得到 N-取代产物。

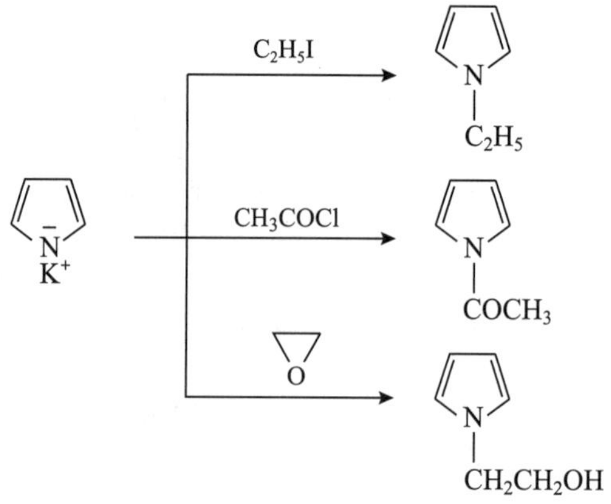

$$\text{吡咯钾盐} \xrightarrow{C_2H_5I} \text{N-乙基吡咯}$$
$$\xrightarrow{CH_3COCl} \text{N-乙酰基吡咯}$$
$$\xrightarrow{\text{环氧乙烷}} \text{N-(2-羟乙基)吡咯}$$

（三）五元杂环的制备

1,4-二羰基化合物在无水酸性条件下脱水生成呋喃及其衍生物,或与氮化物、硫化物反应可制得吡咯或噻吩衍生物,这种方法称为帕尔-克诺尔(Paal-Knorr)合成法。

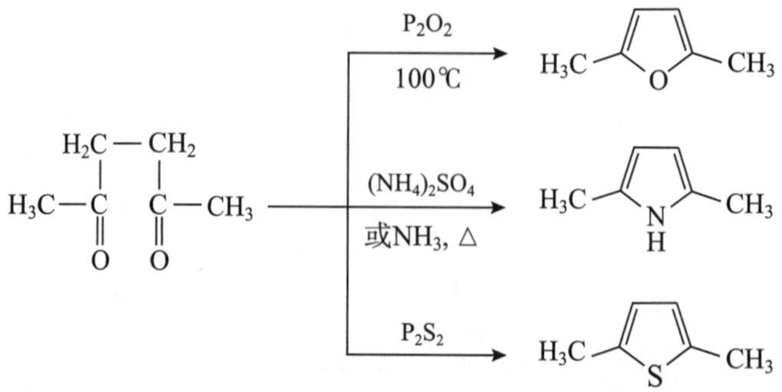

$$\text{2,5-己二酮} \xrightarrow[100℃]{P_2O_2} H_3C\text{—呋喃—}CH_3$$
$$\xrightarrow[\text{或} NH_3,\triangle]{(NH_4)_2SO_4} H_3C\text{—吡咯—}CH_3$$
$$\xrightarrow{P_2S_2} H_3C\text{—噻吩—}CH_3$$

吡咯及其衍生物还可由 α-氨基酮与 β-二羰基化合物缩合来制备。例如:

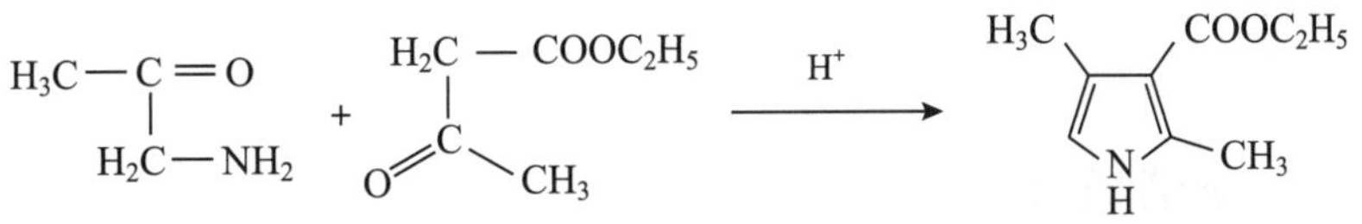

（四）几种重要的五元杂环衍生物

1. **糠醛** 糠醛（即呋喃-2-甲醛，无色透明液体）是呋喃衍生物，熔点为 $-36℃$，沸点为 $161.7℃$，有类似于苯甲醛的特殊气味。糠醛可由谷糠、玉米芯等农副产品用稀硫酸加压水解制备，作为重要的有机合成原料用于合成树脂、清漆、农药、医药、橡胶和涂料等。与苯甲醛的化学性质相似，糠醛能发生氧化反应、还原反应、Cannizzaro 反应以及 Perkin 反应等。

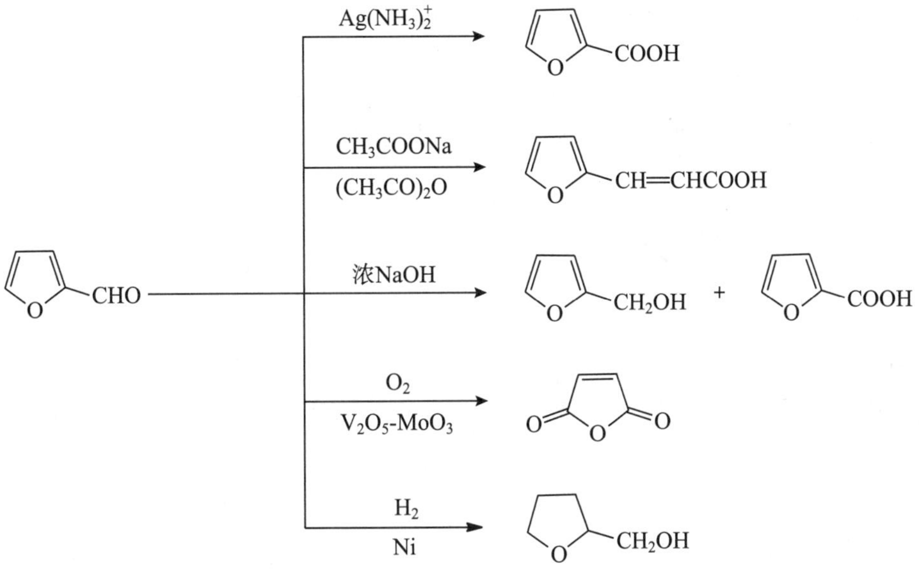

2. **吡咯及其衍生物** 吡咯衍生物在自然界中的分布很广泛。四个吡咯环与四个次甲基（—CH＝）组成一个共轭的卟吩环，它是构成生物界中有重大生物功能的色素——血红素和叶绿素的物质。血红素为血红蛋白分子中的辅基，它起着将肺部吸收的氧传递到肌肉或其他组织中的作用。其化学结构如下：

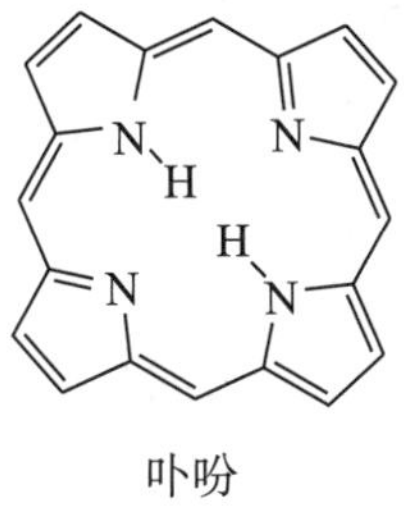

卟吩 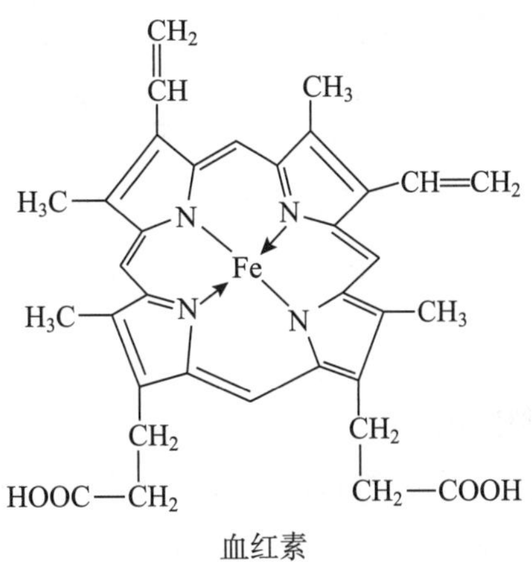　　　　　　　　　　　血红素

二、咪唑、噻唑、噁唑

（一）结构、物理性质和酸碱性

咪唑、噻唑和噁唑是常见的含两个杂原子的五元杂环。在室温下，咪唑为固体，熔点为90℃；噻唑和噁唑为液体，熔点分别为 –33℃和 –86℃。它们可以看作是吡咯、噻吩和呋喃环上 3 位的“CH”换成氮原子，环上的所有杂原子均为 sp^2 杂化，离域电子数符合“$4n+2$”规则，所以咪唑、噻唑和噁唑具有一定程度的芳香性。

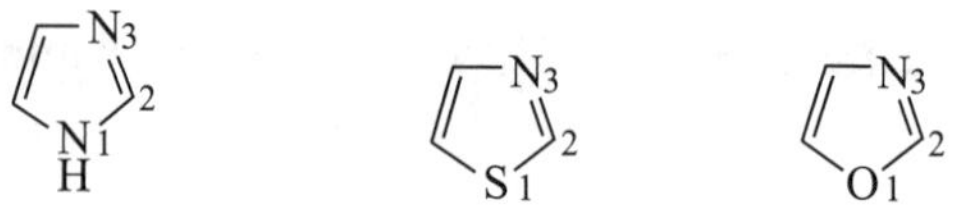

咪唑 1*H*-imidazole　　噻唑 thiazole　　噁唑 oxazole

由于咪唑环上存在互变异构现象，故 C4 位和 C5 位是相同的。当 C4 位或 C5 有取代基时，则具有互变异构现象。例如 4- 甲基咪唑与 5- 甲基咪唑互为互变异构体。

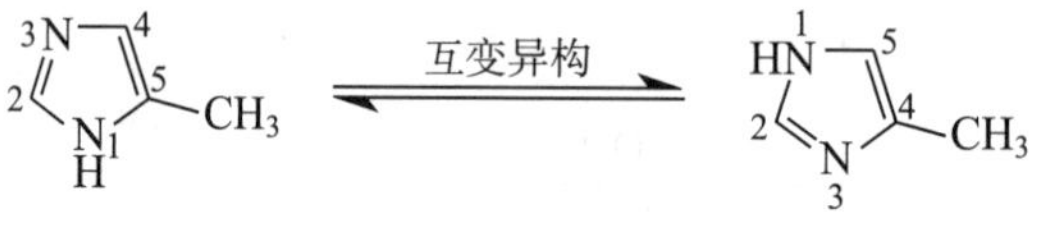

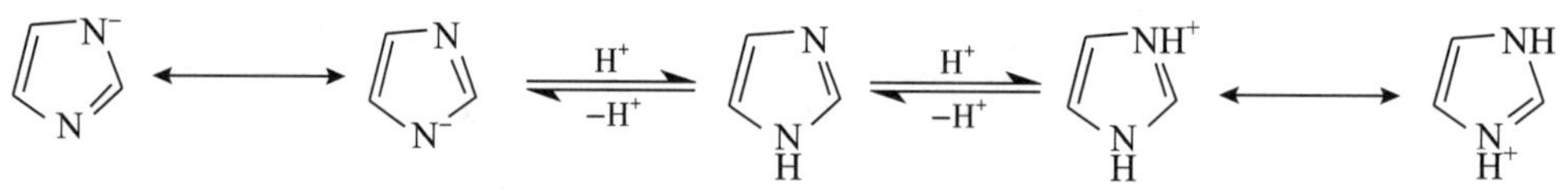

pK_a=14.5　　pK_a=7.0

与吡咯类似，咪唑 1- 位氮原子上的氢具有弱酸性，因此在碱存在下咪唑可与卤代烷发生 *N*- 烷基化反应。当咪唑环的 4- 位上有取代基时，将得到 1,4- 二取代和 1,5- 二取代两种异构体，主要生成 1,4- 二取代产物。

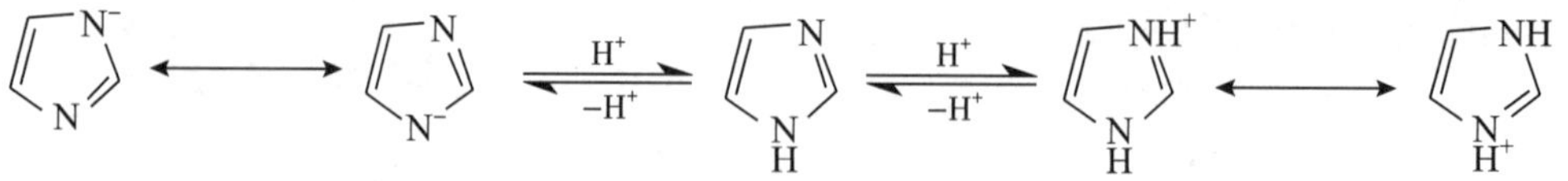

pK_a=14.5　　pK_a=7.0

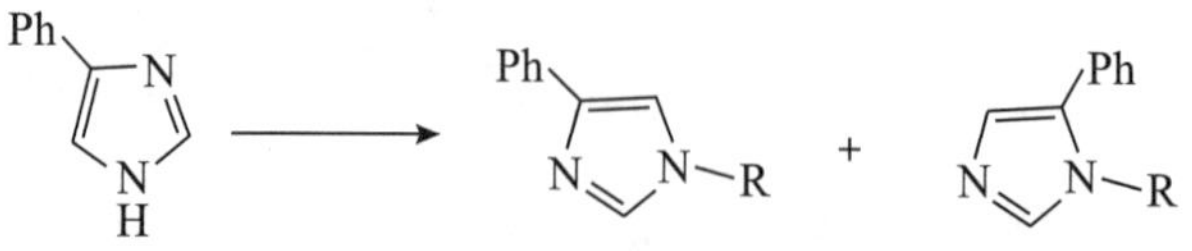

主产物　　副产物

（二）化学性质

咪唑环上能进行亲电取代反应，噻唑和噁唑则难以反应，但环上有活化基团时也能进行亲电取代，取代主要发生在 5 位或者 4 位。

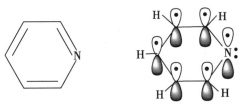

由于 3 位氮原子上的吸电子作用，2-卤代的咪唑、噻唑和噁唑还可以发生亲核取代反应。

第三节　六元杂环化合物

一、吡啶

（一）结构和物理性质

吡啶可以看成是苯分子中的一个"CH"被氮原子置换的产物，其结构与苯非常相似（图12-2）。环上的碳原子及氮原子均采取 sp^2 杂化，环上每个原子中未参与杂化的 2p 轨道彼此"肩并肩"重叠，且垂直于环平面，构成一个环状闭合的共轭体系。氮原子未参与杂化的 2p 轨道上的 1 个电子和其他碳原子未参与杂化的 2p 轨道上的 5 个电子共同构成 6 电子离域的大 π 键，根据 Hückel 规则，吡啶具有芳香性。

图 12-2　吡啶的分子结构

吡啶环广泛存在于生物碱中，从煤焦油和页岩油中也可以分离出吡啶和烷基吡啶。吡啶是一种无色液体，具有特殊臭味，熔点为 −41.6℃，沸点为 115.3℃，25℃时的相对密度为 0.978 0。吡啶能与水、乙醇、乙醚等以任意比例互溶，其较强的水溶性是由于它能与水分子形成氢键作用。

吡啶环上氮原子的孤对电子处于 sp^2 杂化轨道中，故可以结合氢质子，因此吡啶显示出一定的碱性。吡啶的碱性比苯胺的碱性强，但比一般的脂肪胺及氨都弱，这是由于氮原子的孤对电子处于 sp^2 杂化轨道中,相比 sp^3 杂化轨道,s 成分较多,氮原子核对电子对的束缚作用较强,因此吡啶的碱性不如脂肪胺及氨。

（二）化学性质

由于环中电负性较大的氮原子表现出吸电子诱导效应,使环上的电子云密度分布不均匀,碳原子上的电子云密度降低,这种情况与硝基苯相似,故吡啶属于缺 π 芳杂环,环上 3 位的电子云密度比 2 位和 4 位相对高些。

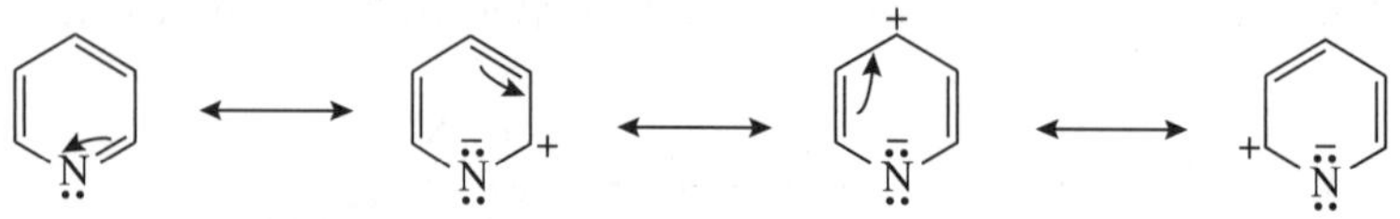

1. 亲电取代反应 与硝基苯的亲电取代反应活性相似,吡啶不能进行 Friedel-Crafts 反应,而硝化、磺化和卤代反应一般要在强烈的条件下才能发生,而且主要在 3 位进行。当吡啶环上有给电子取代基时,亲电取代反应速度加快。

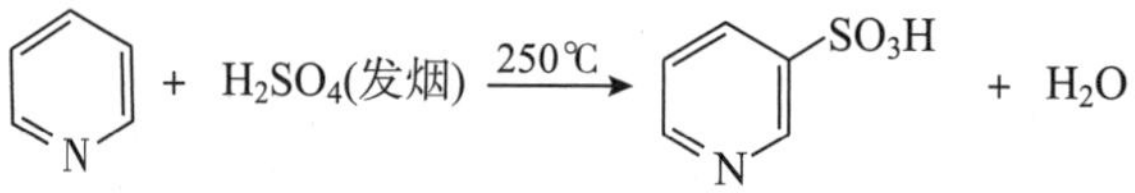

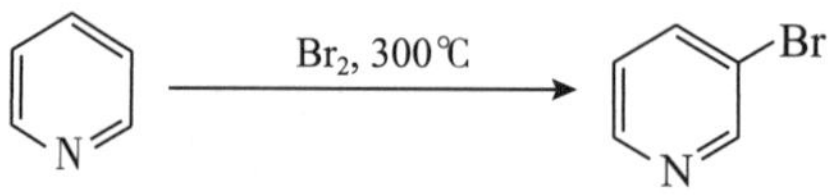

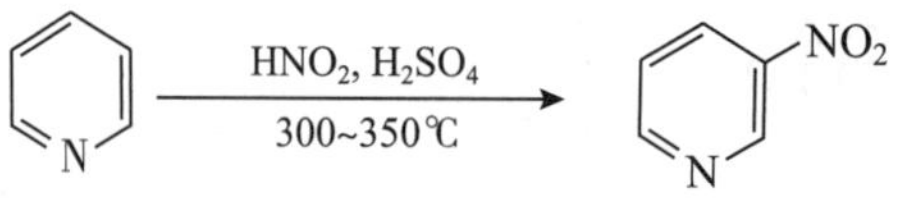

取代吡啶在发生亲电取代时,取代基也存在定位效应。当 α- 位或 γ- 位有给电子取代基时,亲电试剂主要进入 β- 位;当 β- 位连有强给电子取代基且其给电子效应能抵消吡啶环的吸电子效应时,亲电试剂进入该取代基相邻的 α- 位;如果 β- 位连有弱给电子取代基,则新引入的基团进入的位置由吡啶环决定,进入另一 β- 位。

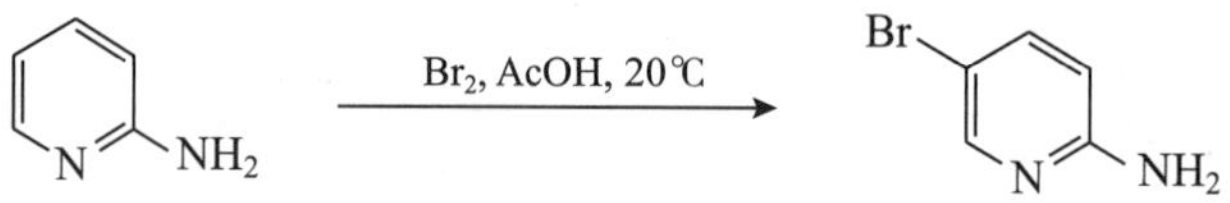

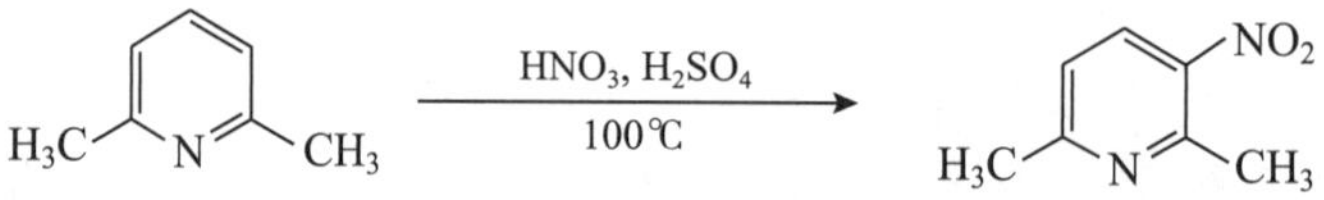

吡啶与过氧化氢作用生成吡啶 N-氧化物,其亲电取代反应活性比吡啶要高,主要发生在 4 位。最后将吡啶氧化物与 PCl$_3$ 反应脱去氧可得到 4 取代的吡啶衍生物。

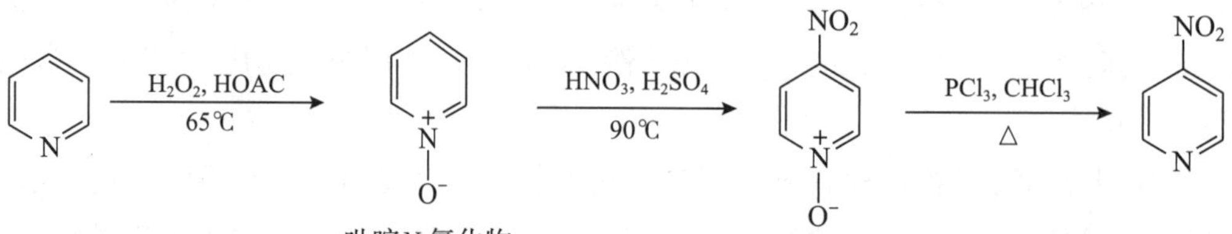

2. 氧化还原反应　吡啶对氧化剂比较稳定,比苯还难被氧化,但环上有 α-氢的侧链容易被氧化。

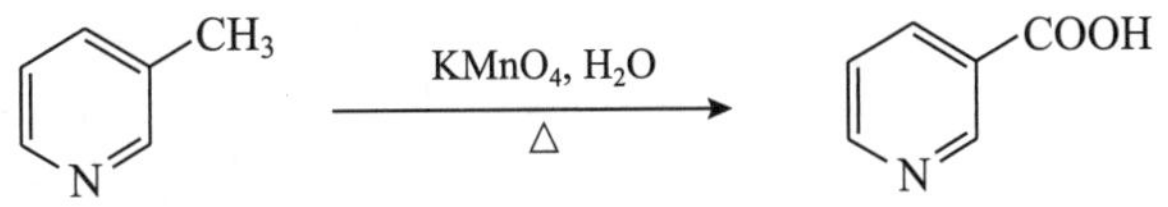

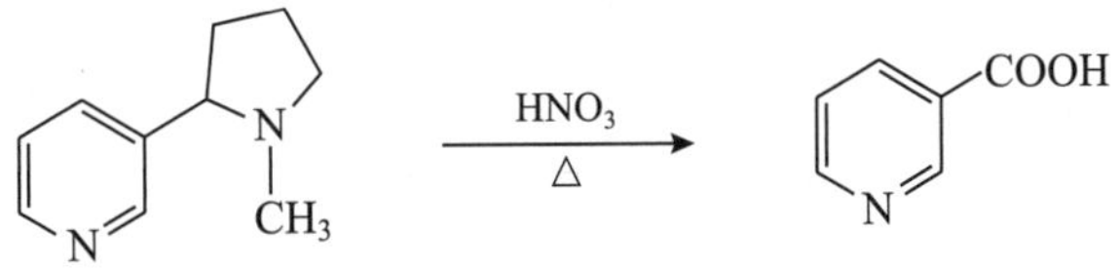

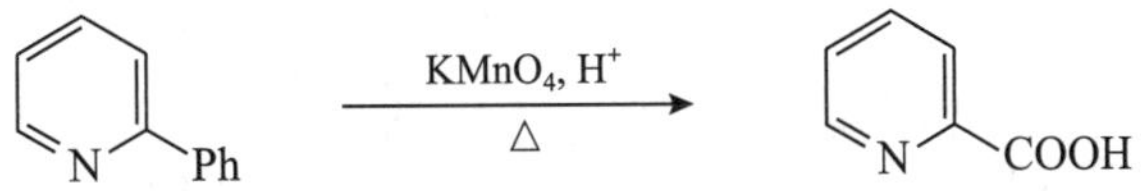

吡啶比苯更易还原,在常温、常压、Ni 催化条件下加氢得到六氢吡啶,使用 LiAlH₄ 还原生成二氢吡啶与四氢吡啶的混合物,并进一步发生歧化反应得到四氢吡啶和六氢吡啶。

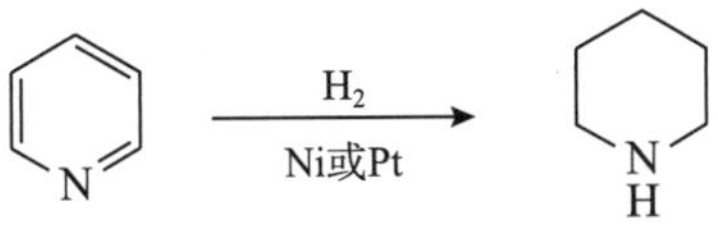

3. 亲核取代反应　由于吡啶中氮原子的吸电子作用,吡啶环上特别是 α-位或 γ-位碳原子的电子云密度降低。因此,NaNH₂、RLi 等强亲核试剂能与吡啶发生亲核取代反应,取代反应主要发生在 α-位,该反应是通过加成-消除方式进行的。

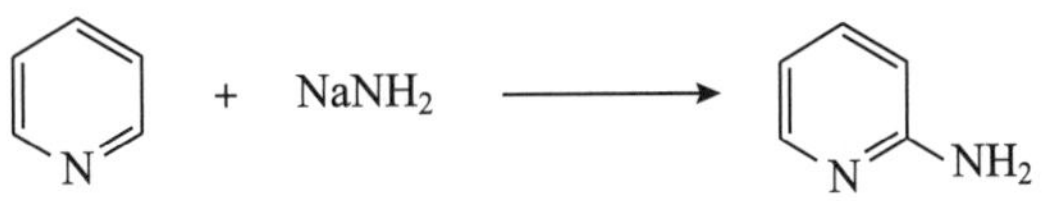

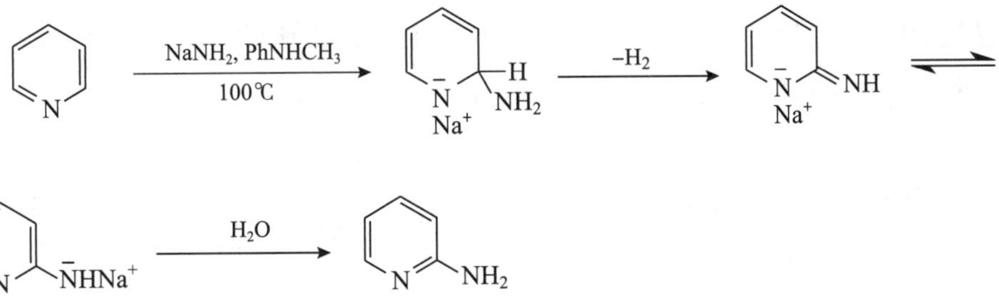

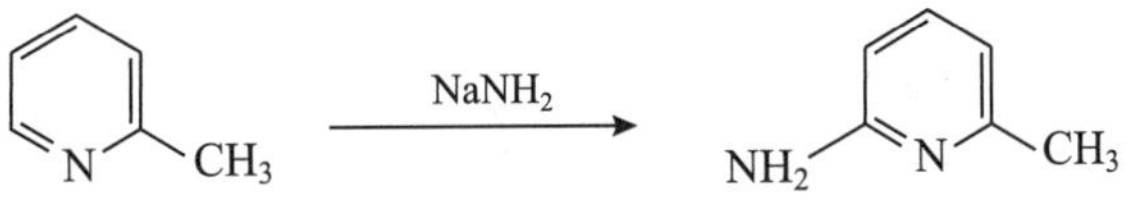

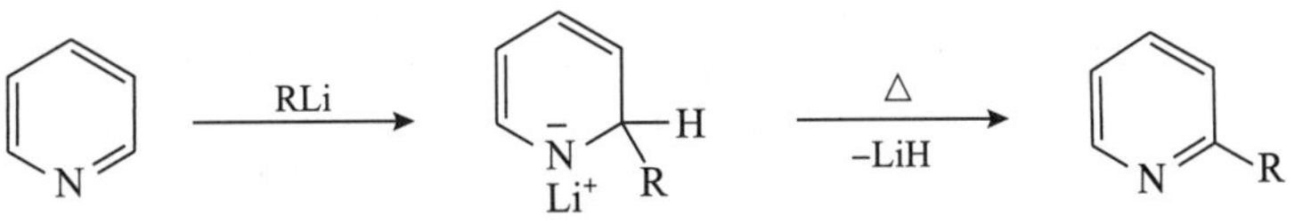

若吡啶的 α-位或 γ-位上存在容易离去的基团(如—Br、—Cl 等),则该类离去基团可以被亲核试剂水、胺(或氨)、烷氧化物等取代。

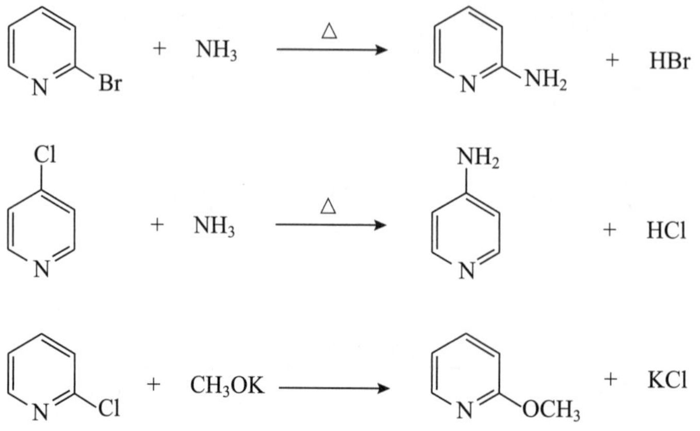

（反应式：2-溴吡啶 + NH₃ →Δ 2-氨基吡啶 + HBr）

（反应式：4-氯吡啶 + NH₃ →Δ 4-氨基吡啶 + HCl）

（反应式：2-氯吡啶 + CH₃OK → 2-甲氧基吡啶 + KCl）

4. 吡啶侧链 α-氢的酸性　当吡啶的 α-位或 γ-位上存在含 α-氢的烷基时,能够与强碱生成碳负离子,最终合成出一系列吡啶衍生物。

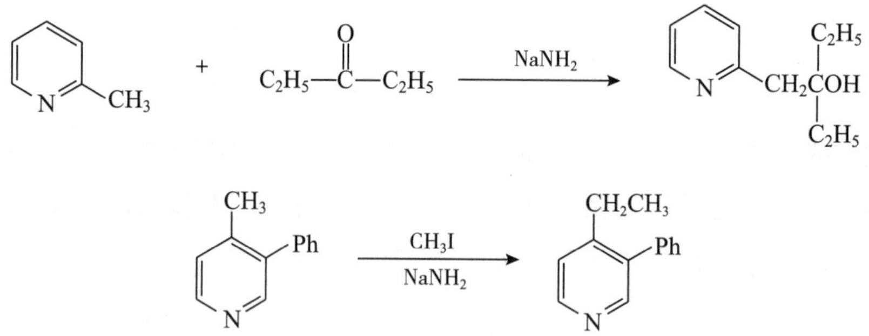

（反应式：2-甲基吡啶 + $C_2H_5\text{—CO—}C_2H_5$ →NaNH₂ 产物）

（反应式：4-甲基-3-苯基吡啶 →CH₃I/NaNH₂ 4-乙基-3-苯基吡啶）

（三）吡啶环的合成

将 β-羰基酸酯、醛和氨发生缩合反应得到二氢吡啶衍生物,再用氧化剂氧化得到吡啶衍生物,这是合成吡啶衍生物的一个经典方法,称为 Hantzsch 吡啶合成法。硝苯地平、尼莫地平、非洛地平等治疗心脑血管疾病的药物均可由该方法合成。

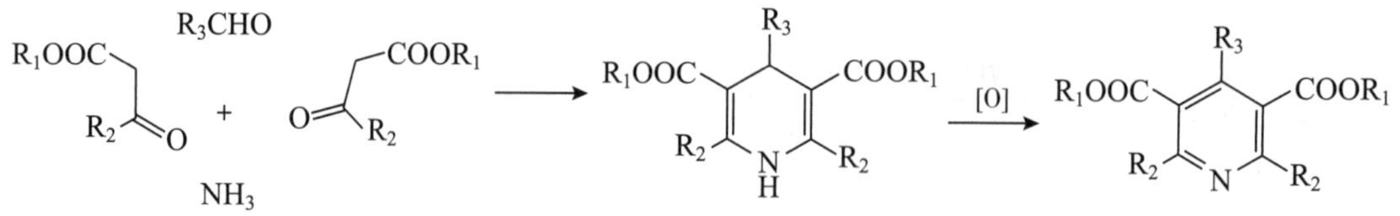

（反应式：R_1OOC-CH₂-CO-R_2 + R_3CHO + R_1OOC-CH₂-CO-R_2 + NH₃ → 二氢吡啶衍生物 —[O]→ 吡啶衍生物）

可能的反应机理:

（反应式：R_3CHO + R_1OOC-CH₂-CO-R_2 → 产物）

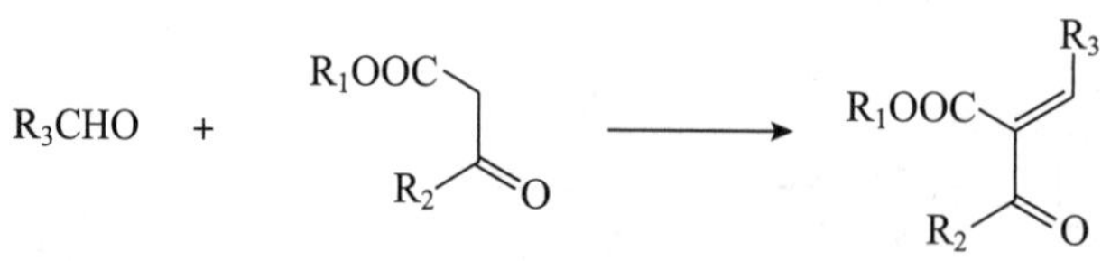

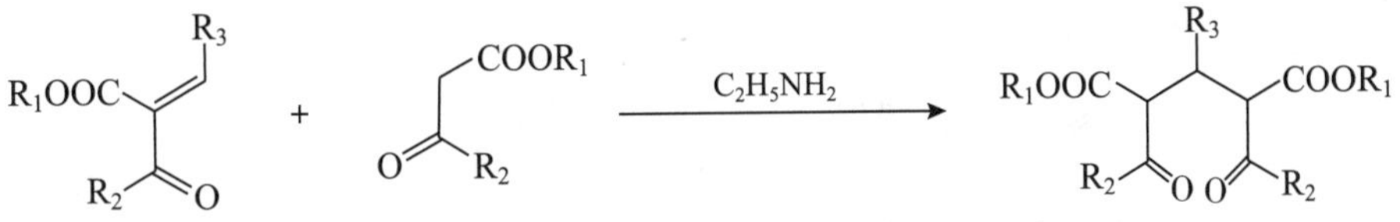

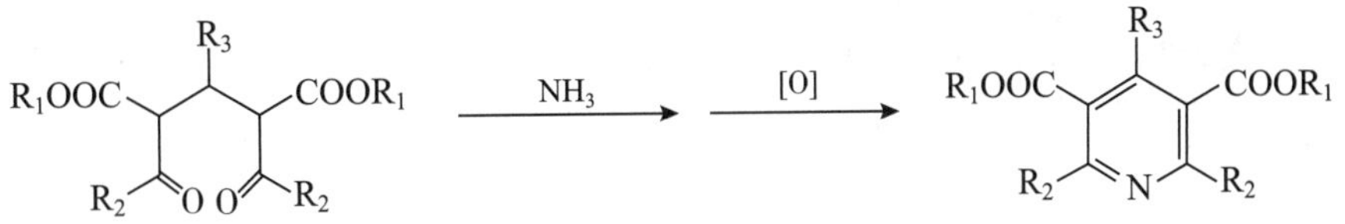

二、吡喃

吡喃属于烯醚结构的化合物，无芳香性，不稳定。许多天然产物中存在苯并 α-吡喃酮（又称为香豆素）或苯并 γ-吡喃酮（又称为色酮）。

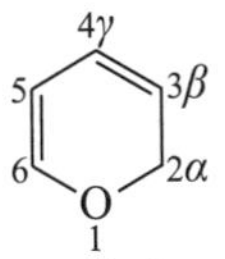

α-吡喃　　　α-吡喃酮 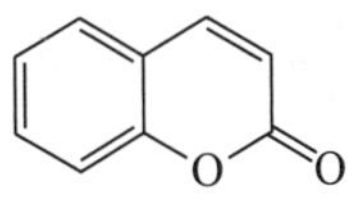　　　苯并 α-吡喃酮(香豆素)

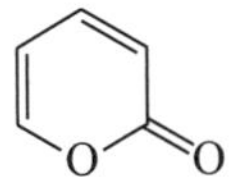

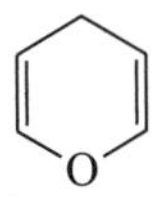

γ-吡喃　　　γ-吡喃酮 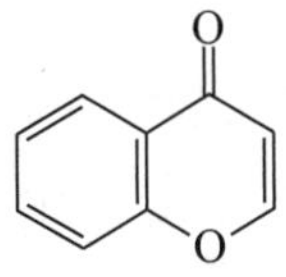　　　苯并 γ-吡喃酮(色酮)

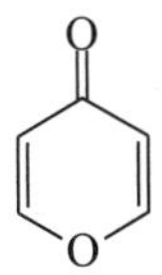

α-吡喃酮是不饱和内酯，不稳定，室温放置会缓慢聚合。γ-吡喃酮是稳定的晶形化合物，在碱性条件下可发生酯水解反应而开环。γ-吡喃酮能与无机酸、Lewis 酸作用生成氧鎓盐而增加其稳定性，该鎓盐为一个芳香体系，能够发生甲基化反应。

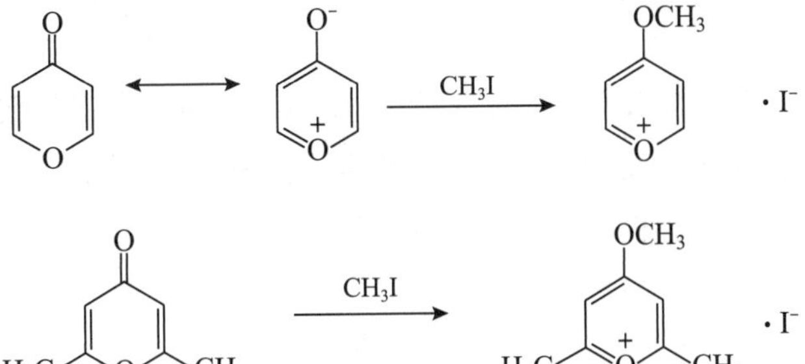

香豆素为苯并 α-吡喃酮衍生物，从结构上可以看作是由顺式邻羟基桂皮酸缩合而成的内酯。香豆素类化合物广泛分布于高等植物中，尤以芸香科和伞形科最为多见，少数发现于动物和微生物中。在植物体内，它们往往以游离状态或与糖结合成苷的形式存在。

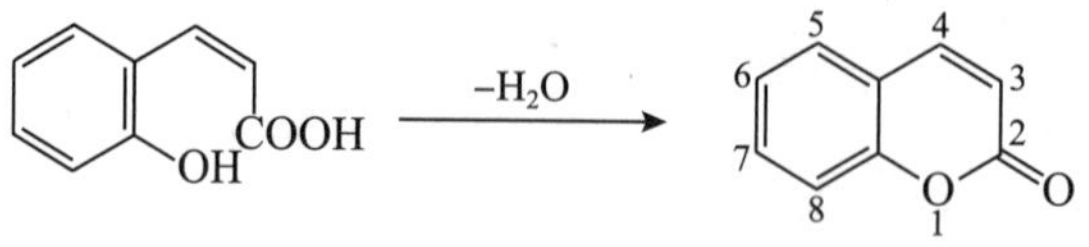

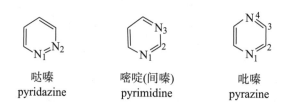

顺式邻羟基桂皮酸 → 香豆素

根据香豆素母核上的取代基及连接顺序可以分为简单型香豆素、呋喃型香豆素、吡喃型香豆素以及其他香豆素。

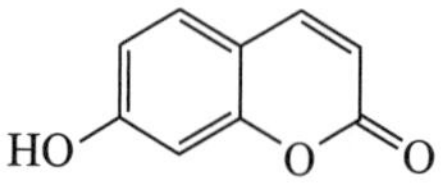

7-羟基香豆素(简单型)

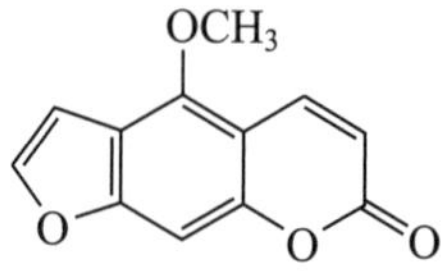

佛手柑内酯(呋喃型)

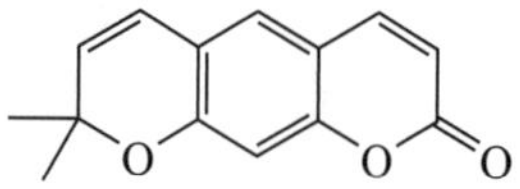

花椒内酯(吡喃型)

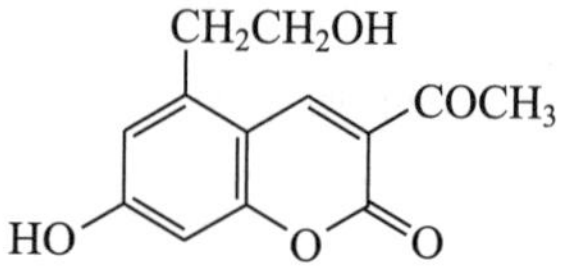

亮菌甲素(其他型)

三、嘧啶

含有两个氮原子的六元杂环体系称为二嗪类,具有三种异构体。二嗪类环上的 2 个氮原子和 4 个碳原子均采取 sp^2 杂化,2 个氮原子上未参与杂化的 p 轨道(各占据 1 个电子)与其他 4 个碳原子未参与杂化的 p 轨道(各占据 1 个电子)彼此"肩并肩"重叠形成环状闭合的共轭体系,共有 6 个离域电子。根据 Hückel 规则,它们均具有芳香性。

哒嗪
pyridazine

嘧啶(间嗪)
pyrimidine

吡嗪
pyrazine

嘧啶为无色晶体,熔点为 22℃,沸点为 123~124℃,易溶于水,具有弱碱性。含嘧啶环的化合物广泛存在于动植物中,它们在动植物的新陈代谢中起重要作用。维生素 B_1 以及核酸碱基中的尿嘧啶、胞嘧啶、胸腺嘧啶都含有嘧啶环。

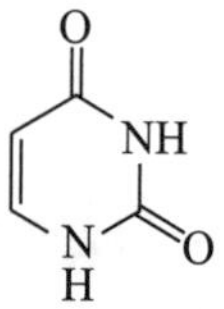

尿嘧啶
uracil

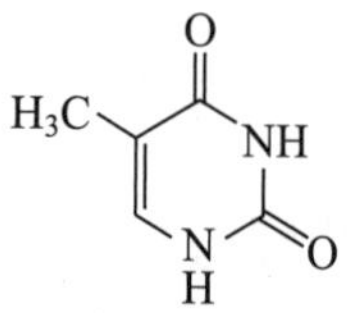

胸腺嘧啶
thymine

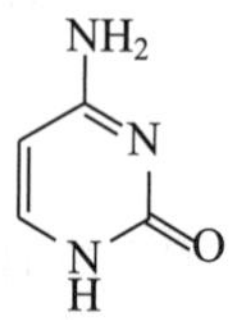

胞嘧啶
cytosine

硫胺素(维生素 B_1)

嘧啶的碱性($pK_b=12.9$)比吡啶弱,这是由于氮的电负性较大,向吡啶环引入一个氮原子后导致另一氮原子上的电子云密度降低,其碱性也随着降低。因此,尽管嘧啶分子中存在两个氮原子,但却表现为一元弱碱。

嘧啶比吡啶更难发生亲电取代反应,一般只发生卤代反应,不易发生硝化和磺化反应。

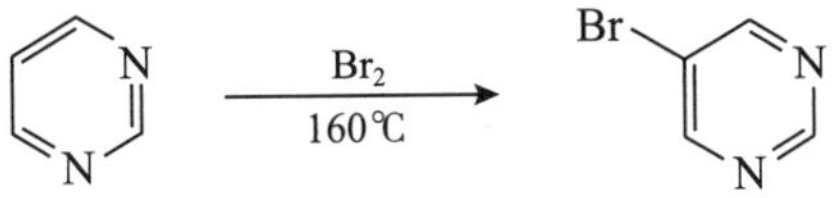

嘧啶的亲核取代反应比吡啶更容易,一般发生在氮原子的邻、对位,当 2,4,6- 位有强活化基团(如—OH、—NH$_2$ 等)时则可进行硝化、磺化以及与重氮盐的偶联反应等。

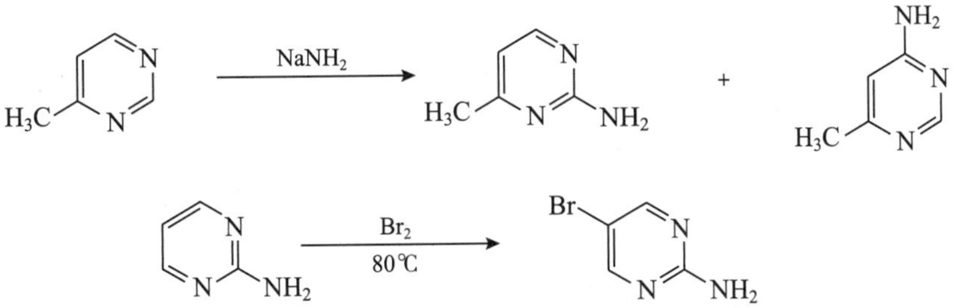

第四节　稠杂环化合物

一、喹啉、异喹啉

(一) 结构和物理性质

喹啉和异喹啉是由吡啶和苯环稠合而成的,故其性质与吡啶相似。喹啉的碱性($pK_b=9.1$)比吡啶($pK_b=8.8$)稍弱,但异喹啉($pK_b=8.6$)比吡啶稍强。它们存在于煤焦油中,在常温下是无色油状液体,有特殊气味。喹啉和异喹啉的沸点分别为 238℃和 243℃,都难溶于水,易溶于大多数有机溶剂。

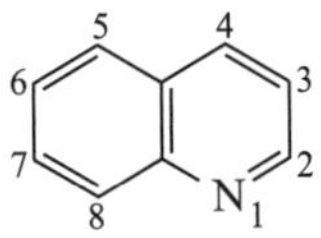

喹啉
quinoline

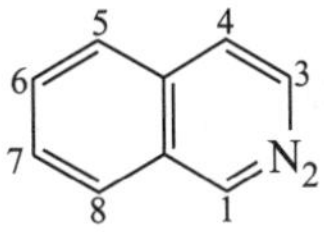

异喹啉
isoquinoline

(二) 化学性质

1. 亲电取代和亲核取代　喹啉、异喹啉能够发生亲电取代和亲核取代反应,由于苯环上的电子云密度大于吡啶环,喹啉和异喹啉的亲电取代反应在苯环的 5 位和 8 位上。喹啉的亲核取代反应在吡啶环的 2 位和 4 位，而异喹啉主要发生在 1 位。

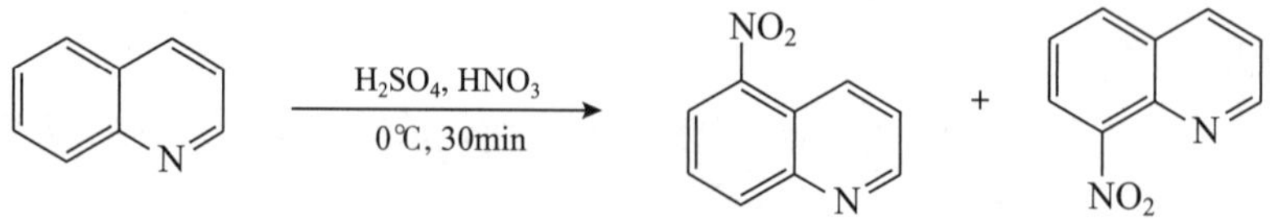

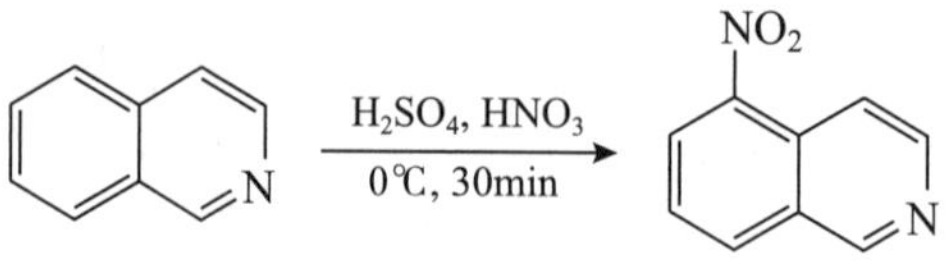

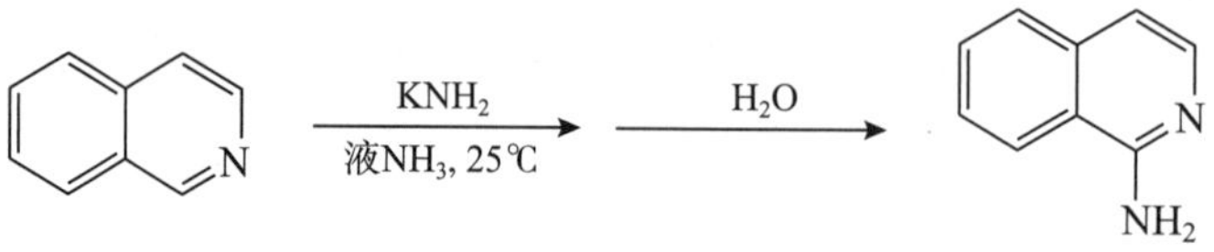

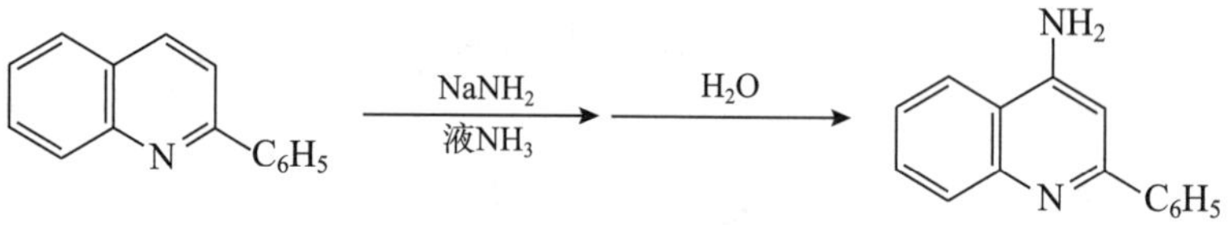

2. 氧化反应和还原反应　喹啉和异喹啉的氧化反应总是在电子云密度较大的苯环上发生，还原反应总是在电子云密度较小的吡啶环上发生。例如：

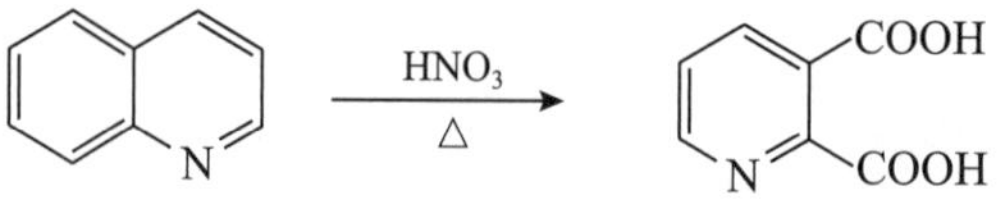

吡啶-2,3-二甲酸
pyridine-2,3-dicarboxylic acid

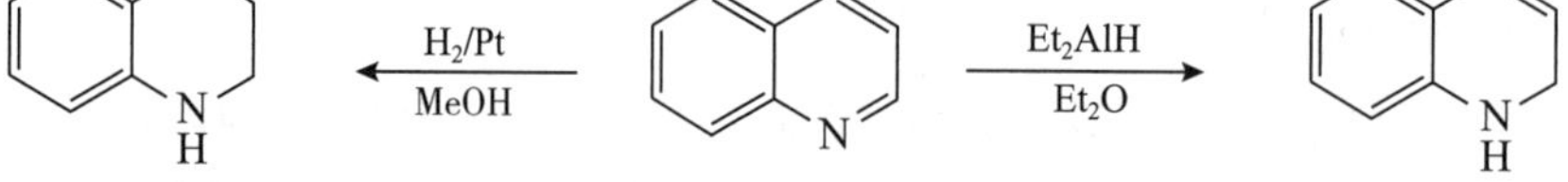

1,2,3,4-四氢喹啉
1,2,3,4-tetrahydroquinoline

1,2-二氢喹啉
1,2-dihydroquinoline

（三）喹啉的合成

将芳香伯胺、甘油与浓硫酸共热可得到喹啉环类衍生物，该反应称为 Skraup（斯克劳普）反应，是合成喹啉类化合物的常用方法。

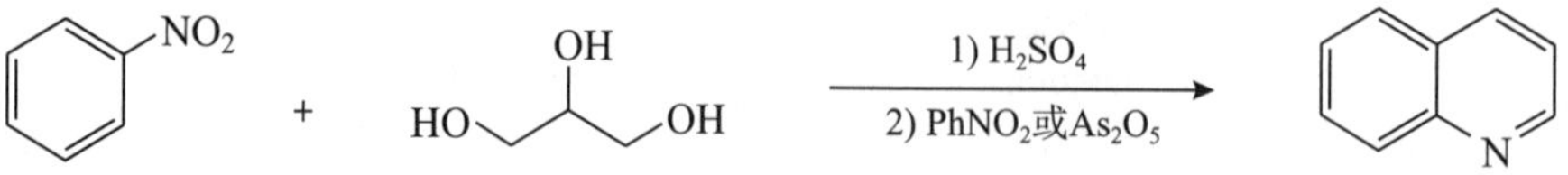

其反应机理可能是甘油先在浓硫酸作用下脱水生成丙烯醛，再和苯胺发生 1,4-加成反应生成 β-苯氨基丙醛，再经脱水环化生成二氢喹啉，最后被硝基苯脱氢氧化成喹啉。

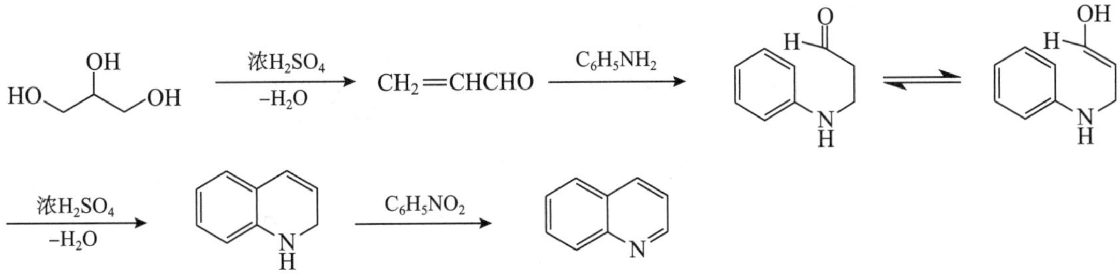

通过用不同芳胺和取代的 α,β-不饱和羰基化合物反应,可以合成各种取代喹啉。例如:

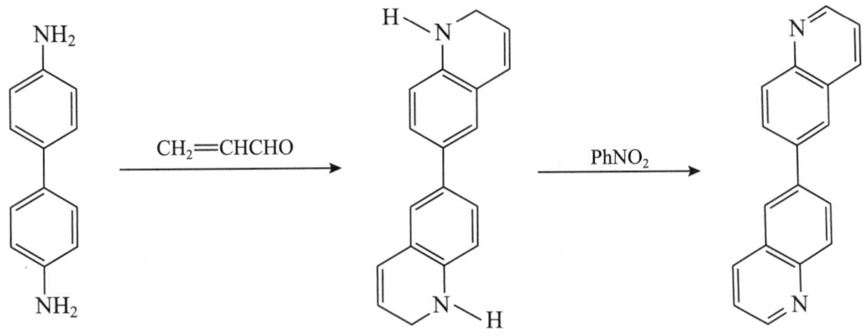

二、吲哚

(一)结构、物理性质和碱性

吲哚是由吡咯与苯稠合而成的杂环化合物,为无色片状晶体,熔点为 52℃,沸点为 253℃,有粪臭味,但其稀溶液有花香味。吲哚衍生物在自然界中广泛存在,例如色氨酸、色胺、5-羟色胺、长春新碱、利血平和马钱子碱等都含有吲哚环结构。

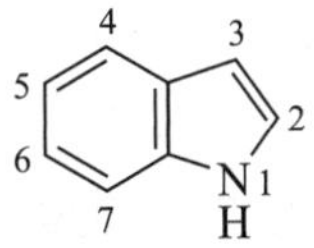

吲哚(苯并吡咯)
1*H*-indole

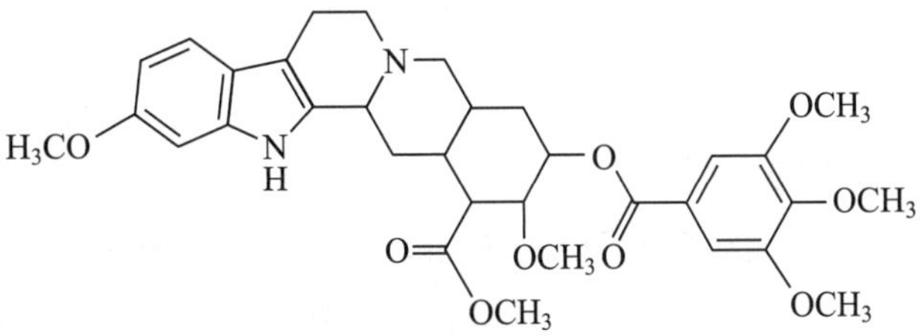

利血平

吲哚的碱性比吡咯弱,酸性比吡咯稍强。同时吲哚比吡咯稳定,对酸、碱及氧化剂都不活泼,这是氮原子上的未共用电子对在更大的范围内离域的结果。

(二)化学性质

吲哚的亲电取代反应活性高于苯而低于吡咯,取代反应一般发生在杂环上的 3 位。反应应避免在强酸条件下进行,因为强酸能使吲哚环发生聚合。如果吲哚环的 3 位连有给电子取代基,则新引入的基团进入 2 位;如果 2 位或 3 位都被占据,则新引入的基团进入苯环;如果苯环上连有给电子取代基,即使 2 位和 3 位未被占据,新引入的基团也进入苯环该基团的邻、对位。

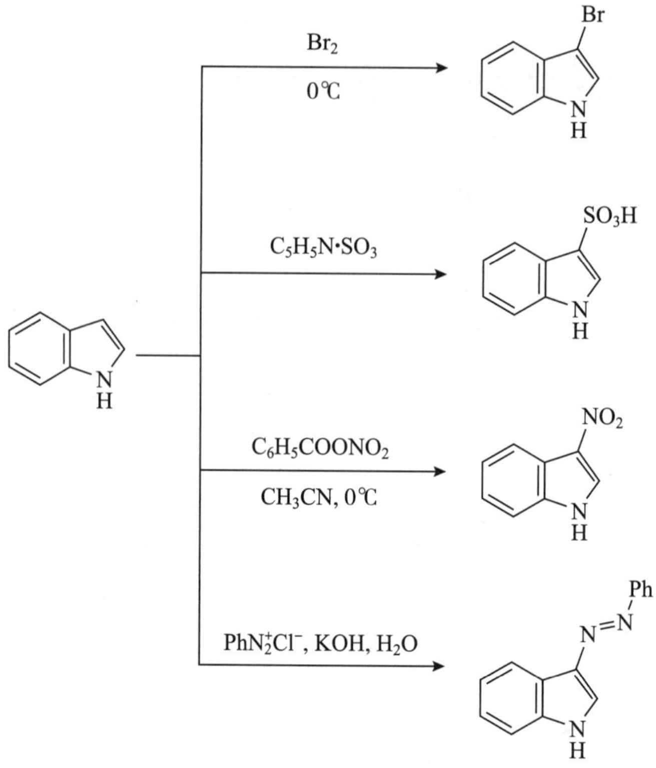

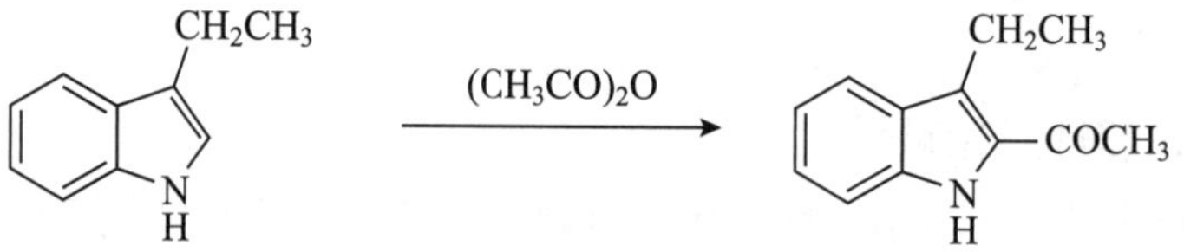

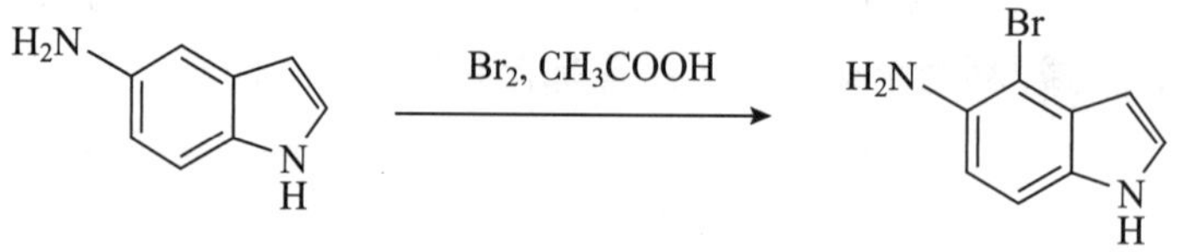

（三）吲哚的合成

吲哚类化合物的制备可以用 Fischer（费歇尔）合成法，即以含有 α-氢的醛或酮为原料，与苯肼或苯肼衍生物在酸性催化剂存在下制备。在该反应中，苯肼与醛或酮反应先生成苯腙，然后苯腙在酸性条件下立即发生重排，最后脱去氨生成吲哚环。酸性催化剂主要有氯化锌、三氟化硼、多聚磷酸等。

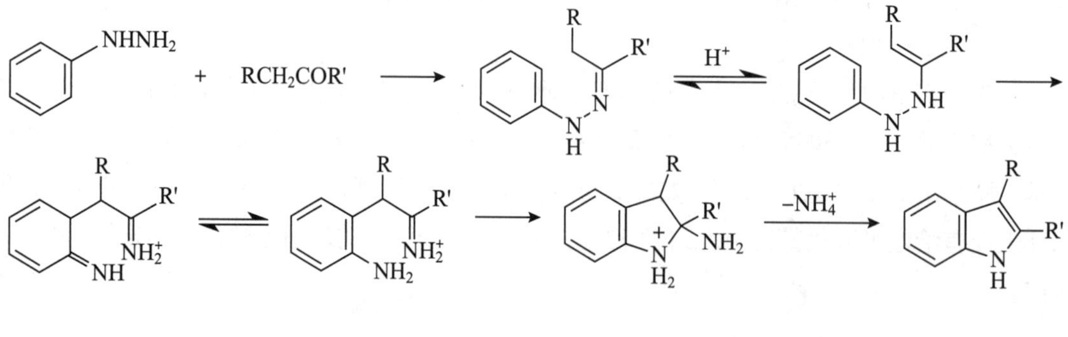

三、嘌呤

嘌呤由一个咪唑环和一个嘧啶环稠合而成,是一对互变异构体的平衡体系,平衡体系中以 9H- 嘌呤为主。

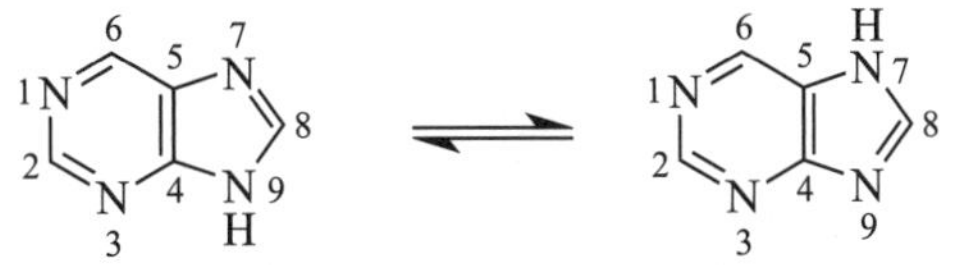

9H-嘌呤
9H-purine

7H-嘌呤
7H-purine

嘌呤为无色晶体,熔点为 216~217℃,易溶于水,水溶液呈中性,但它却能与酸或碱生成盐。嘌呤本身不存在于自然界中,但它的衍生物却广泛存在于动植物体内。例如茶碱、咖啡碱、可可碱等都是带有甲基的嘌呤衍生物,腺嘌呤和鸟嘌呤都是核酸的组成部分。黄嘌呤、次黄嘌呤和尿酸是腺嘌呤与鸟嘌呤在体内的代谢产物,存在于动物的肝脏、血和尿中。

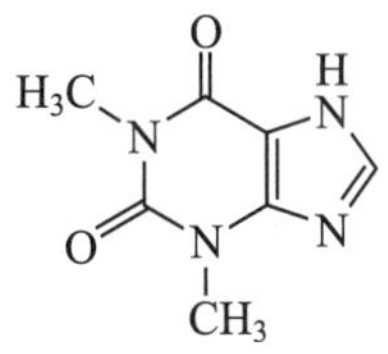

茶碱 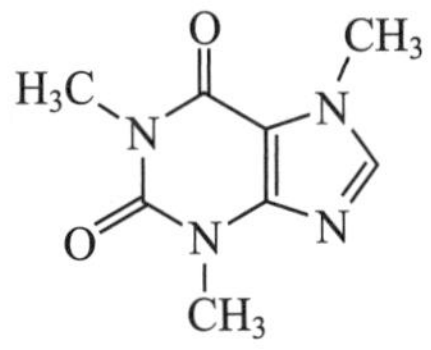   咖啡碱 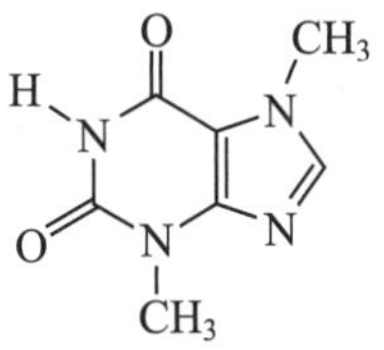   可可碱 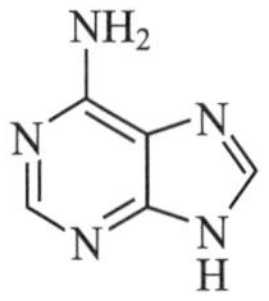   腺嘌呤

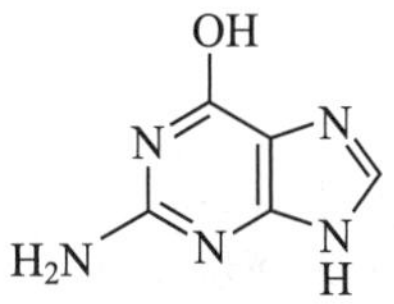

鸟嘌呤 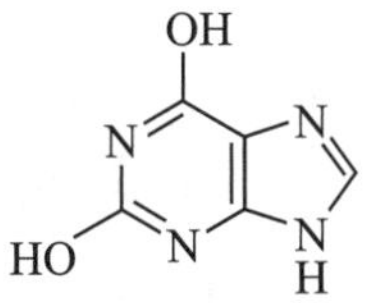   黄嘌呤 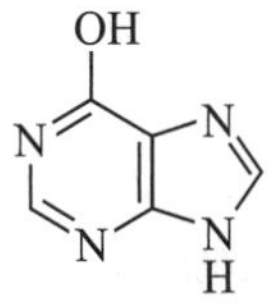   次黄嘌呤 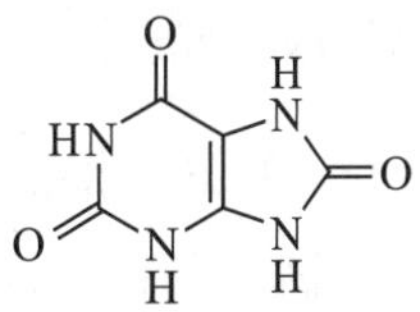   尿酸

知识链接

异喹啉类生物碱

异喹啉类生物碱在植物界中分布广泛,主要分布在防己科、毛茛科、小檗科、罂粟科等数 10 种植物类群中。异喹啉类生物碱从结构上可分为简单异喹啉类、苄基异喹啉类、苯并菲啶类、萘基异喹啉类、阿朴菲类、原小檗碱类、普托品类、吗啡类等 20 余种,总数已达千余种。其中延胡索乙素(黄色结晶,熔点为 148~149℃)为中药延胡索镇痛的有效成分;小檗碱(黄色针状结晶,熔点为 204~206℃)为中药黄连抗菌消炎的有效成分。

延胡索乙素   小檗碱

异喹啉类生物碱由于其结构多样性,具有较广泛的生理活性,包括抗菌、抗肿瘤、镇痛、抗心律失常、抗血小板聚集、降血压、调节免疫、肌肉松弛等功能,多年来人们对此类化合物的生理活性研究一直比较活跃。人们通过对其抗菌、抗氧化、抗肿瘤、抗人类免疫缺陷病毒(HIV)的构效关系研究,为先导化合物发现、合理进行药物分子设计、合成新化合物提供有力的依据,并可以结合现代药理、生化方法进行活性筛选,以发现特色新药,使我国新药研发由仿制为主发展到以活性为基础、创新为目标的新方向上来。

ER12-2　第十二章目标测试

（左振宇）

本章小结

杂环化合物通常是指成环的原子除碳以外还含有杂原子(通常是氧、氮、硫)并且具有芳香性的化合物,即芳香杂环化合物。杂环化合物中以五元、六元杂环化合物以及它们的稠杂环化合物最为普遍。杂环化合物的命名多采用"音译法",即把杂环化合物的英文名称的汉字译音加上"口"字偏旁。单杂环的命名首先要确定它的基本名称,然后给"环"上的原子编号,并使杂原子处于最小位次。环上有两个或两个以上相同的杂原子时,应从连接有氢或取代基的杂原子开始编号,并使这些杂原子所在的位次编号符合最低系列原则;环上有不同的杂原子时,则按氧、硫、氮的顺序编号。稠杂环有其固定的编号顺序,通常是从一端开始,依次编号一周,并尽可能使杂原子特别是优先的杂原子编号较小(如喹啉、吲哚等)。含两个杂原子的五元单杂环,其中至少含一个氮原子的通称为"唑";含两个杂原子的六元单杂环,其中至少含一个氮原子的通称为"嗪";其中含氧的称为"噁",含硫的称为"噻"。

在呋喃、噻吩、吡咯的结构中都含有一个共平面的"五中心六电子"的闭合共轭体系,π 电子总数符合"$4n+2$"的 Hückel 规则,所以三者都具有芳香性,属于多 π 芳杂环,都能发生芳香亲电取代反应。其芳香性强弱顺序为苯>噻吩>吡咯>呋喃;亲电取代反应活性大小为吡咯>呋喃>噻吩>苯,亲电取代主要发生在 α-位。

吡啶的结构中含有一个共平面的"六中心六电子"的闭合共轭体系,具有芳香性。由于吡啶环上氮的电负性比碳强,使其电子云密度低于苯环,所以吡啶属于缺 π 芳杂环,可以发生芳香亲电取代和亲核取代反应。吡啶的亲电取代反应活性与硝基苯相似,主要发生在 β-位;亲核取代反应主要发生在 α-位。吡啶的碱性比脂肪胺弱,但比苯胺和吡咯强。用 Hantzsch 合成法可以合成吡啶及其衍生物。

吲哚由吡咯环与苯环稠合而成,喹啉、异喹啉则是由吡啶环与苯环稠合而成的,它们都具有芳香性,因此都可以发生芳香亲电取代反应。吲哚发生亲电取代反应的活性比吡咯低,但比苯的活性高,取代主要发生在 3 位。在喹啉和异喹啉分子中,苯环的电子云密度高于吡啶环,因此亲电取代反应主要发生在 5 位和 8 位。喹啉的碱性比吡啶弱,而异喹啉的碱性比吡啶稍强。用 Skraup 合成法可以合成喹啉及其衍生物。

习 题

1. 用系统命名法命名下列化合物(标明构型)。

(1) 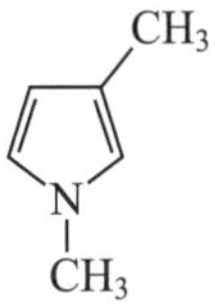 (2) 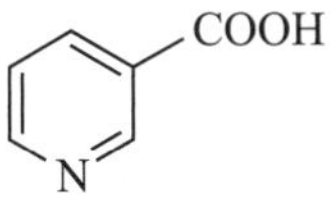 (3)

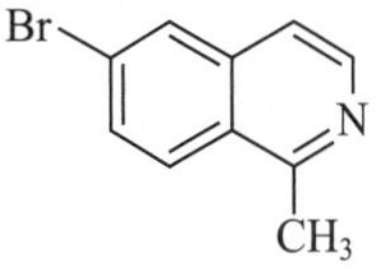

(4) 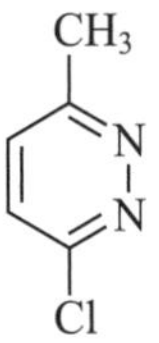 (5) 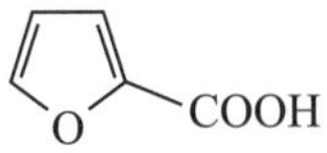 (6)

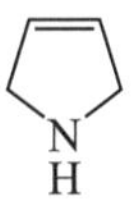

2. 写出下列化合物的结构式。

(1) 3,4-二氢喹啉　　　(2) 7-溴-5-甲基吲哚　　　(3) 4-甲基噻唑

(4) 4-溴咪唑　　　(5) 4-异丙基嘧啶　　　(6) 1-甲基-2-吡啶酮

3. 判断下列化合物是否具有芳香性。

(1) 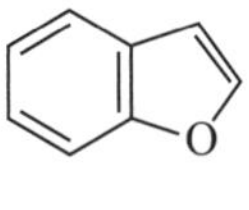 (2) 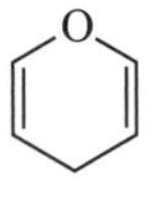 (3)

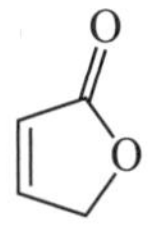

(4) 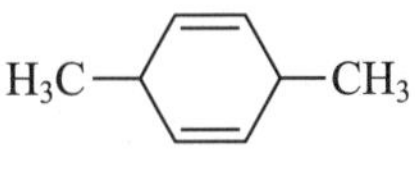 H₃C—⟨ ⟩—CH₃ (5) 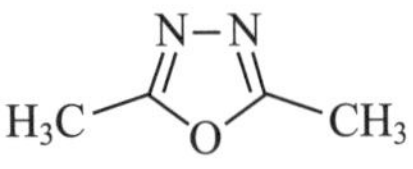 (6)

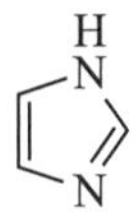

(7) 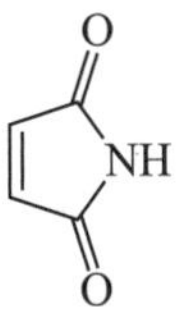 (8)

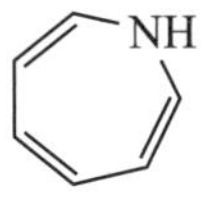

4. 写出下列反应的主要产物的结构式。

(1) 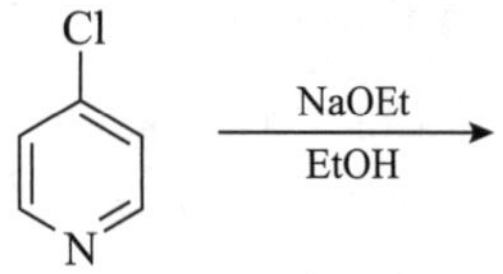 NaOEt / EtOH →

(2) + →

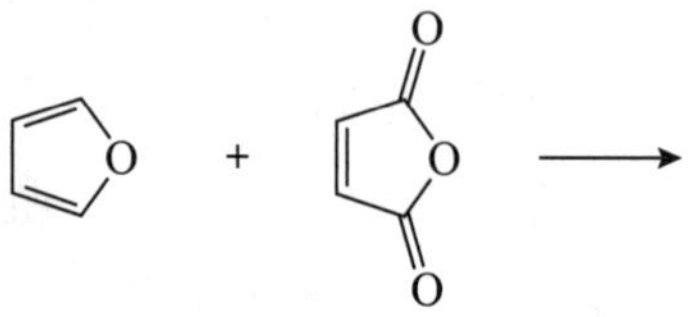

(3) → H₃O⁺ → Δ →

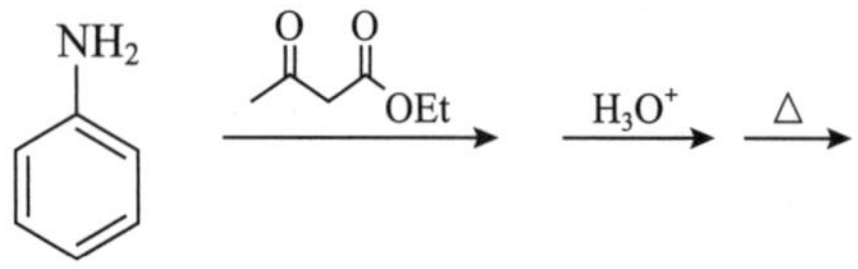

(4) KCN, EtOH →

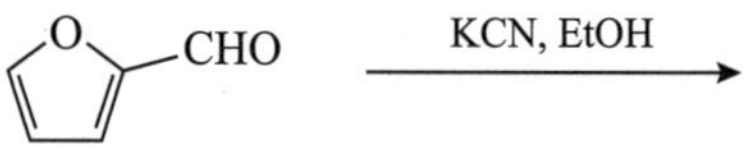

(5) 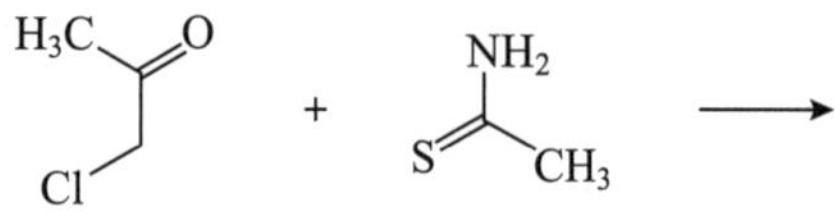 + →

(6) 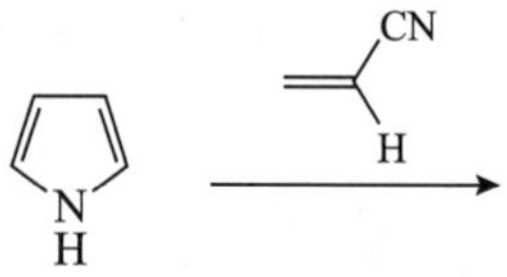 →

(7) 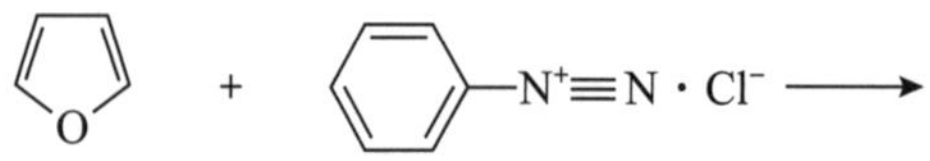 + →

(8) 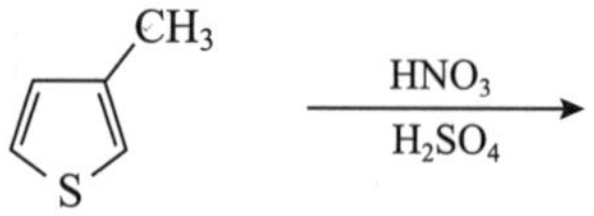 HNO₃ / H₂SO₄ →

5. 通过多步反应完成下列转化（其他试剂任选）。

(1) 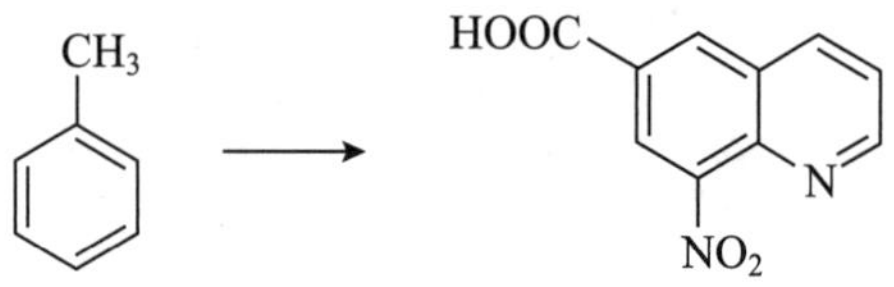 →

(2) 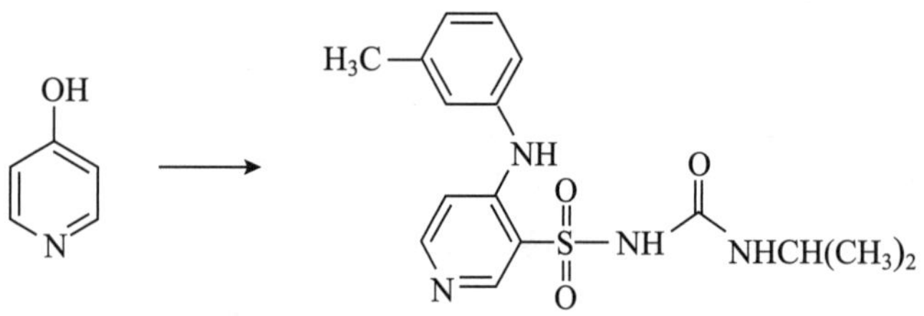 →

第十三章　有机合成简析

ER13-1　第十三章
有机合成简析
（课件）

　　自 1828 年德国化学家韦勒（Wöhler）采用氰酸铵重排合成尿素以来，有机化学得到蓬勃发展，各种有机化学反应被发现和成千上万种化学试剂被开发，有机化学与其他学科的结合也更为紧密。药物化学家不断运用包括有机化学在内的其他学科开发提高人类健康水平、抵抗疾病的药物。20 世纪 60 年代，著名有机化学家 E. J. Corey 在总结前人工作和其研究小组成功合成多种复杂有机分子的经验基础上，提出合成路线优化设计及合理的有机合成策略逻辑推理方法和理论，成功地创立了由合成目标合理逆推到合适的合成起始原料的逆合成法。经过大量的实践验证和成功案例，逆合成法已被证明是有机合成路线设计的最简单、最基本，也是最有效的方法。1991 年，E. J. Corey 因其首创的逆合成分析理论而获得诺贝尔化学奖。逆合成分析理论是成为有机合成及相关领域中被普遍接受进行合成路线的有机化学合成设计方法论。随着计算机及网络技术的发展，人工智能（AI）在有机及药物合成领域中得到进一步的应用。

$$NH_4OCN \longrightarrow \underset{H_2N \quad \quad NH_2}{\overset{\displaystyle O}{\overset{\|}{C}}}$$

第一节　逆合成法

一、合成路线的类型

　　有机合成一般是指从某些廉价、易得和结构简单的原料出发，选用合适的反应条件和相应的反应步骤，经多步反应，最后得到所需的目标产物（target molecule，TM）。高效的有机合成路线的基本要求包括合成路线的反应步骤短，反应条件简单，每步反应的产率高，每步反应产物的分离、纯化简单，原料廉价，整个的合成路线环境友好、安全。一个实用的有机合成路线是经过合理的逆合成分析尽可能地选择最便宜、易得的起始原料，选用合适的有机反应将原料化合物在一定反应条件下对有机官能团进行"拼接"和"剪裁"等操作，最终合成结构较为复杂的目标分子。因此，实用的有机合成需要合理的逆合成分析、起始原料和反应条件的选择。

　　实际上，进行合成路线设计时通常是反其道而行之，即从复杂目标分子的结构出发，结合有机反应策略、反应机理和目标分子结构，采用切断化学键、重排或官能团转化等策略逆推设计合适的中间体(可经一定的反应和条件来合成),再进一步合理逆推从简单的原料出发可合成中间体;作为整个路线的起始原料(starting material,SM)必须廉价易得,这种过程正好与真正的合成路线操作方向相反,因此称为逆合成法或逆合成分析。一个好的逆合成分析往往能达到事半功倍的效果,一个好的逆合成分析往往对有机化学工作者提出更高的要求,即需要对有机化学知识的掌握和灵活使用、对有机反应机理的深刻理解和对化学试剂及原料的了解。

有机合成反应是在一定的反应条件下通过化学反应使起始原料分子中的化学键断裂并形成新的化学键,从而实现由原料分子到中间体产物或目标产物的转变。随着社会发展的需要,有机合成为人们的生产、生存和生活提供丰富的物质和保障,同时也对有机合成反应提出更高的要求,高原子利用率(即原子经济性)、温和反应条件以及绿色化学是现代有机合成的三个基本要求。

对有机合成初学者而言,尽管对这三条基本要求的理解不会那么深刻,但会感受到正是这三项要求促进了有机合成反应、有机合成方法学的发展及运用。可以假设一个五步反应的合成路线,其每步反应的平均收率为90%,该路线的总收率为59%;如果其中某步的反应收率下降为50%,其总产率降为33%;而如果每一步反应的收率都为50%,其总收率则大幅降为3%。由此可见,有机合成反应的步骤和每一步反应的收率对一个复杂分子的合成效率是极其重要的。因此,合成效率对目标化合物的合成起着决定性作用,减少实验步骤和提高每步反应的收率都可以使合成效率得以明显提高。可以再进行假设,上述五步反应路线优化为四步反应,即使优化后的收率下降到80%,合成路线的总收率也没有下降。因而,对复杂化合物其合成路线的设计和选择尤为重要,合成路线的类型一般包括汇聚式合成和线性合成,有时也采用将两者结合的策略,总体上汇聚式合成路线比线性合成路线要高效得多。

线性合成路线:

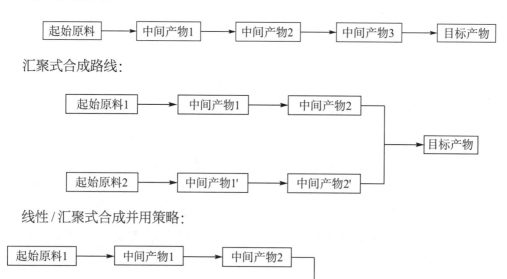

汇聚式合成路线:

线性/汇聚式合成并用策略:

采用汇聚式合成路线,每步收率为90%,单线两步的总收率为81%;再汇聚合成后的总收率为73%。总体上,汇聚式合成路线效率与线性合成路线明显要高。

二、合成原料的选择

实际上,对于一个目标分子的合成,经逆合成分析,往往可以逆推出几个不同途径的可能合成路线,由此可以逆推得到不同的起始原料。合成路线起始原料的选择取决于原料的价格、获得性以及合成的难度。为了能选择切实可行并能付诸实施的合成路线,需要对每一个可能的逆合成路线进行合成方法、反应条件和原料的比较和优选,如合成方法的可行性、反应条件的可实行度以及起始原料的价格和易得性等方面,其中原料的廉价和易得是系统考虑和理性决策目标化合物合成路线的主要因素。Hayashi 从合成效率的角度综述了治疗流行性感冒的药物奥司他韦(Oseltamivir)的起始原料及合成路线。自 1996 年首次合成以来,有机化学家和药物化学家发展了多条合成路线,如 Corey 发展了以 1,3-丁二烯与丙烯酸酯为起始原料的十二步不对称合成路线、Sahibasaki 和 Kanai 发展了 1,3-丁二烯基硅醚和富马酸二甲酯为起始原料的十四步不对称合成路线等。其中以 Watt 报道的技术路线合成效率最高,总收率高达50%,采用可大量获得的源自八角茴香的莽草酸为起始原料、改进 Roche 公司的工艺路线并使用流体化学技术(图 13-1)。

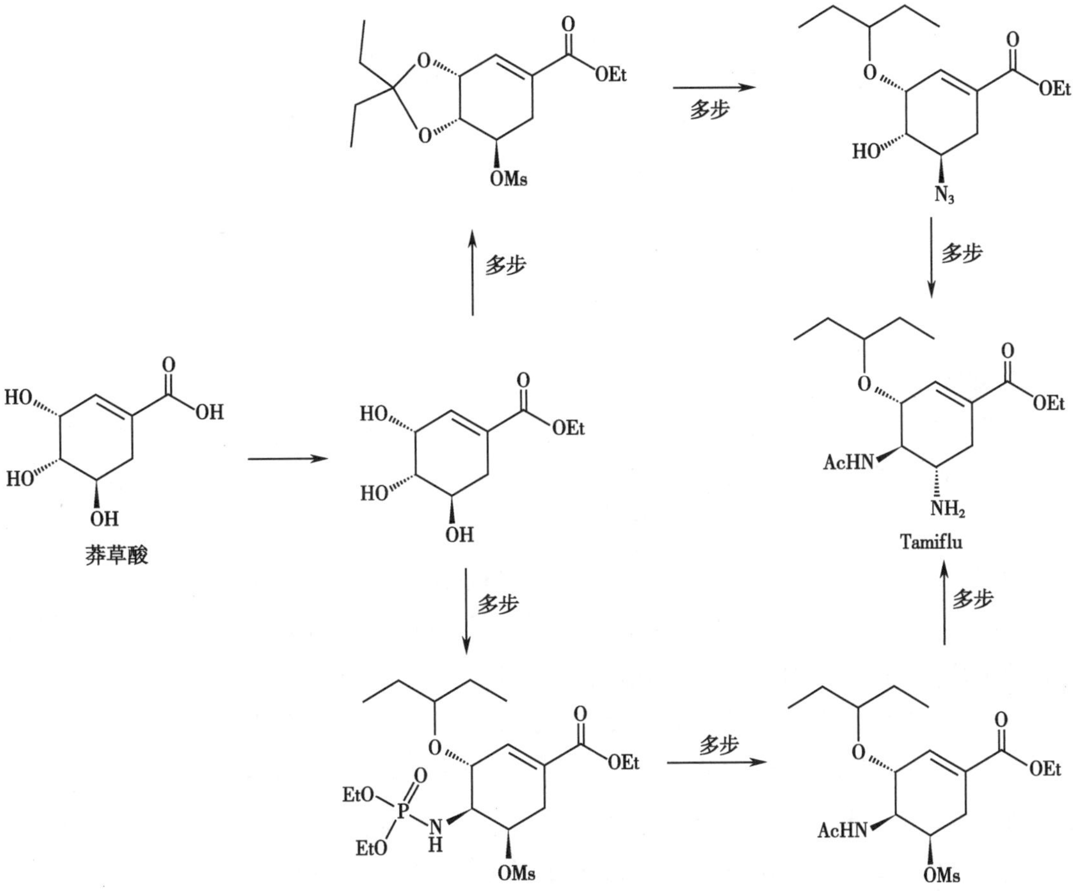

图 13-1　以莽草酸为原料合成奥司他韦的两条主要路线

通常情况下,廉价易得的原料可以从商业化试剂公司(如 Sigma-Aldrich、阿拉丁试剂等)的目录或网站上检索得到,化学搜索引擎 SciFinder® 也提供化学试剂及供应商的相关信息。对商业可得的化学试剂的具体信息(如价格、结构和立体化学)的了解和掌握是化学及药物合成工作者的必备知识之一。如用于治疗原发性胆汁性肝硬化和非酒精性脂肪性肝病的奥贝胆酸,其合成原料熊去氧胆酸是从动物来源的熊胆酸中提取得到的,随着近年来动物保护力度的加大,动物来源的熊去氧胆酸供应严重制约了奥贝胆酸的产能,我国学者开发了从大量廉价易得的胆酸合成鹅去氧胆酸、熊去氧胆酸的工艺,不仅满足具有药用价值的鹅去氧胆酸、熊去氧胆酸的社会需求,也为奥贝胆酸的合成提供充足的原料(图 13-2)。

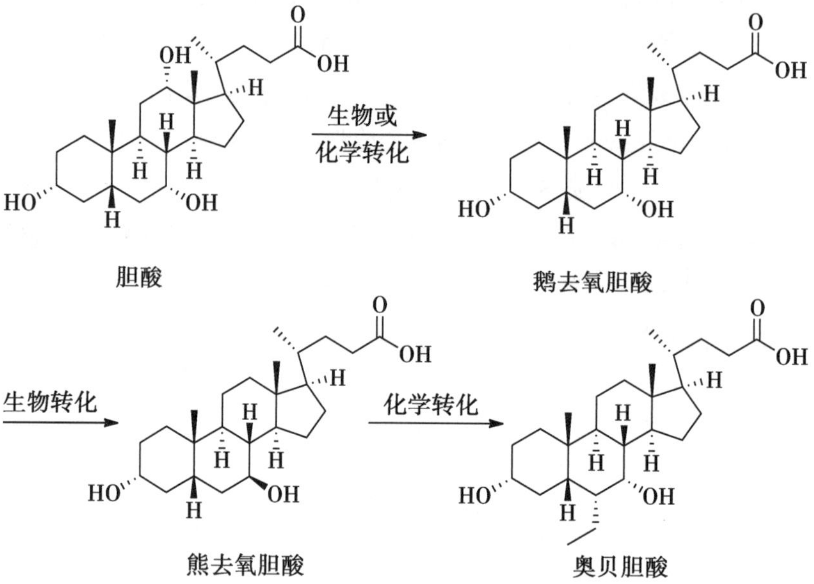

图 13-2 胆酸的转化

三、设计合成路线的步骤

正如 R. B. Woodward 所说的"合成是一门艺术"。实际上,有机合成不仅是一门艺术,更是涉及多学科的一门科学,如涉及人类健康的药物制备。因此,在进行一个目标化合物的合成时,需要遵守通用的指导原则和有机化学技术策略。一般来说,针对目标化合物的合成路线主要包括以下几个步骤:①对目标化合物的具体结构进行分析(包括官能团、手性等);②进行合理的逆合成分析,判断并选择实际合成时采用的起始原料;③结合逆合成分析和文献,设计可行的有机合成路线;④开展具体的合成工作,其中必须针对合成工作中出现的问题如危险合成工艺、剧毒或危险化学品的使用以及合成工艺对环境保护的影响,需要对设计的合成路线进行必要的修正(其中包括合成方法、试剂及实验条件,甚至是合成路线的变更),完成目标化合物的合成;⑤对整个合成路线进一步进行工艺优化,达到减少浪费与环境污染、提高原子经济性和总收率的目的。

一条可行、实用的合成路线可以使目标化合物的合成少走弯路,大大提高工艺收率和合成效率。特别是对于药物生产,在发现阶段、临床前研究的合成路线以及放大生产阶段的工艺路线可能会有很大的差异。对于药物的合成工艺放大生产，作为一门艺术的有机合成必须要把合成路线简洁到极致，使之成为典雅的艺术。例如 Willstätter 于 1902 年经二十步化学反应从环庚酮合成托品酮（Tropinone），仅仅 15 年后，Robinson 采用丁二醛、甲胺和 3-羰基戊二酸经 Mannich 反应以 92% 的收率一步合成托品酮。

尽管对于药物合成路线的好与差没有严格的标准，但基于成本、产品质量、投资及环境保护等诸多方面考虑，合理的合成路线应使用廉价的起始原料和试剂、采用尽可能少的反应步骤（可以尽可能采用串联反应或一锅化反应）、合成路线应具有较好的反应选择性（如是手性药物还应有高的立体选择性）、尽可能高的总收率、原子经济性、避免使用有毒试剂或重金属试剂、温和的反应条件以及简单的分离即可达到纯化的目的等。

关于合成效率，如上所述，汇聚式合成路线明显优于线性合成路线。另外，在设计合成路线时还需要考虑以下两点：①基于目标化合物及中间体官能团转化及相对应的反应类型的需要；②基于目标分子中的立体化学要求。

第二节　分子拆开法

一、基本术语

合成元（synthon）又称合成子，是逆合成分析中的目标分子经拆分、转化并易得的小分子结构单元。其概念最初是由 E. J. Corey 于 1967 年提出，即凡是能用已知的或者合理的合成操作将有机分子中的化学键进行切断（可以是正、负离子，也可以是电中性的）所得的碎片结构单元都称为合成元。通过对目标分子的特定部位的化学键切断所产生的碎片结构单元再经合理的化学分析可以逆推可能的结构稳定的起始原料。合成元是逆合成分析的精华，它已成为有机化学家解决有机合成特别是设计复杂分子合成策略时的必备思路。合成元等价体是指与合成元相对应的具有等同功能的稳定化合物。

合成砌块（building block 或 synthetic building block）是一类可用于目标化合物合成并带有一定特色官能团的小分子化合物，它可以是易得的小分子化合物或经化学官能团转化而得，也可以由几个小分子化合物经一定的化学反应转化而得。合成砌块可用于目标分子结构的自下而上模块化组装，在药物、天然产物、超分子复合物、金属有机框架等合成中常见合成砌块的使用。

手性元（chiron 或 chiral synthon）又称手性源，是对含手性中心的目标分子进行逆合成分析所得的带手性的合成元或合成砌块。它可由天然的具有旋光活性的小分子原料如氨基酸、糖及萜类等经化学转化获得（如手性 α-巯基丙酸），也可由不对称合成获得（如五碳糖前体）。Cynthia A. Challener 在手性中间体手册中收集了近 4 000 个手性片段，John W. Scott 在

Asymmetric Synthesis 第四卷中也收集了 375 个手性元。

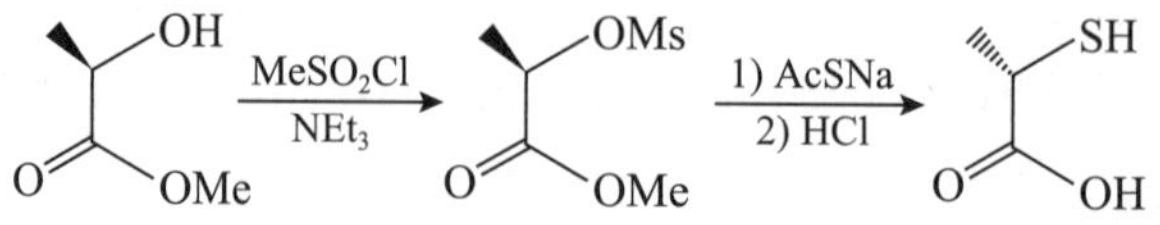

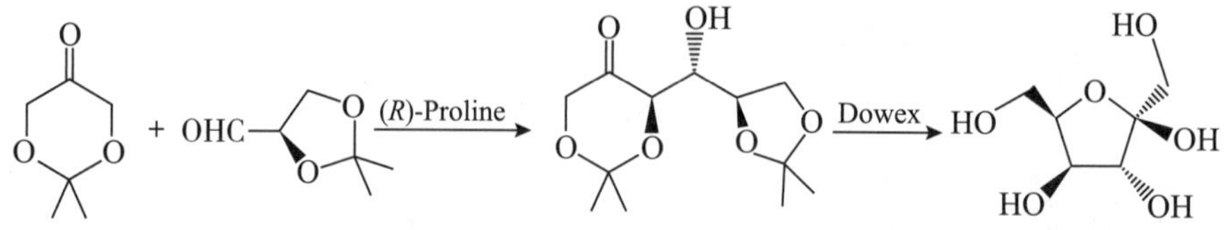

dr > 99 : 1
ee > 98%

保护基是指对含有多种官能团的化合物合成中,只需要对某个特定的部位或官能团进行反应,可将反应化合物中的敏感部位或官能团进行保护基操作,转变为对所需要的反应呈惰性的结构,来满足高度反应选择性的要求,这样的过程称为保护基(protective group)法。待反应结束后,在不破坏分子其余部位的结构特征前提下的温和条件下脱除保护基,以恢复原有的结构,这样的过程称为脱(去)保护基(deprotective group)法。

原子经济性是指反应物中的所有原子都进入目标产物中的比例。一个理想的原子经济性反应是指除反应溶剂外的试剂及反应物中的所有原子都进入目标产物的反应。如苯乙烯环状碳酸酯(styrene carbonate)的合成,起初化学家们采用光气(COCl$_2$)作为反应试剂之一,该策略不仅原子利用率低,而且存在较大的安全隐患。近年来,通过对二氧化碳的捕获和利用,合成高附加值产品的策略受到研究者们的广泛关注,通过二氧化碳与环氧化物的环加成反应生成苯乙烯环状碳酸酯的方法是一个成功的范例。该策略不仅安全无毒,而且可以实现100% 的原子经济性。但是该方案也存在局限性,由于该反应是典型的气-液两相反应,较低的气液传质效率成为制约反应速率的最主要的因素,Abdul Rehman 课题组针对这一问题提出使用"tube in tube"(管中管)的连续流合成策略,极大地提高了反应速率,具有一定的产业化前景。

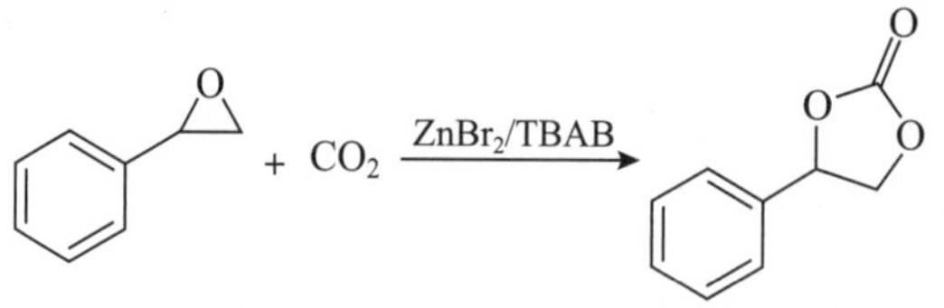

在 Binol-TiCl$_2$ 催化作用下,1-甲氧基-1,3-丁二烯与醛类化合物反应,可以高 *ee* 值,得到顺式产物。

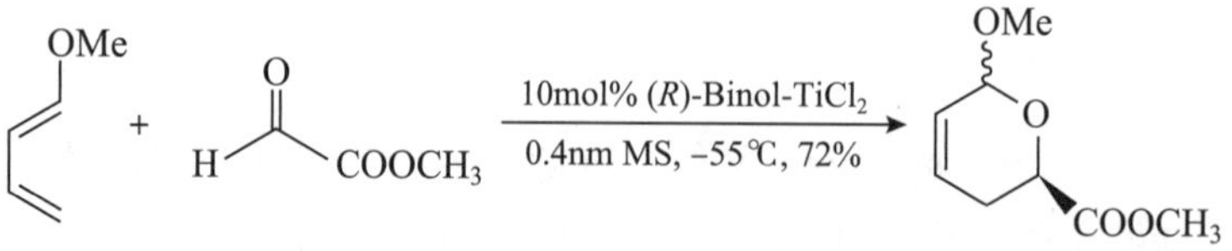

化学选择性(chemoselectivity)是指在一定的反应条件下,优先与底物中的某一官基团或部位进行化学反应。如在使用 Wilkinson 催化剂还原 3-环己烯甲醛的过程中,由于碳碳双键

的活性比羰基高，故只有碳碳双键被选择性还原。需要指出的是底物中的同一个官能团或部位在不同的反应条件下可能生成不同产物的控制取向也属于化学选择性的范畴。

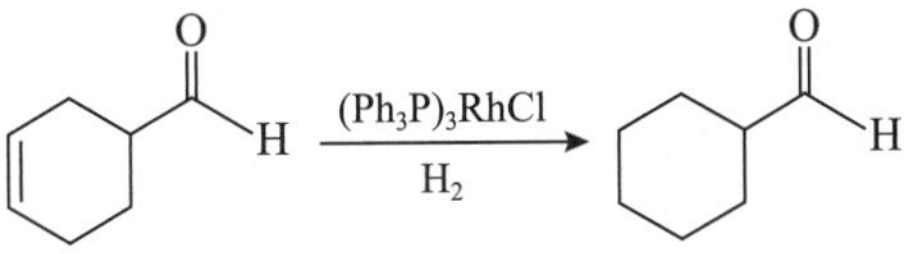

区域选择性（regioselectivity）是指试剂对底物分子中的两种或两种以上的反应位点反应时，由于反应的内在机理、底物的电子效应、反应条件等因素的影响，会选择性地在某一个位点（或者官能团）发生反应的现象。如在 1-[2-(3-溴丙基)环戊基]乙基-1-酮的分子内环合反应中，如果使用位阻较小的碱如叔丁醇钾（KOBu-t），攫氢位置为羰基 α-位的叔碳氢；而使用位阻较大的碱如二异丙基氨基锂（LDA），此时受到位阻的影响，攫氢位置为羰基 α-位的甲基氢。

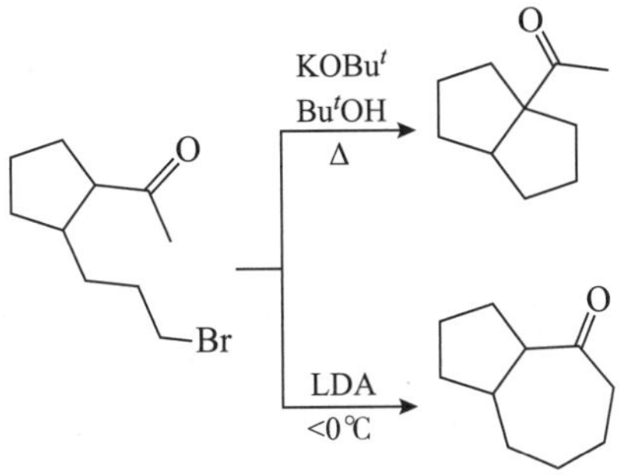

导向基是指在有机化学合成为了使新引入的原子或基团进入底物分子的某一特定位置而预先在底物中引入的原子或基团。导向基可使其在底物特定位置上的反应率提高。

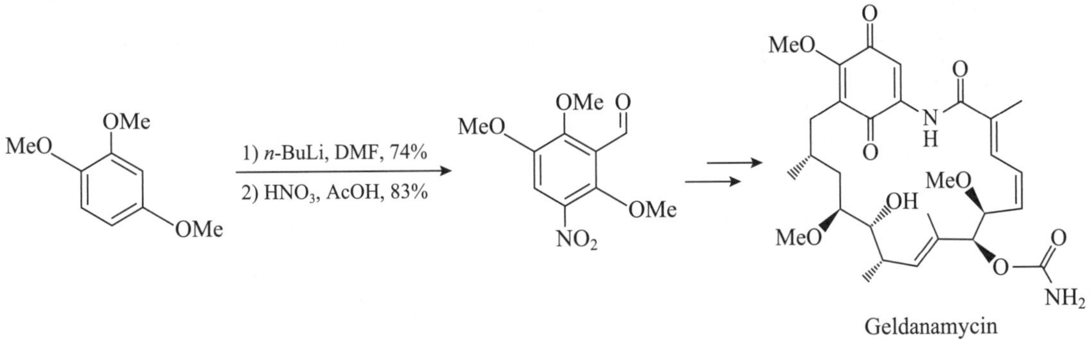

Geldanamycin

二、常见结构有机物的拆分法

1. 断键　两个碳原子共用一对电子成键形成碳碳单键，因此成键的逆过程就是断键。根据碳碳键的断裂方式通常分为异裂和均裂，将断键方式分为离子型断键和自由基型断键，并由此逆推相应的合成元或单元片段。

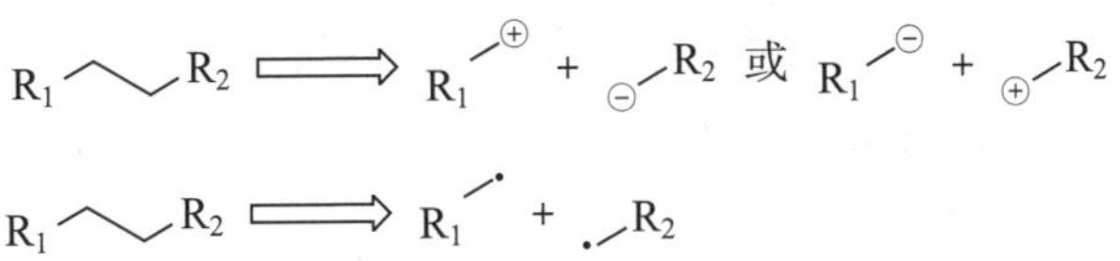

例如 4-苯基-2-丁酮的合成，无疑选取丙酮和溴苄作为起始原料最为合理，但反应不可避免地会导致副产物 2,5-二苯基-3-戊酮的产生。

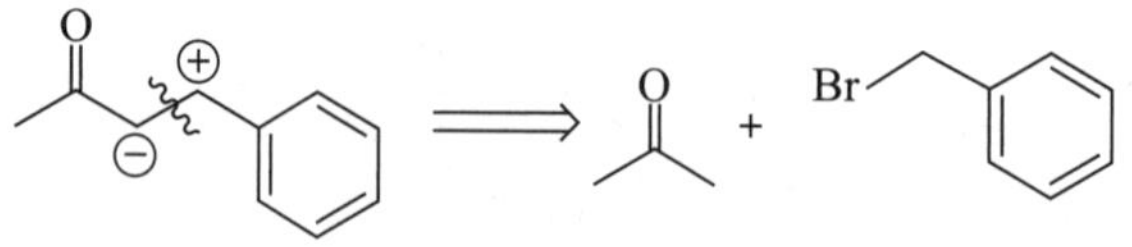

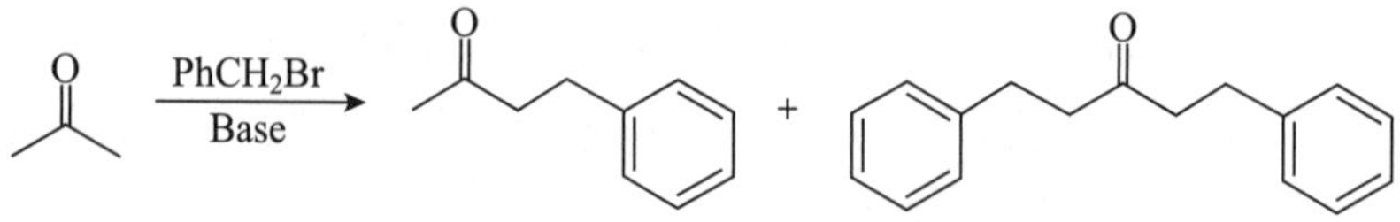

而利用乙酰乙酸乙酯的活泼亚甲基及碱性条件脱除羧基的特点，设计如下合成路线则更为合理，而且收率高，后处理简单。

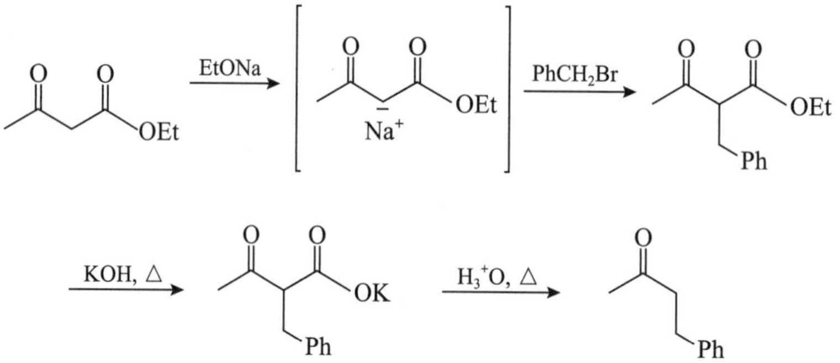

2. 官能团转化　在有些情况下，目标化合物中的有些官能团在反应过程中发生转化。因此，为了顺利实现对特定键的切断，在不改变碳骨架的基础上，需要将一个官能团转化为另一个官能团，称为官能团转化（functional group interconversion，FGI）。例如强效、选择性 TXA$_2$/PGH$_2$ 受体拮抗剂雷马曲班（Ramatroban）的逆合成路线，手性氨基可逆推为由羰基官能团经手性转化而得。

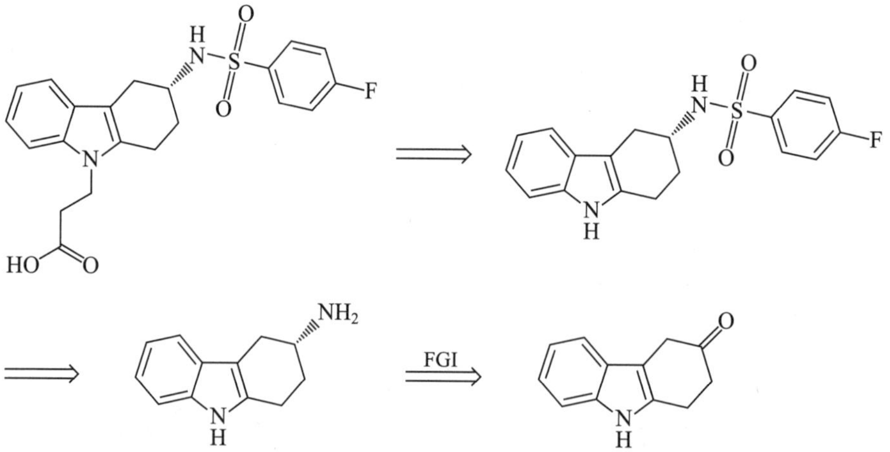

3. 官能团引入　在有些情况下，目标化合物的有些官能团在反应过程中消失，因此为了顺利实现对特定键的切断，在不改变碳骨架的基础上，需要在分子中添加一个官能团，称为官能团引入（functional group addition，FGA）。例如抗心律失常药和钠通道阻滞剂类生物碱鹰爪豆碱（Sparteine）的逆合成路线。

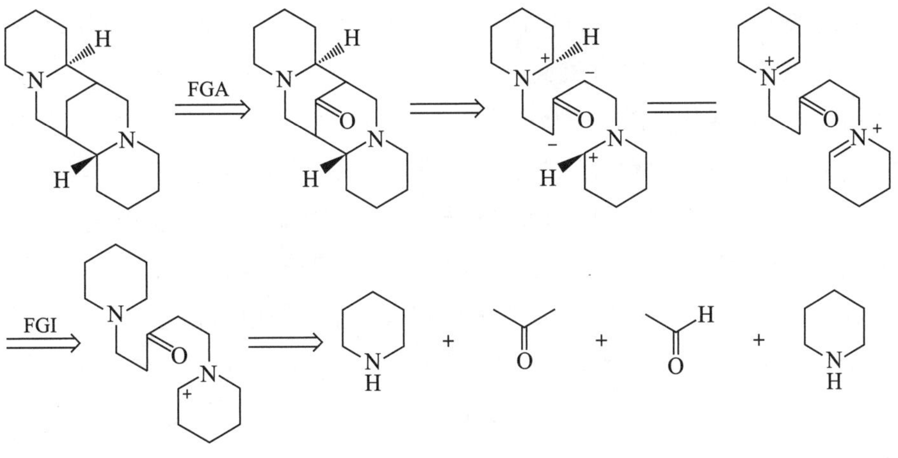

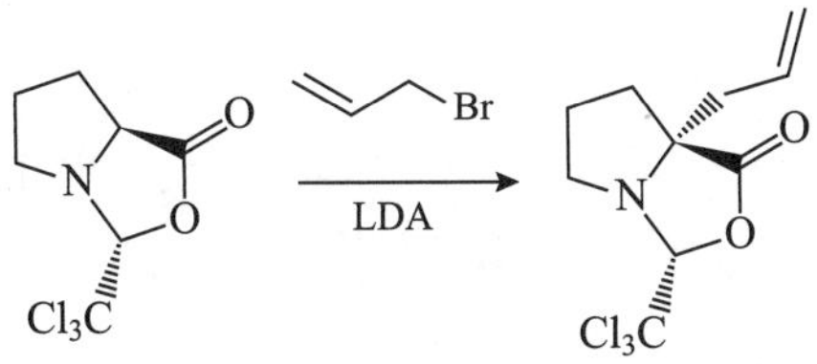

4. 重排反应　有时目标分子是由前体分子经过碳架重组后形成的,其逆合成过程需要将目标分析的碳架结构转变为前体分子的碳架结构,这种逆向合成过程称为重排(rearrangement)。如药物中间体2,6-二氨基-4-溴吡啶的逆合成路线。

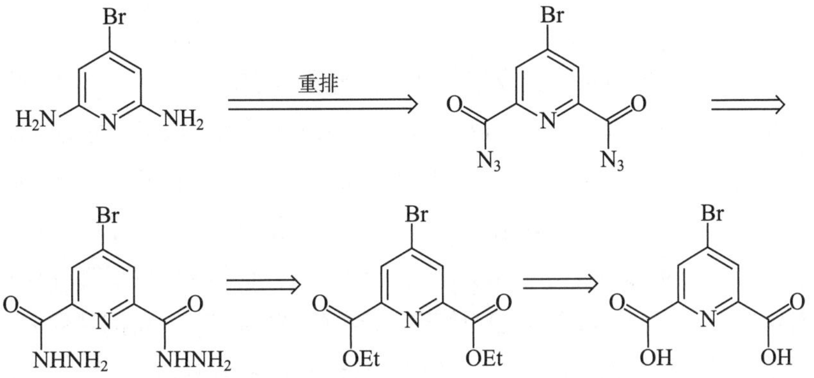

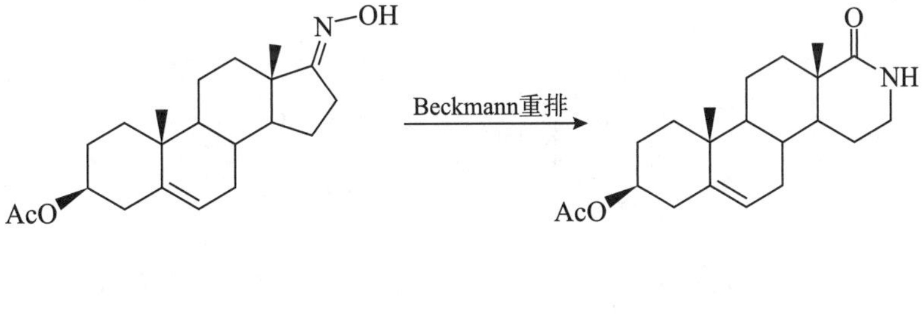

三、导向基与保护基的应用

在有机合成中,为了将某一原子或结构单元引入原料分子的特定位置上,在反应前引入某种控制基团来引导反应按需要、有选择性地进行,这种预先引入的控制基团称为导向基。导向基可以是也可以不是目标化合物中所必需的结构部分,待反应结束后如果不需要,可将它除去。因此,选择导向基通常要求容易引入,反应条件不苛刻;同样地,待反应结束后如果不需要,从目标分子中除去的反应条件也要简单。不管是引入还是除去导向基,反应的收率都要高。

1. 活化导向　目标化合物经逆合成分析确定起始原料后,由于原料在反应位点的活性不够,或由于原料结构中的对称性使得反应无差异,进行引入活化基团,使反应位点的活性增强或使不同反应位点的活性差异加大。在芳环化合物中由于氨基是第一类定位基,可先引入氨基来活化苯环而导向取代反应在苯环的邻、对位进行。以 1,3,5-三溴苯的合成为例,用苯直接溴化仅得到一溴代产物,但如在苯中引入胺基即使用苯胺进行溴化,由于氨基使苯环的邻、对位活化,很容易得到 2,4,6-三溴苯胺,然后通过一定的化学反应消除氨基即得 1,3,5-三溴苯。下面列出两条不同条件下 2,4,6-三溴苯胺的合成路线,显然第二条路线的条件更绿色、收率更高。

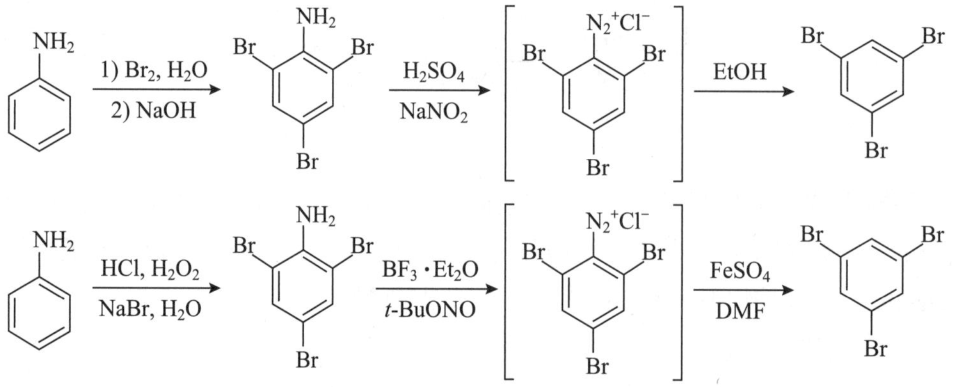

2. 钝化导向　由于起始原料在反应位点的活性不够,或由于原料结构中的对称性使得反应无差异,进行引入钝化基团,反应位点随引入的钝化基团而改变,使得需要反应的位点达到要求。例如 5-溴-3-硝基邻苯二甲酸的合成,如果用邻苯二甲酸直接硝化或用 2,3-二甲基硝基苯氧化后再溴代,由于在芳环化合物中硝基或羧基是第二类定位基,使芳环钝化,出现硝化的位置选择性不高或两个甲基氧化不完全的情况;而采用萘为原料,高收率得到 1-硝基萘,借助硝基使苯环钝化,优化将萘环中不含硝基的环氧化得到 3-硝基邻苯二甲酸,可以再次借助硝基和羧基使苯环钝化的特点,使得溴代位置符合目标化合物的要求,顺利得到 5-溴-3-硝基邻苯二甲酸。

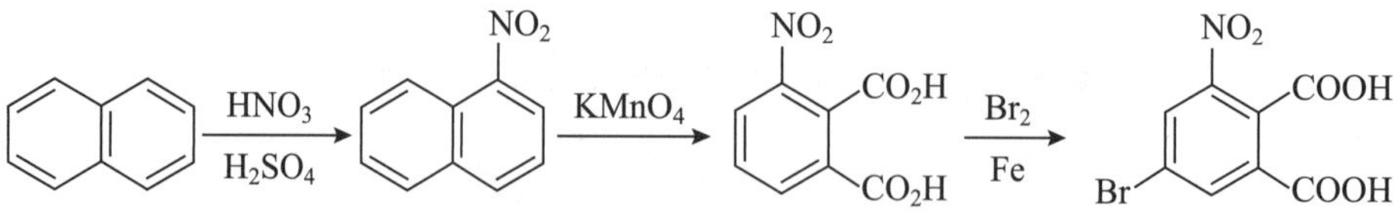

3. 占位导向　由于反应选择性,在合成过程中无法消除由于原料的结构位置所产生的异构体产物,往往采取在原料中引入某种基团预先占据容易产生异构的位置,使得反应顺利在反应位点进行,随后通过化学反应将占位基团除去,得到目标化合物。这种预先采用占位基团的策略称为占位导向。如合成 3-乙基-5-羟甲基吡啶,比较合理的策略是先合成 2-氯-5-乙基烟醛,然后通过催化氢化还原醛基成羟甲基,同时还原脱除 2-位的氯原子,即得 3-乙基-5-羟甲基吡啶。

$$\text{(醛基-氯代吡啶-甲基)} \xrightarrow[\text{NaOAc}]{\text{PdCl}_2,\ \text{H}_2} \text{HO}-\text{CH}_2-\text{(吡啶)}-\text{C}_2\text{H}_5$$

4. 保护基　在对含有多个官能团的分子合成过程中，由于多个官能团的存在，难以只对某特定基团或位置进行反应达到高度反应选择性的要求，可以采用保护基的策略，将分子中对反应条件敏感的基团加以保护，使之转化为对所需要的反应呈惰性的结构，待反应结束后，对所保护的结构进行无损分子其余部位的温和条件下除去保护基，以恢复原有的基团。

选择保护基需要考虑如下因素：①保护基试剂的可获得性及经济性；②保护基试剂必须高效率、高选择性和高收率地对官能团进行保护；③保护基的引入不增加化合物结构表征的复杂性，如羟基保护基四氢吡喃（THP）和乙氧基乙醚（MEM）的引入会在底物中增加一个手性中心，从而可能会增加手性底物的复杂性；④引入的保护基对后续的反应条件及后处理操作要有一定的耐受性；⑤保护基的引入不增加底物分离、纯化的复杂性；⑥脱除保护基也必须是高效率、高选择性和高收率；⑦脱除保护基过程中的杂质、副产物和产物容易分离；⑧不同保护基之间的相互干扰，特别是由于空间位置、体积等导致一种保护基的引入或脱除会引起另一个保护基的脱除。

需要特别指出的是合成工作中一旦采用保护基策略，必然要考虑增加两步反应（保护基的引入和脱除）和总收率的影响，特别是工业化生产中，需要更多的投入设备等固定投入，无保护基策略的合成路线设计和运用才是将合成的艺术提高到高雅的艺术。

有机合成中常见的需要保护的官能团如羟基、氨基、羰基（包括醛和酮类化合物）以及羧基等。Greene 和 Wuts 编撰的 *Protective Groups in Organic Synthesis* 专著中收集了大量的各种官能团的引入及脱除方法。近年来，不断有新保护基应用、保护基引入及脱除的实用反应条件的文献报道。

（1）羟基保护基：醇/酚羟基的保护是有机合成中的重要策略之一。羟基的保护主要包括在一定条件下形成缩醛衍生物，如四氢吡喃基保护（THP）、甲氧基甲基（MOM）保护和 2-甲氧基乙氧基甲基（MEM）等，其脱保护基的条件也各有不同。

在一定条件下形成酯衍生物，如乙酸酯（ROAc）、三氟乙酸酯等。

在一定条件下形成醚衍生物，如甲醚、苄基醚、对甲氧基苄基醚等。

一定条件下形成硅醚衍生物，如三甲基硅基（TMS）、三乙基硅基（TES）、三异丙基

（TIPS）、叔丁基二甲基硅基（TBS 或 TBDMS）、叔丁基二苯基硅基（TBDPS）及三异丁基硅基（TIBS）等。

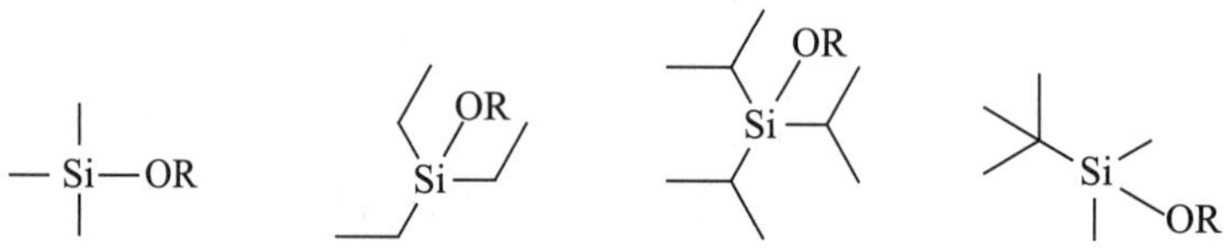

TMS   TES   TIPS   TBDMS或TBS

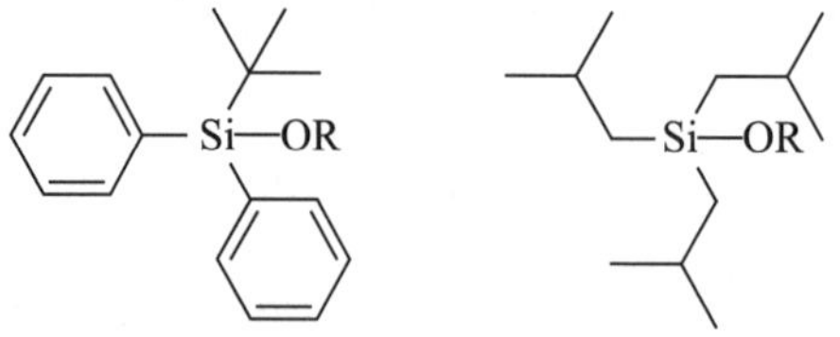

TBDPS   TIBS

此外，还有 1,2-二羟基、1,3-二羟基及多羟基的保护，在一些关于保护基的专著、综述及相关文献中均有报道。

（2）氨基保护基：和羟基的保护一样，氨基的保护也是有机合成中的重要策略之一。氨基的保护主要包括在一定条件下形成酰胺衍生物，如甲酰胺、乙酰胺等。

在一定条件下形成取代胺衍生物，如叔丁胺、烯丙基胺等。

在一定条件下形成氨基甲酸酯衍生物，如氨基甲酸叔丁酯（Boc）、氨基甲酸苄酯（Cbz）、氨基甲酸芴甲基酯（Fmoc）、氨基甲酸三氯乙酯（Troc）等。

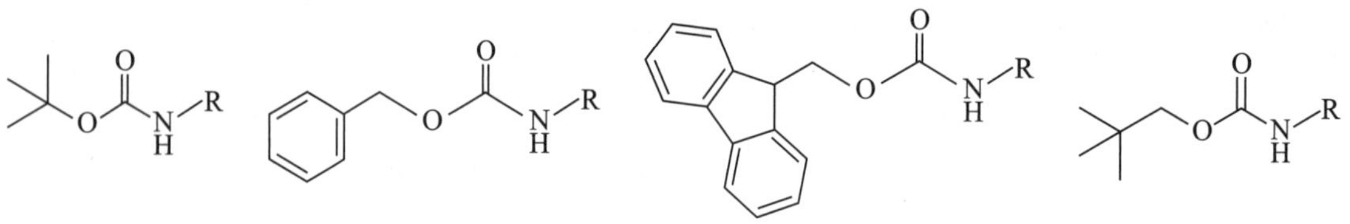

（3）羰基保护基：羰基是有机化合物中常见的官能团之一，通常是将羰基转化为其他官能团如缩酮或缩醛，在一定条件下形成 O,O-缩酮或缩醛。

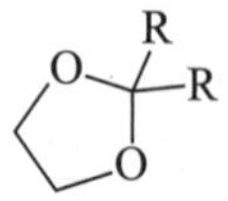

在一定条件下形成 O,S-缩酮或缩醛。

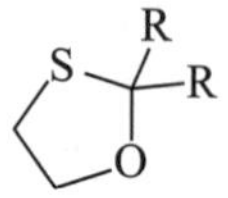

在一定条件下形成 *S*,*S*-缩酮或缩醛。

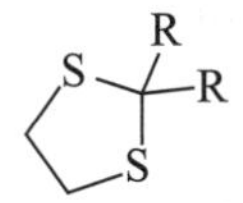

（4）羧基保护基：羧基的保护通常是在一定条件下将羧酸转化为各种酯，如叔丁酯、烯丙基酯等。需要注意的是，由于这些酯的稳定性差别不同，要根据底物的结构特点谨慎选用。

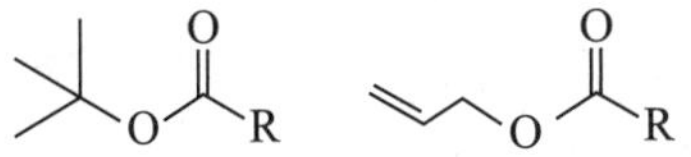

吴毓林等还在《现代有机合成化学》中从保护基的引入和脱除反应条件方面进行了系统的阐述。

第三节　药物合成实例简析

一、消旋氟西汀的合成

目前市面上销售的 5-HT 重摄取抑制剂盐酸氟西汀（fluoxetine）是消旋体，其合成方法主要可以分为以下两大类：①以 3- 二甲胺基丙苯酮为关键中间体；②以 3- 甲胺基 -1- 苯丙醇为关键中间体。前者是以苯乙酮为起始原料，通过 Mannich 三组分反应获得中间体 3- 二甲胺基丙苯酮，随后经硼烷还原、氯化亚砜氯化、与对三氟甲基苯酚成醚得到 *N*- 甲基氟西汀，再与溴氰进行 von Braun 脱甲基化反应，经水解反应、成盐反应生成盐酸氟西汀。后者是 3- 甲胺基 -1- 苯丙醇与廉价的 4- 三氟甲基氯苯反应，随后成盐得到成品盐酸氟西汀。

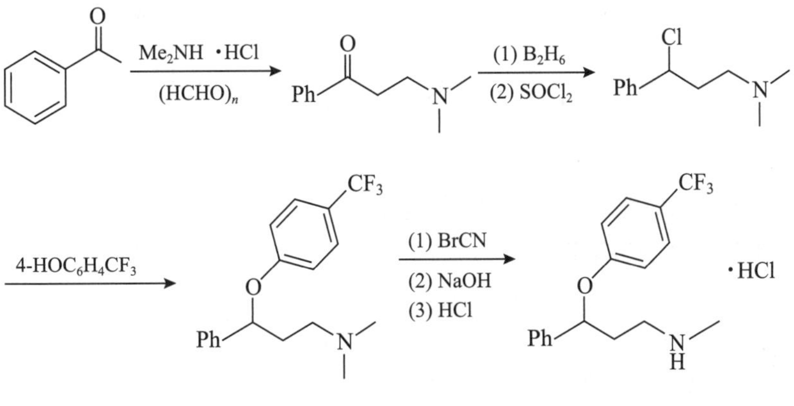

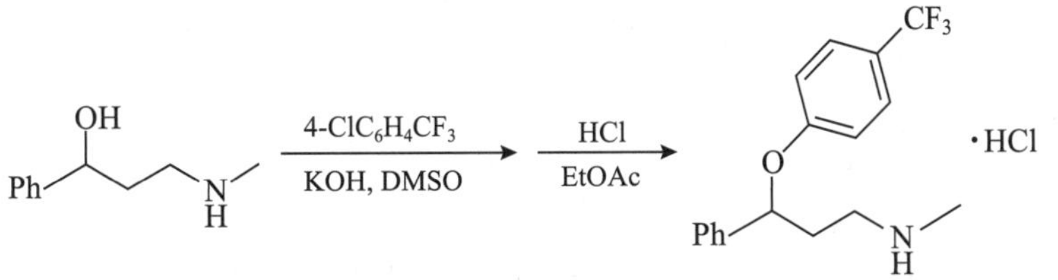

后者的路线具有明显的成本优势，目前已报道经以 3- 甲胺基 -1- 苯丙醇为关键中间体的

多条路线合成消旋氟西汀。下面总结了实用的 3- 甲胺基 -1- 苯丙醇的合成路线。

（1）以苯乙酮为起始原料，通过 Mannich 三组分反应，随后采用钯催化氢化脱除苄基保护，同时将羰基还原，得到中间体 3- 甲胺基 -1- 苯丙醇。

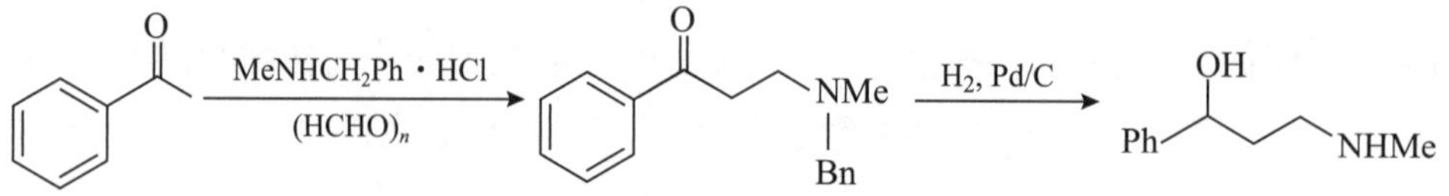

（2）以 3- 二甲胺基丙苯酮为起始原料，用硼氢化钠将羰基还原后，采用氯甲酸乙酯脱除胺甲基，接着用氢氧化钠水解，得到中间体 3- 甲胺基 -1- 苯丙醇。

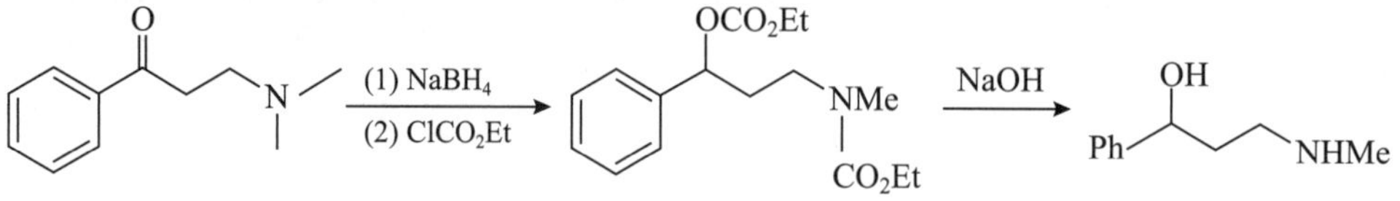

（3）以 3- 氯 -1- 苯基丙基 -1- 酮（或可经官能团转化该化合物）为起始原料，用硼氢化钠将羰基还原后，经甲胺亲核取代，得到中间体 3- 甲胺基 -1- 苯丙醇。

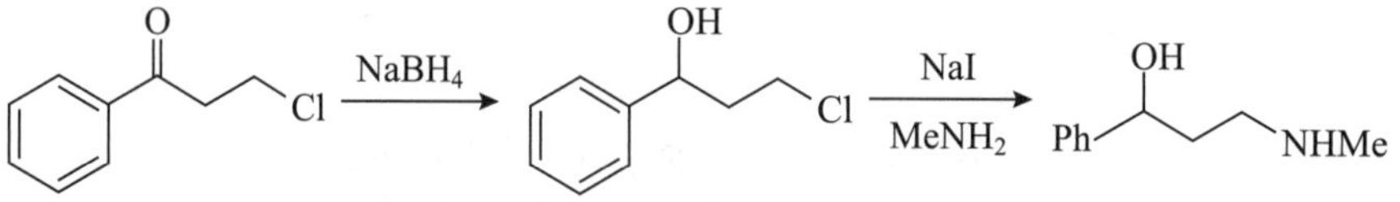

（4）以苯乙烯或者苯甲醛作为起始原料，经甲胺化反应、还原，得到中间体 3- 甲胺基 -1- 苯丙醇。

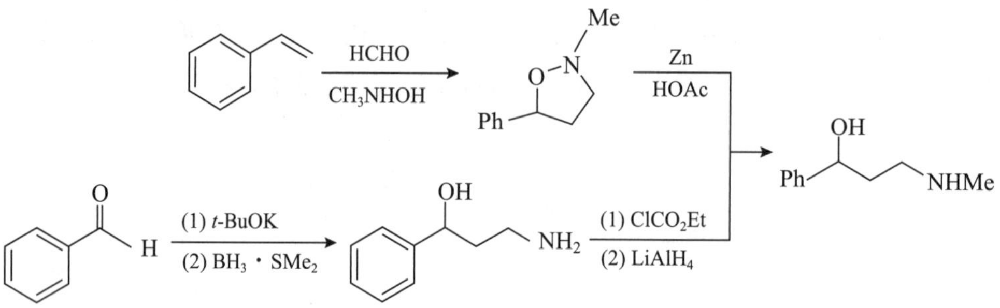

（5）以苯基环氧乙烷或 α- 溴代苯乙酮为起始原料，经氰化钠开环、硼烷还原、胺甲基化，得到中间体 3- 甲胺基 -1- 苯丙醇。

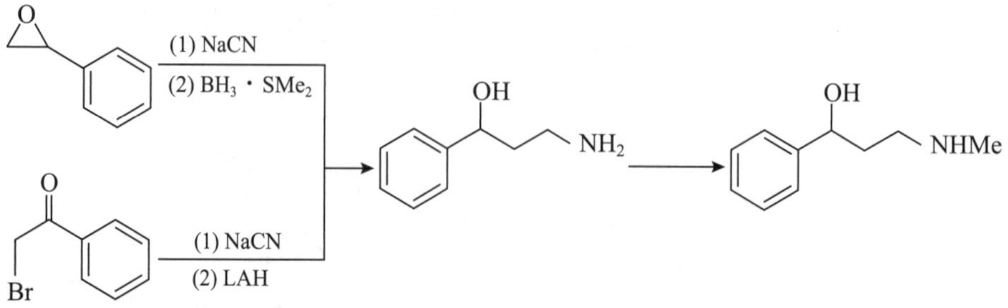

（6）以苯甲酸甲酯为起始原料，在碱性条件下与乙腈反应延伸碳链，进一步用氢化铝锂还原腈基成胺，胺甲基化，得到中间体 3- 甲胺基 -1- 苯丙醇。

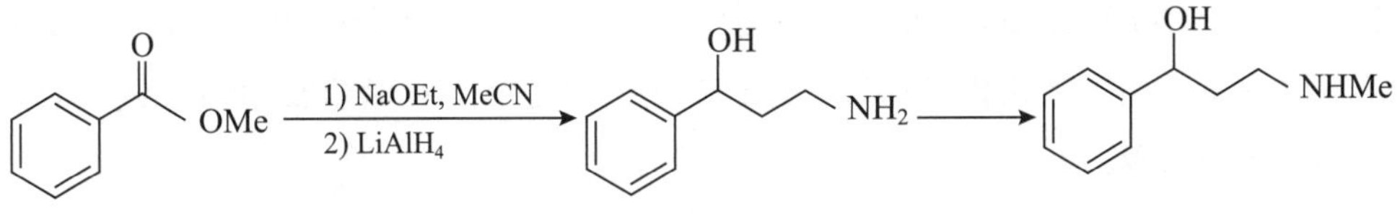

二、氟西汀的手性合成

研究报道，氟西汀的两个对映异构体具有基本相同的药理活性。但两者的主要代谢产物 R-去甲氟西汀和 S-去甲氟西汀却有显著性差异，(R)-去甲氟西汀要比 S-去甲氟西汀对 5-HT 的重摄取抑制活性弱 10～20 倍，这导致盐酸氟西汀的两个对映异构体的用途和半衰期有很大的差异。临床上，R-去甲氟西汀的主要功能是治疗抑郁症，且半衰期短；而 S-去甲氟西汀则能起到预防偏头痛的作用，且半衰期是 R-去甲氟西汀的 4 倍。

同合成消旋氟西汀一样，手性氟西汀的合成关键在于重要中间体手性 3-甲胺基-1-苯丙醇的合成，而 3-甲胺基-1-苯丙醇的合成主要参照其消旋体的合成方法，对其关键步骤进行不对称控制而得到。

（1）将 4-氧代-4-苯基丁酸甲酯在 (S)-2-甲基-CBS-噁唑硼烷 [(S)-Me-CBS] 和 BF₃·THF 的体系中不对称还原成 4-(R)-羟基-4-苯基丁酸甲酯，后经过氨化、霍夫曼重排以及还原，得到 (R)-3-甲氨基-1-苯基丙醇。

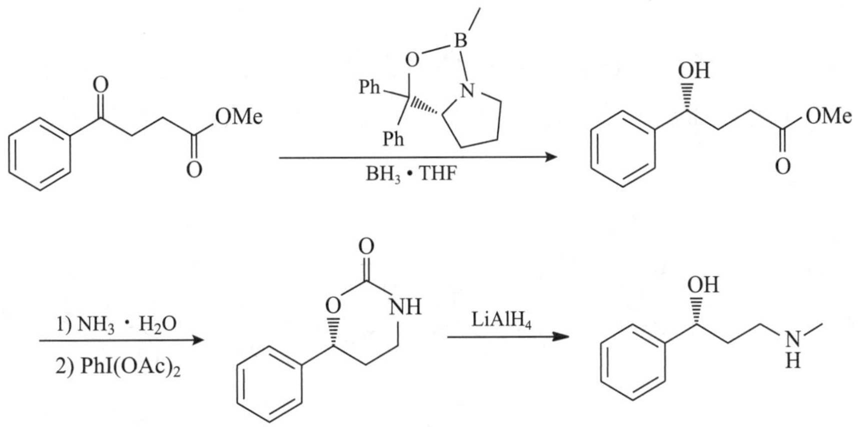

（2）以苯乙烯为起始原料，在采用 Sharpless 不对称双羟基化反应得到 (R)-1-苯基乙二醇后，进行选择性伯羟基对甲苯磺酸酯化，经与氰化钠反应转化为腈基，再经还原、氯甲酸甲酯酰胺化反应，最后用氢化锂铝（LAH）还原，得到 (R)-3-甲氨基-1-苯基丙醇。

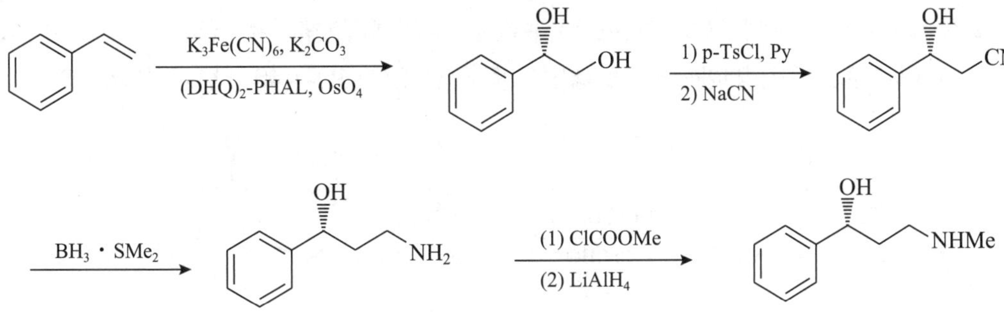

（3）以（S）-MeO-BiphepRuBr₂ 为手性配体，将 3-氧代-3-苯基丙酸乙酯还原为（R）-3-羟基-3-苯丙酸乙酯，后经氢化铝锂还原、用甲磺酰氯转化甲磺酸酯以及甲胺胺化，得到（R）-3-甲氨基-1-苯基丙醇。

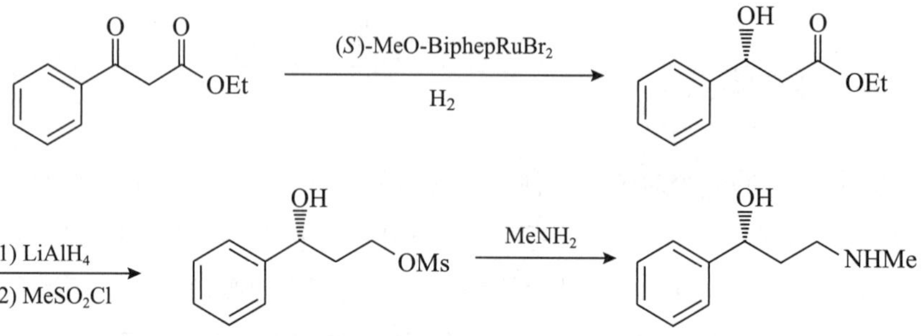

（4）将肉桂酸甲酰胺在 Sm-（S）-Binol-Ph₃AsO 的催化体系中进行不对称环氧化，再依次经过红铝、氢化铝锂还原，得到（R）-3-甲氨基-1-苯基丙醇。

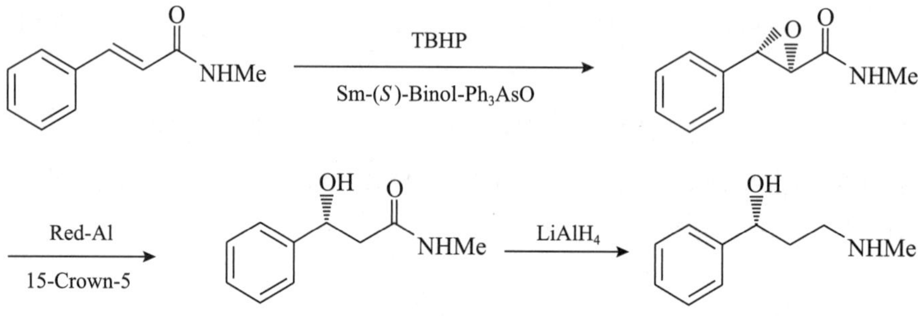

（5）采用假丝酵母脂肪酶（CRL）催化水解动力学拆分消旋的 3-羟基-3-苯基丙酸酯制备（R）-3-羟基-3-苯丙酸乙酯，再经氢化铝锂还原、甲基磺酰化和氨化，得到（R）-3-甲氨基-1-苯基丙醇。

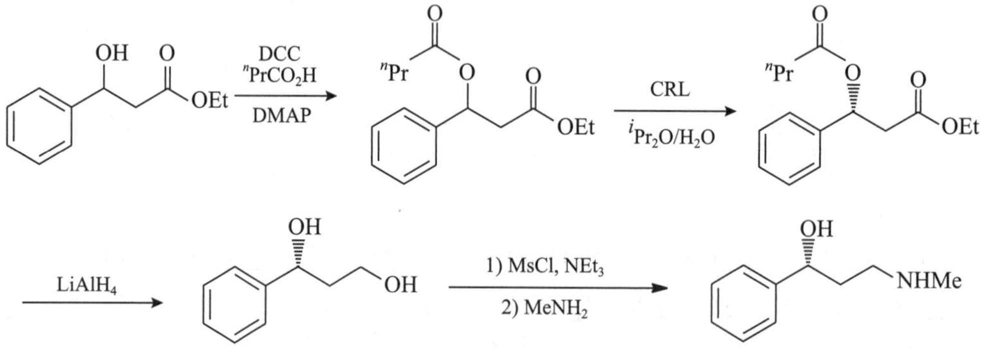

（6）借助手性辅基在四氯化钛催化下将（S）-3-乙酰基-4-异丙基-1-[（R）-1-苯基乙基]咪唑啉-2-酮和苯甲醛反应制备（S）-3-{[（R）-3-羟基-3-苯基丙酰基]-4-异丙基-1-（R）-1-苯基乙基}咪唑啉-2-酮，后经甲胺胺化以及氢化铝锂还原，得到（R）-3-甲氨基-1-苯基丙醇。

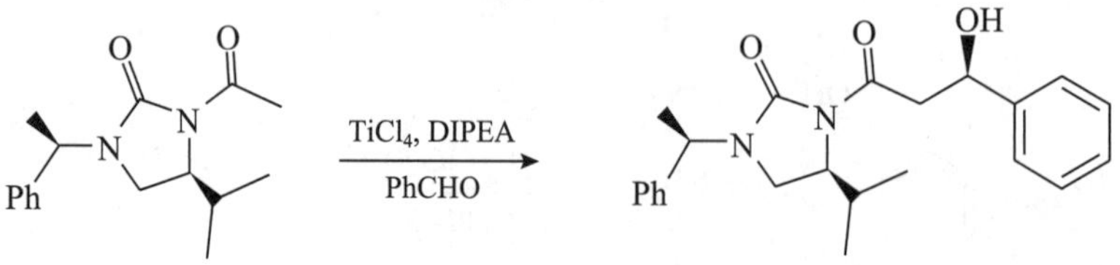

（图）

$\xrightarrow{\text{MeNH}_2}$ （结构式：3-羟基-3-苯基-N-甲基丙酰胺）$\xrightarrow{\text{LAH}}$ （结构式：(R)-3-甲氨基-1-苯基丙醇）

（7）采用二价铜盐、4,4-双［双（3,5-二甲基苯基）磷腈基］-2,2,6,6-四甲氧基-3,3-联吡啶的催化体系将 3-氯-1-苯基丙-1-酮选择性还原成（R）-3-氯-1-苯基丙-1-醇，后经过 NaI 碘氯卤交换以及甲胺化，得到（R）-3-甲氨基-1-苯基丙醇。

（反应式图：3-氯-1-苯基丙-1-酮 + 1) Ligand, Cu²⁺, PhSiH₃ 2) HCl(aq.) → (R)-1-苯基-3-氯丙醇；Ligand 结构式）

（反应式图：$\xrightarrow{\text{NaI}}$ (R)-1-苯基-3-碘丙醇 $\xrightarrow{\text{MeNH}_2}$ (R)-3-甲氨基-1-苯基丙醇）

（8）通过 Aza-Michael 加成与钌催化不对称转移加氢串联，一锅法制备（R）-3-甲氨基-1-苯基丙醇。

（反应式图：苯乙烯基酮 + MeNH₂ $\xrightarrow{\text{Ru 催化剂 / HCOONa}}$ (R)-3-甲氨基-1-苯基丙醇）

由于氟西汀和同为 5-HT 重摄取抑制剂的度洛西汀在结构上的相似性，上述关于氟西汀关键中间体（无论是消旋体或手性单体）的合成路线为度洛西汀关键中间体的合成提供有益的借鉴。

有机合成不仅为人类的生活提供有效的治疗药物、健康食品以及各种功能材料，也为化学家、药物学家运用化学知识挑战自然和服务人类提供"艺术"的空间，如青蒿素的人工合成。一个药物的理想合成路线应该是成本低廉、工艺简单、操作安全、绿色环保和质量可靠，因而在合成路线设计及实际开发过程中也要注重原子经济性、安全可控的实验条件、无毒无害的溶剂甚至无溶剂，以及新技术与新设备的运用，如微反应器、流体化学和超临界技术等。

ER13-2　第十三章目标测试

（曾步兵）

　　本章简单介绍了有机合成的一些基本概念、逆合成分析的基本策略以及一些合成实例，通过这些介绍可以让读者了解有机合成的基本知识和重要性。也让我们认识到从药物到复杂有机分子的合成路线不是唯一的，随着有机化学学科的发展，如合成方法学、高效催化剂的发展等，更简洁高效、绿色的合成路线开发会不断涌现；同时，逆合成分析给我们提供多种可能的合乎有机化学逻辑的合成途径，但实用的合成路线依然需要我们不断再从实验室小试、中试乃至工业生成中进行更为系统的总结、分析、提高和优化。

习　题

　　1. 列举3～5个保护羟基保护基及相应的试剂。
　　2. 列举3～5个保护氨基保护基及相应的试剂。
　　3. 列举几个常见的手性元。

第十四章　生物有机类化合物

ER14-1　第十四章
生物有机类化合物
（课件）

　　生物有机类化合物是指来源于生物体的，与生命有着密切关系的物质。常见的生物有机类化合物有糖类、脂类、核酸、酶、蛋白质、甾体化合物等，这些都是构成生命的基础物质，具有相对分子量大、结构复杂的特点。生物有机类化合物是人类、动植物等生物体的重要组成成分，具有特殊性质，它们在体内表现出重要的生命功能。本章将从结构、分类、理化性质等方面介绍糖类、蛋白质、萜类及甾体化合物四大类化合物。

　　糖类化合物在自然界中的分布很广，与国民经济关系密切，例如木材、棉花、大米、小麦等的主要成分均为糖类。糖、纤维素、淀粉已经是人类每天膳食的主要组成部分。含糖类化合物丰富的植物可以制成发酵饮料或作为动物饲料等。糖类化合物是生物体内新陈代谢不可缺少的营养物质，是人类生命活动所需能量的重要来源。近年来，生物糖的研究已经成为21世纪有机化学的研究热点。研究表明，糖复合体中的糖是体内的重要信息分子，对人类疾病的发生、发展及预防起着重要作用，同时糖也是一类重要的治疗药物。糖蛋白复合物是许多细胞质膜中的膜受体，它与细胞信号传递有关，其结构与功能的关系是科研工作者们颇感兴趣的一项研究课题。糖生物学已经成为一门新兴的分支学科。

　　蛋白质是一类结构复杂、功能特异的天然高分子化合物，存在于所有生物体中，是生命的物质基础，没有蛋白质就没有生命。生物体内的一切生命活动几乎都与蛋白质有关，例如在新陈代谢中起催化作用的酶和起调节作用的某些激素，在抗御疾病中起免疫作用的抗体以及致病的病毒、细菌等都是蛋白质。近代生物学研究表明，蛋白质的作用不仅表现在遗传信息的传递和调控方面，而且对细胞膜的通透性及高等动物的思维、记忆活动等方面也起着重要作用。除蛋白质部分水解可产生长短不一的各种肽段外，生物体内还存在很多生物活性肽，它们具有特殊的生物学功能，在生长、发育、繁衍及代谢等生命过程中起着重要作用。

　　萜类化合物是广泛分布于植物、昆虫、微生物等体内的一类有机化合物。许多植物精油的主要成分是萜类化合物。甾体化合物也广泛存在于动植物的组织中，对生命活动起着重要的调节作用。萜类化合物与甾体化合物的结构不同，但在生物体内它们都是以乙酸为前体合成的。这两类化合物在生物体内的含量虽然不多，但其中很多都具有重要的生物活性。萜类和甾体这两类天然产物还与药物有着密切的关系。

第一节　糖

　　糖类是自然界中存在数量最多、分布最广且具有重要生物功能的有机化合物。从细菌到高等动物的机体都含有糖类,提供能量是糖类的最主要的生理功能之一。人体所需能量的 50%~70% 来自糖的氧化分解,每克葡萄糖彻底氧化可释放 16.7kJ 的能量。糖类还是体内的重要结构物质和信息物质,糖分子中的碳架以直接或间接方式转化为构成生物体的蛋白质、核酸、脂质等有机分子。因此,糖类物质在人类生命活动中起着非常重要的作用。

一、定义和分类

糖类(saccharide)又称碳水化合物(carbohydrate),因为早年发现的一些糖如葡萄糖、果糖等是由 C、H、O 三种元素组成的,并且 H 和 O 的比例与水相同,具有 $C_n(H_2O)_m$ 的结构通式。但后来的研究发现,有些糖分子中 H 和 O 的比例不是 2∶1,例如鼠李糖($C_6H_{12}O_5$)、脱氧核糖($C_5H_{10}O_4$);而有的物质如乙酸($C_2H_4O_2$)、乳酸($C_3H_6O_3$)等其分子式虽符合通式,却不具备糖的性质。所以碳水化合物这个名称不能确切代表糖类化合物,但因沿用已久,至今仍在使用。

从结构来看,糖类是多羟基醛或多羟基酮以及它们的缩聚物或衍生物。

根据糖类能否水解及水解产物的情况,可将糖分为三类:单糖、寡糖和多糖。

单糖(monosaccharide)是最简单的糖,不能再被水解成更小的糖分子,例如葡萄糖、果糖、核糖等。

寡糖(oligosaccharide)是由 2~9 个单糖分子脱水缩聚而成的糖类化合物,也称为低聚糖。根据水解后生成单糖的数目,寡糖可分为二糖、三糖等,其中以二糖(disaccharide)最为重要,例如麦芽糖、纤维二糖、蔗糖等。

多糖(polysaccharide)是由 9 个以上的单糖分子脱水形成的糖类化合物,是一种高分子化合物,也称为高聚糖,例如淀粉、糖原、纤维素等。天然多糖一般由 100~3 000 个单糖分子缩合而成。

二、单糖

根据分子中所含羰基的不同,单糖可分为醛糖(aldose)和酮糖(ketose)。最简单的醛糖是甘油醛,即丙醛糖;最简单的酮糖是 1,3-二羟基丙酮,即丙酮糖。根据分子中所含碳原子数目的不同,单糖又可分为丙糖、丁糖、戊糖和己糖。在生物体内,以戊糖和己糖最为常见。在单糖中,与生命活动关系最为密切的是葡萄糖、果糖、核糖和脱氧核糖等。

$$
\begin{array}{cc}
\text{CHO} & \text{CH}_2\text{OH} \\
| & | \\
\text{CHOH} & \text{C}=\text{O} \\
| & | \\
\text{CH}_2\text{OH} & \text{CH}_2\text{OH} \\
\text{甘油醛} & \text{1,3-二羟基丙酮}
\end{array}
$$

除 1,3-二羟基丙酮外,所有单糖分子中都含有手性碳原子,存在对映异构体,其对映异构体的数目为 2^N(N=1,2,3……)个。为了区分具有相同名称的 1 对对映异构体,习惯上使用 D/L 构型标记法。

单糖的链状结构常用费歇尔投影式表示。书写费歇尔投影式时,把碳链竖直放置,羰基位于投影式的上端,从羰基的一端给碳原子编号。在确定单糖的构型时,以甘油醛作为标准,将单糖分子中编号最大的手性碳原子的构型与D-(+)-甘油醛的手性碳原子的构型比较,若构型相同就属于D-构型,反之就属于L-构型。例如:

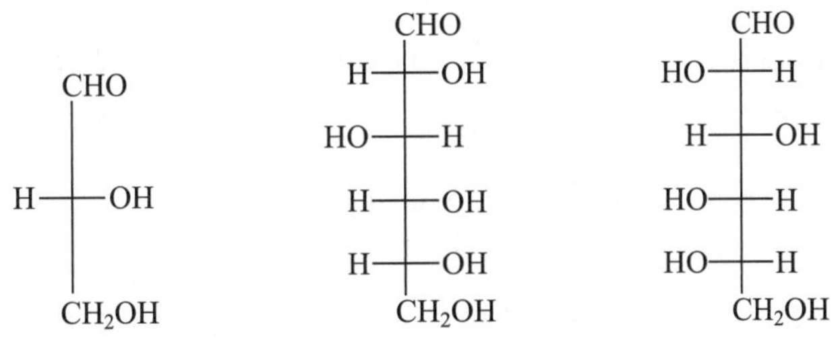

D-(+)-甘油醛
D-(+)-glyceraldehyde

D-(+)-葡萄糖
D-(+)-glucose

L-(-)-葡萄糖
L-(-)-glucose

特别指出,单糖的构型与单糖的旋光方向之间没有明确的关系,D-构型和L-构型的单糖的旋光方向既可以是左旋的,也可以是右旋的。

(一)结构

1. 葡萄糖的链状结构 葡萄糖的分子式为$C_6H_{12}O_6$,根据其化学性质确定为五羟基己醛的直链结构,含有4个手性碳原子(C_2、C_3、C_4、C_5),有2^4个旋光异构体。葡萄糖是己醛糖的16种对映异构体之一,其结构可用费歇尔投影式表示,为书写方便,用横线表示羟基,氢可省略。D-葡萄糖的链状结构可用费歇尔投影式表示如下:

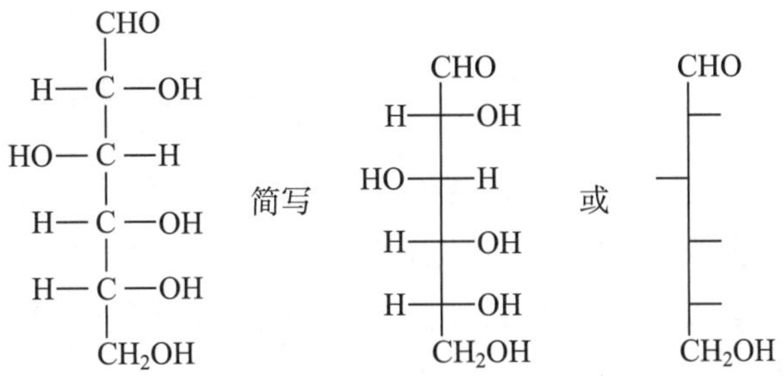

简写 或

葡萄糖常见的同分异构体还有D-甘露糖和D-半乳糖,它们的费歇尔投影式分别为:

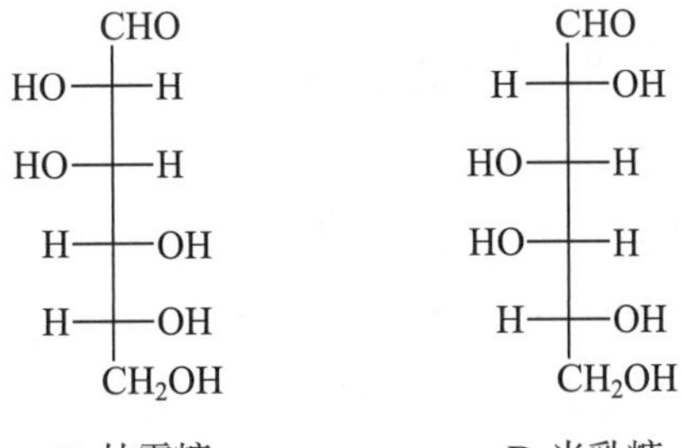

D-甘露糖

D-半乳糖

由费歇尔投影式可知,D-葡萄糖和D-甘露糖分子中只有手性碳原子C_2的构型相反,其余手性碳原子的构型完全相同;D-葡萄糖和D-半乳糖只有手性碳原子C_4的构型相反,其余手性碳原子的构型完全相同。像这种含有多个手性碳原子的非对映异构体中只有一个手性碳原子的构型完全相反,而其他手性碳原子的构型完全相同的非对映异构体称为差向异构体。因此 D-葡萄糖和 D-甘露糖是 C_2 的差向异构体,而 D-葡萄糖和 D-半乳糖则是 C_4 的差向异构体。

2. 葡萄糖的环状结构 葡萄糖的有些性质不能用链状结构说明。例如 D-葡萄糖有两种不同的结晶,一种从乙醇中结晶,熔点为 146℃,比旋光度为 +112°;另一种从吡啶中结晶,熔点为 150℃,比旋光度为 +18.7°。上述任何一种葡萄糖结晶溶于水后,其比旋光度都会逐渐改变,最终稳定在 +52.7°。这种在溶液中比旋光度自行发生变化的现象称为变旋作用(mutarotation),此现象难以用葡萄糖的链状结构进行解释。

实验证明,葡萄糖并不是完全以链状结构存在的,而主要以环状结构存在。葡萄糖分子的化学结构是多羟基醛,其 C_5 上的羟基与醛基可发生分子内亲核加成反应,形成稳定的六元环状半缩醛结构,且 C_1 成为手性碳原子,因而葡萄糖有两种不同的构型。在此结构中,C_1 上的羟基称为半缩醛羟基。

为了更真实地表示葡萄糖分子的空间构型,英国化学家哈沃斯(Haworth)用平面环来表示糖的环状半缩醛结构,这种结构式称为哈沃斯透视式,简称哈沃斯式(Haworth form)。由于这种六元氧环式结构类似于含氧的六元杂环吡喃,故称为吡喃糖。D-葡萄糖的哈沃斯式结构表示如下:

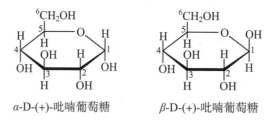

α-D-(+)-吡喃葡萄糖   β-D-(+)-吡喃葡萄糖

α-型和 β-型葡萄糖就是上述比旋光度和熔点均不相同的两种结晶葡萄糖。葡萄糖的变旋作用可用环状结构与链状结构的互变加以解释。将任意一种异构体溶于水时,都会先产生部分链状醛式结构。随之,当链状结构转变为环状结构时,α-型和 β-型两种异构体同时生成,且浓度不断变化,比旋光度的数值也随之变化。当 α-型、β-型和链状醛式三种异构体达到互变平衡状态时,α-型约占 36%,β-型约占 64%,而链状醛式仅有极少量,约占 0.02%;三种异构体的含量不再改变,比旋光度也保持在 +52.7°。

可见,葡萄糖的变旋作用是葡萄糖的环状和链状两种结构互变的结果。变旋作用是所有具有环状半缩醛结构的单糖的共同性质。

链状结构的费歇尔投影式如何转变成为平面环状结构的哈沃斯式呢?以 D-葡萄糖为例,首先把链状结构在平面内向右旋转 90°,然后向纸面内弯曲。在成环时为了使 C_5 上的羟基与醛基更接近,使 C_4、C_5 间的单键旋转 120°,由于该过程没有发生键的断裂,故 C_5 的构型没有改变。此时,糖尾端 C_5 上的羟甲基(—CH_2OH)处于环平面的上方,氢原子则处于环平面氢原子的下方,C_5 羟基易于进攻 C_1 羰基,从而得到两个端基异构体,C_1 半缩醛羟基在环平面下方的是 α-型、在环平面上方的是 β-型。凡在费歇尔中投影式中位于碳链左侧的基团都处于环平面的上方,位于碳链右侧的基团都处于环平面的下方,即"左上右下"。具体过程表示如下:

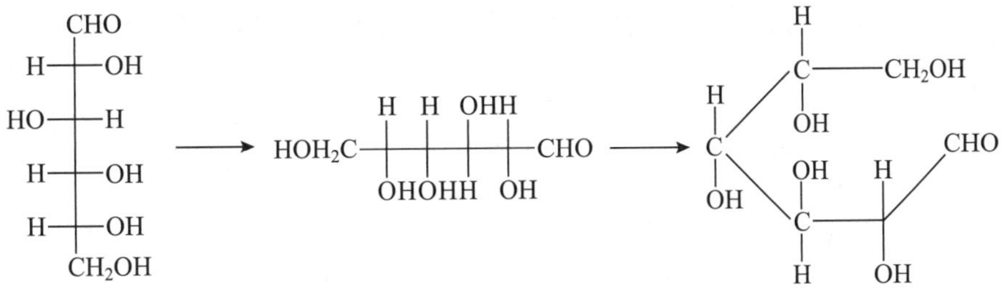

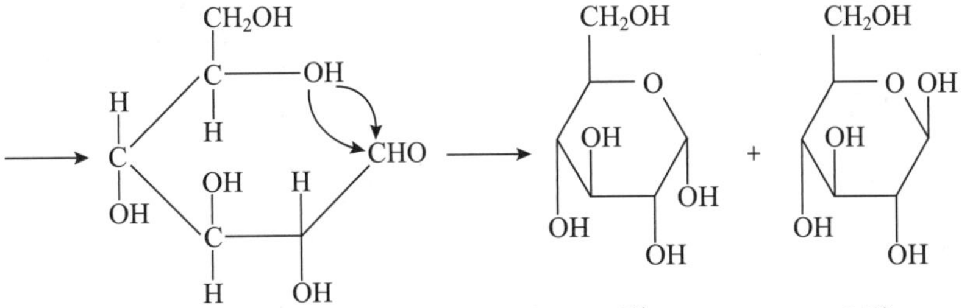

α-型　　β-型

3. 葡萄糖的构象　由于吡喃葡萄糖环状结构上的 6 个成环原子并不在同一个平面上，葡萄糖的哈沃斯式并不能真实地反映环状半缩醛的立体结构。实际上葡萄糖的环状结构是以椅式构象存在的。

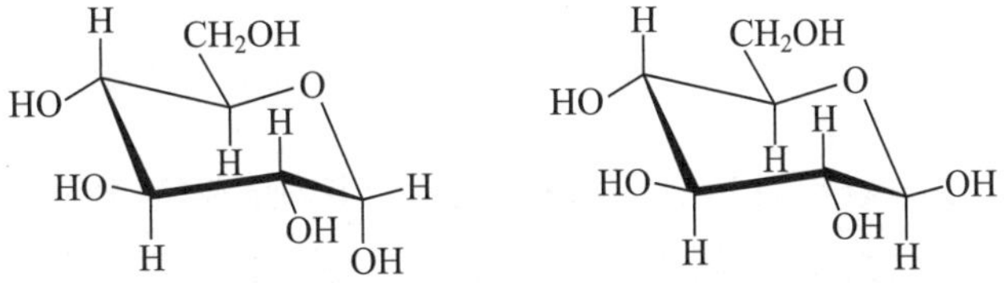

α-D-吡喃葡萄糖　　β-D-吡喃葡萄糖

在 α-D-吡喃葡萄糖分子的椅式构象中，半缩醛羟基处于直立键上；而在 β-D-吡喃葡萄糖分子中，所有较大的基团（$—CH_2OH$ 和—OH）都处于平伏键上。由于半缩醛羟基在平伏键上取代比在直立键上取代的能量更低，故 β-D-吡喃葡萄糖是优势构象，要比 α-D-吡喃葡萄糖稳定。这也很好地解释了葡萄糖的平衡混合物中 β-型含量较多的原因。

（二）物理性质

纯净的单糖都是白色晶体，易溶于水，常易形成过饱和溶液（糖浆），难溶于醇等有机溶剂，水-醇混合溶剂常用于糖的重结晶；有吸湿性；具有甜味，不同单糖的甜度各不相同，以果糖最甜；除二羟基丙酮外，单糖都有旋光性，具有环状结构的单糖都有变旋作用。

（三）化学性质

单糖是多羟基醛（酮），具有醇和醛酮的一般性质。同时由于官能团之间的相互影响，单糖又表现出一些特殊性质。

单糖在溶液中以链状结构与环状结构互变形式共存，其化学反应有的以链状结构进行，有的则以环状结构进行。

1. 差向异构化　D-葡萄糖、D-果糖和 D-甘露糖在稀碱溶液中通过烯二醇中间体相互转化。D-葡萄糖在碱性溶液中可转化为其 C_2 的差向异构体 D-甘露糖，这种在碱性溶液中两种差向异构体相互转变的过程称为差向异构化。D-葡萄糖和 D-甘露糖都可通过互变异构转变为 D-果糖。

D-葡萄糖　　烯二醇　　D-甘露糖

D-果糖

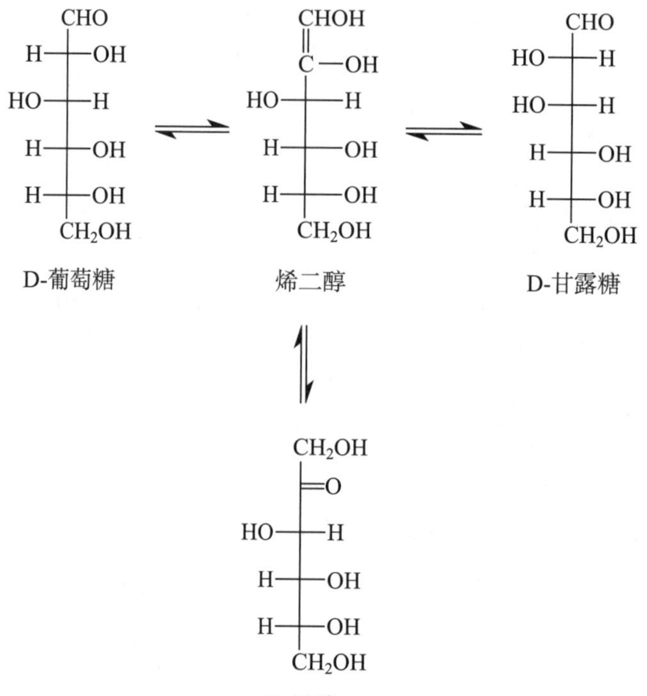

2. 氧化反应

（1）与碱性弱氧化剂反应：托伦试剂、费林试剂和本内迪克特（Benedict）试剂都属于碱性弱氧化剂，能把单糖（醛糖和酮糖）氧化生成复杂的氧化产物，同时 Cu^{2+}（配离子）及 Ag^{+}（配离子）分别还原为 Cu_2O 砖红色沉淀和单质 Ag（银镜）。

$$\text{单糖} + [Ag(NH_3)_2]^+ \longrightarrow Ag\downarrow + \text{糖酸（混合物）}$$

$$\text{单糖} + Cu^{2+} \longrightarrow Cu_2O\downarrow + \text{糖酸（混合物）}$$

凡是能发生上述反应的糖称为还原糖，反之则为非还原糖。单糖的环状结构中都有半缩醛（酮）羟基，在溶液中可转化为链状醛（酮）式结构，因此所有单糖都是还原糖。

（2）与酸性氧化剂反应：溴水可选择性地将葡萄糖中的醛基氧化成羧基，生成相应的葡萄糖酸。在酸性或中性条件下酮糖不发生差向异构化，故氧化性较弱的溴水不能氧化酮糖。因此，可利用溴水来鉴别醛糖和酮糖。硝酸的氧化性较强，稀硝酸溶液可以将醛糖氧化为糖二酸；稀硝酸溶液在氧化酮糖时易发生碳链断裂，生成小分子二元酸。

葡萄糖酸　　葡萄糖　　葡萄糖二酸

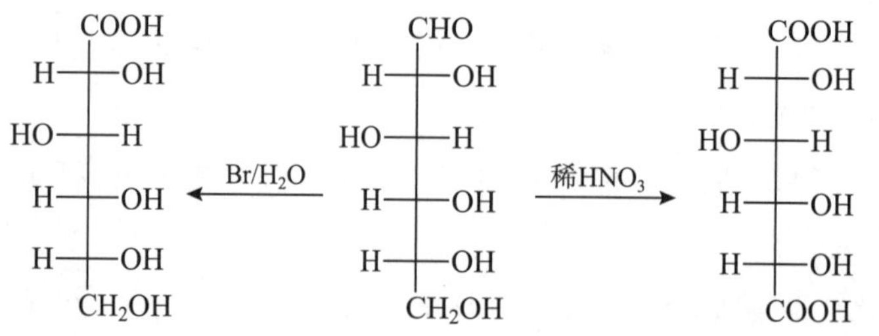

在体内酶作用下，葡萄糖分子中 C_6 位的羟甲基被氧化成羧基，生成葡萄糖醛酸。

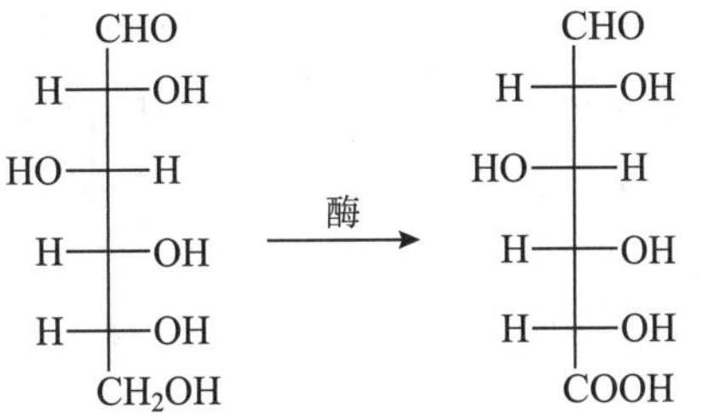

葡萄糖醛酸

葡萄糖醛酸广泛存在于动植物体内，在肝中易与某些醇、酚等有毒物质结合，转变为低毒或无毒的葡萄糖酸衍生物（苷），成苷后的分子极性大，易经肾脏随尿液排出体外，起到解毒和保护肝脏的作用。葡萄糖醛酸是临床常用的保肝药。

3. 成苷反应 单糖的半缩醛（酮）羟基较为活泼，可与其他羟基化合物（如醇或酚）作用，分子间脱水生成缩醛（酮）。这种具有缩醛（酮）结构的化合物称为糖苷（glycoside），此类反应称为成苷反应。例如 D-葡萄糖与甲醇在干燥氯化氢催化下，脱水生成 α- 和 β-D-甲基吡喃葡萄糖苷的混合物。

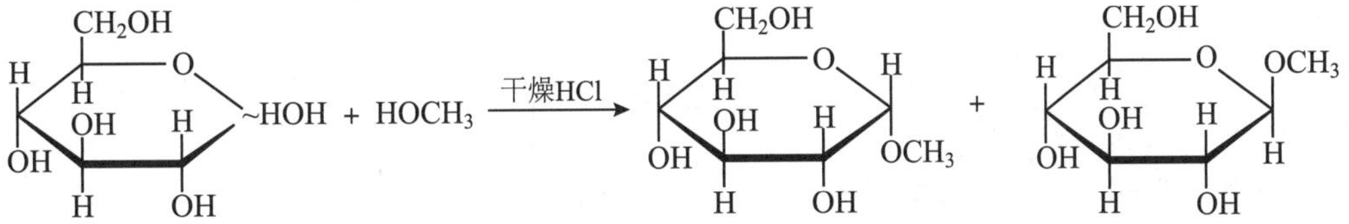

α-D-甲基吡喃葡萄糖苷　　　β-D-甲基吡喃葡萄糖苷

成苷反应发生在糖的半缩醛（酮）羟基上，所以糖的半缩醛（酮）羟基又称为苷羟基。

糖苷是糖的衍生物，由糖和非糖两部分组成。糖的部分称为糖苷基，可以是单糖或低聚糖；非糖的部分称为配糖基或苷元，可以是简单或复杂的羟基化合物。糖苷基与配糖基之间的化学键称为糖苷键。一般所说的糖苷键为氧苷键，此外还有氮苷键、硫苷键等。成苷反应生成的糖苷键也有 α-糖苷键和 β-糖苷键两种。

糖苷是一种缩醛（酮）结构，分子中没有半缩醛（酮）羟基，性质比较稳定，不能转变为链状结构，故糖苷无还原性和变旋作用。但在稀酸或酶作用下糖苷易发生水解，生成相应的糖和非糖化合物。

糖苷广泛存在于自然界中，大多具有生理活性，是许多中草药的有效成分之一。如具有镇痛作用的水杨苷是由葡萄糖和邻羟基苯甲醇所形成的苷；洋地黄苷、苦杏仁苷等都有不同的生理活性；单糖与含氮杂环生成的糖苷是生命活动的重要物质——核酸的组成成分。

4. 还原反应 单糖可以被还原成相应的糖醇（sugar alcohol）。例如 D-葡萄糖被还原成 D-葡萄糖醇，又称为 D-山梨醇（D-sorbitol）。

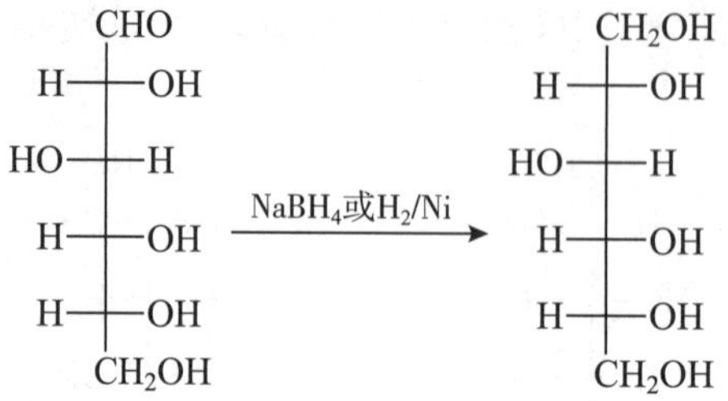

D-葡萄糖 　→ NaBH₄或H₂/Ni →　D-葡萄糖醇

5. 成脎反应　单糖与等摩尔苯肼在温和条件下可生成单糖苯腙;但在苯肼过量(3mol)时,与羰基相邻的 α-羟基可被苯肼氧化成羰基,然后再与 1mol 苯肼反应,结果生成脎(osazone)的黄色晶体。

无论是醛糖还是酮糖都能生成糖脎,成脎反应可以看作是 α-羟基醛或 α-羟基酮的特有反应。糖脎是难溶于水的黄色晶体。不同的脎具有特定的结晶形状和一定的熔点,常利用糖脎的这些性质来鉴别不同的糖。

成脎反应只发生在单糖分子的 C_1 和 C_2 上,不涉及其他碳原子。因此除 C_1 和 C_2 以外,其他碳原子构型相同的糖都可以生成相同的糖脎。

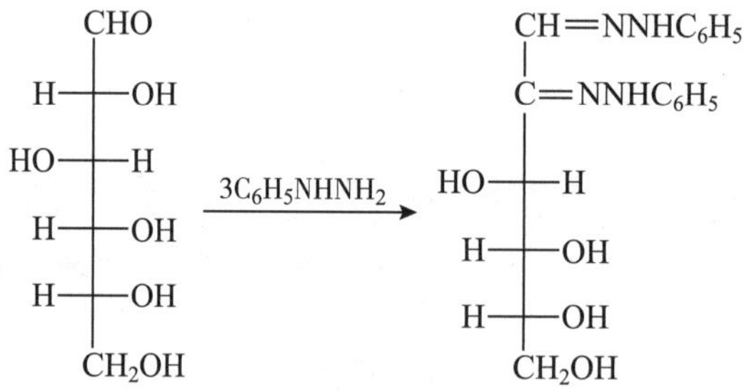

D-葡萄糖　→ $3C_6H_5NHNH_2$ →　D-葡萄糖脎

三、二糖

二糖也称为双糖,广泛存在于自然界中,是低聚糖中最简单也是最重要的一种。二糖水解可生成两个单糖分子,这两分子单糖可以相同也可以不同。从结构上看,二糖可看成是一分子单糖的苷羟基与另一分子单糖的苷羟基或醇羟基脱水缩合形成的糖苷。根据分子中是否含有苷羟基,二糖也可分为还原糖和非还原糖。

常见的二糖有麦芽糖、纤维二糖、乳糖、蔗糖等,它们都是己糖的脱水缩合产物,分子式均为 $C_{12}H_{22}O_{11}$,互为同分异构体。

(一)麦芽糖

麦芽糖(maltose)存在于麦芽中。食物中的淀粉在体内消化的过程中,在淀粉酶作用下水解成麦芽糖,再经麦芽糖酶的作用生成两分子 D-葡萄糖,所以麦芽糖是淀粉水解过程中的中间产物。

从分子结构上看,麦芽糖由一分子 α-D-吡喃葡萄糖 C_1 上的苷羟基与另一分子 D-吡喃葡萄糖 C_4 上的醇羟基脱水,通过 α-1,4-糖苷键连接而成。其结构式为:

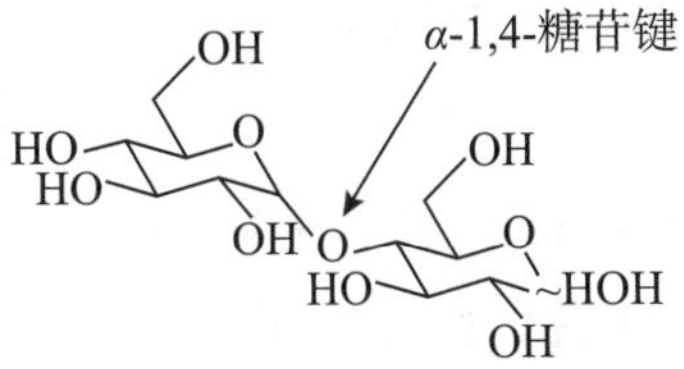

α-1,4-糖苷键

麦芽糖分子中仍保留着 1 个苷羟基，有 α- 型和 β- 型两种异构体，其水溶液中存在链状醛式结构，所以麦芽糖有变旋作用，有还原性，属于还原性二糖。

麦芽糖为白色晶体，含一分子结晶水，熔点为 102℃，易溶于水，比旋光度为 +136°，有甜味，但不如蔗糖。麦芽糖是饴糖的主要成分，用于制作糖果，也可用作细菌的培养基。

（二）纤维二糖

（+）-纤维二糖（cellobiose）是纤维素在一定条件下经部分水解而得到的产物，无甜味。纤维二糖在苦杏仁酶作用下水解生成两分子 D- 葡萄糖分子。苦杏仁酶专一性水解 β- 糖苷键，因此 D- 葡萄糖分子间以 β- 糖苷键连接。

从分子结构上看，纤维二糖由一分子 β- 型葡萄糖 C_1 上的苷羟基与另一分子 D- 吡喃葡萄糖 C_4 上的醇羟基脱水，通过 β-1,4- 糖苷键连接而成。其结构式为：

β-1,4-糖苷键

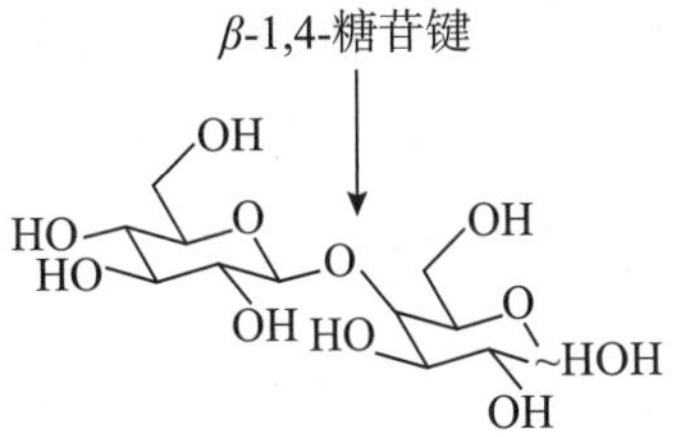

（+）-纤维二糖分子中保留着一个苷羟基，属于还原性二糖，有变旋作用。

（+）-纤维二糖与（+）-麦芽糖互为同分异构体，虽然只是糖苷键的构型不同，但生理上却有很大的差别。人类的消化液中不存在可水解 β- 糖苷键的酶，所以不能分解利用纤维二糖作为食物营养；但食草的牛、马等反刍动物因体内存在 β- 糖苷键的水解酶，可将纤维素转变为葡萄糖而将其作为食物营养。

（三）乳糖

乳糖（lactose）存在于哺乳动物的乳汁中，人乳中含量为 60～70g/L，牛乳中的含量为 40～50g/L。从分子结构上看，乳糖由一分子 β-D- 吡喃半乳糖 C_1 上的苷羟基和一分子 D- 吡喃葡萄糖 C_4 上的醇羟基脱水，通过 β-1,4- 糖苷键连接而成。其结构式为：

β-1,4-糖苷键

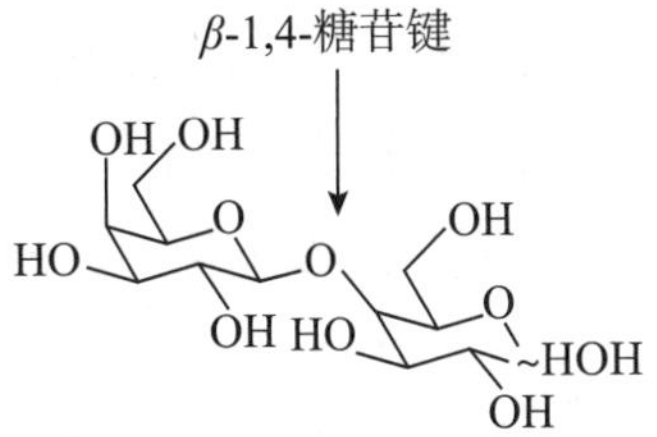

乳糖分子中保留着一个苷羟基，所以有变旋作用和还原性，属于还原性二糖。

乳糖含一分子结晶水，熔点为 202℃，易溶于水，比旋光度为 +53.5°。医药上利用乳糖吸湿性小的特点作为药物的稀释剂,以配制散剂和片剂。

（四）蔗糖

蔗糖（sucrose）在甜菜和甘蔗中含量丰富,各种植物的果实中几乎都有蔗糖。蔗糖在酶或稀酸作用下水解成等物质的量的 D- 葡萄糖与 D- 果糖。

从化学结构上看,蔗糖由一分子 α-D- 吡喃葡萄糖 C_1 上的苷羟基与一分子 β-D- 呋喃果糖 C_2 上的苷羟基脱水,以 α,β-1,2- 糖苷键连接而成。其结构式为:

α,β-1,2-糖苷键

蔗糖分子中没有苷羟基,在水溶液中不能转变为链状醛式结构,因此蔗糖无变旋作用、无还原性,属于非还原性二糖。

蔗糖是白色晶体,熔点为 186℃,易溶于水,水溶液的比旋光度为 +66.7°。蔗糖是右旋糖,其水解后的混合物却是左旋的。这是因为水解生成的果糖的左旋强度大于葡萄糖的右旋强度所导致,所以常将蔗糖的水解称为转化,水解后的混合物称为转化糖（invert sugar）。蜂蜜中大多为转化糖,因为有果糖的存在,它比单独的葡萄糖或蔗糖更甜。蔗糖营养丰富,以供食用为主,在医药上用作矫味剂或配制糖浆。

四、多糖

多糖是由 9 个以上的单糖分子通过糖苷键连接而成的高分子化合物。自然界中存在的大部分多糖含有 80～100 个单元的单糖。根据单糖的连接方式,多糖主要有直链和支链两类,个别也有环状的。在直链多糖中常见的连接单糖的糖苷键是 α-1,4- 糖苷键和 β-1,4- 糖苷键,而支链多糖中链之间的连接点是 α-1,6- 糖苷键。根据水解产生的单糖单元是否相同,多糖可分为同多糖和杂多糖两类。同多糖水解后只生成一种单糖,其通式为 $(C_6H_{10}O_5)_n$,例如淀粉、糖原、纤维素等；杂多糖水解后生成两种或两种以上的单糖或单糖衍生物,例如透明质酸、肝素等。多糖是一种聚合程度不同的混合物,并不是纯净物。

多糖与单糖、二糖在性质上有较大的差别。多糖为无定形粉末,没有甜味,一般难溶于水,有的多糖能与水形成胶体溶液。多糖分子虽然有苷羟基,但因分子量大,且被隐藏在整个分子的内部空间中,所以多糖没有变旋作用,也没有还原性。

多糖在自然界中的分布很广,与生命现象密切相关。如淀粉是人类食物的主要成分,糖原是动物体内葡萄糖的储存形式,纤维素是植物细胞壁的主要成分等。

（一）淀粉

淀粉（starch）是绿色植物光合作用的产物,是人类获取糖类物质的主要来源。它存在于植物的种子、果实和块茎中,是植物贮存的养料。例如大米中含淀粉 75%～80%,小麦中含 60%～65%,马铃薯中约含 20%。淀粉为白色粉末,无色、无臭。淀粉水解的最终产物是

α-D-葡萄糖。根据结构的不同,淀粉又可分为直链淀粉(amylose)和支链淀粉(amylopectin),两者在分子大小、糖苷键类型和分子形状上都存在差异。通常所说的淀粉是两种淀粉的混合物。

直链淀粉在淀粉中占10%~30%,一般是由250~300个α-D-葡萄糖分子以α-1,4-糖苷键连接而成的直链多糖。直链淀粉难溶于冷水,可溶于热水,形成胶体溶液。直链淀粉的结构如下:

直链淀粉与碘作用显蓝色或蓝紫色,此反应非常灵敏,常用来检验淀粉或碘的存在。这是由于直链淀粉的链状分子有规律地卷曲盘绕成螺旋形,每一圈约含6个葡萄糖单位,螺旋中间的空穴恰巧能使碘分子嵌入,并依靠分子间引力,使碘分子和淀粉之间结合成蓝色配合物。如图14-1所示。

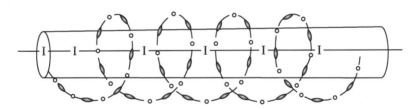

图 14-1　淀粉分子与碘作用示意图

支链淀粉在淀粉中占70%~90%,一般是由6 000~40 000个α-D-葡萄糖分子缩合而成的,分子结构高度分支化。在支链淀粉的直链上葡萄糖之间以α-1,4-糖苷键连接,每隔20~25个D-葡萄糖单元就有一个以α-1,6-糖苷键连接的分支,其结构较直链淀粉复杂得多,如图14-2所示。支链淀粉的结构如下:

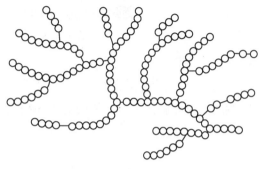

图 14-2　支链淀粉形状示意图

支链淀粉不溶于水,在热水中膨胀成糊状。支链淀粉与碘作用生成紫红色,这是由于其结构中存在支链,不能以螺旋结构与碘形成配合物。

淀粉在酸或酶作用下水解,逐步生成分子较小的多糖、二糖等一系列中间产物,最终生成 D-葡萄糖。糊精是相对分子质量较淀粉小的多糖,能溶于水,黏性极强,可作黏合剂。淀粉的水解程度可通过水解产物与碘所显颜色的不同而确定。

$$(C_6H_{10}O_5)_n \longrightarrow (C_6H_{10}O_5)_{n-x} \longrightarrow C_{12}H_{22}O_{11} \longrightarrow C_6H_{12}O_6$$

淀粉(蓝色)　糊精(红色→无色)　麦芽糖　　葡萄糖

淀粉广泛应用于食品、医药、化学分析等方面,可改变客体物质的理化性质,如水溶性、溶解度和稳定性等。淀粉是酿制食醋、酒的原料,亦是生产葡萄糖等药物的原料,在药物制剂中可作赋形剂、润滑剂或保护剂。

(二)纤维素

纤维素(cellulose)是自然界中分布最广泛的多糖。棉、麻及木材等物质大多由纤维素组成,木材中约含 50%,棉花中的含量高达 90%。纤维素是植物细胞壁的主要结构成分。纤维素是由成千上万个 β-D-葡萄糖分子通过 β-1,4-糖苷键连接而成的不含支链的线性高分子物质,分子链间的氢键使长链互相绞成绳索状,如图 14-3 所示。纤维素的结构如下:

β-1,4-糖苷键

纤维素在高温高压下和无机酸共热,水解得到 β-D-葡萄糖。食草动物(牛、羊等)的消化道中存在某些微生物,能分泌出水解 β-1,4-糖苷键的酶,所以纤维素是食草动物的

图 14-3　纤维素形状示意图

营养源物质。人类的消化道中由于缺乏水解 β-1,4-糖苷键的酶,因此人不能消化纤维素,但它能促进肠蠕动,有防止便秘的作用。蔬菜、水果等可以为人类提供适量的纤维素。

纤维素的用途广泛,可用于制造医用脱脂棉、纱布及人造丝、电影胶片等。经处理后的纤维素可用作片剂的黏合剂、填充剂、崩解剂及润滑剂等。

(三)糖原

糖原(glycogen)又称肝糖、动物淀粉,是由许多葡萄糖分子聚合而成的,存在于人和动物体内的肝和肌肉中,是人体活动所需能量的主要来源之一。糖原的合成与分解是糖代谢的

重要内容。当血糖浓度低于正常水平或急需能量时，糖原在酶催化下分解为葡萄糖以供机体所需；而当血糖浓度高时，多余的葡萄糖则转化为糖原贮存于肝和肌肉中。人体约含 400g 糖原，以保持血糖的基本恒定。

糖原的结构与支链淀粉相似，也由 D- 葡萄糖通过 α-1,4- 糖苷键结合形成直链，又以 α-1,6- 糖苷键连接形成分支。分支可增加水溶性，并形成许多非还原性的末端残基，而它们是糖原合成和分解时酶的作用部位，因而也增加糖原合成和降解的速率。

第二节　氨基酸和蛋白质

蛋白质是生命的物质基础，也是各项生物功能的主要载体。蛋白质结构复杂、种类繁多，人体内约有几十万种以上的蛋白质，其质量约占人体干重的 45%。氨基酸是蛋白质的基本组成单位，自然界中存在的各种蛋白质主要是由 20 种常见氨基酸组成的。氨基酸分子间通过肽键（酰胺键）形成二肽、三肽或多肽等。多肽和蛋白质之间不存在绝对严格的分界线，一般把相对分子量＜10 000 的称为肽、＞10 000 的称为蛋白质。

一、氨基酸

（一）结构、分类和命名

氨基酸是一类取代羧酸，可视为羧酸分子中烃基上的氢原子被氨基取代的产物。根据氨基在分子中相对位置的不同，可分为 α-、β- 或 γ- 氨基酸等。

$$\underset{\overset{|}{NH_2}}{RCHCOOH} \qquad \underset{\overset{|}{NH_2}}{RCHCH_2COOH} \qquad \underset{\overset{|}{NH_2}}{RCHCH_2CH_2COOH}$$

$$\alpha\text{-氨基酸} \qquad\qquad \beta\text{-氨基酸} \qquad\qquad \gamma\text{-氨基酸}$$

自然界中发现的氨基酸有数百种，但由天然蛋白质完全水解生成的氨基酸只有 20 种。这 20 种氨基酸在化学结构上具有共同点，除脯氨酸（α- 亚氨基酸）外，均为 α- 氨基酸。由于氨基酸分子中既含有碱性的氨基又含有酸性的羧基，在生理条件下氨基酸分子是一偶极离子（dipolarion），一般以内盐形式存在。氨基酸的内盐极性较大，氨基酸有一定的水溶性，但不溶于有机溶剂。由于偶极离子间具有较强的静电引力，使得氨基酸的熔点较高，多数氨基酸受热分解却难以熔融。其结构通式表示如下：

$$H_3N^+ \underset{\overset{|}{R}}{\overset{\overset{\textstyle COO^-}{|}}{—}} H$$

各种氨基酸的区别在于 R 基团的不同。根据 R 基团的化学结构，可分为脂肪族氨基酸、芳香族氨基酸和杂环氨基酸；也可根据分子中所含氨基和羧基的相对数目分为中性氨基酸、酸性氨基酸和碱性氨基酸。中性氨基酸是指分子中氨基和羧基数目相等的氨基酸；分子中羧基的数目多于氨基的是酸性氨基酸;氨基的数目多于羧基的是碱性氨基酸。

氨基酸可以采用系统命名法来命名,但天然氨基酸常根据其来源或性质使用俗名。例如甘氨酸有甜味、丝氨酸来源于蚕丝、天冬氨酸来源于天冬的幼苗等。系统命名法规定了常见的 20 种氨基酸的名称及三字母组成的通用缩写符号,如表 14-1 所示。

表 14-1　20 种常见氨基酸

名称	中文缩写	英文缩写	结构式	pI
甘氨酸 glycine	甘	Gly	$\overset{\underset{+NH_3}{|}}{CH_2COO^-}$	5.97
丙氨酸 alanine	丙	Ala	$CH_3-\overset{\underset{+NH_3}{|}}{CHCOO^-}$	6.00
*亮氨酸 leucine	亮	Leu	$CH_3\underset{\underset{CH_3}{|}}{CH}CH_2-\overset{\underset{+NH_3}{|}}{CHCOO^-}$	5.98
*异亮氨酸 isoleucine	异亮	Ile	$CH_3CH_2\underset{\underset{CH_3}{|}}{CH}-\overset{\underset{+NH_3}{|}}{CHCOO^-}$	6.02
*缬氨酸 valine	缬	Val	$CH_3\underset{\underset{CH_3}{|}}{CH}-\overset{\underset{+NH_3}{|}}{CHCOO^-}$	5.96
脯氨酸 proline	脯	Pro	$\text{(吡咯烷)}-COO^-$	6.30
*苯丙氨酸 phenylalanine	苯丙	Phe	$C_6H_5-CH_2-\overset{\underset{+NH_3}{|}}{CHCOO^-}$	5.48
*蛋(甲硫)氨酸 methionine	蛋	Met	$CH_3SCH_2CH_2-\overset{\underset{+NH_3}{|}}{CHCOO^-}$	5.74
*色氨酸 tryptophan	色	Trp	$\text{(吲哚基)}-CH_2\overset{\underset{+NH_3}{|}}{CHCOO^-}$	5.89
丝氨酸 serine	丝	Ser	$HOCH_2-\overset{\underset{+NH_3}{|}}{CHCOO^-}$	5.68
谷氨酰胺 glutamine	谷胺	Gln	$H_2NCOCH_2CH_2\overset{\underset{+NH_3}{|}}{CHCOO^-}$	5.65
*苏氨酸 threonine	苏	Thr	$CH_3\underset{\underset{OH}{|}}{CH}-\overset{\underset{+NH_3}{|}}{CHCOO^-}$	5.70

名称	中文缩写	英文缩写	结构式	pI
半胱氨酸 cysteine	半胱	Cys	$HSCH_2-\underset{\underset{+NH_3}{|}}{CH}COO^-$	5.05
天冬酰胺 asparagine	天胺	Asn	$H_2NCOCH_2\underset{\underset{+NH_3}{|}}{CH}COO^-$	5.41
酪氨酸 tyrosine	酪	Tyr	$HO-\!\!\!\bigcirc\!\!\!-CH_2-\underset{\underset{+NH_3}{|}}{CH}COO^-$	5.66
天冬氨酸 aspartic acid	天	Asp	$HOOCCH_2\underset{\underset{+NH_3}{|}}{CH}COO^-$	2.77
谷氨酸 glutamic acid	谷	Glu	$HOOCCH_2CH_2\underset{\underset{+NH_3}{|}}{CH}COO^-$	3.22
* 赖氨酸 lysine	赖	Lys	$^+H_3NCH_2CH_2CH_2CH_2\underset{\underset{NH_2}{|}}{CH}COO^-$	9.74
精氨酸 arginine	精	Arg	$H_2N-\underset{\underset{+NH_2}{\|}}{C}-NHCH_2CH_2CH_2\underset{\underset{NH_2}{|}}{CH}COO^-$	10.76
组氨酸 histidine	组	His	咪唑环$-CH_2-\underset{\underset{+NH_3}{|}}{CH}COO^-$	7.59

注:有"*"者为必需氨基酸。

除甘氨酸没有手性外,组成蛋白质的其他常见氨基酸分子中的 α-碳原子均为手性碳,都具有旋光性。通常氨基酸的构型采用 D/L 标记法,以甘油醛为标准,凡氨基酸分子中 α-氨基的位置与 L-甘油醛手性碳原子上羟基的位置相同者为 L-型,相反为 D-型。构成蛋白质的氨基酸均为 L-型。若用 R/S 标记法,除半胱氨酸为 R-构型外,其余皆为 S-构型。

L-甘油醛　　L-氨基酸　　D-氨基酸

(二)物理性质

α-氨基酸为无色结晶,熔点一般在 200～300℃,多数氨基酸受热熔融会分解放出二氧化碳;可溶于水,不溶于乙醚、丙酮、三氯甲烷等非极性有机溶剂;大部分常见氨基酸都具有旋光性。

（三）化学性质

氨基酸具有胺和羧酸的典型反应,同时在氨基酸分子中羧基与氨基处于相邻位置,它们之间相互影响而表现出一些特殊性质。

1. 等电点 氨基酸能分别与酸或碱作用成盐。氨基酸在水溶液中,总是以阳离子、阴离子和偶极离子三种结构形式呈动态平衡。

$$R—\underset{\underset{NH_2}{|}}{CH}—COOH$$

$$R—\underset{\underset{NH_2}{|}}{CH}—COO^- \underset{OH^-}{\overset{H^+}{\rightleftharpoons}} R—\underset{\underset{NH_3^+}{|}}{CH}—COO^- \underset{OH^-}{\overset{H^+}{\rightleftharpoons}} R—\underset{\underset{NH_3^+}{|}}{CH}—COOH$$

阴离子(pH>pI)　　　　　　偶极离子(pH=pI)　　　　　　阳离子(pH<pI)

不同的氨基酸在溶液中带何种电荷由溶液的 pH 决定。利用酸或碱调节溶液的 pH,可使氨基酸呈阳离子和阴离子的趋势或程度相等,此时氨基酸溶液处于等电状态,这种使氨基酸溶液净电荷为 0 的 pH 称为等电点(isoelectric point, pI)。在等电点时,氨基酸在水溶液中的溶解度最小,主要以电中性的偶极离子存在,在电场中不向任何电极移动;溶液的 pH<pI 时,氨基酸带正电荷,在电场中向负极移动;溶液的 pH>pI 时,氨基酸带负电荷,在电场中向正极移动。中性氨基酸的 pI 略小于 7,一般在 5.0~6.5;酸性氨基酸的 pI 在 2.7~3.2,而碱性氨基酸的 pI 在 7.5~10.7。等电点是氨基酸的一个特征常数,常见氨基酸的等电点见表 14-1。利用氨基酸等电点的不同,可以分离、提纯和鉴定不同的氨基酸。

2. 与亚硝酸反应 除脯氨酸外,α-氨基酸具有伯胺的性质,能与亚硝酸反应定量放出氮气,利用该反应可测定蛋白质分子中游离氨基或氨基酸分子中氨基的含量。

$$R—\underset{\underset{NH_2}{|}}{CH}—COOH + HNO_2 \longrightarrow R—\underset{\underset{OH}{|}}{CH}—COOH + N_2\uparrow$$

3. 脱羧反应 α-氨基酸与氢氧化钡共热或在高沸点溶剂中回流,可脱去羧基生成相应的胺类化合物。

$$\underset{\underset{NH_2}{|}}{RCHCOOH} \xrightarrow[\triangle]{Ba(OH)_2} RCH_2NH_2 + CO_2\uparrow$$

4. 成肽反应 在适当条件下,氨基酸分子间的氨基与羧基相互脱水缩合生成的酰胺类化合物称为肽。两分子氨基酸缩合而成的肽称为二肽。

$$\underset{\underset{R_1}{|}}{H_2NCHCOOH} + \underset{\underset{R_2}{|}}{H_2NCHCOOH} \xrightarrow{-H_2O} \underset{\underset{R_1}{|}}{H_2NCHCO}—\underset{\underset{R_2}{|}}{NHCHCOOH}$$

5. 显色反应 α-氨基酸与水合茚三酮溶液共热发生显色反应,生成蓝紫色化合物,即罗曼紫(Ruhemann's purple)。该显色反应主要用于氨基酸和蛋白质的定性鉴定及标记,其颜色的深浅及 CO_2 的生成量也可作为 α-氨基酸定量分析的依据。在 20 种 α-氨基酸中,脯氨酸与茚三酮反应显黄色。N-取代的 α-氨基酸以及 β-氨基酸、γ-氨基酸等不与茚三酮发生显色反应。

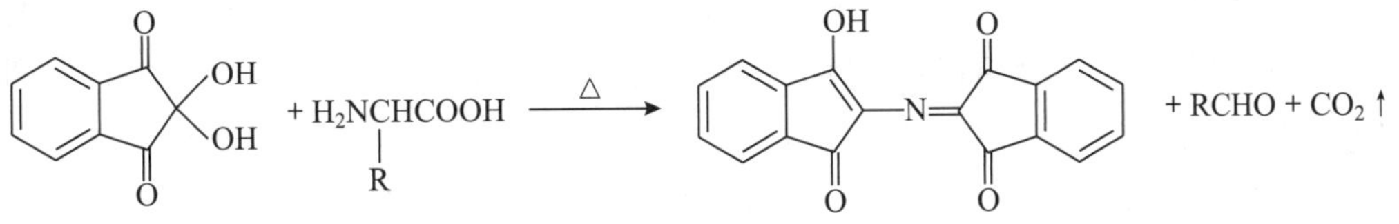

二、肽

(一)结构和命名

一分子氨基酸的羧基与另一分子氨基酸的氨基之间脱水缩合形成的酰胺类化合物称为肽。肽分子中的酰胺键称为肽键。多个氨基酸分子间相互脱水形成多肽。绝大多数多肽为链状分子,以两性离子的形式存在。其结构表示如下:

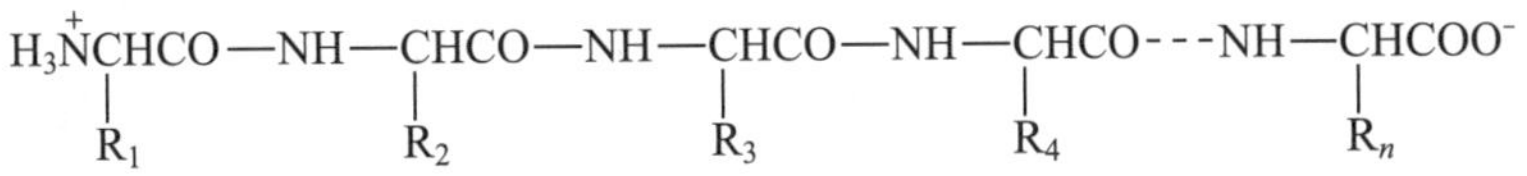

多肽链中的每个氨基酸单元称为氨基酸残基(amino acid residue)。在多肽链的一端保留着游离的—NH_3^+,称为氨基末端或 N 端,通常写在左边;而另一端则保留着游离的—COO^-,称为羧基末端或 C 端,通常写在右边。

肽的命名方法是以 C 端的氨基酸作为母体,把肽链中的其他氨基酸残基称为某酰,按它们在肽链中的排列顺序由左至右逐个写在母体名称前。例如甘氨酰丙氨酰丝氨酸或甘丙丝肽,也可以用三字母组成的通用缩写符号表示为 Gly-Ala-Ser 或 G-A-S。

(二)肽键的结构

肽键是构成多肽和蛋白质的基本化学键,肽键与相邻的两个 α-碳原子位于同一平面上,组成肽单元(peptide unit)。许多重复的肽单元通过连接构成多肽的主链骨架,这是构成蛋白质特殊构象的基础。肽键的结构特点如下:

(1)肽键中 C—N 单键的键长为 0.132nm,较相邻的 C_α—N 单键的键长(0.147nm)短,但比一般的 C—N 双键的键长(0.127nm)长,表明肽键中的 C—N 键具有部分双键的性质,因此肽键中的 C—N 之间的旋转受到一定的阻碍。

(2)肽键的 C 及 N 周围的 3 个键角和均为 360°,说明与 C—N 相连的 6 个原子处于同一平面上,这个平面称为肽平面。

(3)由于肽键不能自由旋转,该平面上的各原子可出现顺反异构现象。顺式肽键因大基团间的相互作用而能量较高,所以多肽和蛋白质中的肽键主要是以反式肽键存在,即与 C—N 键相连的 O 与 H 或两个 C_α 原子之间呈稳定的反式分布。

肽平面中除 C—N 键不能旋转外,两侧的 C_α—N 和 C—C_α 键均为 σ 键,相邻的肽平面可

围绕 C_α 旋转。因此，可把多肽的主链看成是由一系列通过 C_α 原子衔接的刚性肽平面所组成的。肽平面的旋转所产生的立体结构可呈多种状态，从而导致蛋白质和多肽呈现不同的构象。

（三）生物活性肽

许多分子量比较小的多肽以游离状态存在，这类多肽通常都具有特殊的生理功能，称为生物活性肽。在生物体内游离存在的称为内源性生物活性肽，例如谷胱甘肽、神经肽、催产素、加压素、心房肽等。从微生物、动植物蛋白中分离出的具有潜在生物活性的肽类在消化酶作用下释放，以肽的形式被吸收后，参与摄食、消化、代谢及内分泌的调节，这种非机体自身产生的具有生物活性的肽类称为外源性生物活性肽。例如外啡肽、抗凝血肽、抗氧化肽等。

生物活性肽是自然界中种类、功能较复杂的一类化合物。生物活性肽在生物的生长、发育、细胞分化、大脑活动、肿瘤病变、免疫防御、生殖控制、抗衰老及分子进化等方面起着重要作用，具有涉及神经、激素和免疫调节、抗癌、抗氧化、抗血栓、抗高血压、抗胆固醇、抗细菌病毒、清除自由基等多重功效。它们在体内一般含量较低，但生物功能极其微妙，结构相同或极为相似的活性肽由于产生于不同的器官，行使的功能也有所不同。

三、蛋白质

（一）组成和结构

蛋白质是一类含氮有机化合物，除含有碳、氢、氧外，还有氮和少量的硫。某些蛋白质还含有其他的一些元素，主要是磷、铁、碘、锌和铜等。这些元素在蛋白质中的组成百分比约为碳占 50%、氢占 7%、氧占 23%、氮占 16%、硫占 0～3% 以及其他微量。

蛋白质也是氨基酸的多聚物，是由各种 α-氨基酸残基通过肽键相连后，再由一条或多条肽链按各种特殊方式组合成蛋白质分子。蛋白质分子在结构上最显著的特征是在天然状态下具有独特而稳定的构象。为了表示其不同层次的结构，通常将蛋白质结构分为一级、二级、三级和四级结构。蛋白质的一级结构又称为初级结构或基本结构；二级以上的结构属于构象范畴，称为高级结构。随着科学的发展，蛋白质结构的研究还在继续深入，近年来又在四级结构的基础上提出两种新的结构层次，即超二级结构和结构域。

蛋白质分子的一级结构（primary structure）是指多肽链中氨基酸残基的连接方式、排列顺序以及二硫键的数目和位置。肽键是一级结构中的主要化学键，与此同时，两条肽链之间或一条肽链的不同位置之间也存在其他化学键，例如二硫键、酯键等。蛋白质的一级结构决定蛋白质的高级结构，并可获取相关信息，各种蛋白质的生物功能也是由一级结构决定的。任何特定的蛋白质都有其特定的氨基酸残基顺序。例如牛胰岛素由 A 和 B 两条多肽链共 51 个氨基酸残基组成。A 链含有 11 种共 21 个氨基酸残基，N 端为甘氨酸，C 端为天冬酰胺；B 链含有 16 种共 30 个氨基酸残基，N 端为苯丙氨酸，C 端为丙氨酸。A 链内有二硫键，A 链和 B 链之间通过两条链间二硫键相互连接。牛胰岛素分子的一级结构见图 14-4。

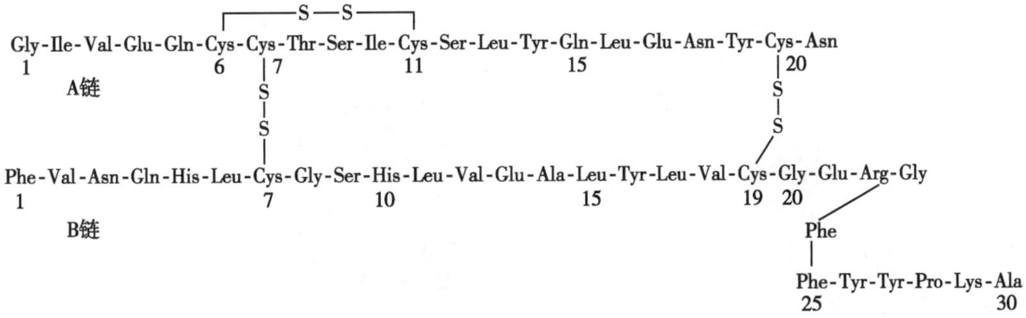

```
                            ┌─── S ── S ───┐
Gly-Ile-Val-Glu-Gln-Cys-Cys-Thr-Ser-Ile-Cys-Ser-Leu-Tyr-Gln-Leu-Glu-Asn-Tyr-Cys-Asn
 1                  6  │ 7           11              15                      │ 20
      A链               │                                                     │
                        S                                                     S
                        │                                                     │
                        S                                                     S
                        │                                                     │
Phe-Val-Asn-Gln-His-Leu-Cys-Gly-Ser-His-Leu-Val-Glu-Ala-Leu-Tyr-Leu-Val-Cys-Gly-Glu-Arg-Gly
 1                  7           10              15                  19  20
      B链                                                                        Phe
                                                       Phe-Tyr-Tyr-Pro-Lys-Ala
                                                        25                  30
```

图 14-4　牛胰岛素的一级结构

蛋白质分子的二级结构（secondary structure）是指多肽链局部肽段进行盘旋卷曲或折叠所形成的空间结构。二级结构是依靠肽链间的亚氨基与羰基之间所形成的氢键而得到稳定的，是蛋白质的基本构象。常见的二级结构主要包括 α 螺旋结构和 β 折叠结构，如图 14-5 所示。

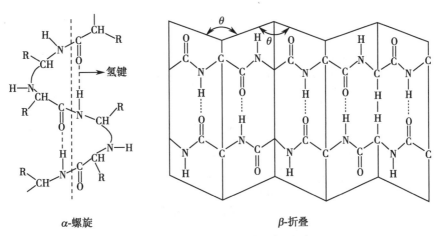

α-螺旋　　　　　　　　　　　　　　β-折叠

图 14-5　蛋白质的二级结构

蛋白质分子的三级结构（tertiary structure）是指多肽链在二级结构的基础上，通过氨基酸残基侧链的相互作用而进一步卷曲、折叠形成的一种不规则的、特定的、更复杂的三维空间结构。维持三级结构的作用力除了氢键外，还有氨基酸侧链的相互作用，主要有二硫键、配位键、静电引力、范德瓦耳斯力等。图 14-6 为肌红蛋白的三级结构。

蛋白质分子的四级结构（quaternary structure）是指一些特定三级结构的肽链通过非共价键形成特定构象的大分子。亚基就是组成蛋白质四级结构的肽链。单独的亚基没有生物功能，只有完整的四级结构寡聚体才具有生物功能。四级结构依靠氢键、盐键、疏水作用力、范德瓦耳斯力等维持。图 14-7 为血红蛋白的四级结构。

蛋白质的高级结构是指多肽链在空间进一步盘曲折叠形成的构象，包括蛋白质的二级结构、超二级结构、结构域、三级结构和四级结构等。蛋白质分子有特定的空间结构，在主链之间、侧链之间和主链与侧链之间都存在复杂的相互作用，使蛋白质分子在三维水平上形成一个有机整体。蛋白质分子除主键的肽键外，还有各种维持蛋白质的高级结构的副键，例如氢键、二硫键、盐键、疏水作用力、酯键、范德瓦耳斯力、配位键等，如图 14-8 所示。蛋白质承担着多种多样的生理作用和功能，都是由蛋白质的组成和特殊空间结构所决定的。

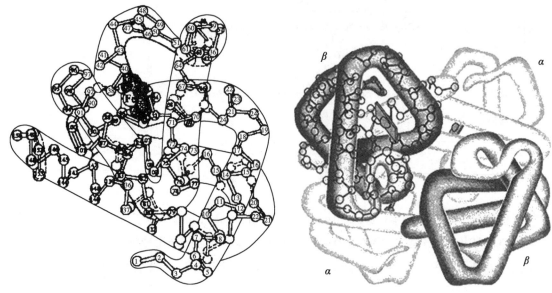

图 14-6 肌红蛋白的三级结构图　　　　　图 14-7 血红蛋白的四级结构

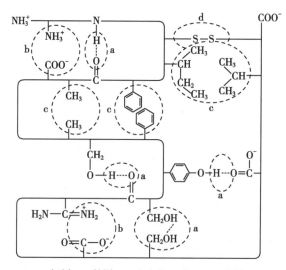

a. 氢键；b. 盐键；c. 疏水作用力；d. 二硫键。

图 14-8 蛋白质分子中维持构象的副键

（二）性质

蛋白质的分子组成和结构特征决定蛋白质的性质。不同类型的蛋白质其物理性质可存在很大的差别，但化学性质却往往相似。

1. 胶体性质　蛋白质分子是高分子化合物，其分子直径一般在 1～100nm，属于胶体分散系。因此，蛋白质具有布朗运动、丁铎尔现象、电泳现象、不能透过半透膜等胶体溶液的特性。这一性质是蛋白质分子分离、纯化的基础。

2. 两性电离和等电点　蛋白质分子末端和侧链 R 基团中存在游离的氨基和羧基，因此蛋白质和氨基酸一样，也具有两性电离和等电点的性质。在等电点时，因不带电荷，不存在电荷的相互排斥作用，蛋白质易沉淀析出，此时蛋白质的溶解度、黏度、渗透压和膨胀性等最小。利用这一特性，蛋白质分子可采用电泳技术进行分离和纯化。

3. 变性　因受到物理或化学因素的作用,蛋白质的生物活性和理化性质发生改变的现象称为蛋白质的变性(denaturation)。此时,蛋白质分子中的副键被破坏,其构象改变,分子从原来有规则的空间结构变得松散紊乱,从而导致生物活性丧失,例如酶失去催化能力、激素失去调节作用等;各种理化性质也发生改变,例如溶解度降低、黏度增加等。蛋白质变性时,只是空间结构发生改变,而蛋白质中的肽键未被破坏,仍保持原有的一级结构。

4. 沉淀　用物理或化学方法破坏蛋白质胶体溶液的稳定因素,使蛋白质分子因凝聚而沉淀。使蛋白质沉淀的方法主要有盐析法、有机溶剂沉淀法、重金属盐沉淀法及酸类沉淀法等,另外有些变性的蛋白质也可发生沉淀。

第三节　萜类和甾体化合物

一、萜类化合物

萜类化合物在自然界中广泛存在,高等植物、真菌、微生物、昆虫及海洋生物中都含有萜类成分。萜类化合物是中草药的一类比较重要的化合物,已经发现许多化合物是中草药的有效成分,同时它们也是一类重要的天然香料,是化妆品和食品工业不可缺少的原料。

(一) 结构

萜类化合物可看作是由两个或两个以上的异戊二烯基本结构单元按不同的方式首尾相连的化合物及其含氧的不饱和衍生物,此结构规律称为异戊二烯规律。异戊二烯、月桂烯的结构如下。

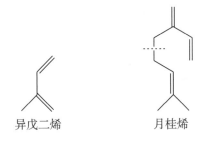

异戊二烯　　　　月桂烯

(二) 分类

根据分子中异戊二烯基本单元相互连接的方式,萜类化合物可分为开链萜、单环萜、双环萜等。

根据分子中含有的异戊二烯基本单元的数目,萜类化合物还可分为单萜、倍半萜、二萜等,见表14-2。

(三) 重要的萜类化合物

1. 单环单萜　其基本骨架是两个异戊二烯之间形成一个六元环结构,饱和的环烃称为萜烷。薄荷醇(menthol)即薄荷脑,又称为3-萜醇,是萜烷的重要单环单萜类含氧衍生物,在C_3位上连有羟基,化学式为$C_{10}H_{20}O$。薄荷醇有三个不同的手性碳原子,有四对对映异构体,其中自然界中存在的是(-)-薄荷醇。薄荷醇从薄荷的叶和茎中提取,为无色棒状晶体,熔点

表 14-2 萜类化合物的分类

类别	异戊二烯单元数	碳原子数	存在
单萜	2	10	挥发油
倍半萜	3	15	挥发油、树脂、苦味素
二萜	4	20	挥发油、苦味素、叶绿素
二倍半萜	5	25	海绵、植物病菌、昆虫代谢物
三萜	6	30	皂苷、树脂、植物乳胶角质
四萜	8	40	植物胡萝卜素类
多萜	>8	>40	橡胶、巴拉达树脂、古塔胶

为 $35\sim36\,℃$，沸点为 $216\,℃$。薄荷醇具有杀菌和防腐作用，在医药上可作用于制备镇痛药、清凉油、漱口剂等，也可作为牙膏、香水、饮料和糖果等的赋香剂使用。薄荷醇的结构如下：

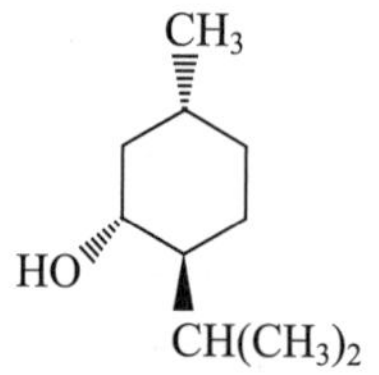

2. 双环单萜 在萜烷的结构中，C_8 若分别与 C_1、C_2 和 C_3 相连，则可形成桥环化合物，它们是莰烷、蒎烷或蒈烷；若 C_4 和 C_6 连成桥键，则形成苄烷。它们的基本骨架及编号如下：

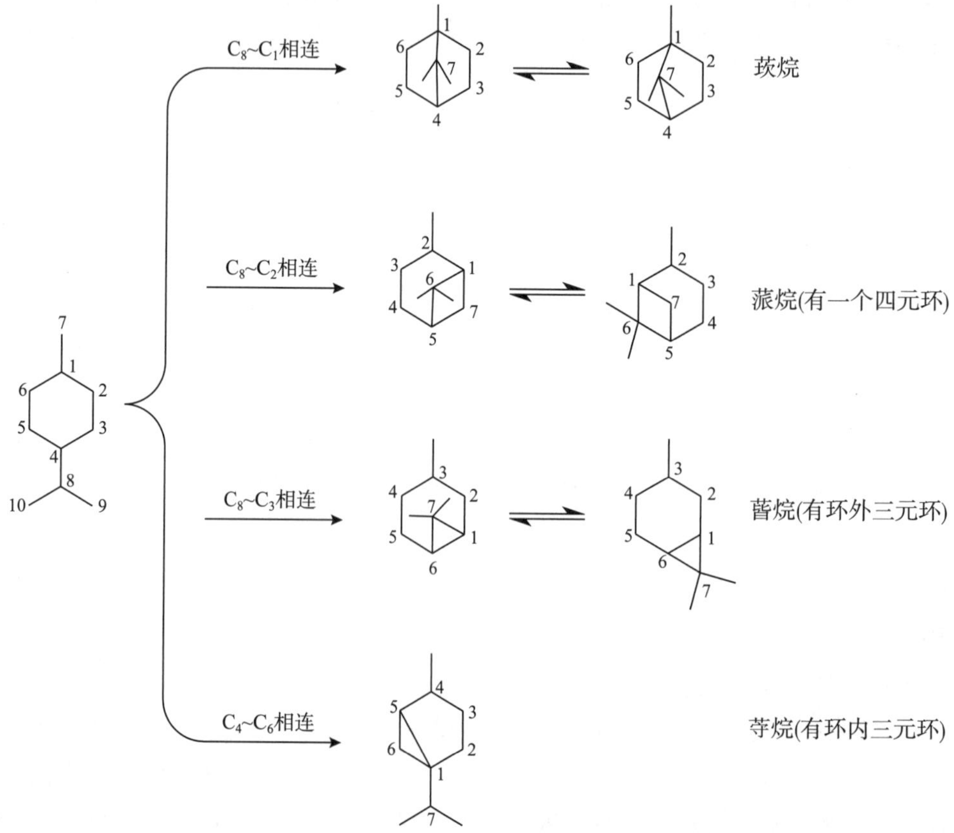

自然界中并不存在这四种双环单萜烷，但它们的不饱和衍生物或含氧衍生物广泛分布于

植物体内。特别是蒎烷和莰烷衍生物与药物的关系更为密切,如蒎烯和樟脑等。

蒎烯(pinene)是含一个双键的蒎烷衍生物。根据双键位置的不同,有 α-蒎烯和 β-蒎烯两种异构体。在松节油中,α-蒎烯占其含量的 70%～80%,β-蒎烯的含量较少。松节油具有局部镇痛作用,可作外用镇痛药。蒎烯也是合成龙脑、樟脑等的重要原料。

α-蒎烯 β-蒎烯

樟脑(camphor)是莰烷的含氧衍生物,其化学名为 2-莰酮(α-莰酮)。它是从樟树中提取,并经升华精制成的一种无色结晶。樟脑分子中有两个手性碳原子,理论上应有四个异构体,但实际只有(+)-樟脑及(-)-樟脑两个。樟脑的气味有驱虫作用,可作为衣物的防虫剂。樟脑对呼吸及循环系统具有兴奋作用,可作为呼吸或循环系统功能衰弱者的急救药。樟脑的结构如下:

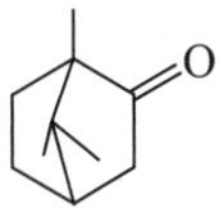

龙脑(borneol)的化学名为 2-莰醇,又称为樟醇,俗称冰片。异龙脑(isoborneol)是龙脑的差向异构体。野菊花挥发油以龙脑和樟脑为主要成分。龙脑具有似胡椒又似薄荷的香气,能升华,但挥发性较樟脑小。龙脑是一种重要的中药,具有发汗、兴奋、镇痉、驱虫等作用,是人丹、冰硼散、六神丸等药物的主要成分之一。

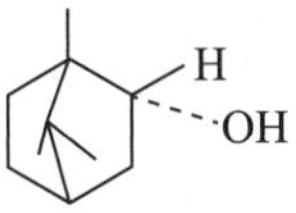

龙脑 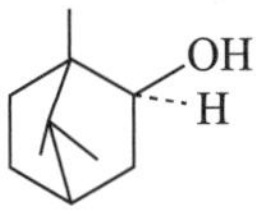   异龙脑

二、甾体化合物

甾体化合物又称甾族化合物,广泛存在于动植物的组织中,其结构类型复杂、数目繁多。例如肾上腺皮质激素、性激素等都是人体分泌的甾体激素,在生理活动中起到非常重要的调节作用。许多甾体化合物也是重要的药物。

(一)结构和命名

甾体化合物是指分子中含有环戊烷并全氢菲基本骨架的天然活性有机化合物。"甾"字形象地表示这类化合物的基本碳架:"田"表示四个稠环,"田"上的"巛"表示为三个侧链。其侧链 R_1、R_2 一般为甲基,也称为角甲基;R_3 为烃基。许多甾体化合物除这三个侧链外,甾核上还有双键、羟基和其他取代基。甾体化合物的四个环分别用 A、B、C 和 D 编号,碳原子也按固定的顺序用阿拉伯数字编号。基本结构如下:

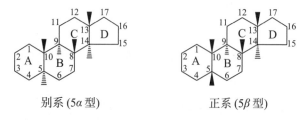

甾体化合物根据其存在形式和化学结构,可分为甾醇、胆汁酸、甾体激素、甾体生物碱等。

自然界中许多甾体化合物的命名通常用与其来源或生理作用有关的俗名。如果按照系统命名法命名,需要先根据 C_{10}、C_{13} 与 C_{17} 所连的不同侧链,确定甾体母核的名称,再按照有关甾体母核的衍生物进行命名即可。甾体化合物的基本母核名称见表14-3。

表 14-3 甾体化合物的基本母核名称

R_1	R_2	R_3	甾体母核名称
—H	—H	—H	甾烷(gonane)
—H	—CH_3	—H	雌甾烷(estrane)
—CH_3	—CH_3	—H	雄甾烷(androstane)
—CH_3	—CH_3	—CH_2CH_3	孕甾烷(pregnane)
—CH_3	—CH_3	CH_3CHCH_2CH_2CH_3	胆烷(cholane)
—CH_3	—CH_3	CH_3CHCH_2CH_2CH_2CHCH_3 ($\overset{CH_3}{|}$)	胆甾烷(cholestane)

(二)立体构型

甾体化合物的立体化学复杂,仅环上而言,就有七个手性碳原子,理论上可能有的立体异构体数目为 $2^7=128$ 个。但由于稠环的存在以及其空间位阻的影响,使实际存在的异构体数目大大减少。

天然存在的甾体化合物的 B 环与 C 环、C 环与 D 环都是反式并联,而 A 环与 B 环则有顺式和反式两种并联方式。把 A 环和 B 环以顺式相并联的甾体化合物的碳架构型称为别系(A/B 反、B/C 反、C/D 反),简称 5α 型;把 A 环和 B 环以反式相并联的甾体化合物的碳架构型称为正系(A/B 顺、B/C 反、C/D 反),简称 5β 型。因此,现知的天然甾体化合物只有这两种构型。A 环和 B 环顺式并联时,C_5 上的氢原子和 C_{10} 上的角甲基在环平面的上方,用楔形线表示;A 环和 B 环反式并联时,C_5 上的氢原子和 C_{10} 上的角甲基在环平面两侧,C_5 上的氢原子位于环平面后下方,用虚线表示。

甾环母核可以看成由 3 个环己烷和 1 个环戊烷并联而成,环己烷的构象均为稳定的椅式构象。由于并联环之间的空间阻碍,使甾体化合物的骨架刚性增强,很难发生翻转作用,a 键和

e键并不能相互转换,所以一般构型的化合物只有一种构象。天然甾体化合物的构象式分别为:

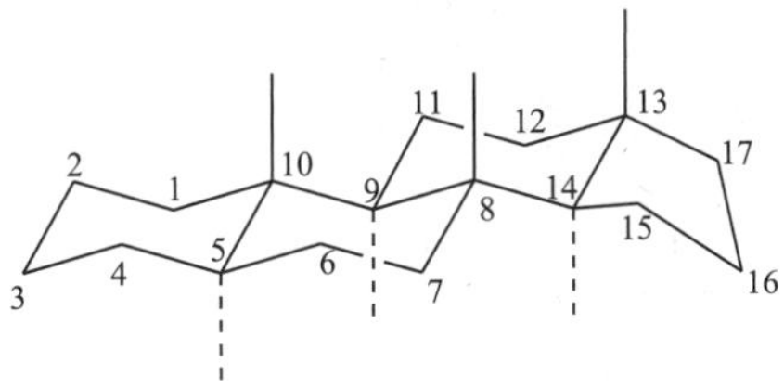

别系(5α型) 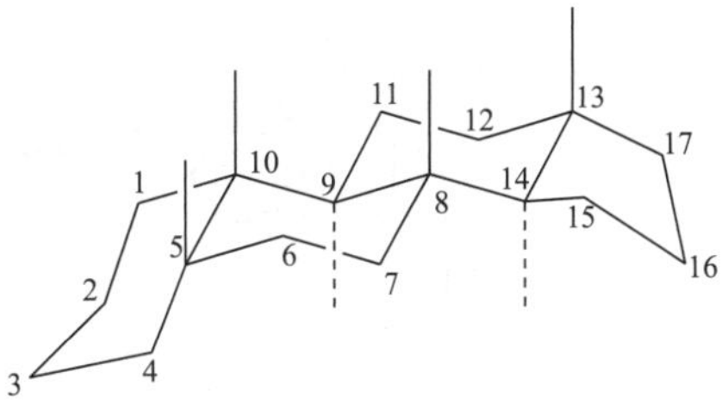   正系(5β型)

(三)重要的甾体化合物

1. 甾醇 在甾体母核上连接羟基的甾体化合物是甾醇。天然甾醇分子中的羟基都连在 C_3 上,而且与甲角基在环平面的同一侧。主要的甾醇类化合物有胆甾醇、7-脱氢胆甾醇和麦角甾醇等。胆甾醇(cholesterol)是胆结石的主要成分,又以固体形式存在,所以也称为胆固醇。胆固醇是人体所必需的物质,其主要生理功能是组成细胞膜、神经髓鞘、脑,并可转变为胆汁酸和甾体激素;胆固醇也是人体内胆甾酸、性激素、肾上腺皮质激素和维生素 D 等众多活性物质的前体。然而,胆固醇含量过高是对人体有害的,会引发胆结石、高脂血症、动脉粥样硬化和心脏病等。7-脱氢胆甾醇主要存在于人体的皮肤中,而麦角甾醇(ergosterol)存在于酵母、霉菌和麦角中,是重要的植物甾醇。7-脱氢胆甾醇和麦角甾醇在紫外线作用下可分别转化成维生素 D_3 和维生素 D_2,这两种维生素可促进人体对钙和磷的吸收,能预防和治疗佝偻病、骨质软化症和骨质疏松症等。

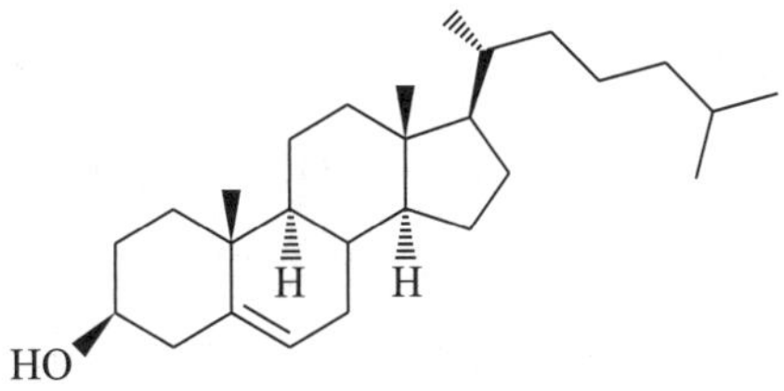

胆甾醇(胆固醇)

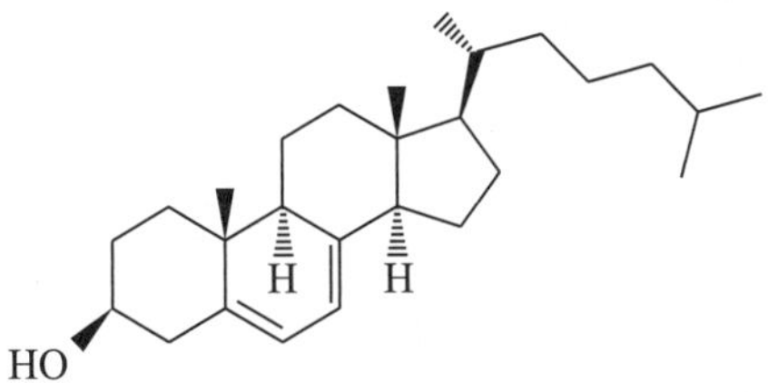

7-脱氢胆甾醇 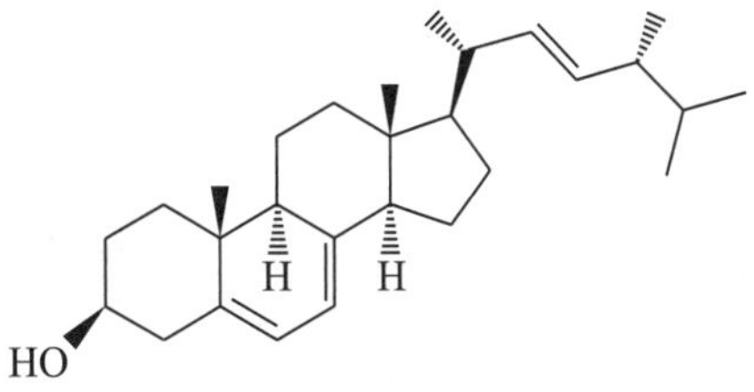   麦角甾醇

2. 胆甾酸(胆汁酸) 在人体和动物的胆汁中含有几种与胆甾醇结构类似的大分子酸,称为胆甾酸(cholic acid)。常见的胆甾酸有胆酸、脱氧胆酸、鹅脱氧胆酸和石胆酸等。胆甾酸在胆汁中分别于甘氨酸和牛磺酸通过酰胺键结合,形成各种结合胆甾酸,这些结合胆甾酸总称为胆汁酸。胆汁酸是体内胆甾醇的主要代谢终产物,人体每天合成 1～1.5g 胆甾醇,其中 0.4～0.6g 在肝内转变成胆汁酸。胆汁酸流入小肠,在小肠的碱性条件下以胆汁酸盐的形式存

在，它是一种被称为"生物肥皂"的乳化剂，能促进肠道中油脂的水解、消化和吸收。

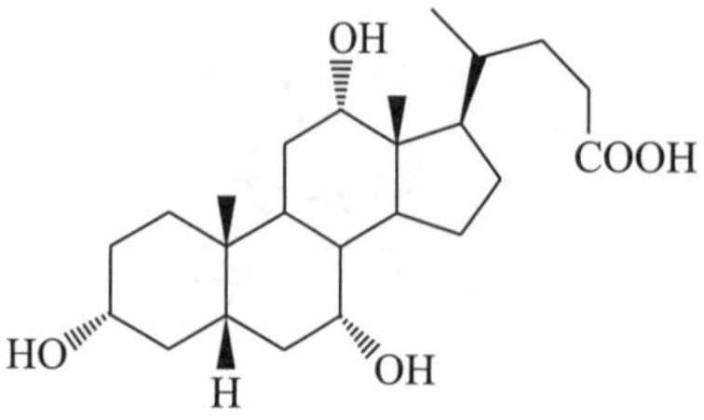

OH

COOH

HO H OH

胆酸

OH

COOH

HO H

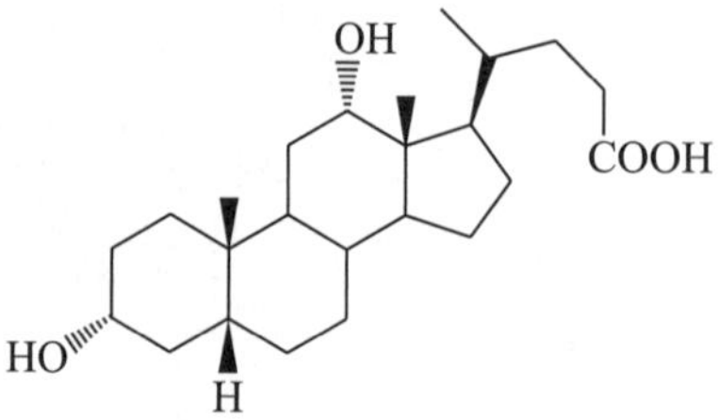

脱氧胆酸

3. 甾体激素 激素是由动物体内的特殊组织或腺体产生的，直接分泌到血液、淋巴液、脑脊液、肠液等体液中，并运送到特定的作用部位以控制各种物质的代谢功能或生理功能的一类微量的有机化合物。甾体激素属于激素中的一种，根据其来源可分为性激素和肾上腺皮质激素两大类。

性激素（sex hormone）是高等动物性腺的分泌物，其主要作用是控制第二性征、性周期及副性器官的生长发育，并影响体内代谢过程。性激素主要分为雄激素和雌激素，常见的雄激素有睾酮、雄酮等，常见的雌激素有孕酮、雌酮等。

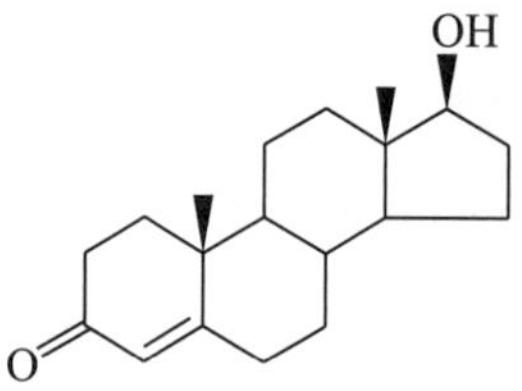

OH

O

睾酮

COCH₃

O

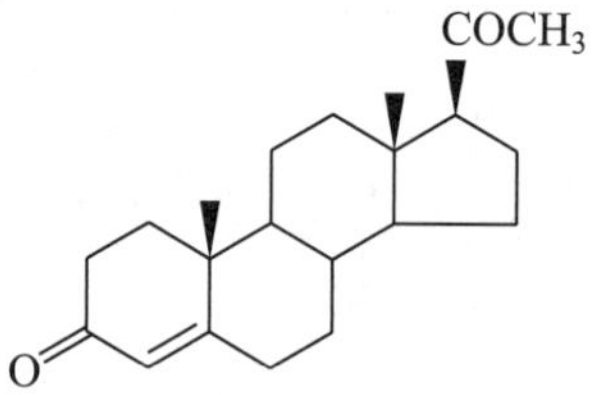

孕酮

肾上腺皮质激素（adrenocortical hormone）是由肾上腺皮质分泌的一类激素。脱氧皮质酮、皮质酮、脱氢皮质酮、醛固酮、脱氧皮质醇、皮质醇和可的松七种成分统称为肾上腺皮质激素。根据不同的生理功能，肾上腺素皮质激素可分为糖皮质激素和盐皮质激素。常见的糖皮质激素有皮质醇、可的松等；常见的盐皮质激素有皮质酮、醛固酮等。

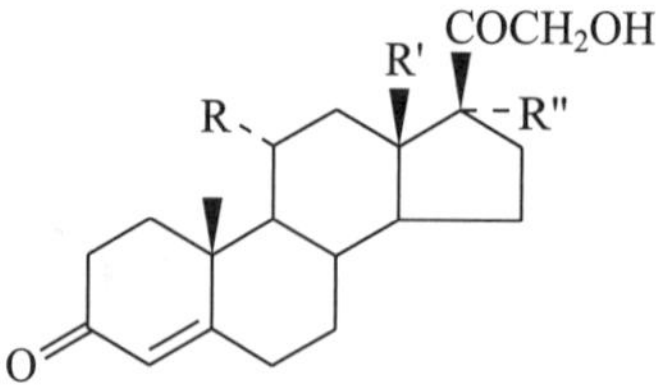

COCH₂OH

R R' R"

O

肾上腺皮质激素

ER14-2　第十四章目标测试

（于姝燕）

1. 糖

（1）**定义**：糖类是多羟基醛或多羟基酮以及它们的缩聚物或衍生物。

（2）**结构**：单糖是不能再水解的多羟基醛酮。单糖的链状结构用费歇尔投影式表示。单糖除了以链状结构形式存在外，主要还以吡喃环或呋喃环的环状结构形式存在，可用 Haworth 式表示。在 Haworth 式中，C_1 半缩醛羟基与羟甲基处于同侧的为 β-型，处于异侧的为 α-型。在水溶液中由于存在链状结构和环状结构的动态平衡，从而产生变旋作用。

（3）**化学性质**：单糖除了具有羰基和羟基的特征反应外，还具有一些特殊性质。

1）在碱性溶液中两种差向异构体相互转变的过程称为差向异构化。D-葡萄糖、D-果糖和 D-甘露糖在稀碱溶液中通过烯二醇中间体可相互转化。

2）能被托伦试剂、费林试剂和 Benedict 试剂氧化的糖称为还原糖。酮糖由于在试剂的碱性条件下可异构为醛糖，故也表现出还原性。因此，单糖都属于还原糖。溴水是一种弱氧化剂，不能氧化酮糖，可用于醛糖和酮糖的鉴别。

3）在酸催化下，单糖的半缩醛（酮）羟基可与其他非糖物质中的羟基、氨基、巯基等脱水生成糖苷。糖苷是一种缩醛（酮）结构，分子中没有半缩醛（酮）羟基，性质比较稳定，不能转变为链状结构，故糖苷无还原性和变旋作用。

（4）**二糖**：二糖可通过一分子单糖的苷羟基与另一分子单糖的非苷羟基脱水形成，也可以是与另一分子单糖的苷羟基脱水形成。前者分子中还有一个苷羟基，在水溶液中处于环状结构和链状结构的动态平衡，有变旋作用，有还原性，称为还原性二糖；后者分子中不再含有苷羟基，没有变旋作用，也没有还原性，是非还原性二糖。

（5）**多糖**：淀粉、糖原和纤维素都是由 D-葡萄糖组成的多糖。多糖没有还原性和变旋作用。

2. 蛋白质和氨基酸

（1）**定义和结构**：氨基酸是组成蛋白质的基本单元。除甘氨酸外，其余氨基酸的 α-碳原子都是手性碳原子，都有旋光性，且均属于 L-构型；除半胱氨酸为 R-构型外，其余皆为 S-构型。

（2）**化学性质**：氨基酸的化学性质与分子中所含有的羧基、氨基和侧链 R 基团有关，具有氨基和羧基的典型反应，也表现出一些特殊性质。

1）氨基酸是两性离子，在水溶液中以阳离子、阴离子和偶极离子 3 种形式存在。当氨基酸所带的正、负电荷相当，呈电中性时溶液的 pH 称为该氨基酸的等电点，用 pI 表示。等电点是氨基酸的一个特征常数。

2）与亚硝酸作用定量放出氮气，可测定蛋白质分子中游离氨基或氨基酸分子中氨基的含量。氨基酸受热可脱去羧基生成相应的胺类化合物。氨基酸分子间的氨基与羧基相互脱水缩合生成肽类化合物。与水合茚三酮发生显色反应，用于氨基酸和蛋白质的定性鉴定。

（3）**肽**：多个氨基酸残基之间以肽键相连的一类化合物称为多肽。肽键是构成肽和蛋白质的基本化学键,也是构成蛋白质特殊构象的基础。

（4）**蛋白质**：蛋白质是氨基酸的多聚物。蛋白质的结构分为一级、二级、三级和四级结构。蛋白质分子中氨基酸残基在肽链中的排列顺序称为一级结构。蛋白质的构象又称为高级结构,是指蛋白质分子中的所有原子在三维空间的排布,主要包括蛋白质的二级结构、超二级结构、结构域、三级结构和四级结构。肽键是蛋白质分子的主键,维持其空间结构的副键有氢键、二硫键、盐键、酯键和疏水键等。蛋白质的性质取决于蛋白质的分子组成和结构特征。蛋白质具有高分子的胶体性质;也具有两性电离和等电点的性质;受物理因素和化学因素的影响还可发生变性和沉淀。

3. 萜类和甾体化合物

（1）**萜类**：萜类化合物是由两个或两个以上的异戊二烯基本结构单元按不同的方式首尾相连的化合物及其含氧的饱和程度不等的衍生物。此结构规律称为异戊二烯规律。根据分子中含有的异戊二烯基本单元的数目,萜类化合物可分为单萜、倍半萜、二萜等。

（2）**甾体化合物**：分子中含有环戊烷并全氢菲基本骨架的天然活性有机化合物称为甾体化合物。甾体化合物根据其存在形式和化学结构可分为甾醇、胆汁酸、甾体激素、甾体生物碱等。

习 题

1. 一种自然界中存在的二糖 A 的结构式为 $C_{12}H_{22}O_{11}$,可还原费林试剂,用 β-糖苷酶水解生成 D-吡喃葡萄糖(β-糖苷酶只水解 β-糖苷键,不能水解 α-糖苷键);若将 A 用硫酸二甲酯甲基化后再水解,则生成等物质的量的 2,3,4,6-四-O-甲基-D-吡喃葡萄糖和 1,2,3,4-四-O-甲基-D-吡喃葡萄糖。试写出 A 的结构式。

2. 单糖衍生物 A 的分子式为 $C_8H_{16}O_5$,没有变旋作用,也不被 Benedict 试剂氧化,A 在酸性条件下水解得到 B 和 C 两种产物。B 的分子式为 $C_6H_{12}O_6$,有变旋作用和还原性,被溴水氧化得到 D-半乳糖酸。C 的分子式为 C_2H_6O,能发生碘仿反应。试写出 A 的结构式及有关反应。

3. 三肽 A 的分子式为 $C_7H_{13}O_4N_3$,1mol A 用亚硝酸处理时放出 1mol N_2,生成 1mol B($C_7H_{12}O_5N_2$)。1mol B 与稀氢氧化钠溶液煮沸后酸化,生成 1mol 乳酸(α-羟基丙酸)和 2mol 甘氨酸(氨基乙酸)。试写出 A 和 B 的构造式。

4. 五肽 A 完全水解可生成丙氨酸、精氨酸、半胱氨酸、缬氨酸和亮氨酸,而 A 部分酸性水解则可生成丙氨酰半胱氨酸、半胱氨酰精氨酸、精氨酰缬氨酸和亮氨酰丙氨酸。试推断 A 中氨基酸的结合顺序。

5. 单萜 A 的分子式为 $C_{10}H_{18}$,催化加氢生成分子式为 $C_{10}H_{22}$ 的烷烃。用 $KMnO_4$ 酸性溶液氧化 A 得到乙酸、丙酮和 γ-戊酮酸。试推出 A 的构造式。

6. 从月桂油中分离出萜烯 A($C_{10}H_{16}$),1mol A 与 3mol H_2 加成生成分子式为 $C_{10}H_{22}$ 的化合物。1mol A 经臭氧氧化后在锌存在下水解,生成 1mol CH_3COCH_3、2mol HCHO 和 1mol OHCCH$_2$CH$_2$COCHO。试推测萜烯 A 的结构。

7. 甾体化合物分为 5α 型和 5β 型的依据是什么？并举例说明。

8. 反己烯雌酚是一种重要的合成雌激素药物，具有与 β-雌二酚相同的雌激素活性，但其顺式异构体的活性却只是反式异构体的 10%～14%。试根据分子结构的特点和差异，解释反己烯雌酚具有很高的雌激素活性而顺己烯雌酚的活性比反己烯雌酚弱得多的原因。

参考文献

［1］中国化学会有机化合物命名审定委员会. 有机化合物命名原则［M］. 北京: 科学出版社, 2017.

［2］陆涛. 有机化学［M］. 8版. 北京: 人民卫生出版社, 2016.

［3］邢其毅, 裴伟伟, 徐瑞秋, 等. 基础有机化学［M］. 4版. 北京: 北京大学出版社, 2017.

［4］胡宏纹. 有机化学［M］. 2版. 北京: 高等教育出版社, 1990.

［5］尤启冬. 药物化学［M］. 3版. 北京: 化学工业出版社, 2015.

［6］CAREY F A, SUNDBERG R J. Advanced organic chemistry. 5th ed. New York: Springer, 2007.

［7］王积涛, 张宝申, 王永梅, 等. 有机化学［M］. 2版. 天津: 南开大学出版社, 2003.

［8］项光亚, 方方. 有机化学［M］. 2版. 北京: 中国医药科技出版社, 2021.

习题参考答案

第一章

1. 有机化合物主要由碳元素、氢元素组成,是含碳的化合物,也是生命产生的物质基础。有机化合物除含碳元素外,还可能含有氢、氧、氮、氯、磷和硫等元素。有机化学的研究对象是有机化合物,是研究有机化合物的组成、结构、性质、合成、反应机理以及化合物之间相互转变规律等的一门科学,是化学中极重要的一个分支。

2. (1)有机化合物的结构特点:以共价键相结合;同分异构现象普遍存在。

   (2)有机化合物的性质特点:绝大多数有机化合物可以燃烧;一般有机化合物的热稳定性较差,受热易分解;有机化合物的熔点、沸点较低;大多数有机化合物难溶于水,易溶于有机溶剂;有机化合物的化学反应速率较慢。

3. 略。

4. (1)都是 sp^3;(2)都是 sp^2;(3)从左到右分别是 sp^3、sp、sp、sp^2、sp^2。

5. (1)极性为 H—Br>H—I,可极化性为 H—I>H—Br。

   (2)极性为 O—H>S—H,可极化性为 S—H>O—H。

6. (1)C—Cl;(2)C—O,O—H。

7. 有机化合物根据碳环的结构特点可分为 3 类,分别是脂环族化合物、芳香化合物和杂环化合物。举例:脂环族化合物(环己烷、环戊烷),芳香化合物(苯、萘),杂环化合物(吡咯、噻吩)。

8.

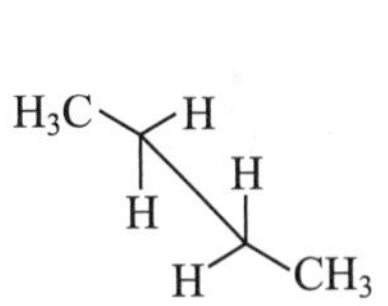

锯架投影式 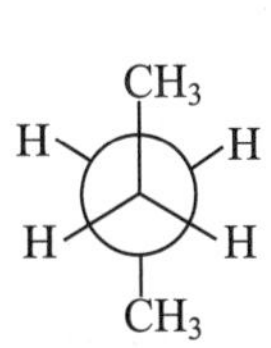　　　　　　　纽曼投影式

9.

10. $C_4H_8Cl_2O$

1.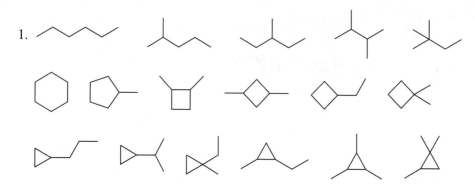

2.（1）3-甲基戊烷　　　　　　　　　　（2）5-异丙基-3-甲基辛烷

　　（3）3,3-二乙基戊烷　　　　　　　　（4）5-乙基-2-甲基庚烷

　　（5）2,2,4,4-四甲基戊烷　　　　　　（6）6-丁基-2,2,3-三甲基-5-（2-甲基丁基）癸烷

　　（7）1-异丙基-2-甲基环庚烷　　　　　（8）5-环丙基-4-乙基-2-甲基庚烷

　　（9）*trans*-1,3-二甲基环戊烷　　　　（10）1,2,3-三甲基双环[3.2.1]辛烷

　　（11）3-叔丁基-9-乙基螺[5.6]十二烷　（12）环戊基环己烷

3.（1）CH₃CHCH₂CH₂CH₃ + CH₃CH₂CHCH₂CH₃　（2）
　　　　　　|Br　　　　　　　　　|Br

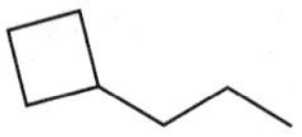

　　（3）⬠—CHBrCH₂CH₂CH₂Br　　　　　（4）（结构式）
　　　　　　　　　　　　　　　　　　　　　　|I

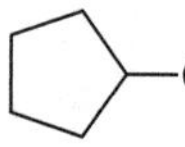

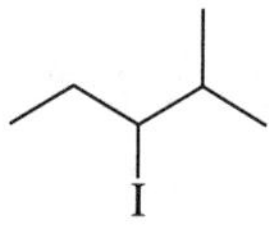

　　（5）不反应

4.（1）CH₃CH₂CH(CH₃)₂　　　　　　　　（2）C(CH₃)₄

5.（1）⬠ 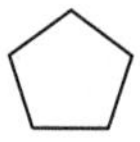　　　　　　　　　　　　　　　（2）△

6.（1）（纽曼投影式）　　　　　　　　　（2）（纽曼投影式）

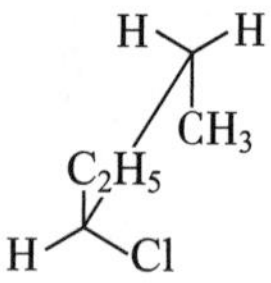

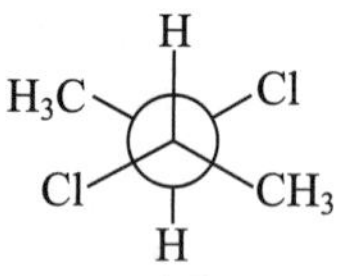

7.

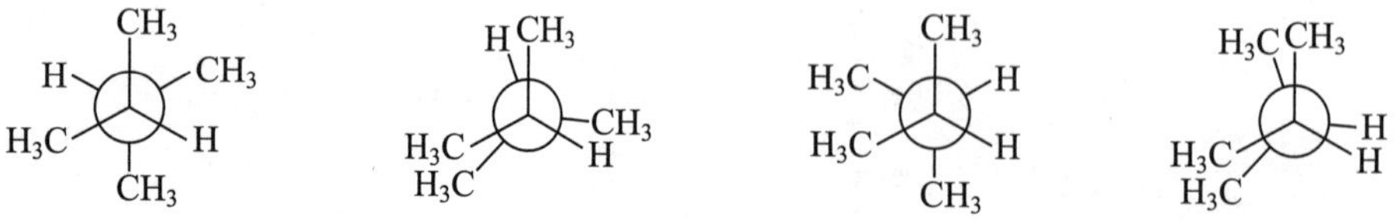

　　对位交叉式　　　　部分重叠式　　　　邻位交叉式　　　　全重叠式

8. 共有 6 个构象异构体：（1），（2），（3），

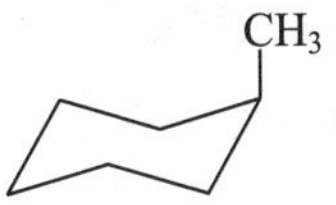

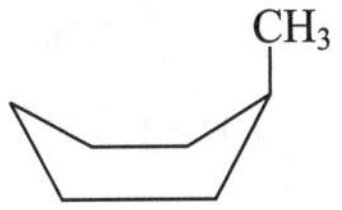

（4），（5），（6）。其中（2）最稳定，因为环己

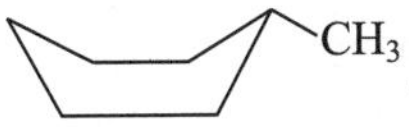

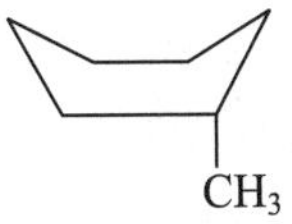

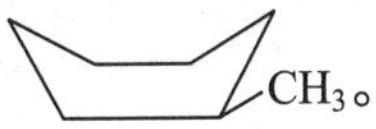

烷是椅式构象，且甲基位于平伏键上；（3）最不稳定，因为环己烷是船式构象，且甲基位于
船头旗杆位置，与另一个旗杆氢之间存在较大的斥力（非键张力）。

9.（3）＞（2）＞（5）＞（1）＞（4）

10. 熔点的高低取决于分子间作用力。正戊烷的直链构象比异戊烷带有支链的构象有较高的
对称性，故正戊烷分子排列较为紧密，分子间作用力也就大一些，所以其熔点高一些。新
戊烷为高对称性分子，分子间作用力更大，晶格能较高，故其熔点最高。

11.（1）前者大于后者；（2）后者大于前者

12. 链引发：① Br—Br $\xrightarrow{hv}$ 2Br·

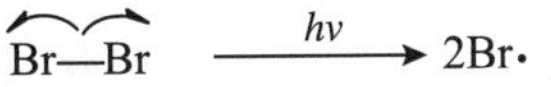

链增长：②

③

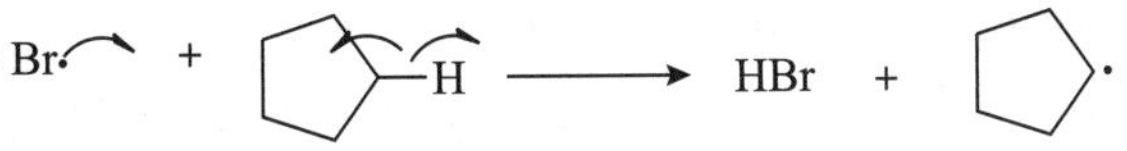

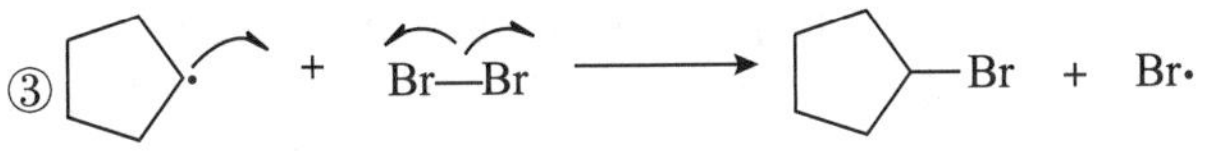

再重复②、③……

链终止：④

⑤ Br· + Br· ⟶ Br₂

⑥

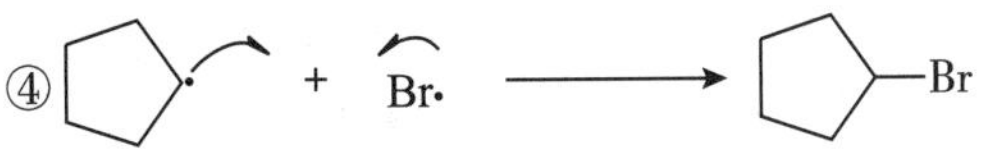

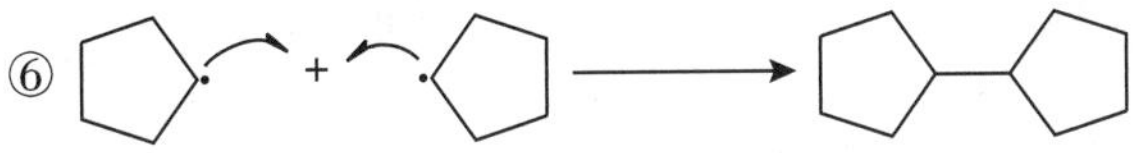

第三章

1. 3；2；3。

2. 将样品的浓度稀释到原来的一半，测定旋光度，若为 +50°，可以确定原来的旋光度为
+100°，否则稀释后测得的旋光度为 −130°。

3.

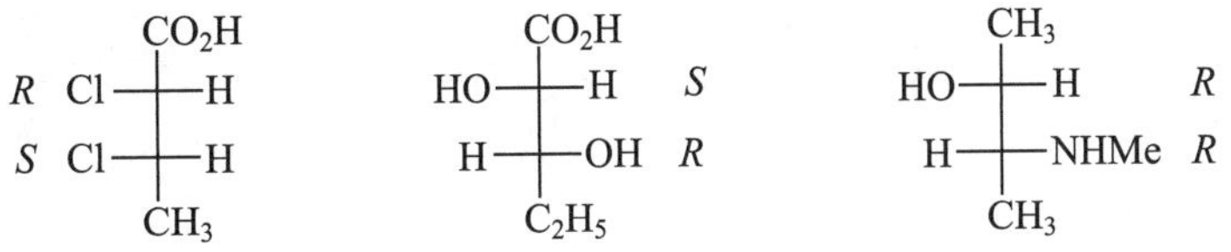

4.（1）S；　（2）R；　（3）R；　（4）R；　（5）S；

（6）R；　（7）S,S；　（8）S,R（上下）；　（9）R,R。

5.（1）对映体；　　　（2）对映体；　　　（3）非对映体；　　　（4）对映体。

6.（2）、（3）、（4）、（6）、（8）、（10）、（12）有旋光性，其余没有。

7.（1）

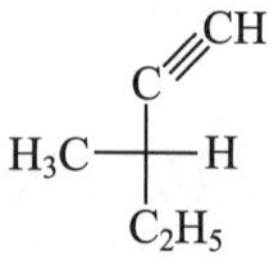

（2）

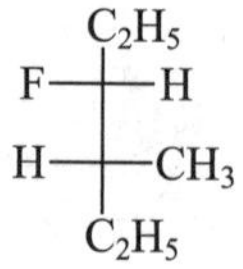

（3）

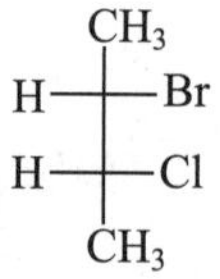

（4）

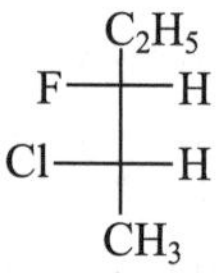

（5）

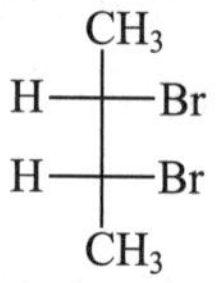

（6）

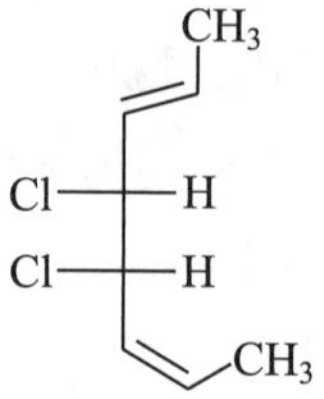

第四章

1.（1）2-甲基丁-1-烯

（2）(E)-3,4-二甲基己-3-烯

（3）甲亚基环己烷

（4）(2E,4E)-3-甲基己-2,4-二烯

（5）(E)-7-甲基-6-甲亚基辛-2-烯

（6）5-甲基环戊-1,3-二烯

（7）5-甲基-4-甲亚基庚-1-炔

（8）(E)-6-乙基-5-甲基癸-2-烯-8-炔

（9）1,6-二甲基环己烯

（10）5-乙炔基环己-1,3-二烯

2.（1） 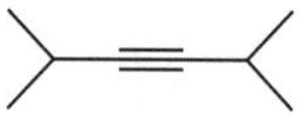　（2） 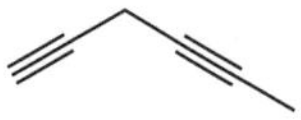　（3）

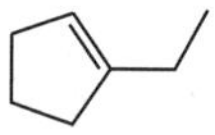

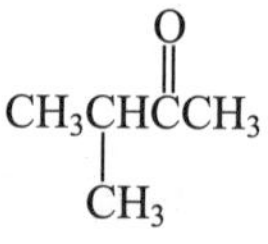

（4） 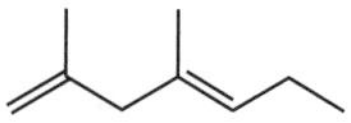　（5） 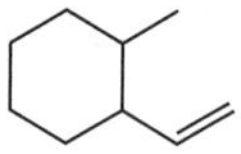　（6）

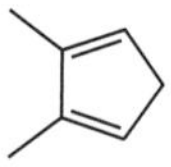

（7） 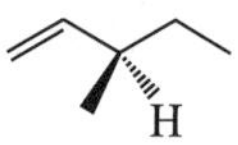　（8） 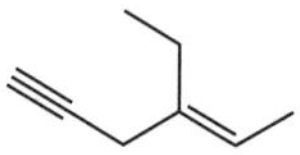　（9）

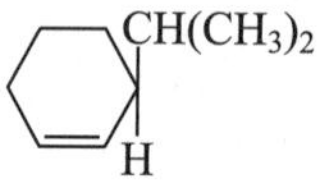

（10）

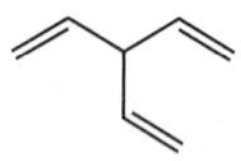

3.（1） 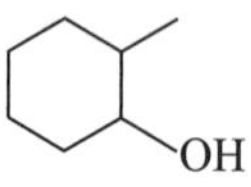　（2） 　（3）CH_3CHCCH_3（含 CH_3、O）

（4） 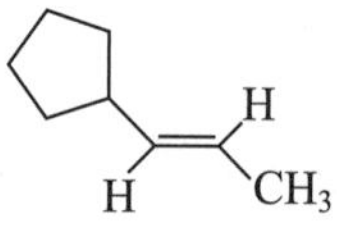　（5） 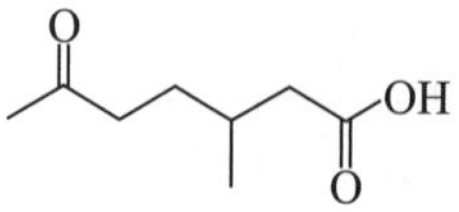　（6）

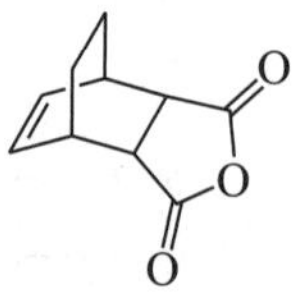

（7） 　（8）$CH_3CH_2CH_2CCH_3$（含两个 Cl）　（9）

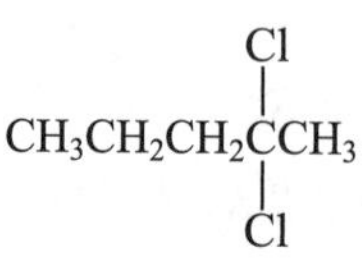

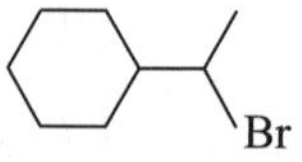

（10）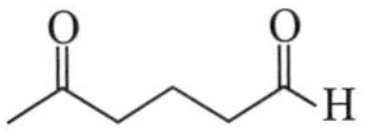

4.（1）

	戊-1-炔	戊-2-炔	戊烷
Br_2/H_2O	褪色	褪色	—
$Ag(NH_3)_2NO_3$	白色沉淀	—	

（2）

	2-甲基丁烷	2-甲基丁-2-烯	3-甲基丁-1-炔
Br_2/H_2O	—	褪色	褪色
$Ag(NH_3)_2NO_3$		—	白色沉淀

5.（1）A. $CH_3CH{=}C(CH_2CH_3){-}C{\equiv}CH$　B. $CH_3CH{=}C(CH_2CH_3){-}CH{=}CH_2$　C. 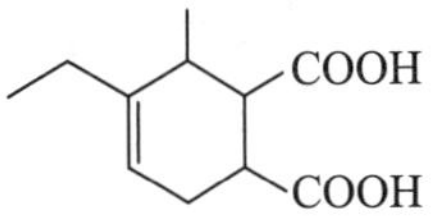

（2）A. 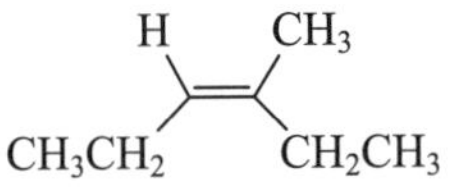　B. 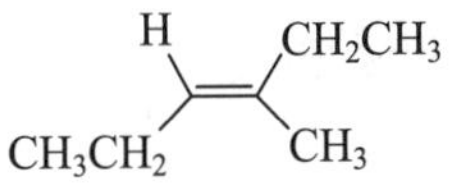

6.（1）(a)中的双键和三键间隔两个碳原子，距离较远，相互影响较小，双键上进行亲电加成反应的活性强于三键，所以与溴的加成发生在活性较强的双键上；(b)中的双键和三键共轭，溴与三键发生加成后生成的产物为共轭体系，产物比较稳定，三键与溴的加成为反式加成，所以得到反式加成产物。

（2）$CH_3CH{=}CH_2 + HCl \longrightarrow CH_3CHClCH_3$

$CH_2{=}CHCl + HCl \longrightarrow CH_3CHCl_2$

$CH_2{=}CHOCH_3 + HCl \longrightarrow CH_3CHClOCH_3$

反应速率：$CH_2{=}CHOCH_3 > CH_3CH{=}CH_2 > CH_2{=}CHCl$

甲基具有 +I 和 +C 效应，使双键的 π 电子云密度增加；$CH_2{=}CHOCH_3$ 中的甲氧基具有 –I 效应和 +C 效应，两者共同作用的结果使得双键上的 π 电子云密度增加，而甲氧基的给电子能力强于甲基，所以 $CH_2{=}CHOCH_3$ 发生亲电加成反应的速率比 $CH_3CH{=}CH_2$ 快；$CH_2{=}CHCl$ 中的氯同样具有 –I 效应和 +C 效应，两者共同作用的结果使得双键上的 π 电子云密度减小，所以 $CH_2{=}CHCl$ 发生亲电加成反应的速率比 $CH_3CH{=}CH_2$ 慢。

（3）①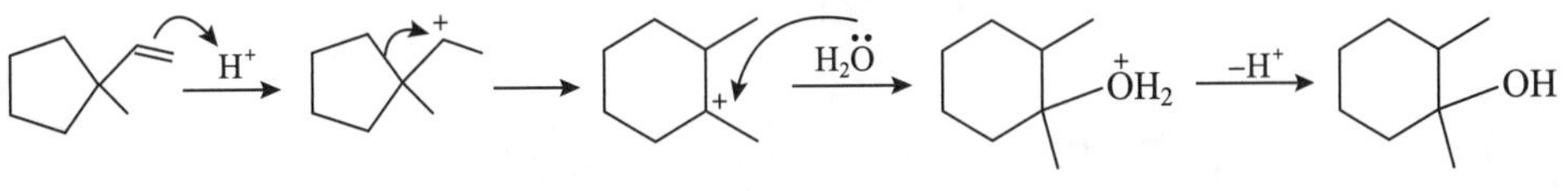

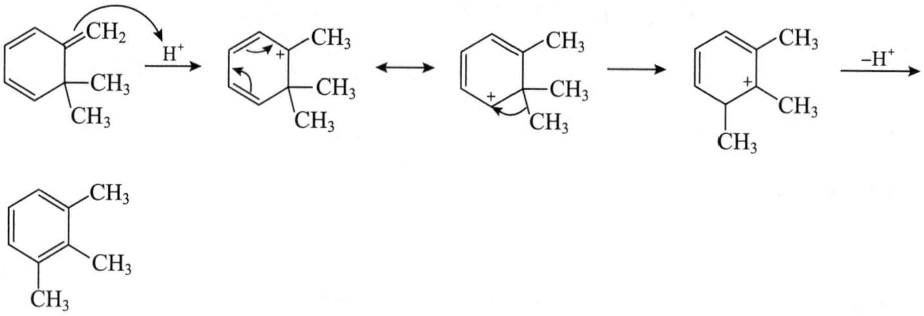

7.（1）

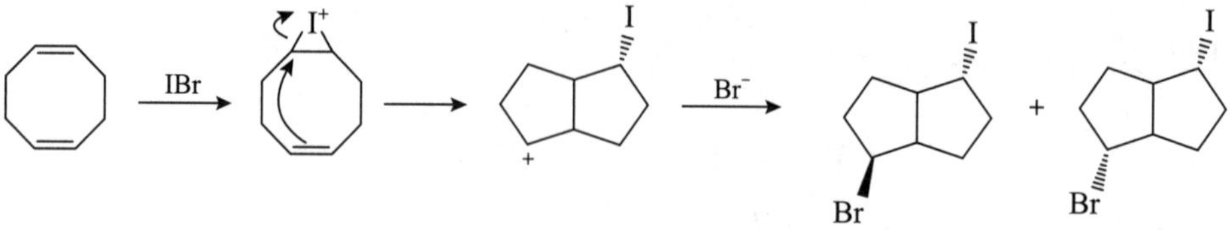

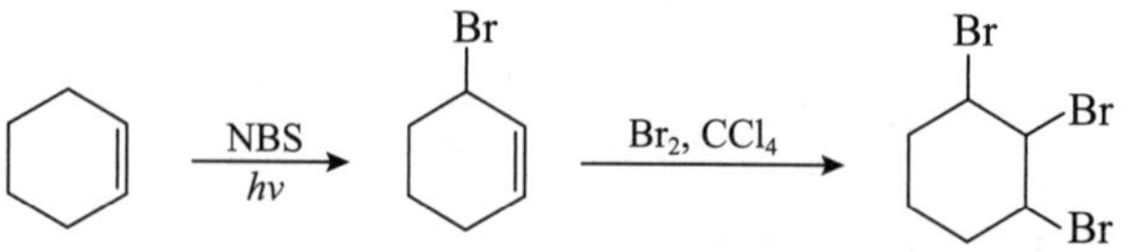

（2）$HC\equiv CH$ $\xrightarrow[\text{(2) } 2CH_3CH_2Br]{\text{(1) } 2NaNH_2}$ $CH_3CH_2C\equiv CCH_2CH_3$ $\xrightarrow[\text{Pd/BaSO}_4/\text{喹啉}]{H_2}$

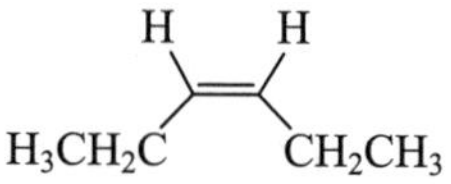

（3）$HC\equiv CH$ $\xrightarrow[\text{(2) } CH_3CH_2Br]{\text{(1) } NaNH_2}$ $CH_3CH_2C\equiv CH$ $\xrightarrow[\text{H}_2\text{SO}_4,\ \text{HgSO}_4]{H_2O}$ $CH_3\overset{\displaystyle O}{\overset{\displaystyle \|}{C}}CH_2CH_3$

第五章

1.（1）1-甲基-3-叔丁基苯 （2）4-硝基-3-甲基氯苯
（3）2,4,6-三硝基甲苯 （4）4-乙基羧基苯
（5）4-甲基磺酸苯 （6）1-甲基-5-磺酸萘

2.（1） 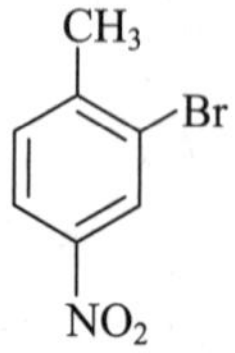
（2） 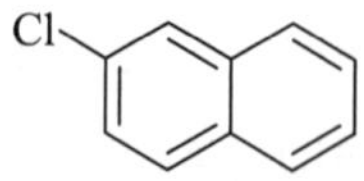
（3） 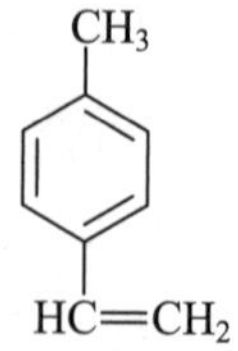
（4） 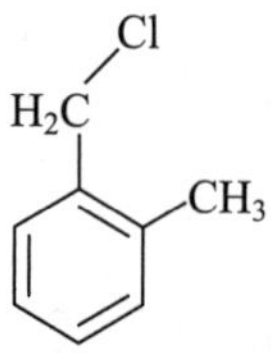
（5） 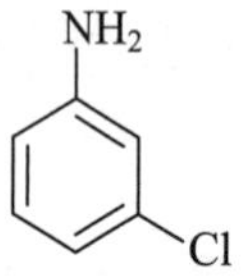
（6）

3.（1）G＞E＞B＞A＞C＞F＞D （2）B＞D＞E＞A＞C

（3）C＞D＞B＞A （4）D＞B＞A＞C

4.（1）

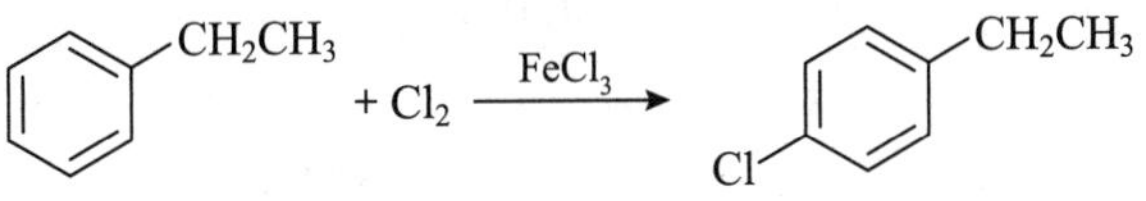

苯乙烷 + Cl_2 $\xrightarrow{FeCl_3}$ 对氯乙苯

（2）

苯乙烷 + Cl_2 $\xrightarrow{h\nu}$ 苯乙基氯 (CHClCH₃)

（3）

$\xrightarrow{H_2SO_4}$

（4）

2-萘酚 $\xrightarrow{Br_2}$ 1-溴-2-萘酚

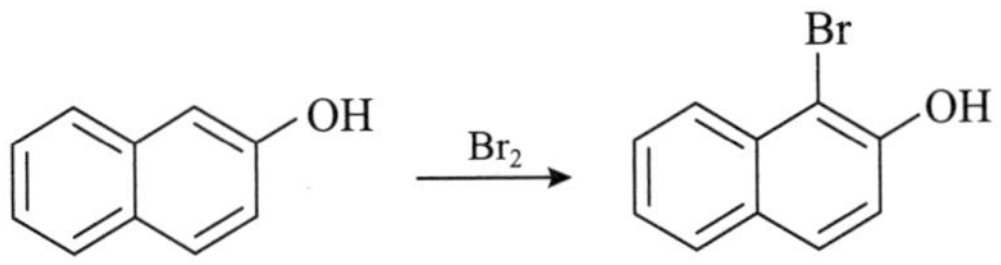

（5）

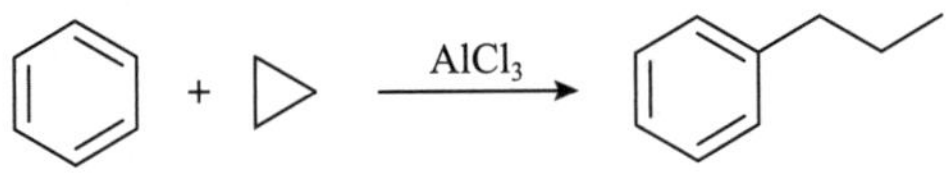

苯 + 环丙烷 $\xrightarrow{AlCl_3}$ 丙苯

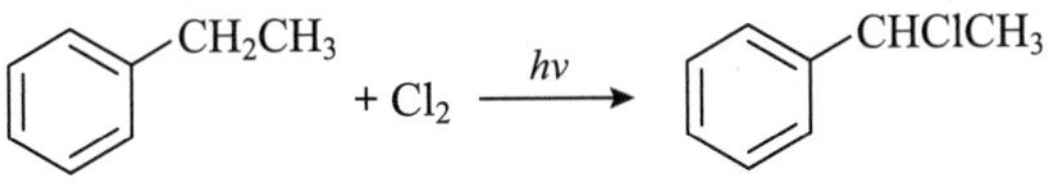

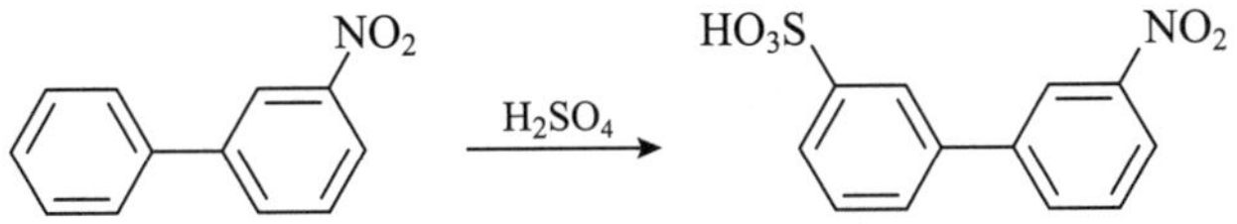

（6）

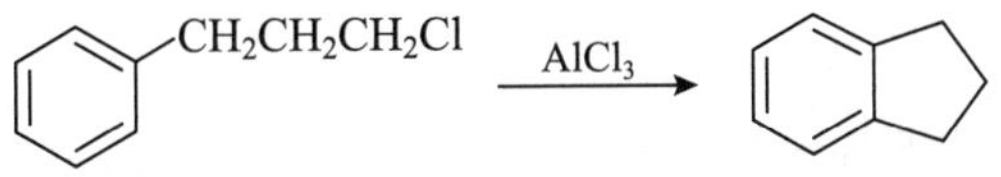

$\xrightarrow{AlCl_3}$ 茚满

5.（A）

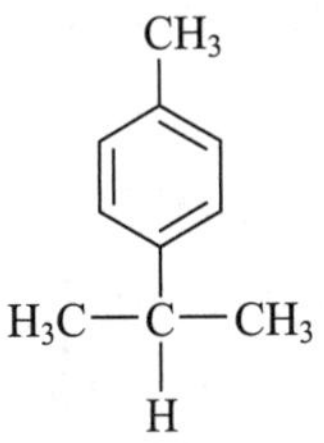

（B）

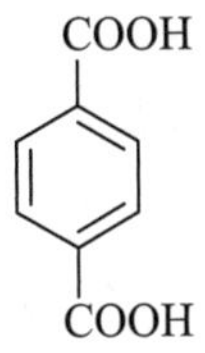

（C）

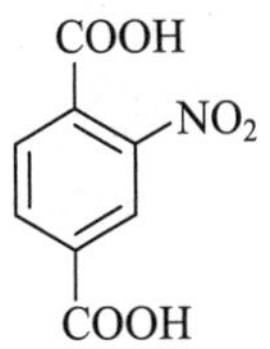

（A）

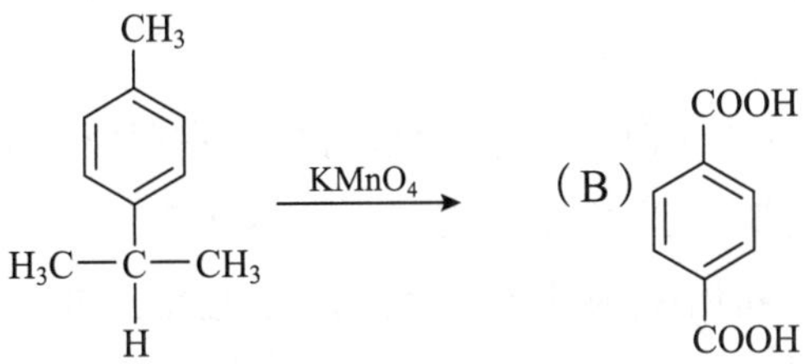

$\xrightarrow{KMnO_4}$ （B）

（B）

$\xrightarrow{HNO_3/H_2SO_4}$ （C）

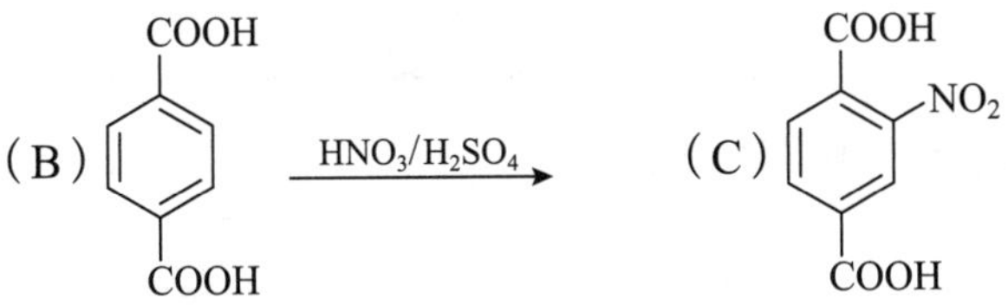

6.（1）

苯 + Br_2 $\xrightarrow{Fe}$ 溴苯 $\xrightarrow{H_2SO_4}$ $\xrightarrow{HNO_3}$ $\xrightarrow{H^+, H_2O}$

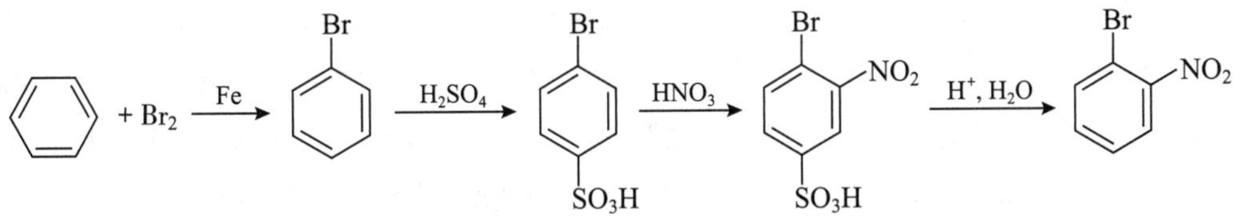

(2) 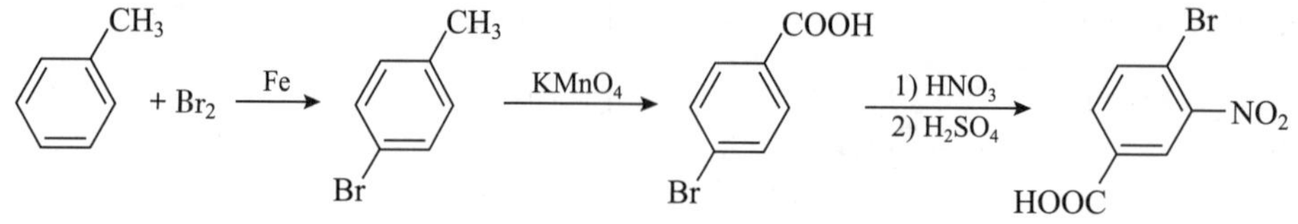 甲苯 + Br_2 —Fe→ 对溴甲苯 —$KMnO_4$→ 对溴苯甲酸 —1) HNO_3 2) H_2SO_4→ 产物（Br, NO_2, HOOC 取代苯）

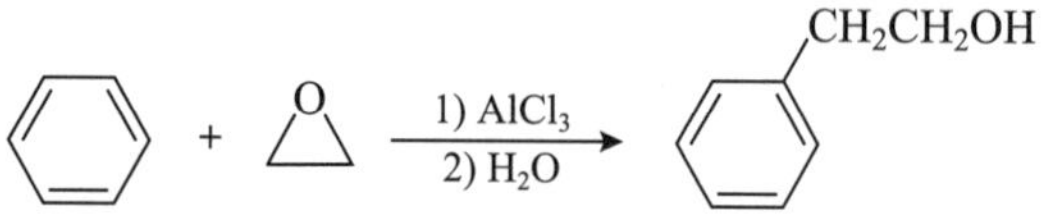

(3) 苯 + 环氧乙烷 —1) $AlCl_3$ 2) H_2O→ β-苯乙醇（CH_2CH_2OH）

(4) 甲苯 —H_2SO_4→ 对甲苯磺酸（HO_3S） + Br_2 —Fe→ （CH_3, Br, HO_3S 取代苯）—H^+, H_2O→ 邻溴甲苯（CH_3, Br）—$KMnO_4$→ 邻溴苯甲酸（Br, COOH）

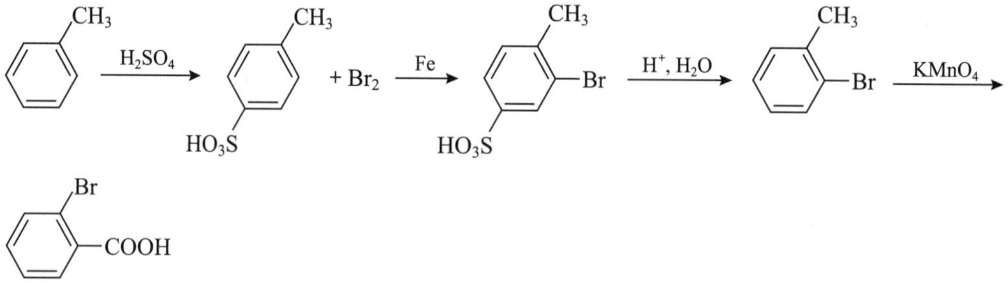

第六章

1. 部分 1-溴环戊烷首先与少量的 NaI 中亲核性强的 I⁻ 发生亲核取代反应,生成相应的碘代烃,后者与 CN⁻ 反应时利用 I⁻ 良好的离去性,能以较快的反应速率生成腈和 I⁻, I⁻ 重复上述反应过程,从而加快生成亲核取代反应产物的速率。

2. 相同点:亲核试剂取代卤代烃中的卤原子,发生亲核取代反应,生成亲核取代产物。
   不同点:反应动力学特征不同。S_N2 反应为一步反应,只形成一个过渡态,过渡态的形成涉及两种分子碰撞,无中间体生成,中心碳原子的构型完全翻转; S_N1 反应分步进行,历经多个过渡态,其中速控步骤的反应速率只与一种分子的浓度有关,反应中有碳正离子中间体生成,产物的立体化学为生成外消旋体。

3. 加入硝酸银的醇溶液:室温放置片刻即产生白色沉淀的是 3-氯环己烯;室温放置较长时间产生白色沉淀的是 4-氯环己烯;室温和加热均无沉淀生成的是 1-氯环己烯。

4. 格氏试剂的烃基部分带负电荷,易与质子溶剂中的氢质子结合生成烃,使格氏试剂分解。

5. 主要产物是后者。

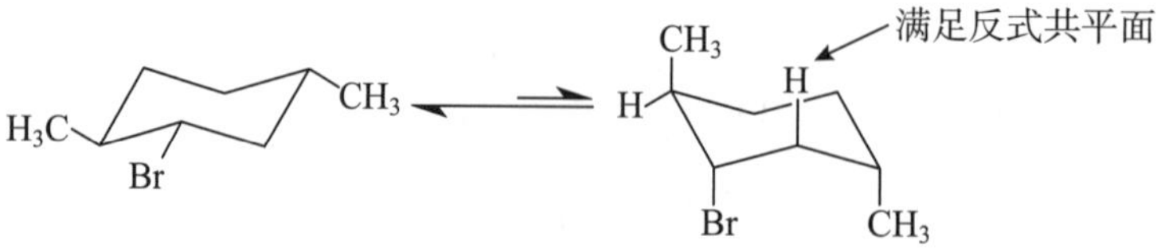

6. 前者碳氯键的键长较短。一是氯苯中的氯原子与 sp^2 杂化的碳原子成键,苄基氯中的氯原子与 sp^3 杂化的碳原子成键, sp^2 杂化轨道有较多的 s 成分,轨道的伸展度较小,因此与苄基氯中的碳氯键相比,氯苯中碳氯键的键长较短;二是氯苯中氯原子的未共用电子对与苯环间存在 p-π 共轭,而使该碳氯键具有部分双键的性质,也使其键长变短。

7. (1) B>A>C　　　(2) A>C>B　　　(3) C>B>A
8. (1) A>C>B　　　(2) C>A>B　　　(3) A>B>C
9. (1) C>A>B　　　(2) A>B>C
10. (1) B>A>C　　　(2) A>B>C

<h1 style="text-align:center">第七章</h1>

1.（1）4-甲基戊-2-醇　　　　　　　（2）3-氟-4-硝基苯酚

　　（3）(1R,4R)-4-甲基环己-1-醇　　（4）乙氧基环戊烷

　　（5）2-甲氧基-3-甲基戊烷　　　　（6）3-氯-萘-1-酚

　　（7）2-甲基苯-1,4-二酚　　　　　（8）4-溴-2-甲基戊-1-醇

　　（9）丁-2-烯-1-醇　　　　　　　（10）丙-1,2-二醇

2.（1） 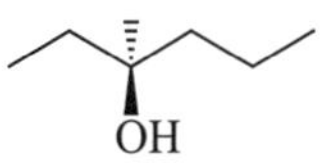　　　　　　　　　　　　　（2）

　　（3） 　　　　　　　　　　　　　（4）

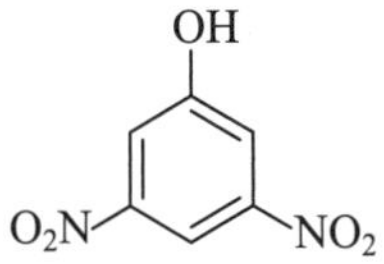

　　（5） 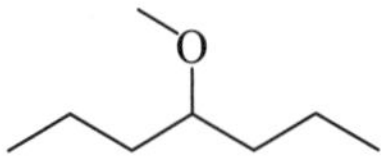　　　　　　　　　　　　　（6）

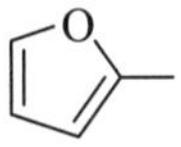

　　（7）

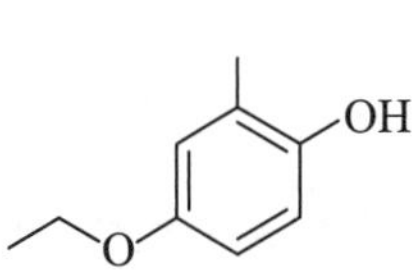

3.（1）1）酸性强弱: 4-硝基苯酚>2-氯苯酚>2-甲基苯酚>3,5-二甲基苯酚。

　　　　原因: 苯酚的酸性取决于酚羟基中 O—H 键的极性,极性越大,酸性越强。苯环上
　　　　吸电子基团的电性效应对 O—H 键的极性的影响较大,吸电子能力越强,苯酚的酸
　　　　性越强。

　　　2）酸性强弱: $CH_3SH>CH_3OH$。

　　　　原因: 两者的酸性取决于给出质子的能力,O 和 S 均为第Ⅵ族元素,但分别处于不
　　　　同的周期,前者的原子半径比后者小,O 的电负性强,O—H 键的稳定性强于 S—H
　　　　键,因此甲硫醇的酸性强于甲醇。

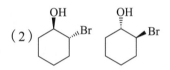

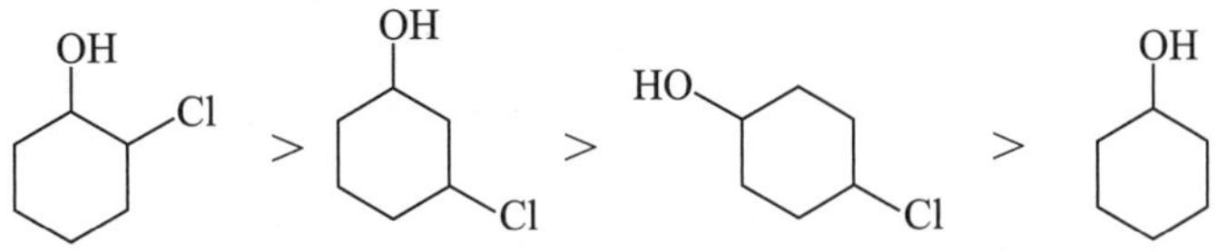

3）酸性强弱：

原因：氯原子为吸电子基团，具有吸电诱导效应，可以增加 O—H 键的极性，从而增强酸性。该效应沿着碳链递减，氯原子与羟基间化学键越多，诱导效应越弱。

（2）乙醇既可以作为氢键供体，也可以作为氢键受体，因此更容易与水分子形成氢键；氯乙烷仅可作为氢键受体与水分子形成氢键，而乙烷与水分子之间不存在氢键作用。

（3）1）环己醇＞氯代环己烷＞环己烷。

　　2）庚-2-醇＞2-甲基己-2-醇＞2,3-二甲基戊-2-醇。

（4）乙-1,2-二醇比 1,2-二氯乙烷更容易聚合，是因为前者作为氢键供、受体，可以与自身形成氢键作用，而后者无法自身形成氢键。

4.（1）$CH_3C(CH_3)(CH_3)CH_2I$　　（2）$CH_3CH_2CH(OCH_2CH_3)CH_2CH_3$

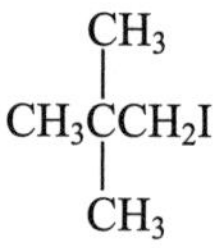

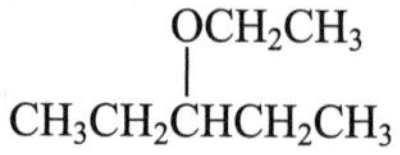

（3）

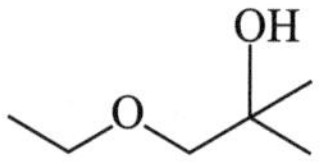

（4）

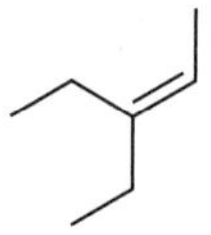

（5）

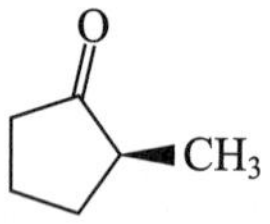

（6）

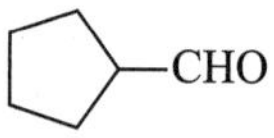

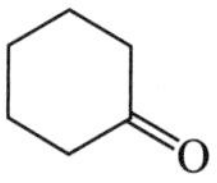

（7）

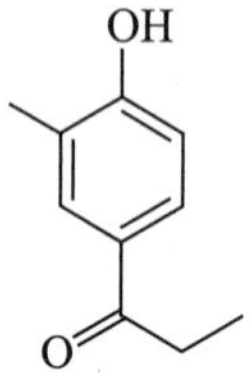

（8）

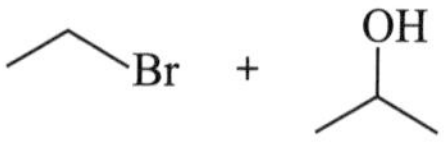

（9）

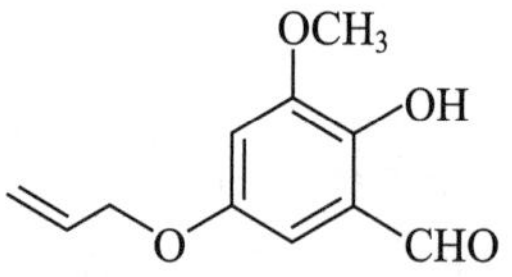

（10）

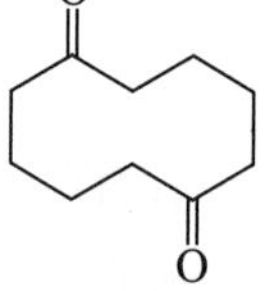

（11）

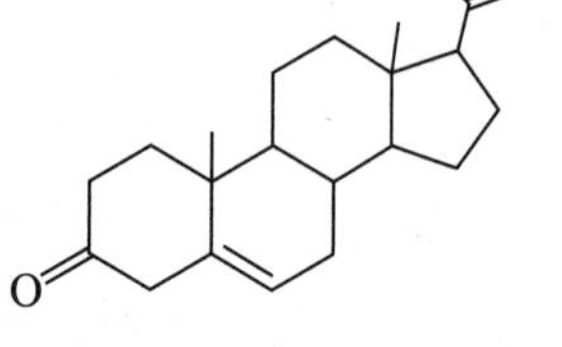

（12）

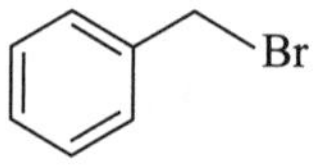

5.（1）

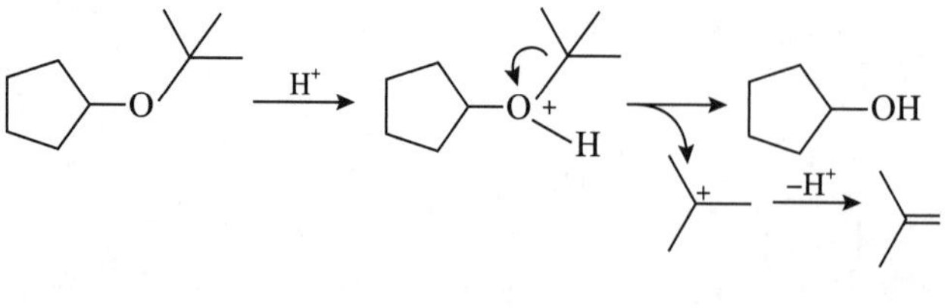

(2)

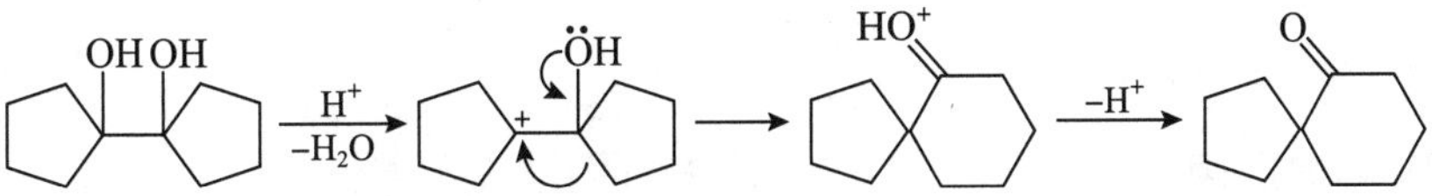

(3)

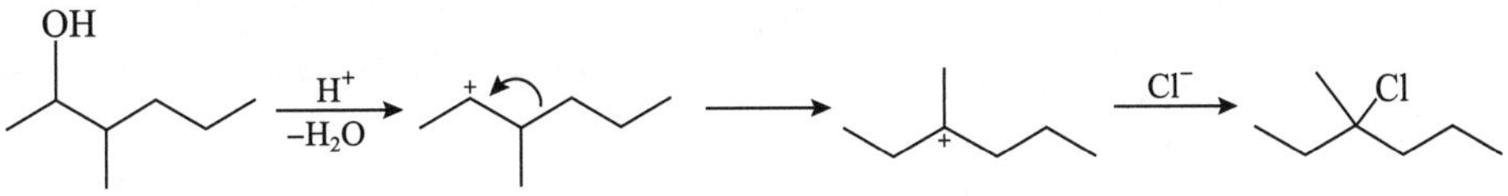

(4)

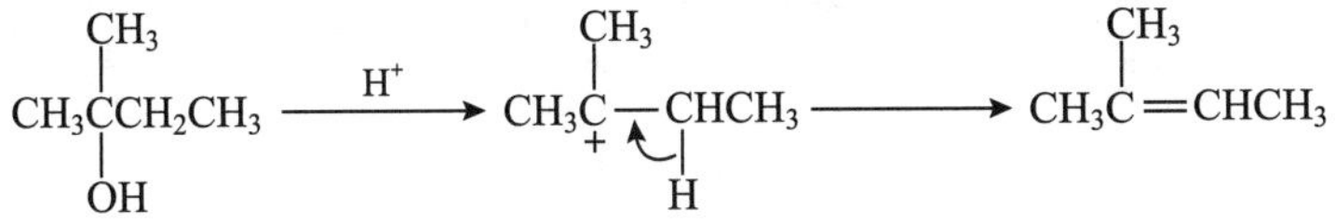

6. (1)

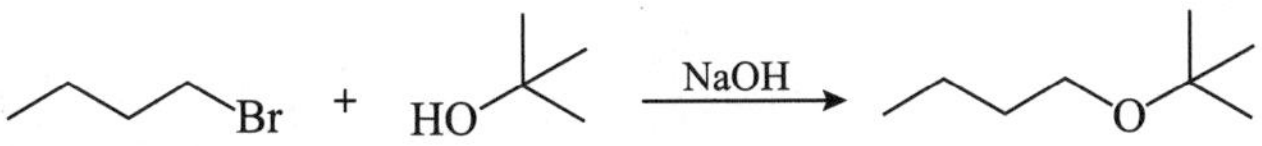

(2)

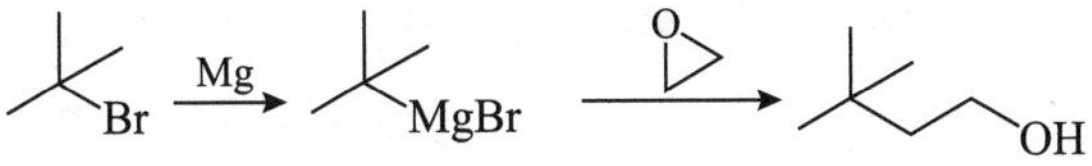

(3)

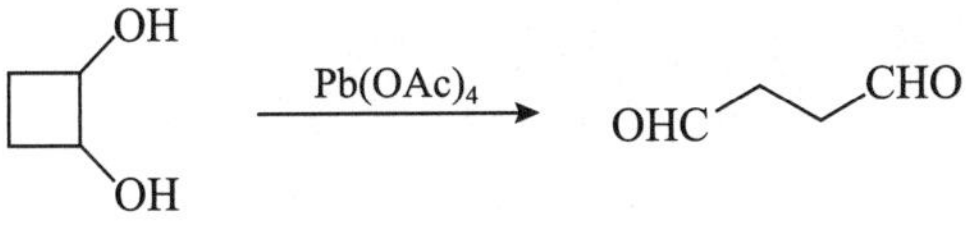

(4)

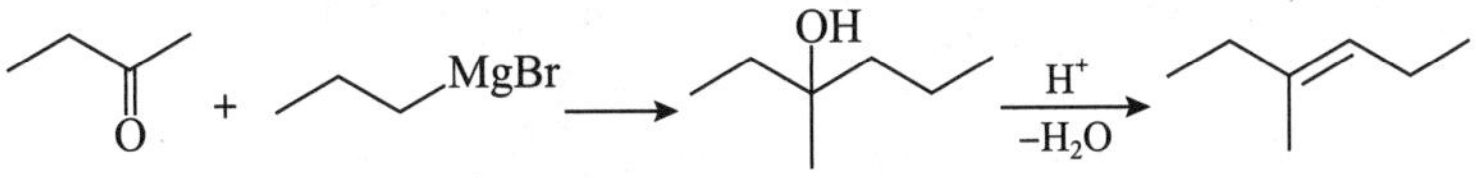

(5)

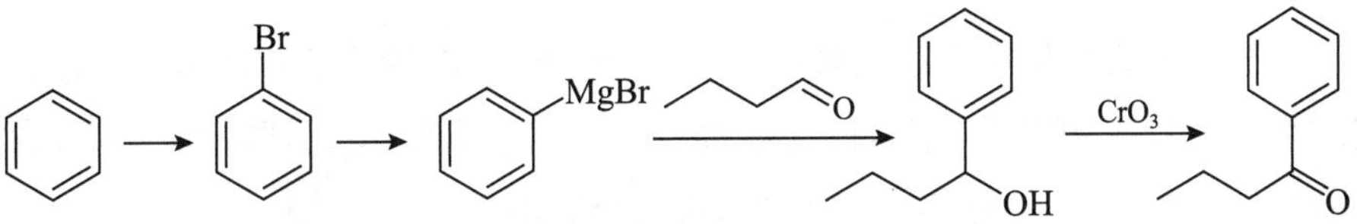

(6)

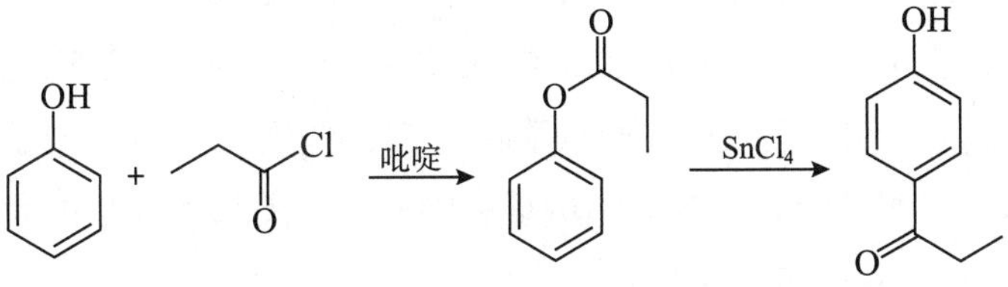

(7)

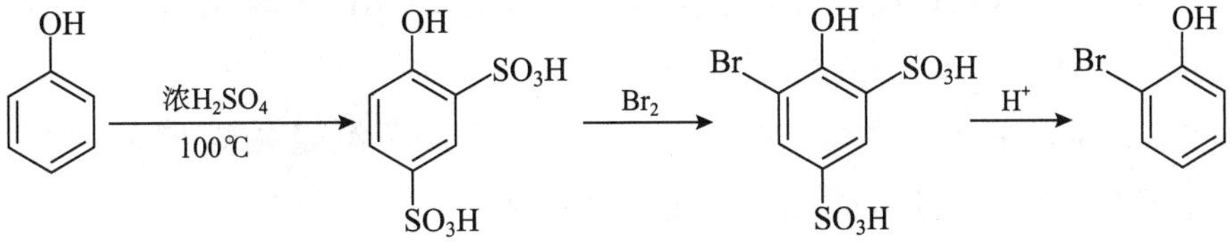

(8)

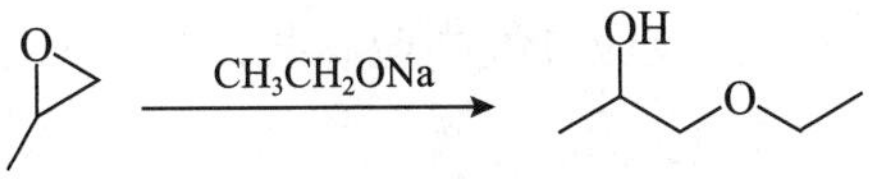

第八章

1. （1）3-苯基-2-丙烯醛（肉桂醛）
   （2）1-环丙基-2-丙酮
   （3）(E)-4-甲基-5-苯基-4-己烯-3-酮
   （4）(S)-3-氯-3-苯基-2-丁酮
   （5）二苯酮肟
   （6）2-甲基-3-(2-甲基丙烯基)-1,4-萘醌

2. （1）
   （2）$CH_2=N-NH-$
   （3）
   （4）
   （5）
   （6）

3. （1）能发生碘仿反应的化合物为 a 和 b。甲基酮类化合物（或乙醛、乙醇）与碘的 NaOH 溶液反应有明显的浅黄色沉淀析出，该反应称为碘仿反应。根据定义，化合物 a 中含有甲基酮结构；对于乙醇和 α-碳上连有甲基的仲醇，卤素的碱溶液或生成的次氯酸钠可将其氧化成相应的羰基，分子中的甲基酮结构可进一步发生碘仿反应。

   反应的化学方程式如下：

   $$CH_3CH_2COCH_3 \xrightarrow[\text{NaOH}]{I_2} CH_3CH_2COONa + CHI_3 \downarrow$$

   $$(CH_3)_2CHOH \xrightarrow[\text{NaOH}]{I_2} CH_3COOH + CHI_3 \downarrow$$

   （2）化合物按反应活性由大到小的顺序为 d＞b＞a＞c。羰基的亲核加成反应活性主要受到两个因素的影响：①羰基碳的正电性，主要受连接基团的诱导效应影响；②羰基旁基团的空间位阻，主要受连接基团的体积大小影响。

   在化合物 d 中，吸电子基团醛基使羰基碳原子的正电性增强，更易受到亲核试剂的进攻，同时具有较小的空间位阻，因此反应活性最高；在化合物 b、a 中，羰基相连的甲基和乙基为 σ-给电子基团，σ-π 超共轭效应会使羰基碳的正电性降低，且 a 相较于 b 有更大的空间位阻，因此反应活性为 b＞a；与 a 中羰基连接的叔丁基和苯基在很大程度上增大羰基反应的空间位阻，不利于其亲核加成的发生。

   （3）①a、b 不能与 I_2/NaOH 反应，而 c 则可与之反应生成 CHI_3 的黄色沉淀；b 与托伦试剂作用产生银镜，而 a 不能发生此反应。

   ②与费林试剂作用，b 产生 Cu_2O 的砖红色沉淀，a 和 c 无沉淀生成；向 a、c 中分别加入托伦试剂，a 显示产生银镜，而 c 不能发生此反应。

   （4）化合物按与 NaHSO_3 反应活性由大到小的顺序为 c＞a＞b＞d。醛、甲基酮和小于 8 个碳的环酮能与饱和 NaHSO_3 发生亲核加成反应，反应过程中亚硫酸根负离子作为亲核试剂进攻羰基碳，生成 α-羟基磺酸钠的白色沉淀。由于进攻试剂 SO_3^{2-} 的体积较大，所

402 习题参考答案

以该反应的活性受到羰基碳的正电性与羰基旁空间位阻的共同影响,连接吸电子基团能够提高羰基碳的反应活性。化合物 a、c 中取代基的电负性为—CHF_2＞—Cl,所以 c 的反应活性强于 a;c 中苯基较大的空间位阻不利于亲核试剂的进攻,故反应活性最弱。

反应的化学方程式如下:

$$
\begin{array}{c}
R \\
| \\
C=O \\
| \\
H \\
(CH_3)
\end{array}
+ NaHSO_3 \rightleftharpoons
\begin{array}{c}
R \quad ONa \\
\backslash \ / \\
C \\
/ \ \backslash \\
H \quad SO_3H \\
(CH_3)
\end{array}
\rightleftharpoons
\begin{array}{c}
R \quad ONa \\
\backslash \ / \\
C \\
/ \ \backslash \\
H \quad SO_3Na \\
(CH_3)
\end{array} \downarrow
$$

(α-羟基磺酸钠)

（5）反应机理如下:

4.（1）2 Cl—⟨C₆H₄⟩—CHO $\xrightarrow{KOH}$ Cl—⟨C₆H₄⟩—COOK + Cl—⟨C₆H₄⟩—CH₂OH

（2）CH_3—⟨环己烯⟩—O $\xrightarrow{LiAlH_4}$ CH_3—⟨环己烯⟩—OH

（3）⟨环己烯酮⟩O + $(CH_3)_2CuLi$ $\xrightarrow[\text{低温}]{\text{醚}}$ $\xrightarrow{H_2O}$ ⟨3-甲基环己酮⟩

（4）CH_3O—⟨C₆H₄⟩—CHO + CH_3COCH_3 $\xrightarrow[\triangle]{NaOH}$ CH_3O—⟨C₆H₄⟩—CH=CHCOCH₃

（5）⟨环己酮⟩O + ⟨环己基⟩—Br $\xrightarrow[Et_2O]{Mg}$ $\xrightarrow{H_3O^+}$ ⟨1-环己基环己醇⟩

（6）HO—⟨CHO / H / CH₂OH⟩ $\xrightarrow[OH^-]{HCN}$ HO—⟨CN / (R)H / (S)H / CH₂OH⟩ + ⟨CN / (S)OH / (S)H / CH₂OH⟩

（7）$C_6H_5CH=CH—CH{=}O$ $\xrightarrow[2) H_3O^+]{1) C_2H_5MgBr}$ $C_6H_5CH=CH—CH—C_2H_5$ （带 OH）

（8）
$$CH_3-\overset{O}{\overset{\|}{C}}-CH_2CH_3 \xrightarrow{NH_2CONHNH_2} CH_3-\underset{\underset{CH_2CH_3}{|}}{C}=N-NH-\overset{O}{\overset{\|}{C}}-NH_2$$

5.（1）a.
（苯基-COCH₃） b.
（苯基-CH₂CHO）

（2）a. $CH_3-\underset{\underset{OH}{|}}{CH}-\underset{\underset{CH_3}{|}}{CH}-CH_3$ b. $CH_3-\underset{\underset{O}{\|}}{C}-\underset{\underset{CH_3}{|}}{CH}-CH_3$

c. $CH_3-\underset{\underset{CH_3}{|}}{CH}-\underset{\underset{CH_3}{|}}{\overset{\overset{OH}{|}}{C}}-CH_2CH_2CH_3$ $CH_3CH_2CH_2-\underset{\underset{CH_3}{|}}{\overset{\overset{OH}{|}}{C}}-\underset{\underset{CH_3}{|}}{CH}-CH_3$

（3）a. $CH_3\overset{O}{\overset{\|}{C}}-CH_2CH\overset{OCH_3}{\underset{OCH_3}{<}}$

6.（1）$2\,CH_3COCH_3 \xrightarrow{5\%NaOH} (CH_3)_2\underset{\underset{OH}{|}}{C}-CH_2\overset{O}{\overset{\|}{C}}CH_3 \xrightarrow[-H_2O]{\triangle} (CH_3)_2C=CH\overset{O}{\overset{\|}{C}}CH_3$

$\xrightarrow[\text{2) }H_3O^+]{\text{1) }I_2/NaOH} (CH_3)_2C=CH\overset{O}{\overset{\|}{C}}-OH + CHI_3$

（2）

（3）$Br(CH_2)_3CHO \xrightarrow[H_3O^+]{Et_2O} Br(CH_2)_3CH\overset{OC_2H_5}{\underset{OC_2H_5}{<}} \xrightarrow[Et_2O]{Mg} BrMg(CH_2)_3CH\overset{OC_2H_5}{\underset{OC_2H_5}{<}}$

$\xrightarrow[\text{2) }H_3O^+]{\text{1) }CH_3COCH_3} (CH_3)_2\underset{\underset{OH}{|}}{C}(CH_2)_3CHO \xrightarrow{NaBH_4} (CH_3)_2\underset{\underset{OH}{|}}{C}(CH_2)_4OH$

（4）$CH_3-\overset{O}{\overset{\|}{C}}-CH_3 \xrightarrow[OH^-]{HCHO} CH_2=CH-\overset{O}{\overset{\|}{C}}-CH_3 \xrightarrow[NaOCH_3/CH_3OH]{CH_3COCH_3}$

第九章

1.（1）2-氯-4-环己基丁酸　　　　　　（2）顺-2,3-二甲基丁烯二酸

　（3）（S）-2-溴丁二酸　　　　　　　　（4）2-溴-4-硝基苯甲酸

　（5）3-（4-羟基苯基）丙烯酸　　　　　（6）4-（4-甲苯基）戊酸

　（7）6-氧亚基己酸　　　　　　　　　（8）2-氨基-3-苯基丙酸

2.（1） 　　　　　（2）

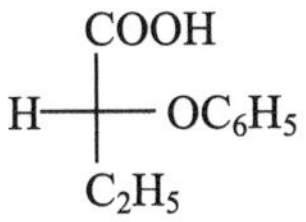

　（3） 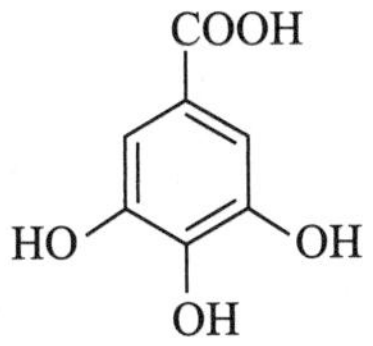　　　　　（4）

　（5） 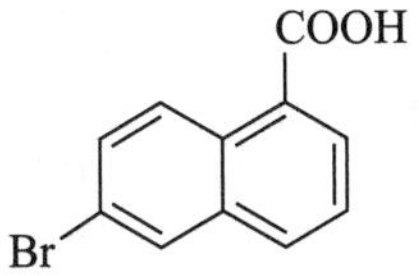　　　　　（6）

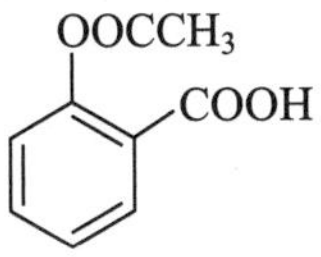

3.（1）因为羧酸分子间以两个氢键缔合成二聚体，且羧酸可与水形成氢键，故羧酸的熔点高、溶解度大。

　（2）酯化反应按反应速率从快到慢的顺序为①＞④＞③＞②。羧酸与乙醇的酯化反应是按加成-消除机理进行的，羧羰基周围的空间位阻越大对反应越不利，因形成四面体中间体太过拥挤，所以位阻越小反应速率越快。

　（3）取代基位于间位时，对苯甲酸酸性的影响只考虑诱导效应，甲基是给电子基团，它的酸性应是最小，其余三个基团比较它们吸电子能力的强弱，吸电子能力最强，酸性最强，由强到弱的排列如下。

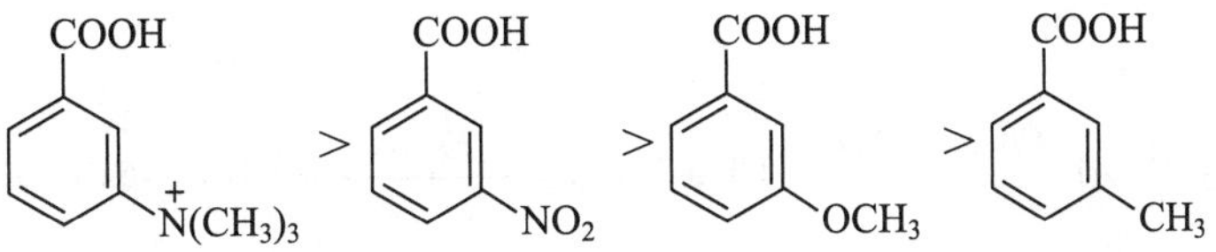

　（4）

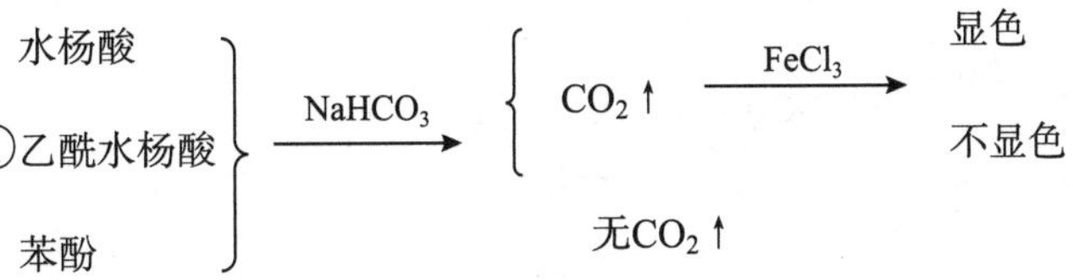

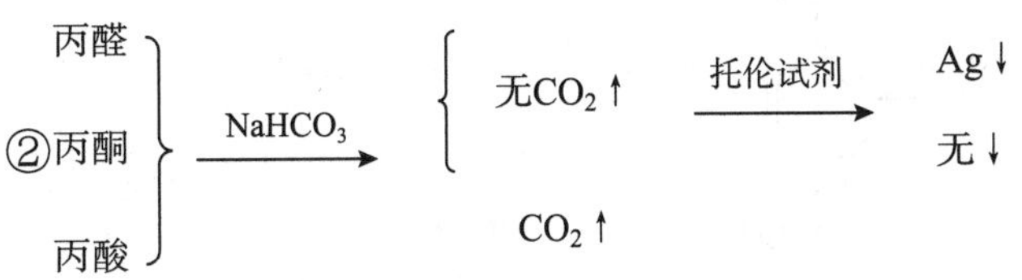

（5）均为六元环状过渡态机理脱羧。

①CH_3CH_2COOH

②$O_2NCH_2CH_2CH_2COOH$

4.（1）
$$CH_3\overset{\underset{|}{CH_3}}{CH}CH\overset{\overset{O}{\|}}{C}CH_2CH_3$$
下标CH_3

（2）
苯环—$COCl$

（3）$(CH_3)_2CH\overset{\underset{|}{Br}}{CH}COOH$

（4）$CH_3CH=CHCH\overset{\underset{|}{CH_3}}{}CH_2OH$

（5）$CH_3\overset{\underset{|}{CH_3}}{CH}CH_2COOH$

（6）
环戊基—$COOH$（带甲基）

（7）$HOCH_2CH_2CH_2\overset{\underset{|}{OH}}{CH}COOH$
六元内酯环（O，$C=O$，OH）

（8）
环戊基 $\overset{OH}{\underset{CH_2COOC_2H_5}{}}$

5. A.
$$\text{邻}CH_3O\text{-苯}-CH=CHCOCH_3$$

B.
$$\text{邻}CH_3O\text{-苯}-CH=CHCOOH$$

C.
$$\text{邻}CH_3O\text{-苯}-COOH$$

D.
$$\text{邻}OH\text{-苯}-COOH$$

6.（1）$HOCH_2CH_2CH_2Cl \xrightarrow{CN^-} HOCH_2CH_2CH_2CN \xrightarrow{H_3O^+} HOCH_2CH_2CH_2COOH$

（2）$CH_3CHO \xrightarrow[\text{②}H_3O^+]{\text{①}CH_3MgI/Et_2O} \xrightarrow[H^+]{KMnO_4} CH_3\overset{\overset{O}{\|}}{C}CH_3 \xrightarrow[\text{②}H_2O/H^+]{\text{①}HCN} CH_3\overset{\overset{OH}{|}}{\underset{\underset{CH_3}{|}}{C}}COOH$

（3）$CH_3CH_2CH_2OH \xrightarrow{CrO_3 \cdot C_5H_5N} CH_3CH_2CHO \xrightarrow{\text{稀}NaOH} CH_3CH_2\overset{\overset{OH}{|}}{CH}\overset{\underset{CH_3}{|}}{CH}CHO$

$\xrightarrow{\triangle} CH_3CH_2CH=\overset{\underset{CH_3}{|}}{C}CHO \xrightarrow{Ag_2O} CH_3CH_2CH=\overset{\underset{CH_3}{|}}{C}COOH$

（4）苯 $\xrightarrow[AlCl_3]{CH_3Cl}$ 甲苯 $\xrightarrow{\text{浓}H_2SO_4}$ 对甲苯磺酸（CH_3…SO_3H）$\xrightarrow{Br_2/Fe}$（CH_3，Br，SO_3H）$\xrightarrow{H_3O^+/\triangle}$

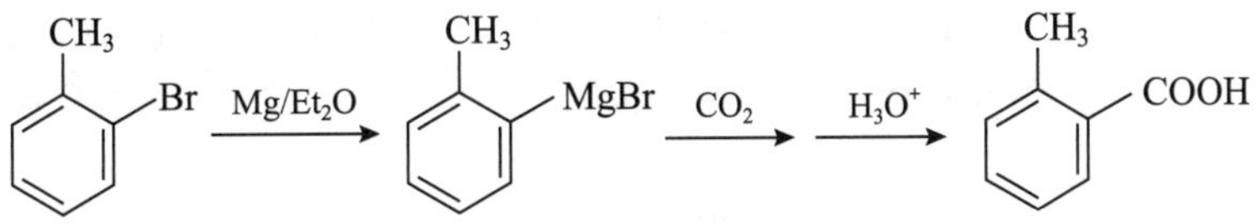

第十章

1. 苯甲酸戊酸酐

   2-硝基-5-溴-苯甲酸乙酯

   N-甲基,N-乙基-苯甲酰胺

   3-溴-3-甲基-丁酰氯

   2-甲基-丁-4-内酯

   2-乙基异吲哚啉-1,3-二酮

2.

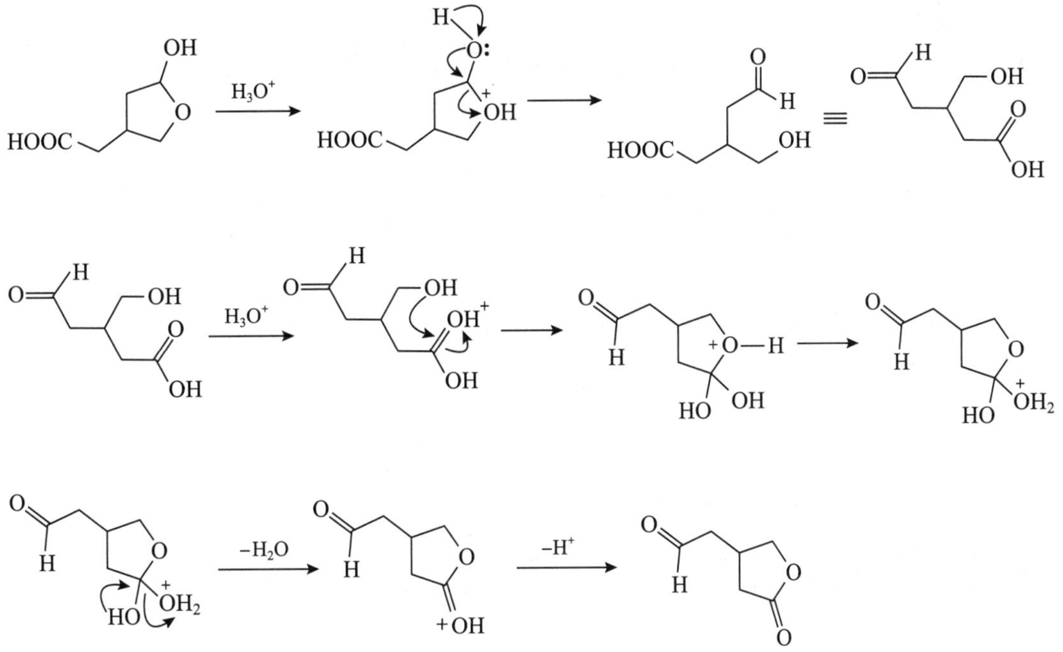

3.

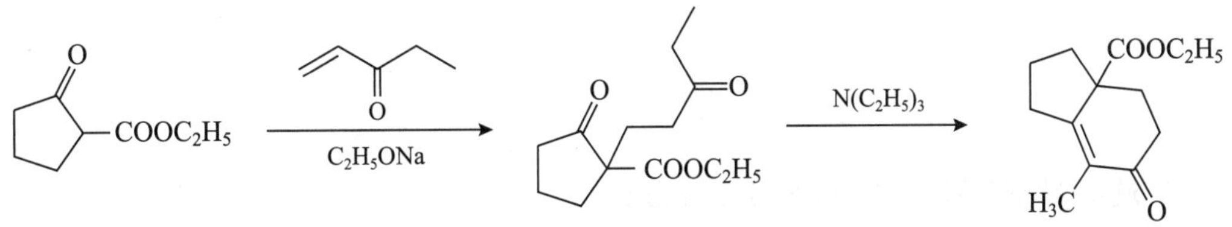

4.

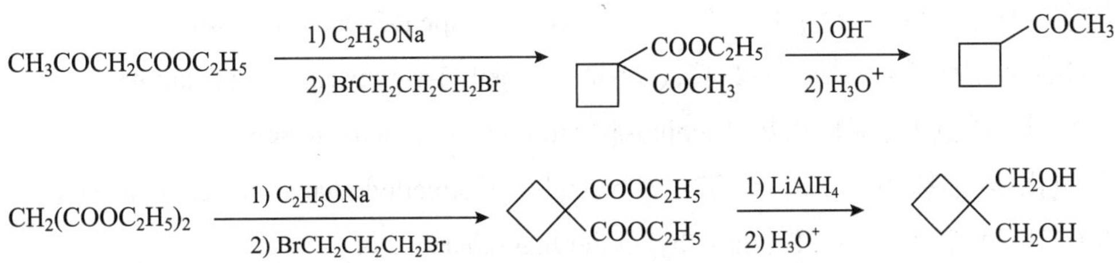

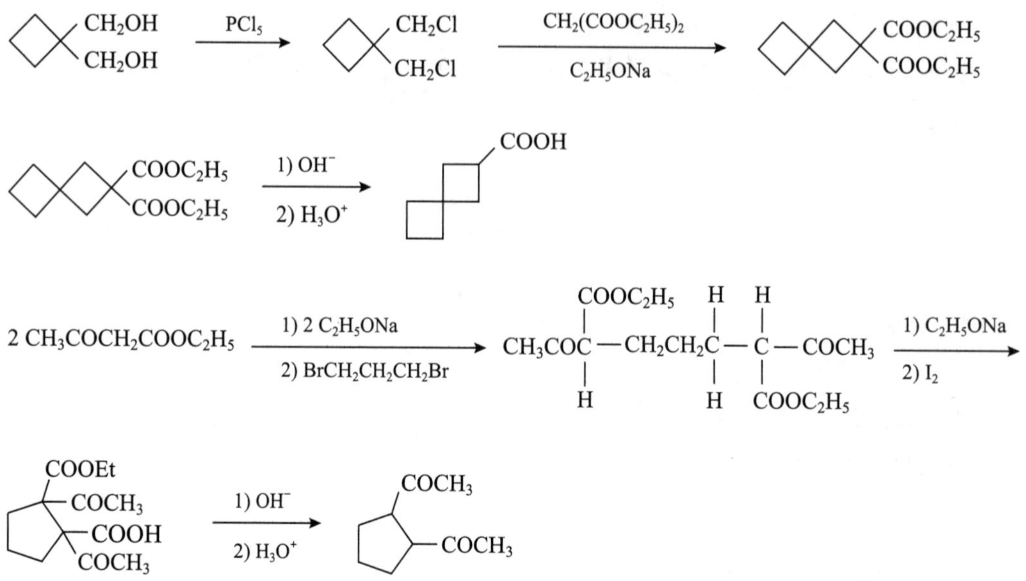

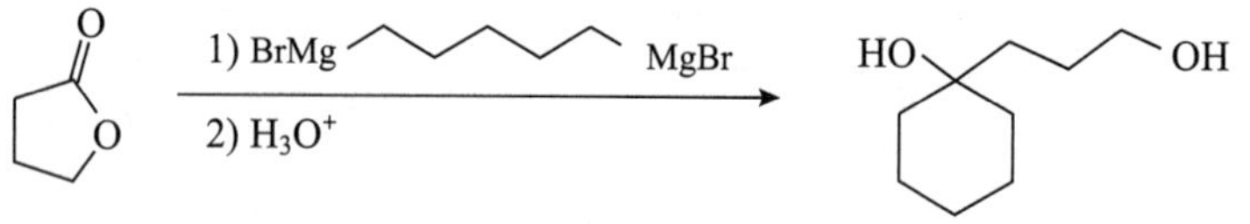

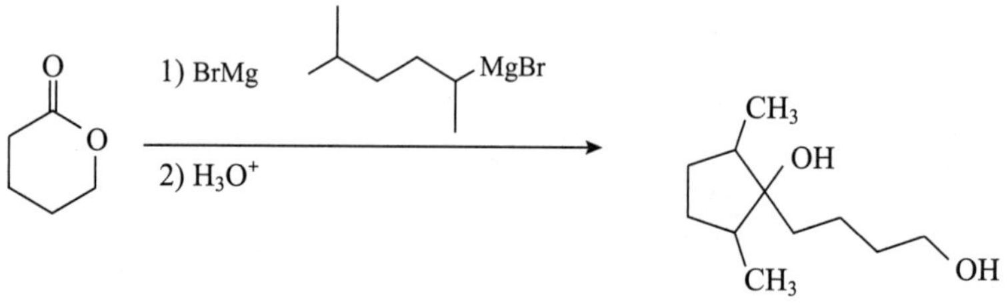

第十一章

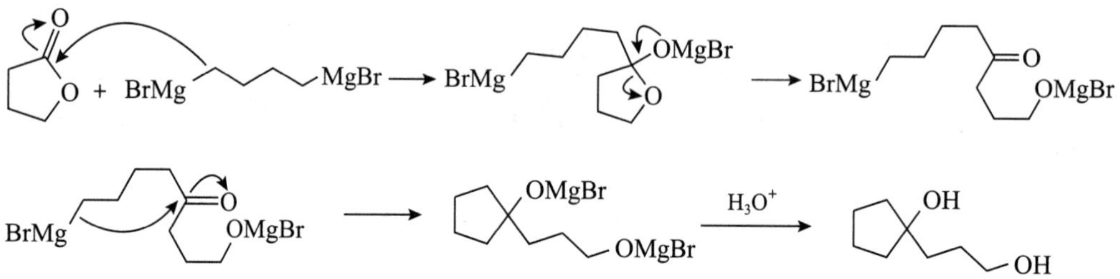

1.（1）2-氟-5-硝基苯胺，2-fluoro-5-nitroaniline

（2）(S)-2-氨基丁-1-醇，(S)-2-aminobutan-1-ol

（3）(E)-3-环己基戊-2-烯-1,4-二胺，(E)-3-cyclohexylpent-2-ene-1,4-diamine

（4）(S)-N,N-二甲基-1-苯基丙-2-胺，(S)-N,N-dimethyl-1-phenylpropan-2-amine

（5）3-氨基-4-（氨甲基）苯甲酸，3-amino-4-(aminomethyl)benzoic acid

（6）氢氧化-N-苄基-N,N-二甲基乙铵，N-benzyl-N,N-dimethylethanaminium hydroxide

（7）8-（二甲氨基）萘-2-酚，8-(dimethylamino)naphthalen-2-ol

（8）（E）-4-（苯基乙氮烯基）苯磺酸，（E）-4-（phenyldiazenyl）benzenesulfonic acid

2.（1）

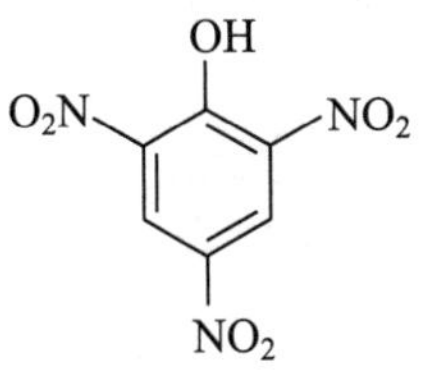

（2）

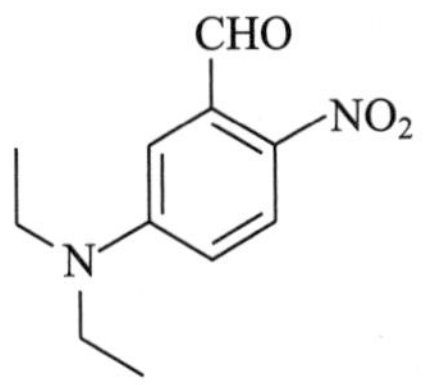

（3）

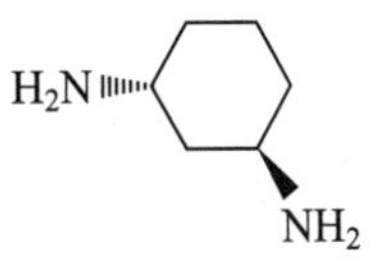

（4）CH₂N₂(:C̄H₂—⁺N≡N:)

（5）

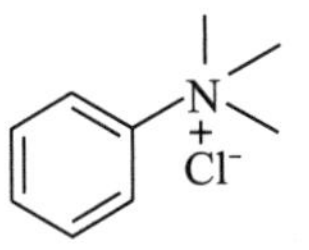

（6）

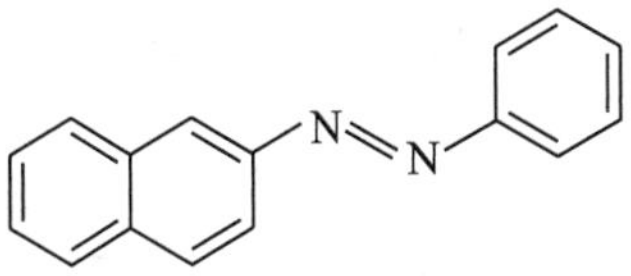

3.（1）G＞F＞C＞A＞D＞B＞E

（2）B、C、D

（3）A＞D＞C＞B

（4）霍夫曼消除反应的立体化学上要求被消除的氢原子和胺处于反式共平面的位置。构象 A 为该季铵碱的优势构象，无相应的氢原子和胺位于反式共平面，所以无法消除；构象 B 虽然具有反式共平面的氢原子，但该构象极不稳定，难以形成，原因在于两个大体积的基团均处于直立键上。故该反应主要形成亲核取代产物。

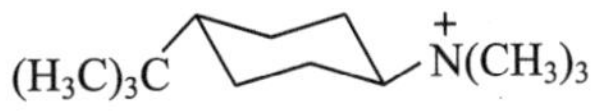

构象A 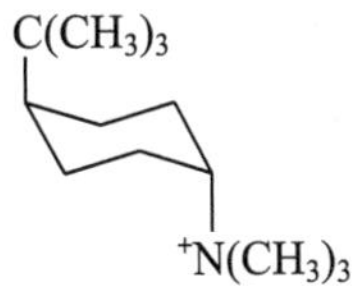   构象B

（5）

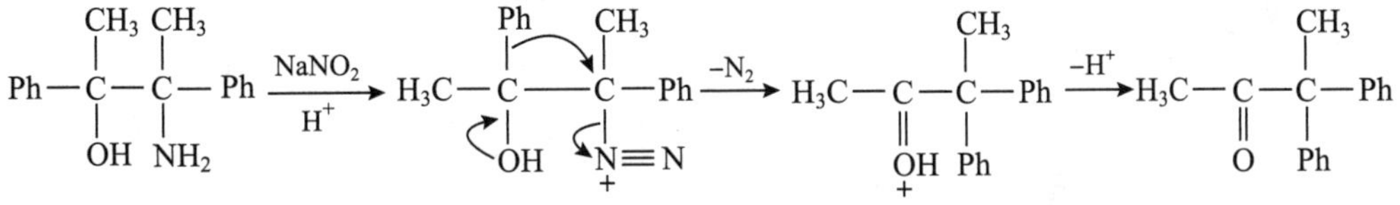

4.（1）

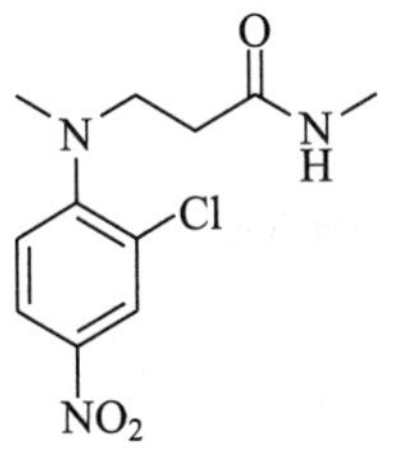

（2）

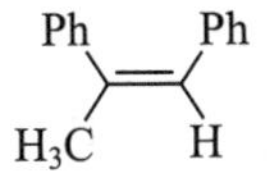

（3）

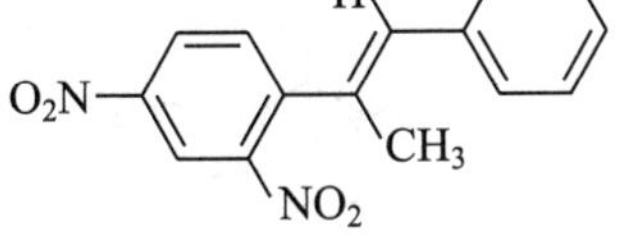

（4）

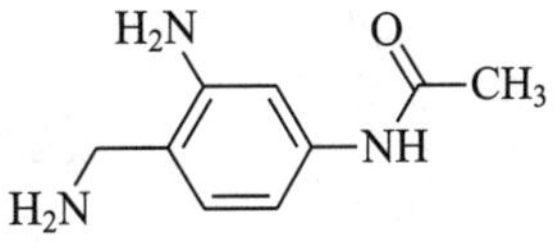

（5）

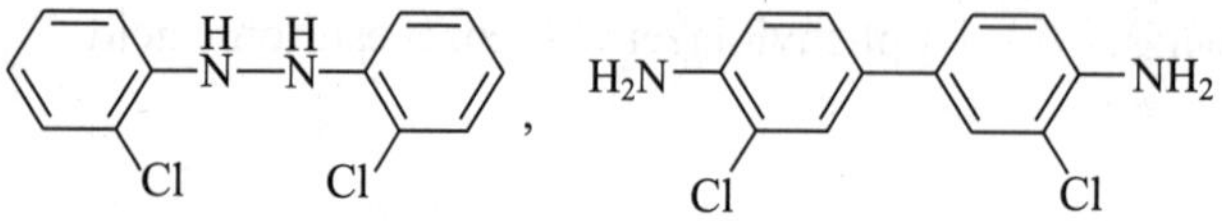

（6）

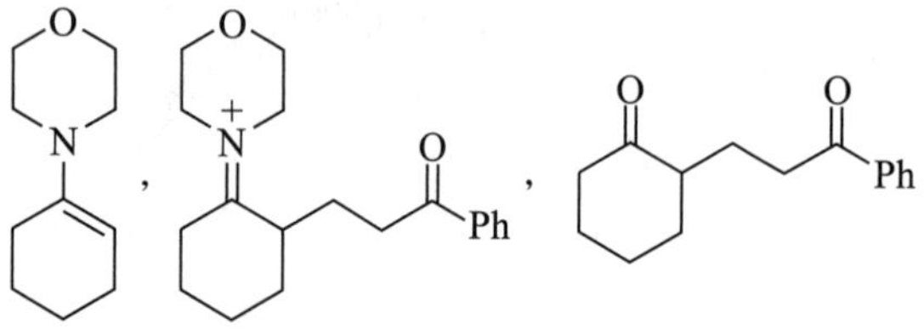

（7）

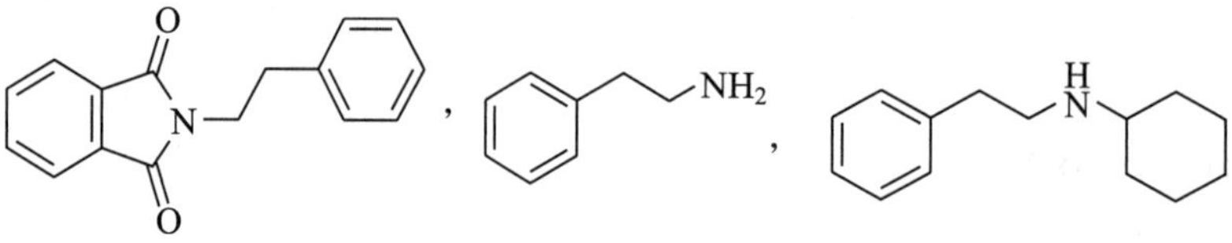

（8）

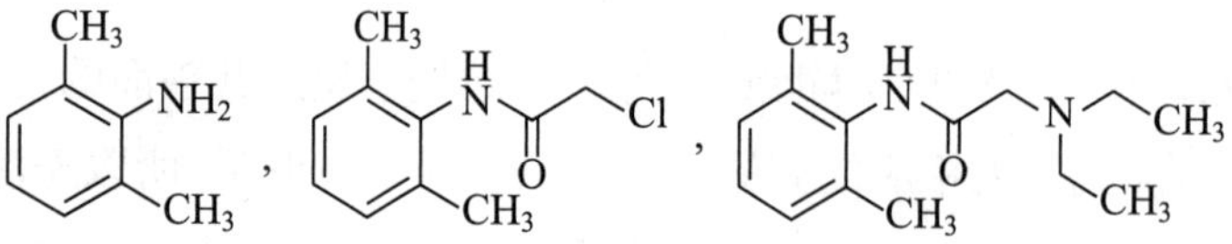

5.

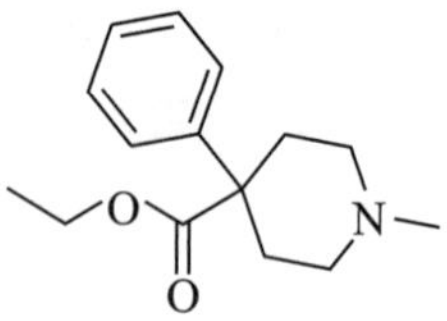

6.（1）

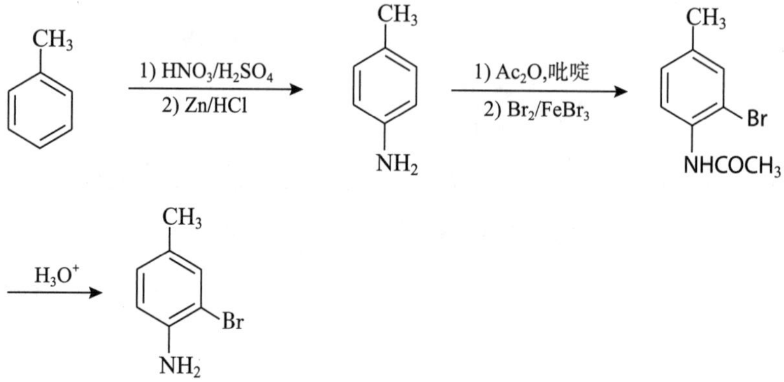

$$\text{toluene} \xrightarrow[\text{2) Zn/HCl}]{\text{1) HNO}_3\text{/H}_2\text{SO}_4} \text{p-toluidine} \xrightarrow[\text{2) Br}_2\text{/FeBr}_3]{\text{1) Ac}_2\text{O,吡啶}}$$

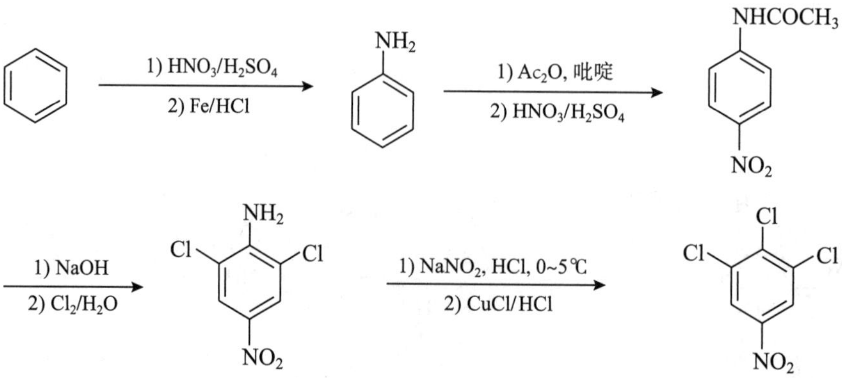

$$\xrightarrow{\text{H}_3\text{O}^+}$$

（2）

$$\text{benzene} \xrightarrow[\text{2) Fe/HCl}]{\text{1) HNO}_3\text{/H}_2\text{SO}_4} \text{aniline} \xrightarrow[\text{2) HNO}_3\text{/H}_2\text{SO}_4]{\text{1) Ac}_2\text{O, 吡啶}}$$

$$\xrightarrow[\text{2) Cl}_2\text{/H}_2\text{O}]{\text{1) NaOH}} \xrightarrow[\text{2) CuCl/HCl}]{\text{1) NaNO}_2\text{, HCl, 0~5℃}}$$

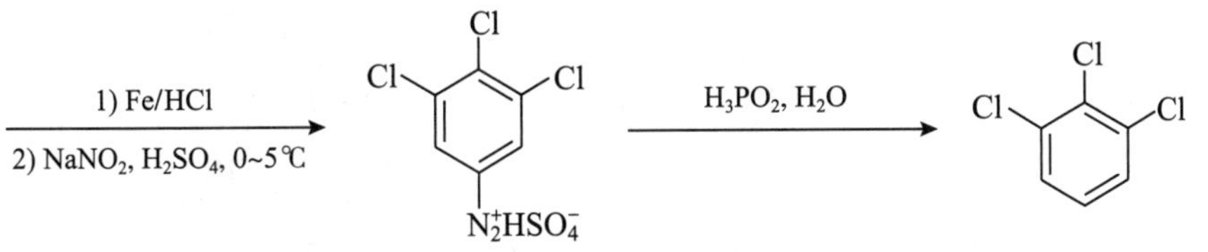

（3）

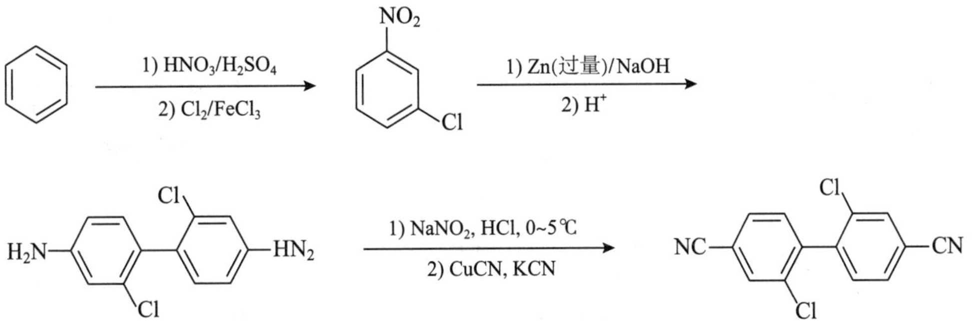

（4）

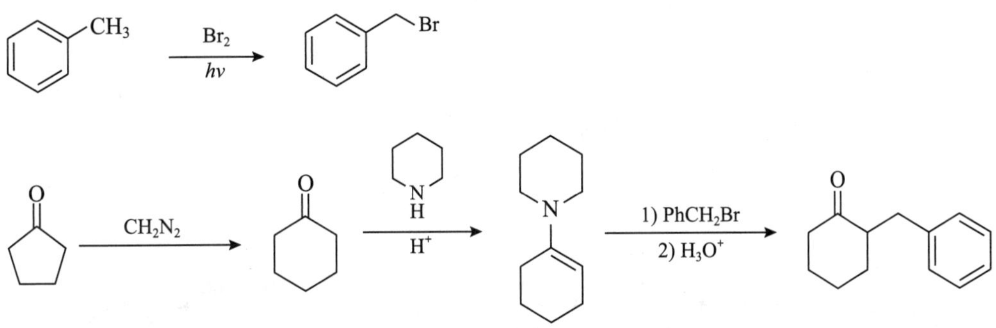

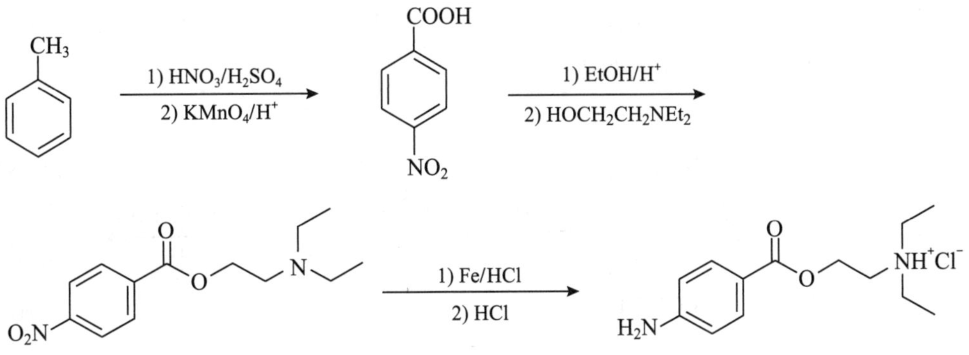

第十二章

1.（1）1,3-二甲基吡咯　　　　　（2）吡啶-3-甲酸　　　　　（3）6-溴-1-甲基异喹啉

　　（4）3-氯-6-甲基哒嗪　　　　　（5）呋喃-2-甲酸　　　　　（6）2,5-二氢吡咯

2.（1）

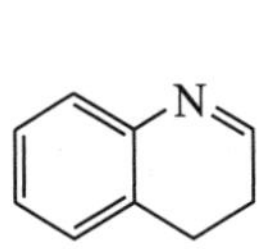

（2）

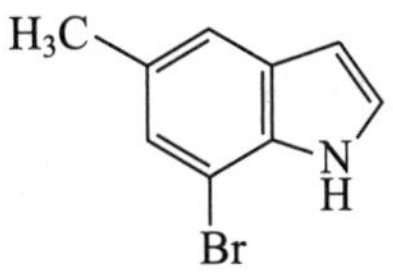

（3）

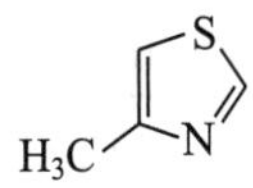

（4）[4-溴咪唑结构，含N-H]

（5）[4-异丙基嘧啶结构]

（6）[1-甲基-2-吡啶酮结构，N-CH₃]

3.（1）有　（2）无　（3）无　（4）无　（5）有　（6）有　（7）无　（8）无

4.（1）[4-乙氧基吡啶 OEt结构]

（2）[7-氧杂双环化合物酸酐结构]

（3）[2-甲基吲哚-3-甲酸结构 COOH, CH₃]

（4）[1,2-二(2-呋喃基)-2-羟基乙酮结构，O OH]

（5）[2,4-二甲基噻唑结构 CH₃]

（6）NC—CH₂CH₂—N[吡咯基] （3-(1-吡咯基)丙腈结构）

（7）[苯基偶氮呋喃结构 C₆H₅—N=N—(2-呋喃基)]

（8）[4-甲基-2-硝基噻吩结构 O₂N, CH₃, S]

5.（1）

甲苯 $\xrightarrow[\text{H}_2\text{SO}_4]{\text{HNO}_3}$ 对硝基甲苯（NO₂）$\xrightarrow[\text{HCl}]{\text{Fe}}$ 对甲基苯胺（NH₂）$\xrightarrow{\text{(CH}_3\text{CO)}_2\text{O}}$ 对乙酰氨基甲苯（NHCOCH₃）

分离除去邻位产物

$\xrightarrow[\text{H}_2\text{SO}_4]{\text{HNO}_3}$ [CH₃, NO₂, NHCOCH₃取代苯] $\xrightarrow{\text{[O]}}$ [COOH, NO₂, NHCOCH₃取代苯] $\xrightarrow[\text{2) H}^+]{\text{1) OH}^-,\ \text{H}_2\text{O}}$ [COOH, NO₂, NH₂取代苯]

[COOH, NO₂, NH₂取代苯] ＋ CH₂=CHCHO $\xrightarrow[\text{C}_6\text{H}_5\text{NO}_2]{\text{H}_2\text{SO}_4}$ [HOOC取代喹啉，NO₂取代]

（2）[4-羟基吡啶 OH] $\xrightarrow[\text{HgSO}_4]{\text{H}_2\text{SO}_4,\ \text{SO}_3}$ [OH, SO₃H取代吡啶] $\xrightarrow[\text{POCl}_3]{\text{PCl}_5}$ [Cl, SO₂Cl取代吡啶] $\xrightarrow{\text{NH}_3,\ \text{H}_2\text{O}}$

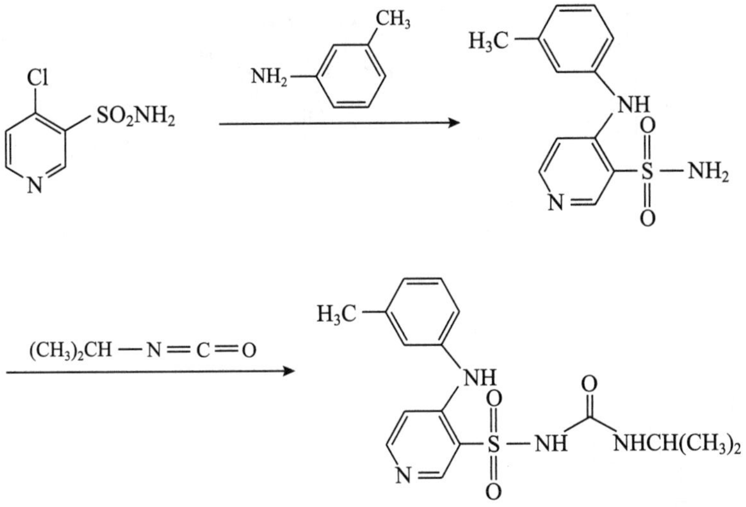

第十三章

1.

保护基	保护基的化学结构	相应的试剂
甲基醚	ROCH$_3$	Me$_2$SO$_4$ 或 MeI
甲氧基甲基醚	ROCH$_2$OCH$_3$	ClCH$_2$OCH$_3$ 或 CH$_3$OCH$_2$OCH$_3$
四氢吡喃基醚	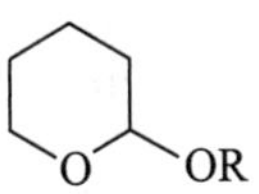	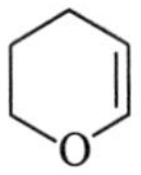
三甲基硅基醚	ROTMS	Me$_3$SCl
三乙基硅基醚	ROTES	Et$_3$SCl

2.

保护基	保护基的化学结构	相应的试剂
氨基甲酸 9-芴甲（Fmoc）酯	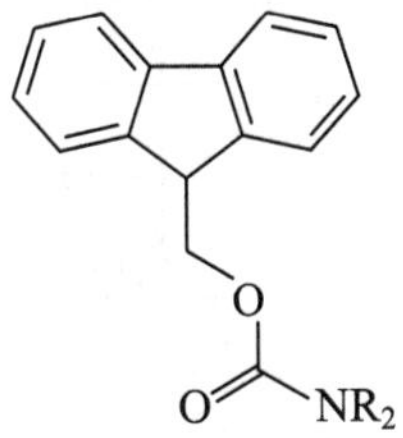	FmocCl
乙酰胺	AcNHR	CH$_3$COCl
三氟乙酰胺	CF$_3$CONHR	CF$_3$COCl
氨基甲酸叔丁（Boc）酯	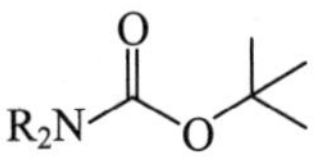	（Boc）$_2$O
氨基甲酸苄（Cbz）酯	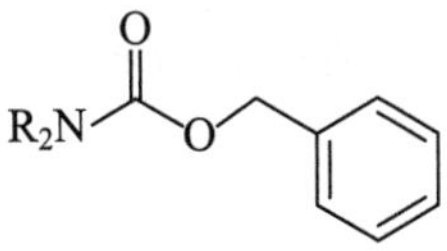	PhCH$_2$OCOCl

3.

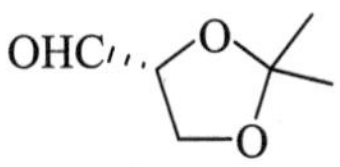

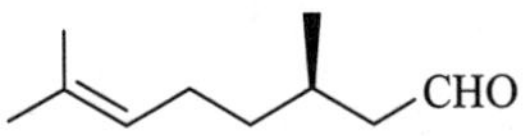

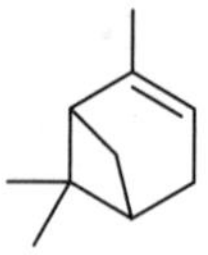

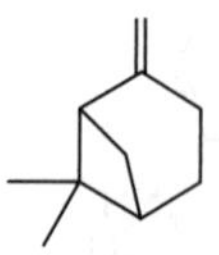

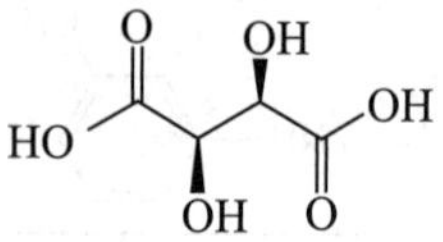

第十四章

1. A 的结构式为

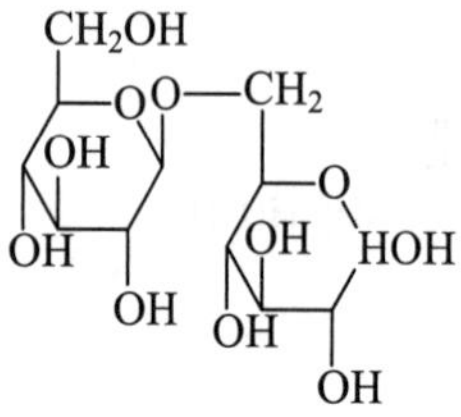

2. A 的结构式及有关反应为

$$\xrightarrow{H^+/H_2O}$$ (B) $+$ CH_3CH_2OH (C)

(A)

$I_2/NaOH \downarrow$

$CHI_3 \downarrow + HCOONa$

$\downarrow Br_2/H_2O$

```
      COOH
  H ——— OH
  HO ——— H
  HO ——— H
  H ——— OH
      CH2OH
```

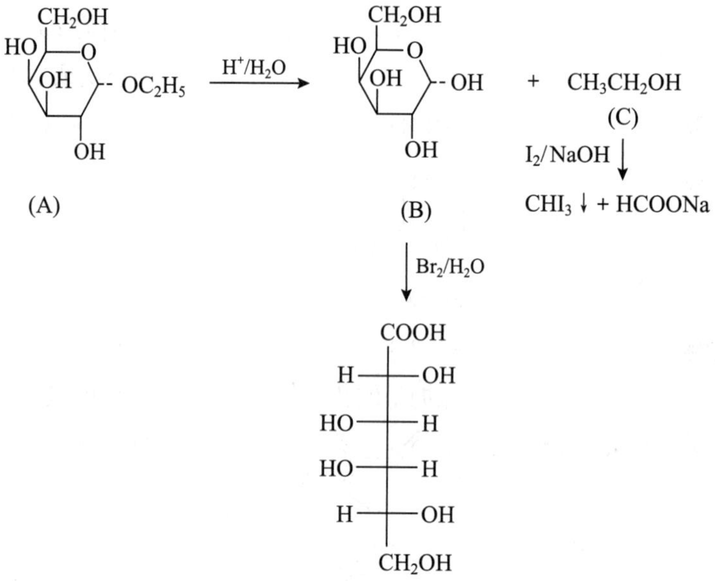

3. A 的结构式为 $CH_3CHCONHCH_2CONHCH_2COOH$
   |
   NH_2

   B 的结构式为 $CH_3CHCONHCH_2CONHCH_2COOH$
   |
   OH

4. A 中氨基酸的结合顺序为亮-丙-半胱-精-缬或 Leu-Ala-Cys-Arg-Val。

5. A 的构造式为

6. 萜烯 A 的结构为 CH₃C=CHCH₂CH₂CH=CH₂
                        | ‖
                        CH₃   CH₂

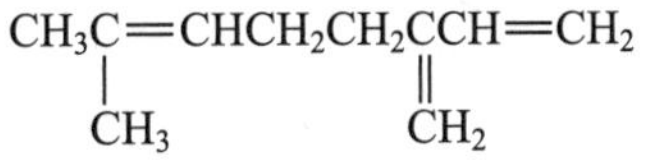

7. 天然甾体化合物的 B 环与 C 环、C 环与 D 环都是反式稠合,而 A 环与 B 环则有顺式稠合和反式稠合。A 环与 B 环顺式稠合,则 5- 位的氢原子与 10- 位的角甲基必然是顺式,以实线表示,把甾体化合物的这种构型规定为 5β-构型,具有 5β-构型的化合物称为 5β 型;A 环与 B 环反式稠合,则 5- 位的氢原子与 10- 位的角甲基必然是反式,以虚线表示,把甾体化合物的这种构型规定为 5α-构型,具有 5α-构型的甾体化合物称为 5α 型。例如:

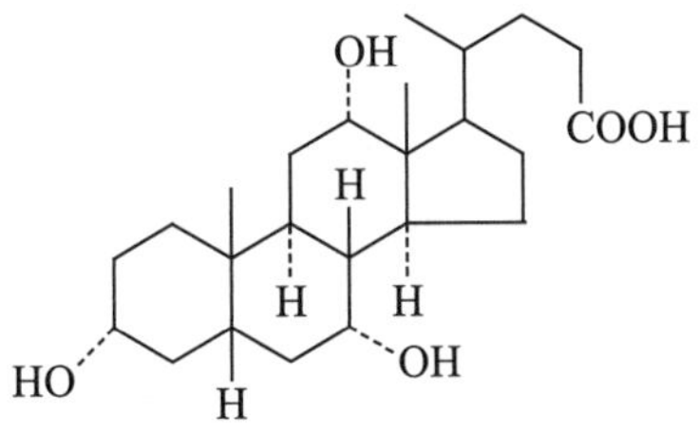

胆酸
5β-构型,5β 型

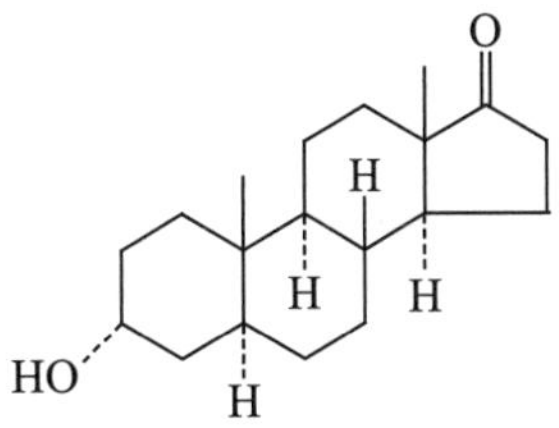

雄甾酮
5α-构型,5α 型

8. β-雌二酚、反己烯雌酚和顺己烯雌酚的结构分别为:

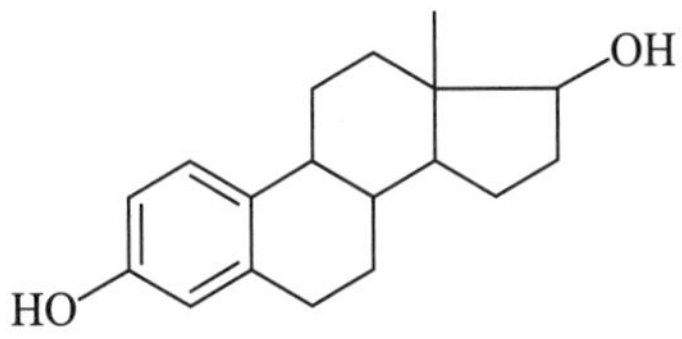

β-雌二酚

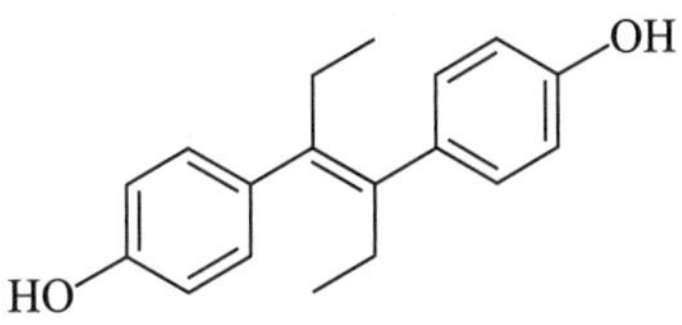

反己烯雌酚

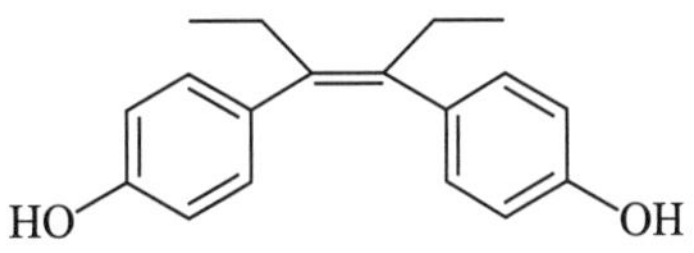

顺己烯雌酚

比较三者的结构,反己烯雌酚与 β- 雌二酚非常相似,两者几乎可以重叠,因此反己烯雌酚具有与 β- 雌二酚相同的雌激素活性;而顺己烯雌酚的结构与 β- 雌二酚的差异较大,故雌激素活性减弱。